普通高等学校电子信息类一流本科专业建设系列教材

半导体物理学

茅惠兵　编著

本书得到华东师范大学精品教材建设专项基金资助

科 学 出 版 社

北 京

内容简介

本书较全面地讨论了半导体物理学的基础知识。全书共11章，主要包括：半导体的晶体结构与电子状态，半导体的缺陷与掺杂，热平衡时的电子和空穴分布，半导体中的载流子输运，非平衡载流子的产生、复合及运动，pn结，金属-半导体接触，金属-绝缘层-半导体结构，半导体异质结与低维结构，半导体光学性质，以及半导体的其他性质。

本书可作为普通高等学校电子科学与技术、微电子科学与工程及集成电路设计与集成系统等专业本科生的教材，也可供相关科技人员参考。

图书在版编目(CIP)数据

半导体物理学 / 茅惠兵编著. 一北京：科学出版社，2023.9
普通高等学校电子信息类一流本科专业建设系列教材
ISBN 978-7-03-076340-2

Ⅰ. ①半… Ⅱ. ①茅… Ⅲ. ①半导体物理学一高等学校一教材
Ⅳ. ①O47

中国国家版本馆 CIP 数据核字(2023)第 173525 号

责任编辑：潘斯斯 / 责任校对：崔向琳
责任印制：师艳茹 / 封面设计：马晓敏

科学出版社 出版
北京东黄城根北街 16 号
邮政编码：100717
http://www.sciencep.com

北京九州迅驰传媒文化有限公司 印刷

科学出版社发行 各地新华书店经销
*
2023 年 9 月第 一 版 开本：787×1092 1/16
2023 年 12 月第二次印刷 印张：19 3/4
字数：500 000

定价：79.00 元

(如有印装质量问题，我社负责调换)

前　　言

半导体物理是包括集成电路在内的各种半导体微电子和光电子器件的物理基础，这些器件对我国经济和社会进步具有不可或缺的意义，并为我国科学技术与经济发展提供重要的战略支撑。半导体物理学既是世界科技发展的前沿，又对我国的经济发展和满足国家重大需求有重要的意义。半导体物理的进步一方面使半导体科学本身得到了发展，如低维半导体物理、量子霍尔效应等；另一方面半导体物理发展中形成的新器件、新概念又直接促进经济和社会的发展。半导体技术是当今信息技术的基石，它在短短几十年之内使人类的制造技术实现了从宏观到微观的跨越，直至当今的纳米尺度，并成为信息技术飞速发展的物质基础。信息的获取、信息的处理和信息的存储等各个方面几乎都离不开各种不同类型的半导体器件。

半导体科学的每一次重大突破，都伴随着社会和经济的巨大进步。例如，20 世纪 40 年代出现的半导体晶体管标志着半导体开始进入社会发展的主渠道。20 世纪 50 年代末开始发展的集成电路技术，从根本上改变了传统的电子技术，成为当今社会发展的关键性技术，并标志着信息时代的开始。20 世纪 70 年代初发展起来的异质结半导体激光器件，使半导体激光器开始了实际的应用。20 世纪 90 年代氮化物半导体领域的进展，为半导体照明技术开启了新的时代。

半导体物理是一门重要的专业基础课程，学习该课程前一般应掌握量子力学、统计物理和固体物理的基础知识。为了让学生能尽快学好半导体物理这门课程，本书的处理原则是尽可能在短的时间内掌握必要的基础知识。本书前 8 章几乎回避了量子力学，学生只要了解相关物理概念即可，具体的处理不需要用量子力学的方法。对统计物理和固体物理的相关基础，本书的基本原则是把基础课程中必要的基本知识贯穿在书中，这样学生即使没有系统地学习过相关课程，也能尽快地掌握半导体物理的核心内容。

在内容的选择上，本书以国内通用半导体物理教材的基本内容作为总体框架。本书可以分为两大部分，第一部分是第 1～5 章的基础部分，包括半导体的晶体结构与电子状态，半导体的缺陷与掺杂，热平衡时的电子和空穴分布，半导体中的载流子输运，非平衡载流子的产生、复合及运动；第二部分是从第 6 章开始的各个专题。同时本书融入半导体物理领域的最新进展，使学生在掌握半导体物理核心内容的基础上能了解相关学科前沿。

本书配有微课视频，读者可扫描二维码学习相关内容。

由于作者的认识局限性，本书难免存在不妥之处，欢迎读者批评指正。

作　者

2023 年 1 月

目　　录

第 1 章　半导体的晶体结构与电子状态

微课

半导体物理的主要内容是研究其中电子的运动规律，特别是电子的跃迁和输运过程，因此半导体中的电子状态是半导体物理的基础。半导体的独特物理性质与半导体的电子状态有直接的关系，半导体电子状态对半导体中载流子的产生、运动和复合规律有决定性的影响，是各种半导体器件工作的物理基础。

本章在介绍半导体结构的基础上，主要讨论半导体能带的基本规律，引入包括能带、有效质量和空穴等半导体物理领域最重要的概念[1-3]，分析元素半导体、Ⅲ-Ⅴ族半导体、Ⅱ-Ⅵ族半导体能带的基本特征，最后讨论第三、第四代半导体(如 GaN、SiC 和 Ga_2O_3)的晶体结构和能带特征。

1.1　半导体的晶体结构与布里渊区

1.1.1　半导体晶体结构

理想的晶体由全同的原子团在空间无限重复排列而构成，这样的原子团就是晶体的基元。常见的半导体结构都不是布拉维格子，而是复式格子。在复式格子中，即使只有一种元素，每个原子周围的状况也并不相同。

当原子或离子(在本节中通称为原子)形成晶体时，一定处于能量最低或某次低的状态。因此可以想象，原子在晶体中的排列应该采取尽可能大的紧密方式。按这样的想法，一个原子周围最近邻的原子数，可以用来描写晶体中原子排列的紧密程度，这个数称为配位数。配位数和原子的相对大小有关，如果所有原子的大小都一样，最大的配位数是 12。图 1.1 表示同一层原子密排列时的不同位置，共有 A、B 和 C 三种不同位置。具体的排列方式有两种，分别为立方密积和六角密积。

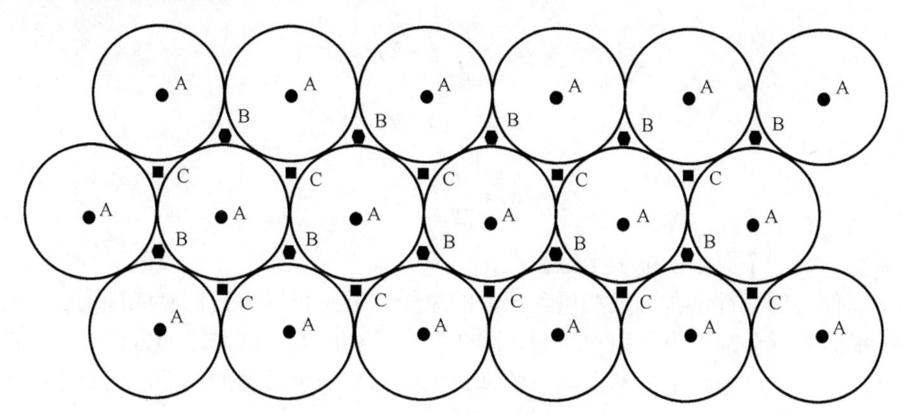

图 1.1　同一层中原子密排列示意图
A、B 和 C 分别表示每一层原子中心的位置

1. 立方密积(fcc)

可以把原子设想为圆球，第一层所有圆球紧密排列并相切，球心在 A 位置，显然任意一个圆球都和周围 6 个球相切。每三个相切的球心构成等边三角形。第二层球也是紧密排列，为了实现密堆积，第二层的球分别在第一层球相间的空隙中，球心在 B 位置。第三层球也做类似的排列，但不在第一层相同的位置，而在另一个空隙位置 C。第四层的排列完全和第一层相同，并由此重复排列，最后形成(ABC)(ABC)…的周期排列。该排列形成的晶体结构是面心立方结构，层的垂直方向为面心立方的空间对角线方向。

2. 六角密积(hcp)

六角密积的前两层排列和立方密积的前两层排列完全一致，但第三层的排列则和立方密积的排列不同，在六角密积中，第三层的排列和第一层完全相同，最后形成(AB)(AB)…的周期排列。该排列形成的晶体结构为六角结构，层的垂直方向为六角晶系的 c 轴。

晶体的结构单元由相应的原胞表示。通常有两类不同的原胞：一类是结晶学原胞(简称晶胞)，原胞的边在晶轴方向，边长等于该方向的一个周期，晶胞体积一般是最小重复单元的若干倍，它能反映晶体的对称性；另一类是在固体物理学中采用的由最小重复单元构成的原胞。

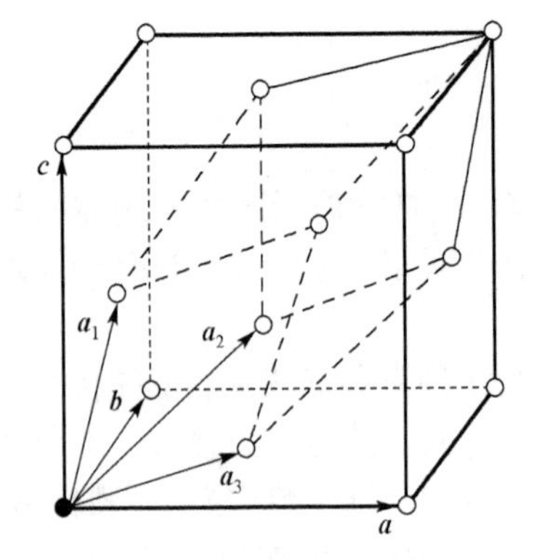

图 1.2　面心立方结构的晶胞与原胞的基矢

晶胞可以由相应的基矢表示。如图 1.2 所示，立方晶格的晶胞基矢 $\boldsymbol{a}$、$\boldsymbol{b}$、$\boldsymbol{c}$ 分别为

$$\begin{aligned} \boldsymbol{a} &= a\boldsymbol{i} \\ \boldsymbol{b} &= a\boldsymbol{j} \\ \boldsymbol{c} &= a\boldsymbol{k} \end{aligned} \tag{1-1}$$

其中，$\boldsymbol{i}$、$\boldsymbol{j}$、$\boldsymbol{k}$ 分别为立方体三个互相垂直方向的单位矢量；a 为立方体的边长。对非立方晶系的晶胞，晶胞基矢不一定互相垂直，长度也不一定相等。

如图 1.2 所示，面心立方结构的原胞基矢 $\boldsymbol{a}_1$、$\boldsymbol{a}_2$、$\boldsymbol{a}_3$ 分别为

$$\begin{aligned} \boldsymbol{a}_1 &= \frac{a}{2}(\boldsymbol{j}+\boldsymbol{k}) \\ \boldsymbol{a}_2 &= \frac{a}{2}(\boldsymbol{k}+\boldsymbol{i}) \\ \boldsymbol{a}_3 &= \frac{a}{2}(\boldsymbol{i}+\boldsymbol{j}) \end{aligned} \tag{1-2}$$

该原胞中有一个原子，位于坐标原点。

由于晶体的周期性结构，虽然包含无数的原子，但总可以将它们看成排列在一组平行直线或平行平面上，分别称为晶列和晶面，因此标记晶列的方向或晶面的方位是必要的。需要指出的是，晶列或晶面标记的不是某一条具体的晶列或一个具体的晶面，而是平行的晶列族或晶面族的方位。

虽然可以相对于原胞基矢来标记晶列指数或晶面指数，但实际最常用的指数是相对于晶胞基矢 $\boldsymbol{a}$、$\boldsymbol{b}$、$\boldsymbol{c}$ 求得。

取某一晶列上的一个原子作为原点 O，任选该晶列上位于 A 点的另一个原子，如 A 的位置矢量可表示为 $\overrightarrow{OA} = m'\boldsymbol{a} + n'\boldsymbol{b} + p'\boldsymbol{c}$ ，将上式中的三个系数 m' 、 n' 和 p' 简约为一组互质的整数 m、n、p，即

$$m' : n' : p' = m : n : p \tag{1-3}$$

将这一组互质整数用方括号标记，表示为$[mnp]$，就是所选晶列的晶列指数。需要注意的是，式(1-3)中三个基矢的系数不一定是互质的整数，也可能是分数。例如，位于面心立方面心上的原子对应的系数分别为 1/2、1/2、0，而相应的立方晶格面对角线的晶列指数为[110]。

如果出现负指数，习惯上将负号标于指数的顶部。有时为了标出晶体中所有对称的方向，可以用括号$\langle\rangle$表示，即$\langle mnp\rangle$。

相对晶胞基矢定出的晶面指数称为米勒指数。选择需要标记的晶面族中任一不过原点的晶面，设晶面在三个晶胞基矢方向的截距分别为 $r\boldsymbol{a}$、$s\boldsymbol{b}$、$t\boldsymbol{c}$，将三个系数的倒数，即 $1/r$、$1/s$、$1/t$ 简约为三个互质的整数 h、k、l，并将它们用圆括号标志，就成为这一晶面族的米勒指数(hkl)。如图 1.3 中，晶面 ABC 所属的晶面族的米勒指数为(144)，而晶面族 EFG 所属的晶面族为$(\overline{2}\overline{6}3)$。有时为了表示所有的对称晶面，可以用{}表示，即$\{hkl\}$。

如图 1.4 所示，六角密积结构的原胞基矢 $\boldsymbol{a}_1$、$\boldsymbol{a}_2$、$\boldsymbol{a}_3$ 分别为

$$\begin{aligned}
\boldsymbol{a}_1 &= \frac{\sqrt{3}a}{2}\boldsymbol{i} - \frac{a}{2}\boldsymbol{j} \\
\boldsymbol{a}_2 &= a\boldsymbol{j} \\
\boldsymbol{a}_3 &= c\boldsymbol{k}
\end{aligned} \tag{1-4}$$

其中，$\boldsymbol{i}$、$\boldsymbol{j}$、$\boldsymbol{k}$ 分别为三个垂直方向的单位矢量；a 为六边形边长，在理想情况下 $c = 2\sqrt{6}a/3$ 。该原胞有两个原子，其中一个在原点，另一个位于$\left(\frac{2}{3}\boldsymbol{a}_1, \frac{1}{3}\boldsymbol{a}_2, \frac{1}{2}\boldsymbol{a}_3\right)$。

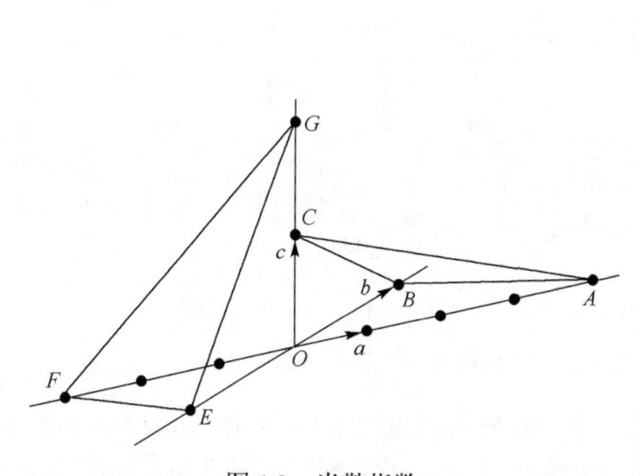

图 1.3　米勒指数

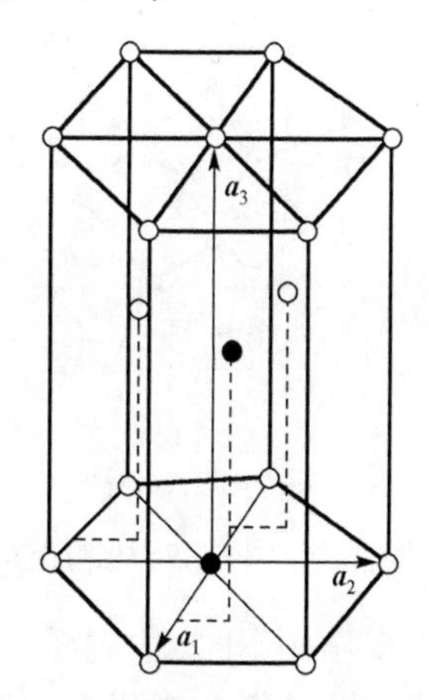

图 1.4　六角密积结构的原胞基矢

通常的半导体结构主要包括 Si、Ge 等元素半导体的金刚石结构，GaAs 等化合物半导体的闪锌矿结构以及 GaN 等化合物半导体的纤锌矿结构。

Si、Ge 等元素半导体的结构为金刚石结构。金刚石结构的结晶学原胞如图 1.5(a)所示，其中，A、B 为同种原子。除了顶点和面心处的原子，在一个立方晶胞内还有 4 个原子，这 4

个原子分别位于 4 个空间对角线的 1/4 处。金刚石中碳原子的结合是由碳原子最外层的 4 个价电子经 $2s^12p^3$ 杂化形成共价键，1 个碳原子和周围 4 个原子结合，该碳原子在正四面体的中心，周围 4 个碳原子在正四面体的顶角上，中心的碳原子和顶角上每一个碳原子共有 2 个价电子。图 1.5(a) 中每条线代表一个共价键。由图可以看出，在正四面体中心的碳原子的共价键取向与顶角上碳原子的取向是不同的。由于共价键的取向不同，这两类碳原子的周围状况不同，即图 1.5 中的 A、B 两类原子，因此位于立方体顶角及面心上碳原子周围状况与对角线上 4 个碳原子不同。上述情况说明，金刚石结构是复式格子，由两个面心立方的子晶格彼此沿体对角线平移 1/4 的长度套构形成。金刚石结构的固体物理学原胞与图 1.2 中的面心立方的原胞取法一致，该原胞中包含两个不等价的碳原子。

GaAs 等化合物半导体的结构和金刚石类似，但 A、B 是不同种原子，其中的 Ga 和 As 分别组成面心立方结构的子晶格，并沿体对角线平移 1/4 套构形成，这种由两类不同原子的面心立方子晶格形成的结构就是闪锌矿结构。需要指出的是，闪锌矿结构虽然和金刚石结构类似，但两者的化学键是有区别的。金刚石结构的化学键是完全的非极性共价键。但在闪锌矿结构中，形成化学键的是两种不同的原子，两者的电负性有差别，该化学键有离子键成分，因此这类半导体通常称为极性半导体。但总体上说该化学键还是以共价结合为主，并形成闪锌矿结构。

在垂直于[111]方向看闪锌矿结构的Ⅲ-Ⅴ族化合物时，可以看到它是由一系列Ⅲ族原子层和Ⅴ族原子层堆积起来的，如图 1.5(b) 所示。显然，每一个原子层都是一个(111)面，由于Ⅲ-Ⅴ族化合物的离子性，这种双原子层是一个电偶极层。通常规定由一个Ⅲ族原子到一个相邻的Ⅴ族原子方向为[111]方向，而一个Ⅴ族原子到一个相邻的Ⅲ族原子方向为[$\bar{1}\bar{1}\bar{1}$]方向，并且规定Ⅲ族原子层为(111)面，Ⅴ族原子层为($\bar{1}\bar{1}\bar{1}$)面。因此，Ⅲ-Ⅴ族化合物(111)面与($\bar{1}\bar{1}\bar{1}$)面的物理化学性质有所不同。

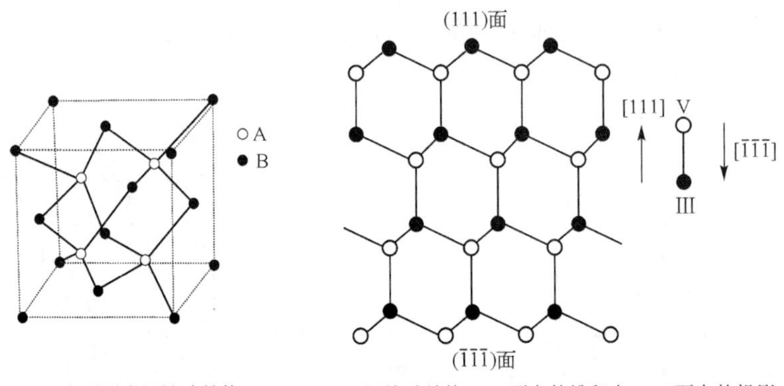

(a)金刚石或闪锌矿结构　(b)闪锌矿结构(111)面上的堆积在(110)面上的投影

图 1.5　立方结构半导体晶胞及闪锌矿结构的原子投影示意图

与闪锌矿结构不同，构成纤锌矿结构的两种元素分别形成图 1.4 所示的六角密积子晶格，然后两者沿 c 轴平移一定距离，位于六角晶格内部的 3 个原子分别与位于六角结构底面上的另一类原子(1 个位于底面六边形中心，6 个分别位于六边形顶点)形成四面体结构，位于六角晶格内部的两类原子之间也分别形成 3 个平行于 c 轴的化学键，由此得到如图 1.6 所示 GaN 半导体的纤锌矿结构。需要指出的是，形成纤锌矿结构的两种元素电负性一般相差较大，因此化学键的离子性一般占优势，形成的半导体极性较大，如 ZnO 和 GaN 等半导体。

纤锌矿结构的Ⅱ-Ⅵ族或Ⅲ-Ⅴ族化合物是由一系列Ⅱ族(Ⅲ族)原子层和Ⅵ族(Ⅴ族)原子

层沿[001]方向堆积起来的，每一个原子层都是一个(001)面，由于它具有离子性，通常也规定一个Ⅱ族(Ⅲ族)原子到一个相邻的Ⅵ族(Ⅴ族)原子的方向为[001]方向，反之，则为[00$\bar{1}$]方向，Ⅱ族(Ⅲ族)原子层为(001)面，Ⅵ族(Ⅴ族)原子层为(00$\bar{1}$)面，这两种面的物理化学性质也有所不同。

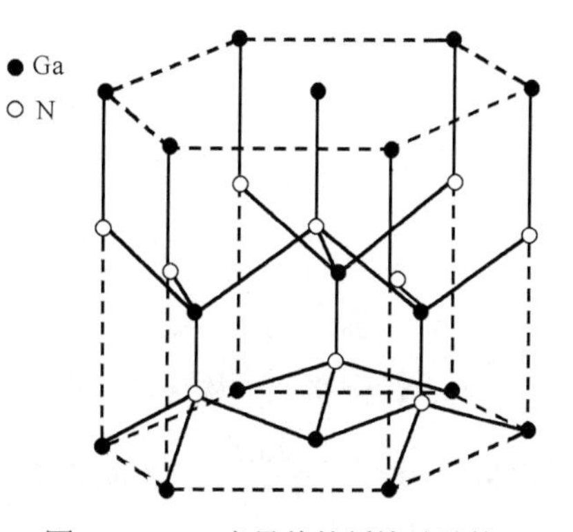

图 1.6　GaN 半导体的纤锌矿结构

1.1.2　倒格子和布里渊区

半导体的许多关键性质，如能带、电子态间的跃迁，都需要在波矢空间讨论，因此需要引入倒格子的概念[1-4]。倒格子的基矢和 1.1.1 节引入的原胞基矢有如下关系：

$$\begin{aligned} \boldsymbol{b}_1 &= \frac{2\pi(\boldsymbol{a}_2 \times \boldsymbol{a}_3)}{\Omega} \\ \boldsymbol{b}_2 &= \frac{2\pi(\boldsymbol{a}_3 \times \boldsymbol{a}_1)}{\Omega} \\ \boldsymbol{b}_3 &= \frac{2\pi(\boldsymbol{a}_1 \times \boldsymbol{a}_2)}{\Omega} \end{aligned} \tag{1-5}$$

其中，Ω 是原胞的体积，即 $\Omega = \boldsymbol{a}_1 \cdot [\boldsymbol{a}_2 \times \boldsymbol{a}_3]$，显然，这样定义的倒格子基矢和原胞基矢有如下关系：

$$\boldsymbol{a}_i \cdot \boldsymbol{b}_j = 2\pi\delta_{ij} = \begin{cases} 2\pi, & i = j \\ 0, & i \neq j \end{cases} \tag{1-6}$$

由倒格基矢可以构成布里渊区，布里渊区由倒格基矢形成的维格纳-塞茨原胞构成。从波矢空间的原点到各最近邻倒格点连线，作各连线的垂直平分面，由这些垂直平分面围成的完全封闭的最小体积单元就是第一布里渊区。

由式(1-2)可以得到面心立方的倒格基矢为

$$\begin{aligned} \boldsymbol{b}_1 &= \frac{2\pi}{a}(-\boldsymbol{i} + \boldsymbol{j} + \boldsymbol{k}) \\ \boldsymbol{b}_2 &= \frac{2\pi}{a}(\boldsymbol{i} - \boldsymbol{j} + \boldsymbol{k}) \\ \boldsymbol{b}_3 &= \frac{2\pi}{a}(\boldsymbol{i} + \boldsymbol{j} - \boldsymbol{k}) \end{aligned} \tag{1-7}$$

面心立方结构的第一布里渊区如图 1.7 所示，这是一个截角八面体，即十四面体，体积为 $\frac{32\pi^3}{a^3}$。该布里渊区主要对称点的坐标分别为 $\Gamma:(0,0,0)$；$X:\frac{2\pi}{a}(1,0,0)$；$K:\frac{2\pi}{a}\left(\frac{3}{4},\frac{3}{4},0\right)$；$L:\frac{2\pi}{a}\left(\frac{1}{2},\frac{1}{2},\frac{1}{2}\right)$。对称轴上点的常用符号 $\Delta:\frac{2\pi}{a}(\delta,0,0)$，其中，$0<\delta<1$；$\Sigma:\frac{2\pi}{a}(\sigma,\sigma,0)$，其中，$0<\sigma<\frac{3}{4}$；$\Lambda:\frac{2\pi}{a}(\lambda,\lambda,\lambda)$，其中，$0<\lambda<\frac{1}{2}$。

由式(1-5)可以得到六角密积结构的倒格基矢：

$$
\begin{aligned}
\boldsymbol{b}_1 &= \frac{4\sqrt{3}\pi}{3a}\boldsymbol{i} \\
\boldsymbol{b}_2 &= \frac{2\pi}{a}\left(\frac{\sqrt{3}}{3}\boldsymbol{i}+\boldsymbol{j}\right) \\
\boldsymbol{b}_3 &= \frac{2\pi}{c}\boldsymbol{k}
\end{aligned}
\tag{1-8}
$$

由上述倒格基矢构成的六角密积结构的第一布里渊区如图 1.8 所示，这是一个正六边形柱体，体积为$\frac{16\sqrt{3}\pi^3}{3a^2c}$。该布里渊区的主要对称点坐标分别为$\varGamma:\frac{2\pi}{a}(0,0,0)$；$A:\left(0,0,\frac{\pi}{c}\right)$；$M:\frac{2\pi}{a}\left(\frac{\sqrt{3}}{3},0,0\right)$；$K:\frac{2\pi}{a}\left(0,\frac{2}{3},0\right)$；$H:\left(0,\frac{4\pi}{3a},\frac{\pi}{c}\right)$；$L:\left(\frac{2\sqrt{3}\pi}{3a},0,\frac{\pi}{c}\right)$。对称轴上点的常用符号为$S:AH$轴上的点；$\varSigma:\varGamma M$轴上的点；$\varDelta$:[0001]轴上的点；$T:\varGamma K$轴上的点；$P:HK$轴上的点。

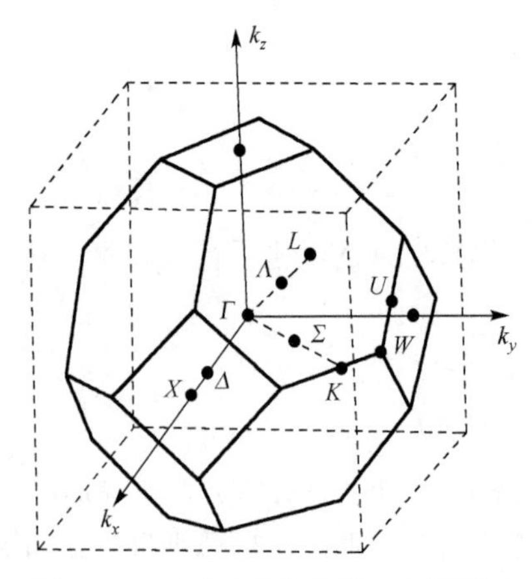

图 1.7　面心立方结构的第一布里渊区

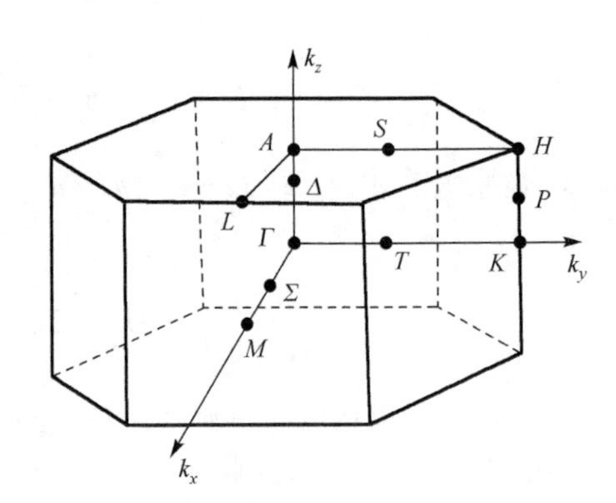

图 1.8　六角密积结构的第一布里渊区

1.2　半导体中的电子态

1.2.1　半导体能带的形成

半导体物理的核心是讨论其中的电子跃迁和输运过程。这是一个量子力学过程，但如果在任何情况下都用量子力学处理，将使多数半导体物理过程的处理非常复杂，并使很多人望而却步。因此，如何找到一种简洁有效的处理方法是半导体物理首先要解决的问题。半导体能带是半导体的基本特征，在此基础上多数半导体中的电子过程可以得到有效解决[1,3,4]。需要指出的是，半导体能带有两个不同的模型：原子耦合模型和周期场模型。

原子耦合模型是在孤立原子能级的基础上讨论半导体中的能带。实验和量子力学的理论计算都证明，原子中的电子能量是不连续的，而是分为许多不同的能级，并形成电子壳层，可以分别用 1s；2s, 2p；3s, 3p, 3d 和 4s 等表示。当两个原子互相靠近时，它们之间就会有相互作用，相互作用的结果是原来孤立原子的外层电子能级产生分裂，而内层电子之间的作用非常弱，因此内层电子能级一般不会分裂，并保持原来孤立原子的属性。当更多的原子互相靠近并相互作用时，外层电子分裂成更多的能级，这些分裂能级分布在一定的能量范围内，并组成能带，如图 1.9 所示。量子力学中的不确定性原理使能带中的子能级不能分辨究竟属于哪个原子，这些能带中的子能级是所有这些原子共有的。在各个能带之间的能量范围内没有任何电子态，因此是电子的禁带。

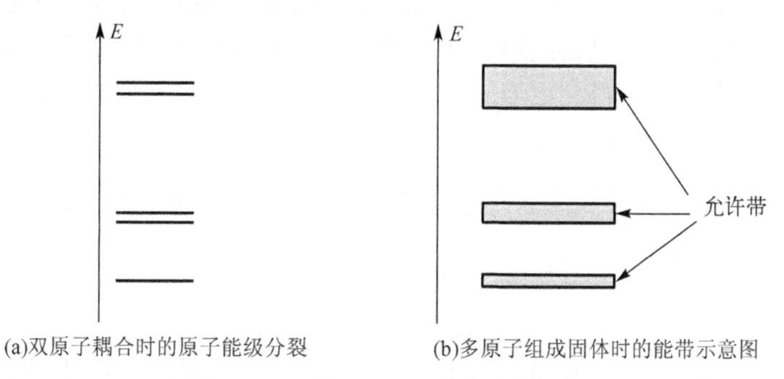

(a)双原子耦合时的原子能级分裂　(b)多原子组成固体时的能带示意图

图 1.9　原子耦合时的能级与能带关系

由上述模型得到的电子能量和原子间距与键角有非常密切的关系。用原子耦合模型描述能带的方法不仅对晶态半导体适用，也可以用于非晶半导体。电子的本征函数由组成上述原子的薛定谔方程得到，该方法在固体物理中又被称为紧束缚近似，一般可以由数值求解得到，求解的原子团一般需要 20～50 个原子，并得到对固体有意义的能带。

用上述模型讨论能带的另一个优点是可以非常方便地得到各个能带可以填充的电子数。需要指出的是，实际晶体的能带与孤立原子之间的对应关系并不像图 1.9 那样简单。晶体能带和孤立原子能级没有明确的对应关系。例如孤立的 Si 和 Ge 等元素都有 4 个价电子，2 个电子填满 s 态，总共可填充 6 个电子的 p 态也只有 2 个电子。当 Si 和 Ge 原子分别相互作用形成两个分裂的能带，这两个能带并不直接与 s 电子和 p 电子的能级对应，而是 s 电子和 p 电子能级的杂化，实际上这两个能带各可以容纳 $4N$ 个电子（N 是原子总数），由此能量较低的能带完全被填满，而能量较高的能带则没有任何电子(不考虑电子的激发)。

按量子力学模型，周期性势场可以形成能带。但半导体中的实际相互作用是非常复杂的，它包括共有化电子之间的相互作用，带正电的离子实之间的相互作用，以及离子实与电子之间的相互作用。虽然理想晶体是周期排列的，但只要不是绝对零度，组成晶体的原子或离子在不停地运动。这是一个多体作用模型，完全的量子力学处理非常复杂。

实际的能带理论是在多个近似基础上得到的。第一步是绝热近似，考虑到离子实的质量远大于电子质量，离子运动速度远小于电子运动速度，在讨论电子问题时，可以认为离子实固定在瞬时的位置上。这样，多种粒子的多体问题就简化为多电子问题。第二步，利用哈特里-福克自洽场方法，多电子问题可以简化为单电子问题，每个电子在固定的离子势场及其他电子的平均场中运动。第三步，认为该平均场是周期性势场。在上述三步近似下，晶体中电子的运动就可以简化为周期场中的单电子运动问题。

如果由上述近似得到的周期势场是 $U(\boldsymbol{r})$，则固体中的电子满足以下形式的薛定谔方程：

$$\nabla^2\psi+\frac{2m_0}{\hbar^2}[E(\boldsymbol{k})-U(\boldsymbol{r})]\psi=0 \tag{1-9}$$

由于势场 $U(\boldsymbol{r})$ 是周期函数，上述波函数满足布洛赫定理，即电子波函数可以表示为

$$\begin{aligned}\psi_n(\boldsymbol{k},\boldsymbol{r}) &= u_n(\boldsymbol{k},\boldsymbol{r})\exp(\mathrm{i}\boldsymbol{k}\cdot\boldsymbol{r})\\ u_n(\boldsymbol{k},\boldsymbol{r}) &= u_n(\boldsymbol{k},\boldsymbol{r}+\boldsymbol{R}_n)\end{aligned} \tag{1-10}$$

其中，n 是能带指数；$\boldsymbol{R}_n = n_1\boldsymbol{a}_1 + n_2\boldsymbol{a}_2 + n_3\boldsymbol{a}_3$，$\boldsymbol{a}_1$、$\boldsymbol{a}_2$、$\boldsymbol{a}_3$ 是原胞的基矢。

图 1.10 是上述势场和波函数的示意图。如果势场的具体形式确定，就能按上述两个方程得到电子能量 $E_n(\boldsymbol{k})$，该电子能量只在一定的能量范围内存在，而在其他能量范围内是无解的，即禁带。按上述方法可以得到第一布里渊区每个 $\boldsymbol{k}$ 值的电子能量值，即电子的能带。对不同的势能形式，多数只能得到近似的数值解，但这个方法为晶体能带提供了一个标准化的处理方法。

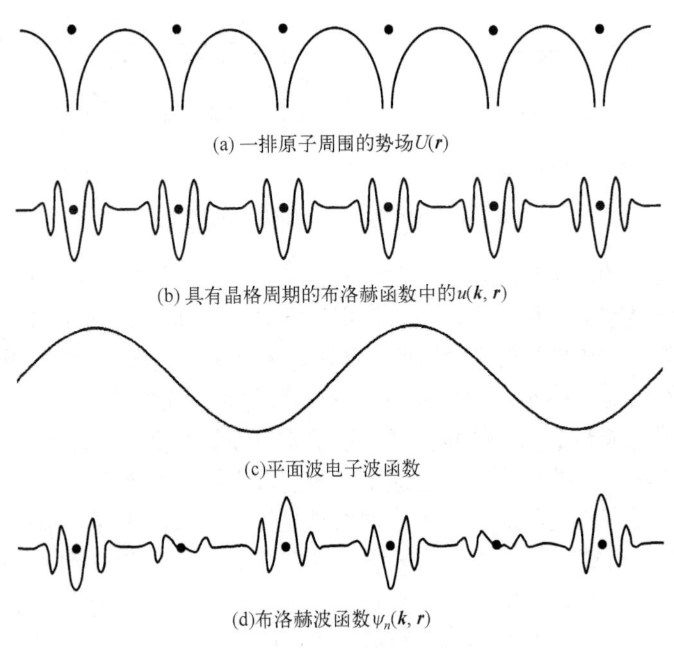

(a) 一排原子周围的势场$U(\boldsymbol{r})$
(b) 具有晶格周期的布洛赫函数中的$u(\boldsymbol{k}, \boldsymbol{r})$
(c)平面波电子波函数
(d)布洛赫波函数$\psi_n(\boldsymbol{k}, \boldsymbol{r})$

图 1.10　固体中电子本征态示意图

图 1.11 是一维克勒尼希-彭尼势用上述方法计算得到的能带。克勒尼希-彭尼势是一维周期势，势场周期为 $a = b+c$，势能的具体形式为

$$U(x) = \begin{cases} 0, & 0 < x < c \\ U_0, & -b < x < 0 \end{cases} \tag{1-11}$$

在一维波矢空间中，第一布里渊区的波矢范围是 $-\dfrac{\pi}{a} < k_x \leqslant \dfrac{\pi}{a}$；第二布里渊区的波矢范围是 $-\dfrac{2\pi}{a} < k_x \leqslant -\dfrac{\pi}{a}$，$\dfrac{\pi}{a} < k_x \leqslant \dfrac{2\pi}{a}$；第三布里渊区波矢范围是 $-\dfrac{3\pi}{a} < k_x \leqslant -\dfrac{2\pi}{a}$，$\dfrac{2\pi}{a} < k_x \leqslant \dfrac{3\pi}{a}$。禁带出现在布里渊区的边界上，即 $k_x = \dfrac{n\pi}{a}$，$n = \pm1, \pm2, \cdots$。

图 1.11 中(a)是计算得到的扩展布里渊区内能量-波矢关系，(b)是考虑到布里渊区周期性得到的周期性能量-波矢关系，(c)是第一布里渊区，也就是简约布里渊区的能量-波矢关系，也是通常采用的波矢空间内的能带图。如果考虑到三维空间的复杂性，波矢空间内的

能带图是十分复杂的，必须得到各个方向的能量-波矢关系，并最终给出有代表性的能量-波矢关系。

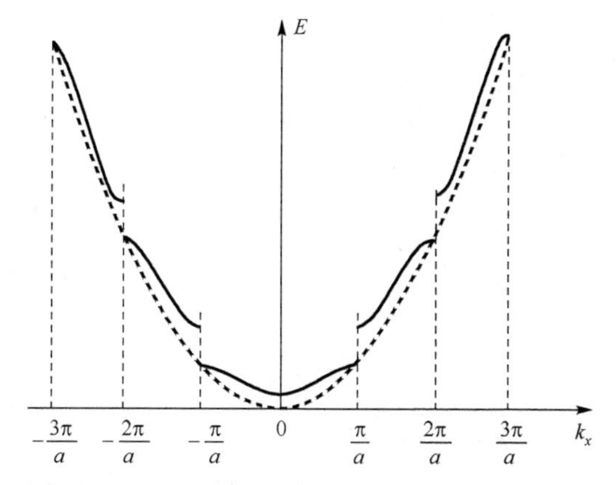

(a) 一维克勒尼希-彭尼势的扩展布里渊区能量-波矢关系

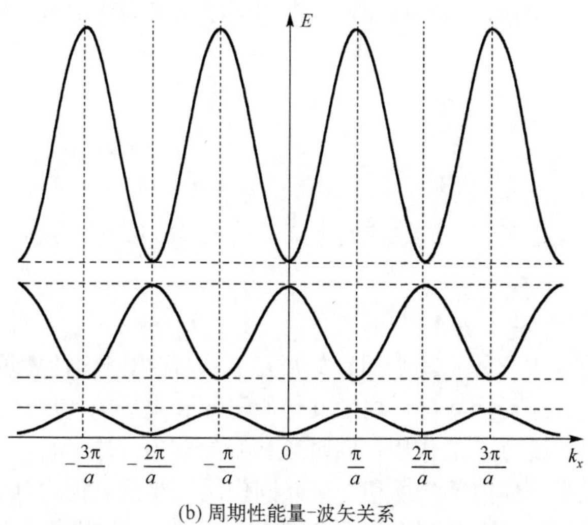

(b) 周期性能量-波矢关系

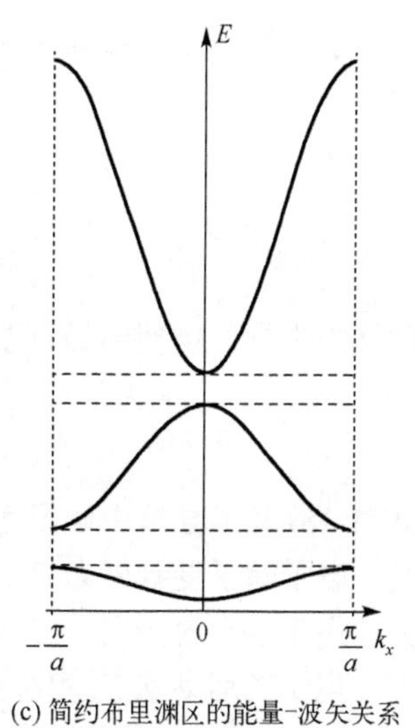

(c) 简约布里渊区的能量-波矢关系

图 1.11　一维克勒尼希-彭尼势的色散关系

1.2.2　能带中电子的速度、加速度和有效质量

前文已经指出，由于量子力学处理的复杂性，通常的电子行为一般按经典方法处理，即认为电子在外力 F 的作用下，其动力学过程遵循牛顿第二定律(为了简化处理方法，下文按一维模型处理)：

$$\frac{\mathrm{d}p}{\mathrm{d}t}=m_{\mathrm{e}}\frac{\mathrm{d}v}{\mathrm{d}t}=F \tag{1-12}$$

另外，真空中电子的行为可以由相应的德布罗意波表示。其动量 $p=\hbar k$，能量 $E=\frac{p^2}{2m_{\mathrm{e}}}=\frac{\hbar^2k^2}{2m_{\mathrm{e}}}$。在外力 F 的作用下，电子的运动方程可以表示为

$$\frac{\mathrm{d}p}{\mathrm{d}t}=\hbar\frac{\mathrm{d}k}{\mathrm{d}t}=F \tag{1-13}$$

当电子由一个波包描述时，电子速度应该是波的群速，即

$$v=\frac{\partial\omega}{\partial k}=\frac{1}{\hbar}\frac{\partial E}{\partial k} \tag{1-14}$$

按牛顿定律

$$m_0\frac{\mathrm{d}v}{\mathrm{d}t}=F \tag{1-15}$$

由式(1-14)可以得到

$$\frac{\mathrm{d}v}{\mathrm{d}t}=\frac{1}{\hbar}\frac{\mathrm{d}}{\mathrm{d}t}\left(\frac{\partial E}{\partial k}\right)=\frac{1}{\hbar}\frac{\partial^2 E}{\partial k^2}\frac{\mathrm{d}k}{\mathrm{d}t}=\frac{1}{\hbar^2}\frac{\partial^2 E}{\partial k^2}F \tag{1-16}$$

比较式(1-15)和式(1-16)，可以知道式(1-16)中 F 前面因子的量纲是质量的倒数。

为了能在固体中继续使用牛顿运动定律，由式(1-16)，我们可以定义固体中电子的有效质量为

$$m^*=\frac{\hbar^2}{\dfrac{\partial^2 E}{\partial k^2}} \tag{1-17}$$

有效质量是半导体物理中最重要的物理量之一，按这样的定义，式(1-16)可以表示为

$$\frac{\mathrm{d}v}{\mathrm{d}t}=\frac{1}{m^*}F \tag{1-18}$$

式(1-18)是半导体中电子运动的基本方程，其中用有效质量 m^* 取代电子惯性质量 m_e 的原因是，电子除了受到外力 F 的作用，还受到半导体内部其他原子核和电子的作用。当电子在外力作用下运动时，它一方面受到外场力 F 的作用，同时还和半导体内部原子核、电子相互作用，电子的运动状态变化应该是半导体内部势场和外场共同作用的结果。但内部势场非常复杂，多数情况下没有直观的表示方法，引进有效质量后能使问题简单，可以直接把外力 F 和电子加速度 $a=\mathrm{d}v/\mathrm{d}t$ 联系起来。因此，有效质量的物理意义就是概括了半导体内部势场的作用，使解决半导体中电子在外力作用下的运动规律时可以不涉及半导体内部势场的作用。有效质量 m^* 可以由实验直接测量，由此可以方便地得到电子的运动规律。需要指出的是，动量 $\hbar k=m^*v$ 并不代表半导体中电子的真实动量，但是在外力的作用下，它的变化规律和自由电子的动量变化规律相似，所以通常称 $\hbar k$ 为半导体中电子的准动量。

按固体能带论的基本规律，能带中电子能量 E 是波矢 k_x 的偶函数，即 $E_s(k)=E_s(-k)$，其中，s 为能带序号。而速度 $v_x=\frac{1}{\hbar}\frac{\mathrm{d}E_s(k)}{\mathrm{d}k}$ 是 k_x 的奇函数，即 $v_x(-k)=-v_x(k)$。上式表明，波矢为 k 的状态和波矢为 $-k$ 的状态的电子速度大小相等、方向相反。

在没有外电场时，一定温度下电子占据某个状态的概率只与该状态的能量 E 有关，既然 $E_s(k)$ 是 k 的偶函数，电子占据 k 状态的概率等于它占据 $-k$ 状态的概率，因此这两个状态的电子电流相互抵消，半导体中总的电流为零，如图 1.12 所示。

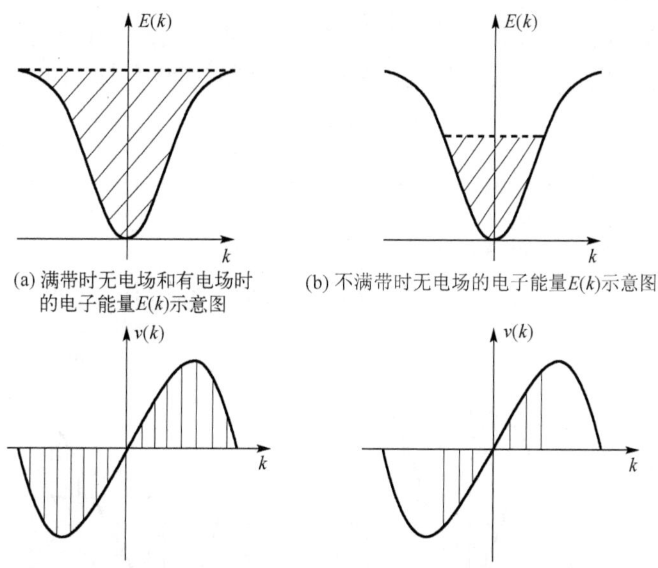

(a) 满带时无电场和有电场时的电子能量$E(k)$示意图　(b) 不满带时无电场的电子能量$E(k)$示意图

(c) 满带时无电场和有电场的电子速度示意图　(d) 不满带时无电场的电子速度示意图

图 1.12　满带与不满带电子的色散及速度-波矢关系

若有外电场$\mathcal{E}$存在，满带和不满带对电流的贡献有很大的差别。在外力F的作用下，电子能量的增加可表示为

$$\frac{\mathrm{d}E}{\mathrm{d}k}\Delta k = Fv\Delta t \tag{1-19}$$

因为

$$v=\frac{1}{\hbar}\frac{\partial E}{\partial k} \tag{1-20}$$

所以

$$\frac{\mathrm{d}k}{\mathrm{d}t}=\frac{1}{\hbar}F \tag{1-21}$$

对三维情况，且同时存在外电场$\boldsymbol{\mathcal{E}}$和磁场$\boldsymbol{B}$作用时

$$\boldsymbol{F}=-e(\boldsymbol{\mathcal{E}}+\boldsymbol{v}\times\boldsymbol{B}) \tag{1-22}$$

$$\frac{\mathrm{d}\boldsymbol{k}}{\mathrm{d}t}=-\frac{e}{\hbar}\left(\boldsymbol{\mathcal{E}}+\frac{1}{\hbar}\nabla_{\boldsymbol{k}}E\times\boldsymbol{B}\right) \tag{1-23}$$

状态$\boldsymbol{k}$在布里渊区的分布是均匀的。在满带的情况下，当有外电场$\boldsymbol{\mathcal{E}}$存在时，所有的电子状态都以相同的速度向左(与电场方向相反)移动，如图 1.13 所示，由于布里渊区的周期性，A点的状态和A'点的状态完全相同，因此有外电场时，电子的运动并不改变布里渊区内电子的分布情况，从布里渊区一边出去的电子在另一边同时填了进来。因此，满带的半导体在外电场作用下不会产生电流，即满带中的电子不导电。

对于一个不满的带，由于电场的作用，电子在布里渊区内的分布不再对称。如图 1.14 所示，此时向左方运动的电子比较多，总的电流不为零。因此，在电场的作用下，如果能带不满，则半导体中有电流；即在不满的能带中，电子的运动可以产生电流。

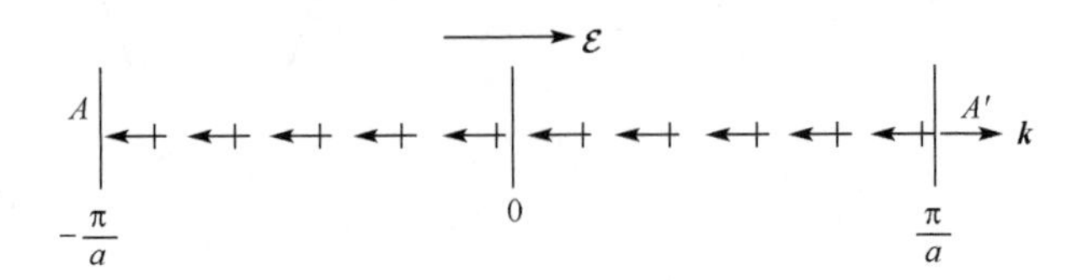

图 1.13　在外电场 $\boldsymbol{\mathcal{E}}$ 作用下波矢 $\boldsymbol{k}$ 的变化示意图

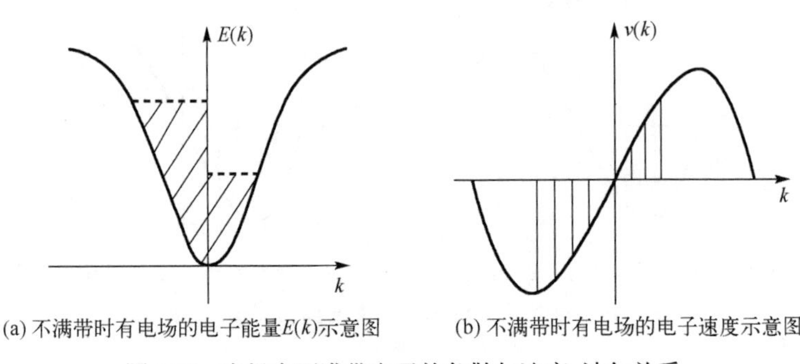

(a) 不满带时有电场的电子能量 $E(k)$ 示意图　(b) 不满带时有电场的电子速度示意图

图 1.14　电场中不满带电子的色散与速度-波矢关系

1.2.3　导体、半导体和绝缘体的能带

固体可以按其导电性分为导体、半导体和绝缘体。

对于金属导体，价电子处于未被充满的带，碱金属元素(Li、Na、K 等)就属于这种情况。对于碱土元素形成的晶体，例如 Mg 元素，其孤立原子有 2 个 3s 电子，按上述规则，Mg 晶体中的 3s 能带是满带，因此 Mg 应该是绝缘体。但实验结果显示，Mg 和其他碱土族晶体都是金属导体。其原因在于 3s 能带和较高的能带有交叠现象。事实上，价电子并没有填满 3s 能带，有一部分电子占有了能量较高的带，因此碱土金属仍有电子不满的带。由以上讨论可以看出，价电子在不满的带或能带的交叠，都可以使晶体具有金属的性质。金属能带的交叠，可以由 X 射线发射谱的实验得到证明。实际的晶体是三维的，三维波矢空间的情况和一维有很大的区别。晶体沿某一个方向的周期为 a_1，沿另一个方向的周期为 a_2，因此布里渊区不同方向的周期并不一致，禁带所在的能量值及宽度不一样，也可能发生交叠。从整个晶体看，某一个方向上周期场产生的禁带被另一个方向上许可的能带覆盖，晶体的禁带就消失。碱土金属就属于这种情况。

绝缘体和半导体的能带示意图如图 1.15 所示。对于绝缘体，它的价电子正好把价带填满，更高的允许带与价带之间隔着一个很宽的禁带。除非外电场非常强，上面的允许带总是没有电子的，在外电场作用下也不会有电流。图 1.15(a) 是绝缘体的能带模型，其中画斜线的能带是满带。

如图 1.15(b) 所示，半导体的能带结构和绝缘体基本相似，只是禁带较窄。它们的禁带宽度一般小于 3～4eV。因此，可以依靠热激发，把满带(价带)的电子激发到本来是空的允许带(由此成为导带)，于是具有了导电的本领。由于热激发的电子数量随温度按指数规律变化，因此半导体的电导率随温度的变化也是按指数规律，这是半导体的重要特征。半导体和绝缘体的划分并不是绝对的，两者没有严格的区分标准。例如氮化铝和金刚石，两者的禁带宽度都大于 6eV。从导电能力来看，两者应该都是绝缘体，但它们的许多性质又与半导体相似，经常作为半导体处理。特别是氮化铝，它是氮化物半导体家族中不可或缺的材料。

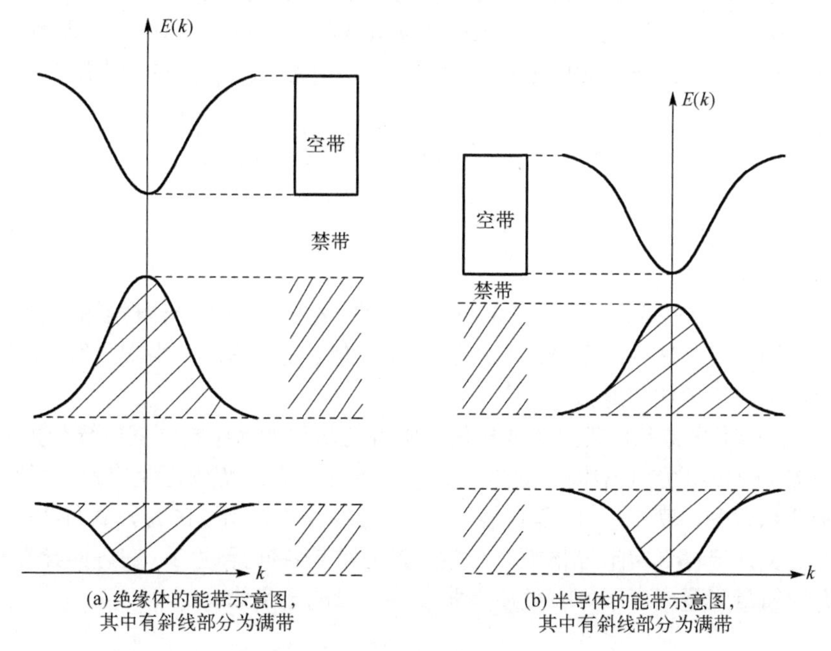
E(k)
空带
禁带
k
E(k)
空带
禁带
k
(a) 绝缘体的能带示意图，其中有斜线部分为满带
(b) 半导体的能带示意图，其中有斜线部分为满带

图 1.15　绝缘体与半导体的能带示意图

1.2.4　半导体中的空穴

设想在满带中有一个状态 $\boldsymbol{k}$ 未被电子占据，即能带是不满的。在外电场作用下，该能带应有电流产生，第一布里渊区内电荷与速度的乘积之和 $\boldsymbol{I}_k$ 不为零。为讨论方便，把该乘积定义为电荷运动强度。如果引入一个电子填充这个空的状态，这个电子的电荷运动强度为 $-e\boldsymbol{v}(\boldsymbol{k})$。引入这个电子后，能带又被填满，总的电荷运动强度为零。所以

$$\boldsymbol{I}_k+[-e\boldsymbol{v}(\boldsymbol{k})]=0$$

即

$$\boldsymbol{I}_k=e\boldsymbol{v}(\boldsymbol{k}) \tag{1-24}$$

上式表明，当状态 $\boldsymbol{k}$ 未被电子占据时，能带总的电荷运动强度就像由一个正电荷 e 所产生，而其运动速度等于处在 $\boldsymbol{k}$ 状态的电子运动速度 $\boldsymbol{v}(\boldsymbol{k})$，这个空的状态称为空穴。

在电磁场的作用下，空穴的状态变化和周围的电子状态变化是一样的。空状态 $\boldsymbol{k}$ 的变化规律为：$\dfrac{\mathrm{d}\boldsymbol{k}}{\mathrm{d}t}=-\dfrac{e}{\hbar}\left(\boldsymbol{\mathcal{E}}+\dfrac{1}{\hbar}\nabla_{\boldsymbol{k}}E\times\boldsymbol{B}\right)$。由于满带顶的电子比较容易因受热或其他因素而被激发到导带，因此空穴位于能带顶。由有效质量的定义(1-17)，在能带顶附近的电子有效质量是负的，即在能带顶的电子的加速度犹如一个质量为 $-m_{\mathrm{p}}^*$（$m^*=-m_{\mathrm{p}}^*<0$）的粒子。

$$\frac{\mathrm{d}\boldsymbol{v}(\boldsymbol{k})}{\mathrm{d}t}=-\frac{1}{m_{\mathrm{p}}^*}\left(-e\boldsymbol{\mathcal{E}}-e\frac{1}{\hbar}\nabla_{\boldsymbol{k}}E\times\boldsymbol{B}\right)$$

$$= \frac{1}{m_p^*}\left(e\boldsymbol{\mathcal{E}} + e\frac{1}{\hbar}\nabla_{\boldsymbol{k}} E \times \boldsymbol{B}\right) \tag{1-25}$$

式(1-25)说明价带顶的电子加速度可以认为是一个具有正电荷 e、正质量为 m_p^* 的粒子在电磁场中运动所产生的加速度，因此空穴的运动规律和一个带正电荷 e、正质量为 m_p^* 的粒子运动规律完全相同。空穴概念的引进对半导体的许多物理性质起关键的作用。

1.3　半导体能带的基本特征

1.3.1　半导体能带

半导体能带是波矢空间中 $E(\boldsymbol{k})$ 与 $\boldsymbol{k}$ 的函数关系。各种不同半导体材料的能带结构具有较大的差别，它们一般由理论模型给出基本的能带结构，在此基础上由实验得到能带的关键参数，由此确定不同半导体的能带结构[3,4]。

图 1.16 给出了导带和价带最重要极值点附近的简化能带结构，其中导带主要给出了 Γ 点、L 点和 X 点附近的能带结构示意图。价带主要给出了 Γ 点附近重空穴、轻空穴和自旋-轨道分裂带的示意图，其中，Δ_{so} 是自旋-轨道分裂能。需要指出的是，式(1-15)给出了有效质量的一般定义，但在真实半导体中，有效质量通常是各向异性的，在各向异性时，有效质量可以由有效质量张量来表示。有效质量张量各分量的定义为

$$m_{ij}^* = \frac{\hbar^2}{\dfrac{\partial^2 E}{\partial k_i \partial k_j}} \tag{1-26}$$

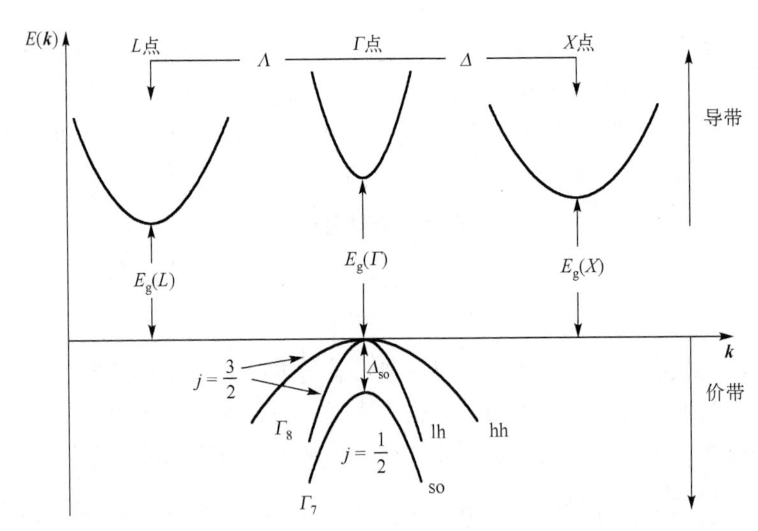

图 1.16　半导体中Γ点、L 点和 X 点附近的能带结构示意图

半导体材料的带隙是温度的函数，带隙和温度的关系通常可以表示为

$$E_g(T) = E_g(0) - \frac{\alpha T^2}{T + \beta} \tag{1-27}$$

式(1-27)一般称为 Varshni 公式，其中，$E_g(0)$ 是绝对 0K 时的带隙；α 和 β 是两个与材料性质相关的系数。

1.3.2　导带结构

在最简单的情况下，设导带底位于 Γ 点，即波矢 $\boldsymbol{k}=0$ 时，其能量为 $E(0)$，且 $E(\boldsymbol{k})$ 在 $\boldsymbol{k}$ 空间各向同性，有效质量为 m_n^*，则在导带底附近

$$E(\boldsymbol{k})-E(0)=\frac{\hbar^2}{2m_n^*}(k_x^2+k_y^2+k_z^2) \tag{1-28}$$

在其他卫星谷附近，例如在 X 谷附近，$E(\boldsymbol{k})$ 与 $\boldsymbol{k}$ 的关系一般各向异性，设导带底位于 $\boldsymbol{k}_0$，能量为 $E(\boldsymbol{k}_0)$，在晶体中选择适当的坐标轴，并定义 m_x^*、m_y^*、m_z^* 分别为沿 k_x、k_y、k_z 三个方向的导带底电子有效质量，用泰勒级数在导带底 $\boldsymbol{k}_0$ 附近展开，略去高次项得

$$E(\boldsymbol{k})=E(\boldsymbol{k}_0)+\frac{\hbar^2}{2}\left[\frac{(k_x-k_{0x})^2}{m_x^*}+\frac{(k_y-k_{0y})^2}{m_y^*}+\frac{(k_z-k_{0z})^2}{m_z^*}\right] \tag{1-29}$$

其中

$$\begin{cases}\dfrac{1}{m_x^*}=\dfrac{1}{\hbar^2}\dfrac{\partial^2 E}{\partial k_x^2}\Bigg|_{\boldsymbol{k}=\boldsymbol{k}_0}\\[2ex]\dfrac{1}{m_y^*}=\dfrac{1}{\hbar^2}\dfrac{\partial^2 E}{\partial k_y^2}\Bigg|_{\boldsymbol{k}=\boldsymbol{k}_0}\\[2ex]\dfrac{1}{m_z^*}=\dfrac{1}{\hbar^2}\dfrac{\partial^2 E}{\partial k_z^2}\Bigg|_{\boldsymbol{k}=\boldsymbol{k}_0}\end{cases} \tag{1-30}$$

可以将(1-29)改写为以下形式

$$\frac{(k_x-k_{0x})^2}{\dfrac{2m_x^*[E-E(\boldsymbol{k}_0)]}{\hbar^2}}+\frac{(k_y-k_{0y})^2}{\dfrac{2m_y^*[E-E(\boldsymbol{k}_0)]}{\hbar^2}}+\frac{(k_z-k_{0z})^2}{\dfrac{2m_z^*[E-E(\boldsymbol{k}_0)]}{\hbar^2}}=1 \tag{1-31}$$

式(1-31)是一个椭球方程，各项的分母为椭球各半轴长的平方，这种情况下的等能面是环绕 $\boldsymbol{k}_0$ 的一系列椭球面。图 1.17 为等能面在 k_yk_z 平面上的截面图，它是一系列的椭圆。在椭球等能面的能带结构中，实际的椭球面经常是旋转椭球，则有效质量可以分为横向质量 m_t 和纵向有效质量 m_l，则式(1-29)可以做相应的简化。

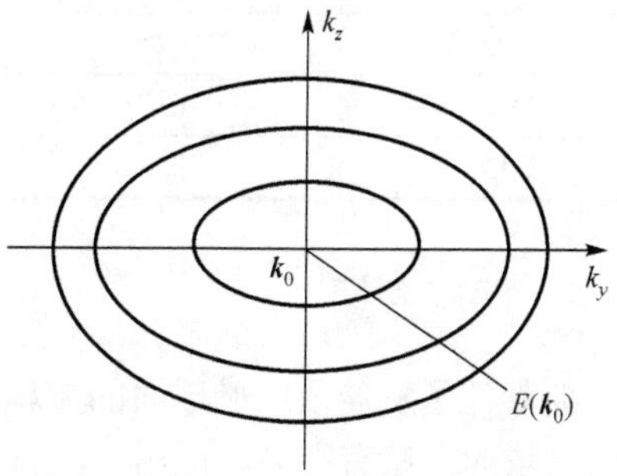

图 1.17　k_yk_z 平面上的椭球等能面的截面图

1.3.3　立方结构半导体的价带结构

半导体的价带由原子 2 重简并的 s 态和 6 重简并的 p 态按 sp^3 杂化形成。如果进一步考虑自旋-轨道耦合作用，则价带最上面分为 2 个带，其中 1 个为具有总角动量量子数 3/2 的 4 重简并带 Γ_8，在考虑了晶体场作用的各向异性晶体

中，这个简并也将被解除。另 1 个 2 重简并带为具有总角动量量子数 1/2 的 Γ_7，并下移了 Δ_{so}，因此这个带一般称为自旋-轨道分裂带。在通常情况下，如果自旋-轨道分裂能 Δ_{so} 远大于 $k_B T$（k_B 为玻尔兹漫常量，T 为绝对温度）或远大于浅受主电离能(该条件一般都满足)，自旋-轨道分裂带通常不必考虑，只需要考虑上面的 4 重简并带。该 4 重简并带又可以分为重空穴带和轻空穴带。两者的色散关系可以表示为

$$E_{\mathrm{lh,hh}} = -\frac{\hbar^2}{2m_0}\left[\gamma_1 k^2 \pm \sqrt{4\gamma_2^2 k^4 + 12(\gamma_3^2 - \gamma_2^2)(k_x^2 k_y^2 + k_y^2 k_z^2 + k_z^2 k_x^2)}\right] \tag{1-32}$$

上述色散关系也可以表示为以下等效方程：

$$E_{\mathrm{lh,hh}} = -\left[Ak^2 \pm \sqrt{B^2 k^4 + C^2(k_x^2 k_y^2 + k_y^2 k_z^2 + k_z^2 k_x^2)}\right] \tag{1-33}$$

其中，γ_1、γ_2 和 γ_3 为 Luttinger 参数；“+”对应于轻空穴；“−”对应于重空穴；系数 A、B 和 C 与 Luttinger 参数的关系为：$\frac{\gamma_1}{m_0} = \frac{2}{\hbar^2}A$，$\frac{\gamma_2}{m_0} = \frac{1}{\hbar^2}B$，$\frac{\gamma_3}{m_0} = \frac{1}{\sqrt{3}\hbar^2}\sqrt{C^2 + 3B^2}$，$A$ 表示平均的弯曲程度，B 表示轻重空穴的差异，C 表示扭曲程度。

自旋-轨道分裂带的能量可以表示为

$$E = -\Delta_{so} - Ak^2 \tag{1-34}$$

表 1.1 列出了常见半导体的价带参数。

表 1.1 立方结构半导体的价带 Luttinger 参数和自旋-轨道分裂能 Δ_{so}

半导体名称	γ_1	γ_2	γ_3	Δ_{so} /eV
Si	4.29	0.34	1.45	0.044
Ge	13.38	4.28	5.69	0.296
AlP	3.35	0.71	1.23	0.07
AlAs	3.76	0.82	1.42	0.28
GaP	4.05	0.49	2.93	0.08
GaAs	6.98	2.06	2.93	0.341
GaSb	13.4	4.7	6.0	0.76
InP	5.08	1.60	2.10	0.108
InAs	20.0	8.5	9.2	0.39
ZnSe	4.3	1.14	1.84	0.43
CdTe	5.3	1.7	2.0	0.81

1.3.4 回旋共振

要具体了解球面或椭球面的方程，最终得出能带结构，还必须知道有效质量的值。测量有效质量的方法有很多，但第一次直接测出有效质量的是回旋共振实验。

将一块半导体样品置于均匀恒定的磁场中，设磁感应强度为 $\boldsymbol{B}$，半导体中电子的初速度为 $\boldsymbol{v}$，$\boldsymbol{v}$ 与 $\boldsymbol{B}$ 的夹角为 θ，则电子受到的洛伦兹力为 $\boldsymbol{F} = -e\boldsymbol{v} \times \boldsymbol{B}$，力的大小 $f = evB\sin\theta = ev_{\perp}B$，其中，$v_{\perp} = v\sin\theta$ 为速度 $\boldsymbol{v}$ 在垂直于 $\boldsymbol{B}$ 平面内的投影，力的方向垂直于 $\boldsymbol{v}$ 与 $\boldsymbol{B}$ 所组成的平面。因此，电子沿磁场方向以速度 $v_{\parallel} = v\cos\theta$ 匀速运动，在垂直于 $\boldsymbol{B}$ 的平面内做匀速圆

周运动，所以电子的运动轨迹是螺旋线。如果电子的等能面为球面，有效质量为 m_n^*，则圆周运动的角频率 ω_c 为

$$\omega_c = \frac{eB}{m_n^*} \tag{1-35}$$

若以电磁波通过半导体样品，当电磁波角频率 ω 等于圆周运动角频率 ω_c 时，入射电磁波就可以发生共振吸收。测出共振吸收的电磁波角频率 ω 和磁感应强度 B，由式(1-35)就可以得到有效质量 m_n^*。

如果等能面不是球面，而是式(1-31)所表示的椭球面，则有效质量是各向异性的，沿 k_x、k_y 和 k_z 轴方向的有效质量分别为 m_x^*、m_y^* 和 m_z^*。如果 $\boldsymbol{B}$ 沿 k_x、k_y 和 k_z 轴的方向余弦分别为 α、β 和 γ，则电子所受的洛伦兹力为

$$\begin{cases} F_x = -eB(v_y\gamma - v_z\beta) \\ F_y = -eB(v_z\alpha - v_x\gamma) \\ F_z = -eB(v_x\beta - v_y\alpha) \end{cases} \tag{1-36}$$

电子的运动方程为

$$\begin{cases} m_x^*\dfrac{\mathrm{d}v_x}{\mathrm{d}t} + eB(v_y\gamma - v_z\beta) = 0 \\ m_y^*\dfrac{\mathrm{d}v_y}{\mathrm{d}t} + eB(v_z\alpha - v_x\gamma) = 0 \\ m_z^*\dfrac{\mathrm{d}v_z}{\mathrm{d}t} + eB(v_x\beta - v_y\alpha) = 0 \end{cases} \tag{1-37}$$

电子应做周期性运动，取试解：

$$\begin{cases} v_x = v_{x0}\exp(\mathrm{i}\omega_c t) \\ v_y = v_{y0}\exp(\mathrm{i}\omega_c t) \\ v_z = v_{z0}\exp(\mathrm{i}\omega_c t) \end{cases} \tag{1-38}$$

把式(1-38)代入式(1-37)，可以得到关于 v_{x0}、v_{y0} 和 v_{z0} 的三元齐次方程，由 v_{x0}、v_{y0} 和 v_{z0} 有非零解的条件，可得回旋频率为 $\omega_c = eB/m_n^*$，其中，有效质量 m_n^* 为

$$\frac{1}{m_n^*} = \sqrt{\frac{m_x^*\alpha^2 + m_y^*\beta^2 + m_z^*\gamma^2}{m_x^* m_y^* m_z^*}} \tag{1-39}$$

当入射电磁波频率与上述回旋频率一致时，就可以得到共振吸收。对一般等能面呈旋转椭球面的半导体，如果选取 k_x，使磁感应强度 $\boldsymbol{B}$ 位于 k_x 轴和 k_z 组成的平面内，且同 k_z 轴成 θ 角，则在这个坐标系中，$\boldsymbol{B}$ 的方向余弦 α、β、γ 分别为 $\sin\theta$、0、$\cos\theta$。由此可得

$$m_n^* = m_t\sqrt{\frac{m_l}{m_t\sin^2\theta + m_l\cos^2\theta}} \tag{1-40}$$

其中，m_l 和 m_t 分别为旋转椭球等能面的纵向和横向有效质量。

为了能测量出明显的共振吸收峰，要求样品的纯度较高，并在低温下测量。交变电磁场

的频率在微波甚至红外波段，所需磁感应强度不超过 1T。由式(1-39)，当磁场沿不同方向时，对非球对称结构的能带，一般可以观察到多个不同的吸收峰。

1.4 Si 和 Ge 的能带结构

1.4.1 Si 和 Ge 单晶的能带结构

Si 和 Ge 的能带结构如图 1.18 所示[3,4]。Si 的导带的极小值在〈100〉方向，与Γ点的距离约为Γ点和X点之间距离的 0.85。根据对称性，Si 导带共有 6 个极小值，分别在[100]、[$\bar{1}$00]、[010]、[0$\bar{1}$0]、[001]、[00$\bar{1}$]方向上，如图 1.19(a)所示。这六个导带极值附近共有 6 个旋转椭球面，电子主要分布在这些极值附近。以[100]方向为例，该极值附近的电子能量可以表示为

$$E(\boldsymbol{k}) = E_c + \frac{\hbar^2}{2}\left[\frac{(k_x - k_{0x})^2}{m_l} + \frac{k_y^2 + k_z^2}{m_t}\right] \tag{1-41}$$

其中，m_l、m_t 分别为旋转椭球纵向和横向有效质量；k_{0x} 约为 $2\pi/a$ 的 0.85 倍。由图 1.18，除了位于〈100〉方向的极小值，Si 导带在L点还有一个次极小。

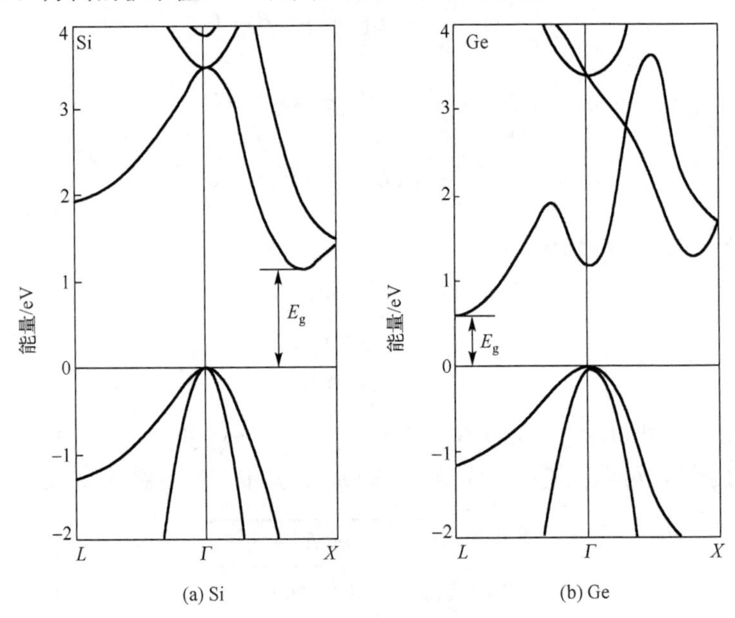

图 1.18 Si 和 Ge 的能带结构示意图

Si 室温下的带隙为 1.12eV，由回旋共振实验确定的电子纵向和横向有效质量分别为(0.9163± 0.0004) m_e 和(0.1905±0.0001) m_e。Si 带隙的温度系数为$\alpha = 0.473$meV/K，$\beta = 636$K。

如图 1.18 所示，Ge 的导带极小值位于L点。如图 1.19(b)所示，由于对称性，共有 8 个对称的极小点，等能面为沿方向〈111〉旋转的 8 个旋转椭球，即 Ge 的纵向有效质量沿〈111〉方向。L点位于第一布里渊区边界上，所以在第一布里渊区内共有 4 个完整的椭球。由图 1.18 可以看出，Ge 的导带在L点和Γ点都有极小值，但L点极小值为导带最低点，而Γ点则成为次极小。

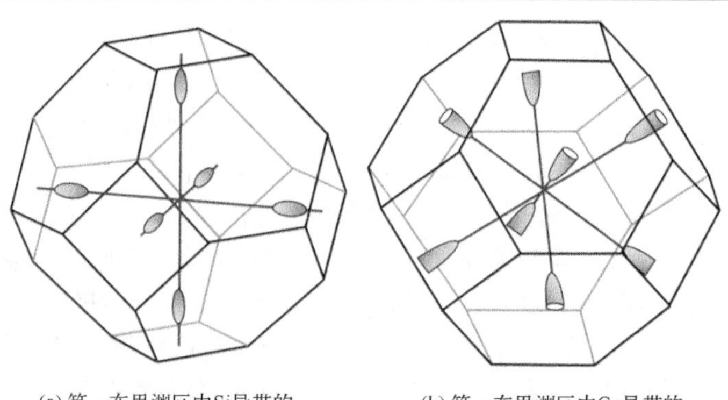

(a) 第一布里渊区内Si导带的六个旋转椭球等能面示意图　　(b) 第一布里渊区内Ge导带的四个旋转椭球等能面示意图

图 1.19　Si 和 Ge 半导体导带极小值附近的电子等能面示意图

Ge 室温下的带隙为 0.67eV，由实验确定的电子纵向和横向有效质量分别为(1.64±0.03) m_e 和(0.0819±0.0003) m_e。Ge 带隙的温度系数为 $\alpha = 0.4774\text{meV/K}$，$\beta = 235\text{K}$。

Si 和 Ge 半导体的价带结构都可以用式(1-32)或式(1-33)、式(1-34)表示，对 Si 和 Ge 半导体，上述两个方程涉及的参数一般由实验确定。式(1-32)表示的重空穴等能面具有扭曲的形状，称为扭曲面，轻空穴等能面与球面也有较大的偏离，两者的具体形状如图 1.20 所示。由图可见，只有当空穴能量非常小时，空穴的等能面才可以用球形等能面近似。

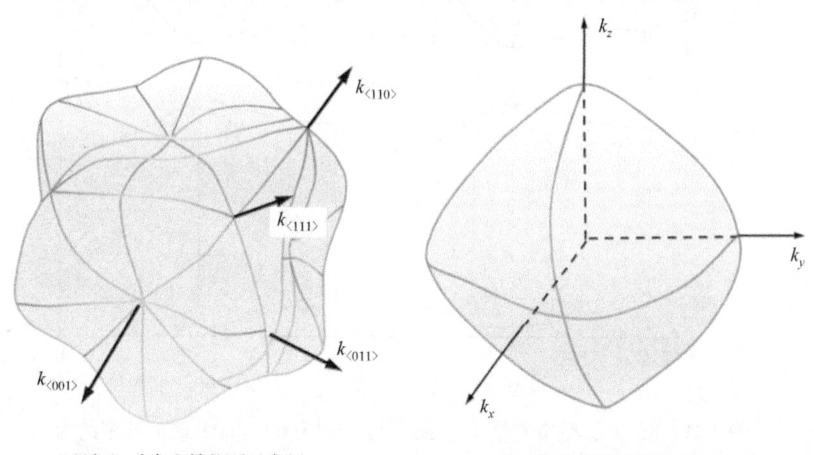

(a) Si和Ge重空穴等能面示意图　　(b) Si和Ge轻空穴等能面示意图

图 1.20　Si 和 Ge 半导体价带等能面示意图

前文已经指出，Si 和 Ge 的导带极小值分别位于〈001〉方向和 L 点，而两者的价带极大值都位于 Γ 点，即导带极小值和价带极大值位于布里渊区的不同位置，具有这种能带结构的半导体称为间接带隙半导体。

1.4.2　$Si_{1-x}Ge_x$ 合金的能带结构

Ⅳ族元素 Si、Ge 的晶体都具有金刚石型结构，它们能以任意比例互溶，形成 $Si_{1-x}Ge_x$ 合金半导体[5,6]。其晶格常数 $a(x)$ 符合 Vegard 定律，即

$$a(x) = (1-x)a_{\text{Si}} + xa_{\text{Ge}} \tag{1-42}$$

因 Si 的晶格常数小于 Ge 的晶格常数，所以随着组分 x 增大，$Si_{1-x}Ge_x$ 合金的晶格常数也略有增大。

在很大的组分范围内，$Si_{1-x}Ge_x$ 合金构成了一个能隙和光学性质连续可变的系统。研究表明，在 $Si_{1-x}Ge_x$ 合金中，当 Ge 含量达到 85%时，其导带最低点从 Γ - X 方向转移到 L 点，即由类 Si 型转变为类 Ge 型。因此，在较宽的合金组分范围内，$Si_{1-x}Ge_x$ 合金的导带结构类似于 Si 半导体。其原因是 Ge 含量很高时，〈111〉方向能谷为导带底，合金的能带类似于 Ge 的能带，随着 Ge 含量的减小，〈111〉导带极值和〈100〉方向导带极值以不同的速率相对价带向上移动，但〈111〉方向导带极值上升较快，在 $x = 85\%$ 时，两类能谷达到同一水平，在 Ge 含量小于 85%以后，〈100〉方向导带能谷代替〈111〉方向能谷成为导带底，合金的能带结构就成为类 Si 了。

图 1.21 分别给出了 Ge 组分为 0.5 和 0.9 的 $Si_{1-x}Ge_x$ 合金由虚拟晶体近似计算得到的能带结构。由两个能带图可以看出，Ge 组分为 0.5 时，$Si_{1-x}Ge_x$ 合金的能带与 Si 类似，其导带最小值位于 $\Gamma-X$ 方向；而 Ge 组分为 0.9 时则与 Ge 类似，其导带最小值位于 L 点。

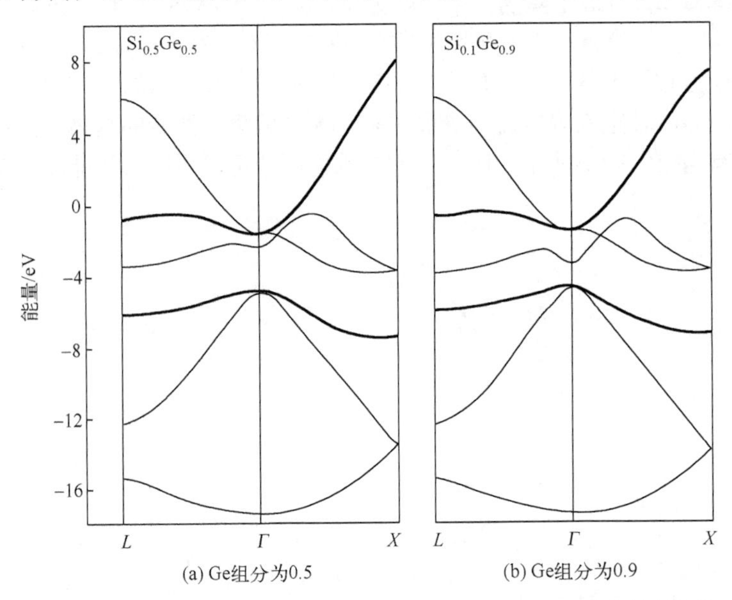

图 1.21　$Si_{1-x}Ge_x$ 混晶半导体中 Ge 组分分别为 0.5 和 0.9 时的能带结构

用光吸收法可以测定 $Si_{1-x}Ge_x$ 合金的间接带隙与 Ge 含量和温度的关系，并通过将吸收水平较低时的吸收系数同 Macfarlane-Roberts 公式相拟合的方法，确定 $Si_{1-x}Ge_x$ 合金的带隙，具体结果见图 1.22。图 1.22 中的三角形数据是光吸收法获得的间接带隙数据，并根据间接带隙同温度的依赖关系推算到 4.2K 时的结果，其中的虚线为早期报道的公式[7]拟合得到的：$E_g^X(x) = 0.8941 + 0.0421x + 1.1691x^2(\text{eV})$，$E_g^L(x) = 0.7596 + 1.0860x + 0.3306x^2(\text{eV})$。$Si_{1-x}Ge_x$ 合金的性质还可以由深低温下的光荧光技术研究。研究发现激子带隙随 Ge 含量 x 平滑地变化，从 Si 的带隙 1.155eV 变到 Ge 的带隙 0.740eV，图中的方块数据就是自由激子荧光的实验数据，其中的实线为按下列方程拟合得到的，即 $Si_{1-x}Ge_x$ 合金的自由激子带隙满足下面的方程：

$$E_g(x) = 1.155 - 0.43x + 0.0206x^2(\text{eV}), \qquad 0 < x < 0.85 \tag{1-43}$$

$$E_g(x) = 2.010 - 1.27x(\text{eV}), \qquad 0.85 < x < 1 \tag{1-44}$$

从图中结果可以看出两者在类 Si 区域相差约 40meV。

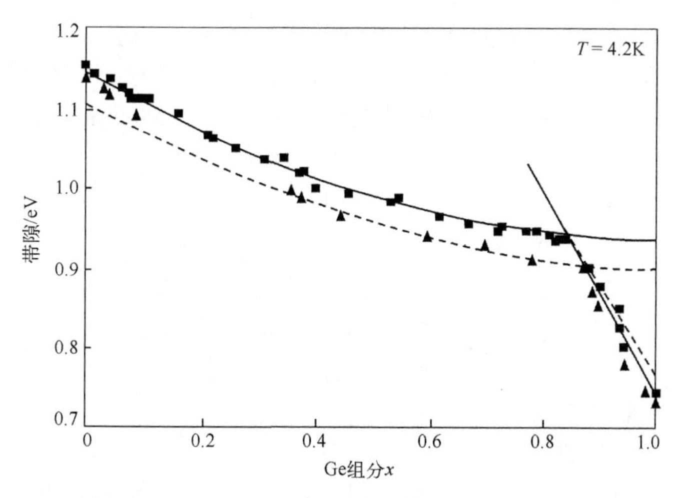

图 1.22　光吸收法(三角形)和光荧光法(方块)得到的 $Si_{1-x}Ge_x$ 混晶半导体中的带隙
实线为式(1.43)、式(1.44)得到的带隙，虚线为早期报道的公式计算所得曲线

研究发现，$Si_{1-x}Ge_x$ 合金的电子有效质量几乎与组分没有关系。可以认为 Ge 组分小于 0.85 时，电子有效质量和 Si 一致，其等能面也是旋转椭球面，纵向电子有效质量为 0.92 m_e，横向电子有效质量为 0.19 m_e。当组分大于 0.85 时，电子有效质量和 Ge 一致，其等能面也是旋转椭球，纵向电子有效质量为 1.64 m_e，横向电子有效质量约为 0.08 m_e。

1.5　Ⅲ-Ⅴ族化合物半导体的能带结构

1.5.1　Ⅲ-Ⅴ族化合物半导体概况

Ⅲ-Ⅴ族化合物是重要的半导体材料，这些半导体材料因其独特的性质在高速电子器件、发光器件和光通信等领域有广泛的应用。

主要的Ⅲ-Ⅴ族化合物半导体元素如表 1.2 所列。按表 1.2 所列元素，共有 12 种二元Ⅲ-Ⅴ族化合物半导体，其中除三种氮化物半导体外全部是闪锌矿结构。这些半导体的一个基本特性是带隙随元素原子序数的增大而减小。带隙最大是 AlN，其室温下的带隙达 6.13eV，如果按带隙分类，应该是绝缘体。带隙最小的是 InSb，其室温下的带隙只有 0.18eV，是典型的窄禁带半导体。下面讨论几种有代表性的Ⅲ-Ⅴ族化合物半导体的能带结构，包括 GaAs、GaP、InP 和氮化物半导体。

表 1.2　Ⅲ-Ⅴ族化合物半导体元素

ⅢA	—	Al	Ga	In
ⅤA	N	P	As	Sb

1.5.2　GaAs 的能带结构

GaAs 的能带结构如图 1.23 所示[3,4]。GaAs 导带极小值位于布里渊区中心的 Γ 点，等能面是球面，导带底的电子有效质量为 0.067 m_e。在[111]和[100]方向的布里渊区边界 L 和 X 还各有一个极小值，电子的有效质量分别为 0.55 m_e 和 0.85 m_e。在室温下，Γ、L 和 X 三个极小值与价带顶的能量差分别为 1.424eV、1.73eV 和 1.90eV。L 极小值的能量比布里渊区中心的极小值高约 0.31eV。GaAs 在 Γ 谷的带隙温度系数为 $\alpha = 0.5405$meV/K，$\beta = 204$K。

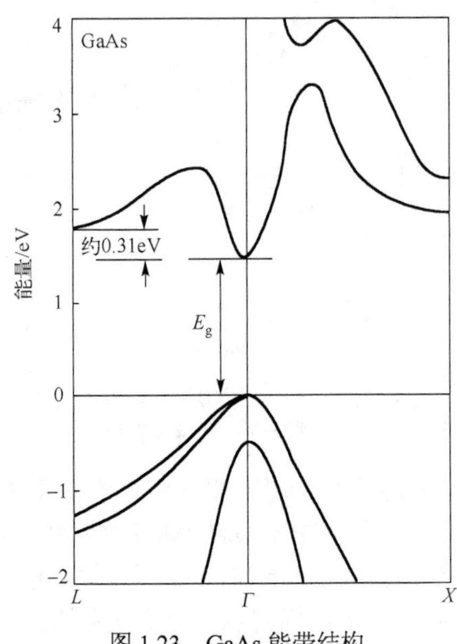

图 1.23　GaAs 能带结构

GaAs 价带有一个重空穴带、一个轻空穴带和一个自旋-轨道耦合分裂带，其中重空穴带极大值稍偏离布里渊区中心。重空穴的有效质量为 0.45 m_e，轻空穴的有效质量为 0.085 m_e，自旋-轨道耦合分裂带的裂距 Δ_{so} 为 0.34eV。室温下 GaAs 的禁带宽度为 1.424eV。事实上重空穴带极大值对布里渊区中心的偏离几乎可以忽略，因此 GaAs 是典型的直接带隙半导体。

1.5.3　GaP 和 InP 的能带结构

GaP 和 InP 都是闪锌矿型结构的化合物半导体，它们的价带极大值位于布里渊区中心 Γ 点。GaP 是间接带隙半导体，它的导带极小值不在布里渊区中心，而在[100]方向上，电子有效质量为 $m_l = 0.91\, m_e$，$m_t = 0.25\, m_e$，重空穴和轻空穴的有效质量分别为 0.67 m_e 和 0.17 m_e，室温下禁带宽度为 2.272eV。InP 是直接带隙半导体，它的导带极小值位于布里渊区中心，电子有效质量为 0.073 m_e，重空穴和轻空穴有效质量分别为 0.45 m_e 和 0.12 m_e，室温下禁带宽度为 1.34eV。

1.5.4　氮化物半导体的能带结构

氮化物半导体主要包括 AlN、GaN 和 InN 三种化合物半导体及相应的多元化合物半导体，这些半导体覆盖了绿、蓝和紫外光谱范围。这些半导体材料在 20 世纪 90 年代中期获得突破性进展，成为半导体照明和相关技术领域的主要半导体材料[8-11]。

这些半导体材料在通常情况下呈纤锌矿结构并被称为α相，但在适当条件下也能形成闪锌矿结构即β相。图 1.24 是计算所得的纤锌矿结构 GaN 能带结构。由图可见，纤锌矿 GaN 是直接带隙半导体，事实上 AlN 和 InN 也都是直接带隙半导体，这也是它们能在发光器件中得到广泛应用的原因。

α-GaN 在 0K 下的带隙推荐值为 3.510eV，电子有效质量为 $0.20m_e$。相应的温度系数为 $\alpha = 0.909\text{meV/K}$，$\beta = 830\text{K}$，则在室温下的带隙为 3.438eV。纤锌矿结构的价带结构和闪锌矿结构有较大区别。如图 1.25 所示，在闪锌矿结构中，主要是自旋–轨道耦合导致的价带在Γ点的分裂，分别是轻、重空穴带和自旋–轨道耦合分裂带，在纤锌矿结构中晶体场和自旋–轨道耦合同时对价带有影响，并导致在Γ点分裂成三个态，其中重空穴(HH)、轻空穴(LH)和分裂空穴(SH)分别对应于 A、B 和 C 激子。

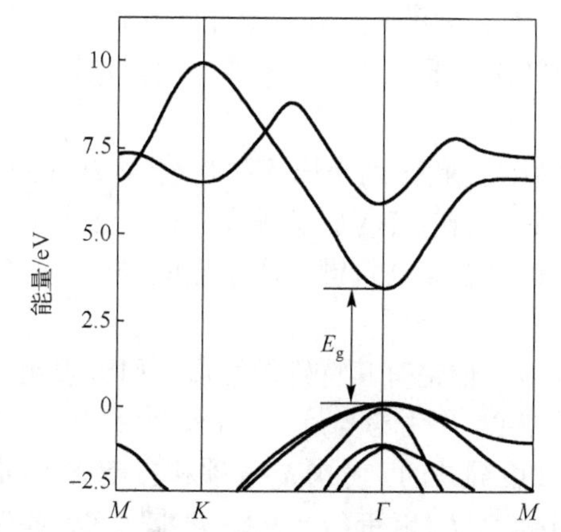

图 1.24　计算所得的纤锌矿结构 GaN 能带结构

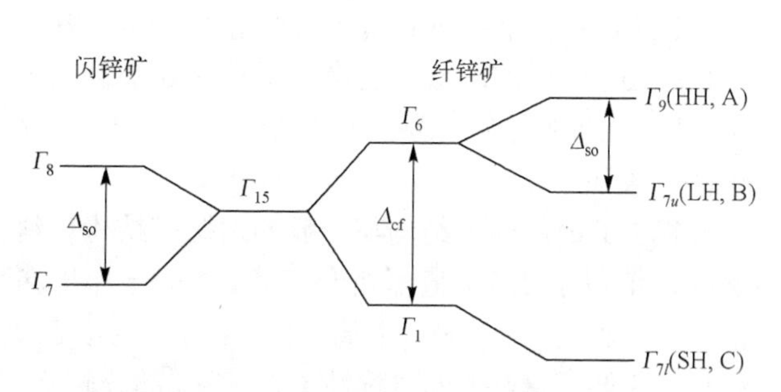

图 1.25　纤锌矿结构的价带分裂状况

Δ_{so} 是自旋–轨道耦合能；Δ_{cf} 是晶体场作用能

按上述模型得出的 GaN 半导体的 Δ_{cf} 和 Δ_{so} 值分别是 10meV 和 17meV。在该模型中空穴的有效质量有明显的各向异性，相应的空穴有效质量分别是：$m_{\parallel}^{A} = 1.76m_e$，$m_{\perp}^{A} = 0.349m_e$，$m_{\parallel}^{B} = 0.419m_e$，$m_{\perp}^{B} = 0.512m_e$，$m_{\parallel}^{C} = 0.299m_e$，$m_{\perp}^{C} = 0.676m_e$。

AlN 的能带结构也已得到比较充分的研究，α-AlN 的 0K 下的带隙为 6.25eV，电子有效质量略有各向异性，$m_{\parallel} = 0.32m_e$，$m_{\perp} = 0.30m_e$，相应的带隙温度系数分别为 $\alpha = 1.799\text{meV/K}$，$\beta = 1462\text{K}$，则室温下的带隙为 6.16eV。InN 的带隙一直有比较大的争议，截至 2020 年推荐的 0K 带隙为 0.78eV，电子有效质量为 $0.07m_e$，相应的带隙温度系数 $\alpha = 0.245\text{meV/K}$，$\beta = 624\text{K}$，则室温下的带隙值为 0.76eV。

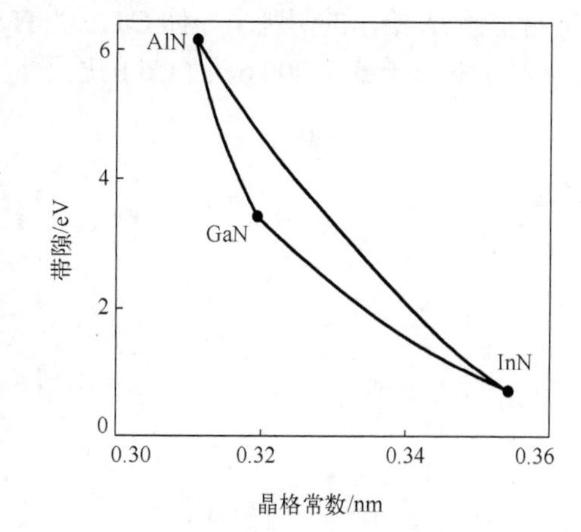

图 1.26　三种氮化物三元半导体带隙与六角内晶格常数 a 的关系

由 AlN、GaN 和 InN 可以分别组成三种三元半导体 $Al_{1-x}Ga_xN$、$Ga_{1-x}In_xN$ 和 $Al_{1-x}In_xN$，它们的带隙与晶格常数关系如图 1.26 所示，其中的晶格常数为纤锌矿结构六角底面的晶格常数。综合实验和理论的研究成果，三种材料在Γ 谷的能带弯曲系数分别为 0.7eV、1.4eV 和 2.5eV(有关多元半导体的内容详细讨论见 1.7 节）。

GaN 除了在半导体光学、电学领域获得广泛的应用，还是一种重要的压电材料。纤锌矿结构 GaN 的弹性模量为 $c_{11}=390\text{GPa}$，$c_{12}=145\text{GPa}$，$c_{13}=106\text{GPa}$，$c_{33}=398\text{GPa}$，$c_{44}=105\text{GPa}$。它的压电系数 $d_{13}=-1.6\text{pm/V}$，$d_{33}=3.1\text{pm/V}$，$d_{15}=3.1\text{pm/V}$。

1.6　Ⅱ-Ⅵ族化合物半导体的能带结构

Ⅱ-Ⅵ族化合物半导体包括很多不同类型的半导体材料，Ⅱ族元素有 Zn、Cd 和 Hg 等，Ⅵ族元素有 O、S、Se、Te 等。这些元素形成的半导体中有些是典型的宽禁带半导体，如 ZnO，这是一种纤锌矿结构的宽禁带半导体，禁带宽度达 3.4eV；有些是半金属，如 HgTe，其带隙在 4K 时为–0.3eV。在所有的Ⅱ-Ⅵ族半导体材料中，最重要的是由 CdTe 和 HgTe 形成的 HgCdTe 三元半导体材料，这种材料在红外探测中有特别重要的意义，本节主要讨论这种材料的能带结构[12,13]。

HgCdTe 合金材料的晶体结构是闪锌矿结构，每个原胞包含两个原子：Te 原子和 Hg 原子(或 Cd 原子)。Te 原子的满壳层外有 6 个价电子：$5s^2$、$5p^4$；Hg 原子满壳层外有 2 个价电子：$6s^2$；Cd 原子满壳层外有 2 个价电子：$5s^2$。晶体的结合是共价键与离子键的混合，但离子性比较强。

HgCdTe 的能带结构与一般的闪锌矿结构材料类似，但也有其特殊的性质。研究表明，它的价带和导带的极值都处于 Γ 点，即第一布里渊区中心。不考虑自旋-轨道耦合效应时，Γ 点处 p 对称能级 Γ_{15} 是 6 度简并的，s 对称能级 Γ_1 是 2 度简并的。考虑 $\boldsymbol{k}\cdot\boldsymbol{p}$ 项和自旋-轨道耦合后，降低了哈密顿的对称性，Γ_{15} 简并部分解除，分裂为 Γ_8 能带($j=3/2$，含重空穴带和轻空穴带)和 Γ_7 能带($j=1/2$，自旋-轨道分裂带)。在 Γ 点的 Γ_8 能带为 4 度简并，Γ_7 能带为 2 度简并，两者的间距就是前文指出的 Δ_{so}。Γ_1 态形成呈球对称的 Γ_6 能带。在通常的闪锌矿半导体中，Γ_6 形成导带，而 Γ_8、Γ_7 则形成价带。对于 CdTe 和 HgTe 的能带结构，由于 Cd、Hg 和 Te 三种元素都是重元素，必须考虑相对论效应。这一效应可以根据狄拉克相对论公式来描述，根据 Herman 等的理论，单电子的哈密顿包含了通常的非相对论项 H_1，还包括 H_D、H_{mv} 和 H_{so}，这三项分别代表 Darwin 作用、质量-速度作用和自旋-轨道耦合作用。由非相对论哈密顿 H_1 给出的两种半导体 CdTe 和 HgTe 的能级位置是相同的，如图 1.27 所示。但由于 Hg 原子的原子量为 200.6，而 Cd 的原子量为 112.4，这两种元素在质量上的巨大差异，使 H_D

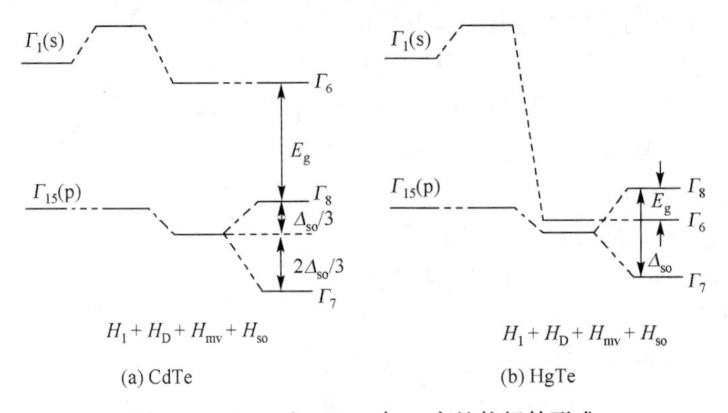

图 1.27　CdTe 和 HgTe 在 Γ 点处能级的形成

和 H_{mv} 这两项对两种化合物的修正完全不同。自旋-轨道耦合作用主要由 Te 元素引起，因此两种化合物的自旋-轨道耦合能量是相同的。因此，由于相对论项的贡献，在 HgTe 中降低了 s 对称态的能量，并转换了 Γ_6 态与 Γ_8 态的位置。图 1.27 给出了 Γ 点附近 CdTe 能带结构，其中 Γ_6 形成导带，Γ_8 形成价带，与导带相距约 1.6eV，Γ_7 为自旋-轨道分裂带，位于 Γ_8 带以下 $\Delta_{so} = 1\text{eV}$ 处。以 CdTe 为参照，HgTe 具有反转的能带结构，在相对论效应的作用下，Γ_8 态处于 Γ_6 态之上，而带隙 $E_g = E_{\Gamma_6} - E_{\Gamma_8}$ 变成负的，在 4K 时约为–0.3eV，因此 HgTe 是一种典型的半金属材料。在 $Hg_{1-x}Cd_xTe$ 合金中，由于 Hg 和 Cd 原子随机地分布在面心立方子晶格上，因此不存在实空间的周期性，无法确定布洛赫函数，但可以利用虚晶近似(VCA)的方法来解决。这种近似方法就是用一个平均势来替代 Hg 原子和 Cd 原子产生的真实结晶势 U，即

$$\bar{U} = xU_{Cd} + (1-x)U_{Hg} \tag{1-45}$$

式(1-45)中 U_{Cd} 和 U_{Hg} 是由 Cd 原子或 Hg 原子的子晶格产生的结晶势。如果取 $\bar{U}$ 与由 Te 原子产生的结晶势 U_{Te} 之和作为总结晶势，实空间的周期性就会恢复，就能确定布洛赫函数，并计算 Γ 点附近能级的色散关系。图 1.28 给出了 Γ 点附近 $Hg_{1-x}Cd_xTe$ 合金的能带结构随组分 x 的变化。从 HgTe 的“反转”结构到 CdTe 的半导体结构，合金能带带隙的变化接近于线性。随着晶体中 Hg 比例的减小，相对论效应也相应减小，而 $E_{\Gamma_6} - E_{\Gamma_8}$ 的数值也随之降低，并在 $x = x_0 \approx 0.17$ 时降为 0。在 $x < x_0$ 时，合金具有与 HgTe 相同的半金属结构；当 $x > x_0$ 时，Γ_6 带和轻空穴 Γ_8 带转换它们的凸向，而合金则呈典型的半导体能带结构，禁带宽度随组分增大而增大。图 1.28 中需要特别注意的是 $x = x_0$ 的色散关系。当 $x = x_0$ 时，能量和波矢的关系是线性的，在 k_x–k_y 平面内，能带就成了圆锥曲线，即所谓“狄拉克圆锥”[13]。这时，电子的有效质量几乎为零，即电子成了一个无质量的极端相对论性粒子。这使 HgCdTe 合金具有一些特别的性质。

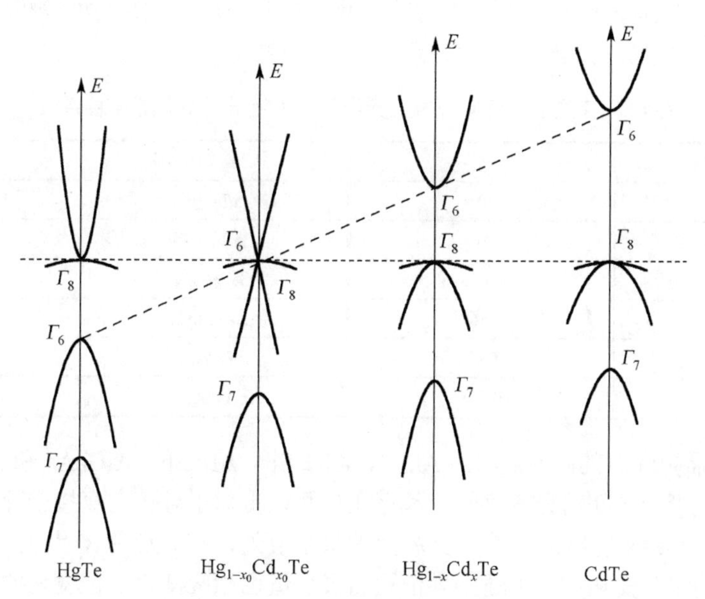

图 1.28　Γ点附近 $Hg_{1-x}Cd_xTe$ 合金的能带结构随组分 x 变化示意图

1.7 多元半导体的能带结构

Ⅲ-Ⅴ族化合物之间一般都能形成连续固溶体，构成混合晶体，它们的能带结构随合金成分的变化而连续变化[14]，这一重要性质在半导体技术上已得到广泛的应用。当然，上述连续固溶体一般是同类结构，即闪锌矿之间的固溶体或纤锌矿之间的固溶体。例如，GaAs 和 GaP 可以制成 GaAsP 混合晶体，形成三元化合物半导体，其化学分子式可以写成 $GaAs_{1-x}P_x$（$0 \leqslant x \leqslant 1$），$x$ 称为混晶比，$GaAs_{1-x}P_x$ 的能带结构随组分 x 的变化而不同。实验发现，当 $0 \leqslant x < 0.53$ 时，$GaAs_{1-x}P_x$ 的能带结构和 GaAs 类似；当 $0.53 < x \leqslant 0$ 时，其能带结构和 GaP 类似。

混晶晶格常数的变化与组分有严格的线性关系，对 $AB_{1-x}C_x$ 形式的混晶，其晶格常数可以表示为

$$a_{AB_{1-x}C_x} = (1-x)a_{AB} + xa_{AC} \tag{1-46}$$

式(1-46)一般被称为 Vegard 定律，是计算混晶晶格常数的基本方程。

混晶的带隙变化规律远比晶格常数复杂，在多数情况下不是线性的，而且必须考虑布里渊区不同位置的导带极小点。如果导带极小值位于布里渊区的同一位置，对 $AB_{1-x}C_x$ 形式的混晶，其带隙可以表示为

$$E_{g\,AB_{1-x}C_x} = (1-x)E_{g\,AB} + xE_{g\,AC} - x(1-x)\gamma \tag{1-47}$$

对 $A_xB_{1-x}C$ 形式的混晶，其带隙可以表示为

$$E_{g\,A_xB_{1-x}C} = xE_{g\,AC} + (1-x)E_{g\,BC} - x(1-x)\gamma \tag{1-48}$$

式(1-47)或式(1-48)中的参数 γ 表示带隙变化的弯曲程度，一般由实验确定，表 1.3 列出了室温下常见Ⅲ-Ⅴ族三元半导体 Γ 谷带隙的能带弯曲系数 γ。图 1.29 给出了常见Ⅲ-Ⅴ族三元化合物半导体的带隙与晶格常数的关系。

表 1.3 室温下常见Ⅲ-Ⅴ族三元半导体 Γ 谷带隙的能带弯曲系数 γ

三元半导体名称	γ /eV	三元半导体名称	γ /eV
$Al_xIn_{1-x}P$	0	$Ga_xIn_{1-x}As$	0
$Al_xGa_{1-x}As$	0	$Ga_xIn_{1-x}Sb$	0.415
$Al_xIn_{1-x}As$	0.698	GaP_xAs_{1-x}	0.176
$Al_xGa_{1-x}Sb$	0.368	$GaAs_xSb_{1-x}$	1.2
$Al_xIn_{1-x}Sb$	0.43	InP_xAs_{1-x}	0.101
$Ga_xIn_{1-x}P$	0.768	$InAs_xSb_{1-x}$	0.58

图 1.29 中需要注意的是 GaAsP、AlInP、AlGaSb、AlInSb、AlGaAs 和 AlInAs 等三元半导体，这些三元半导体在组分变化时，都存在从间接带隙半导体向直接带隙半导体的转换。由图 1.23 可知，GaAs 的导带除了位于 Γ 点的极小值外，在 L 点和 X 点也有相应的次极小。当多元半导体的组分变化时，上述不同位置的极小值也相应变化，但变化的幅度是不同的。如果相应组分的 Γ 点能量低就是直接带隙半导体，如果其他极小点的能量低就是间接带隙半导体。

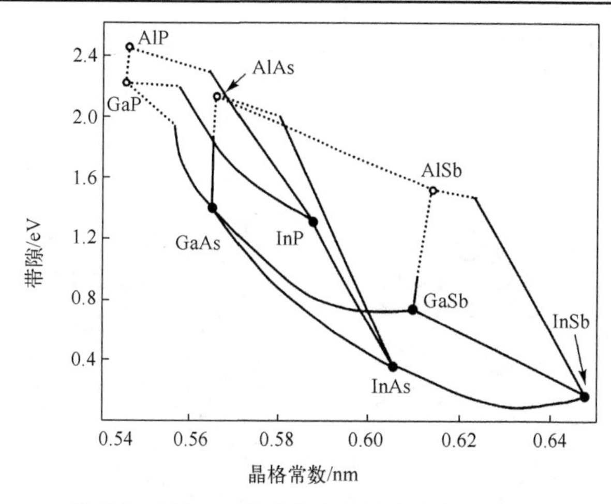

图 1.29　常见Ⅲ-Ⅴ族三元化合物半导体的带隙与晶格常数的关系

空心圆点和虚线代表间接带隙半导体；实心圆点和实线代表直接带隙半导体

由图 1.29 可知，在所有的三元Ⅲ-Ⅴ族化合物半导体中，带隙最小的为 InAsSb 半导体，其最小带隙为 0.124eV，对应的光波长为 10μm。

除了三元化合物半导体，一些四元化合物半导体也得到了研究，如化合物半导体 InGaAsP，该半导体在 1.55μm 波段的光通信中有特别重要的意义。四元半导体 $A_xB_{1-x}C_yD_{1-y}$ 可以作为组分为 y 的三元半导体 $A_xB_{1-x}C$ 和组分为 $(1-y)$ 的三元半导体 $A_xB_{1-x}D$ 的组合处理，即把四元半导体作为两重的三元半导体处理，其中晶格常数也是按组分线性变化，带隙的变化规律则更复杂些。具体的晶格常数和带隙变化规律本书不再讨论。

1.8　SiC 的晶体结构与能带

SiC 在不同的物理化学环境下能够形成两种以上不同晶体结构，各自具有不同的形态、结构和物理性质[3, 15-17]。这些成分相同，形态、结构和物理性质有差异的晶体称为同质多相变体(或同质多型体)。目前已经发现的 SiC 的同质多相变体有 200 多种，其中主要有 3C、2H、4H、6H、8H、9R、10H、14H、15R、19R、20H、21H 和 24R 等。变体间的区别，从结构角度看，是在立方结构的[111]方向或六方及三角结构的[0001]方向上，由 Si—C 原子最紧密堆积形成的 SiC 晶体中，Si—C 原子密排层可以有多种堆积次序，因而构成具有各种不同的 Si—C 原子密排层排列周期的 SiC 变体。结构上的差异使 SiC 的禁带宽度也不相同。

SiC 多相变体的符号由字母和数字组成，英文字母 C、H 和 R 分别代表 SiC 的立方、六方和三角晶体结构；字母前面的数字代表堆积周期中 Si—C 原子密排层的数目。因此，多相变体就用 3C、4H 和 15R 等符号表示。3C 代表这种 SiC 变体是由周期为 3 层 Si—C 原子密排层堆积形成的立方晶格结构，这种 3C—SiC 也称为β—SiC；4H 代表这种 SiC 变体是由周期为 4 层 Si—C 原子密排层堆积形成的六方晶体结构；15R 代表这种 SiC 变体是由周期为 15 层 Si—C 原子密排层堆积形成的三角晶体结构，六方和三角晶体结构的 SiC 变体也称为α-SiC。把 Si—C 原子密排层排列的相应位置用 A、B 和 C 表示。对于较常见的典型 SiC 变体 3C-SiC、4H-SiC、6H-SiC、15R-SiC 中 Si—C 原子密排面排列次序分别为 ABCABC…，ABCBABCB…，ABCACBABCACB…，ABCACBCABACABCB…，这些结构分别如图 1.30 所示，需要指出的是，该图只是原子密排面的排列次序，并非真实的晶体结构。

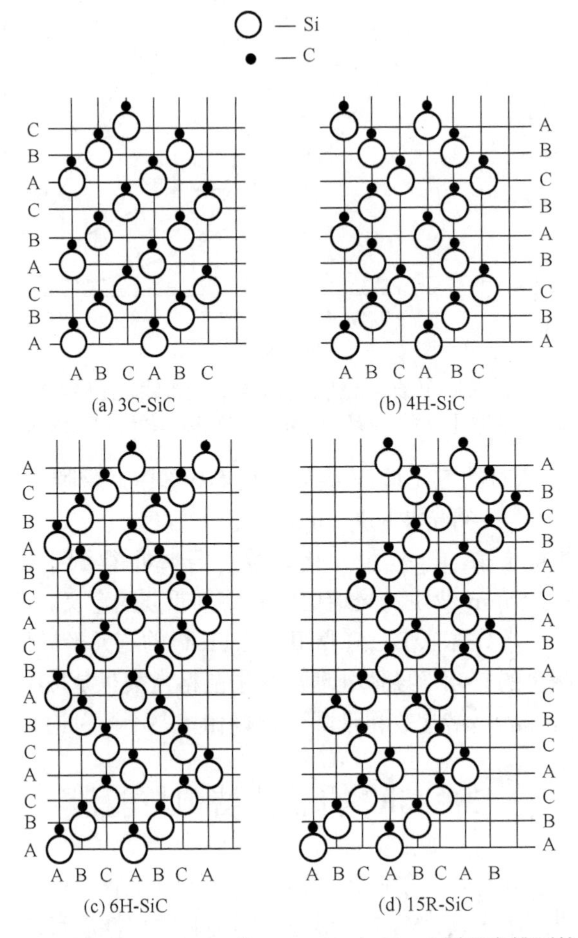

图 1.30　3C-SiC、4H-SiC、6H-SiC 和 15R-SiC 中 Si—C 原子密排面的排列示意图

虽然已知 SiC 的同质多相变体达 200 种以上，但在发表的文献中，主要涉及 3C-SiC、2H-SiC、4H-SiC 和 6H-SiC 这四种材料，下面简要介绍这几种材料的能带结构。

图 1.31 分别为 3C-SiC、2H-SiC、4H-SiC 和 6H-SiC 的能带示意图。从图中可以看到，3C-SiC、2H-SiC、4H-SiC 和 6H-SiC 四种结构均为间接带隙半导体，这四种材料的价带极大值均位于布里渊区中心的 Γ 点处。3C-SiC 的导带能量最小值出现在[100]方向的 X 点，其禁带宽度 $E_g = 2.40\text{eV}(0\text{K})$；2H-SiC 的导带能量最小点出现在 K 点，其禁带宽度为 $E_g = 3.33\text{eV}(0\text{K})$；4H-SiC 的导带能量最小值出现在 M 点，其禁带宽度 $E_g = 3.29\text{eV}(0\text{K})$。6H-SiC 的导带能量最小值出现在 M-L 轴上的 M-L 能谷，其禁带宽度 $E_g = 3.10\text{eV}(0\text{K})$。这四种结构的价带均包含自旋-轨道耦合分裂带，其分裂能量 E_{so} 分别为 0.0145eV(3C-SiC)，0.0088eV(2H-SiC)，0.0086eV(4H-SiC)和 0.0085eV(6H-SiC)。而 4H-SiC 与 6H-SiC 的价带还受晶体场作用而分裂，分裂能量 E_{cf} 分别为 0.073eV 和 0.054eV。图 1.31 为计算所得的上述 4 种 SiC 结构的能带图，其中为方便比较，3C-SiC 的能带按六角密积结构布里渊区的等价点画出，实际的导带最小点为 X 点。

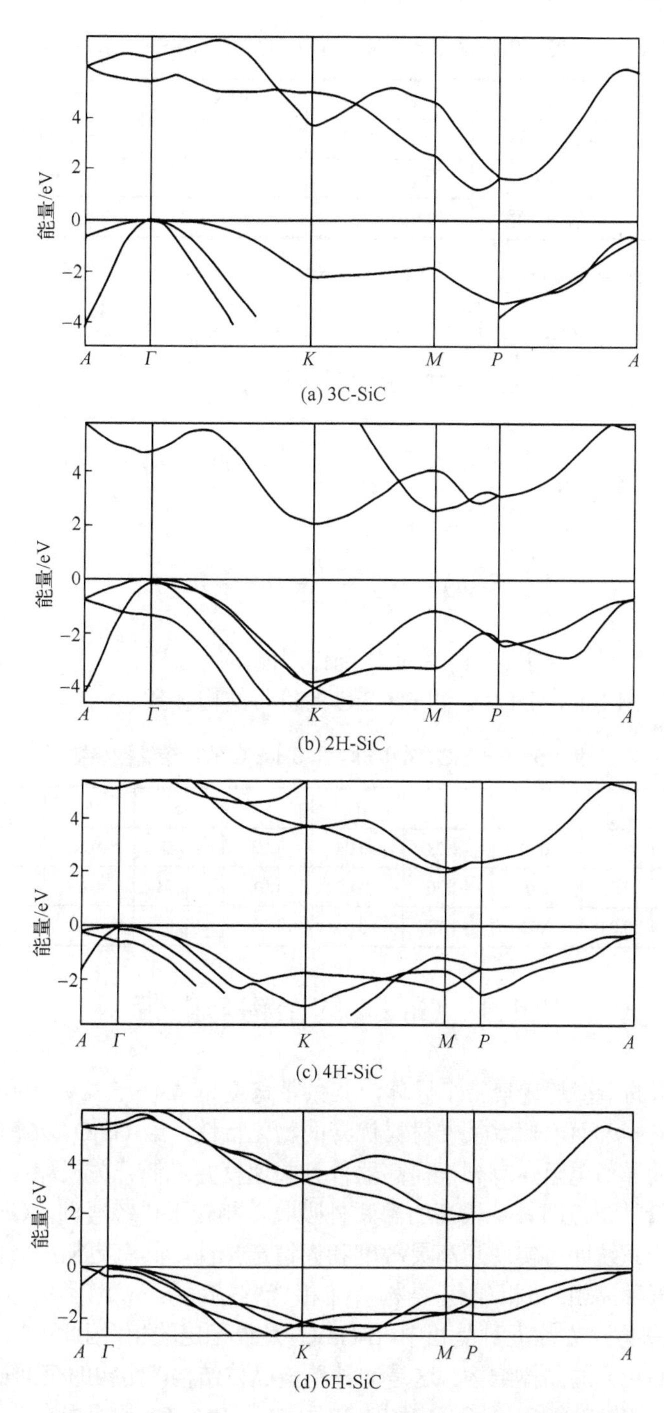

图 1.31　3C-SiC、2H-SiC、4H-SiC 和 6H-SiC 的能带结构

表 1.4 列出了 3C-SiC、2H-SiC、4H-SiC、6H-SiC 和 15R-SiC 的电子有效质量。

3C-SiC 是立方结构，其价带结构可以用式(1-32)表示。3C-SiC 的价带 Luttinger 参数为

$$\gamma_1 = 1.96,\quad \gamma_2 = 0.15,\quad \gamma_3 = 0.67,\quad \varDelta_{\mathrm{so}} = 14.5\mathrm{meV} \tag{1-49}$$

表 1.4　3C-SiC、2H-SiC、4H-SiC、6H-SiC 和 15R-SiC 的电子有效质量

SiC 结构	3C-SiC	2H-SiC	4H-SiC	6H-SiC	15R-SiC
电子有效质量 $/m_e$	$m_{XU}=0.23$	$m_{K\Gamma}=0.43$	$m_{M\Gamma}=0.57$	$m_{M\Gamma}=0.75$	$m_{X\Gamma}=0.67$
	$m_{XW}=0.23$	$m_{KM}=0.43$	$m_{MK}=0.28$	$m_{MK}=0.24$	$m_{XK}=0.22$
	$m_{X\Gamma}=0.68$	$m_{KH}=0.26$	$m_{ML}=0.31$	$m_{ML}=1.83$	$m_{XU}=0.41$

3C-SiC 的价带有效质量分别为

$$m_{\mathrm{hh}}=1.01m_{\mathrm{e}},\quad m_{\mathrm{lh}}=0.34m_{\mathrm{e}},\quad m_{\mathrm{so}}=0.51m_{\mathrm{e}} \tag{1-50}$$

2H-SiC、4H-SiC、6H-SiC 为六角结构，其价带可以表示为

$$E_{1,2}(\boldsymbol{k})=\pm\frac{\Delta_{\mathrm{so}}}{4}+\frac{\hbar^2}{2m_{\mathrm{e}}}\left[ck_{\parallel}^2+dk_{\perp}^2\pm\sqrt{\left(\frac{2m_{\mathrm{e}}}{\hbar^2}\frac{\Delta_{\mathrm{so}}}{4}+c'k_{\parallel}^2+d'k_{\perp}^2\right)^2+(c''k_{\parallel}^2+d''k_{\perp}^2)^2}\right] \tag{1-51}$$

$$E_3(\boldsymbol{k})=-\Delta_{\mathrm{cf}}+\frac{\hbar^2}{2m_{\mathrm{e}}}(ak_{\parallel}^2+bk_{\perp}^2) \tag{1-52}$$

其中，Δ_{so} 为自旋-轨道耦合能；Δ_{cf} 为晶体场作用能。

表 1.5 列出了 2H-SiC、4H-SiC 和 6H-SiC 的价带结构参数。

表 1.5　2H-SiC、4H-SiC 和 6H-SiC 的价带结构参数

SiC 结构	c	c'	c''	d	d'	d''	a	b	Δ_{so}/meV	Δ_{cf}/meV
2H-SiC	−0.65	0.01	−0.01	−1.73	−0.04	1.02	−4.88	−0.66	8.8	161
4H-SiC	−0.64	0.03	−0.03	−1.70	−0.03	1.01	−4.73	−0.67	8.6	73
6H-SiC	−0.65	0.04	0.02	−1.73	−0.05	1.07	−4.82	−0.65	8.5	54

1.9　Ga_2O_3 的结构与能带

Ga_2O_3 是典型的新型超宽禁带半导体，其禁带宽度为 4.4～5.3eV，远高于第三代半导体 SiC 和 GaN[18,19]。一方面，超宽禁带材料优异的物化特性，给 Ga_2O_3 功率器件带来了更好的耐压特性和更低的导通电阻，有利于提高器件开关速度并降低开关损耗；另一方面，宽禁带氧化镓材料无须禁带调控即具备较高的深紫外吸收，相较于传统器件，Ga_2O_3 深紫外探测器不依赖复杂的滤光系统即可实现超高灵敏度和光谱选择性，具有更加广阔的应用前景。

Ga_2O_3 共有五种晶相：α相(刚玉结构)、β相(单斜晶系)、γ相(类尖晶石)、δ 相(斜方晶系)、ε 相(六方或斜方)，在这五种晶相中，β-Ga_2O_3 是最稳定的相，因此下文主要讨论β-Ga_2O_3。

图 1.32 是β-Ga_2O_3 的晶体结构。这是一种单斜晶体结构，结构的空间群为 $C2/m$，每个晶胞含 12 个 Ga 原子和 18 个 O 原子。由图 1.32 可知，12 个 Ga 原子可分为两类，各有 6 个，两者的配位数分别为 4 和 6，并分别称为 Ga^{I} 和 Ga^{II}，它们分别位于四面体和八面体的中心。18 个 O 原子可分为三类，各有 6 个：第 1 类 O 原子最近邻有 2 个 Ga^{II} 和 1 个 Ga^{I}；第 2 类 O 原子最近邻有 2 个 Ga^{I} 和 1 个 Ga^{II}；第 3 类 O 原子最近邻有 3 个 Ga^{II} 和 1 个 Ga^{I}。各类原子处在不同的位置，因此其所处的状态各不相同。

上述单斜晶体有 4 个参数：$a=1.223\mathrm{nm}$，$b=0.304\mathrm{nm}$，$c=0.580\mathrm{nm}$，角度 $\theta=103.7°$。

图 1.33 为β-Ga_2O_3的第一布里渊区。布里渊区的方向是这样设定的：在实空间中，*y*、*z* 轴分别平行于原胞基矢 ***b*** 和 ***c***，*x* 平行于 *ac* 平面且与基矢 ***a*** 偏离 13.7°。在倒格空间中，倒格基矢 $\boldsymbol{a}^*$平行于 *x* 轴；倒格基矢 $\boldsymbol{b}^*$平行于 *y* 轴；倒格基矢 $\boldsymbol{c}^*$平行于 *ac* 平面且偏离 *z* 轴−13.7°。

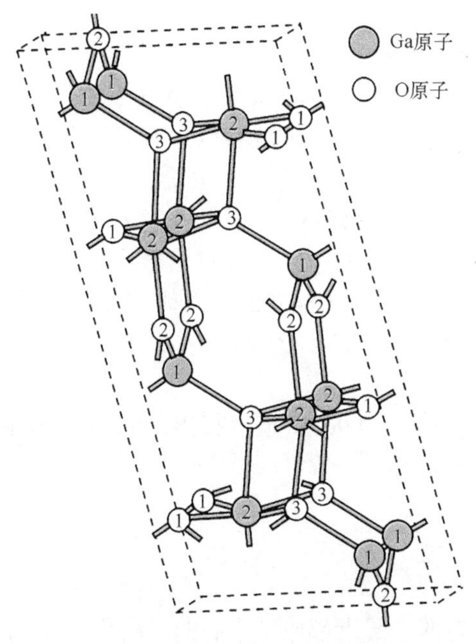

图 1.32　β-Ga_2O_3的晶体结构

原子中的数字代表同种原子类别

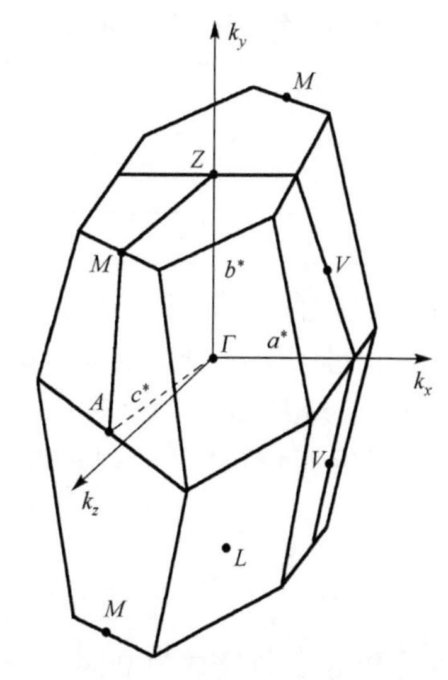

图 1.33　β-Ga_2O_3的第一布里渊区

图 1.34 给出了β-Ga_2O_3的最低导带和最高价带结构，该能带是由全电子密度函数理论计算所得，并与赝势平面波等方法所得的结果符合得很好。由图 1.34 可以看出，β-Ga_2O_3的导带能量最小值位于 *Γ* 点。研究结果还显示，β-Ga_2O_3的价带能量最高点在 *Γ* 点和 *M* 点几乎是简并的，*M* 点的能量只比 *Γ* 点高出 0.03eV。计算结果显示β-Ga_2O_3在 *Γ* 点的直接带隙为 4.69eV，而 *M*-*Γ* 之间的间接带隙为 4.66eV，但目前通用的β-Ga_2O_3带隙为 4.85eV。所以尽管从理论上说，β-Ga_2O_3是间接带隙半导体，但它应该能同时显示间接带隙半导体和直接带隙半导体的特征。上述带隙值和光吸收等实验结果符合得很好。

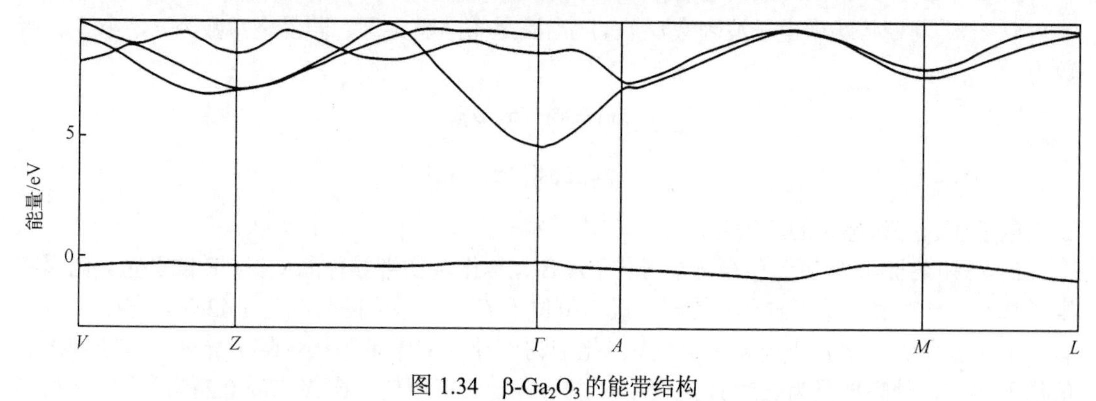

图 1.34　β-Ga_2O_3的能带结构

β-Ga_2O_3的导带在 *Γ* 点的电子有效质量为 $0.342m_e$，并且几乎是各向同性的，即 *Γ* 点附近的导带电子等能面几乎是球形的。研究结果还显示，β-Ga_2O_3 价带的一个重要特征是整个价带非常平坦，这表明其空穴的有效质量非常大。

研究结果还显示，β-Ga_2O_3 的导带分别在 Z、A 和 M 等点有次极小值，分别比 Γ 点高出 2.37eV、2.65eV 和 2.83eV。

表 1.6 列出了β-Ga_2O_3 和α-Ga_2O_3 的介电常数和折射率。

表 1.6　β-Ga_2O_3 和α-Ga_2O_3 的介电常数和折射率

材料参数	β-Ga_2O_3		α-Ga_2O_3	
	理论值	实验值	理论值	实验值
介电常数	2.82	3.57	3.03	3.69
折射率	1.68	1.89	1.74	1.92

α-Ga_2O_3 与 Al_2O_3 具有相同的结构，因此α-Ga_2O_3 可以方便地在蓝宝石衬底上外延生长，并得到高质量的外延材料。作为一种六角结构材料，α-Ga_2O_3 的晶格常数 $a = 0.4983\text{nm}$，$c = 1.3423\text{nm}$。研究结果显示，α-Ga_2O_3 在 Γ 点的直接带隙为 5.08eV，间接带隙 L-Γ 及 F-Γ 的能隙为 5.03eV，即α-Ga_2O_3 价带在 Γ 点的能量仅比 L 或 F 点低 0.05eV。

六方结构的 ε 相是第二稳定的 Ga_2O_3 相，其带隙为 4.9eV。研究指出，ε-Ga_2O_3 有很强的自发极化，因此 ε-Ga_2O_3 可以有很高的二维电子气浓度。

习　　题

1．如果 Si 的晶格常数为 0.5431nm，试计算两个最近邻原子中心的距离和 Si 原子的体密度。

2．设晶格常数为 a 的一维晶格，导带极小值附近的能量为 $E_c = \hbar^2 k^2 / (4m_e) + \hbar^2 (k - k_1)^2 / m_e$，价带极大值附近的能量为 $E_c = \hbar^2 k_1^2 / (9m_e) - 3\hbar^2 k^2 / m_e$，其中，$m_e$ 为电子静止质量，$k_1 = \pi / (4a)$，试求：

(1) 禁带宽度；

(2) 导带底电子有效质量；

(3) 价带顶电子有效质量；

(4) 价带顶电子跃迁到导带底时电子的准动量变化。

3．如果 n 型半导体导带极小值在[110]轴及相应的对称方向上，则回旋共振的实验结果如何？

4．一维周期势场中电子波函数 $\psi_k(x)$ 应当满足布洛赫定理，若晶格常数为 a，电子波函数为

$$\psi_k(x) = \sin[(\pi / a)x]$$

$$\psi_k(x) = \text{i}\cos[(3\pi / a)x]$$

试求电子在这些状态时的波矢 k。

5．已知某Ⅲ-Ⅴ族三元化合物半导体 CA_xB_{1-x} 是化合物半导体 CA 和 CB 的合金。化合物半导体 CA 是直接带隙半导体，其导带极小值位于 Γ 点，相应的带隙为 1.42eV，它在 X 点另有一个次极小值，比 Γ 点能量高 0.4eV。化合物半导体 CB 是间接带隙半导体，其导带极小值位于 X 点，带隙能量为 2.27eV，它在 Γ 点另有一次极小值，比 X 点高 0.2eV。设化合物半导体 CA 和 CB 组成三元半导体 CA_xB_{1-x} 时，其 Γ 点带隙和 X 点带隙分别随组分线性变化，试求三元半导体 CA_xB_{1-x} 的组分 x 在什么范围内，CA_xB_{1-x} 是直接带隙半导体。

第 2 章　半导体的缺陷与掺杂

在完整的周期性晶格中，电子只能处于由禁带隔开的各能带之内。在禁带中不存在电子态，能带中的电子态波函数扩展在整个晶体之中。但严格的周期晶格并不存在，实际晶体总存在一些杂质和其他缺陷，它们使理想的周期势场受到破坏：在理想的周期势场上叠加了由此引起的附加势场。这些附加势场有两种效应：首先使电子或空穴束缚在它们周围，产生局域化电子态，这些电子态一般位于禁带之中；其次附加势场可使电子和空穴等载流子在运动时受到散射。

需要指出的是，半导体感兴趣的性质经常与这些缺陷和杂质有关，并且这些杂质或缺陷可能对半导体的性质有决定性的影响，如施主、受主和发光中心等。实际利用的半导体大多通过人为的掺杂来控制材料的导电性质。此外，杂质和缺陷对非平衡的过剩载流子复合也有重要的作用。

本章主要讨论半导体中缺陷的分类、不同半导体的掺杂和缺陷能级等相关问题[1,3,4]。

2.1　缺陷的分类

2.1.1　缺陷类型

晶体缺陷是指任何与理想的周期性原子排列不一致的区域。半导体中有些缺陷是施主或受主，有些与载流子的散射和复合有关，还有些是载流子的陷阱或是影响载流子输运过程的空间电荷。

缺陷可以按其维度分为零维、一维或二维，其中零维缺陷是指缺陷在三个方向都受到限制，一维缺陷是指缺陷在两个方向受到限制，而二维缺陷是指缺陷在一个方向受到限制。

缺陷具体可分如下几类。

点缺陷：一个或几个晶格常数范围内由基质或外来原子导致的对理想晶格的偏离。

线缺陷(通常称为位错)：包含一列缺陷原子的线状结构。

面缺陷：晶体内表面或晶体内部界面的错排。

点缺陷主要是施主或受主等缺陷，当缺陷能级远离导带边或价带边时，点缺陷可能是陷阱或复合中心。点缺陷也是重要的散射中心，特别是当点缺陷带有电荷时，它们对载流子的散射非常重要。

可以把点缺陷分为固有缺陷和非固有缺陷两类。固有缺陷是指不包含外来原子的点缺陷，主要是晶格空位或与晶格原子同类的填隙原子。在化合物半导体中也包括反位缺陷：在AB 化合物中 A 位出现了 B 原子或 B 位出现了 A 原子。非固有缺陷是指杂质原子占据了晶格位置或进入了填隙位置。

线缺陷(位错)以线状形式贯穿或环绕整个晶体，在该线附近，原子的排列偏离了严格的周期性，这条线就是位错线。最简单的位错线为直线。位错包括刃位错和螺位错两类。

面缺陷包括固有面缺陷和界面。固有面缺陷包括堆积缺陷(又称为层错)、小角晶界等类型。

2.1.2 半导体中的缺陷与掺杂

固有点缺陷和杂质原子点缺陷都可能改变其电荷态。这个特征对半导体的电学性质有本质的影响。

当外来原子与基质原子处在元素周期表的相邻族时，外来原子一般取代基质原子的位置。例如，Si 单晶中 B 或 P 原子取代 Si 原子。由于 P 原子是 5 价的，它的最外层比 Si 原子最外层多一个电子。当 P 原子取代 Si 单晶中的 Si 原子时，这个多出的电子只和 P 原子核有很弱的作用，并很容易从 P 离子分离，因此 P 在 Si 单晶中就起施主的作用。类似地，掺入的 3 价 B 原子，使该位置缺了一个电子，这个缺失的电子可以认为是使一个空穴束缚在 B 原子周围，这个空穴能被相邻的价电子填充，由此可以在整个晶体中运动，因此 B 原子可以起受主的作用。

P 原子多余电子的束缚能比价电子的束缚能小很多，因此只需要远小于带隙 E_g 的能量就可以成为一个自由电子，它很容易由热激发进入导带。因此，施主能级，即这个电子的能量，非常靠近导带底。同理，由空穴的观点，B 原子也很容易电离，它形成了一个自由空穴，并成为受主，即价带电子的受主，它的能级非常接近价带边。上述状况如图 2.1 所示。

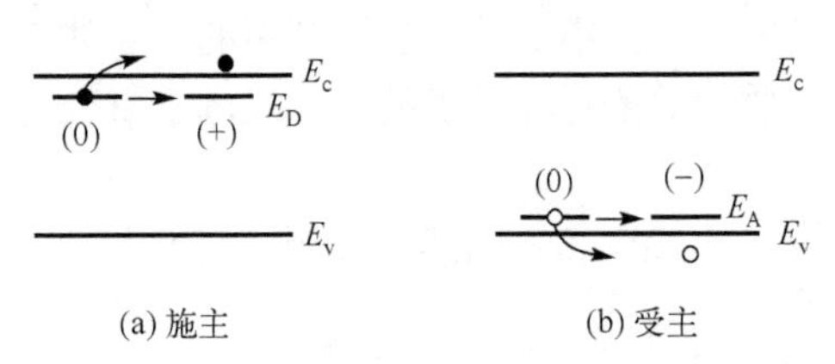

图 2.1　半导体中施主与受主能级示意图

在各种掺杂类型中，一般可分为以下几种类型。①等价杂质，它与基质材料在元素周期表的同一族，有时也称为等电子杂质，如在 GaP 中掺入 N 杂质。②等芯杂质，它与基质材料在元素周期表的同一周期，和基质原子有相同的芯电子结构，如掺入 $\Delta z = \pm 1$ 或 $\Delta z = \pm 2$ 的杂质原子，其中，z 为化学价。前面讨论的半导体 Si 中掺入 P 就是这种情形。③两性杂质，在这种情况下 Δz 可以改变符号，如 GaAs 中的 Si。④过渡金属杂质，它一般被作为特别的类型，在禁带中通常形成深能级。当然实际情形并不限于上述类型，如与基质原子在相邻族内，但也不处于同一个周期。

施主在基质材料的电离过程可以表示为

$$D^0 \rightleftharpoons D^+ + e^- \tag{2-1}$$

式(2-1)中上标“0”、“+”和“−”分别代表电中性、正电荷和负电荷；e^- 代表电子。对具体的施主，如 Si 中的 P，为了能更精确地表示上述过程，式(2-1)可以表示为

$$P_{Si}^0 \rightleftharpoons P_{Si}^+ + e^- \tag{2-2}$$

式(2-2)的特点是同时标出了杂质原子的位置。通常，点缺陷的位置都由其下标表示，如 NaCl 中 Cl 空位表示为 V_{Cl}，K^+ 离子取代了 Na^+ 离子表示为 K_{Na}，间隙位的铜原子则表示为 Cu_i。

受主的电离过程可以有类似的表达式：

$$A^0 \rightleftharpoons A^- + h^+ \tag{2-3}$$

对 Si 中的 B，可以表示为

$$\mathrm{B}_{\mathrm{Si}}^{0} \rightleftharpoons \mathrm{B}_{\mathrm{Si}}^{-} + \mathrm{h}^{+} \tag{2-4}$$

上述两个方程中 h^{+} 表示空穴。

AB 型化合物半导体中替代类杂质的表示方法和元素半导体类似。例如，CdS 半导体中三价 In 离子取代了其中的一个二价 Cd 离子可以表示为 $\mathrm{In}_{\mathrm{Cd}}^{+}$，相应的电离过程可以表示为

$$\mathrm{In}_{\mathrm{Cd}}^{0} \rightleftharpoons \mathrm{In}_{\mathrm{Cd}}^{+} + \mathrm{e}^{-} \tag{2-5}$$

上述情况形成了一个浅施主。另外，用一价碱金属离子(如 Li)取代 Cd，或者用Ⅴ族元素(如 P 或 As)取代 S，则会形成受主。

在化合物半导体中，一种类型的掺杂经常比相反类型的掺杂更容易，因此这些半导体更倾向于 n 型或 p 型。例如，CdS 半导体中容易掺入的是施主，所以 CdS 更容易形成 n 型。形成上述情形的重要原因是半导体材料本身的补偿效应。例如，GaAs 半导体中四价 Si 取代 Ga 可以表示为

$$\mathrm{Si}_{\mathrm{Ga}}^{0} \rightleftharpoons \mathrm{Si}_{\mathrm{Ga}}^{+} + \mathrm{e}^{-} \tag{2-6}$$

上述反应形成的是浅施主。如果用 Si 原子取代五价的 As 原子，相应的反应可以表示为

$$\mathrm{Si}_{\mathrm{As}}^{0} \rightleftharpoons \mathrm{Si}_{\mathrm{As}}^{-} + \mathrm{h}^{+} \tag{2-7}$$

上述反应形成的是浅受主。式(2-6)和式(2-7)所描述过程的发生和生长条件有关，导致得到的材料分别是 n 型或 p 型。

空位或填隙一般按相同的方式标示。金属填隙原子一般是施主。例如在 CdS 中，

$$\mathrm{Cd}_{\mathrm{i}}^{0} \rightleftharpoons \mathrm{Cd}_{\mathrm{i}}^{+} + \mathrm{e}^{-} \tag{2-8}$$

与此相反，金属离子空位一般是受主：

$$\mathrm{V}_{\mathrm{Cd}}^{0} \rightleftharpoons \mathrm{V}_{\mathrm{Cd}}^{-} + \mathrm{h}^{+} \tag{2-9}$$

而非金属离子的空位通常是施主：

$$\mathrm{V}_{\mathrm{S}}^{0} \rightleftharpoons \mathrm{V}_{\mathrm{S}}^{+} + \mathrm{e}^{-} \tag{2-10}$$

在离子晶体半导体中，缺陷态带正电或负电一般很容易判断。对混合键构成的半导体，一般也遵循 8-电子规则。一般情况下，原子都倾向于和周围原子共享电子形成满壳层：多余的电子将释放到晶体中，而缺失的电子将从晶体中吸引过来。填隙金属离子将释放它们的价电子，由此减小离子半径，减小晶格畸变。

2.1.3　杂质的补偿效应

如果在半导体中同时存在施主和受主杂质，半导体是 n 型还是 p 型与具体条件有关。半导体的实际状态取决于哪种杂质浓度大，因为施主和受主杂质之间有相互抵消的作用，通常称为杂质的补偿效应，如图 2.2 所示。下面讨论施主和受主全部电离时的杂质补偿效应，假设施主浓度为 N_{D}，受主浓度为 N_{A}，导带中电子浓度为 n，价带中空穴浓度为 p。

1. $N_{\mathrm{D}} > N_{\mathrm{A}}$

因为受主能级低于施主能级，所以施主能级的电子首先跃迁到受主能级上，还有 $N_{\mathrm{D}} -$

N_A 个电子在施主能级上，在杂质全部电离的条件下，它们跃迁到导带称为导电电子，电子浓度 $n = N_D - N_A$，半导体呈 n 型，如图 2.2(a)所示。

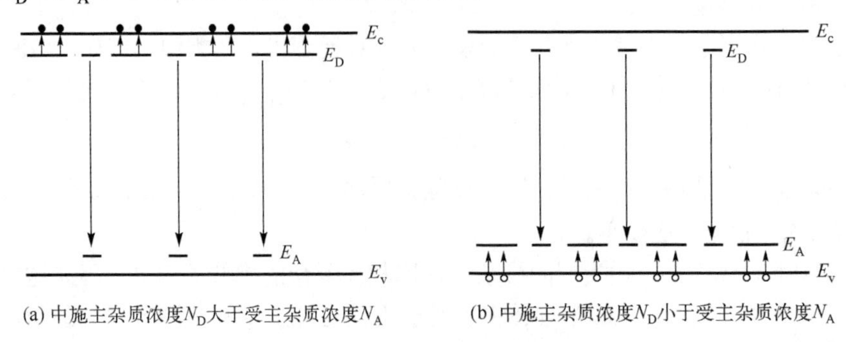

(a) 中施主杂质浓度N_D大于受主杂质浓度N_A　　(b) 中施主杂质浓度N_D小于受主杂质浓度N_A

图 2.2　杂质的补偿效应

2. $N_D < N_A$

施主能级上的电子全部跃迁到受主能级上后，受主能级上还有 $N_A - N_D$ 个空穴，它们可以跃迁进入价带成为导电空穴，空穴浓度 $p = N_A - N_D$，半导体呈 p 型，如图 2.2(b)所示。经过补偿后，半导体中的净杂质浓度称为有效杂质浓度。当 $N_D > N_A$ 时，$N_D - N_A$ 为有效施主浓度；当 $N_A > N_D$ 时，$N_A - N_D$ 为有效受主浓度。

利用杂质补偿效应，就能根据需要用扩散或离子注入方法来改变半导体某些区域的导电类型，由此制备不同功能的半导体器件。但是，如果控制不当，会出现 $N_D \approx N_A$ 的现象。这时，施主电子刚好填充受主能级，虽然杂质很多，但不能向导带和价带提供电子与空穴，这种现象称为杂质的高度补偿。这种材料容易被误认为高纯半导体，但实际上杂质很多，性能很差，一般不能被用来制造半导体器件。

2.2　Si、Ge 半导体的掺杂

2.2.1　浅能级杂质电离能的计算

浅能级杂质的电离能很低，电子或空穴受到正电中心或负电中心的束缚很微弱，可以利用类氢模型来估算杂质的电离能。如前所述，当 Ge、Si 中掺入Ⅴ族杂质如 P 原子时，在施主处于束缚态的情况下，这个 P 原子将比周围的 Si 原子多一个电荷的正电中心及一个束缚着的价电子。这种情况好像在 Ge、Si 晶体中附加了一个“类氢原子”，于是可以用氢原子模型估算电离能的数值。氢原子中电子能量 E_n 为

$$E_n = -\frac{m_{\text{e-p}} e^4}{2(4\pi\varepsilon_0)^2 \hbar^2 n^2} \tag{2-11}$$

其中，$m_{\text{e-p}}$ 为氢原子核与电子的折合质量；e 为电子电荷；ε_0 为真空介电常量；$\hbar$ 为普朗克常量；$n = 1, 2, 3, \cdots$ 为主量子数。当 $n = 1$ 时，得到基态能量 $E_1 = -\frac{m_{\text{e-p}} e^4}{2(4\pi\varepsilon_0)^2 \hbar^2}$；当 $n \to \infty$ 时，原子中电子成为自由电子，$E_\infty = 0$。所以氢原子基态电子的电离能为

$$E_0 = E_\infty - E_1 = \frac{m_{\text{e-p}} e^4}{2(4\pi\varepsilon_0)^2 \hbar^2} = 13.6\text{eV} \tag{2-12}$$

上述数值非常大。考虑到晶体中的杂质原子，正负电荷处于介电常数为 $\varepsilon_s = \varepsilon_r \varepsilon_0$ 的介质中，则电子受正电中心的作用将减弱到 $1/\varepsilon_r$，束缚能量将减弱到 $1/\varepsilon_r^2$。再考虑到半导体中电子不是自由空间的电子，它受晶格周期势场的作用，电子质量应用电子的有效质量 m_n^* 代替。

经过上述修正后，施主杂质的电离能可以表示为

$$\Delta E_D = \frac{m_n^* e^4}{2(4\pi\varepsilon_0\varepsilon_r)^2 \hbar^2} = \frac{m_n^*}{m_{\text{e-p}}} \frac{E_0}{\varepsilon_r^2} \tag{2-13}$$

对受主杂质可以做类似的讨论，得到受主杂质的电离能为

$$\Delta E_A = \frac{m_p^* e^4}{2(4\pi\varepsilon_0\varepsilon_r)^2 \hbar^2} = \frac{m_p^*}{m_{\text{e-p}}} \frac{E_0}{\varepsilon_r^2} \tag{2-14}$$

Si、Ge 的相对介电常数分别为 12 和 16，$m_n^* / m_{\text{e-p}}$ 一般小于 1，所以 Si、Ge 半导体中的施主杂质电离能小于 0.1eV 和 0.05eV，对受主杂质也可以得到类似的结论。为具体估算杂质电离能，上述有效质量应取 $\frac{1}{m_n^*} = \frac{1}{3}\left(\frac{1}{m_l} + \frac{2}{m_t}\right)$，对 Si 半导体，$m_l = 0.92\,m_e$，$m_t = 0.19\,m_e$，对 Ge 半导体，$m_l = 1.64\,m_e$，$m_t = 0.0819\,m_e$，由此分别得到 Si 的 $m_n^* = 0.26m_e$，Ge 的 $m_n^* = 0.12m_e$，将上述有效质量和介电常数的数据代入可以得到在 Si 中 $\Delta E_D = 0.025\text{eV}$，在 Ge 中 $\Delta E_D = 0.0064\text{eV}$。表 2.1 列出了Ⅴ族元素和Ⅲ族元素在 Si、Ge 半导体中的电离能实验数据，上述类氢模型的数据与实验测得的浅能级杂质电离能的结果在同一数量级，说明类氢模型有一定的合理性。

表 2.1　Si、Ge 半导体中Ⅴ族元素和Ⅲ族元素的电离能　　（单位：eV）

半导体	施主杂质			受主杂质			
	P	As	Sb	B	Al	Ga	In
Si	0.044	0.049	0.039	0.045	0.057	0.065	0.16
Ge	0.0126	0.0127	0.0096	0.01	0.01	0.011	0.011

类氢原子模型是最简单的电离能估算方法，如果能进一步考虑晶体中原子的性质，则理论计算可得到更精确的数值。实验发现半导体中杂质态性质与施主原子的化学特性有直接的关联，如 Si 半导体中不同Ⅴ族元素杂质(P，As，Sb 或 Bi)或一价间隙杂质 Li。类氢原子模型没有考虑杂质原子的特性，只考虑了半导体的介电常数和有效质量，因此该模型确实是比较粗糙的。

研究发现浅施主的激发态和上述简单类氢模型更接近。事实上，高的 s 态波函数的延伸尺度更远，而 p 态波函数在原点附近是节点，因此施主状态对原子附近的势场变化并不敏感，这两个原因导致施主的激发态与类氢模型更接近。

2.2.2　Si、Ge 半导体中的主要缺陷能级

在 Si、Ge 半导体中，除了Ⅲ或Ⅴ族杂质在禁带中产生浅能级外，其他元素也将在 Si、

Ge 禁带中形成能级，其中 Si 半导体中的主要杂质能级如图 2.3(a)所示。在图 2.3(a)中，施主能级标注的是低于导带底的能量，受主能级标注的是高于价带顶的能量，其中施主能级用实心短线段表示，受主能级用空心短线段表示。

从图 2.3(a)中可以看到，非Ⅲ、Ⅴ族杂质在 Si 中产生的能级有以下两个特点。

(1)非Ⅲ、Ⅴ族杂质在 Si 的禁带中产生的施主能级距离导带底较远，它们产生的受主能级距离价带顶也较远，一般称这类能级为深能级，相应的杂质称为深能级杂质。

(2)有些深能级杂质能够产生多次电离，每一次电离对应一个能级，因此这些杂质在禁带中经常引入若干个能级。有些杂质既能形成施主能级，也能引入受主能级。

Ⅰ族元素 Cu、Ag、Au 在 Ge 中都有三个受主能级，其中 Au 还有一个施主能级。在 Si 中，Cu 有三个受主能级，Ag 有一个受主能级和一个施主能级，Au 有两个施主能级和一个受主能级。碱金属元素 Li 在 Si、Ge 中是填隙式杂质，它有一个浅施主能级；碱金属 Na 在 Si 中有一个施主能级；碱金属 K 在 Si 中有两个施主能级；碱金属 Cs 在 Si 中有一个施主能级和一个受主能级。

Ⅱ族元素 Be、Zn、Hg 在 Ge 中有两个受主能级。在 Si 中，Hg 有两个施主能级和两个受主能级，Be 有两个受主能级，Zn 有四个受主能级。Cd 在 Ge 中有两个受主能级，在 Si 中有四个受主能级。Mg 在 Si 中有两个施主能级，Sr 在 Si 中有两个施主能级，Ba 在 Si 中有一个施主能级及一个受主能级。

Ⅲ族元素除了浅受主能级外，Al 在 Si 中还有一个施主能级。

Ⅳ族元素 C 在 Si 中有一个施主能级，Ti 有一个受主能级和两个施主能级，Sn 和 Pb 都有一个施主能级和一个受主能级。

Ⅴ族元素 P、As 和 Sb 在 Si 和 Ge 中各产生一个浅施主能级。Bi 在 Si 中有一个施主能级，Ta 有两个施主能级，V 有两个施主能级和一个受主能级。

Ⅵ族元素 O 在 Si 中产生三个施主能级和两个受主能级，S 有两个施主能级及一个受主能级，Te 有两个施主能级，Cr 有三个施主能级，Se 有三个施主能级，Mo 有三个施主能级，W 有 5 个施主能级。在 Ge 中，S 有一个施主能级，Se、Te 各有两个施主能级，Cr 有两个受主能级。

过渡金属元素 Mn、Fe、Co 和 Ni 在 Ge 中各有两个受主能级，Co 还有一个施主能级。在 Si 中，Mn 有三个施主能级和两个受主能级，Fe 有三个施主能级，Ni 有两个受主能级，Co 有三个受主能级。铂系金属 Pd 和 Pt 在 Si 中各有两个受主能级，Pt 还有一个施主能级。

杂质能级在半导体中形成多个能级的原因与杂质原子本身的性质及其掺入的位置等多个因素有关。下面结合具体的元素做简单的说明。

这些杂质在 Si、Ge 半导体中主要的掺入方式是替位式，分析它们的能级状况可以从四面体共价键的结构出发。下面以 Au 在 Ge 中的能级为例进行说明。Au 在 Ge 中共有 4 个能级，E_D 是施主能级，E_{A1}、E_{A2}、E_{A3} 是三个受主能级，它们都是深能级。

Au 是Ⅰ族元素，中性金原子(记为 Au^0)只有一个价电子，它取代 Ge 晶格中一个 Ge 原子并位于格点上。Au 比 Ge 少 3 个价电子，中性金原子的这一个价电子可以电离而跃迁进入导带，这个施主能级为 E_D，电离能为 $E_c - E_D$。因为金的这个价电子被共价键束缚，电离能很大，略小于 Ge 的禁带宽度，所以这个施主能级靠近价带顶。另外，中性 Au 原子还可以和周围四个 Ge 原子形成共价键。在形成共价键时，它可以从价带接受三个电子，形成三个受主能级 E_{A1}、E_{A2}、E_{A3}。接受三个电子所需的能量各不相同，并且后面接受电子所需的能量更高，所以三个受主能级的能量是不同的。

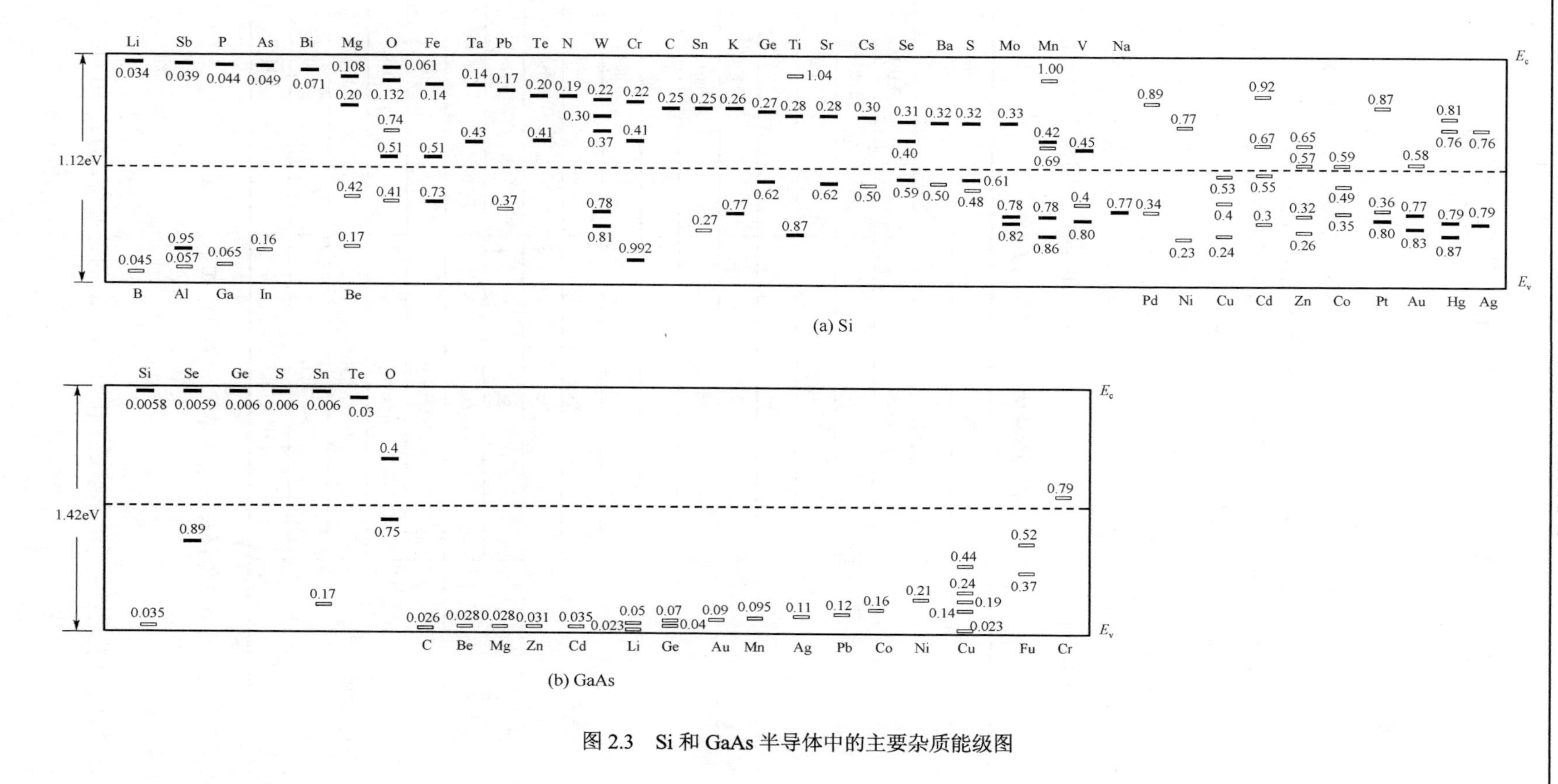

图 2.3　Si 和 GaAs 半导体中的主要杂质能级图

2.3　Ⅲ-Ⅴ族化合物半导体中的杂质能级

2.3.1　一般Ⅲ-Ⅴ族半导体的掺杂

除了 Si、Ge 等元素半导体外，各种Ⅲ-Ⅴ族半导体是研究最深入、应用最广泛的半导体材料，本节主要介绍以 GaAs 为代表的Ⅲ-Ⅴ族化合物半导体中的杂质能级状况[3,4]。

当杂质进入Ⅲ-Ⅴ族化合物后，可以形成填隙式和替位式两种情况，但具体情况比 Si、Ge 等元素半导体更复杂。替位式杂质可能取代Ⅲ族原子，也可能取代Ⅴ族原子。填隙式杂质如果进入四面体间隙位置，则杂质原子周围可能是 4 个Ⅲ族原子或 4 个Ⅴ族原子。

随着半导体技术的发展，目前Ⅲ-Ⅴ族化合物单晶制备技术和外延生长技术都已成熟，多数情况下单晶和外延材料的质量都已能满足各种应用的需求。图 2.3(b)是实验测得的 GaAs 中杂质能级图，其标注情况与图 2.3(a)类似。表 2.2 是 GaP 晶体中的杂质电离能的实验值。

表 2.2　GaP 晶体中的杂质电离能的实验值

类型	杂质名称	电离能/eV
施主	S_P	0.104
	Se_P	0.102
	Te_P	0.0895
	Si_{Ga}	0.082
	Sn_{Ga}	0.065
	O_P	0.896
受主	C_P	0.041
	Cd_{Ga}	0.097
	Zn_{Ga}	0.064
	Mg_{Ga}	0.054
	Be_{Ga}	0.056
	Si_P	0.203
	Ge_P	0.30
等电子陷阱	N(施主)	0.008
	Bi(受主)	0.038
	Zn-O(施主)	0.30
	Cd-O(施主)	0.40
	Mg-O(施主)	0.15

Ⅲ-Ⅴ族化合物中的杂质能级按元素周期表分类讨论如下。

1. Ⅰ族元素

一般在 GaAs 中引入受主能级，起受主作用。如 Ag 的受主能级为 E_v+0.11eV；Au 受主

能级为 E_v+0.09eV；Li 受主能级为 E_v+0.023eV；Cu 有 5 个受主能级，分别为 E_v+0.023eV，E_v+0.14eV，E_v+0.19eV，E_v+0.24eV，E_v+0.44eV。

2. Ⅱ族元素

Be、Mg、Zn、Cd 和 Hg 为Ⅱ族元素，它们的价电子比Ⅲ族元素少 1 个，有获得一个电子形成共价键的倾向。它们通常取代Ⅲ族原子而处于格点位置，表现为受主杂质，形成浅受主能级。例如，Be、Mg、Zn、Cd 在 GaAs 中引入浅受主能级分别为 E_v+0.028eV，E_v+0.028eV，E_v+0.031eV，E_v+0.035eV；在 GaP 中分别为 E_v+0.056eV，E_v+0.054eV，E_v+0.064eV，E_v+0.009eV。在 InP 中，Zn、Cd 起浅受主作用。常掺 Zn 或 Cd 以获得Ⅲ-Ⅴ族化合物的 p 型材料，在制造 GaAs 器件时也用 Mg 作为掺杂材料。

3. Ⅲ、Ⅴ族元素及复合物

当Ⅲ族杂质(如 In、Al)或Ⅴ族杂质(如 P、Sb 等)掺入不是由它们本身形成的Ⅲ-Ⅴ族化合物半导体时，例如掺入 GaAs 中时，通常的实验测不到这些杂质的影响。即它们既不是施主杂质也不是受主杂质，而是电中性的，在禁带中不引入能级。这相当于Ⅲ族元素取代 Ga，Ⅴ族元素取代 As，实际上形成 1.7 节曾经讨论的混晶半导体，但因为作为掺杂元素，其含量相当低，对混晶的影响可以忽略。

但是在某些化合物半导体(如 GaP)中掺入Ⅴ族元素 N 或 Bi，N 或 Bi 将取代 P 并在禁带中产生能级。这个能级称为等电子陷阱，这种效应称为等电子杂质效应。

研究证实，GaP 中的 N 与 P 有相同数目的价电子，N 占据 P 位后没有多余的电子提供，因此不会成为具有长程库仑势的中心，但按照 Pauling 理论，N 和 P 的电负性分别为 3.0 和 2.1，有明显的差异。与 P 相比，N 有获得电子的倾向。从另一角度看，由于 P 和 N 的电子结构差异，在 N 中心处存在对电子的短程作用势，结果可以形成电子的束缚态，一般称为等电子陷阱。在 GaP 中，N 的能级在导带以下约 8meV。由于等电子陷阱势场的短程性，被陷电子的波函数非常集中于等电子杂质附近的范围内。GaP 中 Bi 也是等电子陷阱，Bi 的电负性小于 P，起空穴陷阱的作用。此外，O 在 ZnTe 中及 Te 在 CdS 和 ZnS 中也起等电子陷阱的作用。

除了某些元素之外，一些复合物的行为也类似于等电子陷阱。GaP 中处于最近邻的 Zn-O 对就是这种复合物的典型代表。Zn 和 O 分别替代 Ga 和 P，但它们已经不是独立的受主和施主，两者的价电子总数正好等于 Ga 和 P 的价电子总数，因此它们的引入并不破坏原来的共价键，而且从远处看，Zn-O 处并不存在长程库仑势。但由于 Zn-O 复合物和 GaP 电子结构的差异，这种复合物对于电子来说也是一个短程势阱，它的能级在导带以下 0.3eV。

等电子陷阱 N 和 Zn-O 复合物在提高 GaP 的发光效率方面起关键的作用。

4. Ⅳ族元素

Ⅳ族元素包括 C、Si、Ge、Sn 和 Pb，若取代Ⅲ族原子则起施主作用，若取代Ⅴ族原子则起受主作用，因此一般称这类杂质为两性杂质。Ⅳ族元素还可以同时分布在Ⅲ族原子和Ⅴ族原子的格点上，这时杂质的总效果是起施主作用还是受主作用，与掺杂浓度及掺杂时的条件有关。

对 GaAs 体单晶的 Si 掺杂实验研究表明，当 Si 杂质浓度大于 $10^{18}\,cm^{-3}$ 时，Si 原子可以占据 Ga 位起施主的作用，部分原子也可以占据 As 位起受主的作用。实验结果表明，在 Si 杂质浓度为10^{18}cm^{-3}时，取代 Ga 位的原子与取代 As 位的原子之比为 5.3:1。正如前文指出的，两性杂质的掺杂效果与掺杂条件有关，这点在 GaAs 分子束外延生长的原位掺杂中特别明显。GaAs 的分子束外延生长通常在富 As 条件下进行，生长时的 As、Ga 束流比甚至可以达到 10 倍左右，因此 Si 原子几乎完全进入 Ga 位，所以 Si 衬底就成了 GaAs 分子束外延生长时最常用的高纯又廉价的 n 型掺杂源。Si 在 GaAs 中的施主能级和受主能级分别为 E_c–0.0058eV 和 E_v+0.035eV。

实际上，Ge、Sn 在 GaAs 中都表现出两性行为。研究表明，Ge 在 GaAs 中的施主、受主能级分别为 E_c –0.006eV 和 E_v +0.04eV。Sn 在 GaAs 中的施主、受主能级分别为 E_c –0.006eV 和 E_v +0.17eV。

C 和 Pb 在 GaAs 中各引入一个受主能级，分别为 E_v +0.026eV 和 E_v +0.12eV。Si 在 GaP 中引入的施主、受主能级为 E_c –0.082eV 和 E_v +0.203eV。C 和 Ge 在 GaP 中各引入一个受主能级，分别为 E_v +0.041eV 和 E_v +0.30eV。Sn 在 GaP 中则为一个施主能级 E_c –0.065eV。

5. Ⅵ族元素

Ⅵ族元素 O、S、Se、Te 和Ⅴ族元素性质接近，一般取代Ⅴ族原子。由于它们比Ⅴ族元素多一个价电子并且容易失去，因此Ⅵ族元素在Ⅲ-Ⅴ族半导体中为施主杂质，引入施主能级。S、Se 和 Te 在 GaAs 中的施主能级分别为 E_c –0.006eV、E_c –0.006eV 和 E_c –0.03eV；在 GaP 中分别为 E_c –0.104eV、E_c –0.102eV 和 E_c –0.089eV。O 在 GaAs 中有一个深能级：E_c –0.4eV。在 p 型 GaAs 中掺入 O，因杂质的补偿作用，可以制得室温下电阻率大于$10^7\Omega\cdot\text{cm}$的半绝缘 GaAs 单晶。

6. 过渡金属元素

过渡金属元素在 GaAs 中的能级情况比较复杂，下面以 Fe 为例作一个简单讨论。过渡金属一般都可以存在多个不同的价态，在 GaAs 半导体中 Fe 有一个受主能级 E_v+0.5108 eV，这是三价离子 Fe^{3+}的基态。需要指出的是杂质元素在半导体中禁带中能级的精细结构。以铁离子 Fe^{3+}为例，由于在半导体中存在晶体场(即 Stark 效应)、自旋-轨道耦合作用、振动态及电子-声子耦合(即 Jahn-Teller 耦合)等多种作用，因此实际存在多个精细结构能级，其中晶体场作用是最强的。研究发现，在 GaAs 的晶体场作用下 Fe^{3+}的基态到第一激发态即 $^4T_1\to{}^6A_1$ 的分裂能量为 0.379 eV，其他精细结构的分裂能量小的只有约 1meV。这些离子态在半导体中的能级分裂具体情况本节不再讨论，有兴趣的读者可以参考有关文献。

2.3.2 GaN 中的缺陷与掺杂

GaN 半导体的掺杂，特别是其中的 p 型掺杂是 GaN 研究领域的重要课题[20-24]。在该领域的进展中，日本科学家中村修二(Shuji Nakamura)在 1992 年首次成功地应用快速热退火技术把原来电阻率$1\times10^6\Omega\cdot\text{cm}$降低到 $2\Omega\cdot\text{cm}$，空穴浓度达到$3\times10^{17}\text{cm}^{-3}$，由此实现了 p 型 GaN 材料的突破性进展。该外延 GaN 材料由有机金属气相沉积技术制备，掺杂元素为 Mg，一般认为 GaN 中引入的 H 原子的钝化作用限制了高浓度空穴的获得。

表 2.3 列出了纤锌矿 GaN 中的主要杂质能级。从表中数据可见，Ga 位的 Si 和氮空位(V_N)是主要的浅施主能级，分别为 E_c–0.022eV 和 E_c–0.051eV，其中 Si 是目前主要的 n 型

掺杂源，而氮空位则被认为是引起未掺杂 GaN 呈 n 型并引起 p 型掺杂时出现补偿的主要原因。氮空位的性质有争议，理论研究显示，分别在导带底以下 44meV 和 52meV 处有两个施主能级。而美国 Dayton 大学 A. Q. Evwaraye 研究团队 2014 年发表的实验结果则证实，氮空位能级位于导带底之下 51meV。正如前文指出的，Mg 是 p 型 GaN 的掺杂源，目前认为 Mg 在 GaN 中有两个能级，其中一个能级 $E_v+(0.225\pm0.005)$eV 是目前基本一致认可的结果，另一深能级 $E_v+0.29$eV 离价带顶更远些。这两个能级中受主能级 $E_v+(0.225\pm0.005)$eV 是目前 p 型掺杂中主要的受主能级，从数值上看，该受主能级远大于其他半导体材料(如 Si 或 GaAs)中的浅受主能级，这也是 GaN 材料在 p 型掺杂时几乎达到 Mg 的固溶度极限的高掺杂浓度才能得到实用 p 型材料的重要原因。GaN 中的 Ga 空位一般与 N 位的 O 形成复合结构，即 V_{Ga}–O_N，该复合结构实际有两种状态，即 $(V_{Ga}–O_N)^{1-}$和 $(V_{Ga}–O_N)^{2-}$，这是两种不同的荷电状态，分别与 GaN 中的黄色荧光辐射与红外荧光辐射(～1.2eV)有关。GaN 中其他的二价金属杂质一般占据 Ga 位并形成受主能级，具体数值见表 2.3，其中 Zn 和 Hg 分别有三个和两个受主能级。

表 2.3　纤锌矿 GaN 中的主要杂质能级

缺陷态		能级位置	缺陷态	能级位置
Si_{Ga}		$E_c-0.022$eV	Zn_{Ga}	$E_v+0.34$eV; $E_v+0.40$eV; $E_v+0.48$eV
Si_N		$E_v+0.224$eV	Hg_{Ga}	$E_v+0.410$eV; $E_v+0.8$eV
V_N	V_N^0	$E_c-0.044$eV	Cd_{Ga}	$E_v+0.56$eV
	V_N^-	$E_c-0.052$eV	Be_{Ga}	$E_v+0.09$eV
V_{Ga}-O_N		$E_v+1.23$eV	C_N	$E_c-3.28$eV
Mg_{Ga}		$E_v+(0.225\pm0.005)$eV $E_v+0.29$eV	C_i	$E_c-1.35$eV

2.4　其他宽禁带半导体中的杂质与缺陷能级

2.4.1　SiC 中的杂质能级

SiC 有多种不同的结构，因此 SiC 的掺杂情况要远比其他半导体复杂。表 2.4 列出了 3C-SiC、4H-SiC 和 6H-SiC 三种结构中的主要杂质能级[25]，表中符号(D)表示该能级为施主能级，符号(A)表示受主能级。

从表中可见，N 原子在 3C-SiC、4H-SiC 和 6H-SiC 中都起施主作用，产生的施主能级在 3C-SiC、4H-SiC 和 6H-SiC 中分别在导带边以下 0.0536eV、0.052eV 和 0.081eV。Ⅴ族元素 P 在 SiC 中也是施主杂质，但很少使用。Al、Ga 和 B 三种Ⅲ族元素在 SiC 中都是受主杂质，三者的能级分别在价带边以上 0.277eV、0.34eV 和 0.70eV(3C-SiC)，0.2eV、0.3eV 和 0.3eV(4H-SiC)，0.23eV、0.29eV 和 0.35eV(6H-SiC)。这三种元素中，通常使用的掺杂元素为 Al，它在 SiC 中的固溶度非常高，可达$10^{21}cm^{-3}$，是理想的 p 型掺杂剂。表 2.4 还列出了其他几种过渡金属掺杂元素，如 Ti、Cr 和 V 等，其中过渡金属 V 的引入可以形成半绝缘的 SiC 材料(所谓半绝缘材料，将在第 3 章详细讨论)。研究结果显示，V 在 SiC 中是两性元素。表 2.4 中 V 元素在 4H-SiC 中既有施主能级，又有受主能级。

表 2.4 3C-SiC、4H-SiC 和 6H-SiC 中的主要杂质能级 （单位：eV）

杂质	3C-SiC	4H-SiC	6H-SiC
N	$E_c-0.0536$(D)	$E_c-0.052$(D)	$E_c-0.081$(D)
		$E_c-0.092$(D)	$E_c-0.138$(D)
			$E_c-0.142$(D)
P	$E_c-0.135$(D)		$E_c-0.085$(D)
Al	$E_v+0.277$(A)	$E_v+0.2$(A)	$E_v+0.23$(D)
			$E_v+(0.1\sim0.27)$(A)
B	$E_v+0.70$(A)	$E_v+0.3$(A)	$E_v+0.35$(A)
		$E_v+(0.58\sim0.68)$(A)	
Ga	$E_v+0.34$(A)	$E_v+0.3$(A)	$E_v+0.29$(A)
Sc			$E_v+(0.52\sim0.55)$(A)
Ti		$E_c-0.12$(A)	$E_c-0.6$(A)
		$E_c-0.16$(A)	
Cr		$E_c-0.15$(A)	$E_c-0.54$(D)
		$E_c-0.18$(A)	
		$E_c-0.74$(A)	
V		$E_c-0.97$(D)	$E_c-0.7$(D)
		$E_v+1.6$(A)	

2.4.2 Ga_2O_3 中的杂质能级及其他缺陷态

Ga_2O_3 是Ⅲ-Ⅵ族化合物，其中的掺杂情况与前面讨论的元素半导体和Ⅲ-Ⅴ族半导体有较大的差别。作为一种氧化物半导体，Ga_2O_3 的掺杂受自补偿、溶解度和缺陷等因素的影响，使 Ga_2O_3 的掺杂比元素半导体和Ⅲ-Ⅴ族半导体困难得多[26]。

β-Ga_2O_3 的 n 型掺杂相对容易，Ⅳ族元素 Si、Ge 和 Sn 都是良好的 n 型掺杂元素，可控的电子浓度为 $10^{16}\sim10^{19}\text{cm}^{-3}$，其上限可以超过 10^{20}cm^{-3}。不同的外延技术适用的掺杂元素略有区别，分子束外延中常用的 n 型掺杂元素是 Ge，而各种气相沉积中一般用 Si 或 Sn。Si 还经常在离子注入中使用，以提高欧姆接触时的电导率。研究显示，这三种元素在β-Ga_2O_3 中的杂质能级位于导带之下 0.05～0.15eV。Si 和 Ge 通常占据具有四面体结构的 Ga^{I} 位，而 Sn 更多地占据具有八面体结构的 Ga^{II} 位。研究发现，不同的退火条件对载流子浓度有较大的影响，例如在氧气气氛下退火将减小电子浓度，而在氮气或氢气气氛下退火将增大 n 型材料的电导率。

与 n 型掺杂相比，Ga_2O_3 的 p 型掺杂则充满挑战，绝大多数 p 型掺杂元素的电离能都较大，其原因是 Ga_2O_3 的价带顶离真空能级很远，同时由于空穴与声子之间的强烈作用而形成局域的不可移动的极化子，因此价带中很难形成可移动的自由空穴，所以 Ga_2O_3 的 p 型掺杂至今仍然是有待解决的难题。但 p 型掺杂研究也取得了若干成果，如高温下 Ga 空位的电离能形成 p 型导电，研究结果显示，在接近室温时能得到由深受主空穴态之间的跳跃可导致 p 型导电。

为补偿 Ga_2O_3 中固有 n 型杂质并得到半绝缘 Ga_2O_3，常用的深能级受主杂质是 Fe 或 Mg。Fe 在 Ga_2O_3 可以占据 Ga^{I} 和 Ga^{II} 位，但主要在 Ga^{II} 位。Fe 的能级位置是导带底以下 0.8eV，即 $E_c - 0.8eV$。占据 Ga 位的 Mg 的深受主能级位于价带以上 1.06eV，即 $E_v + 1.06eV$。占据 O 位的 N 也能在 Ga_2O_3 的带隙中形成受主能级，它产生的空穴主要局域在 N 杂质周围。这些补偿深受主的浓度可达 $10^{18}cm^{-3}$ 量级，形成的半绝缘材料的电阻率达 $10^{10}\Omega\cdot cm$。

研究显示，适当控制 H 原子的掺杂，既能获得 n 型导电，也能获得 p 型导电，其中 n 型电导率最多能提高 9 个数量级，它和一个 20meV 的浅施主能级有关；而与 p 型导电有关的是一个 42meV 的受主能级。研究结果显示，三价的 Ga 空位最多可以和 4 个 H 离子组成复合结构。当 H 离子数小于或等于 2 时，该复合结构为深受主；当 H 离子数等于 3 时，该复合结构为浅受主；当 H 离子数等于 4 时，该复合结构则为浅施主。因此，改变 β - Ga_2O_3 退火时的化学气氛和 H 原子掺入的方式，β - Ga_2O_3 既可以得到 20meV 的浅施主，也可能得到 42meV 的浅受主。但上述结果只是初步的，具体情况还有待进一步研究。

前文已经指出，β - Ga_2O_3 价带的主要特征是非常平坦，同时存在非常强的电子-声子耦合。该耦合使有效质量特别大的空穴是高度局域化的，因此 β - Ga_2O_3 的 p 型导电非常困难。研究显示，对于三种不同的 O 原子位置，有三种不同的结构：STH_{O1}、STH_{O2}、STH_{O3}，即空穴可分别局域于 STH_{O1}、STH_{O3}，也能局域于两个 STH_{O2} 的 O 原子之间，其中 STH_{O3} 是亚稳的。研究显示，上述 STH 结构在 200K 以上能转变为自由空穴。该效应提供了形成空穴导电的一种可能。

有一种深陷阱态也和 STH 结构有关。研究显示，共有三种不同的陷阱态，分别为 H_1、H_2 和 H_3，三者的电离能分别为 0.2eV、0.4eV 和 1.3eV，其中 H_1 对应于极化子到自由空穴的跃迁；H_2 陷阱态与一种电子俘获势垒有关，该陷阱态会在 250K 导致持久的光生电容；H_3 是与 Ga 空位有关的空穴陷阱。

β - Ga_2O_3 中的本征缺陷与空位和填隙原子有关。相关的点缺陷有 Ga 空位 V_{Ga}、O 空位 V_O；Ga 和 O 的填隙缺陷 Ga_I、O_I；与 Ga 空位 V_{Ga} 有关的复合结构 V_{Ga} - H 及外来的填隙 H 原子 H_I。研究表明，Ga 空位 V_{Ga} 是深受主态，而 O 空位 V_O 则是深施主态。在填隙原子中，O_I 起受主作用，而 Ga_I 则起浅施主作用。

研究显示，Ga 空位 V_{Ga} 在 β - Ga_2O_3 的电学性质中起重要作用，生长的 n 型 β - Ga_2O_3 都存在 V_{Ga}，其浓度可达 $5\times10^{18}cm^{-3}$。这个三价受主能参与施主-受主对的跃迁，同时由于其形成能很低，因此很容易在生长过程中形成，特别是在富 O 的条件下。Ga 的填隙原子很容易在两个 Ga 空位的相邻处形成。目前不清楚的是 Ga 空位 V_{Ga} 与 O 空位 V_O 复合结构的类型。由于 β - Ga_2O_3 中 Ga 原子和 O 原子可以分为不同的类型，因此 Ga 空位 V_{Ga} 与 O 空位 V_O 也有多种类型，两者复合结构的类型就更多。

研究结果显示，Ga 空位 V_{Ga} 在高温下可以起到 p 型导电的作用，其温度特性的研究表明，Ga 空位 V_{Ga} 的激活能为 $(0.56\pm0.05)eV$。

β - Ga_2O_3 中最常观察到的杂质是 Si、H、Al、Fe、Mg、Ca、Co 和 Ir，其中 Si 是通常生长条件下得到的 β - Ga_2O_3 为 n 型的主要原因。这种 n 型导电性质可以由热处理而改变。

图 2.4 给出了 β - Ga_2O_3 中主要的杂质或陷阱态。

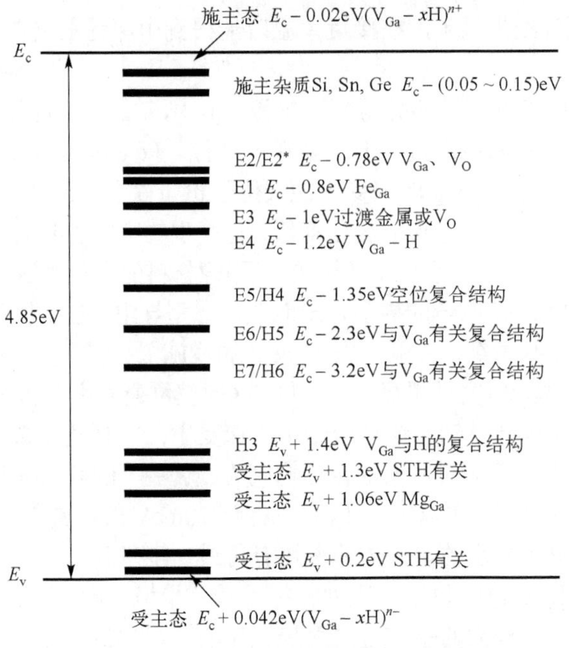

图 2.4　β - Ga_2O_3 中主要的杂质或陷阱态

习　　题

1．实际半导体和理想半导体的主要区别是什么？

2．以 P 掺入 Si 为例，说明什么是施主杂质和 n 型半导体。

3．以 B 掺入 Si 为例，说明什么是受主杂质和 p 型半导体。

4．以 Si 在 GaAs 中的行为为例，说明Ⅳ族元素在Ⅲ-Ⅴ族半导体中可能出现的双性行为。

5．没有杂质时的半导体本身所具有的点缺陷为本征点缺陷，试讨论 Si 和 GaAs 中的本征点缺陷。

6．InAs 为禁带宽度为 0.36eV 的窄禁带半导体，电子有效质量为 0.023 m_e（m_e 为电子静止质量），相对介电常数为 15.2。试用类氢原子模型估算 InAs 中施主杂质的电离能。

7．给出杂质补偿的定义，并讨论杂质补偿在半导体中的应用与可能导致的半导体性能下降。

8．如果在单晶 Si 中加入 $2\times10^{16}\text{cm}^{-3}$ 的替位杂质原子 B，计算单晶 Si 中 B 原子的替位百分率。

第 3 章　热平衡时的电子和空穴分布

微课

半导体中载流子的运动是各种半导体物理过程的基础，而载流子的运动主要在平衡载流子的基础上进行，因此研究半导体中平衡载流子的统计分布是分析各种半导体物理过程的基础。

在热平衡的半导体中，电子和空穴分布与各种热激发有关，包括导带与价带之间的热激发，各个施主态与导带之间的热激发，各个受主态与价带之间的热激发，以及受主态与施主态之间的热激发。除了导带、价带、施主态及受主态本身的物理性质，热激发过程的决定性因素是温度。在平衡状态下，温度决定了载流子在导带、价带、施主态及受主态之间的分布。电子和空穴分布的核心参数是费米能级，它是不同载流子分布的标志。

载流子的平衡分布是动态平衡。一方面，价带电子由于热激发不断地跃迁进入导带，分别产生导电电子和导电空穴；另一方面，导带电子又不断地跃迁回价带的空状态，即进行着电子与空穴的复合。在热平衡条件下，一切微观过程都在统计平均的意义上保持着细致平衡：任何方向相反的两个微观过程都以相等的速率进行着，从而各电子态上的电子分布保持不变。以此对应，在宏观上电子和空穴的浓度在温度保持不变的条件下维持不变。

本章将讨论包括杂质在内的平衡半导体中电子与空穴浓度及其随温度的变化规律，并分别讨论本征、非简并和简并半导体在不同温度下的费米能级和载流子浓度，分析不同掺杂条件下载流子浓度的基本特征[3,4,27]。

3.1　状态密度与载流子分布函数

3.1.1　状态密度

考虑体积为 $L\times L\times L=L^3$ 的自由空间中的电子状态数。按周期性边界条件，x 方向的波矢满足

$$k_x=\frac{2\pi}{L}n_x \tag{3-1}$$

其中，量子数 $n_x=0,\pm1,\pm2,\cdots$。由式(3-1)可得

$$n_x=\frac{L}{2\pi}k_x \tag{3-2}$$

同理

$$n_y=\frac{L}{2\pi}k_y,\qquad n_z=\frac{L}{2\pi}k_z \tag{3-3}$$

由此可得

$$\mathrm{d}n_x\mathrm{d}n_y\mathrm{d}n_z=\frac{L^3}{(2\pi)^3}\mathrm{d}k_x\mathrm{d}k_y\mathrm{d}k_z \tag{3-4}$$

而单位体积内的状态数为

$$\mathrm{d}n_x\mathrm{d}n_y\mathrm{d}n_z = \frac{1}{(2\pi)^3}\mathrm{d}k_x\mathrm{d}k_y\mathrm{d}k_z \tag{3-5}$$

即在波矢空间中，状态是均匀分布的，单位体积单位波矢空间内的状态数为 $1/(2\pi)^3$ 。对电子而言，相同的波矢形态可以同时存在自旋相反的两个状态，即单位体积单位波矢空间内总的电子状态数为

$$\frac{1}{(2\pi)^3}\times 2 = \frac{1}{4\pi^3} \tag{3-6}$$

因此单位体积三维波矢空间 $k \to k + \mathrm{d}k$ 内的电子状态数为

$$\frac{1}{4\pi^3}\times 4\pi k^2\mathrm{d}k \tag{3-7}$$

考虑到自由空间中非相对论性电子能量 E 与波矢 k 的关系为

$$E = \frac{\hbar^2 k^2}{2m_\mathrm{e}} \tag{3-8}$$

可得单位体积 $E \to E + \mathrm{d}E$ 范围内的电子状态数为

$$D(E)\mathrm{d}E = \frac{4\pi}{h^3}(2m_\mathrm{e})^{3/2}E^{1/2}\mathrm{d}E \tag{3-9}$$

其中， $h = 2\pi\hbar$ 为普朗克常量； m_e 为电子质量。

对导带电子，在最简单的球形等能面情况下，导带底 E_c 附近的电子能量 $E(\boldsymbol{k})$ 为

$$E(\boldsymbol{k}) = E_\mathrm{c} + \frac{\hbar^2\boldsymbol{k}^2}{2m_\mathrm{n}^*} \tag{3-10}$$

其中， m_n^* 为电子有效质量。由式(3-9)、式(3-10)可得导带底附近单位体积内单位能量间隔内的状态数，即单位体积内的状态密度(也称态密度) $D_\mathrm{c}(E)$ 为

$$D_\mathrm{c}(E) = \frac{4\pi}{h^3}(2m_\mathrm{n}^*)^{3/2}(E - E_\mathrm{c})^{1/2} \tag{3-11}$$

对 GaAs 等多数Ⅲ-Ⅴ族直接带隙半导体，其导带极小值位于 Γ 点，且 Γ 点附近是各向同性的，因此式(3-11)是适用的。但对半导体硅、锗等间接带隙半导体，其导带极小值不在 Γ 点，而在 $\boldsymbol{k}$ 空间的其他位置，存在几个等价的极小值，每个极小值附近的等能面也不是球对称的，而是旋转椭球面，这时沿[001]方向的一个旋转椭球的能量色散关系可以表示为

$$E(k) = E_\mathrm{c} + \frac{\hbar^2}{2}\left[\frac{k_x^2 + k_y^2}{m_\mathrm{t}} + \frac{(k_z - k_{z0})^2}{m_\mathrm{l}}\right] \tag{3-12}$$

在这种情况下，单位体积的态密度也可以用式(3-11)表示，但其中的电子有效质量不再是原来意义上的电子有效质量，而是表示状态密度的有效质量，它的表达式为

$$m_\mathrm{dn}^* = s^{2/3}(m_\mathrm{l}m_\mathrm{t}^2)^{1/3} \tag{3-13}$$

其中，s 表示等价能谷的数目。对半导体 Si，它在第一布里渊区有六个等价能谷，所以 $s = 6$；对半导体 Ge，在第一布里渊区有 4 个完整的等价能谷，因此 $s = 4$。

半导体价带的情形更复杂，它包括轻、重空穴带及与其分离的自旋-轨道耦合分裂带。在一般情况下，由于自旋-轨道耦合分裂带远离轻、重空穴带，通常情况下对后者的载流子分布影响可以忽略不计。第 1 章已经指出，轻、重空穴带的等能面是扭曲面，与各向同性的球形等能面有较大的偏离，但扭曲面的载流子分布的数学处理非常复杂。为处理问题的方便，一般认为在空穴浓度不是很大的情况下，在 Γ 点附近区域，轻、重空穴带都是各向同性的，各自的有效质量分别为 m_{lh}^* 和 m_{hh}^*，两者的色散关系都可以表示为

$$E(k)=E_{\mathrm{v}}-\frac{\hbar^2}{2}\left(\frac{k_x^2+k_y^2+k_z^2}{m_{\mathrm{p}}^*}\right) \tag{3-14}$$

其中，m_{p}^* 为轻、重空穴各自的有效质量。由此可得与式(3-11)类似的表达式，即

$$D_{\mathrm{v}}(E)=\frac{4\pi}{h^3}(2m_{\mathrm{dp}}^*)^{3/2}(E_{\mathrm{v}}-E)^{1/2} \tag{3-15}$$

其中，m_{dp}^* 是价带顶空穴态密度有效质量；$m_{\mathrm{dp}}^*=(m_{\mathrm{lh}}^{*3/2}+m_{\mathrm{hh}}^{*3/2})^{2/3}$。式(3-15)是把轻空穴带与重空穴带的空穴状态数累加得到的。

3.1.2　导带、价带载流子的分布规律

电子是自旋角动量为 $\hbar/2$ 的费米子，遵守泡利不相容原理，其分布由费米-狄拉克统计决定：能量为 E 的电子态在绝对温度为 T 时被电子占据的概率为

$$f(E)=\frac{1}{1+\exp\left(\frac{E-E_{\mathrm{F}}}{k_{\mathrm{B}}T}\right)} \tag{3-16}$$

其中，E_{F} 为电子的费米能量，又称化学势；k_{B} 为玻尔兹曼常数。式(3-16)就是著名的费米-狄拉克分布函数，一般简称为费米分布函数。

由费米分布函数可以看出，当 $(E-E_{\mathrm{F}})/(k_{\mathrm{B}}T)\gg 1$ 时，$f(E)\to 0$；当 $(E-E_{\mathrm{F}})/(k_{\mathrm{B}}T)\ll 1$ 时，$f(E)\to 1$。由于指数函数的特征，只有在 E_{F} 附近几个 $k_{\mathrm{B}}T$ 的能量范围内 $f(E)$ 有显著的变化。

根据空穴的概念，可以得到价带中电子态被空穴占据的概率为

$$f_{\mathrm{v}}(E)=1-f(E)=\frac{1}{1+\exp\left(\frac{E_{\mathrm{F}}-E}{k_{\mathrm{B}}T}\right)} \tag{3-17}$$

在费米分布函数中，费米能量 E_{F} 是最核心的参数，它决定了具体的分布特征。费米能量 E_{F} 由下式决定：

$$\sum_i f(E_{\mathrm{i}})=N \tag{3-18}$$

其中，N 为总电子数。式(3-18)通常写成积分形式，即

$$\begin{aligned}\mathrm{d}n&=f(E)D_{\mathrm{c}}(E)\mathrm{d}E\\ n&=\int_{E_1}^{E_2}f(E)D_{\mathrm{c}}(E)\mathrm{d}E\end{aligned} \tag{3-19}$$

式(3-19)中n为电子浓度，其中把式(3-18)中的总电子数N换成电子浓度n是因为式(3-19)中的态密度$D_c(E)$是式(3-11)中的单位体积态密度，式(3-19)中的E_1、E_2分别为导带电子能量的下限和上限，所以计算所得的电子浓度n实际是分布在一定能量范围内的电子浓度。式(3-19)是计算电子浓度的基本表达式，如果把其中的分布函数改为式(3-17)所示的空穴分布函数并引用式(3-15)所示的空穴态密度，就可以计算相应的价带空穴浓度。

由式(3-16)可以得到，当$E-E_F \gg k_BT$时，$f(E) \ll 1$，它表明一个电子态被电子占据的概率很小，这时泡利不相容原理的作用不再重要。事实上，当式(3-16)中$E-E_F \gg k_BT$时，式(3-16)的分母中“1”可以忽略不计，这时分布函数就可以表示为

$$f(E)=\exp\left(-\frac{E-E_F}{k_BT}\right)=\exp\left(\frac{E_F}{k_BT}\right)\exp\left(-\frac{E}{k_BT}\right)=A\exp\left(-\frac{E}{k_BT}\right) \tag{3-20}$$

其中，$A=\exp(E_F/k_BT)$。式(3-20)实际就是玻尔兹曼分布函数，即原来必须用量子统计的电子分布可以用经典统计近似，它适用于电子浓度不是很高的情形，也就是非简并情形。多数情况下半导体中的载流子浓度分布用玻尔兹曼分布就够了，它可以大大简化方程的表达和计算。

类似地可以得到非简并条件下（$E_F-E \gg k_BT$）空穴分布函数为

$$f_v(E)=1-f(E)=\exp\left(\frac{E-E_F}{k_BT}\right)=B\exp\left(\frac{E}{k_BT}\right) \tag{3-21}$$

3.1.3 非简并条件下导带电子浓度和价带空穴浓度

式(3-19)是计算导带电子浓度的基础。计算的关键是确定相应的态密度和分布函数，它们已分别在3.1.1节和3.1.2节给出。图3.1分别给出了电子和空穴的分布函数，态密度及载流子浓度分布的示意图。由图3.1可见，$f(E)D_c(E)$及$[1-f(E)]D_v(E)$在离带边不远处有极大值，然后迅速衰减。下面具体计算热平衡状态下导带电子浓度n_0和价带空穴的浓度p_0。

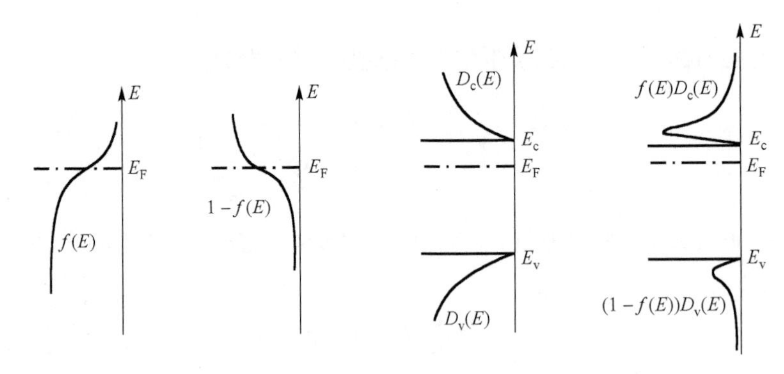

图3.1　热平衡时半导体中电子与空穴的分布函数，单位体积态密度及载流子浓度分布示意图

事实上，由式(3-11)、式(3-19)和式(3-20)，能量区间$E \sim E+\mathrm{d}E$内非简并半导体的平衡电子浓度可以表示为

$$dn_0 = f(E)D_c(E)dE = \frac{4\pi}{h^3}(2m_{dn}^*)^{3/2}(E-E_c)^{1/2}\exp\left(-\frac{E-E_F}{k_BT}\right)dE \tag{3-22}$$

所以

$$n_0 = \int_{E_c}^{E_{c'}} \frac{4\pi}{h^3}(2m_{dn}^*)^{3/2}(E-E_c)^{1/2}\exp\left(-\frac{E-E_F}{k_BT}\right)dE \tag{3-23}$$

其中，E_c 为导带底的能量；$E_{c'}$ 为导带能量的上限；$E_{c'}-E_c$ 一般为几电子伏特。定义参数 $x=(E-E_c)/(k_BT)$，则式(3-23)可以表示为

$$n_0 = \frac{4\pi}{h^3}(2m_{dn}^*)^{3/2}(k_BT)^{3/2}\exp\left(-\frac{E_c-E_F}{k_BT}\right)\int_0^{x'} x^{1/2}\exp(-x)dx \tag{3-24}$$

其中，$x'=(E_{c'}-E_c)/(k_BT)$，考虑到 $E_{c'}-E_c$ 为几电子伏特，一般半导体工作的上限温度为 500K，则 $k_BT\approx 0.043\text{eV}$，所以 x' 的值至少为 1/0.043≈23。考虑到指数函数的性质，式(3-24)中的积分上限实际可以扩展到无穷大，由此引入的误差几乎可以忽略。利用定积分公式

$$\int_0^{\infty} x^{1/2}\exp(-x)dx = \frac{\sqrt{\pi}}{2}$$

可以得到导带电子浓度为

$$n_0 = \frac{4\pi}{h^3}(2m_{dn}^*)^{3/2}(k_BT)^{3/2}\exp\left(-\frac{E_c-E_F}{k_BT}\right)\times\frac{\sqrt{\pi}}{2} = N_c\exp\left(-\frac{E_c-E_F}{k_BT}\right) \tag{3-25}$$

其中，$N_c=\frac{2}{h^3}(2\pi m_{dn}^* k_BT)^{3/2}$，它通常被称为导带的有效状态密度。式(3-25)是计算非简并条件下导带电子浓度的基本公式，由式(3-25)可以看出导带电子浓度主要由费米能级 E_F 决定，不同半导体的区别主要体现在有效状态密度的差异上。

同理，能量区间 $E\sim E+dE$ 内的平衡空穴浓度可以表示为

$$dp_0 = [1-f(E)]D_v(E)dE \tag{3-26}$$

由此可得平衡空穴浓度为

$$\begin{aligned} p_0 &= \int_{E_{v'}}^{E_v}[1-f(E)]D_v(E)dE \\ &= N_v\exp\left(\frac{E_v-E_F}{k_BT}\right) \end{aligned} \tag{3-27}$$

其中，$N_v=\frac{2}{h^3}(2\pi m_{dp}^* k_BT)^{3/2}$ 通常称为价带的有效状态密度。由于与导带中计算电子浓度时同样的原因，积分下限可以扩展到负无穷大。

式(3-25)和式(3-27)分别给出了非简并条件下导带电子浓度和价带空穴浓度的表达式，两者的关键参数都是费米能级 E_F。当费米能级上升时，电子浓度增加，空穴浓度减小；当费米能级下降时，电子浓度减小，空穴浓度增加。需要指出的是，导带和价带的有效状态密度 N_c 和 N_v 不但与材料参数(各自的有效质量)有关，还与温度相关。但 N_c 和 N_v 与温度的关系是幂

函数，是温度的缓变函数，电子和空穴浓度主要由后边的指数项决定。费米能级主要由温度及半导体中的杂质状况决定，该问题将在后面详细讨论。

3.1.4　载流子浓度积 n_0p_0

把式(3-25)和式(3-27)得到的电子、空穴浓度相乘可以得到载流子浓度积 n_0p_0

$$n_0p_0 = N_cN_v\exp\left(-\frac{E_c-E_v}{k_BT}\right) = N_cN_v\exp\left(-\frac{E_g}{k_BT}\right) \tag{3-28}$$

把 N_c 和 N_v 的表达式代入式(3-28)可以得到浓度积

$$n_0p_0 = 4\left(\frac{2\pi}{h^2}\right)^3(m_{dn}^*m_{dp}^*)^{3/2}(k_BT)^3\exp\left(-\frac{E_g}{k_BT}\right) \tag{3-29}$$

式(3-29)表明，在非简并条件下，平衡载流子的浓度积是半导体参数(有效质量和带隙宽度)和温度的函数，而与费米能级无关。正如本章即将讨论的，费米能级在确定的条件下由掺杂状况决定，因此掺杂状况可以改变电子或空穴的浓度，但不会改变两者的积。或者说在热平衡条件下，如果电子浓度增加，则空穴浓度必然减小；如果空穴浓度增加，则电子浓度必然减小。上述性质在讨论载流子浓度时经常应用。

3.2　本征载流子浓度

本征半导体是指没有任何缺陷和杂质的理想半导体。在讨论热平衡半导体中的载流子浓度时，假设半导体保持电中性。对本征半导体，所有的导带电子都来源于价带的激发，因此在本征半导体中有关载流子浓度的基本方程是导带电子浓度等于价带空穴浓度[3, 27]，即

$$n_0 = p_0 \tag{3-30}$$

把式(3-25)和式(3-27)分别代入式(3-30)，得

$$N_c\exp\left(-\frac{E_c-E_F}{k_BT}\right) = N_v\exp\left(-\frac{E_F-E_v}{k_BT}\right) \tag{3-31}$$

由式(3-31)可以得到本征半导体的费米能级，即本征费米能级 E_i 为

$$\begin{aligned} E_i = E_F &= \frac{E_c+E_v}{2} + \frac{k_BT}{2}\ln\frac{N_v}{N_c} \\ &= \frac{E_c+E_v}{2} + \frac{3k_BT}{4}\ln\frac{m_{dp}^*}{m_{dn}^*} \end{aligned} \tag{3-32}$$

式(3-32)有两项，第 1 项表示禁带的中央，第 2 项中 k_BT 的值在室温下约为 0.026eV，一般半导体的空穴有效质量大于电子有效质量，因此第 2 项一般是大于 0，数值在几十毫电子伏特以下。对通常的半导体，如 Si、GaAs、InP 或 GaN 等非窄禁带半导体，带隙一般在 1eV 以上，第 2 项在数值上远小于禁带宽度，因此可以认为本征半导体的费米能级基本在禁带中央，随着温度的升高，略有上升。对窄禁带半导体，上述情况有较大的偏离。例如，InSb 半导体的室温禁带宽度约为 0.18eV，而 m_{dp}^*/m_{dn}^* 的值约为 32，因此它的本征费米能级已远在禁带中线之上。

由本征费米能级可以直接计算本征载流子浓度。把式(3-32)代入式(3-25)或式(3-27)，得到本征载流子浓度 n_i 为

$$n_i = n_0 = p_0 = (N_c N_v)^{1/2} \exp\left(-\frac{E_g}{2k_B T}\right) \tag{3-33}$$

其中，$E_g = E_c - E_v$ 为禁带宽度。如果把 N_c、N_v 的表达式代入式(3-33)，就可以得到本征载流子浓度与半导体基本物理参数的关系：

$$n_i = \left[\frac{2(2\pi k_B T)^{3/2}(m_{dn}^* m_{dp}^*)^{3/4}}{h^3}\right] \exp\left(-\frac{E_g}{2k_B T}\right) \tag{3-34}$$

代入 h、k_B 的数值，并引入电子静止质量 m_e，则

$$n_i = 2.51\times10^{19}\left(\frac{T(\text{K})}{300}\right)^{3/2}\left(\frac{m_{dn}^* m_{dp}^*}{m_e^2}\right)^{3/4} \exp\left(-\frac{E_g}{2k_B T}\right)\text{cm}^{-3} \tag{3-35a}$$

考虑到带隙与温度的关系，本征载流子浓度还可以表示为

$$n_i = 2.51\times10^{19}\left(\frac{T(\text{K})}{300}\right)^{3/2}\left(\frac{m_{dn}^* m_{dp}^*}{m_e^2}\right)^{3/4} \exp\left(-\frac{E_g(0)}{2k_B T}\right)\exp\left[\frac{\alpha T}{2k_B(T+\beta)}\right]\text{cm}^{-3} \tag{3-35b}$$

其中，$E_g(0)$ 为外推至 $T = 0\,\text{K}$ 时的禁带宽度。根据式(3-35)，$\ln n_i - 1/T$ 关系曲线基本上为直线。

本书中类似式(3-34)，经常需要由基本物理常数计算相关的载流子浓度等数值，如果直接代入基本物理常数，由于涉及物理量的习惯使用单位与国际制单位并不一致，因此计算比较麻烦，如果能直接代入一些组合物理常数，则能使计算大大简化。下面列出常用的组合常数：

$$hc = 1.2398\mu\text{m}\cdot\text{eV},\quad \hbar c = 0.19732\mu\text{m}\cdot\text{eV},\quad m_e c^2 = 511.00\text{keV},\quad e^2/(4\pi\varepsilon_0) = 1.4400\text{nm}\cdot\text{eV}$$

在半导体物理学中另一个常用的物理量为：$T = 300\text{K}$ 时，$k_B T = 0.025852\text{eV}$。

下面以 Si 为例计算本征载流子浓度，其室温下的导带与价带态密度有效质量分别为 $1.062m_e$ 和 $0.59m_e$，相应的带隙为 1.12eV。由式(3-34)可得

$$\begin{aligned} n_i &= \frac{2(2\pi k_B T)^{3/2}(m_{dn}^* c^2 m_{dp}^* c^2)^{3/4}}{(hc)^3}\exp\left(-\frac{E_g}{2k_B T}\right) \\ &= \frac{2\times(2\times3.1416\times0.025852\text{eV})^{3/2}\times[(1.062\times511.00\times10^3\text{eV})\times(0.59\times511.00\times10^3\text{eV})]^{3/4}}{(1.2398\times10^{-4}\text{cm}\cdot\text{eV})^3} \\ &\quad\times\exp\left(-\frac{1.12\text{eV}}{2\times0.025852\text{eV}}\right) = 6.9\times10^9\text{cm}^{-3} \end{aligned}$$

这个计算方法的优点是不需要把习惯单位 eV 化为国际制单位，而电子静止质量对应的能量、室温下的 $k_B T$ 对应的能量和 hc 对应的物理量都是应该掌握的基本物理常识。

可以由实验测定高温下的霍尔系数和电导率，从而得到很宽温度范围内本征载流子浓度与温度的关系，做出 $\ln n_i T^{-3/2}$ - $1/T$ 关系直线，从直线的斜率可求得 $T = 0\text{K}$ 时禁带宽度 $E_g(0)$

$= 2k_B \times$斜率，得到 Ge、Si 和 GaAs 的 $E_g(0)$ 分别为 0.78eV、1.21eV 和 1.53eV，与用光学方法测得的数值基本符合。

把半导体的基本参数有效质量和禁带宽度代入上式就可以得到相应半导体的本征载流子浓度，表 3.1 列出了室温下半导体 Si、Ge、GaAs 的本征载流子及相关参数。

表 3.1　室温下半导体 Si、Ge、GaAs 的本征载流子及相关参数

	E_g /eV	m_{dn}^*	m_{dp}^*	N_c / cm^{-3}	N_v / cm^{-3}	n_i / cm^{-3}（计算）	n_i / cm^{-3}（测量）
Ge	0.67	$0.56m_e$	$0.29m_e$	1.04×10^{19}	3.9×10^{18}	1.5×10^{13}	2.33×10^{13}
Si	1.12	$1.062m_e$	$0.59m_e$	2.8×10^{19}	1.1×10^{19}	6.9×10^{9}	1.5×10^{10}
GaAs	1.42	$0.067m_e$	$0.47m_e$	4.3×10^{17}	8.1×10^{18}	2.2×10^{6}	1.1×10^{7}

图 3.2 给出了 Ge、Si 和 GaAs 的本征载流子浓度 n_i 随 $1/T$ 的变化规律，其中 n_i 取对数坐标，横坐标取为 $10^3/T$。如式(3-34)所示，$\ln n_i$ 与 $1/T$ 基本是线性关系，因为该表达式中前面与温度的关系是缓变函数，与温度的关系主要由式(3-27)中的指数项决定，它使 $\ln n_i$ 与 $1/T$ 基本是线性关系。

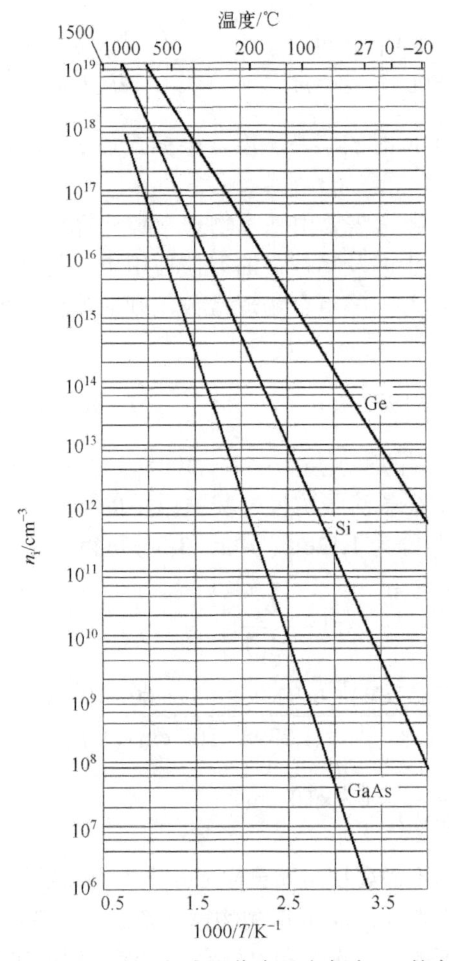

图 3.2　Ge、Si、GaAs 的本征载流子浓度随 $1/T$ 的变化规律

实际半导体中总含有少许杂质或其他缺陷。在较低温度下，本征激发很弱，由杂质提供的载流子数目一般远超本征激发载流子数目。例如，在 Si 和 GaAs 中，只要含有数量级 $10^{13}\,cm^{-3}$ 的浅能级杂质，室温下的载流子浓度就会远超过本征载流子浓度 n_i。但在较高温度下，本征载流子仍将占优势，详细情形将在 3.3.2 节讨论。

本征载流子浓度的意义远不限于这些情形。3.1 节已经指出，对任何非简并半导体，载流子的浓度积为常数，即 $n_0 p_0 = n_i^2$，该结论与半导体是否为本征无关。因此，只要知道一种载流子的浓度，就可以由本征载流子浓度计算另一种载流子的浓度。

利用本征载流子浓度 n_i，可以把式(3-25)和式(3-27)改写为另一种形式：

$$n_0 = N_c \exp\left(\frac{E_F - E_c}{k_B T}\right) = n_i \exp\left(\frac{E_F - E_i}{k_B T}\right) \tag{3-36a}$$

$$p_0 = N_v \exp\left(\frac{E_v - E_F}{k_B T}\right) = n_i \exp\left(\frac{E_i - E_F}{k_B T}\right) \tag{3-36b}$$

由以上两式，N_c、N_v 及 n_i 的物理意义更清楚了，它们分别代表费米能级在导带底、价带顶及本征费米能级处时相应的载流子浓度。但实际上式(3-36)只适用于非简并半导体，在非简并情形下，费米能级不会靠近导带底或价带顶，因此 N_c、N_v 是导带底或价带顶的状态密度，$\exp\left(\frac{E_F - E_c}{k_B T}\right)$ 或 $\exp\left(\frac{E_v - E_F}{k_B T}\right)$ 是相应的占有概率，这正是玻尔兹曼分布的意义。

3.3　含单一杂质的半导体载流子浓度

3.3.1　杂质能级的占有概率

前文讨论的费米分布只适用于自由状态的电子占有概率，但对处于束缚态的杂质能级并不适用。对自由状态，每个状态可以容纳自旋相反的两个电子，但处于束缚态的施主能级或受主能级具有不同的简并度。设施主能级基态简并度为 g_D，受主能级的基态简并度为 g_A，可以证明，电子占据施主能级的概率为

$$f_D = \frac{1}{1 + \frac{1}{g_D} \exp\left(\frac{E_D - E_F}{k_B T}\right)} \tag{3-37a}$$

空穴占据受主能级的概率为

$$f_A = \frac{1}{1 + \frac{1}{g_A} \exp\left(\frac{E_F - E_A}{k_B T}\right)} \tag{3-37b}$$

其中，E_D 和 E_A 分别为施主能级和受主能级。由式(3-37a)可以得到施主电离的概率为

$$1 - f_D = \frac{1}{1 + g_D \exp\left(\frac{E_F - E_D}{k_B T}\right)} \tag{3-38a}$$

受主能级被电子占据的概率为

$$1-f_{\mathrm{A}}=\frac{1}{1+g_{\mathrm{A}}\exp\left(\dfrac{E_{\mathrm{A}}-E_{\mathrm{F}}}{k_{\mathrm{B}}T}\right)} \tag{3-38b}$$

对 Si、Ge 和 GaAs 等半导体，杂质态简并度$g_{\mathrm{D}}=2$，$g_{\mathrm{A}}=4$。

设施主和受主浓度分别为N_{D}和N_{A}，则电离施主浓度$n_{\mathrm{D}}^{+}=N_{\mathrm{D}}(1-f_{\mathrm{D}})$，未电离施主浓度$n_{\mathrm{D}}=N_{\mathrm{D}}f_{\mathrm{D}}$；受主能级被电子占据后带负电，也称为受主电离，电离受主的浓度$p_{\mathrm{A}}^{-}=N_{\mathrm{A}}(1-f_{\mathrm{A}})$，未电离受主浓度$p_{\mathrm{A}}=N_{\mathrm{A}}f_{\mathrm{A}}$。

在热平衡条件情况下，导带、价带和各杂质态的费米能级是统一的，费米能级是所有状态电子分布的标志。由式(3-37a)可知：当$E_{\mathrm{D}}-E_{\mathrm{F}}\gg k_{\mathrm{B}}T$时，$\exp\left(\dfrac{E_{\mathrm{D}}-E_{\mathrm{F}}}{k_{\mathrm{B}}T}\right)\gg 1$，则施主能级电子浓度$n_{\mathrm{D}}=f_{\mathrm{D}}N_{\mathrm{D}}\approx 0$，同时电离施主浓度$n_{\mathrm{D}}^{+}=N_{\mathrm{D}}-n_{\mathrm{D}}\approx N_{\mathrm{D}}$，即当费米能级$E_{\mathrm{F}}$远在$E_{\mathrm{D}}$之下时，可以认为施主杂质几乎全部电离；反之，当费米能级E_{F}远在E_{D}之上时，施主杂质基本没有电离；当费米能级E_{F}和E_{D}重合时，对杂质态简并度$g_{\mathrm{D}}=2$，未电离施主浓度$n_{\mathrm{D}}=2N_{\mathrm{D}}/3$，而电离施主浓度$n_{\mathrm{D}}^{+}=N_{\mathrm{D}}/3$，即施主杂质有 1/3 电离，还有 2/3 没有电离。同理，由式(3-37b)和式(3-38b)，当费米能级E_{F}远在E_{A}之上时，受主杂质几乎全部被电子填充，即受主杂质几乎全部电离；当费米能级E_{F}远在E_{A}之下时，受主杂质几乎没有电子，即受主杂质基本上没有电离；当费米能级E_{F}和E_{A}重合时，对杂质态简并度$g_{\mathrm{A}}=4$，未电离受主浓度$p_{\mathrm{A}}=4N_{\mathrm{A}}/5$，而电离受主$p_{\mathrm{A}}^{-}=N_{\mathrm{A}}/5$，即受主杂质有 1/5 电离，还有 4/5 没有电离。

由式(3-37)和式(3-38)及 3.2 节讨论的导带电子及价带空穴分布的规律，就可以计算各种掺杂情况下的载流子分布规律。

3.3.2 单杂质掺杂半导体的载流子浓度

作为最简单的情形，本节讨论单杂质掺杂半导体的载流子分布规律。单杂质掺杂半导体的载流子分布规律是分析实际半导体中的载流子分布的基础。

首先讨论 n 型半导体中的载流子分布规律，并设施主能级位于禁带的上半部。需要指出的是，半导体中浅施主能级与深施主能级没有严格的界限，但一般的 n 型半导体通常为掺入浅施主杂质。掺入施主杂质后，导带中的电子来源包括价带激发和施主激发两个部分。因此，电中性条件可以表示为

$$n_0=p_0+n_{\mathrm{D}}^{+} \tag{3-39}$$

其中，n_{D}^{+}是电离的施主浓度。式(3-39)中除施主浓度外的各项都是费米能级E_{F}和温度T的函数，即

$$N_{\mathrm{c}}\exp\left(\frac{E_{\mathrm{F}}-E_{\mathrm{c}}}{k_{\mathrm{B}}T}\right)=N_{\mathrm{v}}\exp\left(\frac{E_{\mathrm{v}}-E_{\mathrm{F}}}{k_{\mathrm{B}}T}\right)+\frac{N_{\mathrm{D}}}{1+g_{\mathrm{D}}\exp\left(\dfrac{E_{\mathrm{F}}-E_{\mathrm{D}}}{k_{\mathrm{B}}T}\right)} \tag{3-40}$$

式(3-40)是有施主掺杂时由半导体中电中性条件给出的基本方程，由该方程可以直接求解不同温度T的费米能级E_{F}，并计算出导带电子和价带空穴浓度。但遗憾的是，式(3-40)是

超越方程，没有办法给出费米 E_F 关于温度 T 的解析表达式。一般情况下，可以通过数值求解的方法得到给定温度下的费米能级位置并确定相应的载流子浓度。

在本征激发可以忽略的较低温度区间，式(3-40)简化为如下形式：

$$N_c \exp\left(\frac{E_F - E_c}{k_B T}\right) = \frac{N_D}{1 + g_D \exp\left(\frac{E_F - E_D}{k_B T}\right)} \tag{3-41}$$

一般把不考虑本征激发的上述温度区间分为低温弱电离区、中间电离区和强电离区三个温度区域。这三个温度区域内通常用各自的近似解，但实际上式(3-41)可以严格求解。

1. 低温弱电离区

在低温弱电离区，除了前面指出的价带电子激发可以忽略外，还应满足这样的条件，即 $g_D \exp\left(\frac{E_F - E_D}{k_B T}\right) \gg 1$，显然其中费米能级 E_F 一定在 E_D 之上。在满足这个条件时，式(3-41)右侧分母上的"1"可以忽略，由此可以直接得到费米能级 E_F 的表达式：

$$E_F = \frac{E_c + E_D}{2} + \frac{k_B T}{2} \ln \frac{N_D}{g_D N_c} \tag{3-42}$$

把式(3-42)代入式(3-25)可以直接得到导带电子的浓度 n_0 为

$$n_0 = \left(\frac{N_D N_c}{g_D}\right)^{1/2} \exp\left(-\frac{E_c - E_D}{2 k_B T}\right) \tag{3-43}$$

式(3-42)和式(3-43)是低温弱电离区的主要结论。

由式(3-42)可以得到低温弱电离区费米能级 E_F 的变化规律。在式(3-42)中，第二项除了包含系数 $k_B T$ 外，对数项中的导带有效状态密度 N_c 也是温度的函数。当温度 $T \to 0\text{K}$ 时，$\lim\limits_{T \to 0} T \ln T = 0$，所以当 T 趋于零时，式(3-42)中的第二项趋于零，E_F 位于 E_c 和 E_D 间的正中央。

由式(3-42)可以得到 $\frac{dE_F}{dT} = \frac{k_B}{2}\left[\ln\left(\frac{N_D}{g_D N_c}\right) - \frac{3}{2}\right]$，因此当 $N_c = \frac{N_D}{g_D} \exp\left(-\frac{3}{2}\right)$ 时，$\frac{dE_F}{dT} = 0$，在通常情况下，$g_D = 2$，因此 $N_c \approx 0.11 N_D$ 时 E_F 达到极大。低温弱电离区的费米能级具体变化如图3.3所示。在温度极低时，$g_D N_c < N_D$，因此式(3-42)中对数项大于零，即 E_F 随温度升高而上升，当满足 $N_c \approx 0.11 N_D$ 时，E_F 达到极大；当温度进一步升高时，费米

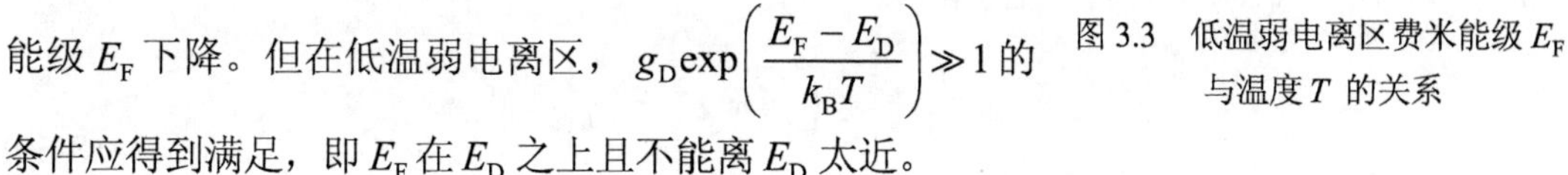

能级 E_F 下降。但在低温弱电离区，$g_D \exp\left(\frac{E_F - E_D}{k_B T}\right) \gg 1$ 的条件应得到满足，即 E_F 在 E_D 之上且不能离 E_D 太近。

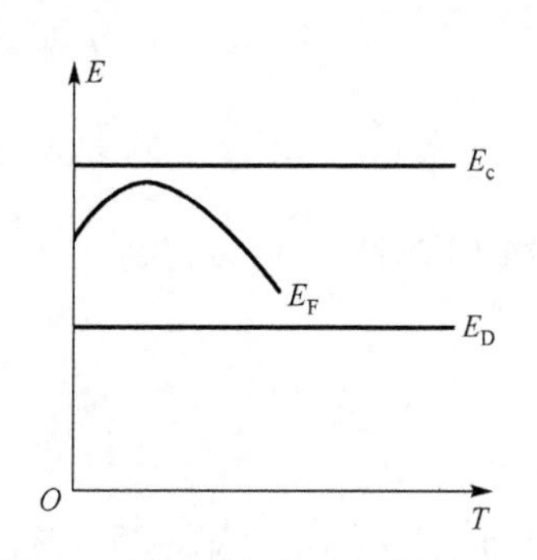

图3.3　低温弱电离区费米能级 E_F 与温度 T 的关系

2. 中间电离区和强电离区

不同温度下的分区一般采用“10 倍”原则，即认为式(3-41)右侧分母上 $g_D\exp\left(\dfrac{E_F-E_D}{k_BT}\right)>10$ 时，分母上的“1”可被忽略。考虑到通常情况下，$g_D=2$，该条件可以表示为 $E_F-E_D>1.7k_BT$，即 E_F 在 E_D 以上 $1.7k_BT$ 时为低温弱电离区；不满足该条件时就进入中间电离区的范围。中间电离区的一个重要的结论是，当 $E_F=E_D$ 时，$n_0=\dfrac{N_D}{1+g_D}$，因为 $g_D=2$，所以这时有 1/3 的施主电离。

当施主电离概率达到 90%时，半导体进入强电离区。由式(3-38a)，强电离区满足的条件为

$$\frac{1}{1+g_D\exp\left(\dfrac{E_F-E_D}{k_BT}\right)}\geqslant 0.9 \tag{3-44}$$

考虑到通常条件下 $g_D=2$，可得到强电离区的条件为

$$E_F\leqslant E_D-2.9k_BT \tag{3-45}$$

相应地，中间电离区的条件则为

$$E_D-2.9k_BT<E_F\leqslant E_D+1.7k_BT \tag{3-46}$$

在费米能级 E_F 接近 E_D 的中间电离区及 E_F 远在 E_D 以下的强电离区域，式(3-41)右侧分母上的“1”不能被忽略，因此必须对式(3-41)进行严格求解。为求解该方程，首先定义参数

$$\chi=\left(\frac{N_c}{g_DN_D}\right)^{1/2}\exp\left(-\frac{\Delta E_D}{2k_BT}\right) \tag{3-47}$$

其中，$\Delta E_D=E_c-E_D$，于是式(3-41)可以表示为

$$\frac{1}{1+g_D\exp\left(\dfrac{E_F-E_D}{k_BT}\right)}=\chi^2g_D\exp\left(\frac{E_F-E_D}{k_BT}\right) \tag{3-48}$$

对式(3-49)求解关于 $y=g_D\exp\left(\dfrac{E_F-E_D}{k_BT}\right)$ 的二次方程：$\chi^2y^2+\chi^2y-1=0$，并将得到的结果取对数，可以得到

$$E_F=E_D+k_BT\ln\left(\frac{\sqrt{4+\chi^2}-\chi}{2g_D\chi}\right) \tag{3-49}$$

把式(3-49)代入式(3-25)，得到电子浓度

$$n_0=N_D\left[\frac{\chi}{2}\left(\sqrt{4+\chi^2}-\chi\right)\right] \tag{3-50}$$

式(3-49)与式(3-50)是计算不考虑价带激发时费米能级和电子浓度的通用表达式。当温度T和掺杂浓度N_D确定后，首先由式(3-47)计算χ值，再由式(3-49)、式(3-50)就可以计算费米能级和电子浓度。

当$\chi \ll 1$时，式(3-49)可以用下式表示：

$$E_F = E_D + k_B T \ln \frac{1}{g_D \chi} \tag{3-51}$$

由于$\chi \ll 1$，式(3-51)说明E_F在E_D之上若干个$k_B T$，对应于本节第1部分讨论的低温弱电离区。

如果把式(3-46)中的$E_F = E_D + 1.7k_B T$代入式(3-51)可得$\chi = 0.091$，所以条件$\chi \ll 1$和前面讨论的费米能级条件对低温弱电离区的边界是完全一致的。

当$\chi \gg 1$时，式(3-49)可以用下式表示：

$$E_F = E_D + k_B T \ln \frac{1}{g_D \chi^2} \tag{3-52}$$

把由式(3-47)得到的χ值代入式(3-52)，再由式(3-25)可以得到相应的电子浓度$n_0 = N_D$。因此，$\chi \gg 1$实际对应于强电离区，这时费米能级在E_D之下若干个$k_B T$。可以把强电离区的条件$\chi \gg 1$改写为另一种形式：

$$\left(\frac{N_c}{g_D N_D} \right)^{1/2} \gg \exp\left(\frac{\Delta E_D}{2k_B T} \right) \tag{3-53}$$

可以由式(3-53)判断某一温度下施主杂质是否已达到强电离。在强电离区，电子浓度保持为N_D不变，因此强电离区又称为饱和区。但需要指出的是，如果以$\chi = 10$为强电离区的判据，则相应的费米能级$E_F = E_D - 5.3k_B T$，即式(3-53)的要求是满足式(3-45)，但$\chi = 10$时电离程度已经超过90%。可以证明，90%的电离度对应的χ值为2.87。

在通常情况下，如果杂质电离达到90%，就可以认为已经满足强电离标准。在强电离情况下，由于载流子浓度就等于杂质浓度，可以由式(3-25)直接计算费米能级。

$$E_F = E_c + k_B T \ln \frac{N_D}{N_c} \tag{3-54}$$

事实上，如果把式(3-47)得到的χ值代入式(3-52)也能得到式(3-54)。

估算某一温度(如室温)下施主杂质达到强电离的杂质浓度上限也是一个很有意义的问题。

当$E_D - E_F \gg k_B T$时，未电离施主浓度为

$$n_D = f_D N_D \approx g_D N_D \exp\left(-\frac{E_D - E_F}{k_B T} \right) \tag{3-55}$$

把式(3-54)代入式(3-55)，得

$$n_D \approx g_D N_D \left(\frac{N_D}{N_c} \right) \exp\left(\frac{\Delta E_D}{k_B T} \right) \tag{3-56}$$

定义

$$D_- = g_{\rm D}\left(\frac{N_{\rm D}}{N_{\rm c}}\right)\exp\left(\frac{\Delta E_{\rm D}}{k_{\rm B}T}\right) \tag{3-57}$$

则$n_{\rm D} \approx D_- N_{\rm D}$，因此$D_-$代表未电离施主占施主杂质的比例。前文已经指出强电离区应该有90%的施主杂质已电离，对应的未电离百分比D_-应为10%。由式(3-57)，D_-由掺杂浓度、温度及杂质电离能等因素决定。杂质浓度越高，杂质全部电离所需的温度也越高。

例如，掺 P 的 n 型 Si，室温时，导带有效状态密度$N_{\rm c}=2.8\times10^{19}\,{\rm cm}^{-3}$，电离能$\Delta E_{\rm D}=0.044{\rm eV}$，$k_{\rm B}T=0.02585{\rm eV}$，由式(3-57)可以得到室温下P杂质全部电离的浓度上限

$$N_{\rm D} = \frac{D_- N_{\rm c}}{g_{\rm D}}\exp\left(-\frac{\Delta E_{\rm D}}{k_{\rm B}T}\right) = \left(\frac{0.1\times2.8\times10^{19}}{2}\right)\exp\left(-\frac{0.044}{0.02585}\right)$$

$$=1.4\times10^{18}\times0.182\approx2.6\times10^{17}\ {\rm cm}^{-3}$$

在室温时，Si的本征载流子浓度约为$1.5\times10^{10}\,{\rm cm}^{-3}$，当杂质浓度至少比它大一个数量级时才保持以杂质电离为主，所以对掺P的半导体Si，P浓度为$1.5\times10^{11}\sim2.6\times10^{17}\,{\rm cm}^{-3}$时，可以认为Si以杂质电离为主，而且处于杂质全部电离的饱和区，即强电离区。

由式(3-57)可以确定不同杂质浓度达到全部电离所需的温度，但这是个超越表达式，只能数值求解。

图3.4给出了不同杂质浓度时Si的费米能级与温度的关系。由图可见，杂质浓度越低，达到饱和区所需的温度越低；杂质浓度越高，达到饱和区所需的温度越高。

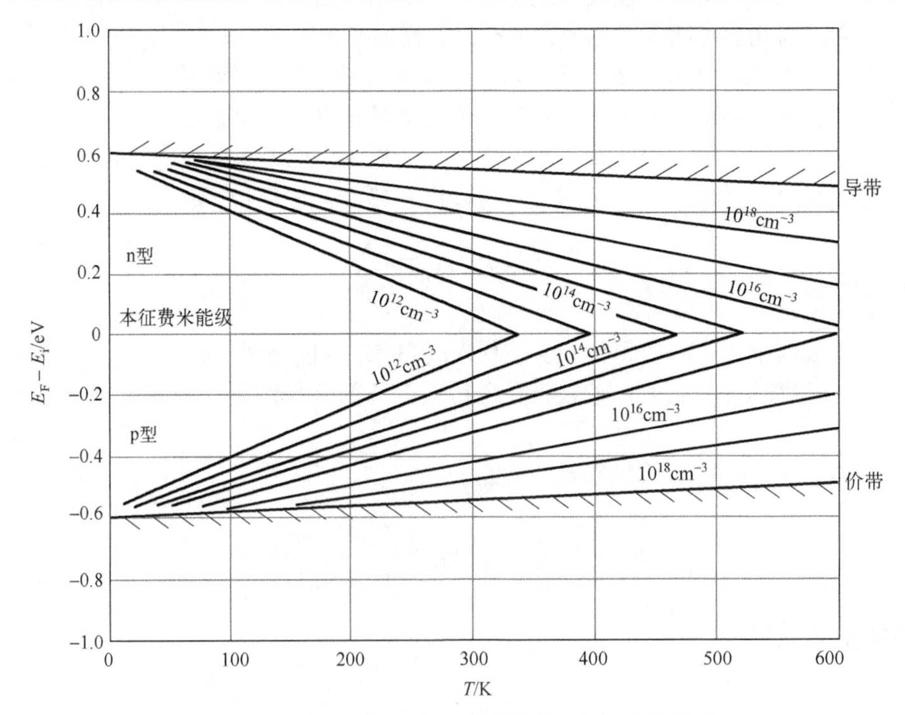

图3.4　不同杂质浓度时Si的费米能级与温度的关系

3. 过渡区

随着温度升高，当来自半导体价带的本征激发电子不能忽略时，式(3-41)不再适用，半导体由饱和区进入过渡区。例如，当来自价带的电子浓度达到掺杂浓度 N_D 的 10% 时，来自价带的本征激发就不能被忽略。这时的电中性条件可以表示为

$$n_0 = N_D + p_0 \tag{3-58}$$

为了处理方便，把式(3-36)的结果代入式(3-58)，得

$$N_D = n_i\left[\exp\left(\frac{E_F - E_i}{k_B T}\right) - \exp\left(-\frac{E_F - E_i}{k_B T}\right)\right] = 2n_i \mathrm{sh}\left(\frac{E_F - E_i}{k_B T}\right) \tag{3-59}$$

由式(3-59)得

$$E_F = E_i + k_B T \mathrm{arcsh}\left(\frac{N_D}{2n_i}\right) \tag{3-60}$$

在一定温度下，由本征载流子浓度 n_i 及掺杂浓度 N_D，就可以由式(3-60)计算费米能级。当 $N_D/(2n_i)$ 很小时，$E_F - E_i$ 也很小，半导体接近本征激发区；当 $N_D/(2n_i)$ 增大时，$E_F - E_i$ 也增大，向饱和区接近。

事实上，过渡区的载流子浓度可以由下列方法方便计算：

$$\begin{cases} p_0 = n_0 - N_D \\ n_0 p_0 = n_i^2 \end{cases} \tag{3-61}$$

解上述二元二次方程，就能得到相应的载流子浓度 n_0、p_0，在此基础上由式(3-25)确定费米能级。

4. 高温本征区

若温度进一步升高，本征载流子浓度 n_i 也不断增加，当杂质浓度 N_D 与 n_i 相比可以忽略时，半导体进入高温本征区。例如，当 n_i 达到 N_D 的 10 倍时，杂质激发的载流子可以忽略不计。这时，费米能级接近半导体的本征费米能级，而载流子浓度随温度升高而迅速增加。显然，杂质浓度越高，达到本征区的温度也越高。例如，Si 中施主杂质浓度 N_D 小于 $10^{10}\,\mathrm{cm^{-3}}$ 时，略高于室温就可进入本征激发区；当施主杂质浓度为 $10^{16}\,\mathrm{cm^{-3}}$ 时，进入本征激发区的温度在 500℃以上，实际上已经超过了半导体器件能正常工作的温度极限。

图 3.5(a)是 n 型 Si 的电子浓度与温度的关系曲线，其中杂质 P 的浓度为 $10^{15}\,\mathrm{cm^{-3}}$。由图可见，在低温时，电子浓度随温度的升高而增加，即温度升高到 90K 时杂质已全部电离，温度高于 522K 时本征激发开始起作用，所以温度在 90～522K 时杂质全部电离，载流子浓度达到饱和，基本就是杂质浓度。图 3.5(a)中的 A、B、C、D 和 E 分别是低温弱电离区、中间电离区、饱和区、过渡区和本征区。图 3.5(b)是 n 型 Si 半导体掺 P 时不同杂质浓度所对应的饱和区温度。由图可见，随着杂质浓度的增加，饱和区的温度范围逐步增加，其中饱和区的温度上限增加更快。在 300K 室温下，杂质能达到 90%以上电离的饱和区的掺杂浓度的上限约为 $2.6\times10^{17}\,\mathrm{cm^{-3}}$。

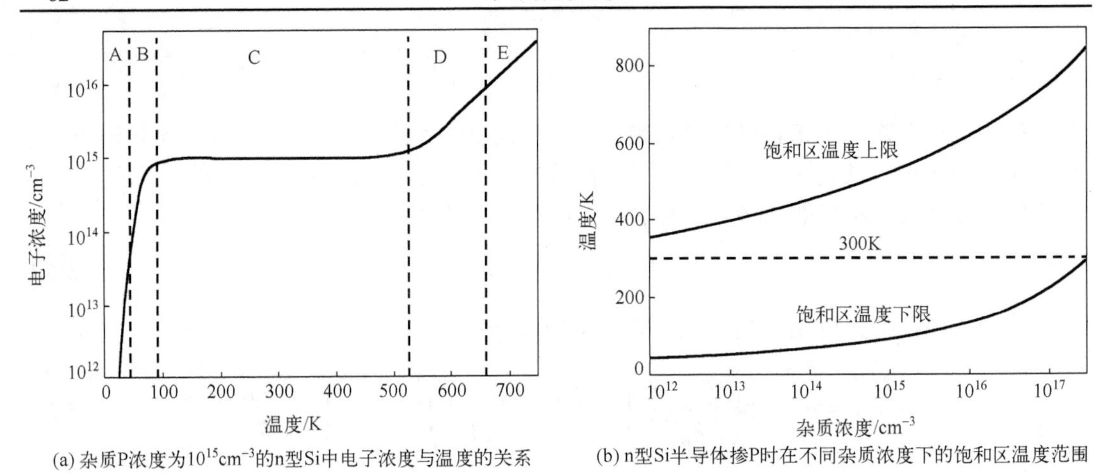

(a) 杂质P浓度为10^{15}cm^{-3}的n型Si中电子浓度与温度的关系　　(b) n型Si半导体掺P时在不同杂质浓度下的饱和区温度范围

图 3.5　非简并 n 型半导体不同温度下的电子浓度及饱和区温度范围

5. p 型半导体的载流子浓度

对只含一种浅受主杂质的 p 型半导体，可以进行和 n 型半导体类似的讨论，具体的公式如下。

低温弱电离区：

$$E_F = \frac{E_v + E_A}{2} - \frac{k_B T}{2} \ln \frac{N_A}{g_A N_v} \tag{3-62a}$$

$$p_0 = \left(\frac{N_A N_v}{g_A} \right)^{\frac{1}{2}} \exp\left(-\frac{E_A - E_v}{2k_B T} \right) \tag{3-62b}$$

强电离区(饱和区)：

$$E_F = E_v - k_B T \ln \frac{N_A}{N_v} \tag{3-63a}$$

$$p_0 = N_A \tag{3-63b}$$

过渡区：

$$E_F = E_i - k_B T \operatorname{arcsh}\left(\frac{N_A}{2n_i} \right) \tag{3-64a}$$

$$\begin{cases} p_0 = n_0 + N_A \\ n_0 p_0 = n_i^2 \end{cases} \tag{3-64b}$$

以上各公式中的符号均按前文的规定，其他情况不再具体讨论。

从本节的讨论知道，掺有某种杂质的半导体载流子浓度和费米能级由温度、杂质浓度及杂质能级决定。对于杂质浓度一定的半导体，随着温度的升高，载流子从以杂质电离为主逐步过渡到以本征激发为主，相应的费米能级则从杂质能级附近逐步靠近本征费米能级处。例如，对 n 型非简并半导体，在低温弱电离区，导带中的电子是由施主电离产生；随着温度升高，施主的电离程度逐步增大，而费米能级则从杂质能级以上逐渐下降到杂质能级以下；当费米能级降低到杂质能级以下若干 $k_B T$ 时，施主杂质全部电离，电子浓度在一个较大的温度范围内保持稳定，也就是所谓的饱和区，该区域是一般半导体器件的工作区域。当温度进一步上升，从价带本征激发产生的载流子和上述施主电离载流子可以比拟时，半导体进入过渡区；当温度进一步上升，施主电离产生的载流子与本征激发载流子相比可以忽略不计时，半导体进入高温本征区，这时载流子浓度随温度急剧增加，费米能级也靠近本征费米能级。显然，掺杂浓度越高，达到上述各个区域的温度也越高。

在确定的温度下，例如室温时，可以按照费米能级的高低把半导体分为强 p 型、弱 p 型、本征型、弱 n 型和强 n 型，如图 3.6 所示。显然，这种情况下费米能级的高低完全由掺杂浓度决定，掺杂浓度高就是强 p 型或强 n 型；否则就是弱 p 型或弱 n 型。

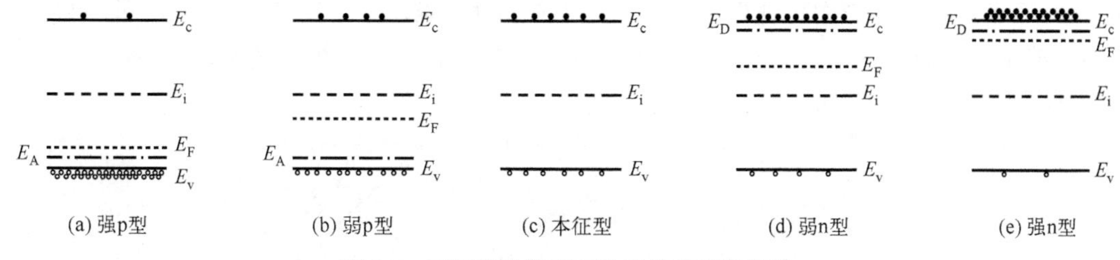

图 3.6　不同掺杂情况下的半导体费米能级

在确定的温度下，载流子浓度随杂质浓度的变化情况可以按前述类型分别计算。图 3.7 为室温下 Si 中载流子浓度与杂质浓度的关系，其中左侧为 p 型，右侧为 n 型，其中 n_{n0} 及 p_{n0} 为 n 型半导体的电子与空穴浓度，n_{p0} 及 p_{p0} 为 p 型半导体的电子与空穴浓度。由图可以看出，当杂质浓度小于本征载流子浓度 n_i 时，电子和空穴浓度都等于 n_i，材料是本征的；当杂质浓度大于 n_i 时，多数载流子浓度随杂质浓度增加而增加，少数载流子浓度随杂质增加而减小，两者之间满足关系 $n_0 p_0 = n_i^2$。

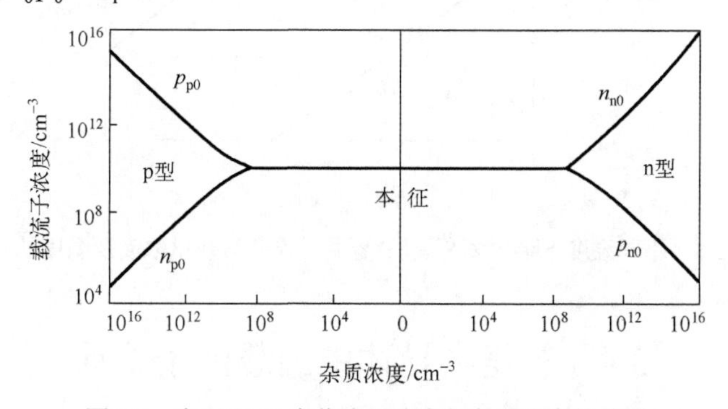

图 3.7　室温下 Si 中载流子浓度与杂质浓度的关系

6. 少数载流子浓度

n 型半导体电子和 p 型半导体的空穴都称为多数载流子(简称多子)，它们和掺杂浓度及温度的关系已在前文详细讨论了。而 n 型半导体的空穴与 p 型半导体的电子称为少数载流子(简称少子)。下面只给出强电离情况下少子浓度与杂质浓度和温度的关系，其他情况本节不再具体给出，但结合基本关系 $n_0 p_0 = n_i^2$ 也不难分析。

(1) n 型半导体：多子浓度 $n_{n0} = N_D$，由 $n_{n0} p_{n0} = n_i^2$，得到少子浓度 p_{n0} 为

$$p_{n0} = \frac{n_i^2}{N_D} \tag{3-65a}$$

(2) p 型半导体：多子浓度 $p_{p0} = N_A$，由 $n_{n0}p_{n0} = n_i^2$，得到少子浓度 n_{p0} 为

$$n_{p0} = \frac{n_i^2}{N_A} \tag{3-65b}$$

从式(3-65)可以看出，少子浓度和本征载流子浓度 n_i 的平方成正比，而和多子浓度成反比。因为多子浓度在饱和区的温度范围内是不变的，而本征载流子浓度 $n_i^2 \propto T^3 \exp\left(-\frac{E_g}{k_B T}\right)$，所以少子浓度随温升高而迅速增大。考虑到本征载流子浓度 n_i 与温度的关系，可以得到如图 3.8 所示不同温度下半导体 Si 中平衡少子浓度与杂质浓度及温度的关系。由图可见，当温度从室温依次增加 50℃时，平衡少子浓度增加近三个数量级。

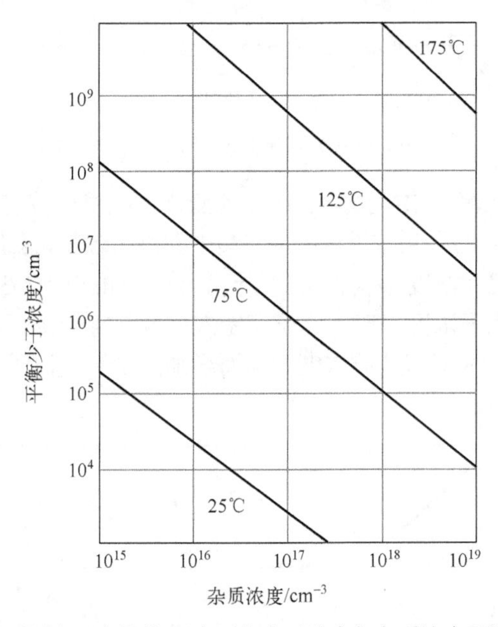

图 3.8 不同温度下半导体 Si 中平衡少子浓度与杂质浓度及温度的关系

3.4 补偿半导体中的载流子统计

3.4.1 补偿半导体中载流子的处理方法

实际半导体中经常出现既有施主掺杂又有受主掺杂的情况，这类半导体就是第 2 章讨论过的补偿半导体[3, 27]。

如果半导体中的施主浓度为 N_D，受主浓度为 N_A。设该半导体在某一温度下，电离施主的浓度为 n_D^+，电离受主的浓度为 p_A^-，则电中性条件可以表示为

$$p_0 + n_D^+ = n_0 + p_A^- \tag{3-66}$$

如果存在若干种施主和若干种受主杂质，则电中性条件可以进一步表示为

$$p_0 + \sum_i n_{\mathrm{Di}}^+ = n_0 + \sum_j p_{\mathrm{Aj}}^- \tag{3-67}$$

式(3-67)中的求和号表示对不同种类的施主或受主求和。

3.4.2　n 型补偿半导体的载流子浓度计算方法

同时存在施主与受主的半导体中的载流子情况显然要比 3.3 节讨论的单一杂质掺杂情形复杂得多，本小节讨论 $N_{\mathrm{D}} > N_{\mathrm{A}}$ 的 n 型补偿半导体的载流子浓度和费米能级。

事实上，式(3-66)可以表示为以下形式：

$$n_0 + N_{\mathrm{A}} + n_{\mathrm{D}} = p_0 + N_{\mathrm{D}} + p_{\mathrm{A}} \tag{3-68}$$

式(3-68)是关于费米能级 E_{F} 的超越方程，只能数值求解。下文按不同的温度范围分别讨论。

(1)在很低的温度下，施主要以 N_{A} 个电子填充受主能级。由于 $N_{\mathrm{D}} > N_{\mathrm{A}}$，施主是部分电离的，费米能级 E_{F} 必远离价带边和受主能级，这时受主态几乎被电子填满，因此价带空穴浓度 p_0 和受主态空穴浓度 p_{A} 都可以忽略，于是电中性条件可以表示为

$$n_0 = N_{\mathrm{D}} - N_{\mathrm{A}} - n_{\mathrm{D}} = N_{\mathrm{D}} - N_{\mathrm{A}} - \frac{N_{\mathrm{D}}}{1 + \dfrac{1}{g_{\mathrm{D}}}\exp\left(\dfrac{E_{\mathrm{D}} - E_{\mathrm{F}}}{k_{\mathrm{B}}T}\right)} \tag{3-69}$$

式(3-69)两边同乘以 $1 + \dfrac{1}{g_{\mathrm{D}}}\exp\left(\dfrac{E_{\mathrm{D}} - E_{\mathrm{F}}}{k_{\mathrm{B}}T}\right)$，得

$$n_0\left[1 + \frac{1}{g_{\mathrm{D}}}\exp\left(\frac{E_{\mathrm{D}} - E_{\mathrm{F}}}{k_{\mathrm{B}}T}\right)\right] = (N_{\mathrm{D}} - N_{\mathrm{A}})\left[1 + \frac{1}{g_{\mathrm{D}}}\exp\left(\frac{E_{\mathrm{D}} - E_{\mathrm{F}}}{k_{\mathrm{B}}T}\right)\right] - N_{\mathrm{D}}$$

上式两边再同乘以 $N_{\mathrm{c}}\exp\left(-\dfrac{E_{\mathrm{c}} - E_{\mathrm{F}}}{k_{\mathrm{B}}T}\right)$，得

$$\begin{aligned} & n_0 N_{\mathrm{c}}\exp\left(-\frac{E_{\mathrm{c}} - E_{\mathrm{F}}}{k_{\mathrm{B}}T}\right) + \frac{1}{g_{\mathrm{D}}} n_0 N_{\mathrm{c}}\exp\left(\frac{E_{\mathrm{D}} - E_{\mathrm{c}}}{k_{\mathrm{B}}T}\right) \\ & = (N_{\mathrm{D}} - N_{\mathrm{A}}) N_{\mathrm{c}}\exp\left(-\frac{E_{\mathrm{c}} - E_{\mathrm{F}}}{k_{\mathrm{B}}T}\right) + \frac{1}{g_{\mathrm{D}}}(N_{\mathrm{D}} - N_{\mathrm{A}}) N_{\mathrm{c}}\exp\left(\frac{E_{\mathrm{D}} - E_{\mathrm{c}}}{k_{\mathrm{B}}T}\right) - N_{\mathrm{D}} N_{\mathrm{c}}\exp\left(-\frac{E_{\mathrm{c}} - E_{\mathrm{F}}}{k_{\mathrm{B}}T}\right) \end{aligned}$$

定义 $N_{\mathrm{c}}' = \dfrac{1}{g_{\mathrm{D}}} N_{\mathrm{c}}\exp\left(\dfrac{E_{\mathrm{D}} - E_{\mathrm{c}}}{k_{\mathrm{B}}T}\right) = \dfrac{1}{g_{\mathrm{D}}} N_{\mathrm{c}}\exp\left(-\dfrac{\Delta E_{\mathrm{D}}}{k_{\mathrm{B}}T}\right)$，上式可以表示为

$$n_0^2 + (N_{\mathrm{c}}' + N_{\mathrm{A}}) n_0 - (N_{\mathrm{D}} - N_{\mathrm{A}}) N_{\mathrm{c}}' = 0 \tag{3-70}$$

由此得低温下施主杂质未全部电离时的载流子浓度公式

$$n_0 = -\frac{1}{2}(N_{\mathrm{c}}' + N_{\mathrm{A}}) + \frac{1}{2}[(N_{\mathrm{c}}' + N_{\mathrm{A}})^2 + 4(N_{\mathrm{D}} - N_{\mathrm{A}}) N_{\mathrm{c}}']^{1/2} \tag{3-71}$$

上述情况还可以分两种情况讨论。

(a)在极低温度下，N_{c}' 很小，满足 $N_{\mathrm{c}}' \ll N_{\mathrm{A}}$，则式(3-71)可以表示为

$$n_0 = \frac{N_c'(N_D - N_A)}{N_A} = \frac{(N_D - N_A)N_c}{g_D N_A}\exp\left(-\frac{\Delta E_D}{k_B T}\right) \tag{3-72}$$

式(3-72)表明，在极低温的弱电离区，电子浓度与净掺杂浓度$(N_D - N_A)$及导带有效状态密度N_c都成正比，并随温度升高而呈指数增大。考虑到$n_0 = N_c\exp\left(-\frac{E_c - E_F}{k_B T}\right)$，由式(3-72)可得

$$E_F = E_D + k_B T\ln\frac{N_D - N_A}{g_D N_A} \tag{3-73}$$

极低温度下的载流子浓度还可以按下面的方法处理。

在$n_0 \ll N_A$的极低温度下，电中性条件式(3-69)可以进一步表示为

$$N_A = N_D - n_D \tag{3-74}$$

由$n_D = f_D N_D$，把式(3-37a)中f_D的表达式代入式(3-74)，得

$$N_A = \frac{N_D}{1 + g_D\exp\left(\frac{E_F - E_D}{k_B T}\right)} \tag{3-75}$$

由式(3-75)可得极低温度下的费米能级E_F为

$$E_F = E_D + k_B T\ln\frac{N_D - N_A}{g_D N_A}$$

上式与式(3-73)完全一致。式(3-73)中的费米能级与导带参数N_c没有关系，因为$n_0 \ll N_A$，施主上的电子只需考虑在施主和受主之间分配。费米能级与未电离施主数和已电离施主数的比值$\frac{N_D - N_A}{N_A}$有关。

把式(3-73)的费米能级代入式(3-25)可以得到极低温度下的电子浓度为

$$n_0 = \frac{(N_D - N_A)N_c}{g_D N_A}\exp\left(\frac{E_D - E_c}{k_B T}\right)$$

由此可见，上述处理方法得到的结果和式(3-72)也是完全一致的。

与无补偿情形的低温弱电离半导体相比，上述极低温度下的电子浓度的差异有两个方面，首先是指数因子中没有了“2”，其次前面的系数$\frac{N_D - N_A}{g_D N_A}$体现了补偿半导体的特点。

(b) 在低温下，如果施主浓度N_D比受主浓度N_A大很多，即满足$N_A \ll N_c' \ll N_D$。由式(3-71)得

$$n_0 = (N_D N_c')^{1/2} = \left(\frac{N_D N_c}{g_D}\right)^{1/2}\exp\left(\frac{E_D - E_c}{2k_B T}\right) \tag{3-76}$$

而费米能级为

$$E_F = \frac{1}{2}(E_D + E_c) + \frac{1}{2}k_B T\ln\frac{N_D}{g_D N_c} \tag{3-77}$$

式(3-77)表明，当 $N_{\mathrm{D}} < g_{\mathrm{D}}N_{\mathrm{c}}$ 时，费米能级在 E_{D} 和 E_{c} 的中线之下；$N_{\mathrm{D}} > g_{\mathrm{D}}N_{\mathrm{c}}$ 时，费米能级在 E_{D} 和 E_{c} 的中线之上。

式(3-72)和式(3-76)表明，$\ln n_0 \sim 1/T$ 关系基本是直线，其斜率为 $\Delta E_{\mathrm{D}}/k_{\mathrm{B}}$ 或 $\Delta E_{\mathrm{D}}/2k_{\mathrm{B}}$，由此可以得到施主杂质的电离能。

(2)随着温度的升高，导带中的电子浓度增大，并逐渐可以和受主浓度相比拟，于是上述近似不再适用。

当温度进一步升高，费米能级 E_{F} 降到 E_{D} 之下若干 $k_{\mathrm{B}}T$ 能量后，施主全部电离，于是半导体进入饱和区，饱和区的电子浓度可以表示为

$$n_0 = N_{\mathrm{D}} - N_{\mathrm{A}} \tag{3-78}$$

相应的费米能级为

$$E_{\mathrm{F}} = E_{\mathrm{c}} + k_{\mathrm{B}}T\ln\frac{N_{\mathrm{D}} - N_{\mathrm{A}}}{N_{\mathrm{c}}} \tag{3-79}$$

式(3-78)和式(3-79)都体现了补偿半导体的特点。

(3)当温度进一步上升，半导体的本征激发开始起作用，当本征载流子浓度不能被忽略时，和 3.3 节类似，半导体进入过渡区。

在过渡区，载流子浓度满足以下关系：

$$n_0 + N_{\mathrm{A}} = p_0 + N_{\mathrm{D}} \tag{3-80}$$

同时考虑到 $n_0 p_0 = n_{\mathrm{i}}^2$，由此可以得到相应的载流子浓度。这种情况几乎与单一杂质掺杂完全一致。

当温度升高到使本征载流子浓度 n_{i} 远大于 $N_{\mathrm{D}} - N_{\mathrm{A}}$ 时，半导体最终也进入本征区。这两种情况的分析和 3.3 节几乎完全一致，因此本节不再讨论。

3.4.3　p 型补偿半导体的载流子浓度和费米能级

$N_{\mathrm{D}} < N_{\mathrm{A}}$ 的补偿半导体呈 p 型，其费米能级和载流子浓度的处理方法基本与 n 型补偿半导体一致。

在低温下，认为 n_0 和 n_{D} 都可以忽略，于是电中性条件可以表示为

$$n_0 + N_{\mathrm{D}} + p_{\mathrm{A}} = N_{\mathrm{A}} \tag{3-81}$$

用类似的方法可以得到低温下空穴浓度为

$$p_0 = -\frac{1}{2}(N_{\mathrm{v}}' + N_{\mathrm{D}}) + \frac{1}{2}[(N_{\mathrm{v}}' + N_{\mathrm{D}})^2 + 4(N_{\mathrm{A}} - N_{\mathrm{D}})N_{\mathrm{v}}']^{\frac{1}{2}} \tag{3-82}$$

其中，$N_{\mathrm{v}}' = \dfrac{1}{g_{\mathrm{A}}}N_{\mathrm{v}}\exp\left(\dfrac{E_{\mathrm{v}} - E_{\mathrm{A}}}{k_{\mathrm{B}}T}\right) = \dfrac{1}{g_{\mathrm{A}}}N_{\mathrm{v}}\exp\left(-\dfrac{\Delta E_{\mathrm{A}}}{k_{\mathrm{B}}T}\right)$。

在极低温度下，即满足条件 $N_{\mathrm{v}}' \ll N_{\mathrm{D}}$ 时，可以得到

$$p_0 = \frac{(N_{\mathrm{A}} - N_{\mathrm{D}})N_{\mathrm{v}}}{g_{\mathrm{A}}N_{\mathrm{D}}}\exp\left(-\frac{\Delta E_{\mathrm{A}}}{k_{\mathrm{B}}T}\right) \tag{3-83}$$

相应的费米能级为

$$E_{\mathrm{F}} = E_{\mathrm{A}} - k_{\mathrm{B}}T\ln\frac{N_{\mathrm{A}} - N_{\mathrm{D}}}{g_{\mathrm{A}}N_{\mathrm{D}}} \tag{3-84}$$

若满足条件 $N_D \ll N_v' \ll N_A$，则空穴浓度为

$$p_0 = \left(\frac{N_A N_v}{g_A}\right)^{1/2} \exp\left(-\frac{\Delta E_A}{2k_B T}\right) \tag{3-85}$$

相应的费米能级为

$$E_F = \frac{1}{2}(E_A + E_v) - \frac{1}{2}k_B T \ln\frac{N_A}{g_A N_v} \tag{3-86}$$

若温度升高，当满足条件 $N_A - N_D \gg n_i$，且受主杂质全部电离时，进入饱和区，则 $p_0 \gg n_0$，有

$$\begin{cases} p_0 = N_A - N_D \\ E_F = E_v - k_B T \ln\dfrac{N_A - N_D}{N_v} \end{cases} \tag{3-87}$$

温度进一步升高，本征激发不可忽略时，进入过渡区，载流子浓度的计算方法和 $N_D > N_A$ 的补偿半导体完全一致，即

$$p_0 + N_D = n_0 + N_A \tag{3-88}$$

由式(3-88)和相应的载流子浓度积 $n_0 p_0 = n_i^2$ 即可得到相应的载流子浓度 n_0 和 p_0。

以上讨论说明，补偿半导体和单一杂质掺杂的半导体载流子浓度的计算方法的差异主要体现在低温情况，半导体进入饱和区以后，只要考虑补偿特性就够了，其载流子浓度与费米能级的表示方法实际上并不需要特别的处理。

3.4.4 补偿性高阻：半绝缘半导体

在掺有浅杂质的禁带较宽的半导体中，适当数量的深能级杂质或缺陷的存在可导致高阻。

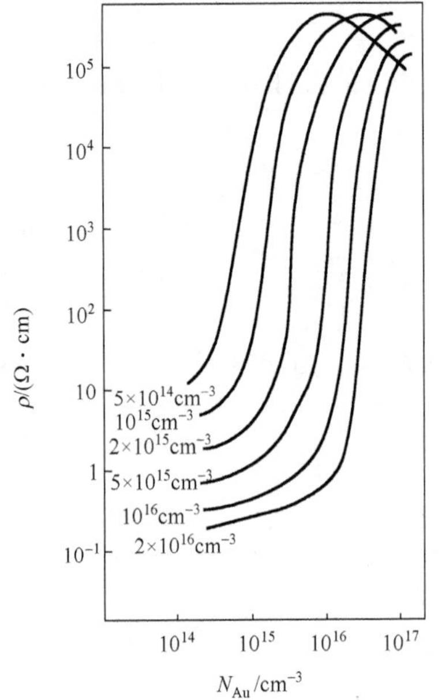

图 3.9　不同浓度浅施主的 n 型 Si 的电阻率与 Au 浓度的关系

在 Si 中，Au 是一种两性杂质：所产生的受主能级离价带边 0.58eV，施主能级则在导带底以下 0.77eV，因此在 n 型 Si 和 p 型 Si 中都能起补偿作用。在掺有浅施主的 Si 中，若 Au 的浓度低于浅施主浓度，则浅施主上的电子部分转移到 Au 受主上。这和一般的补偿情况相同。但如果 Au 的浓度高于浅施主浓度，则浅施主上的电子将全部转移到 Au 的受主能级，因此费米能级 E_F 将被钳制在 Au 的受主能级附近。费米能级位于禁带上半部，但很深，因此 Si 表现为高阻的 n 型。图 3.9 为掺有不同浓度浅施主的 n 型 Si 的电阻率随 Au 浓度的变化。由图可见，当 Au 的浓度超过浅施主浓度时，Si 的电阻率迅速上升几个数量级。在掺 Au 的 p 型 Si 中也有类似的现象。

与上述现象类似，O 和 Cr 在 GaAs 中产生靠近本征费米能级的深施主能级和深受主能级，其中，O 在导带底以下约 0.75eV，Cr 在价带顶以上 0.79eV。由

于它们的补偿作用，可以得到半绝缘的 GaAs 材料。在 InP 中，Fe 主要的深能级是电离能为 0.80eV 的深受主能级，它导致的补偿效应使 InP 也成为半绝缘材料，电阻率高达 $10^7\Omega\cdot$cm。半绝缘半导体在高频电子器件和光电子器件中有较大的应用。

3.5　简并半导体

前面 3.2～3.4 节讨论的都是非简并情形的载流子浓度分布，认为电子与空穴的分布可以用式(3-20)、式(3-21)所示的玻尔兹曼分布来近似，它要求相应的费米能级远离带边。如果费米能级靠近甚至进入导带或价带，则玻尔兹曼分布显然不再适用，这时应严格按费米分布函数式(3-16)或式(3-17)计算相应的载流子浓度[3, 27,28]，它对应的就是简并半导体。

3.5.1　简并半导体中载流子浓度的计算

由式(3-19)，导带载流子浓度为

$$n_0 = \int_{E_1}^{E_2} f(E)D_c(E)\mathrm{d}E = \int_{E_c}^{\infty} f(E)D_c(E)\mathrm{d}E \tag{3-89}$$

其中，E_1、E_2 分别为导带电子能量的下限和上限，导带能量下限为带边 E_c，导带能量宽度为几电子伏特，由于与非简并情形同样的原因，式(3-89)中的积分上限可以调整为无穷大，由此引起的误差也是完全可忽略的。于是导带电子浓度可以由下式得到:

$$n_0 = \int_{E_c}^{\infty} \frac{1}{1+\exp\left(\dfrac{E-E_F}{k_B T}\right)} \frac{4\pi}{h^3}(2m_{dn}^*)^{3/2}(E-E_c)^{1/2}\mathrm{d}E \tag{3-90}$$

定义

$$x = \frac{E-E_c}{k_B T},\quad \xi = \frac{E_F - E_c}{k_B T},\quad N_c = \frac{2(2\pi m_{dn}^* k_B T)^{3/2}}{h^3} \tag{3-91}$$

于是载流子浓度为

$$n_0 = N_c \frac{2}{\sqrt{\pi}}\int_0^{\infty}\frac{x^{1/2}}{1+\exp(x-\xi)}\mathrm{d}x \tag{3-92}$$

以上 N_c 就是前文定义的导带有效状态密度，积分 $\int_0^{\infty}\frac{x^{1/2}}{1+\exp(x-\xi)}\mathrm{d}x = F_{1/2}(\xi)$ 称为费米积分，于是载流子浓度可以表示为

$$n_0 = N_c \frac{2}{\sqrt{\pi}}F_{1/2}(\xi) = N_c\frac{2}{\sqrt{\pi}}F_{1/2}\left(\frac{E_F-E_c}{k_B T}\right) \tag{3-93}$$

图 3.10 是按费米积分 $F_{1/2}(\xi)$ 随 $\xi = \frac{E_F - E_c}{k_B T}$ 的变化情况，其中虚线为玻尔兹曼近似值。由图可见，在 ξ 值小于–2 时，经典统计和费米统计给出的结果几乎完全一致；但在 ξ 值为 0 以上，两者的区别还是很大的。按同样的方法，当 p 型半导体的费米能级接近价带边或进入价带内时，可以得到 p 型简并半导体的空穴浓度：

$$p_0 = N_{\rm v} \frac{2}{\sqrt{\pi}} F_{1/2}\left(\frac{E_{\rm v} - E_{\rm F}}{k_{\rm B}T}\right) \tag{3-94}$$

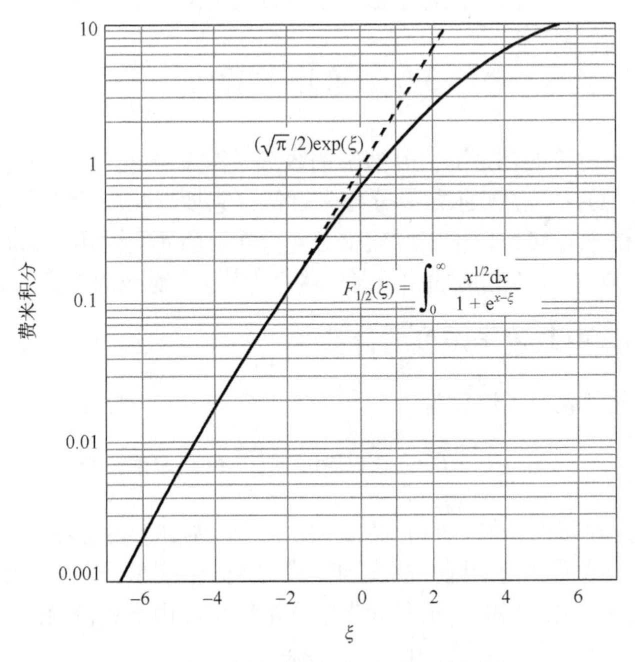

图 3.10　费米积分 $F_{1/2}(\xi)$ 随 ξ 的变化

虚线为玻尔兹曼近似

正如前文指出的，ξ 值小于−2 时，费米统计可以用经典统计近似，实际的误差可以忽略。对 n 型半导体，一般按 ξ 值的大小来划分载流子简并情况：

$$\begin{aligned} &\text{非简并：} \xi < -2 && \text{即 } E_{\rm F} < E_{\rm c} - 2k_{\rm B}T \\ &\text{弱简并：} -2 \leqslant \xi < 0 && \text{即 } E_{\rm c} - 2k_{\rm B}T \leqslant E_{\rm F} < E_{\rm c} \\ &\text{简并：} \xi \geqslant 0 && \text{即 } E_{\rm F} \geqslant E_{\rm c} \end{aligned} \tag{3-95}$$

对 p 型半导体，也有类似的划分。由图 3.10 可知，弱简并半导体对应的载流子浓度下限约为 $0.11\,N_{\rm c}$，简并半导体的载流子浓度下限则为 $0.8\,N_{\rm c}$。

下面以只含一种施主杂质的 n 型半导体为例，具体讨论简并半导体对应的杂质浓度。设 $N_{\rm D}$ 为施主杂质浓度，电中性条件可以表示为：$n_0 = N_{\rm D} - n_{\rm D}$。上述条件可以表示为

$$N_{\rm c} \frac{2}{\sqrt{\pi}} F_{1/2}\left(\frac{E_{\rm F} - E_{\rm c}}{k_{\rm B}T}\right) = \frac{N_{\rm D}}{1 + g_{\rm D}\exp\left(\dfrac{E_{\rm F} - E_{\rm D}}{k_{\rm B}T}\right)} \tag{3-96}$$

于是杂质浓度可以表示为

$$N_{\rm D} = \frac{2N_{\rm c}}{\sqrt{\pi}}\left[1 + g_{\rm D}\exp\left(\frac{E_{\rm F} - E_{\rm c}}{k_{\rm B}T}\right)\exp\left(\frac{\Delta E_{\rm D}}{k_{\rm B}T}\right)\right] F_{1/2}\left(\frac{E_{\rm F} - E_{\rm c}}{k_{\rm B}T}\right) \tag{3-97}$$

其中，$\Delta E_D = E_c - E_D$ 为杂质电离能。设 $E_F = E_c$ 即 $\xi = 0$ 为简并条件，则

$$N_D = N_c \frac{2}{\sqrt{\pi}}\left[1 + g_D \exp\left(\frac{\Delta E_D}{k_B T}\right)\right]F_{1/2}(0) \tag{3-98}$$

式(3-98)就是简并半导体对应的杂质浓度下限。

下面计算 Si 中掺 P 的杂质浓度。Si 中 P 的电离能为 0.044eV，Si 的导带态密度有效质量为 $m_{dn}^* = 1.02\, m_e$，导带有效状态密度为 $2.8\times10^{19}\,\text{cm}^{-3}$，$F_{1/2}(0) = 0.7$，取 $g_D = 2$，则室温下发生简并的杂质浓度为 $2.2\times10^{20}\,\text{cm}^{-3}$，这实际是一个非常高的浓度。如果考虑到 $F_{1/2}(-2) \approx 0.1$，则室温下杂质浓度为 $3.7\times10^{19}\,\text{cm}^{-3}$ 时 Si 开始出现弱简并。

半导体 Si 出现简并时的高杂质浓度主要原因是 Si 的导带电子态密度有效质量大。对许多Ⅲ-Ⅴ族半导体，例如 GaAs，其导带电子有效质量为 $0.067\, m_e$，因此 n 型 GaAs 中当施主浓度超过 $10^{18}\,\text{cm}^{-3}$ 时就开始出现简并，该数值比 Si 的杂质浓度低了 2 个数量级。

当杂质浓度超过一定数量后，载流子开始简并化的现象称为重掺杂，这种半导体就是简并半导体。

3.5.2　禁带变窄效应

在简并半导体中，杂质浓度高，杂质原子相互靠近，该现象导致杂质原子之间的电子波函数发生交叠，使孤立的杂质能级扩展为能带，通常称为杂质能带。杂质能带中的电子通过在杂质能级之间的共有化运动参加导电的现象称为杂质带导电。

由于杂质能级扩展为杂质能带，杂质电离能将减少，图 3.11 给出了 Si 半导体中受主杂质 B 的电离能与杂质浓度的关系。理论和实验表明，当杂质浓度大于 $3\times10^{18}\,\text{cm}^{-3}$ 时，杂质电离能接近零，电离率迅速上升。这是因为杂质能带靠近导带底或价带顶，并与导带或价带相连，形成新的简并能带，使能带的状态密度发生了变化，简并能带的尾部伸入到禁带中，称为带尾。上述现象导致禁带宽度由 E_g 减小到 E_g'。因此，重掺杂时，半导体的禁带宽度将变窄，称为禁带变窄效应，如图 3.12 所示，其中图 3.12(a)是非简并半导体导带与价带态密度，图 3.12(b)是简并半导体的导带与价带态密度。图 3.12(b)显示导带态密度是非简并的本征态密度与杂质带态密度之和。

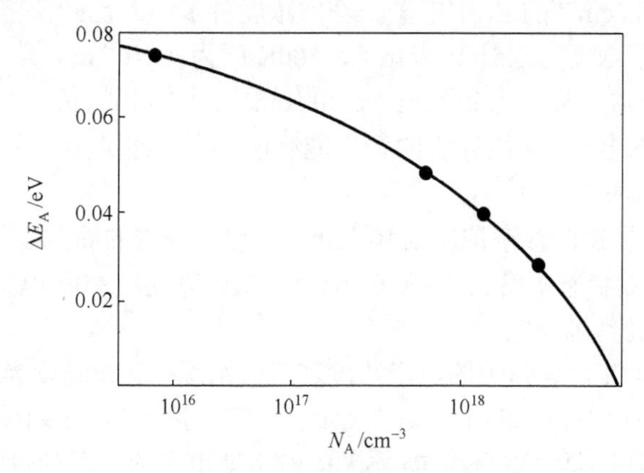

图 3.11　Si 半导体中受主杂质 B 的电离能与杂质浓度的关系

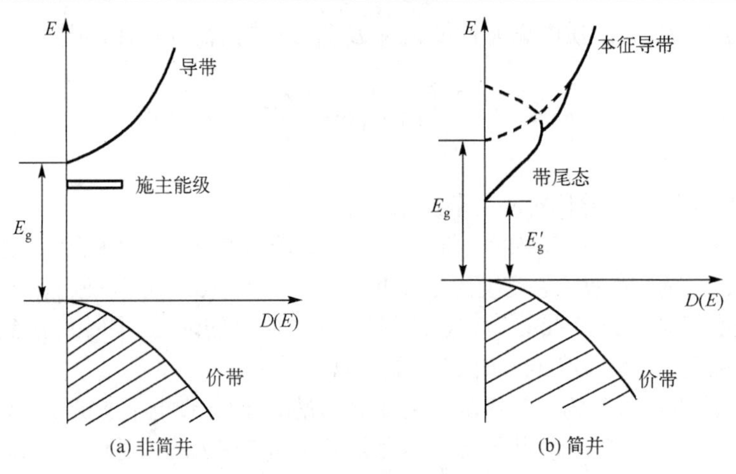

图 3.12　非简并和简并半导体的导带与价带态密度 $D(E)$

习　题

1．试比较 Ge、Si 和 GaAs 三种半导体的极限工作温度。

2．费米能级的物理意义是什么？试讨论半导体中载流子分布可以用玻尔兹曼分布近似的条件。

3．试计算半导体 Si 在−196℃、27℃和 300℃时的本征费米能级，并分析假定 Si 本征费米能级在禁带中线处是否合理。

4．(1) 在室温下，Si 的有效状态密度 $N_c = 2.8\times10^{19}\,\text{cm}^{-3}$，$N_v = 1.1\times10^{19}\,\text{cm}^{-3}$，试求 Si 的电子与空穴的态密度有效质量 m_{dn}^* 和 m_{dp}^*。已知 300K 时带隙 $E_g = 1.12\text{eV}$，77K 时带隙 $E_g = 1.16\text{eV}$，求两个温度时的本征载流子浓度。

(2) 77K 时，Si 的电子浓度为 $10^{16}\,\text{cm}^{-3}$，假定受主浓度为零，施主电离能为 44meV，求 Si 中的施主浓度。

5．利用上题所给的室温有效状态密度 N_c、N_v 及带隙值，求温度为 30、60、300 和 500K 时含施主浓度 $N_D = 10^{15}\,\text{cm}^{-3}$ 的 Si 中电子、空穴浓度各多少。已知该施主电离能为 44meV，300K 时 Si 本征载流子浓度为 $1.5\times10^{10}\,\text{cm}^{-3}$，500K 时为 $4\times10^{14}\,\text{cm}^{-3}$。

6．计算施主杂质浓度分别为 $10^{15}\,\text{cm}^{-3}$、$10^{17}\,\text{cm}^{-3}$、$1.5\times10^{19}\,\text{cm}^{-3}$ 的 Si 在室温下的费米能级，其中假定杂质全部电离。再用算出的费米能级核对上述假定是否在每一种情况下都成立。已知施主电离能为 44meV。

7．假设 p 型 Si 中 B 的掺杂浓度为 $10^{16}\,\text{cm}^{-3}$，已知受主的简并因子为 4，受主电离能为 45meV，Si 的价带有效状态密度为 $1.1\times10^{19}\text{cm}^{-3}$，试计算受主 90%电离时的温度，若要达到 99%电离，温度需升高到多少？

8．计算 p 型补偿 Si 半导体中的电子浓度和空穴浓度。假设温度为 300K，Si 中施主浓度和受主浓度分别为 $4\times10^{15}\,\text{cm}^{-3}$ 和 $10^{16}\,\text{cm}^{-3}$，本征载流子浓度为 $1.5\times10^{10}\,\text{cm}^{-3}$。

9．对 n 型 Si 器件，要求满足在 $T = 500\text{K}$ 时本征电子浓度不超过总电子浓度的 2%，计算满足条件的最小施主浓度。已知 500K 时 Si 本征载流子浓度为 $4\times10^{14}\,\text{cm}^{-3}$。

10．考虑室温下的 Si 材料，其中浅受主的掺杂浓度 $N_A = 2\times10^{16}\,\text{cm}^{-3}$，要使其变为 n 型

且费米能级位于导带底之下 0.25eV 处，需要掺入多少浅施主杂质浓度？已知室温下 Si 的导带有效状态密度为 $2.8\times10^{19}\,\mathrm{cm}^{-3}$。

11．考虑掺 As 的 n 型 Si，已知 As 的电离能为 49meV，室温下 Si 的导带有效状态密度为 $2.8\times10^{19}\,\mathrm{cm}^{-3}$，求室温下杂质电离一半时的费米能级位置和 As 的浓度。

12．考虑掺 P 的 n 型 Si，已知 P 的电离能为 44meV，室温下 Si 的导带有效状态密度为 $2.8\times10^{19}\,\mathrm{cm}^{-3}$，求室温下费米能级满足 $E_F=(E_c+E_D)/2$ 时的 P 的浓度。

13．掺有浓度为每立方米 1.2×10^{23} 的 As 原子和 6×10^{22} 的 In 原子的半导体 Si，分别计算 300K 和 500K 时的费米能级位置及多子、少子浓度。已知 300 K 时 Si 本征载流子浓度为 $1.5\times10^{10}\,\mathrm{cm}^{-3}$，500 K 时为 $4\times10^{14}\,\mathrm{cm}^{-3}$，300K 时 Si 的导带有效状态密度 $2.8\times10^{19}\,\mathrm{cm}^{-3}$。

14．试计算掺 As 的 Si、Ge 半导体在室温下开始弱简并时的杂质浓度。已知 Si 中 As 的电离能为 49meV，Ge 中 As 的电离能为 12.7meV。300K 时 Si 的导带有效状态密度 $2.8\times10^{19}\,\mathrm{cm}^{-3}$，300K 时 Ge 的导带有效状态密度 $1.04\times10^{19}\,\mathrm{cm}^{-3}$。

15．利用上题结果，计算掺 As 的 Si、Ge 在室温下发生弱简并时有多少施主发生电离，导带中电子浓度为多少。

微课

第 4 章　半导体中的载流子输运

本章主要讨论半导体中电子、空穴的运动规律。半导体中载流子的运动有两种类型：载流子在外场作用(含电场或磁场)下的运动，一般称为载流子的漂移运动；载流子在半导体内由浓度差异导致的运动，一般称为载流子的扩散运动。本章将讨论半导体中载流子运动的基本规律，引入包括迁移率，扩散系数在内的基本参数，讨论半导体中漂移运动和扩散运动的规律，分析载流子在弱电场和强电场中运动的基本特征[3,4]。在分析电场下载流子运动的基本规律的基础上，分析载流子在磁场中的运动规律，讨论霍尔效应的主要特征。

载流子的输运一般在靠近带边的导带或价带中进行，电子的输运一般在导带边 E_c 附近，空穴的输运一般在价带边 E_v 附近。但对一些杂质或其他缺陷密度特别大的材料，缺陷态之间的传输过程也是载流子输运的形式。

载流子的各种输运过程会形成电流，不同材料之间的电流差异可能非常大。通常情况下，在均匀半导体中一般只有一种带电机制是主要的。而非均匀半导体中的不同区域可能存在两种甚至四种同样重要的输运机制。

4.1　半导体的电导率与迁移率

4.1.1　半导体中载流子运动的基本特征

在有限温度下，平衡电子按照相应的分布函数分布在带边之上。对载流子浓度较小的非简并半导体，导带或价带内载流子的分布一般可以按玻尔兹曼分布处理，它们的热运动速度可以由能均分定理得到：每个自由度的动能等于 $k_B T/2$ 。

如果电子有效质量各向同性，可以得到

$$\frac{m_n^*}{2}\left\langle v^2\right\rangle=\frac{3}{2}k_B T \tag{4-1}$$

因此均方根速率为

$$\sqrt{\left\langle v^2\right\rangle}=v_{rms}=\sqrt{\frac{3k_B T}{m_n^*}} \tag{4-2a}$$

把相关参数代入式(4-2a)，可得

$$v_{rms}=1.18\times10^7\sqrt{\frac{m_e}{m_n^*}\frac{T(K)}{300}}(cm/s) \tag{4-2b}$$

对符合玻尔兹曼分布的电子，其速率分布就是通常所称的玻尔兹曼-麦克斯韦速率分布，可以证明，若电子有效质量各向同性，则平均速率为

$$v_{av} = \left(\frac{8k_B T}{\pi m_n^*}\right)^{1/2} \tag{4-3}$$

对空穴速度分布也有类似的表达式，在此不再重复。

图 4.1 给出了半导体中电子速率的经典分布。由图中曲线可知，室温下电子的典型热运动速率约为 100km/s，速率如此大的根本原因是半导体中电子的有效质量非常小。

理想周期势场的量子力学模型表明，在各自相应的能带内，电子与空穴属于整个半导体，对应的波函数不是局域的，它们的位置不能被确定，能确定的是晶体内载流子的浓度。在理想晶体内没有载流子的散射，这样的行为与经典模型完全不同。在经典模型中，这个晶体完全被球状的原子填满，在原子之间运动的电子只有很少的概率不被散射。

半导体中声子和缺陷可以提供散射中心，考虑散射中心后载流子的运动就是通常的布朗运动，其中的平均自由程就是两次散射之间的平均距离，在通常的半导体中一般是几十纳米，该距离远大于半导体中的原子间距。

当载流子进入外电场后，它将沿电场方向被加速。载流子运动的重要特点是载流子的散射是非弹性散射。载流子的散射是其与半导体晶格及缺陷的散射，而缺陷本身是与晶格热平衡的，因此载流子由于散射会失去两次散射之间由外电场获得的额外能量。图 4.2 给出了有外电场和无外电场时载流子运动的轨迹，其中假设两种情况的散射是一致的。实际上有外电场与无外电场时的随机运动的偏差在弱电场中是非常小的，图 4.2 为了显示两者的特征放大了它们的差距。

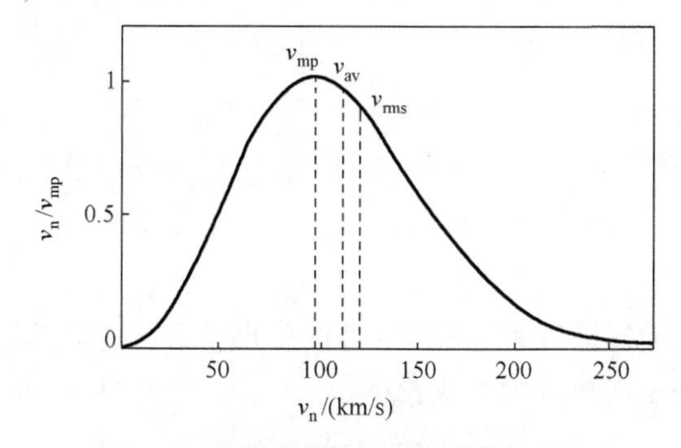

图 4.1　半导体中电子速率的经典分布

v_{mp} 为最概然速率；v_{av} 为平均速率；v_{rms} 为均方根速率

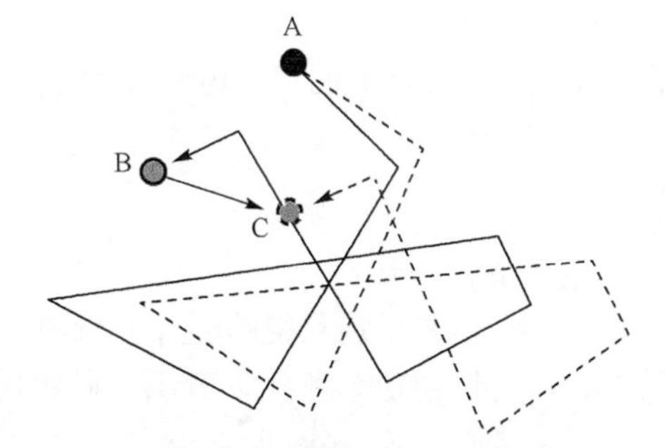

图 4.2　半导体中的载流子在外电场(虚线)和无外电场作用下的随机运动示意图

从 B 到 C 的位移代表在外场作用下的净位移

4.1.2　电场中载流子的运动　电导率和迁移率

电场 $\mathcal{E}$ 与电势 V 的关系可以由下式表示：

$$\mathcal{E} = -\frac{dV}{dx} \tag{4-4}$$

显然，电子在阴极具有的能量大于在阳极的能量。由于存在电场，半导体能带在空间的分布不再是常数，而是按电势有相应的变化，显然导带边可以表示为 $E_c = -eV +$ 常数。在电场 $\mathcal{E}$ 中电子受力为 $-e\mathcal{E}$，空穴受力则为 $e\mathcal{E}$。在电场力的作用下载流子做相应的运动。

在电场 $\mathcal{E}$ 中电子的运动方程为

$$m_n^* \frac{dv}{dt} = -e\mathcal{E} \tag{4-5}$$

在两次散射之间的自由飞行中，电子运动的距离很短，电场可以认为是均匀电场，所以其运动是匀加速运动。电子获得的速度增量Δv，可以表示为

$$\Delta v = -\frac{e}{m_n^*}\mathcal{E}\tau_{sc} \tag{4-6}$$

其中，τ_{sc}是两次散射之间的时间。τ_{sc}的平均值则为$\overline{\tau}_n$，也就是平均自由时间，由此可以得到漂移速度为

$$v_d = -\frac{e}{m_n^*}\mathcal{E}\overline{\tau}_n \tag{4-7}$$

设电子浓度为n，则电子电流密度为

$$J_n = -env_d \tag{4-8}$$

引入电子电导率σ_n，则电流密度可以表示为$J_n = \sigma_n\mathcal{E}$，其中，电导率$\sigma_n$为

$$\sigma_n = \frac{e^2}{m_n^*}\overline{\tau}_n n \tag{4-9}$$

在均匀半导体中，外加电场由偏压V及电极之间间距d决定，即$\mathcal{E} = V/d$，由欧姆定律：

$$J_n = \sigma_n\mathcal{E} = \sigma_n\frac{V}{d} = \frac{V}{AR} \tag{4-10}$$

其中，A为半导体横截面积；电阻R为

$$R = \frac{\rho_n d}{A} = \frac{d}{A\sigma_n} \tag{4-11}$$

其中，电阻率$\rho_n = 1/\sigma_n$。

加速电子从外电场获得的额外能量由非弹性碰撞传递给晶格，并产生声子。该能量就是焦耳热，并可以由功率密度w表示，显然功率密度可以由下式表示：

$$w = -nev_d\mathcal{E} = J_n\mathcal{E} = \sigma_n\mathcal{E}^2 = \frac{J_n^2}{\sigma_n} \tag{4-12}$$

定义参数$\mu_n = \frac{e}{m_n^*}\overline{\tau}_n$为电子的迁移率，其中，$e$为电子电荷；$m_n^*$为电子有效质量；$\overline{\tau}_n$即为式(4-7)中电子的平均自由时间。显然，如果碰撞之间的时间越长，电子就会经历较少的散射，因此电子的运动能力就越大，而电子有效质量越小，在同样电场力作用下获得的加速度就越大，电子运动能力越强，电子的运动能力当然也和电子电荷成正比。按同样方法也可以定义空穴的迁移率，即$\mu_p = \frac{e}{m_p^*}\overline{\tau}_p$。

由迁移率的定义及式(4-7)，可以得到载流子的漂移速率为

$$|v_d| = \mu\mathcal{E} \tag{4-13}$$

该表达式对电子和空穴都成立，因此其中的迁移率μ既可以是电子的迁移率，也可以是

空穴的迁移率。式(4-13)说明载流子的迁移率就是单位电场作用下的载流子漂移速率。由式(4-9)，n 型半导体和 p 型半导体的电导率显然可以表示为

$$\sigma_{\mathrm{n}} = en\mu_{\mathrm{n}} \tag{4-14a}$$

$$\sigma_{\mathrm{p}} = ep\mu_{\mathrm{p}} \tag{4-14b}$$

其中，n、p 分别是 n 型半导体的电子浓度和 p 型半导体的空穴浓度。

4.1.3　电子散射的运动气体模型

在载流子散射中不同种类的晶格缺陷对不同散射有效。在简单的运动气体模型中散射中心有确定的散射截面 s_{n}。当一个载流子在散射截面 s_{n} 之内接近一个散射中心时，该载流子与散射中心发生作用并导致动量与能量交换，散射的结果是该载流子偏离原来的运动方向。平均自由程 λ_{n} 就是从上一次散射到下一次散射形成的以横截面 s_{n} 为底面积的圆柱的高度。该圆柱的体积 $\lambda_{\mathrm{n}}s_{\mathrm{n}}$ 应等于一个散射中心的平均体积 $1/N_{\mathrm{sc}}$，其中，N_{sc} 为单位体积内散射中心数。由此可得

$$\lambda_{\mathrm{n}} = \frac{1}{s_{\mathrm{n}}N_{\mathrm{sc}}} \tag{4-15}$$

因此两次散射之间的平均时间为

$$\overline{\tau}_{\mathrm{n}} = \frac{\lambda_{\mathrm{n}}}{v_{\mathrm{rms}}} = \frac{1}{v_{\mathrm{rms}}s_{\mathrm{n}}N_{\mathrm{sc}}} \tag{4-16}$$

由该时间可以按 Drude 模型估算载流子的迁移率：

$$\mu_{\mathrm{n}} = \frac{e}{m_{\mathrm{n}}^{*}}\overline{\tau}_{\mathrm{n}} = \frac{e}{m_{\mathrm{n}}^{*}}\frac{\lambda_{\mathrm{n}}}{v_{\mathrm{rms}}} \tag{4-17}$$

把有关参数代入可得

$$\mu_{\mathrm{n}} = 1.8\times10^{15}\frac{m_{\mathrm{e}}}{m_{\mathrm{n}}^{*}}\overline{\tau}_{\mathrm{n}}(\mathrm{s})\,\mathrm{cm}^2/(\mathrm{V\cdot s}) \tag{4-18}$$

如果把式(4-2b)代入式(4-18)，可得

$$\mu_{\mathrm{n}} = 15\times\lambda_{\mathrm{n}}(\mathrm{nm})\left(\frac{m_{\mathrm{e}}}{m_{\mathrm{n}}^{*}}\right)^{3/2}\left(\frac{300}{T(\mathrm{K})}\right)^{1/2}\mathrm{cm}^2/(\mathrm{V\cdot s}) \tag{4-19}$$

以上两个方程分别把半导体的基本参数迁移率与微观参数平均自由程 λ_{n} 或平均自由时间 $\overline{\tau}_{\mathrm{n}}$ 关联，由宏观上可测量的参数迁移率可以计算相应的微观参数。

4.1.4　半导体的主要散射机制

前文已经指出，理想晶体中是没有散射的。任何对理想周期势的破坏都会导致对载流子的散射。主要的散射机制包括缺陷的散射和晶格振动的散射，因为缺陷和晶格振动都会引起对理想周期势的偏离。

按缺陷所带的电荷可以把缺陷分为中性缺陷及带电缺陷两类，其中带电缺陷主要是电离杂质，它包括带正电的施主离子，或带负电的受主离子。带电离子周围是库仑场，该库仑场

破坏了原来的周期势场，因此会对载流子形成散射作用。载流子在库仑场中的运动可以用经典的电磁理论处理，载流子的运动轨迹一般为双曲线，电离杂质为双曲线的一个焦点。

一般用散射概率 P 来描述散射的强弱，它代表单位时间内一个载流子受散射的次数。研究发现带电离子的散射概率 P 与带电离子浓度 N_i 和温度 T 有关：

$$P \propto N_\mathrm{i} T^{-3/2} \tag{4-20}$$

任何处于非绝对 0K 的半导体，晶格原子的振动是永远存在的，而任何振动都是对理想晶格的偏离，因此晶格振动对载流子的散射作用始终存在。在量子理论中，晶格振动能量是量子化的，晶格振动的能量量子就是声子，因此晶格振动对载流子的散射作用实际就是载流子与声子的相互作用。无论是元素半导体 Si、Ge 还是化合物半导体都是复式晶格，因此半导体晶格的振动模式可以分为两种，即光学波和声学波。声学波的振动频率较低，其能量量子是声学声子。光学波的振动频率较高，其能量量子是光学声子。声子和载流子相互作用需分别满足两个基本物理定律，即动量守恒定律和能量守恒定律：

$$\hbar \boldsymbol{k}' - \hbar \boldsymbol{k} = \pm \hbar \boldsymbol{q} \tag{4-21a}$$

$$E' - E = \pm \hbar \omega_\mathrm{a} \tag{4-21b}$$

其中，$\hbar \boldsymbol{k}'$、$\hbar \boldsymbol{k}$ 分别为载流子与声子作用后及作用前的动量；E'、E 分别为载流子与声子作用后及作用前的能量；$\hbar \boldsymbol{q}$ 为声子准动量；$\hbar \omega_\mathrm{a}$ 为声子能量；“+”为吸收一个声子；“−”为发射一个声子。

在能带具有单一极值的半导体中起主要散射作用的是长波，即波长比原子间距大很多倍的格波。对具有单一极值、球形等能面的半导体，声学声子对导带电子的散射概率为

$$P_\mathrm{s} = \frac{\mathcal{E}_\mathrm{c}^2 k_\mathrm{B} T m_\mathrm{n}^{*2}}{\pi \rho \hbar^4 u^2} v \tag{4-22}$$

其中，ρ 为晶体密度；u 为纵弹性波波速；$\mathcal{E}_\mathrm{c}$ 为形变势常数，它代表单位体积变化率引起的导带底变化，即 $\Delta E_\mathrm{c} = \mathcal{E}_\mathrm{c} \Delta V / V_0$。

因为热运动速率 $v \propto T^{1/2}$，所以由式(4-22)得，声学波的散射概率为

$$P_\mathrm{s} \propto T^{3/2} \tag{4-23}$$

横声学波会导致一定的切应变，对具有多极值、旋转椭球等能面的 Si、Ge 等半导体切应变也会引起能带极值的变化，而且形变常数中应该包括切应变的影响，因此这种半导体横声学波也参与一定的散射作用。

在离子性半导体中，长光学波有重要的散射作用。在 Ge、Si 等元素半导体中，在温度不太低时，光学波也有一定的散射作用。

按固体物理学中的黄昆方程，长光学波传播时，离子晶体的原胞内正负离子做相对运动。如果只看一种离子，它们和纵声学波一样，形成疏密相间的区域，由于正负离子位移相反，正离子的密区和负离子的疏区相接，正离子的疏区和负离子的密区相接，从而造成在半个波长区域内带正电，另半个波长区域内带负电，由此会形成一个额外的电场，并对载流子增加了一个势场的作用，对载流子形成散射。散射概率 P 与温度的关系为

$$P \propto \frac{(\hbar\omega_1)^{3/2}}{(k_B T)^{1/2}}\left[\frac{1}{\exp\left(\frac{\hbar\omega_1}{k_B T}\right)-1}\right]\frac{1}{f\left(\frac{\hbar\omega_1}{k_B T}\right)} \tag{4-24}$$

其中，$\hbar\omega_1$ 为对应的光学声子能量；$f\left(\frac{\hbar\omega_1}{k_B T}\right)$ 为 $\frac{\hbar\omega_1}{k_B T}$ 的缓变函数，其数值为 0.6～1；方括号内的值表示平均声子数。

光学波频率较高，声子能量较大。如果载流子能量低于声子能量 $\hbar\omega_1$，就不会有发射声子的散射，只能出现吸收声子的散射。

光学波散射概率随温度的变化主要取决于式(4-24)方括号内的指数因子。当温度较低，即 $k_B T \ll \omega_1$ 时，式(4-24)中方括号内的指数因子随温度下降而迅速减小，即平均声子数迅速降低，散射概率也随温度下降而很快减小。随着温度升高，光学波的散射概率迅速增大。

电离杂质散射和声子散射是半导体中载流子的主要散射机制。但半导体中还存在其他的散射因素，主要包括半导体中等价能谷之间的散射、中性杂质散射、位错散射和合金散射。其中合金散射是指多元半导体中同族元素在子晶格上随机排列引起的散射。

4.2　半导体中的电流

4.2.1　外电场中的漂移电流

按 4.1 节的讨论，在外电场 $\mathcal{E}$ 中半导体的电子与空穴的漂移电流密度可以分别表示为

$$J_n = \sigma_n \mathcal{E} = en\mu_n \mathcal{E} \tag{4-25}$$

$$J_p = \sigma_p \mathcal{E} = ep\mu_p \mathcal{E} \tag{4-26}$$

在如图 4.3 所示的均匀半导体中，如果不考虑界面附近的空间电荷区，则在稳态条件下有下面的基本关系：

$$\mathcal{E} = \frac{V}{d} \tag{4-27}$$

在半导体中电场 $\mathcal{E}$ 可以表示为导带或价带的斜率，即

$$\mathcal{E} = \frac{1}{e}\frac{dE_c}{dx} = \frac{1}{e}\frac{dE_v}{dx} \tag{4-28}$$

更重要的是，电场 $\mathcal{E}$ 也可以表示为均匀半导体中费米能级的斜率，即

$$\mathcal{E} = \frac{1}{e}\frac{dE_F}{dx} \tag{4-29}$$

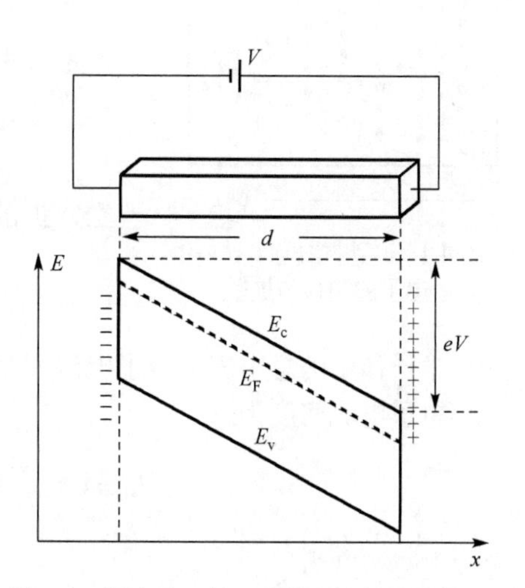

图 4.3　长度为 d 的一维均匀半导体在偏压 V 作用下带边与费米能级变化示意图

如图 4.3 所示，偏压 V 与电子电荷 e 的乘积 eV 可以表示为两侧费米能级的差。

不计空间电荷的均匀半导体在稳态情况下的电流就是上述电子和空穴漂移电流之和，导

带边和价带边的斜率也保持一致。当然在某些特殊情况下，导带边与价带边不再保持平行，例如半导体组分不再保持常数的情况。

4.2.2　扩散电流和总电流

有时候半导体中的载流子不是均匀分布的，如存在外界的载流子注入或杂质分布的不均匀。如果半导体中的载流子是非均匀分布的，则载流子一定存在扩散运动。电子的扩散运动可以用扩散流密度 S_n 来表示，它表示因扩散运动单位时间内穿过单位面积的电子数，研究发现扩散流密度与电子的浓度梯度成正比，即

$$S_{\mathrm{n}}=-D_{\mathrm{n}}\frac{\mathrm{d}n_0}{\mathrm{d}x} \tag{4-30a}$$

其中的比例系数 D_n 称为电子的扩散系数。类似地可以得到空穴的扩散流密度 S_p，即

$$S_{\mathrm{p}}=-D_{\mathrm{p}}\frac{\mathrm{d}p_0}{\mathrm{d}x} \tag{4-30b}$$

显然，上述扩散电子流和扩散空穴流也会形成相应的电流，即相应的电子扩散电流和空穴扩散电流。电子与空穴的扩散电流密度可以分别表示为

$$(J_{\mathrm{n}})_{扩}=-eS_{\mathrm{n}}=eD_{\mathrm{n}}\frac{\mathrm{d}n_0}{\mathrm{d}x} \tag{4-31a}$$

$$(J_{\mathrm{p}})_{扩}=eS_{\mathrm{p}}=-eD_{\mathrm{p}}\frac{\mathrm{d}p_0}{\mathrm{d}x} \tag{4-31b}$$

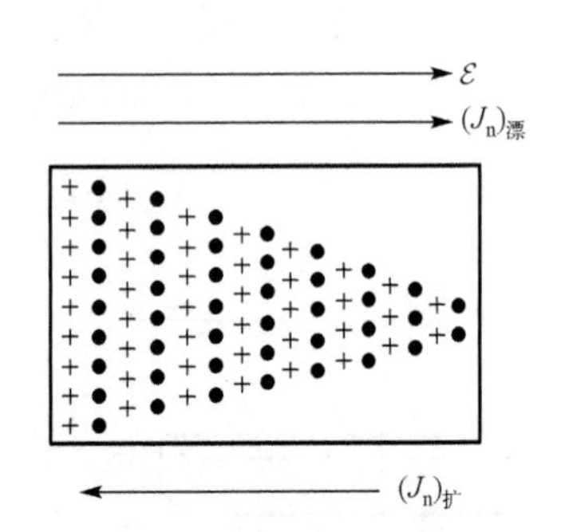

图 4.4　n 型非均匀半导体中电子的漂移与扩散

如图 4.4 所示，考虑一块处于热平衡状态的非均匀掺杂 n 型半导体，其中施主浓度随 x 增加而下降，相应地电子和空穴浓度也都是 x 的函数，分别写为 $n_0(x)$ 和 $p_0(x)$。由于存在浓度梯度，必然会引起载流子沿 x 方向的扩散，产生扩散电流。电子扩散电流密度为

$$(J_{\mathrm{n}})_{扩}=eD_{\mathrm{n}}\frac{\mathrm{d}n_0(x)}{\mathrm{d}x} \tag{4-32a}$$

空穴扩散电流密度为

$$(J_{\mathrm{p}})_{扩}=-eD_{\mathrm{p}}\frac{\mathrm{d}p_0(x)}{\mathrm{d}x} \tag{4-32b}$$

半导体中的总电流由电子电流和空穴电流构成，两者分别由漂移电流和扩散电流构成。电子电流密度为

$$J_{\mathrm{n}}=(J_{\mathrm{n}})_{漂}+(J_{\mathrm{n}})_{扩}=n_0e\mu_{\mathrm{n}}\mathcal{E}+eD_{\mathrm{n}}\frac{\mathrm{d}n_0}{\mathrm{d}x} \tag{4-33a}$$

空穴电流密度为

$$J_{\mathrm{p}}=(J_{\mathrm{p}})_{漂}+(J_{\mathrm{p}})_{扩}=p_0e\mu_{\mathrm{p}}\mathcal{E}-eD_{\mathrm{p}}\frac{\mathrm{d}p_0}{\mathrm{d}x} \tag{4-33b}$$

总电流密度为

$$J = J_{\mathrm{n}} + J_{\mathrm{p}} \tag{4-34}$$

因为电离杂质是不能移动的，载流子的扩散运动有使载流子均匀分布的趋势，它使半导体内部不再保持电中性，所以半导体能内部必然存在静电场$\mathcal{E}$。该电场又会形成载流子的漂移运动。在平衡条件下，不存在宏观电流，即平衡时电子总电流密度和空穴总电流密度分别等于 0，可以表示为

$$\begin{cases} J_{\mathrm{n}} = (J_{\mathrm{n}})_{漂} + (J_{\mathrm{n}})_{扩} = 0 \\ J_{\mathrm{p}} = (J_{\mathrm{p}})_{漂} + (J_{\mathrm{p}})_{扩} = 0 \end{cases} \tag{4-35}$$

由式(4-33)、式(4-34)和式(4-35)得

$$n_0 \mu_{\mathrm{n}} \mathcal{E} = -D_{\mathrm{n}} \frac{\mathrm{d}n_0}{\mathrm{d}x} \tag{4-36}$$

考虑到电场强度$\mathcal{E} = -\dfrac{\mathrm{d}V(x)}{\mathrm{d}x}$，其中，$V(x)$为电势，考虑到式(4-36)的形式，电势零点的选择不影响该式的结果，导带底的能量可以表示为$E_{\mathrm{c}} - eV(x)$，则非简并情况下的电子浓度为

$$n_0 = N_{\mathrm{c}} \exp\left(\frac{E_{\mathrm{F}} + eV(x) - E_{\mathrm{c}}}{k_{\mathrm{B}}T}\right) \tag{4-37}$$

式(4-37)求导得

$$\frac{\mathrm{d}n_0}{\mathrm{d}x} = n_0 \frac{e}{k_{\mathrm{B}}T} \frac{\mathrm{d}V(x)}{\mathrm{d}x} = -n_0 \frac{e}{k_{\mathrm{B}}T} \mathcal{E} \tag{4-38}$$

由式(4-36)、式(4-38)得

$$D_{\mathrm{n}} = \frac{\mu_{\mathrm{n}} k_{\mathrm{B}} T}{e} \tag{4-39a}$$

同理

$$D_{\mathrm{p}} = \frac{\mu_{\mathrm{p}} k_{\mathrm{B}} T}{e} \tag{4-39b}$$

式(4-39)称为爱因斯坦关系，它给出了半导体中扩散系数与迁移率的关系。扩散运动和漂移运动是两种不同性质的载流子运动，但在微观层面都与载流子的热运动相关，因此其系数也是有关联的。该关系仅适用于非简并半导体，因为其中的关键式(4-37)中n_0是非简并半导体中的电子浓度，并不适用于简并半导体。

4.3　半导体中载流子迁移率的变化规律

本节在不考虑载流子速度分布的情况下，采用简单的模型讨论电导率、迁移率和散射概率的关系，在此基础上讨论它们与杂质浓度与温度的关系。

4.3.1　平均自由时间和散射概率的关系

载流子在电场中做漂移运动时，只有在两次散射之间的时间内才做加速运动，这段时间就是自由时间。每两次散射之间的自由时间是不相同的，其平均值称为载流子的平均自由时间。

平均自由时间和散射概率是描述散射过程的两个重要参数，下面以电子运动为例计算两者的关系。设有若干个电子以速度 v 沿某方向运动，$N(t)$ 表示在 t 时刻尚未遭到散射的电子数，按散射概率的定义，在 $t \sim t+\Delta t$ 时间内被散射的电子数为 $N(t)P\Delta t$，所以 $N(t)$ 应比在 $t+\Delta t$ 时未遭到散射的电子数 $N(t+\Delta t)$ 多 $N(t)P\Delta t$，即 $N(t)-N(t+\Delta t)=N(t)P\Delta t$。

当 Δt 很小时，可以表示为

$$\frac{\mathrm{d}N(t)}{\mathrm{d}t}=\lim_{\Delta t\to 0}\frac{N(t+\Delta t)-N(t)}{\Delta t}=-PN(t) \tag{4-40}$$

式(4-40)的解为

$$N(t)=N_0\exp(-Pt) \tag{4-41}$$

其中，N_0 为 $t=0$ 时未散射的电子数。由式(4-41)可知，$t \sim t+\mathrm{d}t$ 时间内被散射电子数为 $N_0P\exp(-Pt)\mathrm{d}t$。在 $t \sim t+\mathrm{d}t$ 时间内被散射的电子的自由时间为 t，$tN_0P\exp(-Pt)\mathrm{d}t$ 是这些电子自由时间的总和。对所有时间积分，得到 N_0 个电子自由时间的总和，再除以 N_0，就得到平均自由时间：

$$\tau=\frac{1}{N_0}\int_0^{\infty}tN_0P\exp(-Pt)\mathrm{d}t=\frac{1}{P} \tag{4-42}$$

即平均自由时间等于散射概率的倒数。

在 $t \sim t+\mathrm{d}t$ 时间内被散射电子数为 $N_0P\exp(-Pt)\mathrm{d}t$，每个电子获得的速度为 $-(e/m_{\mathrm{n}}^*)\mathcal{E}t$，两者相乘再对所有时间积分就可得到 N_0 个电子漂移速度的总和，除以 N_0 就得到平均速度 $\overline{v}_x$，即

$$\overline{v}_x=\overline{v}_{x0}-\int_0^{\infty}\frac{e}{m_{\mathrm{n}}^*}\mathcal{E}tP\exp(-Pt)\mathrm{d}t$$

因为 $\overline{v}_{x0}=0$，所以

$$\overline{v}_x=-\frac{e\mathcal{E}}{m_{\mathrm{n}}^*}\tau$$

显然，本节通过散射时间平均得到的电子平均速度与 4.1 节中式(4-7)描述的电子漂移速度是完全一致的，并且由迁移率定义的平均自由时间和本节中的平均自由时间也是完全一致的。

4.3.2　电导率、迁移率与平均自由时间的关系

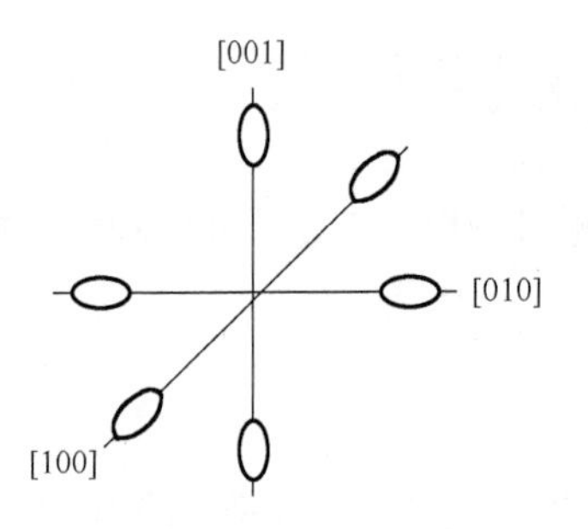

图 4.5　推导 Si 电导有效质量示意图

由计算外电场下载流子的平均漂移速度，可以得到载流子的迁移率和电导率。

对等能面为旋转椭球面的多极值半导体，沿晶体不同方向的有效质量不同，所以迁移率与有效质量的关系要略复杂些，下面以 Si 为例进行说明。

如图 4.5 所示，Si 导带有 6 个极小值，等能面为旋转椭球面，椭球的长轴方向沿〈100〉方向，有效质量分别为 m_{t}，m_{l}。如取 x、y、z 轴方向分别沿[100]、[010]、[001]方向，则不同能谷中的电子沿 x、y、z 方向的迁移率不同。设电场

强度$\mathcal{E}$沿 x 方向，[100]能谷中的电子沿 x 方向的迁移率为 $\mu_1 = e\tau / m_1$，其余能谷中的电子沿 x 方向的迁移率为 $\mu_2 = \mu_3 = e\tau / m_t$。设电子浓度为 n，则每个能谷浓度为 $n/6$，电流密度应是 6 个能谷中电子对电流贡献的总和，即

$$J_x = 2\times\frac{n}{6}e\mu_1\mathcal{E} + 2\times\frac{n}{6}e\mu_2\mathcal{E} + 2\times\frac{n}{6}e\mu_3\mathcal{E} = \frac{ne}{3}(\mu_1+\mu_2+\mu_3)\mathcal{E} \tag{4-43}$$

定义

$$J_x = ne\mu_c\mathcal{E} \tag{4-44}$$

则

$$\mu_c = (\mu_1+\mu_2+\mu_3)/3 \tag{4-45}$$

μ_c 称为电导迁移率。如将 μ_c 表示为式(4-17)的形式，即

$$\mu_c = \frac{e\tau}{m_c} \tag{4-46}$$

将 μ_1、μ_2、μ_3 的表达式代入式(4-46)，得到

$$\frac{1}{m_c} = \frac{1}{3}\left(\frac{1}{m_l} + \frac{2}{m_t}\right) \tag{4-47}$$

其中，m_c 称为电导有效质量。

在一般情况下，有效质量是各向异性的，按式(1-24)有效质量应由有效质量张量表示，则相应地可以定义迁移率张量。迁移率张量的张量元可以表示为

$$\mu_{ij} = \frac{e\tau}{\hbar^2}\frac{\partial^2 E}{\partial k_i \partial k_j}, \qquad i,j = x,y,z \tag{4-48}$$

空穴的迁移率也有与式(4-17)类似的表达式，但空穴的有效质量和平均自由时间都与电子有较大的区别。一般情况下，空穴的有效质量大于电子有效质量，因此空穴迁移率小于电子迁移率。

4.3.3　迁移率与杂质浓度及温度的关系

因为平均自由时间是散射概率的倒数，由式(4-20)、式(4-23)、式(4-24)可以得到平均自由时间与温度的关系如下：

电离杂质散射

$$\tau_i \propto N_i^{-1}T^{3/2} \tag{4-49a}$$

声学波散射

$$\tau_s \propto T^{-3/2} \tag{4-49b}$$

光学波散射

$$\tau_0 \propto \left[\exp\left(\frac{\hbar\omega_l}{k_B T}\right) - 1\right] \tag{4-49c}$$

根据式(4-17)，可以得到由不同散射机制导致的迁移率与温度的关系：

电离杂质散射

$$\mu_{\mathrm{i}} \propto N_{\mathrm{i}}^{-1} T^{3/2} \tag{4-50a}$$

声学波散射

$$\mu_{\mathrm{s}} \propto T^{-3/2} \tag{4-50b}$$

光学波散射

$$\mu_0 \propto \left[\exp\left(\frac{\hbar\omega_1}{k_{\mathrm{B}}T}\right)-1\right] \tag{4-50c}$$

事实上，不同的散射机制是同时存在的，因此需要把不同散射机制导致的散射概率相加，并得到总的散射概率 P，即

$$P = P_{\mathrm{I}} + P_{\mathrm{II}} + P_{\mathrm{III}} + \cdots \tag{4-51}$$

其中，P_{I}、P_{II}、P_{III} 是各种散射机制的散射概率。平均自由时间为

$$\tau = \frac{1}{P} = \frac{1}{P_{\mathrm{I}} + P_{\mathrm{II}} + P_{\mathrm{III}} + \cdots} \tag{4-52}$$

即

$$\frac{1}{\tau} = P_{\mathrm{I}} + P_{\mathrm{II}} + P_{\mathrm{III}} + \cdots = \frac{1}{\tau_{\mathrm{I}}} + \frac{1}{\tau_{\mathrm{II}}} + \frac{1}{\tau_{\mathrm{III}}} + \cdots \tag{4-53}$$

由式(4-17)得各种不同机制导致的迁移率关系为

$$\frac{1}{\mu} = \frac{1}{\mu_{\mathrm{I}}} + \frac{1}{\mu_{\mathrm{II}}} + \frac{1}{\mu_{\mathrm{III}}} + \cdots \tag{4-54}$$

对掺杂的 Si、Ge 等元素半导体，主要的散射机制是声学波散射和电离杂质散射，两者导致的迁移率可以分别表示为

$$\mu_{\mathrm{s}} = \frac{e}{m^*}\frac{1}{AT^{3/2}} \tag{4-55a}$$

$$\mu_{\mathrm{i}} = \frac{e}{m^*}\frac{T^{3/2}}{BN_{\mathrm{i}}} \tag{4-55b}$$

总的迁移率为

$$\mu = \frac{e}{m^*}\frac{1}{AT^{3/2} + \dfrac{BN_{\mathrm{i}}}{T^{3/2}}} \tag{4-56}$$

对化合物半导体，光学波散射也有重要的作用

$$\mu_{\mathrm{o}} = \frac{e}{m^*}C\left[\exp\left(\frac{\hbar\omega_1}{k_{\mathrm{B}}T}\right)-1\right] \tag{4-57}$$

总的迁移率为

$$\frac{1}{\mu} = \frac{1}{\mu_{\mathrm{i}}} + \frac{1}{\mu_{\mathrm{s}}} + \frac{1}{\mu_{\mathrm{o}}} \tag{4-58}$$

式(4-55)～式(4-57)中的 A 、B 和 C 为常数。

在高纯样品(如 $N_{\mathrm{i}}=10^{13}\mathrm{cm}^{-3}$)或杂质浓度较低样品($N_{\mathrm{i}}<10^{17}\mathrm{cm}^{-3}$)中，迁移率随温度升高迅速减小，这是因为 N_{i} 很小，电离杂质散射项 $BN_{\mathrm{i}}/T^{3/2}$ 的作用很小，晶格散射起主要作用，所以迁移率随温度升高而降低，但对数曲线的斜率偏离−3/2，因为其他散射机制也起作用。若杂质浓度增加，迁移率随温度升高而下降的趋势就不太显著了，这说明电离杂质散射的作用在增大。当杂质浓度达到 $10^{18}\mathrm{cm}^{-3}$ 以上后，在低温范围，随着温度升高，电子迁移率反而缓慢增大，达到一定温度以后才稍有降低，该现象说明在低温范围电离杂质散射起主要作用，晶格振动散射的影响较小，所以迁移率随温度升高而缓慢增大。当温度升高到一定值后，晶格振动成为主要的散射因素，所以迁移率又随温度升高而降低。

4.3.4　少数载流子迁移率和多数载流子迁移率

随着半导体技术的进步，对重掺杂半导体少数载流子的迁移率的研究也得到重视。研究发现，当杂质浓度增大到一定程度后，少子迁移率大于相同掺杂浓度的多子迁移率。下面介绍半导体 Si 的具体研究结果。

图 4.6 给出了 Si 在室温下多子迁移率和少子迁移率与杂质浓度的关系，其中多子迁移率为 n 型半导体中的电子迁移率或 p 型半导体中的空穴迁移率，少子迁移率为 n 型半导体中的空穴迁移率或 p 型半导体中的电子迁移率。研究结果显示：

(1)杂质浓度较低时，多子和少子的电子迁移率趋于接近，即 $\mu_{\mathrm{n}}\approx1450\mathrm{cm}^2/(\mathrm{V\cdot s})$ 。

(2)类似地，杂质浓度较低时空穴的多子与少子迁移率也趋于一致，即 $\mu_{\mathrm{p}}\approx500\mathrm{cm}^2/(\mathrm{V\cdot s})$ 。

(3)当杂质浓度增大时，电子与空穴的多子和少子迁移率都单调降低。

(4)对给定的杂质浓度，电子与空穴的少子迁移率都大于相同杂质浓度下的多子迁移率。

(5)相同杂质浓度下少子与多子迁移率的差异，随着杂质浓度的增大而增大。

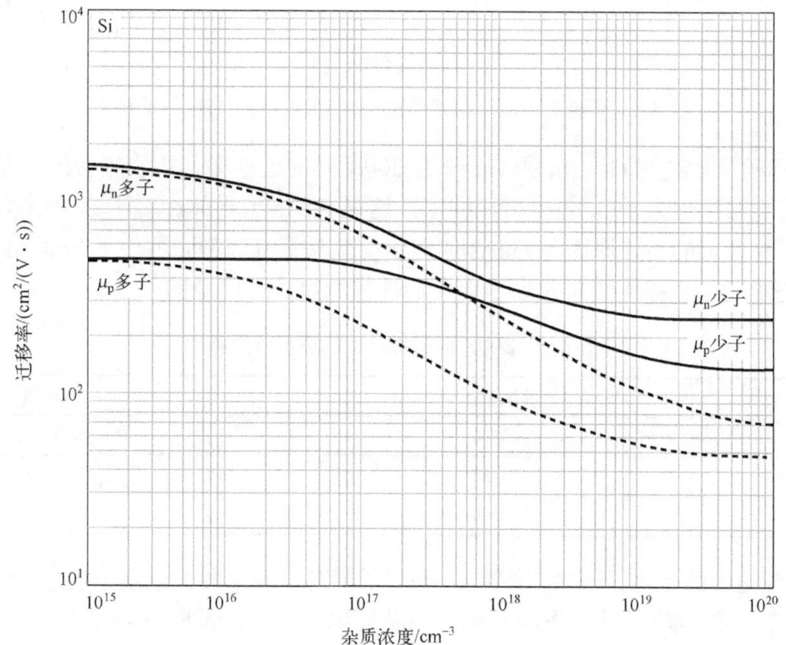

图 4.6　室温下不同杂质浓度的 Si 中多子与少子迁移率

杂质浓度增大后少子与多子迁移率的差异机制可以作如下解释：重掺杂时杂质能级扩展为杂质能带，导电载流子与导带或价带的相互作用导致了上述结果。对杂质浓度很高的n型Si，由于施主能级扩展为杂质能带，禁带宽度变窄，导带中的电子除了受到电离杂质散射外，还会被施主能级所俘获，这些俘获的电子经过一段时间又会进入导带参与导电，这些电子在导带中做漂移运动时，不断地被施主能级俘获。释放与俘获交替进行，使电子的漂移运动减慢。由于杂质原子波函数的重叠，导带中部分电子在杂质带上运动，这使导带电子的总体漂移速度降低，最终使多子迁移率减小。但对非补偿或轻补偿p型半导体，价带带边附近的变化对导带中电子的运动几乎没有影响，导带电子只受带电离子和晶格振动的散射，因此重掺杂n型半导体中的电子迁移率要小于重掺杂p型半导体中的电子迁移率。同理重掺杂p型半导体的空穴迁移率也小于重掺杂n型半导体的空穴迁移率。

以上说明是对少子迁移率大于同等杂质浓度下多子迁移率的定性解释。

图4.7给出了室温下不同杂质浓度GaAs的电子和空穴迁移率。图4.7中的迁移率数据表明掺杂浓度在$10^{16}\,cm^{-3}$以下时电子和空穴的迁移率与不掺杂的纯半导体差别不大，但对更高的掺杂浓度，两者的迁移率显著下降。

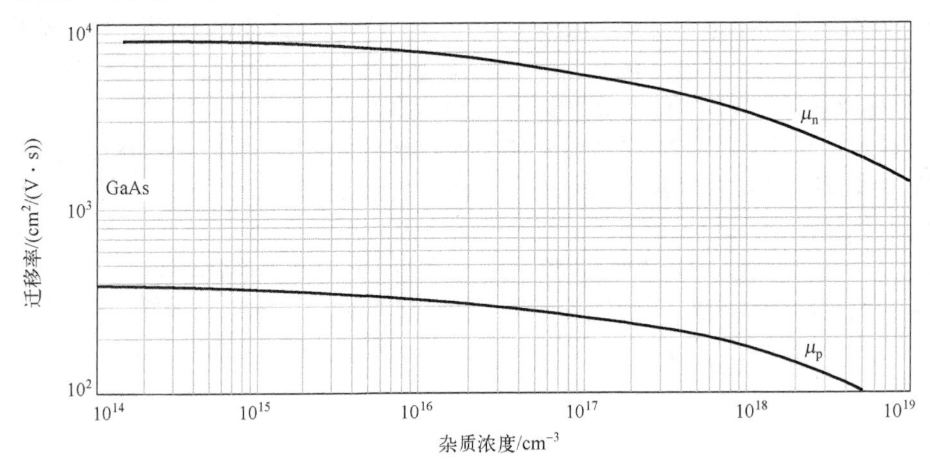

图4.7　室温下不同杂质浓度的GaAs中的电子与空穴迁移率

表4.1列出了较纯的Ge、Si和GaAs在300K时的迁移率。由表中数据，值得注意的是GaAs的电子迁移率远大于Si的电子迁移率，这是GaAs半导体相对于Si的主要优势之一。GaAs电子迁移率大的主要原因是GaAs的电子有效质量$0.067\,m_e$远小于Si的电子有效质量，GaAs的高电子迁移率特征使其在高速电子器件领域得到了广泛的应用。

表4.1　300K时较纯样品的载流子迁移率

材料	电子迁移率/[cm²/(V·s)]	空穴迁移率/[cm²/(V·s)]
Ge	3800	1800
Si	1450	500
GaAs	8000	400

另外需要指出的是，对于补偿半导体，载流子浓度一般由两种杂质浓度之差决定，即(N_D-N_A)或(N_A-N_D)，但载流子迁移率与总的电离杂质浓度有关，即与(N_D+N_A)有关。因此对相同的载流子浓度，补偿半导体的电子或空穴迁移率总小于单一掺杂的半导体中的相应迁移率。

4.4　电阻率及其与杂质浓度和温度的关系

4.4.1　半导体电阻率的基本性质

半导体的电阻率可以由四探针法直接测定，所以半导体电阻率是一个既重要又方便的半导体参数，对评估半导体器件和材料的性能有重要意义。

半导体电阻率可以表示为

$$\rho=\frac{1}{ne\mu_{\mathrm{n}}+pe\mu_{\mathrm{p}}} \tag{4-59}$$

对 n 型半导体，式(4-59)可以简化为

$$\rho=\frac{1}{ne\mu_{\mathrm{n}}} \tag{4-60a}$$

对 p 型半导体，则有

$$\rho=\frac{1}{pe\mu_{\mathrm{p}}} \tag{4-60b}$$

对本征半导体，电子与空穴浓度相等，因此其电阻率的计算更方便。

图 4.8 和图 4.9 分别是 Si 和 GaAs 在室温(300K)时电阻率随杂质浓度变化的曲线，这是实际工作中常用的曲线，适用于非补偿或轻补偿的半导体材料。轻掺杂时(杂质浓度$<10^{16}\sim10^{17}\mathrm{cm}^{-3}$)，如果认为室温下杂质全部电离，载流子浓度近似等于杂质浓度，即$n=N_{\mathrm{D}}$或

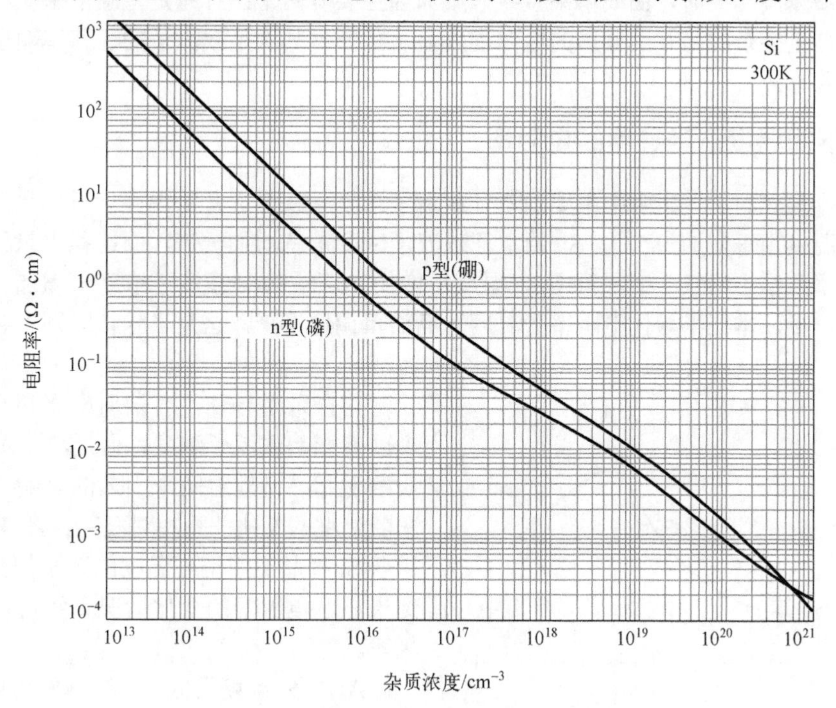

图 4.8　室温时 Si 电阻率与杂质浓度的关系

$p = N_A$，而迁移率随杂质浓度的变化不大，可以认为是常数，因此电阻率与杂质浓度成简单的反比关系，即杂质浓度越大，电阻率越小。

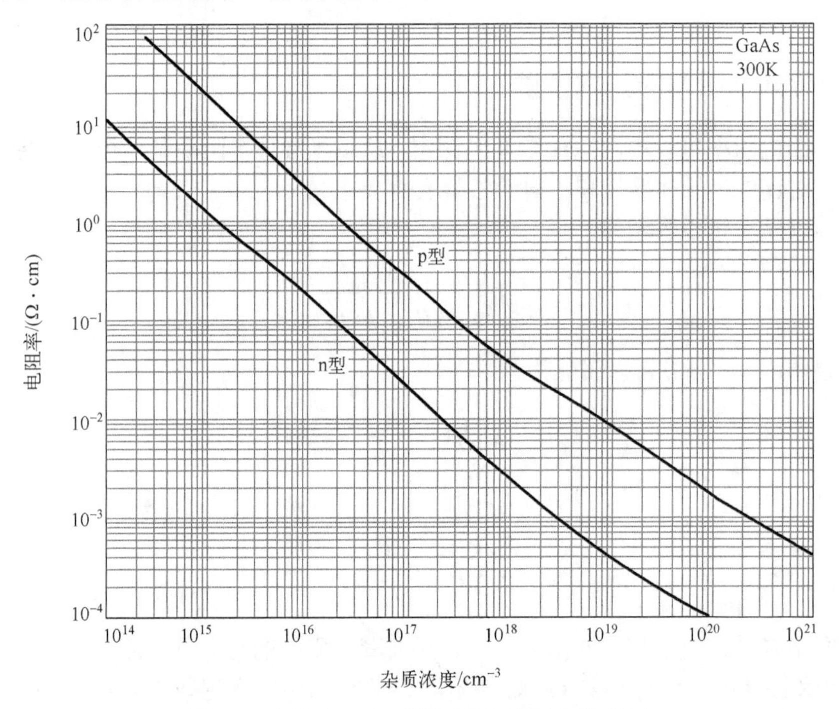

图 4.9　室温时 GaAs 电阻率与杂质浓度的关系

当杂质浓度增高时，曲线偏离直线，其原因主要有两个：首先是室温下杂质不能全部电离，特别是重掺杂的简并半导体的电离程度显著降低；其次是载流子的迁移率随杂质浓度的增加而显著下降。

4.4.2　不同温度下半导体的电阻率

对纯半导体材料，电阻率主要由本征载流子浓度 n_i 决定。n_i 随温度上升而迅速增加。在室温下，温度由每增加 9.5℃，Si 的本征载流子浓度 n_i 就增加一倍，而迁移率只稍有下降，因此电阻率几乎也降低一半；对 Ge，温度每增加 15℃，本征载流子浓度 n_i 增加一倍，电阻率约降低一半。本征半导体电阻率随温度升高而单调地下降，这是半导体区别于金属的重要特征。

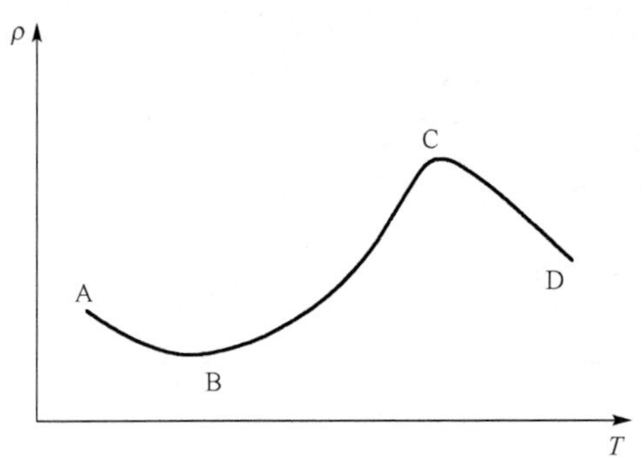

图 4.10　掺杂 Si 样品的电阻率与温度关系示意图

对掺杂半导体，有杂质电离和本征激发两个因素影响载流子浓度，而迁移率又受电离杂质散射和晶格散射两个因素的影响，所以电阻率随温度的变化关系相对复杂。图 4.10 给出了掺杂 Si 样品电阻率与温度的关系的基本特征，结果显示电阻率的变化情况大致可以分为三个区段。

AB 段：温度很低，本征激发可以忽略，载流子主要由杂质电离产生，它随温度升高而增加。对高掺杂浓度的半导体，散射主要由电离杂质散射决定，迁移率随温度升高而略有上升。对不太高的掺杂浓度的半导体，迁移率由于晶格散射而随温度升高有适当的减小，但迁移率下降的程度远小于载流子浓度增加的程度。所以在低温区段掺杂半导体的电阻率随温度升高而下降。

BC 段：温度继续升高，杂质全部电离，但本征激发还不用考虑，载流子浓度基本保持恒定。晶格散射成为影响迁移率的主要因素，迁移率随温度升高而下降，因此在该温度区间，电阻率随温度升高而增大。

CD 段：温度继续升高，本征激发很快增加，载流子浓度增加的影响远远超过迁移率下降对电阻率的影响，本征激发成为影响电阻率的决定性因素，因此电阻率随温度上升而迅速下降，表现出与本征半导体类似的特征。显然，杂质浓度越高，进入本征激发占优势的温度也越高。同时禁带宽度越大，进入本征导电的温度也越高。温度升高使本征导电起主要作用时，一般的半导体器件都不能正常工作，相应的温度就是半导体器件能正常工作的极限温度。一般地说，Ge 器件的最高工作温度为 100℃，Si 则为 250℃，而 GaAs 则高达 450℃。

4.5　强电场下的载流子运动

4.5.1　强电场下载流子运动的基本特征

在强电场下，载流子单位时间内从电场获得的能量平均值为 $ev_{\rm d}\mathcal{E} = e\mu\mathcal{E}^2$，它随电场增大而迅速增大。同时，载流子把从电场获得的能量通过与晶格的碰撞，以发射声子，特别是发射光学声子的形式传递给晶格，传递能量的速率随载流子平均动能的增大而增加。在稳态条件下，这两者应该相互平衡。图 4.11 给出了上述过程的示意图。因此，在有外加电场时，载流子的平均动能总是大于晶格温度对应的平衡值。在弱场下，载流子动能的增加不显著，但在强电场下载流子能量的增加不能被忽略。通常把平均动能高于晶格振动平均能量的载流子称为热载流子[3,4,27,28]。

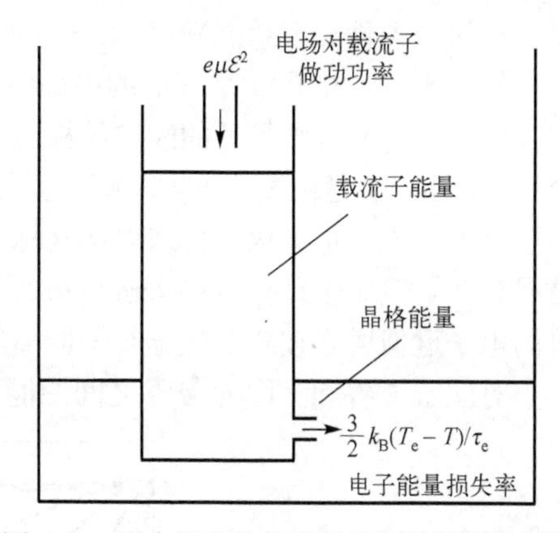

图 4.11　强电场下热载流子的能量平衡示意图

强电场下载流子的分布函数显然和热平衡下载流子分布函数有显著差异，但该分布函数实际很难确定。

在弱电场下，电子的分布并不发生大的改变，电子的平均能量并没有显著的变化，需要解决的是动量平衡问题。在强电场下，载流子既有动量的变化，也有能量的变化。因此，强电场下载流子的分布必须同时满足动量的平衡与能量的平衡。

在强电场下，一种方便的处理方法是引入电子温度 $T_{\rm e}$：假设电子的分布可用电子温度为 $T_{\rm e}$ 的玻尔兹曼分布描述。电子温度 $T_{\rm e}$ 高于晶格温度 T，因此认为电子是“热”的。在此基础上，应用能量平衡和动量平衡来求解分布。在考虑能量获得和损失的基础上可以建立以下能量平衡方程：

$$e\mu\mathcal{E}^2 = -\left\langle \frac{\mathrm{d}E}{\mathrm{d}t} \right\rangle_{\text{碰撞}} \tag{4-61}$$

如果能量损失正比于过剩能量，则可引入能量弛豫时间τ_e来描述能量弛豫：

$$e\mu\mathcal{E}^2 = \left(\frac{3k_B}{2}\right)\frac{T_e - T}{\tau_e} \tag{4-62}$$

可以用下式描述动量平衡：

$$e\mathcal{E} = -\left\langle \frac{\mathrm{d}\hbar k_e}{\mathrm{d}t} \right\rangle_{\text{碰撞}} \tag{4-63}$$

但要在式(4-62)和式(4-63)的能量平衡和动量平衡基础上求解分布函数，必须先假设一个分布函数的形式，有几种不同的方案。一个方案是把弱电场下的分布函数推广到采用电子温度T_e的情形，另一种方案是在强电场输运的解析理论中假设移位的麦克斯韦-玻尔兹曼分布：

$$f \propto \exp\left[\frac{\hbar^2(\boldsymbol{k}^2 - \boldsymbol{k}_0^2)}{2m_n^* k_B T_e}\right] \tag{4-64}$$

其中包括两个待定的参数T_e和$\boldsymbol{k}_0$，两者可以分别由式(4-62)和式(4-63)确定。需要指出的是，只有在有限的情形下，可以在较严格的意义上定义电子温度T_e和弛豫时间τ_e。在强电场下，载流子的分布可严重偏离玻尔兹曼分布，电子温度只能作为电子平均动能的量度。在理论上，存在移位的麦克斯韦-玻尔兹曼分布要求载流子之间频繁地散射，即要求有较高的载流子浓度，但这个条件并不总能满足。

实际上，在大于$10^3\,\text{V/cm}$的电场中，载流子的分布就很难用任何“标准分布”的来讨论。在强电场下，较高能量处的能带结构对电子行为影响，可以在分布函数中显示出来。作为一个例子，图4.12是由蒙特卡罗模拟得到的77K下不同电场下Ge中最低能谷的电子分布函数。由图可见，无外加电场时，在对数坐标下，分布函数与能量有严格的线性关系，即满足玻尔兹曼分布。但即使只有500V/cm的外加电场，分布函数已有较大的改变，能量低于上能谷能量的电子近似遵守玻尔兹曼分布，但高能量的电子则不然。图中较高电场下分布函数中的转折点对应于L谷和上面的X谷之间的能量间距。

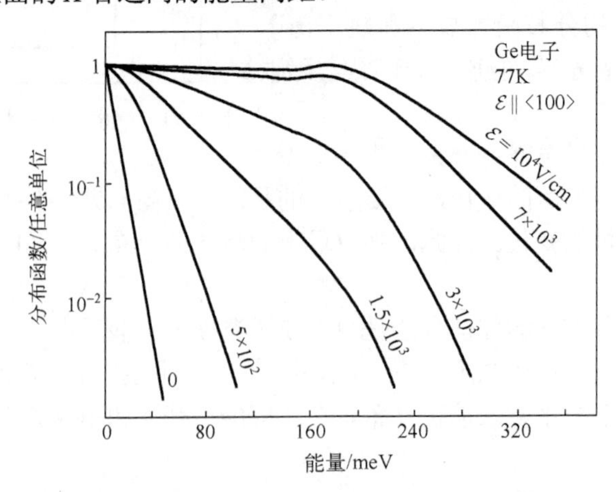

图4.12　由蒙特卡罗模拟得到的77K下不同电场下Ge中最低能谷的电子分布函数

由于与强电场下实际分布之间存在大的差异，基于某种先验的特定分布的解析理论所取得的成功非常有限。另外，蒙特卡罗方法在热电子问题上所取得的成功则是显著的。这种方法完全不依赖于先验的分布，而是在第一性原理的基础上，通过模拟载流子在外场作用下的运动来得到载流子输运性质，同时，还可由此得到给定场强下的分布函数，因此它可以作为求解分布函数的有效方法。

就散射机制而言，在强电场导致的热电子问题中，库仑散射通常可以不予考虑，主要的散射机制是各种晶格振动散射。对声学波散射，高能量的电子有更高的终态态密度，散射会得到加强；作为各向同性散射，它仍然是有效的动量弛豫机制；但声学波散射对能量弛豫并不是很有效。由于相应的声子能量很大，各种光学波散射和谷间散射，对于能量弛豫都很有效。

图 4.13 给出了 300K 时 Si 中电子和空穴在不同电场下的平均漂移速度的饱和现象。结果显示，出现空穴漂移速度的饱和所需的电场比电子对应的电场更强。

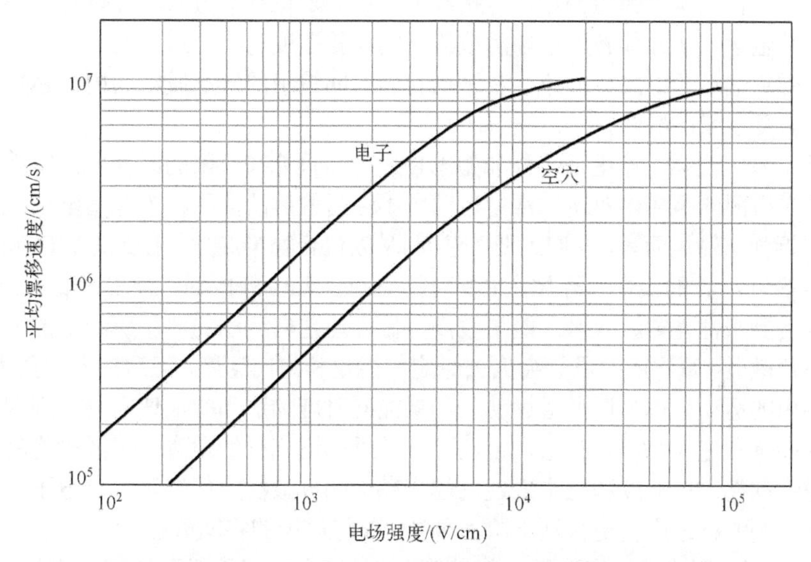

图 4.13　300K 时 Si 中电子和空穴在不同电场下的平均漂移速度

热载流子的性质和热平衡载流子最明显的区别是，热载流子将经受更强的散射。因为热载流子具有更高的能量，散射终态具有更高的态密度，而且有更多的高于光学声子能量的电子会经受发射光学声子和谷间声子的散射，这种声子对于能量和动量弛豫都很有效。如图 4.13 所示，由于热载流子会经受更强的散射，强电场下的迁移率会随电场的增加而下降。

4.5.2　载流子扩散的饱和

正如前文指出的，扩散电流是半导体中另一种可能出现的电流。考虑到爱因斯坦关系，少数载流子的扩散电流可以表示为

$$(J_{\mathrm{n}})_{扩散} = \mu_{\mathrm{n}} k_{\mathrm{B}} T \frac{\mathrm{d}n}{\mathrm{d}x} \tag{4-65}$$

上述扩散电流正比于载流子浓度的梯度。但需要指出的是，扩散过程来自于两个随机行走过程的差，它的实际数值是受下列条件制约的，即

$$(J_{\mathrm{n}})_{最大扩散} = en_0 v_{\mathrm{rms}} \tag{4-66}$$

因此扩散电流也会饱和，相应的饱和速度是热电子的均方根速率 v_{rms}。需要指出的是，与漂移电流由外电场导致类似，扩散电流可以认为是由电化学场的梯度导致的。由于扩散电流不能超过式(4-66)表示的最大值，因此存在下列表达式：

$$(J_{\mathrm{n}})_{扩散} = \mu_{\mathrm{n}} k_{\mathrm{B}} T \frac{\mathrm{d}n}{\mathrm{d}x} \leqslant en_0 v_{\mathrm{rms}} \tag{4-67}$$

以上讨论说明强电场下的漂移电流和高浓度梯度下的扩散电流都受均方根速率 v_{rms} 制约。饱和扩散电流可用来估算结型器件的载流子寿命，也为分析这类器件的高注入性质提供了方法。

4.5.3　近弹道输运

近弹道输运，或称准弹道输运，是指载流子以弹道运动的方式，即以几乎不受碰撞的方式实现的电荷输运。半导体施加电场后载流子的漂移速度有一个瞬间的上升过程，该上升过程就是以近弹道输运的方式被加速。在平均自由时间量级的一小段时间内，多数载流子并不经受碰撞或只受少量的散射。

从时间上看，近弹道输运是一种非稳态输运，它只能在有限的时间段内实现；从空间上看，它只能在有限的距离内实现。常把运动中不经受散射的电子称为弹道电子。

就实现近弹道输运而言，人们主要关注Ⅲ-Ⅴ族化合物半导体，主要是以 GaAs 为代表的、导带最低能谷为 Γ 谷的极性半导体，主要包括 GaAs、InP 和 InAs。与 Si 相比，GaAs 中的 Γ 谷电子主要受到极性光学波散射。能量较高、做高速定向运动的电子所经受的大多为发射光学声子的小角散射。每次散射虽然会失去一定的能量和定向速度，但运动方向基本保持不变，在有限距离内的运动可作为近弹道运动。如果能同时施加适当的加速电场，则因发射光学声子而失去的能量和速度可得到补偿，因此可延长近弹道飞行的距离。但散射终将使电子逐渐失去近弹道运动性质：速度和能量表现出越来越大的分散性。如果开始有电子转移到更高能量的上能谷，则漂移速度会更快地下降，如 4.6 节将讨论的谷间散射。

Γ 谷中电子的最大速度取决于上能谷能量的高低，上能谷能量越高，能达到的最大弹道速度越大。在 GaAs 中，极限速度大约为 $10^6\,\mathrm{m/s}$，InP 的 Γ 谷与上能谷能量差大约为 0.53eV，所以可以达到的速度更大。

但在接近弹道速度上限的条件下应用弹道输运是不合适的。无论是因为电场导致的电子能量增加，还是因为散射导致的能量耗散，都可使部分电子更快地达到进入上能谷所需的能量，并发生谷间散射。因此，对一定的上下能谷能量差，采用多大的弹道速度和加速电场应具体分析。

InAs 半导体的 Γ 谷和 L 谷能量差达 1.1eV，且 Γ 谷的电子有效质量更小。由于这些原因，对于近弹道输运，三元半导体 InGaAs 的研究值得关注。

图 4.13 给出了 Si 中电子和空穴迁移率在强电场下的饱和效应，但该饱和效应是通常的体材料的结果。研究发现，在尺度非常小的导电结构中，如现在广泛应用的深亚微米 MOS(金属-氧化物-半导体)器件的导电沟道中，在强电场下，在短距离(平均自由程量级)和短时间(平均自由时间)内，电子可以获得一个暂时高于稳态值的漂移速度，如图 4.14 所示。该结果显示，在电场为 5kV/cm 时，没有漂移速度过冲现象，当电场达到 10kV/cm 时，在 70nm 以下

的尺度内，速度过冲现象已经很明显。在小尺寸 MOS 器件中，载流子的弹道输运是普遍现象，载流子的输运特征已经不能用前文的稳态输运理论讨论。

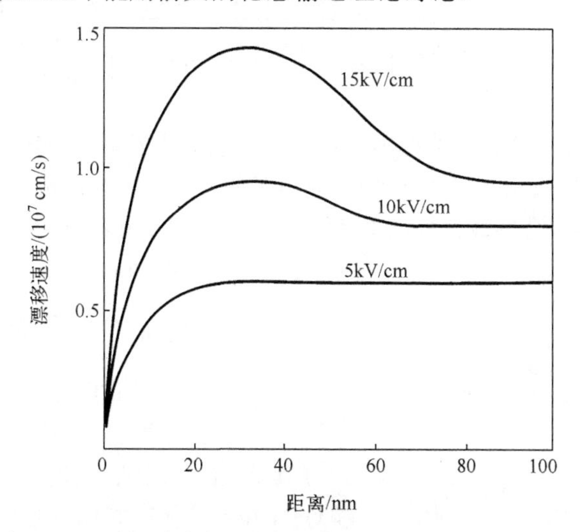

图 4.14　Si 半导体中电子在极短距离内的漂移速度过冲现象

在异质晶体管中，可以用宽禁带半导体作为发射极。异质结界面处的电子能量阶跃可用来向基区发射高速电子，称为弹道注入。注入的电子以近似弹道的方式越过基区。以 InP 作为发射极，InGaAs 作为基区制作的晶体管的截止频率达到了 165GHz。

在许多纳米结构中，电子的弹道输运已经得到广泛的研究和应用，并成为相关领域研究的前沿。

4.6　强电场下的谷间散射和耿氏效应

谷间散射分为等价谷间散射和不等价谷间散射两类。等价能谷在相同的能量具有相同的极小值。不等价能谷间具有一定的能量差异，因此上能谷的填充需要额外的能量。不等价能谷间的电子转移在适当条件下会形成耿氏效应。

4.6.1　等价能谷间的散射

对拥有多个等价能谷的半导体(如硅的导带能谷)在热平衡条件下各个能谷中载流子的分布是完全一致的。但任何外场、压强或温度的梯度都会打破这种平衡，引起载流子的谷间散射，使载流子在能谷间重新分布。由于谷间散射过程中电子波矢的变化很大，谷间散射总是伴随声子的吸收或产生。

波矢为 $\boldsymbol{k}_1$ 的电子，处于波矢为 $\boldsymbol{k}_{10}$ 的极值附近，它可以被散射到波矢为 $\boldsymbol{k}_{20}$ 的极值附近，波矢改变为 $\boldsymbol{k}_2$。在这个过程中电子的准动量有相当大的改变，它的变化为 $\pm\hbar\boldsymbol{q}=\hbar\boldsymbol{k}_2-\hbar\boldsymbol{k}_1$，因此电子将吸收或发射一个短波声子，这种短波声子具有较高的能量。所以谷间散射时，电子与短波声子发生作用，同时吸收或发射一个高能量的声子，因此该散射是非弹性的。

n 型 Si 有两种类型的谷间散射，一种是从某一能谷散射到同一坐标轴上相对应的另一个能谷中去，称为 g 散射；另一种是从该能谷散射到其余方向的能谷中去，称为 f 散射。

总的散射概率为[29]：

$$P=\sum_i w_i\left(\frac{T_i}{T_0}\right)^{\frac{3}{2}}\left[\frac{\left(\dfrac{E}{\hbar\omega_i}+1\right)^{1/2}}{\exp\left(\dfrac{\hbar\omega_i}{k_BT}\right)-1}+\frac{\left(\dfrac{E}{\hbar\omega_i}-1\right)^{1/2}\text{或}0}{1-\exp\left(-\dfrac{\hbar\omega_i}{k_BT}\right)}\right] \tag{4-68}$$

其中，第一项对应吸收一个声子的散射概率；第二项对应发射一个声子的概率，当电子能量$E<\hbar\omega_i$时，该项为零，即不能发生这种发射声子的散射。式中，$\hbar\omega_i$为发射或吸收的声子能量，$k_BT_i=\hbar\omega_i$；T_0为拟合参数选择的参考温度；w_i为电子和谷间声子耦合强度；Σ是对所有可能的谷间散射求和。

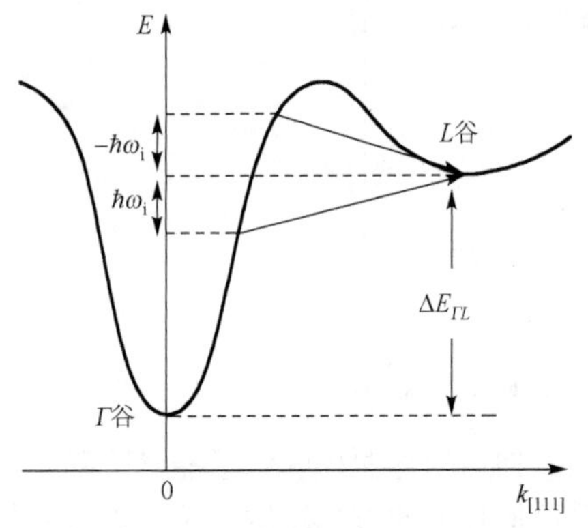

图 4.15　不等价能谷间散射：从下能谷向上能谷的散射

4.6.2　不等价能谷之间的散射与耿氏效应

本节要讨论的不等价能谷间散射是指在强电场作用下电子从有效质量小的下能谷被散射到具有较大有效质量的上能谷。如图 4.15 所示，GaAs、InP 和 GaN 等半导体中的导带电子在强电场作用下从Γ谷散射到能量较高的能谷中，并形成负微分电导的现象，这也是一种热电子效应，是动量空间的转移电子效应，这时半导体内部电流可以出现很高的振荡频率，振荡频率已经超过 400GHz，这个效应一般称为耿氏效应[3, 28]。1964 年克罗默(H. Kroemer)指出，这种效应与 1961 年里德利(Ridley)和沃特金斯(Watkins)以及 1962 年希尔萨(Hilsum)分别发表的微分负阻理论相一致，从而解决了耿氏效应的理论问题，并称为 RWH 机制。

上述效应的出现与相关半导体的能带结构直接相关。众所周知，GaAs 的导带最小值位于Γ点，相应的电子有效质量为 0.067m_e。同时，GaAs 在L点有次极小能谷，它和Γ谷的能量差ΔE约为 0.31eV，相应的电子有效质量为 0.55m_e。L谷电子有效质量远大于Γ谷的一个直接效应是L谷的电子态密度远大于Γ谷的电子态密度，两者之比为

$$R=\frac{\text{所有高能谷可利用能态}}{\text{低能谷可利用能态}}=\frac{M_2}{M_1}\left(\frac{m_2^*}{m_1^*}\right)^{3/2} \tag{4-69}$$

由于L点位于第一布里渊区的边缘，在第一布里渊区内的完整能谷数$M_2=4$，相应的Γ谷数量$M_1=1$。考虑到 GaAs 半导体上述两个能谷的有效质量之差，上述电子能态密度之比$R\approx 94$。L谷电子有效质量远大于Γ谷电子有效质量的另一个效应是迁移率，由于有效质量的差异，上能谷L的电子迁移率μ_2远小于下能谷Γ的电子迁移率μ_1。

如图 4.15 所示，由于谷间转移有较大的动量变化，因此转移过程中必然伴随着声子的发射或吸收，图中$\hbar\omega_i$为声子能量。

在平衡条件下上下两个能谷电子浓度之比为

$$\frac{n_2}{n_1}=R\exp\left(-\frac{\Delta E}{k_BT_e}\right) \tag{4-70}$$

显然平衡条件下比值$n_2/n_1\ll 1$。

导带电子浓度 $n = n_1 + n_2$ 的总电导率为

$$\sigma = e(n_1\mu_1 + n_2\mu_2) = ne\overline{\mu} \tag{4-71}$$

平均迁移率为

$$\overline{\mu} = \frac{n_1\mu_1 + n_2\mu_2}{n_1 + n_2} \tag{4-72}$$

平均漂移速度为

$$\overline{v}_{\mathrm{d}} = \overline{\mu}\mathcal{E} = \frac{n_1\mu_1 + n_2\mu_2}{n_1 + n_2}\mathcal{E} \tag{4-73}$$

电流密度为

$$J = ne\overline{\mu}\mathcal{E} = ne\overline{v}_{\mathrm{d}} \tag{4-74}$$

在低电场下，即 $\mathcal{E} < \mathcal{E}_1$ 时，两个能谷的电子浓度接近于平衡电子浓度，即 $n_1 \approx n$，$n_2 \approx 0$；在强电场下，即 $\mathcal{E} > \mathcal{E}_2$ 时，两个能谷的电子分布远离平衡态，大部分电子转移到上能谷，即 $n_1 \approx 0$，$n_2 \approx n$。当电场满足 $\mathcal{E}_1 < \mathcal{E} < \mathcal{E}_2$ 时，随电场增大，n_1 不断减小，n_2 不断增大，而 n_2 能不断增大的原因除了电场不断增大外，还在于式(4-69)中的比值 $R \gg 1$。如图 4.16 所示，因为迁移率 $\mu_2 < \mu_1$，所以随着 n_2 的增大，平均漂移速度随电场增大而不断降低，电子迁移率由低电场时 μ_1 降低到高电场时的 μ_2。

对式(4-74)求微分，得

$$\frac{\mathrm{d}J}{\mathrm{d}\mathcal{E}} = ne\frac{\mathrm{d}\overline{v}_{\mathrm{d}}}{\mathrm{d}\mathcal{E}} \tag{4-75}$$

在上述漂移速度随电场增大降低的电场强度范围内，$\mathrm{d}J/\mathrm{d}\mathcal{E} < 0$，即该电场范围内的微分电导为负值，相应的微分迁移率也为负值。

图 4.17 是 InP、GaAs 和 Si 半导体在电场作用下的电子漂移速度。其中 Si 的漂移速度和图 4.13 一致，而 GaAs 和 InP 的电子漂移速度变化规律基本一致，其中 InP 出现负微分迁移率的电场更强，其原因是 InP 的上下能谷间距达 0.53eV，远大于 GaAs 的上下能谷间距 0.31eV。

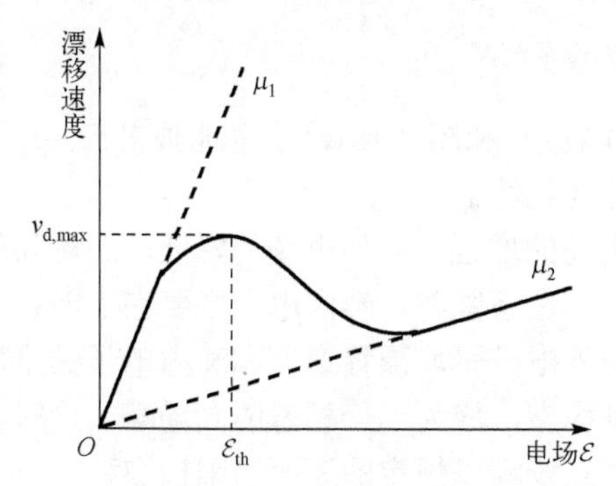

图 4.16　双能谷不同占据情况下漂移速度与电场的关系示意图

低电场时下能谷被占据，对应的迁移率为 μ_1；高电场时上能谷被占据，对应的迁移率为 μ_2

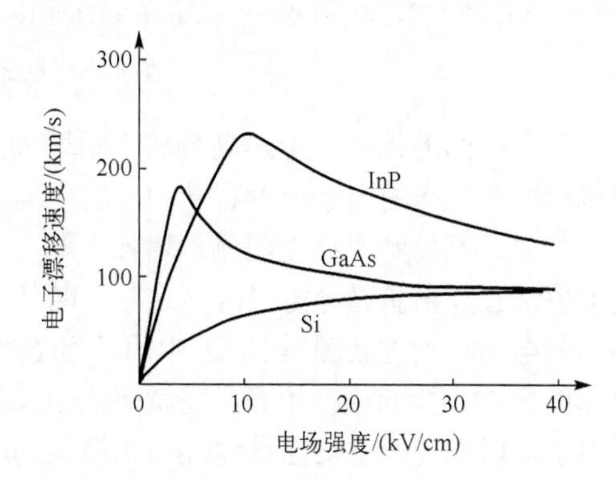

图 4.17　InP、GaAs 和 Si 半导体中电子在电场作用下的漂移速度

当外加电压使样品内部电场强度处于负微分电导区时，就可以产生微波振荡。图 4.18(a)为耿氏器件的结构示意图。如果器件内部由于局部不均匀，导致电子浓度的涨落，就会在某处引起微量的空间电荷。在具有正微分迁移率的材料中，这个空间电荷区将很快消失；但是，在处于负微分迁移率范围时，空间电荷区将迅速增大起来。例如，设器件内 A 处由于掺杂不均匀，形成一个局部的高阻区，当在器件两端施加电压后，高阻区内的电场强度比区外强，若高阻区内场强超过阈值处于负微分电导区，如图 4.18(d)中的$\mathcal{E}_{\mathrm{d}}$，则部分电子就会转移到上能谷，形成两类漂移速度不同的电子。处于上能谷的电子，有效质量大而迁移率小，因此平均漂移速度小。因为局部高阻区内电场强度比区外强，由$\overline{v}_{\mathrm{d}}$与$\mathcal{E}$的关系曲线可以知道，在负微分电导区，场强越强，电子的平均漂移速度越低，所以在高阻区面向阳极的一侧，区外电子的平均漂移速度比区内大，此处电子浓度会减小，并形成耗尽层，耗尽层内主要是带正电的电离施主；在高阻区面向阴极的一侧，也是区外电子的平均漂移速度比区内大，因此形成电子的积累层。这样，由于材料内局部掺杂不均匀，外加电压使器件内部电场处于负微分电导区时，就形成了带负电的电子积累层和带正电的由电离施主构成的电子耗尽层，两者组成空间电荷偶极层，称为偶极畴。图 4.18(a)示意地画出了畴区的带电情况。偶极畴形成后，畴内正负电荷产生一个与外加电场同方向的电场，使畴内电场增强，相应的畴外电场则有所降低。这种偶极畴通常称为高场畴。

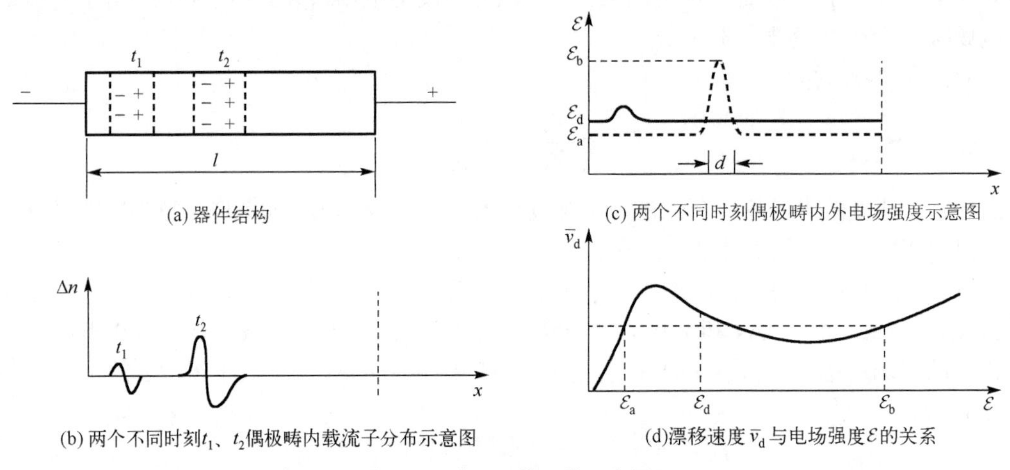

图 4.18　耿氏器件工作示意图

随着时间的推移，上述高场畴不断增大。图 4.18(b)和图 4.18(c)示意地画出t_1、t_2两个时刻高场畴对应的电子浓度和畴内外的电场强度的变化特征。

但是，高场畴不会无限制地增长，随着畴内电场的增强，畴外电场的降低，高场和低场的数值都会越出负微分电导区。这时，畴外电子全部在下能谷，畴内电子主要在上能谷。当畴内外电场分别达到图 4.18(d)中的$\mathcal{E}_{\mathrm{b}}$和$\mathcal{E}_{\mathrm{a}}$时，畴外电子平均漂移速度和畴内电子的平均漂移速度(畴的运动速度)相等，畴就停止生长而达到稳态，成为一个稳态的高场畴。这时，两类电子均以相同的平均漂移速度向阳极运动，整个高场畴以恒定的速度向阳极漂移。

高场畴到达阳极后，首先耗尽层逐渐消失，畴内空间电荷减小，畴内电场也降低，相应地畴外电场开始上升，畴内外电子平均速度都增大，电流开始上升，最后整个畴被阳极“吸收”而消失，半导体的体内电场又恢复到$\mathcal{E}_{\mathrm{d}}$，电流达到最大值，同时一个新的畴又开始形成。整个过程重复进行，形成耿氏振荡。

下面用简化的模型估计畴区厚度。一般畴外电场强度$\mathcal{E}_a$是均匀的，为简单起见，设畴内电场强度$\mathcal{E}_b$也是均匀的。设畴区厚度为d，器件长度为l，外加电压为V，则

$$V=\mathcal{E}_d l=\mathcal{E}_b d+\mathcal{E}_a(l-d) \tag{4-76}$$

由上述方程得

$$d=\frac{(\mathcal{E}_d-\mathcal{E}_a)l}{\mathcal{E}_b-\mathcal{E}_a} \tag{4-77}$$

其中，$\mathcal{E}_d$为无畴时的电场强度。畴区形成的速率就是振荡的频率：

$$\nu=\bar{v}_d/l \tag{4-78}$$

其中，$\bar{v}_d$为电子运动的平均速度；l为器件长度。因此，器件越短，振荡频率越高。

这是一种利用动量空间电子转移机制形成的新型电子器件。

4.7 霍 尔 效 应

4.7.1 霍尔效应的基本性质

如果在导电材料和电流方向垂直的方向加上一个磁场，将会在与电流方向和磁场方向都垂直的另一个方向产生电场。该效应是 1879 年 E. H. Hall 发现的，被称为霍尔效应[3, 30]。霍尔效应在半导体及金属等其他导电材料中都已经被观察到，并获得了广泛的应用。

首先考虑如图 4.19 所示的长条形样品，假设样品中有均匀的电流密度 $\boldsymbol{J}$，并处在沿 z 方向的均匀磁场 $\boldsymbol{B}$ 中。对具有漂移速度 $\boldsymbol{v}$ 的电子，电子将受到洛伦兹力 $\boldsymbol{F}=-e\boldsymbol{v}\times\boldsymbol{B}$ 的作用，其中 $-e$ 是电子电荷。设电子浓度为 n，则电流密度 J 可以表示为 $\boldsymbol{J}=-ne\boldsymbol{v}$。如果电流沿$+x$方向运动，则电子速度分量 $v_x<0$，即电子的漂移运动方向是$-x$。对上述沿 z 方向的磁场，电子受到的洛伦兹力 $F_y=ev_xB_z<0$，因此电子将向$-y$ 方向偏转。需要指出的是，霍尔效应测量时 y 方向是没有电流的，负电荷将在上述偏转方向的表面积聚，而正电荷将在相对的表面积聚，由此形成一个沿$-y$ 方向的电场，该电场形成的电场力将和洛伦兹力平衡，在稳态条件下满足 $F_y+(-e)\mathcal{E}_y=0$。该电场被称为霍尔电场，并满足下列关系：

$$\mathcal{E}_y=v_xB_z=-\frac{B_zJ_x}{ne}=R_HJ_xB_z \tag{4-79}$$

其中，R_H为霍尔系数。对上述电子导电，霍尔系数可以表示为

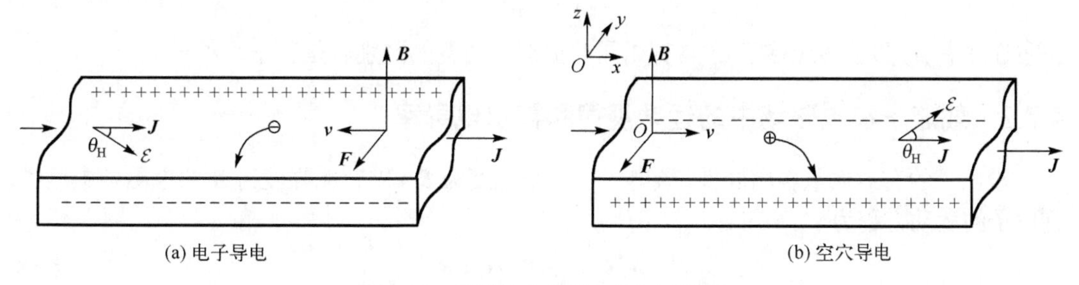

图 4.19　半导体中的霍尔效应示意图

$$R_{\mathrm{H}} = -\frac{1}{ne} \tag{4-80}$$

电场$\mathcal{E}_x$与$\mathcal{E}_y$之间的夹角θ_{H}称为霍尔角：

$$\tan\theta_{\mathrm{H}} = \frac{\mathcal{E}_y}{\mathcal{E}_x} = \frac{v_x B_z}{\mathcal{E}_x} = -\mu_{\mathrm{n}} B_z \tag{4-81}$$

以上是 n 型半导体的电子导电情形。对 p 型半导体的空穴导电，由洛伦兹力导致的霍尔电场方向将与上述电子导电相反，相应的霍尔系数可以表示为

$$R_{\mathrm{H}} = \frac{1}{pe} \tag{4-82}$$

设图 4.19 中y方向样品宽度为w，z方向样品厚度为t，则y方向的霍尔电压$V_{\mathrm{H}} = w\mathcal{E}_y$，样品沿$x$方向的电流强度$I_x = J_x wt$，则霍尔电压可以表示为

$$V_{\mathrm{H}} = \frac{R_{\mathrm{H}}}{t} I_x B_z \tag{4-83}$$

在霍尔效应的实验测量中可以由式(4-83)确定霍尔系数，并由式(4-80)或式(4-82)分别确定电子浓度n或空穴浓度p。

需要指出的是，由式(4-80)或式(4-82)确定的霍尔系数是在假设载流子弛豫时间τ和能量无关的基础上得到的。在载流子弛豫时间τ是与能量相关的变量，有效质量是各向异性的条件下，n 型半导体的霍尔系数可以用下式表示：

$$R_{\mathrm{H}} = -\frac{r_{\mathrm{H}}}{ne} \tag{4-84}$$

其中，r_{H}被称为霍尔因子，并可以由散射机制和载流子的分布函数确定。

考虑到 n 型半导体的电导率$\sigma_{\mathrm{n}} = ne\mu_{\mathrm{n}}$，由式(4-80)可得

$$|R_{\mathrm{H}}|\sigma_{\mathrm{n}} = \mu_{\mathrm{n}} \tag{4-85}$$

实际上式(4-85)只有在$r_{\mathrm{H}} = 1$时成立。考虑到式(4-84)，在一般情况下，式(4-85)应表示为下列形式：

$$|R_{\mathrm{H}}|\sigma_{\mathrm{n}} = r_{\mathrm{H}}\mu_{\mathrm{n}} \tag{4-86}$$

正如以后将要指出的，要确定半导体的霍尔因子r_{H}非常困难。在此定义参数霍尔迁移率μ_{H}：

$$\mu_{\mathrm{H}} = |R_{\mathrm{H}}|\sigma_{\mathrm{n}} \tag{4-87}$$

霍尔迁移率μ_{H}和漂移迁移率μ_{n}具有相同的量纲，两者的区别就是霍尔因子r_{H}。

4.7.2　载流子在电磁场中的运动规律和霍尔电导率

设电子的有效质量各向同性，该电子在电场强度为$\boldsymbol{\mathcal{E}}$、磁感应强度为$\boldsymbol{B}$的电磁场中运动，则电子的运动方程为

$$m_{\mathrm{n}}^{*}\dot{\boldsymbol{v}} = -e(\boldsymbol{\mathcal{E}} + \boldsymbol{v} \times \boldsymbol{B}) \tag{4-88}$$

其中，第一项为电场力；第二项为洛伦兹力。可以证明，电子的运动可分为两个部分：初速

度为 $\boldsymbol{v}_0$ 在磁场 $\boldsymbol{B}$ 作用下的运动；在电场 $\boldsymbol{\mathcal{E}}$ 和磁场 $\boldsymbol{B}$ 共同作用下的初速度为零的运动。第一种运动是以 $\boldsymbol{B}$ 为轴向的螺旋运动，即沿着 $\boldsymbol{B}$ 方向的匀速运动和垂直于 $\boldsymbol{B}$ 方向的圆周运动的叠加。因为每次散射后运动的无规律性，这种运动多次散射后的平均值应为零。因此，只需要分析第二种运动，即认为每两次散射之间初速度都为零。

设 $\boldsymbol{\mathcal{E}}=(\mathcal{E}_x,\mathcal{E}_y,0)$，$\boldsymbol{B}=(0,0,B_z)$，则上述运动方程可以进一步表示为

$$\begin{cases}\dfrac{\mathrm{d}v_x}{\mathrm{d}t}=-\dfrac{e}{m_{\mathrm{n}}^*}(\mathcal{E}_x+v_yB_z)\\[2ex]\dfrac{\mathrm{d}v_y}{\mathrm{d}t}=-\dfrac{e}{m_{\mathrm{n}}^*}(\mathcal{E}_y-v_xB_z)\end{cases}\tag{4-89}$$

如果电子运动的初始条件为 $t=0$，$v_x=v_y=0$，则上述方程的解为

$$\begin{cases}v_x=-\left[\dfrac{\mathcal{E}_x}{B_z}\sin\omega t-\dfrac{\mathcal{E}_y}{B_z}(1-\cos\omega t)\right]\\[2ex]v_y=-\left[\dfrac{\mathcal{E}_x}{B_z}(1-\cos\omega t)+\dfrac{\mathcal{E}_y}{B_z}\sin\omega t\right]\end{cases}\tag{4-90}$$

其中，$\omega=eB_z/m_{\mathrm{n}}^*$。如选择 $x'y'$ 为轴，使电场 $\boldsymbol{\mathcal{E}}$ 沿 Ox' 方向，即选择 $\boldsymbol{\mathcal{E}}=(\mathcal{E}_{x'},0,0)$，则式(4-90)可以简化为

$$\begin{cases}v_{x'}=-\dfrac{\mathcal{E}_{x'}}{B_z}\sin\omega t\\[2ex]v_{y'}=-\dfrac{\mathcal{E}_{x'}}{B_z}(1-\cos\omega t)\end{cases}\tag{4-91}$$

式(4-91)的运动轨迹为

$$\begin{cases}x'=-\dfrac{\mathcal{E}_{x'}}{B_z}\dfrac{1}{\omega}(1-\cos\omega t)\\[2ex]y'=-\dfrac{\mathcal{E}_{x'}}{B_z}\left(t-\dfrac{1}{\omega}\sin\omega t\right)\end{cases}\tag{4-92}$$

它表示的是以 $x'y'$ 为轴的旋轮线，如图 4.20 曲线 1 所示。

由式(4-90)可以计算多次散射后的平均速度：

$$\begin{cases}\overline{v}_x=\dfrac{1}{N_0}\displaystyle\int_0^\infty v_xN_0P\mathrm{e}^{-pt}\mathrm{d}t=-\dfrac{e}{m_{\mathrm{n}}^*}\left(\dfrac{\tau\mathcal{E}_x}{1+\omega^2\tau^2}-\dfrac{\omega\tau^2\mathcal{E}_y}{1+\omega^2\tau^2}\right)\\[2ex]\overline{v}_y=\dfrac{1}{N_0}\displaystyle\int_0^\infty v_yN_0P\mathrm{e}^{-pt}\mathrm{d}t=-\dfrac{e}{m_{\mathrm{n}}^*}\left(\dfrac{\omega\tau^2\mathcal{E}_x}{1+\omega^2\tau^2}+\dfrac{\tau\mathcal{E}_y}{1+\omega^2\tau^2}\right)\end{cases}\tag{4-93}$$

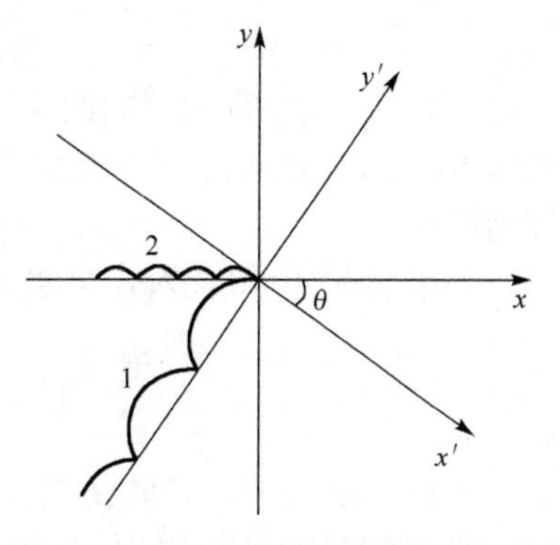

图 4.20　电子在磁场 $\boldsymbol{B}$ 和电场 $\boldsymbol{\mathcal{E}}$ 共同作用下的运动轨迹为 1，稳态霍尔效应时的电子运动轨迹为 2

其中，$\tau=1/P$ 为平均自由时间，并假设为常数。考虑到电流密度 $\boldsymbol{J}=-ne\boldsymbol{v}$，电流密度可以表示为

$$\begin{cases} J_x = \dfrac{ne^2}{m_n^*}\left(\dfrac{\tau\mathcal{E}_x}{1+\omega^2\tau^2} - \dfrac{\omega\tau^2\mathcal{E}_y}{1+\omega^2\tau^2}\right) \\ J_y = \dfrac{ne^2}{m_n^*}\left(\dfrac{\omega\tau^2\mathcal{E}_x}{1+\omega^2\tau^2} + \dfrac{\tau\mathcal{E}_y}{1+\omega^2\tau^2}\right) \end{cases} \tag{4-94}$$

引入电导率参数σ_{xx}、σ_{xy}、σ_{yx}、σ_{yy}，电阻率参数ρ_{xx}、ρ_{xy}、ρ_{yx}、ρ_{yy}，则电场与电流的关系可以表示为

$$\begin{cases} J_x = \sigma_{xx}\mathcal{E}_x + \sigma_{xy}\mathcal{E}_y \\ J_y = \sigma_{yx}\mathcal{E}_x + \sigma_{yy}\mathcal{E}_y \end{cases} \quad 或 \quad \begin{cases} \mathcal{E}_x = \rho_{xx}J_x + \rho_{xy}J_y \\ \mathcal{E}_y = \rho_{yx}J_x + \rho_{yy}J_y \end{cases} \tag{4-95}$$

由式(4-94)，参数σ、ρ可以表示为

$$\sigma_{xx} = \sigma_{yy} = \frac{ne^2}{m_n^*}\frac{\tau}{1+\omega^2\tau^2} \tag{4-96a}$$

$$\sigma_{xy} = -\sigma_{yx} = -\frac{ne^2}{m_n^*}\frac{\omega\tau^2}{1+\omega^2\tau^2} \tag{4-96b}$$

$$\rho_{xx} = \rho_{yy} = \frac{\sigma_{xx}}{\sigma_{xx}^2 + \sigma_{xy}^2} \tag{4-97a}$$

$$\rho_{xy} = -\rho_{yx} = -\frac{\sigma_{xy}}{\sigma_{xx}^2 + \sigma_{xy}^2} \tag{4-97b}$$

上述参数中σ_{xy}、ρ_{xy}分别称为霍尔电导率和霍尔电阻率。

对稳态下的霍尔效应，$J_y = 0$，由式(4-95)可得

$$\mathcal{E}_y = -\frac{\sigma_{yx}}{\sigma_{yy}}\mathcal{E}_x = \frac{\sigma_{xy}}{\sigma_{xx}}\mathcal{E}_x = -\omega\tau\mathcal{E}_x \tag{4-98}$$

由式(4-97a)，可以得到下列方程：

$$J_x = \frac{\sigma_{xx}^2 + \sigma_{xy}^2}{\sigma_{xx}}\mathcal{E}_x \tag{4-99}$$

这时电子的运动轨迹如图 4.20 中的曲线 2 所示，即在负 x 方向沿着弧线向前运动。但需要指出的是，图中所示并不是电子的真实运动轨迹，因为略去了每次散射后初速度 $\boldsymbol{v}_0$ 引起的螺旋运动。

如果把式(4-96)代入式(4-99)，可以得到

$$J_x = \frac{ne^2}{m_n^*}\tau\mathcal{E}_x = ne\mu_n\mathcal{E}_x = \sigma_n\mathcal{E}_x \tag{4-100}$$

式(4-100)说明，磁场 B_z 对 x 方向的电流没有任何影响，并且 x 方向的电阻也和磁场无关，即没有磁阻效应。上述结论显然和实验结果不符：实际上任何半导体都有磁阻，即半导体的电阻会因磁场的作用而增大。上述结论是由下列不正确的假设导致的：①各向同性的有效质量(球性等能面)；②电子弛豫时间与电子能量无关，并且电子的漂移速度相等；③没有

考虑样品的形状。虽然上述假设会导致错误的结论，但给出的有关表达式还是正确的。由于这个原因，本书还是应用这些简化的假设处理有关的磁输运问题。

对稳态下的霍尔效应，由式(4-98)、式(4-99)得

$$\mathcal{E}_y=\frac{\sigma_{xy}}{\sigma_{xx}}\mathcal{E}_x=\frac{\sigma_{xy}}{\sigma_{xx}^2+\sigma_{xy}^2}J_x=R_{\mathrm{H}}B_zJ_x \tag{4-101}$$

由此得霍尔系数的普遍表达式：

$$R_{\mathrm{H}}=\frac{\sigma_{xy}}{\sigma_{xx}^2+\sigma_{xy}^2}\frac{1}{B_z} \tag{4-102}$$

由式(4-98)，并考虑到 $\omega=eB_z/m_{\mathrm{n}}^*$，$\mu_{\mathrm{n}}=e\tau/m_{\mathrm{n}}^*$，可得

$$\mathcal{E}_y=-\omega\tau\mathcal{E}_x=-\mu_{\mathrm{n}}B_z\frac{J_x}{\sigma_{\mathrm{n}}}=-\frac{1}{ne}B_zJ_x \tag{4-103}$$

由上述方程得到的霍尔系数 $R_{\mathrm{H}}=-1/(ne)$ 和式(4-80)是一致的。

以上讨论的是电子导电的霍尔效应。对空穴导电可以得到类似的公式，下面分别列出主要的方程，其中有效质量 m_{p}^*、回旋频率 ω、平均自由时间 τ、电导率等都是空穴的参数：

$$\begin{cases}v_x=\dfrac{\mathcal{E}_x}{B_z}\sin\omega t+\dfrac{\mathcal{E}_y}{B_z}(1-\cos\omega t)\\[2ex] v_y=-\dfrac{\mathcal{E}_x}{B_z}(1-\cos\omega t)+\dfrac{\mathcal{E}_y}{B_z}\sin\omega t\end{cases} \tag{4-104}$$

$$\begin{cases}\overline{v}_x=\dfrac{e}{m_{\mathrm{p}}^*}\left(\dfrac{\tau\mathcal{E}_x}{1+\omega^2\tau^2}+\dfrac{\omega\tau^2\mathcal{E}_y}{1+\omega^2\tau^2}\right)\\[2ex] \overline{v}_y=\dfrac{e}{m_{\mathrm{p}}^*}\left(-\dfrac{\omega\tau^2\mathcal{E}_x}{1+\omega^2\tau^2}+\dfrac{\tau\mathcal{E}_y}{1+\omega^2\tau^2}\right)\end{cases} \tag{4-105}$$

由此可以得到

$$\sigma_{xx}=\sigma_{yy}=\frac{pe^2}{m_{\mathrm{p}}^*}\frac{\tau}{1+\omega^2\tau^2} \tag{4-106}$$

$$\sigma_{xy}=-\sigma_{yx}=\frac{pe^2}{m_{\mathrm{p}}^*}\frac{\omega\tau^2}{1+\omega^2\tau^2} \tag{4-107}$$

以上分析没有考虑载流子的速度分布。如果考虑载流子运动的速度分布，则必须求解相应的微分方程。由于篇幅限制，本节只给出有关结果，详细情况读者可参阅有关资料。

对 p 型半导体可得

$$\mathcal{E}_y=\frac{1}{pe}\frac{\left\langle\tau^2v^2\right\rangle\left\langle v^2\right\rangle}{\left\langle\tau v^2\right\rangle^2}J_xB_z \tag{4-108}$$

由式(4-108)得

$$R_{\mathrm{H}}=\frac{1}{pe}\frac{\left\langle\tau^2v^2\right\rangle\left\langle v^2\right\rangle}{\left\langle\tau v^2\right\rangle^2} \tag{4-109}$$

同理，对 n 型半导体有

$$R_{\mathrm{H}}=-\frac{1}{ne}\frac{\left\langle\tau^2v^2\right\rangle\left\langle v^2\right\rangle}{\left\langle\tau v^2\right\rangle^2} \tag{4-110}$$

考虑 n 型和 p 型半导体的电导率和迁移率

$$\sigma_{\mathrm{p}}=pe\mu_{\mathrm{p}},\quad \sigma_{\mathrm{n}}=ne\mu_{\mathrm{n}} \tag{4-111}$$

$$\mu_{\mathrm{p}}=\frac{e}{m_{\mathrm{p}}^*}\frac{\left\langle\tau v^2\right\rangle}{\left\langle v^2\right\rangle},\quad \mu_{\mathrm{n}}=\frac{e}{m_{\mathrm{n}}^*}\frac{\left\langle\tau v^2\right\rangle}{\left\langle v^2\right\rangle} \tag{4-112}$$

可以得到

$$\left|R_{\mathrm{H}}\sigma_{\mathrm{p}}\right|=\frac{e}{m_{\mathrm{p}}^*}\frac{\left\langle\tau^2v^2\right\rangle}{\left\langle\tau v^2\right\rangle}=\left(\mu_{\mathrm{H}}\right)_{\mathrm{p}} \tag{4-113}$$

$$\left|R_{\mathrm{H}}\sigma_{\mathrm{n}}\right|=\frac{e}{m_{\mathrm{n}}^*}\frac{\left\langle\tau^2v^2\right\rangle}{\left\langle\tau v^2\right\rangle}=\left(\mu_{\mathrm{H}}\right)_{\mathrm{n}} \tag{4-114}$$

以上两式中的 $(\mu_{\mathrm{H}})_{\mathrm{p}}$、$(\mu_{\mathrm{H}})_{\mathrm{n}}$ 分别是 p 型、n 型半导体的霍尔迁移率。霍尔迁移率与迁移率之比为

$$\left(\frac{\mu_{\mathrm{H}}}{\mu}\right)_{\mathrm{p}}=\frac{\left\langle\tau_{\mathrm{p}}^2v^2\right\rangle\left\langle v^2\right\rangle}{\left\langle\tau_{\mathrm{p}}v^2\right\rangle^2},\quad \left(\frac{\mu_{\mathrm{H}}}{\mu}\right)_{\mathrm{n}}=\frac{\left\langle\tau_{\mathrm{n}}^2v^2\right\rangle\left\langle v^2\right\rangle}{\left\langle\tau_{\mathrm{n}}v^2\right\rangle^2} \tag{4-115}$$

式(4-115)中的比例系数就是前文定义的霍尔因子 r_{H}。

4.7.3　两种载流子同时存在时的霍尔效应

下文用下标 n 和 p 分别代表电子和空穴。在同时存在两类载流子的情况下，电流密度可以表示为

$$J_x=(\sigma_{xx,\mathrm{n}}+\sigma_{xx,\mathrm{p}})\mathcal{E}_x+(\sigma_{xy,\mathrm{n}}+\sigma_{xy,\mathrm{p}})\mathcal{E}_y \tag{4-116}$$

$$\begin{aligned}J_y&=(\sigma_{yx,\mathrm{n}}+\sigma_{yx,\mathrm{p}})\mathcal{E}_x+(\sigma_{yy,\mathrm{n}}+\sigma_{yy,\mathrm{p}})\mathcal{E}_y\\&=-(\sigma_{xy,\mathrm{n}}+\sigma_{xy,\mathrm{p}})\mathcal{E}_x+(\sigma_{xx,\mathrm{n}}+\sigma_{xx,\mathrm{p}})\mathcal{E}_y\end{aligned} \tag{4-117}$$

由式(4-96)可以得到

$$\sigma_{xx,\mathrm{n}}=\frac{\sigma_{\mathrm{n}}}{1+\sigma_{\mathrm{n}}^2R_{\mathrm{Hn}}^2B_z^2},\quad \sigma_{xy,\mathrm{n}}=\frac{\sigma_{\mathrm{n}}^2R_{\mathrm{Hn}}B_z}{1+\sigma_{\mathrm{n}}^2R_{\mathrm{Hn}}^2B_z^2} \tag{4-118}$$

其中，$R_{\mathrm{Hn}}=-\dfrac{1}{ne}$ 为只有单一电子导电时的霍尔系数；$\sigma_{\mathrm{n}}=ne\mu_{\mathrm{n}}$ 为电子导电的电导率。类似地对空穴导电，可以有以下方程：

$$\sigma_{xx,\mathrm{p}} = \frac{\sigma_\mathrm{p}}{1+\sigma_\mathrm{p}^2 R_\mathrm{Hp}^2 B_z^2},\quad \sigma_{xy,\mathrm{p}} = \frac{\sigma_\mathrm{p}^2 R_\mathrm{Hp} B_z}{1+\sigma_\mathrm{p}^2 R_\mathrm{Hp}^2 B_z^2} \tag{4-119}$$

对稳态时的霍尔效应，由式(4-117)中 $J_y = 0$ 可以计算霍尔系数，由此可得到与式(4-102)类似的方程：

$$R_\mathrm{H} B_z = \frac{\sigma_{xy,\mathrm{n}} + \sigma_{xy,\mathrm{p}}}{(\sigma_{xx,\mathrm{n}} + \sigma_{xx,\mathrm{p}})^2 + (\sigma_{xy,\mathrm{n}} + \sigma_{xy,\mathrm{p}})^2} \tag{4-120}$$

把式(4-118)和式(4-119)代入式(4-120)，得到两种载流子同时存在时的霍尔系数表达式：

$$R_\mathrm{H} = \frac{\sigma_\mathrm{n}^2 R_\mathrm{Hn}(1+\sigma_\mathrm{p}^2 R_\mathrm{Hp}^2 B_z^2) + \sigma_\mathrm{p}^2 R_\mathrm{Hp}(1+\sigma_\mathrm{n}^2 R_\mathrm{Hn}^2 B_z^2)}{(\sigma_\mathrm{n} + \sigma_\mathrm{p})^2 + \sigma_\mathrm{n}^2 \sigma_\mathrm{p}^2 (R_\mathrm{Hn} + R_\mathrm{Hp})^2 B_z^2} \tag{4-121}$$

式(4-121)是两种载流子同时导电时霍尔系数的一般表达式，该方程在平均自由时间 τ_n 及 τ_p 与能量相关时也适用。

考虑到 $\sigma_\mathrm{n}|R_\mathrm{Hn}| = \mu_n$ 及 $\sigma_\mathrm{p}|R_\mathrm{Hp}| = \mu_\mathrm{p}$，在弱磁场情况下，即满足条件 $\mu_\mathrm{n} B_z \ll 1$ 及 $\mu_\mathrm{p} B_z \ll 1$ 时，式(4-121)可以简化为

$$R_\mathrm{H} = \frac{\sigma_\mathrm{n}^2 R_\mathrm{Hn} + \sigma_\mathrm{p}^2 R_\mathrm{Hp}}{(\sigma_\mathrm{n} + \sigma_\mathrm{p})^2} \tag{4-122}$$

在强磁场情况下，即满足条件 $\mu_\mathrm{n} B_z \gg 1$ 及 $\mu_\mathrm{p} B_z \gg 1$ 时

$$R_\mathrm{H} = \left(\frac{1}{R_\mathrm{Hn}} + \frac{1}{R_\mathrm{Hp}}\right)^{-1} \tag{4-123}$$

由式(4-80)、式(4-82)，可以把式(4-121)写成用载流子浓度表示的形式：

$$R_\mathrm{H} = \frac{(p - nb^2) + \mu_\mathrm{n}^2 B_z^2 (p-n)}{(bn+p)^2 + \mu_\mathrm{n}^2 B_z^2 (p-n)^2} \cdot \frac{1}{e} \tag{4-124}$$

其中，参数 $b = \mu_\mathrm{n}/\mu_\mathrm{p}$。式(4-124)只对 $r_\mathrm{H} = 1$ 的条件成立，即不考虑平均自由时间与能量的关系。

考虑到式(4-124)的形式，当满足以下条件时，霍尔系数 $R_\mathrm{H} = 0$：

$$p = \frac{n(b^2 + \mu_\mathrm{n}^2 B_z^2)}{1 + \mu_\mathrm{n}^2 B_z^2} \tag{4-125}$$

对弱磁场和强磁场可以得到霍尔系数的简化表达式。即弱磁场时：

$$R_\mathrm{H} = \frac{p - b^2 n}{e(bn+p)^2} \tag{4-126}$$

若考虑到霍尔因子 r_H，上述霍尔系数可以表示为

$$R_\mathrm{H} = \frac{r_\mathrm{H}}{e}\frac{p - b^2 n}{(bn+p)^2} \tag{4-127}$$

强磁场时：

$$R_{\mathrm{H}}=\frac{1}{e(p-n)} \tag{4-128}$$

需要指出的是，上述讨论中的强磁场或弱磁场是相对的，具体值与迁移率有关。事实上磁场的强弱可以由霍尔角区分。当 $\tan\theta \ll 1$，即 $\mu_{\mathrm{H}}B_z \ll 1$ 时为弱磁场；当 $\tan\theta \gg 1$，即 $\mu_{\mathrm{H}}B_z \gg 1$ 时为强磁场。室温时，n 型 Si 的迁移率约为 $1400\mathrm{cm^2/(V\cdot s)}$，当 $B_z < 1\mathrm{T}$ 时为弱磁场。而对 InSb 半导体，其迁移率达 $78000\mathrm{cm^2/(V\cdot s)}$，超过 0.1T 的磁场已经不是弱磁场了。

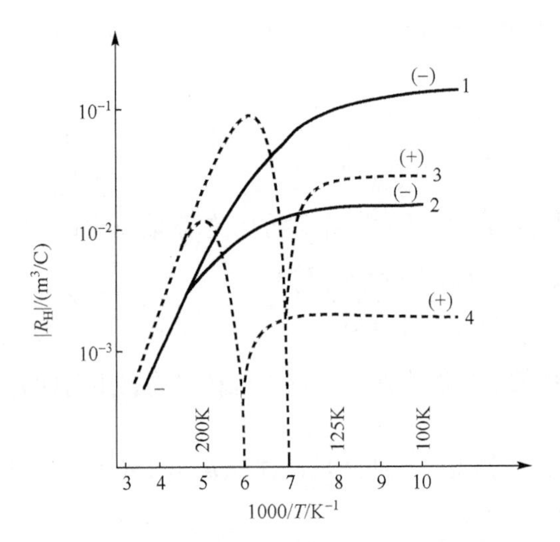

图 4.21　InSb 半导体霍尔系数的绝对值与温度的关系
1：$n=5\times10^{13}\mathrm{cm^{-3}}$；2：$n=5\times10^{14}\mathrm{cm^{-3}}$；
3：$p=3\times10^{14}\mathrm{cm^{-3}}$；4：$p=4\times10^{15}\mathrm{cm^{-3}}$

图 4.21 是 InSb 半导体霍尔系数与温度的关系，其中的霍尔系数实际是霍尔系数的绝对值，即所有霍尔系数都取正值。实际上 n 型 InSb 和高温下 p 型 InSb 的霍尔系数应为负值。

4.7.4　霍尔效应的应用

霍尔效应是研究半导体物理性质的一个重要方法，特别是半导体中载流子的输运性质。其主要应用包括以下两点。

1. 测定载流子的浓度和迁移率

n 型和 p 型半导体的霍尔系数符号相反，也即霍尔电压 V_{H} 的正负相反，因此可以由霍尔电压直接判别半导体的导电类型。由式(4-80)、式(4-82)可以由霍尔效应的测量结果直接得出载流子的浓度 n 或 p。再根据电导率数据，由式(4-87)得到材料的霍尔迁移率。研究霍尔效应的方法除了制备成图 4.19 所示的矩形样品外，也可以制成任意形状，用范德堡方法测量。

2. 霍尔器件

利用霍尔效应制成的电子器件称为霍尔器件。为了使霍尔效应比较显著，一般选用迁移率高的半导体材料。因为迁移率高，在同样电场的作用下，漂移速度大，载流子受到的洛伦兹力也大，霍尔效应就明显。常用于霍尔器件的半导体材料有 InSb（$\mu_{\mathrm{n}}=78000\mathrm{cm^2/(V\cdot s)}$）和 InAs（$\mu_{\mathrm{n}}=30000\mathrm{cm^2/(V\cdot s)}$）等高迁移率Ⅲ-Ⅴ族半导体。

研究证实，霍尔电压还与样品的形状有关。如图 4.22 所示，当相对于宽度 b 来说长度较短时，霍尔输出电压也较小。考虑到样品的形状，实际的霍尔输出电压为

$$V_{\mathrm{H}}=R_{\mathrm{H}}\frac{I_xB_z}{d}f\left(\frac{l}{b},\theta_{\mathrm{H}}\right) \tag{4-129}$$

其中，$f\left(\frac{l}{b},\theta_{\mathrm{H}}\right)$ 是与样品长宽比及霍尔角有关的函数。图 4.22 为不同霍尔角时 $f\left(\frac{l}{b},\theta_{\mathrm{H}}\right)$ 与 l/b 及 θ_{H} 的关系曲线，当 $l/b=4$ 时，$f\left(\frac{l}{b},\theta_{\mathrm{H}}\right)$ 趋近于 1，霍尔电压由式(4-83)确定。

由于霍尔器件能在静止状态下测量磁场，而且构造简单、坚固，同时该器件以多数载流子工作为主，频率响应宽（直到 10GHz 几乎显示出与直流相同的特性），寿命长，可靠性高。霍尔器件在测量技术、自动化技术及信息处理等方面获得了广泛的应用。

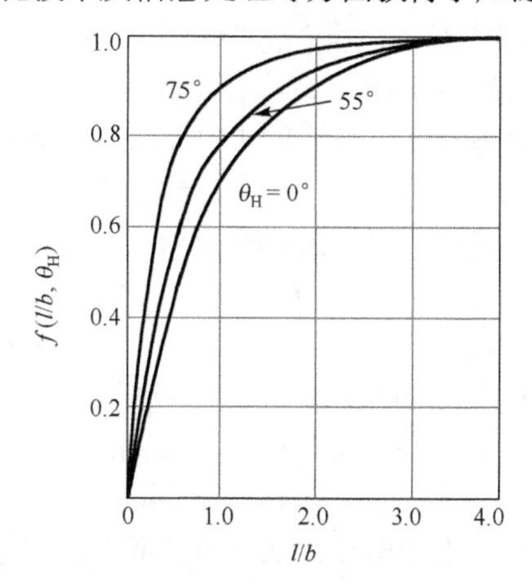

图 4.22　$f\left(\frac{l}{b},\theta_H\right)$ 与 l/b 及 θ_H 的关系曲线

习　题

1．300K 时，Si 的本征电阻率为 $2.1\times10^5\Omega\cdot cm$，设电子和空穴的迁移率分别为 $1450cm^2/(V\cdot s)$ 和 $500cm^2/(V\cdot s)$，试求室温下本征 Si 的载流子浓度。

2．试计算本征 Ge 在室温时的电导率，设本征 Ge 的电子和空穴迁移率分别为 $3800cm^2/(V\cdot s)$ 和 $1800cm^2/(V\cdot s)$。当掺入百万分之一的 As 后，试计算其室温电导率，并进一步计算这时电导率的增大倍数。假设杂质全部电离，掺杂后电子和空穴的迁移率分别为 $3200cm^2/(V\cdot s)$ 和 $1500cm^2/(V\cdot s)$。已知室温下 Ge 的本征载流子浓度为 $2.33\times10^{13}cm^{-3}$，Ge 的晶格常数为 0.5658nm。

3．截面积为 $10^{-3}cm^2$，掺有浓度为 $2\times10^{13}cm^{-3}$ 的 p 型 Si 样品，样品内部有强度为 $2\times10^3V/cm$ 的电场。

(1) 已知室温时该样品的空穴迁移率为 $500cm^2/(V\cdot s)$，求室温时样品的电导率及流过样品的电流密度和电流。

(2) 已知 450K 时本征载流子浓度为 $2\times10^{14}cm^{-3}$，相应的电子和空穴迁移率分别为 700 和 $400cm^2/(V\cdot s)$，求 450K 时样品的电导率及相应的电流密度和电流。

4．在某半导体中掺入受主杂质 $3\times10^{13}cm^{-3}$，在室温时该半导体的电导率正好取得最小值 $4\times10^{-3}S/cm$。已知室温下该半导体的本征载流子浓度为 $2\times10^{13}cm^{-3}$，求这个半导体样品的电子与空穴迁移率。

5. 某半导体内存在三种散射机制。只存在第一种散射机制时的迁移率为 $2000cm^2/(V\cdot s)$，只存在第二种散射机制时的迁移率为 $1500cm^2/(V\cdot s)$，只存在第三种散射机制时的迁移率为 $500cm^2/(V\cdot s)$。求总的迁移率。

6．设计一个满足给定电阻率和电流密度要求的半导体电阻器。该电阻器为掺入施主浓

度 $3\times10^{15}\text{cm}^{-3}$ 的长度为 0.06cm 的 Si 半导体，其在室温下工作时要求电阻为 $10\text{k}\Omega$，外加电压为 5V 时电流密度为 $45\text{A}/\text{cm}^{-2}$。已知电子迁移率为 $1300\text{cm}^2/(\text{V}\cdot\text{s})$，试问为达到上述要求，需在半导体中掺入多少浓度的受主杂质？

7．室温下 GaAs 半导体中施主浓度为 10^{16}cm^{-3}，设杂质全部电离，载流子迁移率为 $7000\text{cm}^2/(\text{V}\cdot\text{s})$。若外加电场为 10V/cm，求漂移电流密度。

8．Si 半导体导带有效状态密度 $N_\text{c}=2.8\times10^{19}(T/300)^{3/2}\text{cm}^{-3}$，价带有效状态密度 $N_\text{v}=1.1\times10^{19}(T/300)^{3/2}\text{cm}^{-3}$。设迁移率 $\mu_\text{n}=1350(T/300)^{-3/2}\text{cm}^2/(\text{V}\cdot\text{s})$，$\mu_\text{p}=450(T/300)^{-3/2}\text{cm}^2/(\text{V}\cdot\text{s})$。若禁带宽度 1.12eV 不随温度变化，试画出 $200\leqslant T\leqslant600\text{K}$ 范围内，本征电导率随温度的变化曲线。

9．n 型 Si 中的电子浓度从 $x=0$ 处的 10^{17}cm^{-3} 随距离线性变化到 $x=5\mu\text{m}$ 处的 $6\times10^{16}\text{cm}^{-3}$。无外加电场，测得的电子电流密度为 $-400\text{A}/\text{cm}^2$，求电子扩散系数。

10．室温下 Si 中电子浓度为 $n(x)=10^{16}\exp(-x/16)\text{cm}^{-3}$，其中，$x$ 的单位为 μm，$0\leqslant x\leqslant25\mu\text{m}$。电子扩散系数为 $25\text{cm}^2/\text{s}$，电子迁移率为 $960\text{cm}^2/(\text{V}\cdot\text{s})$。半导体内部总电子电流密度 $J_n=-40\text{A}/\text{cm}^2$ 保持恒定。电子电流包括电子扩散电流和漂移电流两部分，求半导体中电场分布。

11．n 型 GaAs 半导体中的恒定电场为 15V/cm，其方向沿 x 的正方向，$0\leqslant x\leqslant50\mu\text{m}$。总电流密度恒定为 $120\text{A}/\text{cm}^2$。在 $x=0$ 处，漂移电流和扩散电流相等。已知室温下 GaAs 半导体的电子迁移率为 $8000\text{cm}^2/(\text{V}\cdot\text{s})$。试计算：

(1) 电子浓度 $n(x)$ 的表达式；

(2) $x=0$ 处和 $x=50\mu\text{m}$ 处的电子浓度；

(3) $x=50\ \mu\text{m}$ 处的电子漂移和扩散电流密度。

12．室温时 Ge 中空穴浓度为 $n(x)=10^{15}\exp(-x/25)\text{cm}^{-3}$，其中，$x$ 的单位为 μm，空穴扩散系数为 $48\text{cm}^2/\text{s}$，求空穴扩散电流密度关于 x 的函数。

13．室温时测得某 Si 样品的霍尔系数为零，已知该样品中电子和空穴迁移率分别为 $1300\text{cm}^2/(\text{V}\cdot\text{s})$、$400\text{cm}^2/(\text{V}\cdot\text{s})$，室温下本征载流子浓度为 $1.5\times10^{10}\text{cm}^{-3}$，求室温下该样品的电子浓度和空穴浓度。

14．半导体霍尔样品如图 4.19 所示，设样品长度为 0.1cm，宽度为 0.15cm，厚度为 0.001cm。已知电流 $I_x=1.0\ \text{mA}$，电压 $V_x=0.6\ \text{V}$，霍尔电压 $V_\text{H}=-6.25\ \text{mV}$，磁场 $B_z=0.05\ \text{T}$，试求多数载流子的浓度和霍尔迁移率。

15．InSb 半导体室温时的电子和空穴迁移率分别为 $78000\text{cm}^2/(\text{V}\cdot\text{s})$、$780\text{cm}^2/(\text{V}\cdot\text{s})$，室温下本征载流子浓度为 $1.6\times10^{19}\text{cm}^{-3}$。霍尔效应相关测量在弱磁场条件下进行。

(1) 求室温下本征材料的霍尔系数；

(2) 若测得的霍尔系数为 0，求载流子浓度；

(3) 室温本征电阻率。

第 5 章　非平衡载流子的产生、复合及运动

载流子的产生与复合是半导体中的基本物理过程，也是半导体器件工作的基础及器件工作过程中不可避免的现象[3]。载流子的产生一般和外界因素有关，包括光照、热激发和外电场作用等[4, 27]。载流子的复合主要与半导体所处的温度、半导体的能带结构、半导体中的杂质或其他缺陷态有关。半导体中载流子的产生与复合过程是半导体中许多重要现象的物理基础。

本章在讨论半导体中载流子的产生、复合的基础上，还将讨论载流子运动的连续性方程及相关问题。载流子的运动对载流子的复合等内部过程也会有直接的影响。

5.1　非平衡载流子的产生与复合　准费米能级

5.1.1　非平衡载流子的产生与复合

在热平衡状态的半导体，载流子浓度在一定的温度下具有确定的值。这种处于热平衡状态下的载流子浓度，称为平衡载流子浓度。但在外因的作用下，这种情形可以被破坏。例如用光子能量大于半导体带隙的光照射半导体，可以将价带的电子激发至导带，使电子浓度和空穴浓度由平衡值 n_0 和 p_0 分别增加Δn 和Δp，相应的电子和空穴浓度分别为

$$n = n_0 + \Delta n \tag{5-1a}$$

$$p = p_0 + \Delta p \tag{5-1b}$$

这部分超过平衡电子或空穴浓度的电子或空穴浓度Δn 和Δp 就是非平衡载流子浓度，有时也把这些超过平衡电子或空穴浓度的载流子称为过剩载流子。

产生非平衡载流子的方法主要有三种：①由声子作用导致的热激发；②由外界光照导致的光激发；③由外电场导致的电致激发及电注入。

非平衡载流子产生后就会有非平衡载流子的复合。按复合过程中的能量耗散机制可以把复合分为非辐射复合和辐射复合两类，前者以热能的形式把复合过程中的能量释放，后者则以发光的形式把能量释放。

复合是一种由不平衡趋向平衡的弛豫过程，是一种统计性的过程。即使在平衡的半导体中，产生和复合的微观过程也在不断地进行。但在平衡状态下，产生和复合的速率相等，互相抵消，并不引起载流子数量的变化。若存在非平衡载流子，由于 $n > n_0$ 和 $p > p_0$，电子–空穴复合的机会增多，复合速率将超过产生速率，于是非平衡载流子逐渐减少，最终恢复平衡。

单位时间内非平衡载流子浓度 Δp 的变化应为 $\mathrm{d}\Delta p / \mathrm{d}t$，它是由复合引起的，应当等于非平衡载流子的复合率，即

$$\frac{\mathrm{d}\Delta p}{\mathrm{d}t} = -\frac{\Delta p}{\tau} \tag{5-2}$$

在Δn, $\Delta p \ll n_0 + p_0$的小注入条件下，τ是常数，考虑到初始条件$t = 0$时，$\Delta p = (\Delta p)_0$，于是由式(5-2)可得

$$\Delta p(t) = (\Delta p)_0 \exp\left(-\frac{t}{\tau}\right) \tag{5-3}$$

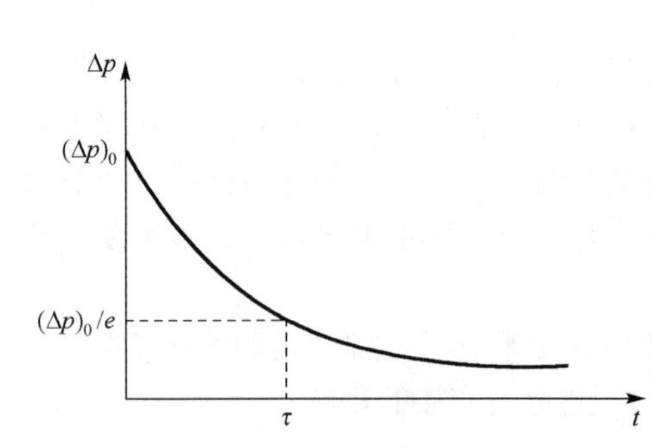

图 5.1 非平衡载流子随时间的衰减

这就是非平衡载流子浓度随时间按指数衰减的规律，其变化规律如图 5.1 所示。在t到$t + \mathrm{d}t$时间内复合的载流子数$-\mathrm{d}(\Delta p) = [(\Delta p)_0/\tau]\exp(-t/\tau)\mathrm{d}t$，利用式(5-3)，可以求出非平衡载流子的平均生存时间$\overline{t}$，即

$$\overline{t} = \frac{\int_0^{\infty} (\Delta p)_0 \frac{t}{\tau} \exp(-t/\tau)\mathrm{d}t}{(\Delta p)_0} = \tau \tag{5-4}$$

由式(5-3)，当$t = \tau$时，$\Delta p(t) = (\Delta p)_0/e$，因此寿命标志着非平衡载流子浓度减小到原值的 $1/e$ 所需的时间。需要指出的是，本节引入的载流子寿命τ与第 4 章引入的动量弛豫时间具有不同的意义。寿命通常比各种散射机制的动量弛豫时间长得多，因此，产生-复合过程对动量弛豫的贡献通常可以忽略不计。

5.1.2 准费米能级

在平衡条件下，可以用一个统一的费米能级来描述包括导带、价带和缺陷态在内的所有电子态上的电子分布。在非简并条件下，导带电子和价带空穴的浓度积是确定的，即$n_0 p_0 = n_i^2$。

当外界的影响破坏了热平衡，使半导体处于非平衡状态时，统一的费米能级就不再存在。事实上，电子系统的热平衡主要是通过热跃迁实现的。在一个能带范围内，热跃迁非常频繁，载流子可以在极短时间内达到热平衡。而载流子在导带与价带之间达到热平衡的时间比上述带内达到热平衡的时间长得多。因此，载流子在导带或价带内分别达到热平衡，而导带与价带之间还没有达到热平衡的时候，电子在导带与价带内的分布可以用各自独立的费米能级描述，这样的费米能级称为电子与空穴的准费米能级，两者分别为E_{Fn}和E_{Fp}。

引入准费米能级后，非平衡状态下的载流子浓度可以用与平衡载流子浓度类似的方程来描述，即在非简并条件下：

$$n = N_c \exp\left(-\frac{E_c - E_{\mathrm{Fn}}}{k_B T}\right), \quad p = N_v \exp\left(-\frac{E_{\mathrm{Fp}} - E_v}{k_B T}\right) \tag{5-5}$$

根据式(5-5)，n和n_0及p和p_0的关系可以表示为

$$\begin{cases} n = N_c \exp\left(-\dfrac{E_c - E_{\mathrm{Fn}}}{k_B T}\right) = n_0 \exp\left(\dfrac{E_{\mathrm{Fn}} - E_{\mathrm{F}}}{k_B T}\right) = n_i \exp\left(\dfrac{E_{\mathrm{Fn}} - E_i}{k_B T}\right) \\ p = N_v \exp\left(-\dfrac{E_{\mathrm{Fp}} - E_v}{k_B T}\right) = p_0 \exp\left(\dfrac{E_{\mathrm{F}} - E_{\mathrm{Fp}}}{k_B T}\right) = n_i \exp\left(\dfrac{E_i - E_{\mathrm{Fp}}}{k_B T}\right) \end{cases} \tag{5-6}$$

由式(5-6)可以看出，无论是电子还是空穴，非平衡载流子越多，准费米能级偏离费米能级E_{F}

越远。但电子与空穴准费米能级偏离费米能级 E_F 的程度是不同的。例如，对 n 型半导体，在小注入条件下，即 $\Delta n \ll n_0$ 时，虽然 $n > n_0$，但实际上 $n \approx n_0$，因此 E_{Fn} 虽然比 E_F 更靠近导带底，但两者偏离的程度非常小。但因为是 n 型半导体，注入的非平衡空穴浓度 p 可以接近甚至大大超过平衡空穴浓度 p_0，所以 E_{Fp} 比 E_F 更靠近价带顶，且两者的偏离程度远大于电子准费米能级 E_{Fn} 对 E_F 的偏离。图 5.2 给出了 n 型半导体注入非平衡载流子后准费米能级 E_{Fn} 和 E_{Fp} 偏离平衡费米能级 E_F 的示意图。在非平衡状态，多数载流子的准费米能级和平衡时的费米能级偏离一般都不大，而少数载流子的准费米能级则偏离很大。

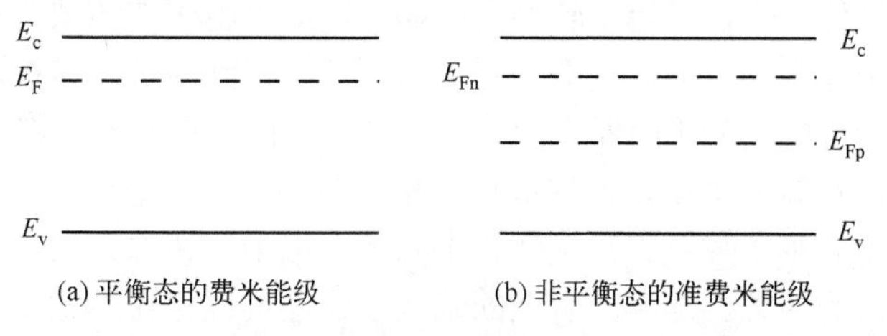

图 5.2　n 型半导体平衡态的费米能级与非平衡态的准费米能级

由式(5-6)可以得到非平衡状态下电子和空穴的载流子浓度积为

$$np = n_0 p_0 \exp\left(\frac{E_{Fn} - E_{Fp}}{k_B T}\right) = n_i^2 \exp\left(\frac{E_{Fn} - E_{Fp}}{k_B T}\right) \tag{5-7}$$

式(5-7)显示电子和空穴准费米能级 E_{Fn}和E_{Fp} 偏离的大小直接反映出 np 和 n_i^2 相差的程度，即反映了半导体偏离热平衡态的程度。两者偏离越大，说明不平衡情况越显著；两者越靠近，则说明越接近平衡态；两者重合时，就形成统一的费米能级，半导体处于平衡态。因此，引进准费米能级的概念，可以形象地表示非平衡态的状况。

5.2　非平衡载流子的产生

5.2.1　载流子的光激发

光激发是常见的非平衡载流子产生方法。一般的光激发都是指当入射光子能量大于等于半导体带隙时价带电子吸收后跃迁进入导带，分别在导带和价带中产生非平衡电子 Δn 和非平衡空穴 Δp。显然在这种情况下，非平衡载流子浓度 $\Delta n = \Delta p$。实际上，如果入射光子能量恰好等于某一杂质能级的电离能，则杂质态吸收光子后电子或空穴能分别进入导带或价带，这种光激发对施主能级或受主能级都是有效的，显然这种情况下非平衡电子的产生与非平衡空穴的产生是没有关联的。

载流子的光激发过程将在第 10 章半导体光学性质中详细讨论。

5.2.2　热致电离

由热效应导致的电离，既可以导致缺陷态的电离激发，也可以导致晶格原子的电离激发。

热致电离激发过程一般需要应用统计方法处理，因为该过程一般需要几个声子“同时”或在“间隔非常短的时间内”发生，只有这样该过程才能提供足够的能量实现载流子的激发。

对并不具有空间上彼此靠近的本征态的电离激发，这样的“同时”激发是必要的。多个声子的同时激发会导致晶格原子短暂的巨型振动，由此实现载流子的激发。

深能级缺陷态一般与所谓的声子“阶梯”有关，该缺陷态的激发有两种激发机制：多声子吸收或系列声子吸收，后者是一个级联过程，对这个级联过程，下一个声子的吸收必须在吸收上一个声子后的激发态的寿命之内发生，由此该过程不断持续，直到完整的热致电离过程完成。

这样一个深能级缺陷态可以导致一个从价带到导带的跃迁。一个晶格原子的多声子过程形成的巨型振动首先使一个价带电子转移到缺陷态，如果电子在该缺陷态的寿命足够长，随后该缺陷态的多声子过程形成的巨型振动将把该电子转移到导带。这样两个过程的综合效果就是由热致电离机制把电子从价带激发至导带，其中中间态的存在是激发机制的关键。

需要指出的是，对每一个激发过程都存在相应的逆过程。电子在任何中间态的寿命及为实现下一步激发所需的声子数目将决定在该中间态上电子的转移方向，即既可能完成激发过程也可能退回到原来的状态。与声子有关的载流子跃迁过程将在本章 5.4 节进一步讨论。

5.2.3　场致电离

场致电离就是在电场作用下的电离激发过程，具体包括三种不同的电离机制，即 Frenkel-Poole 电离、碰撞电离和隧穿电离。这些电离机制既包括从束缚态到自由载流子的电离激发，也包括直接从价带到导带的激发。

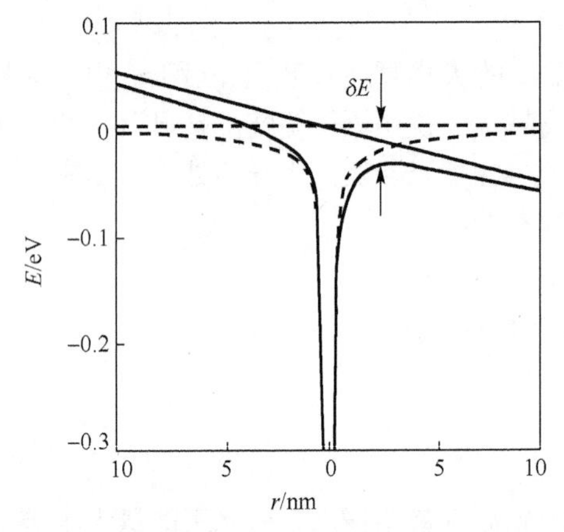

图 5.3　外加电场导致的库仑势降低
其中假设静态相对介电常数为 10，外电场为 50kV/cm

1. Frenkel-Poole 电离

对库仑吸引中心的电离，Frenkel-Poole 效应所需的外场最低。如图 5.3 所示，该电离是由在外电场作用下带边倾斜并因此降低该电离中心的热致电离能实现的。

势垒的降低由库仑势上叠加一个外加电场实现：

$$V(x) = \frac{eZ}{4\pi\varepsilon_s x} - \mathcal{E}x \tag{5-8}$$

其中，ε_s 为半导体的静态介电常数；Z 为库仑中心的电荷数，一般为 1。

由 $\mathrm{d}V/\mathrm{d}x = 0$ 可得到 V 取最大值的位置：

$$x(V_{\max}) = \left(\frac{eZ}{4\pi\varepsilon_s \mathcal{E}}\right)^{1/2} \tag{5-9}$$

由此可得势垒的降低值 $\delta E = eV_{\max}$：

$$\delta E = e\left(\frac{e\mathcal{E}Z}{\pi\varepsilon_s}\right)^{1/2} \tag{5-10}$$

显然势垒的降低将极大地提高热致电离的效率。

对场致电离所需的特征电场强度可以由 $\delta E = k_B T$ 确定。

$$\mathcal{E}_{\mathrm{FP}} = \frac{\pi \varepsilon_{\mathrm{s}}}{eZ}\left(\frac{k_{\mathrm{B}}T}{e}\right)^2 \cong 1.16\times 10^4 \left(\frac{\varepsilon_{\mathrm{r}}}{10}\right)\left(\frac{T(\mathrm{K})}{300}\right)^2 (\mathrm{V/cm}) \tag{5-11}$$

其中，ε_{r} 为半导体的相对介电常数；电荷数 Z 取为 1。

考虑外电场导致的势垒降低后，库仑场的热致电离概率可以表示为

$$e_{\mathrm{trap,\,c}} = \nu_{\mathrm{trap,\,c}}^{(0)} \exp\left(-\frac{E_{\mathrm{c}} - E_{\mathrm{trap}} - \delta E}{k_{\mathrm{B}}T}\right) \tag{5-12}$$

其中，$\nu_{\mathrm{trap,c}}^{(0)}$ 为热运动对应的频率，一般可以表示为 $h\nu_{\mathrm{trap,c}}^{(0)} = \frac{3}{2}k_{\mathrm{B}}T$ ；E_{trap} 为电离中心的能量。

和实验结果比较，上述经典的 Frenkel-Poole 模型给出的电离概率是偏大的，因此需要更完善的理论模型分析该电离过程。目前已提出多种不同的理论模型，本节不再具体讨论。

2. 碰撞电离

当电子在两次散射之间获得超过电离所需的足够能量，就可以由碰撞产生额外的自由电子或空穴。该电离能可以是一个缺陷态(如施主)的电离能，在强电场下也可能就是半导体带隙的能量，从而使价带中电子直接跃迁至导带，并形成自由电子和空穴。由此产生的载流子继续获得能量并电离出新的载流子。在这个过程中，2、4、8、…更多的自由电子形成，该过程就是所谓的雪崩过程。在均匀半导体中，雪崩过程可以发生在两个电极之间的整个高场区间。随着雪崩过程的形成，半导体内电流急剧增加并导致介电击穿。第 6 章将进行有关雪崩过程的定量讨论。

浅施主即使在很低的电场中也能被碰撞电离成自由电子。研究发现，在 4～10K 的温度范围内，低至几 V/cm 的电场就能把 Ge 中的浅施主电离，而当电场达到 50V/cm 时所有的浅施主就能全部电离。

除了由电场加速使载流子形成碰撞电离外，各种高能粒子也能在半导体中形成碰撞电离。这些高能粒子包括高速电子、X 射线和各种核辐射。如果碰撞粒子的能量与动量足够大，碰撞将在半导体中产生各种晶格缺陷，因此高能粒子碰撞的结果是在半导体中形成亚稳的原子位移和电子电离。

3. 隧穿电离

如果势垒比较薄并且势垒高度比较低，则电子就有一定的概率以隧穿形式穿越势垒。这是一种量子效应，目前已在多种半导体结构中观察到。

早在 20 世纪 50 年代，日本物理学家江崎在研究重掺杂的 Ge pn 结时发现了完全不同于一般 pn 结中的电流-电压特性，在该结构中，无论正偏还是反偏电压都能产生隧穿电流。该隧穿是在较小的电压作用下载流子直接由隧穿进入导带或价带。由于是一种量子效应，隧穿时间不受常规渡越时间的限制。

在二维半导体量子阱中，20 世纪 70 年代已经成功地观察到了共振隧穿现象，并成功制备了共振隧穿二极管。上述两种效应中都可以观察到负微分电阻现象，并在高频电子器件领域获得了广泛的应用。

5.3　载流子的复合理论

载流子的复合过程是载流子产生的逆过程。由于载流子的细致平衡，所有的产生过程都有相应的复合过程相对应。半导体中存在许多不同的复合过程[3,27]，可以按不同的方法进行分类。常见的分类方法有两种，即按复合过程中的能量转移机制划分，或者按复合的途径划分。按复合过程中的能量转移机制可以把复合分为非辐射复合与辐射复合两类，其中非辐射复合又分为向声子的能量转移和俄歇复合两类。辐射复合将在半导体发光中详细讨论，本章不进行具体的讨论。按复合途径可以把复合分为直接复合和间接复合两类。

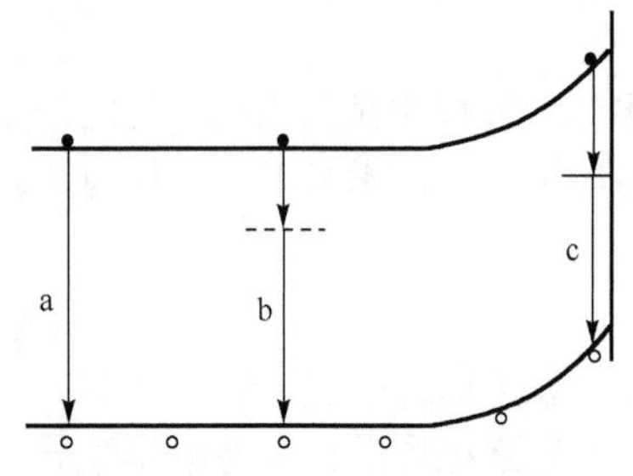

图 5.4　载流子的各种复合机制
a：直接复合；b：体内间接复合；c：表面间接复合

此外，还可以按复合发生的位置分为体内复合和表面复合两类。如图 5.4 所示，直接复合都发生在半导体体内，而间接复合既可以发生在半导体体内，也可以发生在半导体表面。

正如前文已经指出的，复合是一种统计性的过程，是晶体中不断进行着的各种微观跃迁过程。在平衡条件下，就辐射跃迁而言，一方面，电子、空穴不断复合，产生辐射；另一方面，外界的辐射也不断地被吸收，激发新的电子-空穴对。在平衡时，两者相等，电子和空穴的浓度及辐射密度都保持不变。但在存在非平衡载流子的情形下，复合的概率将增加，并超过产生概率，导致载流子的净复合。

5.3.1　直接复合

以下用 R 、 G 和 U_{d} 分别表示复合、产生和净复合的速率。显然，单位时间、单位体积内复合的电子-空穴对 R 应正比于电子浓度 n 和空穴浓度 p，即

$$R = rnp \tag{5-13}$$

其中， r 为直接复合系数。它是对各种能量的电子和空穴复合概率的平均值。在非简并条件下， r 应与电子、空穴的浓度无关。热平衡时的 R 值为

$$R_0 = rn_0 p_0 = rn_{\mathrm{i}}^2 = G_0 \tag{5-14}$$

一般来说，产生率 G 与导带和价带的填充情况有关，但在非简并条件下，导带的电子占有概率和价带的空穴占有概率都接近零，并不依赖于具体的浓度值 n 与 p，因此 G 就等于其平衡值 G_0 ，即 $G = G_0 = rn_{\mathrm{i}}^2$ 。所以存在非平衡载流子时，净复合率为

$$U_{\mathrm{d}} = R - G = r(np - n_{\mathrm{i}}^2) \tag{5-15}$$

可以将 n 、 p 分别表示为 $n = n_0 + \Delta n$ ， $p = p_0 + \Delta p$ ，并考虑到 $\Delta n = \Delta p$ ，所以净复合率为

$$U_{\mathrm{d}} = r(n_0 + p_0 + \Delta p)\Delta p = \frac{\Delta p}{\tau} \tag{5-16}$$

由此得寿命 τ 为

$$\tau = \frac{\Delta p}{U_{\mathrm{d}}} = \frac{1}{r(n_0 + p_0 + \Delta p)} \tag{5-17}$$

在一般情形下，寿命τ随Δp的增加而变小，但在小信号条件下，即Δn、$\Delta p \ll n_0 + p_0$时，对于 n 型和 p 型半导体或近本征半导体，其寿命可以分别表示为

$$\tau_{\mathrm{p}} = \frac{1}{rn_0}, \quad \tau_{\mathrm{n}} = \frac{1}{rp_0}, \quad \tau = \frac{1}{r(p_0 + n_0)} \tag{5-18}$$

式(5-18)表明，载流子寿命和载流子浓度成反比，即多子浓度越高，寿命越短。对本征半导体，其寿命可以表示为

$$\tau = \frac{1}{2rn_{\mathrm{i}}} \tag{5-19}$$

式(5-19)表明，由于本征载流子浓度远小于杂质半导体的载流子浓度n_0或p_0，本征半导体的带间复合载流子寿命代表半导体材料中能获得的最大寿命值。

对于直接复合来说，系数r是最关键的参数。对任何半导体，只有r值已知，才能得到相应的复合速率。与其他非辐射复合相比，r值越大，直接辐射复合在复合中所占比重越大。因此，r值的大小对发光器件特别重要。

直接辐射复合系数r可由本征光吸收的实验数据导出。任何处于热平衡的物体都有与其平衡的黑体辐射。类似于晶体中的电子态密度，半导体中单位能量间隔的光子模式密度为$\omega^2 n_{\mathrm{r}}^3/(\pi^2\hbar c^3)$，其中，$n_{\mathrm{r}}$为复折射率$\tilde{n} = n_{\mathrm{r}} + \mathrm{i}\kappa$的实部。考虑到光子为玻色子，能量为$\hbar\omega$的单位能量间隔内的光子密度$\rho(\hbar\omega)$可以表示为

$$\rho(\hbar\omega) = \frac{\omega^2 n_{\mathrm{r}}^3}{\pi^2\hbar c^3} \frac{1}{\exp\left(\dfrac{\hbar\omega}{k_{\mathrm{B}}T}\right) - 1} \tag{5-20}$$

频率足够高的黑体辐射($\hbar\omega > E_{\mathrm{g}}$)在传播过程中不断被吸收，产生电子-空穴对。式(5-14)中的G_0正是通过半导体吸收黑体辐射而激发的。它应等于单位时间、单位体积内因本征激发所吸收的黑体辐射的光子数：

$$G_0 = \int_{E_{\mathrm{g}}}^{\infty} P(\hbar\omega)\rho(\hbar\omega)\mathrm{d}(\hbar\omega) \tag{5-21}$$

其中，$P(\hbar\omega)$是能量为$\hbar\omega$的光子吸收率，可以用吸收系数α和群速度v_{g}表示为

$$P(\hbar\omega) = \alpha(\hbar\omega)v_{\mathrm{g}} = \frac{\alpha c}{n_{\mathrm{r}}} \tag{5-22}$$

吸收系数α可用复折射率中的κ表示为$\alpha = \dfrac{4\pi\kappa}{\lambda} = 2\kappa n_{\mathrm{r}}\,\omega/c$，因此平衡产生率$G_0$可以表示为

$$G_0 = \frac{2(k_{\mathrm{B}}T)^4}{\pi^2\hbar^4 c^3}\int_{u_{\mathrm{g}}}^{\infty} \frac{n_{\mathrm{r}}^3 \kappa u^3}{\mathrm{e}^u - 1}\mathrm{d}u \tag{5-23}$$

其中，$u = \hbar\omega/(k_{\mathrm{B}}T)$；积分下限$u_{\mathrm{g}} = E_{\mathrm{g}}/(k_{\mathrm{B}}T)$。

由式(5-23)，对产生率的主要贡献因素是折射率虚部κ，其中起决定性作用的是半导体的能带结构。研究结果表明，直接带隙半导体的复合系数r要比间接带隙半导体的复合系数大 3～4 个数量级。在间接带隙半导体中，光子的动量不足于为导带底的电子向价带顶（波矢

接近于零）跃迁提供必要的动量补偿。因此，这种跃迁不仅需要发射光子以释放能量，而且要吸收或发射一个适当的声子以满足动量守恒。这种有声子参与的光跃迁是一种二级过程，跃迁概率要比直接带隙半导体的相应过程小几个数量级。

直接辐射复合的详细情况将在第 10 章进行具体讨论。

5.3.2　间接复合

间接复合是半导体中的另一种主要复合过程，它一般通过杂质或其他缺陷中心完成复合。在许多半导体中，特别是在间接带隙半导体中，间接复合常常是主要的复合过程。能有效地起复合作用的杂质或其他缺陷称为复合中心。通过复合中心的复合由两步组成：电子由导带跃迁至空的复合中心，称为电子俘获；电子自复合中心跃迁至价带，即空穴从价带跃迁至复合中心，称为空穴俘获。这两步的结果是一对电子和空穴的复合。

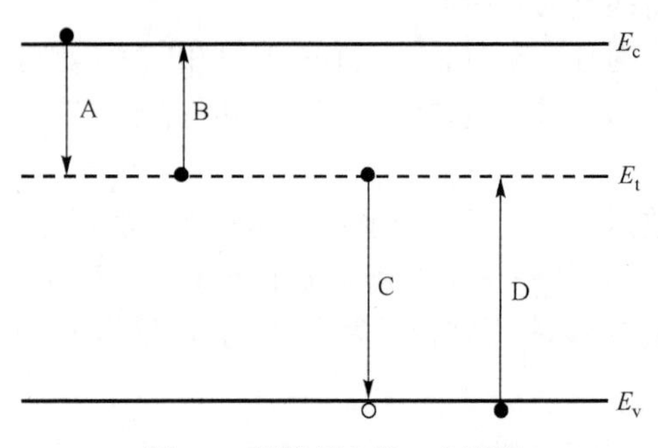

图 5.5　间接复合的 4 个过程
A 俘获电子；B 发射电子；C 俘获空穴；D 发射空穴

如图 5.5 所示，上述间接复合过程中的 A、C 过程都存在相应的逆过程：对应于电子俘获，被俘获的电子可再激发至导带，即电子激发过程；对应于空穴俘获，被俘获空穴可再激发至价带，即空穴激发过程。这两个逆过程就是图中的 B、D 过程。

在 A 过程中，单位时间、单位体积内被复合中心俘获的电子数称为电子俘获率。电子俘获率与电子浓度和空的复合中心浓度成正比。因此，电子俘获率可以表示为

$$R_e = r_n n(N_t - n_t) \tag{5-24}$$

其中，n 为导带电子浓度；N_t 为复合中心浓度；n_t 为复合中心上的电子浓度；r_n 为电子俘获系数，它反映了复合中心俘获电子能力的大小。

过程 B 是过程 A 的逆过程，用电子产生率代表单位时间内单位体积的复合中心向导带发射的电子数。对非简并情况，可以认为导带基本是空的，因此电子产生率与导带电子浓度无关，电子产生率可以表示为

$$G_e = s_- n_t \tag{5-25}$$

其中，s_- 为电子激发概率，它是温度的函数。

在平衡条件下，A、B 过程必须相互抵消，即电子产生率等于电子俘获率，也就是满足下列方程：

$$s_- n_{t0} = r_n n_0 (N_t - n_{t0}) \tag{5-26}$$

其中，n_0 和 n_{t0} 分别为平衡时导带电子浓度和复合中心 E_t 上的电子浓度。为了简单起见，计算 n_{t0} 时可以忽略分布函数中的简并因子，即

$$n_{t0} = N_t f(E_t) = \frac{N_t}{\exp\left(\dfrac{E_t - E_F}{k_B T}\right) + 1} \tag{5-27}$$

在非简并情况下

$$n_0 = N_c \exp\left(\frac{E_F - E_c}{k_B T}\right) \tag{5-28}$$

把 n_{t0} 和 n_0 的表达式代入式(5-26)，得

$$s_- = r_n N_c \exp\left(\frac{E_t - E_c}{k_B T}\right) = r_n n_1 \tag{5-29}$$

其中，$n_1 = N_c \exp\left(\frac{E_t - E_c}{k_B T}\right)$，为费米能级 E_F 与复合中心能级 E_t 重合时的平衡导带电子浓度。

由式(5-29)可以得到电子产生率的另一表达形式：

$$G_e = r_n n_1 n_t \tag{5-30}$$

由式(5-30)可以看出，电子产生率也包含了电子俘获系数 r_n，这反映了电子发射与俘获两个相反过程的内在联系。

对于过程 C，由于只有被电子占据的复合中心才能俘获空穴，因此空穴俘获率和 n_t 成正比。由此可以得到空穴俘获率为

$$R_h = r_p p n_t \tag{5-31}$$

其中的比例系数 r_p 为空穴俘获系数，反映了复合中心俘获空穴的能力。

过程 D 是过程 C 的逆过程。价带中的电子只能激发到空的复合中心上去，或者说只有空的复合中心才能向价带发射空穴。类似前面的讨论，非简并情况下空穴的产生率可以表示为

$$G_h = s_+ (N_t - n_t) \tag{5-32}$$

其中，s_+ 为空穴激发概率。

在平衡情况下，C、D 两个过程相互抵消，即

$$s_+ (N_t - n_t) = r_p p_0 n_{t0} \tag{5-33}$$

代入平衡时的 p_0、n_{t0} 值，得

$$s_+ = r_p p_1 \tag{5-34}$$

其中，$p_1 = N_v \exp\left(-\frac{E_t - E_v}{k_B T}\right)$，为费米能级 E_F 与复合中心能级 E_t 重合时的平衡价带空穴浓度。

把式(5-34)代入式(5-32)，得

$$G_h = r_p p_1 (N_t - n_t) \tag{5-35}$$

式(5-35)反映了空穴俘获和发射过程之间的联系。

至此已经分别得出了电子和空穴俘获与发射过程的数学表达式。下面将计算非平衡载流子的净复合率。在稳态情况下，上述 4 个过程必须保持复合中心上的电子浓度不变，即 n_t 为常数，由于 A、D 过程造成复合中心上电子的积累，B、C 过程造成复合中心上电子数的减少，为达到稳态条件，必须满足 $R_e + G_h = G_e + R_h$，由此可得下列方程：

$$r_n n (N_t - n_t) + r_p p_1 (N_t - n_t) = r_n n_1 n_t + r_p p n_t \tag{5-36}$$

由式(5-36)可得

$$n_{\mathrm{t}}=\frac{N_{\mathrm{t}}(nr_{\mathrm{n}}+p_{1}r_{\mathrm{p}})}{r_{\mathrm{n}}(n+n_{1})+r_{\mathrm{p}}(p+p_{1})} \tag{5-37}$$

稳态条件也可以表示为$R_{\mathrm{e}}-G_{\mathrm{e}}=R_{\mathrm{h}}-G_{\mathrm{h}}$，此即电子-空穴对的净复合率为

$$U_{\mathrm{r}}=R_{\mathrm{e}}-G_{\mathrm{e}}=R_{\mathrm{h}}-G_{\mathrm{h}} \tag{5-38}$$

代入相关表达式，并利用表达式$n_1p_1=n_{\mathrm{i}}^2$，可得到电子-空穴对的净复合率为

$$U_{\mathrm{r}}=\frac{N_{\mathrm{t}}r_{\mathrm{n}}r_{\mathrm{p}}(np-n_{\mathrm{i}}^{2})}{r_{\mathrm{n}}(n+n_{1})+r_{\mathrm{p}}(p+p_{1})} \tag{5-39}$$

式(5-39)就是复合中心净复合率的基本公式，它只考虑了4个基本物理过程的关系，没有对各过程的具体数值作任何限制。

在热平衡条件下，满足$np=n_{\mathrm{i}}^2$，因此净复合率$U_{\mathrm{r}}=0$。

当半导体中有非平衡载流子后，$np>n_{\mathrm{i}}^2$，则$U_{\mathrm{r}}>0$。将$n=n_0+\Delta n$及$p=p_0+\Delta p$，$\Delta n=\Delta p$代入式(5-39)，得

$$U_{\mathrm{r}}=\frac{N_{\mathrm{t}}r_{\mathrm{n}}r_{\mathrm{p}}(n_{0}\Delta p+p_{0}\Delta p+\Delta p^{2})}{r_{\mathrm{n}}(n_{0}+n_{1}+\Delta p)+r_{\mathrm{p}}(p_{0}+p_{1}+\Delta p)} \tag{5-40}$$

非平衡载流子的寿命为

$$\tau=\frac{\Delta p}{U_{\mathrm{r}}}=\frac{r_{\mathrm{n}}(n_{0}+n_{1}+\Delta p)+r_{\mathrm{p}}(p_{0}+p_{1}+\Delta p)}{N_{\mathrm{t}}r_{\mathrm{n}}r_{\mathrm{p}}(n_{0}+p_{0}+\Delta p)} \tag{5-41}$$

显然，非平衡载流子的寿命与复合中心浓度N_{t}成反比。

需要指出的是，净复合率的公式(5-39)也适用于Δn、$\Delta p<0$的情形，这时复合率U_{r}为负值，表示电子-空穴对的产生率，这种情况出现在后面几章将讨论的载流子耗尽区。

下面具体讨论小注入情况下，两种导电类型和不同掺杂程度的半导体中非平衡载流子的寿命。小注入时$\Delta p\ll n_0+p_0$，同时对一般的复合中心，r_{n}、r_{p}相差不是太大，所以式(5-41)中分子和分母中的Δp都可以忽略，由此可得

$$\tau=\frac{r_{\mathrm{n}}(n_{0}+n_{1})+r_{\mathrm{p}}(p_{0}+p_{1})}{N_{\mathrm{t}}r_{\mathrm{n}}r_{\mathrm{p}}(n_{0}+p_{0})} \tag{5-42}$$

由式(5-42)，在小注入情况下，寿命只取决于n_0、p_0、n_1和p_1值，而与非平衡载流子浓度无关。一般N_{c}和N_{v}具有相近的值，n_0、p_0、n_1和p_1值分别主要由$(E_{\mathrm{c}}-E_{\mathrm{F}})$、$(E_{\mathrm{F}}-E_{\mathrm{v}})$、$(E_{\mathrm{c}}-E_{\mathrm{t}})$及$(E_{\mathrm{t}}-E_{\mathrm{v}})$决定。当$k_{\mathrm{B}}T$比起这些能量间隔小很多时，$n_0$、$p_0$、$n_1$和$p_1$之间往往相差很多，差距可以有若干个数量级，由此式(5-42)中只需考虑最大者，使问题大为简化。

对于n型半导体，假定复合中心能级E_{t}更接近价带，相对于禁带中心与E_{t}对称的能级为E_{t}'，如图5.6所示。

假定E_{F}比E_{t}'更接近E_{c}，则该半导体为强n型，显然此时n_0、p_0、n_1和p_1中n_0最大，即$n_0\gg p_0$、n_1和p_1。因此，式(5-42)可以进一步简化为

$$\tau = \tau_p \approx \frac{1}{N_t r_p} \tag{5-43}$$

所以在强 n 型半导体中，对寿命起决定性作用的是复合中心对少数载流子空穴的俘获系数 r_p，而与电子的俘获系数 r_n 无关。这是由于在高掺杂的 n 型半导体中，E_F 远在 E_t 之上，因此复合中心基本填满了电子，因此复合中心对空穴的俘获系数 r_p 决定着寿命。

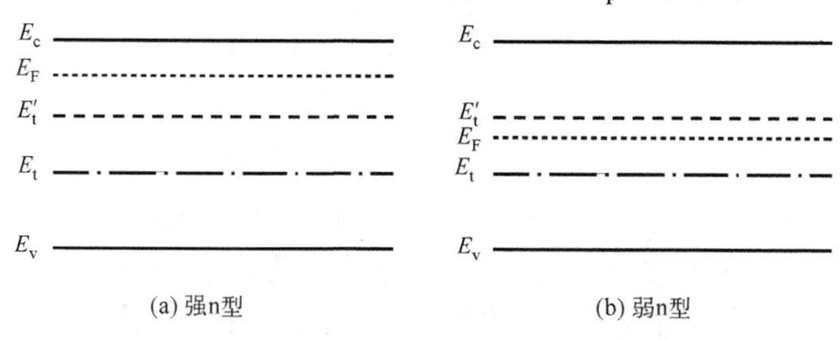

图 5.6　强 n 型和弱 n 型半导体中 E_F 与 E_t 的相对位置

若 E_F 在 E_i 和 E_t' 之间，则该 n 型半导体为弱 n 型，那么 n_0、p_0、n_1 和 p_1 中 p_1 最大，即 $p_1 \gg n_0$，$p_1 \gg p_0$，$p_1 \gg n_1$，同时考虑到 $n_0 \gg p_0$，则寿命为

$$\tau \approx \frac{p_1}{N_t r_n n_0} \tag{5-44}$$

可见对弱 n 型样品，载流子寿命与多数载流子浓度成反比，即与电导率成反比。

对于 p 型半导体，可以用相似的方法进行讨论。仍然假定 E_t 更接近价带一些，当 E_F 更接近 E_v 时，该半导体为强 p 型，则载流子寿命为

$$\tau = \tau_n \approx \frac{1}{N_t r_n} \tag{5-45}$$

可以看出，复合中心对少数载流子电子的俘获决定着寿命，原因是复合中心基本没有电子占据，或者说基本被空穴填满。

类似地，对弱 p 型半导体，则

$$\tau \approx \frac{p_1}{N_t r_n p_0} \tag{5-46}$$

以上讨论都假设复合中心 E_t 更靠近价带。如果复合中心 E_t 更接近导带，则弱 n 型或弱 p 型样品的寿命公式(5-44)和(5-46)中的 p_1/r_n 应当由 n_1/r_p 取代。

需要指出的是，前文所指的强 n 型、强 p 型、弱 n 型或弱 p 型是相对的，与复合中心的能级 E_t 位置有关。

把式(5-43)、式(5-45)代入式(5-39)，得到

$$U_r = \frac{np - n_i^2}{\tau_p(n+n_1) + \tau_n(p+p_1)} \tag{5-47a}$$

利用公式 $n_1 = n_i \exp\left(\frac{E_t - E_i}{k_B T}\right)$，$p_1 = n_i \exp\left(\frac{E_i - E_t}{k_B T}\right)$，式(5-47a)可以改写为

$$U_r = \frac{np - n_i^2}{\tau_p\left[n + n_i \exp\left(\frac{E_t - E_i}{k_B T}\right)\right] + \tau_n\left[p + n_i \exp\left(\frac{E_i - E_t}{k_B T}\right)\right]} \tag{5-47b}$$

为了简化，假定 $r_n = r_p = r$（对一般的复合中心可以作这样的近似），那么 $\tau_p = \tau_n = 1/(N_t r)$，则式(5-47b)可以简化为

$$U_r = \frac{N_t r(np - n_i^2)}{n + p + 2n_i \mathrm{ch}\left(\frac{E_t - E_i}{k_B T}\right)} \tag{5-48}$$

当 $E_t \approx E_i$ 时，U_r 趋于极大。因此，位于禁带中央附近的深能级是最有效的复合中心。例如 Cu、Fe 和 Au 等杂质在 Si 中形成深能级，因此这些杂质是有效的复合中心。

俘获截面是载流子复合理论的重要的概念。设想复合中心是具有一定半径的球体，其截面积为 σ，截面积越大，载流子在运动过程中碰上复合中心被俘获的概率就越大，因此可以用 σ 代表复合中心俘获载流子能力，称为俘获截面。复合中心俘获电子和空穴的本领不同，分别用电子俘获截面 σ_- 和空穴俘获截面 σ_+ 来表示。

载流子热运动的均方根速率 v_{rms} 越大，它碰上复合中心而被俘获的概率也越大。第 4 章中式(4-1)已经给出 $v_{rms} = \sqrt{3k_B T / m^*}$，若不区分电子和空穴有效质量的差异，300K 时载流子的热运动均方根速率的典型值为 $v_{rms} = 10^7 \mathrm{cm/s}$。

俘获截面和俘获系数的关系为

$$r_n = \sigma_- v_{rms}, \quad r_p = \sigma_+ v_{rms} \tag{5-49}$$

利用这个关系，本节的各相关公式都可以用俘获截面来表示。例如，式(5-47b)可以表示为

$$U_r = \frac{\sigma_+ \sigma_- v_{rms} N_t (np - n_i^2)}{\sigma_-\left[n + n_i \exp\left(\frac{E_t - E_i}{k_B T}\right)\right] + \sigma_+\left[p + n_i \exp\left(\frac{E_i - E_t}{k_B T}\right)\right]} \tag{5-50}$$

研究证实，在 Ge 中，Mn、Fe、Co、Au、Cu、Ni 等元素可以形成复合中心；在 Si 中，Au、Cu、Fe、Mn、In 等元素可以形成复合中心。复合中心的俘获截面为 $10^{-13} \sim 10^{-17} \mathrm{cm}^2$。

作为间接复合的实例，下面讨论 Au 在 Si 中的复合机制。

Au 在 Si 中是深能级杂质，在 Si 中形成多重能级，其中起主要作用的是位于导带底以下 0.54eV 的受主能级 E_{tA} 和位于价带顶以上 0.35eV 的施主能级 E_{tD}。但是 Au 在 Si 中的两个能级并不是同时起作用的。如图 5.7 所示，在 n 型 Si 中，只要浅施主杂质不是太少，费米能级总是比较接近导带，电子基本填满了 Au 的能级，即 Au 接受电子成为 Au^-，所以在 n 型 Si 中，只有受主能级 E_{tA} 起作用；而在 p 型 Si 中，Au 能级基本是空的，Au 失去电子成为 Au^+，因此 p 型 Si 只有施主能级 E_{tD} 起作用。

无论在 n 型 Si 还是 p 型 Si 中，Au 都是有效的复合中心，对少数载流子寿命产生极大的影响。由前面的分析可知，在 n 型 Si 中，Au 的负离子 Au^- 对空穴的俘获系数 r_p 决定了少数载流子的寿命；而在 p 型 Si 中，少数载流子的寿命由 Au^+ 对电子的俘获系数 r_n 决定。研究结果表明，确定室温下 Si 半导体中 Au 的俘获系数为

$$r_{\mathrm{n}} = 6.3\times10^{-8}\,\mathrm{cm}^{-3}/\mathrm{s},\qquad r_{\mathrm{p}} = 1.15\times10^{-7}\,\mathrm{cm}^{-3}/\mathrm{s}$$

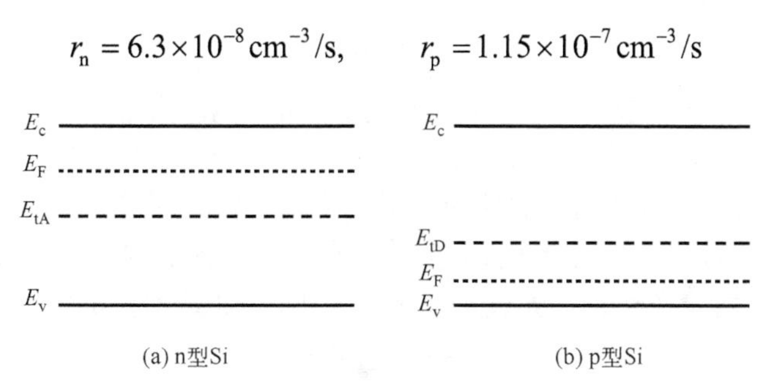

图 5.7　Au 在 n 型 Si 和 p 型 Si 中的两个深能级

假定 Si 中 Au 的浓度为 $4\times10^{15}\,\mathrm{cm}^{-3}$，则 p 型 Si 和 n 型 Si 的少数载流子寿命分别为

$$\tau_{\mathrm{n}} = \frac{1}{N_{\mathrm{t}} r_{\mathrm{n}}} \approx 4.0\times10^{-9}\,\mathrm{s},\qquad \tau_{\mathrm{p}} = \frac{1}{N_{\mathrm{t}} r_{\mathrm{p}}} \approx 2.2\times10^{-9}\,\mathrm{s}$$

上述结果说明，对于同样的 Au 浓度，p 型 Si 的少数载流子寿命是 n 型 Si 的 1.9 倍。

在掺 Au 的半导体 Si 中，少数载流子寿命与 Au 的浓度 N_{t} 成反比。例如，在 n 型 Si 中，Au 浓度 N_{t} 从 10^{14} 增加到 $10^{17}\,\mathrm{cm}^{-3}$，少数载流子的寿命随着 N_{t} 的增加，约从 $10^{-7}\,\mathrm{s}$ 减小到 $10^{-10}\,\mathrm{s}$。因此，通过改变 Au 的浓度，可以在较大的范围内改变少数载流子的寿命。上述结果说明少量的有效复合中心就能大大缩短少数载流子的寿命,这样也不会因为复合中心的引入而严重地影响电阻率等其他性能。

由于 Au 在 Si 中的复合中心有上述特点,因此在开关器件及与之有关的集成电路制造中，掺 Au 工艺已作为缩短少数载流子寿命的有效手段而广泛使用。

5.3.3　表面复合

半导体中非平衡载流子的复合过程还可以按复合所在的位置分类。前面讨论的直接复合与间接复合一般都发生在半导体的内部,通常把发生在半导体表面的复合过程称为表面复合。事实上，少数载流子寿命很大程度上受半导体表面状态的影响。例如，实验发现，经过吹砂处理或经过金刚砂粗磨的样品，其寿命很短，而细磨后再经适当的化学处理，载流子的寿命则长得多。实验结果还表明，对于同样的表面状况，样品越小，寿命越短。由此可见，半导体表面确实有促进复合的作用。表面处的杂质和表面特有的缺陷都能在半导体禁带中形成相应的能级，这些能级就是位于表面的复合中心。因此，表面复合也是间接复合，由前面讨论的间接复合理论可以处理表面复合。

考虑表面复合后，实际的半导体寿命应该是体内复合和表面复合的综合结果。设这两种复合是独立的复合过程。设 τ_{v} 为体内复合寿命，τ_{s} 为表面复合寿命，则总的复合概率为

$$\frac{1}{\tau} = \frac{1}{\tau_{\mathrm{v}}} + \frac{1}{\tau_{\mathrm{s}}} \tag{5-51}$$

其中，τ 称为有效寿命。

通常用表面复合速度来描写表面复合的快慢。把单位时间内单位表面积复合的电子−空穴对数称为表面复合率。研究发现，表面复合率 U_{s} 与表面处的非平衡载流子浓度 $(\Delta p)_{\mathrm{s}}$ 成正比，即

$$U_s = s(\Delta p)_s \tag{5-52}$$

其中的比例系数 s 表示表面复合的快慢，显然它的量纲与速度量纲相同，因此习惯上把系数 s 称为表面复合速度。由式(5-52)可以得到系数 s 的一个直观而形象的意义：由表面复合而失去的非平衡载流子数目，就如同表面处的非平衡载流子 $(\Delta p)_s$ 都以 s 的速度垂直流出了表面。

考虑某 n 型半导体样品，假定表面复合中心位于表面薄层内，单位表面积的复合中心总数为 N_{st}，薄层内平均非平衡载流子浓度为 $(\Delta p)_s$，则表面复合率可以由下式给出，即

$$U_s = \sigma_+ v_{rms} N_{st} (\Delta p)_s \tag{5-53}$$

把式(5-52)与式(5-53)相比，可以得到空穴的表面复合速度为

$$s = \sigma_+ v_{rms} N_{st} \tag{5-54}$$

根据上面的假设，表面复合显然就是靠近表面的一个非常薄的区域内的体内复合，两者的区别是这个薄层内的复合中心密度很高。

表面复合速度的大小，很大程度上受到晶体表面物理性质和外界气氛的影响。对于 Ge，表面复合速度值为 $10^2 \sim 10^6\,\text{cm/s}$，而 Si 的表面复合速度值一般是 $10^3 \sim 5\times10^3\,\text{cm/s}$。

表面复合具有重要的实际意义。任何半导体总有它的表面，较高的表面复合率会使更多的注入载流子在表面复合消失，并严重影响器件的性能，所以在大多数半导体器件生产中都希望获得良好而稳定的表面，由此尽可能降低表面复合率，改善器件的性能。另外，在某些物理测量中，为了消除金属探针注入效应的影响，需要设法增大表面复合，以获得较为准确的测量结果。

根据前面两个部分的讨论，非平衡载流子的寿命值不仅与材料种类有关，还与杂质等缺陷态有关。有些杂质原子可在半导体中形成深能级，这些深能级可以形成有效的复合中心，使载流子寿命大大降低。同时半导体的表面状态对寿命也有显著的影响，而表面状态与所处的环境有直接的关系。

另外，半导体中的位错等缺陷态也能形成复合中心，因此也会严重影响少数载流子的寿命。在半导体器件的制备工艺中，有些工艺过程可以在材料内部增加新的缺陷，可能使寿命值显著降低。此外，高能粒子或射线的照射，也能形成各种类型的晶格缺陷，从而在禁带中产生新的能级，显著改变载流子的寿命，所以载流子寿命值的大小在很大程度上反映了晶格完整性，它是衡量半导体材料质量的重要指标之一。

真实表面上的表面复合过程比上述分析复杂得多，受篇幅限制，本书不再对此进行进一步的讨论。

综上所述，非平衡载流子的寿命与晶格的完整性、某些杂质的含量及样品的表面状态有密切的关系，所以载流子寿命是“结构灵敏”的参数。

5.4　半导体中载流子的非辐射复合

5.3 节按载流子复合的途径讨论了复合的类型，其中的间接复合按其能量转移来说可分为辐射复合和非辐射复合两种类型。本节将分析其中的非辐射复合机制[3,4]。

非辐射复合通常是不希望出现的，因为它将把电子能量转换为热能，即它将增大系统的熵，并且它将使除了辐射热测量器之外的绝大多数的半导体器件性能下降，缩短器件的寿命。

非辐射复合很难直接测量，但在许多物理现象中显示其存在，如荧光的减弱、载流子寿命的缩短等。

非辐射复合包括下列几种类型。

(1) 当浅能级出现非辐射复合时，可能只有单声子发射。

(2) 声子的级联发射，即发射出一系列的声子。

(3) 同时发射多个声子。

(4) 俄歇复合。

5.4.1　声子相关非辐射复合

电子本征态与晶格振动的耦合机制可以用如图 5.8 所示的位形坐标进行具体讨论。位形坐标模型是关于电子与离子晶格振动总能量与离子平均位置(用一个坐标表示)相关的物理模型。也可以说，位形坐标是电子在某一状态时(基态或激发态，半导体中的导带或价带)，离子晶格的势能曲线与离子平均位置之间的关系。在用位形坐标讨论问题时需要注意的一个事实是：因为电子的质量比离子小得多，在电子跃迁的瞬间，离子来不及调整自己的位置，晶体的位形不变，因此可以认为电子是在两个静止的位形曲线之间的竖直跃迁。

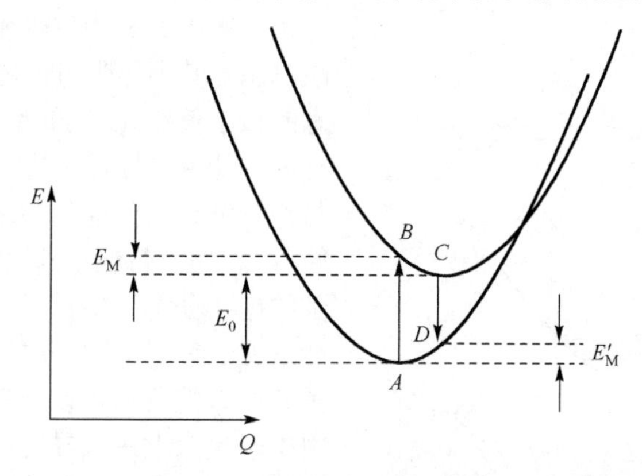

图 5.8　二能级系统的位形坐标

吸收能量为 E_0+E_M ；辐射能量为 $E_0-E'_M$ ； E_M 和 E'_M 为激发态与基态的声子弛豫能量

图 5.8 是典型的光吸收和辐射过程的位形坐标表示。位于基态的电子吸收能量为 E_0+E_M 的光子后从基态的平衡位置 A 点跃迁到激发态的 B 点，但 B 点不是激发态的平衡位置，B 点的电子会以发射声子的形式释放多余的能量回到激发态的平衡位置 C 点，然后位于 C 点电子辐射出能量为 $E_0-E'_M$ 的光子回到基态的 D 点，然后位于 D 点的电子又会以发射声子的形式释放出多余的能量回到基态的平衡位置 A。

在讨论非辐射复合的声子发射过程中，如果有效声子能量为 $\hbar\omega$，则可以定义以下三个基本参数。

(1) $p=E_0/(\hbar\omega)$，p 值为两个能级最小值的能量差对应的声子数目。多声子过程必有大的 p 值。

(2) $S_0=E_M/(\hbar\omega)$，S_0 称为 Huang-Rhys 因子，是我国著名物理学家黄昆和他的助手首先提出的。对电子–晶格间强耦合情况 $S_0\gg 1$，而弱耦合情况则 $S_0\ll 1$。

(3) $\Lambda = E_M/(E_0 + E_M)$，为弛豫能量与 Franck-Condon 吸收能量的比值。其意义将在下文具体讨论。

载流子的复合可以是从 $k=0$ 或 $k \neq 0$ 的导带边开始，也可以从某一缺陷能级的激发态开始。复合跃迁可以是到达价带，也可以是从缺陷的激发态到较低的状态或基态。复合以后可以重新回到原来的状态，也可以经一系列的散射回到原来的状态，或者迁移到其他位置。

从总体上说，半导体中以声子发射为能量耗散方式的复合，包括束缚态-束缚态(两个缺陷能级之间的复合)及连续态-束缚态(导带或价带中载流子与缺陷态能级之间的复合)两大类型。一般地说，后者对载流子的分布有更强烈的作用，因此本节主要讨论后者。

深能级中心上的电子本征态和晶格振动有强烈的耦合。深能级的能量强烈地依赖于缺陷原子与周围原子的相对位置。随着这些原子的振动，深能级位置在禁带中间围绕其平衡位置上下变动。

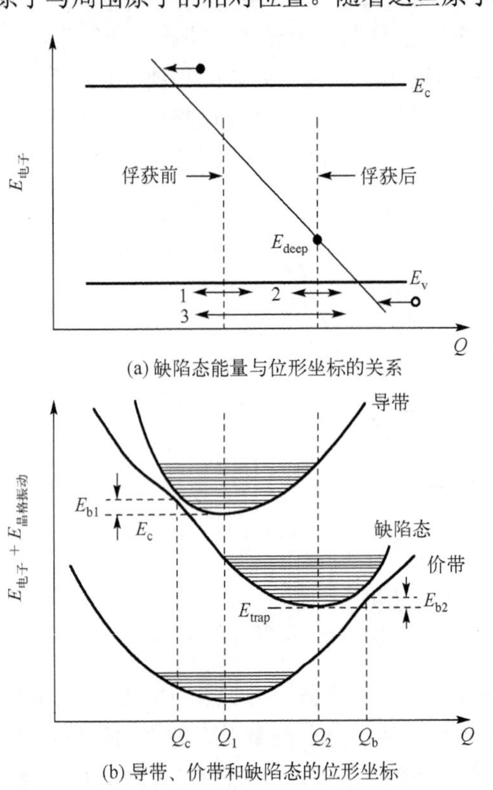

图 5.9　非辐射复合过程中的位形坐标变化示意图

与深能级有关的复合及声子发射过程可以由图 5.9 说明。这是一个位形坐标内的复合示意图，其中图 5.9(a)为缺陷态能量与位形坐标的关系，图 5.9(b)为位形坐标内的导带、价带和缺陷态，其中导带与价带的极小值在 Q_1，缺陷态的极小值在 Q_2。能量 E_{b1} 为缺陷态与导带混合时的能量与导带底的能量的差，E_{b2} 为缺陷态与价带混合时的能量与缺陷态底部的能量差。能量 E_{b1} 是导带电子到缺陷态的跃迁能：导带底部的电子获得该能量后可以跃迁进入缺陷态。能量 E_{b2} 是缺陷态电子的跃迁能：缺陷态中的电子获得该能量后可以跃迁进入价带。而缺陷态中电子热激发进入导带的能量则是 $E_c - E_{trap}$。图 5.9(a)下方的两个短双向箭头 1、2 表示缺陷态俘获电子前后的平均振动幅度，最下方的双向长箭头 3 表示缺陷态俘获电子但在弛豫之前的大振动幅度。

深能级的非辐射复合可以按下述机制讨论。当缺陷原子具有足够大的晶格振动幅度时，它将使缺陷能级进入导带，或者说位于深能级的电子本征态与导带内的电子态在位形坐标 Q_c 发生混合，这时缺陷态就可以从导带俘获一个电子。俘获电子以后，晶格是远离平衡态的，并使缺陷态带电，这将使晶格剧烈振动，振动过程中发射出很多声子并弛豫至低能态。需要指出的是，上述从导带俘获电子进入缺陷态的同时，也存在从缺陷态进入导带的概率。从缺陷态的激发态到达缺陷态基态的净跃迁概率是上述两个相反过程及其他相关跃迁过程的综合结果。

如果上述弛豫过程足够大，缺陷能级将由禁带的上半部移动至下半部。这时，该缺陷态可以作为一个空穴缺陷态俘获一个空穴，由此完成一次从导带至价带的复合。导带电子弛豫过程中发射的声子数可以表示为

$$S_o = \frac{\frac{1}{2}\mu\omega_{char}^2(Q_2 - Q_1)^2}{\hbar\omega_{char}} = \frac{(Q_2 - Q_1)^2}{2\hbar/(\mu\omega_{char})} \tag{5-55}$$

声子数 S_o 称为 Huang-Rhys 因子，其中，ω_{char} 为声子特征角频率；μ 为折合质量；Q_2 和 Q_1 分别为激发态和基态的位形坐标值。这里定义的 Huang-Rhys 因子和前文是一致的。

从前面的讨论可以知道，与深能级有关的辐射既可以是辐射复合，也可以是发射声子的非辐射复合。研究发现，两者可以由前文定义的参数 Λ 给出较明确的区分，该参数还可以表示为下列形式：

$$\Lambda = \frac{E_n - E_0'}{E_n - E_0} \tag{5-56}$$

其中，$E_n - E_0$ 是光学激发的能量；E_0 为上述弛豫过程中基态的能量底部；E_0' 为弛豫过程中激发态的能量底部；E_n 为激发态中与基态具有同一位形坐标的激发态的能量值。另外，图 5.9 中的能量 E_b 按下式估算：

$$E_b = \frac{(E_0' - E_n)^2}{4(E_n - E_0)} \tag{5-57}$$

如图 5.10(e) 所示，研究发现，如果 $0 < \Lambda < 0.25$，则为光辐射；如果 $0.25 < \Lambda < 0.5$，则有弱的光辐射；如果 $\Lambda > 0.5$，则没有光辐射，即全部以发射声子形式弛豫。研究结果证实，上述规则对各种Ⅲ-Ⅴ族半导体符合得很好。图 5.10(a)～(d) 分别给出了不同耦合强度时的位形坐标示意图。

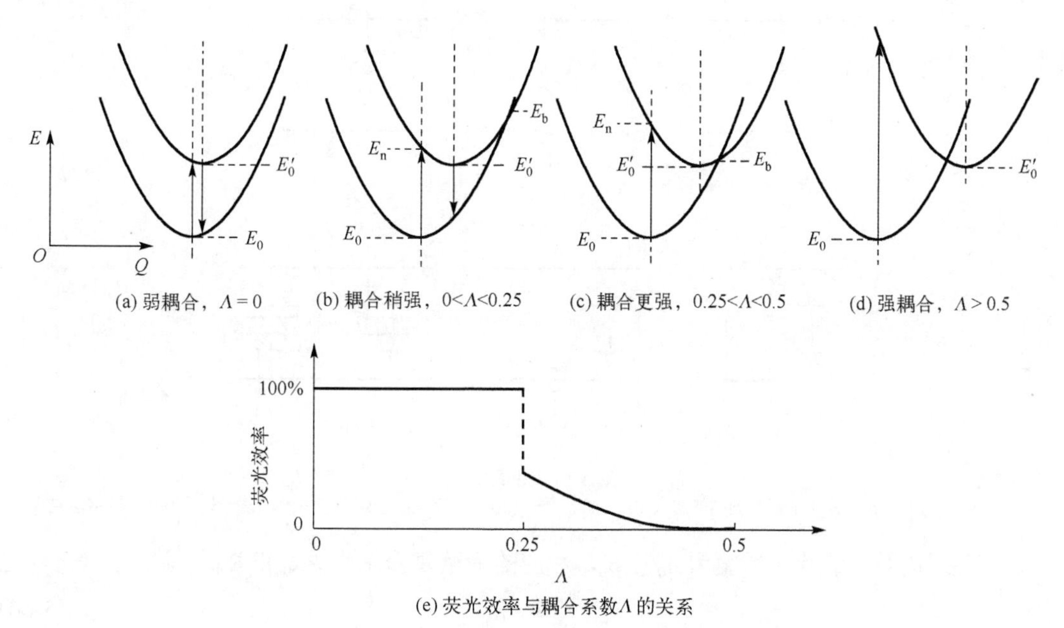

图 5.10　不同耦合强度的电子态跃迁位形坐标示意图及荧光效率

5.4.2　俄歇复合

载流子从高能级向低能级跃迁，发生电子–空穴复合时，把多余的能量传给另外一个载流子，使这个载流子激发到更高的能级上，当该载流子重新跃迁回低能级时，多余的能量一般以声子形式放出。这种复合称为俄歇复合，显然这是一种非辐射复合。

各种俄歇复合过程如图 5.11 所示，其中，(a)和(d)是带间俄歇复合，其余为与杂质和其他缺陷态有关的俄歇复合。

下面讨论图 5.11(a)和图 5.11(d)所示的带间俄歇复合。图 5.11(a)表示 n 型半导体导带内一个电子和价带内一个空穴复合时，其多余的能量被导带中另一个电子获得，该电子被激发到能量更高的能级上去，用 R_{ee} 表示这种电子-空穴对的复合率。图 5.11(d)表示 p 型半导体价带内一个空穴和导带内一个电子复合时，其多余的能量被价带中另一个空穴获得，该空穴被激发到能量更高的能级上去，用 R_{hh} 表示这种电子-空穴对的复合率。R_{ee} 及 R_{hh} 的意义为单位体积、单位时间内复合的电子-空穴对数目，可以分别表示为

$$R_{ee} = \gamma_e n^2 p \tag{5-58}$$

$$R_{hh} = \gamma_h n p^2 \tag{5-59}$$

其中，γ_e 及 γ_h 为俄歇复合系数。

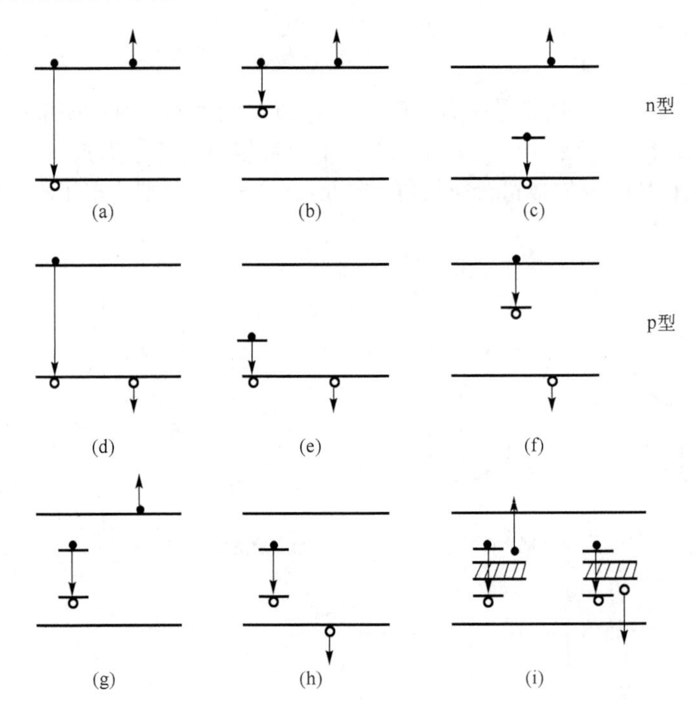

图 5.11 俄歇复合

(a)、(b)、(c)、(g)表示电子跃迁到高能态；(d)、(e)、(f)、(h)表示空穴跃迁到高能态；(i)表示缺陷态相关的俄歇复合

在热平衡时，载流子浓度为 n_0 和 p_0，相应的俄歇复合率为 R_{ee0} 和 R_{hh0}，则

$$R_{ee0} = \gamma_e n_0^2 p_0 \tag{5-60}$$

$$R_{hh0} = \gamma_h n_0 p_0^2 \tag{5-61}$$

由式(5-58)～式(5-61)可得

$$R_{ee} = R_{ee0}\frac{n^2 p}{n_0^2 p_0} \tag{5-62}$$

$$R_{hh} = R_{hh0}\frac{np^2}{n_0 p_0^2} \tag{5-63}$$

在复合过程的同时，相反的逆过程，即电子-空穴对也在不断地产生。如图 5.12 所示，它们分别是俄歇复合的逆过程。图 5.12(a)表示价带中一个电子跃迁到导带产生电子-空穴对的同时，导带中一个高能级上的电子跃迁回导带底，或者说是导带中高能电子 1 与价带电子 2 碰撞产生电子-空穴对，用 G_{ee} 表示这种电子-空穴对的产生率。图 5.12(b)表示价带中一个电子跃迁到导带中的同时，价带中另一个空穴从能量较高的能级跃迁至价带顶，或者说价带中高能空穴 1 和价带电子 2 碰撞产生电子-空穴对，用 G_{hh} 表示这种电子-空穴对的产生率。G_{ee}、G_{hh} 均表示单位体积单位时间内产生的电子-空穴对数目。按上述分析，两者可以分别表示为

$$G_{ee} = g_e n \tag{5-64}$$

$$G_{hh} = g_h p \tag{5-65}$$

其中，g_e 和 g_h 为产生率。

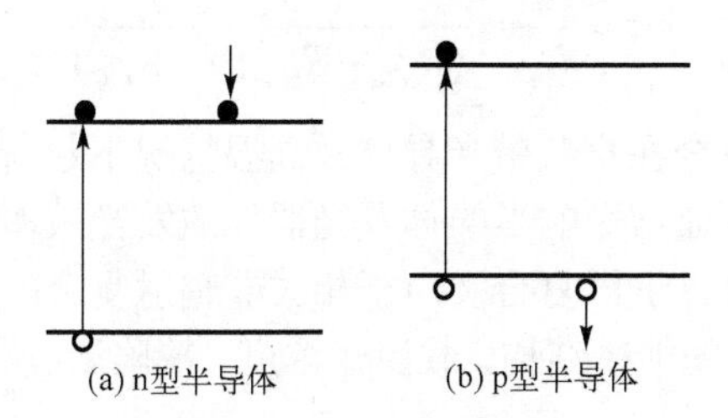

图 5.12　电子-空穴对的产生
箭头代表电子的跃迁方向，电子和空穴分别为跃迁后的电子和空穴位置

热平衡时，产生率为 G_{ee0}、G_{hh0}，则

$$G_{ee0} = g_e n_0 \tag{5-66}$$

$$G_{hh0} = g_h p_0 \tag{5-67}$$

由上述两组方程可以得到

$$G_{ee} = G_{ee0}\frac{n}{n_0} \tag{5-68}$$

$$G_{hh} = G_{hh0}\frac{p}{p_0} \tag{5-69}$$

根据细致平衡原理，热平衡时产生率等于复合率，即 $G_{ee0} = R_{ee0}$，$G_{hh0} = R_{hh0}$。由此可以得到

$$g_e = \gamma_e n_i^2 \tag{5-70}$$

$$g_h = \gamma_h n_i^2 \tag{5-71}$$

$$G_{ee} = \gamma_e n n_i^2 \tag{5-72}$$

$$G_{hh} = \gamma_h p n_i^2 \tag{5-73}$$

由此可得上述两类过程同时存在时的净复合率为

$$U_r = (R_{ee} + R_{hh}) - (G_{ee} + G_{hh}) = (\gamma_e n + \gamma_h p)(np - n_i^2) \tag{5-74}$$

式(5-74)即为非简并情况下俄歇复合的普遍理论公式。

显然，在热平衡条件下，$np = n_0 p_0 = n_i^2$，所以净复合率 $U = 0$；在非平衡条件下，若 $np > n_i^2$，则$U_r > 0$。将$n = n_0 + \Delta n,\ p = p_0 + \Delta p$及$\Delta n = \Delta p$代入式(5-74)，得

$$U_r = \left(\frac{R_{ee0} + R_{hh0}}{n_i^2}\right)(n_0 + p_0)\Delta p + \frac{1}{n_i^4}[R_{ee0} p_0 (2n_0 + p_0) + R_{hh0} n_0 (n_0 + 2p_0)]\Delta p^2 \tag{5-75}$$

在小信号情况下，$\Delta p \ll (n_0 + p_0)$，可以略去上述方程的第二项，得

$$U_r = \left(\frac{R_{ee0} + R_{hh0}}{n_i^2}\right)(n_0 + p_0)\Delta p \tag{5-76}$$

因此，净复合率正比于平衡载流子的浓度Δp。由式(5-76)可得非平衡载流子寿命为

$$\tau = \frac{\Delta p}{U_r} = \frac{n_i^2}{(R_{ee0} + R_{hh0})(n_0 + p_0)} \tag{5-77}$$

一般而言，带间俄歇复合在窄禁带半导体及高温情况下起着重要作用，而与杂质和缺陷态有关的俄歇复合过程，则通常影响半导体发光器件的发光效率。

表 5.1 列出了辐射复合、俄歇复合及声子相关非辐射复合的主要影响因素。由表中数据可以看出，除了半导体本身的能带结构，载流子浓度、缺陷浓度和温度对三者有不同的影响。

表 5.1　载流子复合机制的主要特性

复合机制	辐射复合	俄歇复合	声子相关非辐射复合
影响的主要因素	状态与能量	高的载流子和缺陷浓度	低缺陷浓度；电子与晶格的强耦合
温度依赖性	小	小	指数特性
浓度依赖性	无	线性变化直至屏蔽效应起作用	无

5.5　陷 阱 效 应

对半导体中任意一个杂质或缺陷能级，都存在 4 个过程，即电子发射和电子俘获、空穴发射和空穴俘获。研究证明，只有在禁带中线附近的杂质或缺陷能级才是有效的复合中心。在有些情况下，该能级还能起陷阱作用。这里所谓的陷阱是指杂质或其他缺陷中心对一种非平衡载流子的俘获和收容效应。陷阱效应[27]对非平衡载流子的行为可以有多方面的影响。

由于非平衡载流子的存在，能带和局域能级之间通过俘获和激发交换载流子的原有平衡被打破，能级上的电子数n_t可随非平衡载流子的数量而变化。从这个意义上说，任何杂质或缺陷中心对非平衡载流子都有一定的收容效应：收容电子，$\Delta n_t > 0$；或收容空穴$\Delta p_t > 0$（Δp_t代表能级上空穴增量，$p_t = -\Delta n_t$）。但通常所说的陷阱应具有显著的陷阱效应，有效的电子和空穴陷阱应分别满足以下条件：

$$\frac{\Delta n_{\mathrm{t}}}{\Delta n} \geqslant 1 \tag{5-78}$$

$$\frac{\Delta p_{\mathrm{t}}}{\Delta p} \geqslant 1 \tag{5-79}$$

一种杂质或其他缺陷中心究竟主要作为施主或受主，复合中心或陷阱作用，取决于它们的能级位置、数量及对两种载流子俘获系数的大小，有时还和温度及其他条件有关。

在低温下易于出现陷阱效应。在低温下，两种载流子浓度 n_0 和 p_0 都可以很小，即使是普通的浅能级杂质也可以成为陷阱。例如，当施主能级位于费米能级 E_{F} 以下时，相应的电子和空穴浓度也可以非常小，施主能级本身也可以起空穴陷阱作用。

对室温下的 n 型或 p 型半导体，由于多子浓度非常高，实际上只存在少子的陷阱，即 p 型半导体中只有电子陷阱，n 型半导体中只有空穴陷阱。其中空穴陷阱存在的条件为：俘获空穴的速率远大于空穴再激发和俘获电子的速率；电子陷阱存在的条件为：俘获电子的速率远大于电子再激发和俘获空穴的速率。

在同一条件下，一种杂质或其他缺陷中心的作用也可能不是单一的。例如，对于空穴陷阱，如果它俘获电子的能力不可以忽略，它对复合也有一定的贡献。另外，复合中心有时也可以同时具有陷阱的作用。

杂质或缺陷在不同条件下也可能表现出不同的作用。例如，在 n 型 Ge 中，在室温下作为复合中心的杂质，如 Cu 和 Ni 等，在低温下可作为典型的陷阱起作用。它们作为多重受主，在 n 型半导体中带负电，对于空穴是吸引中心；在俘获一个空穴后，仍然带负电。对于电子来说，它们是排斥中心，俘获系数很小，且随着温度的降低而下降，因此它们是有效的空穴陷阱。

5.6　连续性方程

5.6.1　连续性方程的形式

本节将讨论存在非平衡载流子情况下的载流子运动方程。仍然以 n 型半导体为例，对一维情况下的少子运动规律进行讨论。在一块 n 型半导体中光注入非平衡载流子，同时在 x 方向的电场为 $\mathcal{E}$，则少数载流子空穴将同时做扩散和漂移运动。一般来说，空穴浓度不仅是位置的函数，而且也是时间的函数。由于扩散，单位时间单位体积中积累的空穴数是

$$-\frac{1}{e}\frac{\partial (J_{\mathrm{p}})_{扩}}{\partial x} = D_{\mathrm{p}}\frac{\partial^2 p}{\partial x^2} \tag{5-80}$$

而由于漂移运动，单位时间单位体积内积累的空穴数为

$$-\frac{1}{e}\frac{\partial (J_{\mathrm{p}})_{漂}}{\partial x} = -\mu_{\mathrm{p}}\mathcal{E}\frac{\partial p}{\partial x} - \mu_{\mathrm{p}} p\frac{\partial \mathcal{E}}{\partial x} \tag{5-81}$$

在小注入条件下，单位时间单位体积内复合消失的空穴数为 $\Delta p / \tau$。用 g_{p} 表示由其他外界因素引起的单位时间单位体积内空穴的增加量，则单位体积内空穴随时间的变化率为

$$\frac{\partial p}{\partial t}=D_{\mathrm{p}}\frac{\partial^2 p}{\partial x^2}-\mu_{\mathrm{p}}\mathcal{E}\frac{\partial p}{\partial x}-\mu_{\mathrm{p}}p\frac{\partial \mathcal{E}}{\partial x}-\frac{\Delta p}{\tau_{\mathrm{p}}}+g_{\mathrm{p}} \tag{5-82}$$

同理，对 p 型半导体，可以得到类似的方程：

$$\frac{\partial n}{\partial t}=D_{\mathrm{n}}\frac{\partial^2 n}{\partial x^2}+\mu_{\mathrm{n}}\mathcal{E}\frac{\partial n}{\partial x}+\mu_{\mathrm{n}}n\frac{\partial \mathcal{E}}{\partial x}-\frac{\Delta n}{\tau_{\mathrm{n}}}+g_{\mathrm{n}} \tag{5-83}$$

式(5-82)和式(5-83)就是在漂移运动和扩散运动同时存在时少数载流子所遵守的运动方程，称为连续性方程[3,31]。

在均匀半导体中，平衡载流子浓度 n_0、 p_0 不随时间和位置变化，所以连续性方程通常表示为非平衡载流子浓度的变化，即

$$\frac{\partial \Delta p}{\partial t}=D_{\mathrm{p}}\frac{\partial^2 \Delta p}{\partial x^2}-\mu_{\mathrm{p}}\mathcal{E}\frac{\partial \Delta p}{\partial x}-\mu_{\mathrm{p}}p\frac{\partial \mathcal{E}}{\partial x}-\frac{\Delta p}{\tau_{\mathrm{p}}}+g_{\mathrm{p}} \tag{5-84}$$

$$\frac{\partial \Delta n}{\partial t}=D_{\mathrm{n}}\frac{\partial^2 \Delta n}{\partial x^2}+\mu_{\mathrm{n}}\mathcal{E}\frac{\partial \Delta n}{\partial x}+\mu_{\mathrm{n}}n\frac{\partial \mathcal{E}}{\partial x}-\frac{\Delta n}{\tau_{\mathrm{n}}}+g_{\mathrm{n}} \tag{5-85}$$

假设半导体内部满足严格的电中性条件，则由电学中的高斯定理可以得到 $\frac{\partial \mathcal{E}}{\partial x}=0$，于是 n 型或 p 型半导体中少数非平衡载流子满足的连续性方程为

$$\frac{\partial \Delta p}{\partial t}=D_{\mathrm{p}}\frac{\partial^2 \Delta p}{\partial x^2}-\mu_{\mathrm{p}}\mathcal{E}\frac{\partial \Delta p}{\partial x}-\frac{\Delta p}{\tau_{\mathrm{p}}}+g_{\mathrm{p}} \tag{5-86}$$

$$\frac{\partial \Delta n}{\partial t}=D_{\mathrm{n}}\frac{\partial^2 \Delta n}{\partial x^2}+\mu_{\mathrm{n}}\mathcal{E}\frac{\partial \Delta n}{\partial x}-\frac{\Delta n}{\tau_{\mathrm{n}}}+g_{\mathrm{n}} \tag{5-87}$$

考虑如图 5.13 所示的 p 型半导体，若表面光照恒定，体内无其他产生因子，即 $g_{\mathrm{n}}=0$，则电子浓度 n 不随时间变化，即 $\partial n/\partial t=0$。考虑到电场为 $-\mathcal{E}$，这时的连续性方程就是稳态连续性方程：

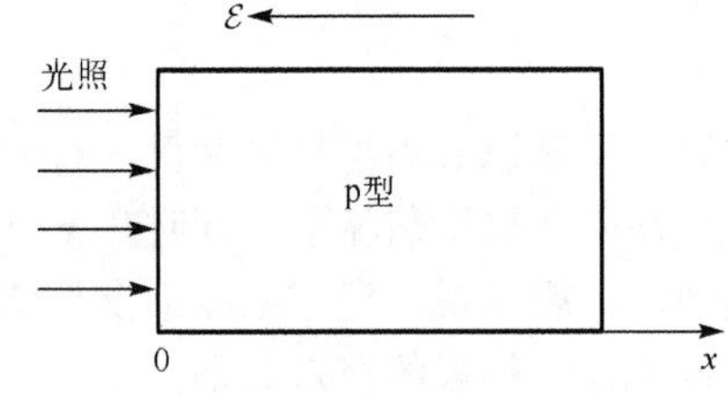

图 5.13　载流子的漂移和扩散

$$D_{\mathrm{n}}\frac{\partial^2 \Delta n}{\partial x^2}-\mu_{\mathrm{n}}\mathcal{E}\frac{\partial \Delta n}{\partial x}-\frac{\Delta n}{\tau_{\mathrm{n}}}=0 \tag{5-88}$$

它的通解为

$$\Delta n=A\exp(\lambda_1 x)+B\exp(\lambda_2 x) \tag{5-89}$$

其中，λ_1、λ_2 是下列方程的两个根

$$D_{\mathrm{n}}\lambda^2-\mu_{\mathrm{n}}\mathcal{E}\lambda-\frac{1}{\tau_{\mathrm{n}}}=0 \tag{5-90}$$

定义参数 $L_{\mathrm{n},\mathcal{E}}=\mathcal{E}\mu_{\mathrm{n}}\tau_{\mathrm{n}}$，它表示电子在电场 $\mathcal{E}$ 作用下在寿命 τ_{n} 时间内漂移的距离，称为电子的牵引长度，则式(5-90)可以表示为

$$L_{\mathrm{n}}^2\lambda^2-L_{\mathrm{n},\mathcal{E}}\lambda-1=0 \tag{5-91}$$

其中，$L_{\mathrm{n}}=\sqrt{D_{\mathrm{n}}\tau_{\mathrm{n}}}$ 为扩散长度。上述方程的解为

$$\lambda_{1,2}=\frac{L_{\mathrm{n},\mathcal{E}}\pm\sqrt{L_{\mathrm{n},\mathcal{E}}^2+4L_{\mathrm{n}}^2}}{2L_{\mathrm{n}}^2} \tag{5-92}$$

显然$\lambda_1>0$，$\lambda_2<0$。对图 5.13 所示的载流子注入情况，非平衡载流子应随 x 增大而衰减，所以通解的第一项应为 0，故方程(5-88)的解为

$$\Delta n=B\exp(\lambda_2 x) \tag{5-93}$$

考虑边界条件：当 $x=0$ 时，$\Delta n=\Delta n_0$，所以方程(5-88)的解为

$$\Delta n=\Delta n_0\exp(\lambda_2 x) \tag{5-94}$$

其中

$$\lambda_2=\frac{L_{\mathrm{n},\mathcal{E}}-\sqrt{L_{\mathrm{n},\mathcal{E}}^2+4L_{\mathrm{n}}^2}}{2L_{\mathrm{n}}^2} \tag{5-95}$$

式(5-94)说明，非平衡少数载流子浓度是按指数规律衰减的。如果电场很强，使$L_{\mathrm{n},\mathcal{E}}\gg L_{\mathrm{n}}$，则$\lambda_2\approx-1/L_{\mathrm{n},\mathcal{E}}$，因此空穴的分布为

$$\Delta n=\Delta n_0\exp(-x/L_{\mathrm{n},\mathcal{E}}) \tag{5-96}$$

式(5-96)表示，在电场很强时，扩散运动可以忽略，由表面注入的非平衡载流子深入样品的平均距离就是牵引长度。如果电场很弱，使$L_{\mathrm{n},\mathcal{E}}\ll L_{\mathrm{n}}$，则$\lambda_2\approx-1/L_{\mathrm{n}}$，于是载流子的分布就是

$$\Delta n=\Delta n_0\exp(-x/L_{\mathrm{n}}) \tag{5-97}$$

上述结果就是扩散运动得到的衰减规律。实际上，如果忽略电场的影响，式(5-88)就是稳态扩散方程

$$D_{\mathrm{n}}\frac{\partial^2\Delta n}{\partial x^2}-\frac{\Delta n}{\tau_{\mathrm{n}}}=0 \tag{5-98}$$

5.6.2　连续性方程的应用

下面具体讨论连续性方程的几个应用。

1. 少数载流子脉冲在电场中的漂移

测量半导体中载流子迁移率实验是测量半导体中扩散和漂移运动的经典实验，被称为海恩斯-肖克莱实验。其实验装置如图 5.14 所示，假设实验所用的半导体为 n 型，实验中所加电场是脉冲形式的扫描脉冲，它在$t=0$时的瞬间在 A 点产生有限数量的非平衡载流子，同时在半导体中加一个沿 x 方向的恒定电场$\mathcal{E}_0$。触点 B 被加上一个反偏电压，是一个整流触点，它用于收集漂移过来的非平衡载流子，收集到的载流子就形成了输出电压V_0。扫描脉冲和被测脉冲同时显示在示波器上。若已知电场强度和脉冲漂移的距离 d，就可以计算出半导体的迁移率$\mu=d/(\mathcal{E}_0 t)$。由此可以测得的迁移率称为漂移迁移率。

下面对该实验进行具体分析。

先假定没有外加电场，当脉冲停止后，空穴的一维连续性方程为

$$\frac{\partial \Delta p}{\partial t} = D_{\mathrm{p}} \frac{\partial^2 \Delta p}{\partial x^2} - \frac{\Delta p}{\tau_{\mathrm{p}}} \tag{5-99}$$

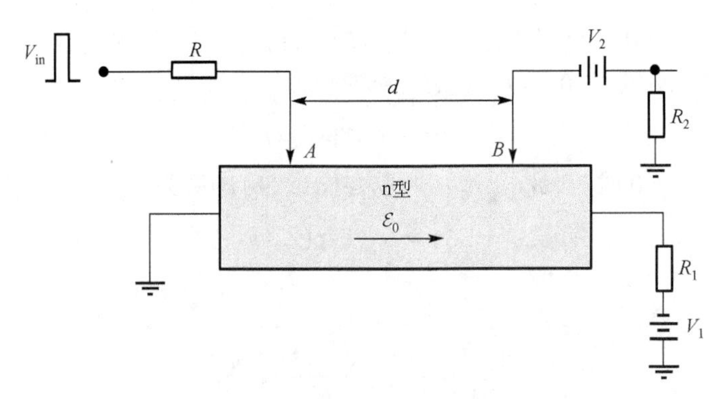

图 5.14　海恩斯-肖克莱实验装置示意图

假设这个方程的解具有下列形式：

$$\Delta p = f(x,t)\exp\left(-\frac{t}{\tau_{\mathrm{p}}}\right) \tag{5-100}$$

将它代入方程(5-99)，得到

$$\frac{\partial f(x,t)}{\partial t} = D_{\mathrm{p}} \frac{\partial^2 f(x,t)}{\partial x^2} \tag{5-101}$$

这是一个标准的一维热传导方程。若 $t=0$ 时，非平衡空穴只局限在很窄的区域内，可以用数学上的 δ 函数近似，则方程(5-101)的解为

$$f(x,t) = \frac{B}{\sqrt{t}}\exp\left(-\frac{x^2}{4D_{\mathrm{p}}t}\right) \tag{5-102}$$

其中，B 为常数。由此得到方程(5-99)的完整解为

$$\Delta p = \frac{B}{\sqrt{t}}\exp\left[-\left(\frac{x^2}{4D_{\mathrm{p}}t} + \frac{t}{\tau_{\mathrm{p}}}\right)\right] \tag{5-103}$$

式(5-103)对 x 从 $-\infty$ 到 ∞ 积分，再令 $t=0$，就得到初始时刻单位面积上的非平衡空穴数，即

$$N_{\mathrm{p}} = B\sqrt{4\pi D_{\mathrm{p}}} \tag{5-104}$$

最后得到

$$\Delta p = \frac{N_{\mathrm{p}}}{\sqrt{4\pi D_{\mathrm{p}}t}}\exp\left[-\left(\frac{x^2}{4D_{\mathrm{p}}t} + \frac{t}{\tau_{\mathrm{p}}}\right)\right] \tag{5-105}$$

式(5-105)是没有外加电场时，注入停止后，注入的空穴由注入点向两边扩散同时复合，是载流子扩散和复合两个物理过程共同导致的结果，如图 5.15(a)所示。

如果样品加一个均匀电场，则连续性方程为

$$\frac{\partial \Delta p}{\partial t} = D_{\mathrm{p}} \frac{\partial^2 \Delta p}{\partial x^2} - \mu_{\mathrm{p}} \mathcal{E}_0 \frac{\partial \Delta p}{\partial x} - \frac{\Delta p}{\tau} \tag{5-106}$$

作变量代换，定义参数

$$x' = x - \mu_{\mathrm{p}} \mathcal{E}_0 t \tag{5-107}$$

并假设

$$\Delta p = f(x',t) \exp\left(-\frac{t}{\tau_{\mathrm{p}}}\right) \tag{5-108}$$

代入方程(5-106)，可以得到

$$\frac{\partial f(x',t)}{\partial t} = D_{\mathrm{p}} \frac{\partial^2 f(x',t)}{\partial x'^2} \tag{5-109}$$

该式在形式上和方程(5-101)完全一致。其解和式(5-105)也是一致的，所以

$$\Delta p = \frac{N_{\mathrm{p}}}{\sqrt{4\pi D_{\mathrm{p}} t}} \exp\left[-\left(\frac{(x - \mu_{\mathrm{p}} \mathcal{E}_0 t)^2}{4 D_{\mathrm{p}} t} + \frac{t}{\tau_{\mathrm{p}}}\right)\right] \tag{5-110}$$

式(5-110)表示，加上外电场后，整个非平衡载流子的“包”以漂移速度 $\mu_{\mathrm{p}} \mathcal{E}_0$ 向样品的负端运动。同时，载流子也不断地扩散和复合，即载流子的运动有漂移、扩散和复合三个物理过程。上述结果如图 5.15(b)所示。

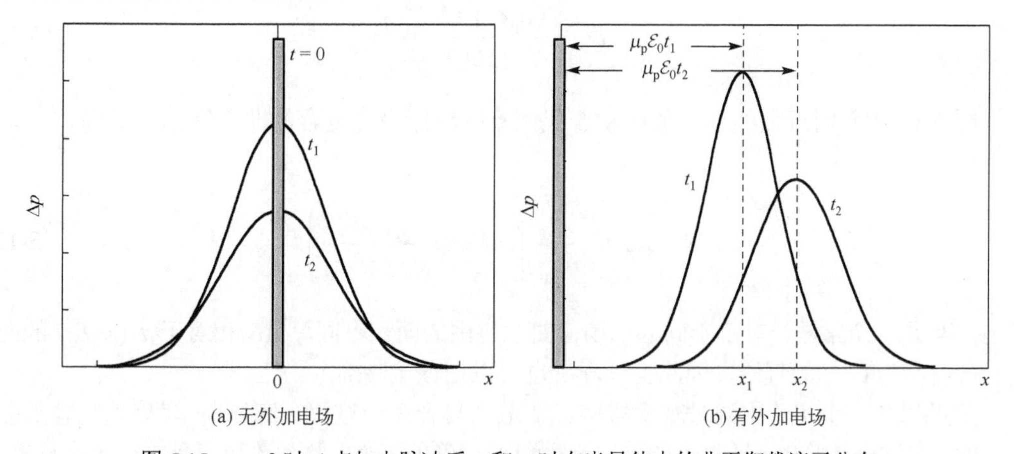

(a) 无外加电场　(b) 有外加电场

图 5.15　$t=0$ 时 A 点加电脉冲后 t_1 和 t_2 时在半导体中的非平衡载流子分布

在触点 B 探测到的电压信号与到达该点的非平衡载流子浓度成正比。图 5.16 为触点 B 探测到的电压信号随时间的变化函数，其中电压信号在 $t=t_0$ 时达到峰值，说明此时 B 点处的非平衡载流子浓度达到极大。

按前文的分析，样品的迁移率可以表示为

$$\mu_{\mathrm{p}} = \frac{d}{\mathcal{E}_0 t_0} \tag{5-111}$$

其中，d 为探针 A、B 之间的距离；电场 $\mathcal{E}_0$ 由电压 V_1、电阻 R_1 和样品确定；t_0 为从 A 点输入脉冲信号到 B 点探测到信号峰值的时间间隔。

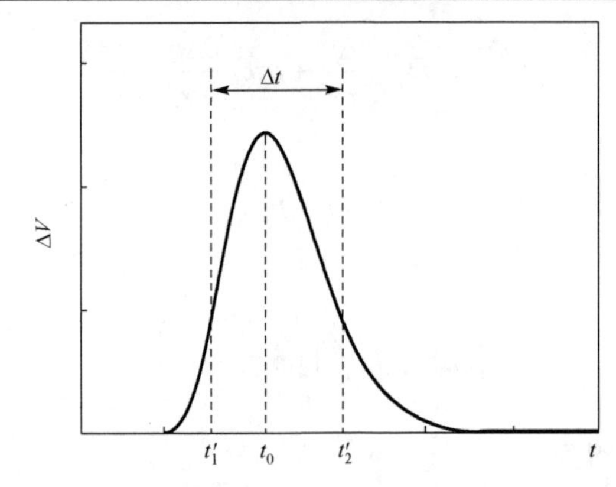

图 5.16　触点 B 探测到的电压信号随时间的变化函数

在时间 t_1' 和时间 t_2'，非平衡载流子的浓度为 t_0 峰值时的 $1/e$。如果 t_1' 和 t_2' 之间的时间间隔不是很大，这段时间内 $\exp\left(-\dfrac{t}{\tau_{\rm p}}\right)$ 和 $\dfrac{1}{\sqrt{4\pi D_{\rm p}t}}$ 的变化不是很明显，那么在 $t=t_1'$ 和 $t=t_2'$ 时有

$$(d-\mu_{\rm p}\mathcal{E}_0 t)^2=4D_{\rm p}t \tag{5-112}$$

把 t_1' 和 t_2' 分别代入式(5-112)，考虑到 $d=\mu_{\rm p}\mathcal{E}_0 t_0$ 并认为 t_1' 和 t_2' 与 t_0 相差不大，满足 $|t_1'-t_0|=|t_2'-t_0|=\Delta t/2$，就可以得到扩散系数

$$D_{\rm p}=\frac{(\mu_{\rm p}\mathcal{E}_0)^2(\Delta t)^2}{16t_0} \tag{5-113}$$

图 5.16 中 t_0 附近曲线下方的面积 S 代表 t_0 时刻还没有复合的非平衡空穴数量，可以表示为

$$S=K\exp\left(-\frac{t_0}{\tau_{\rm p}}\right)=K\exp\left(-\frac{d}{\mu_{\rm p}\mathcal{E}_0\tau_{\rm p}}\right) \tag{5-114}$$

其中，K 是一个常数，对于不同的电场，曲线包围的面积不同。$\ln S$ 相对于 $d/(\mu_{\rm p}\mathcal{E}_0)$ 的函数是一条斜率为 $1/\tau_{\rm p}$ 的直线，因此少子寿命也可以由该实验确定。

如果想在一个实验中同时观察漂移、扩散和复合三个过程，海恩斯-肖克莱实验是非常有用的。在这个实验中，迁移率的确定是简单而精确的，而扩散系数和寿命的计算比较复杂，并且不够精确。

事实上，A 点的输入电脉冲也可以用光激发代替，即在 A 点用一束极窄的脉冲光照射，该脉冲光在某瞬时产生一定数量的光生载流子，其中的非平衡空穴将在电场的作用下向 B 点漂移，也能得到类似的实验结果。

2. 稳态下的表面复合

若稳定光照射到一均匀掺杂的 p 型半导体中，并在样品中均匀地产生非平衡载流子，非平衡电子的产生率为 $g_{\rm n}$，非平衡电子的寿命为 $\tau_{\rm n}$，则达到稳态后，$\Delta n=n-n_0=g_{\rm n}\tau_{\rm n}$。如果样品的一端存在表面复合，则这个面上的非平衡空穴浓度 Δn 比体内低，非平衡电子就会流

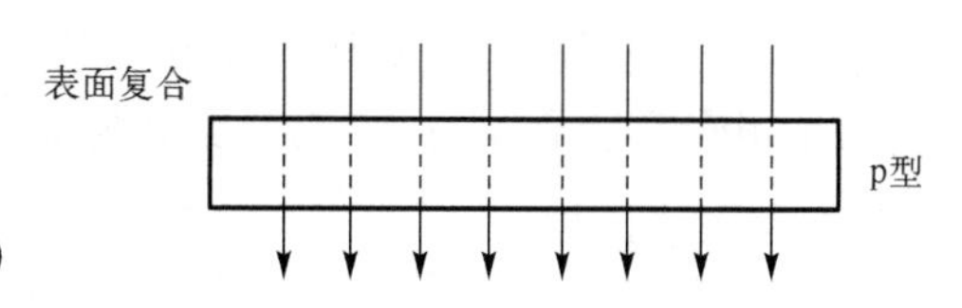

向这个表面，并在那里复合。在小注入条件下，忽略电场的影响，空穴满足的连续性方程为

$$D_n \frac{\partial^2 \Delta n}{\partial x^2} - \frac{\Delta n}{\tau_n} + g_n = 0 \tag{5-115}$$

如图 5.17 所示，设表面复合的平面位于 $x = 0$ 处，则上述方程须满足以下边界条件：

$$\Delta n(\infty) = g_n \tau_n \tag{5-116}$$

$$D_n \left. \frac{\partial \Delta n}{\partial x} \right|_{x=0} = s_n [n(0) - n_0] \tag{5-117}$$

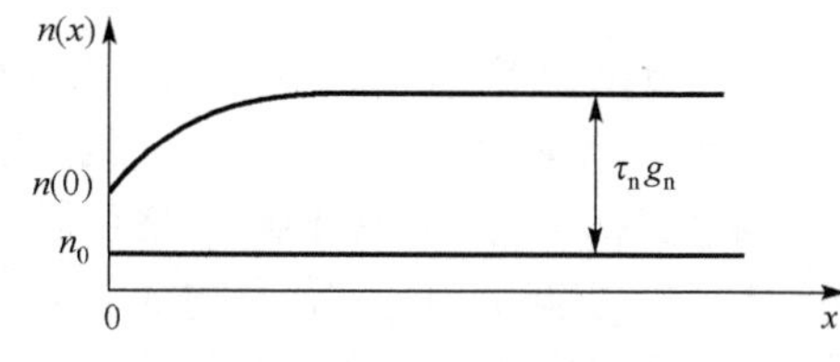

图 5.17　稳态表面复合条件下的少数载流子分布

其中，s_n 是电子的表面复合速度；n_0 是平衡电子浓度。式(5-117)表明，扩散到达该表面的少数载流子就在表面处复合。根据式(5-116)，方程(5-115)的解为

$$\Delta n(x) = C\exp\left(-\frac{x}{L_n}\right) + g_n \tau_n \tag{5-118}$$

即

$$n(x) = n_0 + C\exp\left(-\frac{x}{L_n}\right) + g_n \tau_n \tag{5-119}$$

其中，$L_n = \sqrt{D_n \tau_n}$ 。C 可以由边界条件式(5-117)确定

$$C = -g_n \tau_n \frac{s_n L_n}{D_n + s_n L_n} = -g_n \tau_n \frac{s_n \tau_n}{L_n + s_n \tau_n} \tag{5-120}$$

最后得到

$$n(x) = n_0 + g_n \tau_n \left[1 - \frac{s_n \tau_n}{L_n + s_n \tau_n} \exp\left(-\frac{x}{L_n}\right)\right] \tag{5-121}$$

式(5-121)表明，当 $s_n \to 0$ 时，$n(x) = n_0 + g_n \tau_n$ ，即空穴均匀分布；当 $s_n \to \infty$ 时，$n(x) = n_0 + g_n \tau_n \left[1 - \exp\left(-\frac{x}{L_n}\right)\right]$，即表面电子浓度接近于平衡值 n_0 。

在三维情况下，在单位体积中电流引起的载流子积累率，由电流密度的散度决定，对于空穴就是 $-\frac{1}{e}\nabla \cdot \boldsymbol{J}_p$ 。因此，空穴的三维连续性方程为

$$\frac{\partial p}{\partial t} = -\frac{1}{e}\nabla \cdot \boldsymbol{J}_p - \frac{\Delta p}{\tau_p} + g_p \tag{5-122}$$

而电子的连续性方程为

$$\frac{\partial n}{\partial t} = \frac{1}{e}\nabla \cdot \boldsymbol{J}_n - \frac{\Delta n}{\tau_n} + g_n \tag{5-123}$$

式(5-122)和式(5-123)中的空穴和电子电流密度应分别包含相应的扩散和漂移的电流密度。

连续性方程反映了半导体中载流子运动的普遍规律，是研究半导体器件原理的基本方程。它是相应的粒子(电子或空穴)数守恒原理的具体表述。

5.7 双极输运

5.6 节已经指出，连续性方程(5-82)和(5-83)分别讨论的是 p 型和 n 型半导体中少子的扩散和漂移。实际讨论中假设非平衡载流子的注入不会引起足以影响少子运动的电场或电场修正。事实上，由于两种载流子扩散和漂移的差异，电场分布会发生一定的变化。电场的变化可通过它所引起的附加的漂移电流影响两种载流子的运动，使两种非平衡载流子在运动中保持同步。不过在两种载流子数量相差悬殊的情形下，电场的变化对少子的影响可以忽略不计，但它可影响多子的运动，使多子和少子保持同步。在电子和空穴浓度可比拟时，电场的变化对两种载流子的运动都可产生显著的影响。在这种情况下，必须引入双极扩散系数和双极漂移迁移率来描述非平衡载流子的扩散和漂移[31]。

5.7.1 双极输运方程的推导

作用于载流子上的电场应该包括外加电场和内建电场两个部分，即

$$\mathcal{E}=\mathcal{E}_{\text{app}}+\mathcal{E}' \tag{5-124}$$

其中，$\mathcal{E}_{\text{app}}$ 为外加电场；$\mathcal{E}'$ 为内建电场。

为了使式(5-84)、式(5-85)更方便求解，可以做如下近似。可以看到，实际只需要相对很小的内建电场就可以保持非平衡电子和空穴一起漂移和扩散。因此，不妨假设

$$\mathcal{E}' \ll \mathcal{E}_{\text{app}} \tag{5-125}$$

但是，$\nabla\cdot\mathcal{E}'$ 项还是不能忽略。因此，需要限制电中性条件：假设任意空间和时间的非平衡电子都被相同数量的空穴平衡。如果该假设成立，就不会有内建电场来保持两类粒子共同运动。然而这与保持非平衡电子和空穴一起漂移和扩散的内建电场所需的非平衡电子和空穴浓度仅有很小的差别。例如，Δp 和 Δn 有 1%的差别就会导致式(5-84)、式(5-85)中的 $\partial\mathcal{E}/\partial x=\partial\mathcal{E}'/\partial x$ 项不可忽略。

在通常情况下，半导体内电子与空穴的产生率和复合率都是相等的，因此，可以定义

$$g_{\text{p}}=g_{\text{n}}=g \tag{5-126}$$

$$R_{\text{n}}=\frac{\Delta n}{\tau_{\text{n}}}=R_{\text{p}}=\frac{\Delta p}{\tau_{\text{p}}}=R \tag{5-127}$$

正如前文讨论的，Δn 并不严格等于 Δp，但两者只有很小的，如约 1% 的差距，因此可以认为 $\Delta n\approx\Delta p$。则式(5-84)、式(5-85)可以分别表示为

$$\frac{\partial\Delta n}{\partial t}=D_{\text{p}}\frac{\partial^2\Delta n}{\partial x^2}-\mu_{\text{p}}\mathcal{E}\frac{\partial\Delta n}{\partial x}-\mu_{\text{p}}p\frac{\partial\mathcal{E}}{\partial x}-R+g \tag{5-128}$$

$$\frac{\partial\Delta n}{\partial t}=D_{\text{n}}\frac{\partial^2\Delta n}{\partial x^2}+\mu_{\text{n}}\mathcal{E}\frac{\partial\Delta n}{\partial x}+\mu_{\text{n}}n\frac{\partial\mathcal{E}}{\partial x}-R+g \tag{5-129}$$

把式(5-128)乘以$\mu_n n$，式(5-129)乘以$\mu_p p$，再把两式相加，得

$$(\mu_n n D_p + \mu_p p D_n)\frac{\partial^2 \Delta n}{\partial x^2} + \mu_n \mu_p (p-n)\mathcal{E}\frac{\partial \Delta n}{\partial x} + (\mu_n n + \mu_p p)(g-R) = (\mu_n n + \mu_p p)\frac{\partial \Delta n}{\partial t} \tag{5-130}$$

式(5-130)除以$(\mu_n n + \mu_p p)$，得到如下方程：

$$\frac{\partial \Delta n}{\partial t} = D'\frac{\partial^2 \Delta n}{\partial x^2} + \mu'\mathcal{E}\frac{\partial \Delta n}{\partial x} - R + g \tag{5-131}$$

其中，D'为双极扩散系数：

$$D' = \frac{\mu_n n D_p + \mu_p p D_n}{\mu_n n + \mu_p p} \tag{5-132}$$

考虑爱因斯坦关系后，双极扩散系数可以表示为

$$D' = \frac{D_n D_p (n+p)}{D_n n + D_p p} \tag{5-133}$$

μ'为双极迁移率：

$$\mu' = \frac{\mu_n \mu_p (p-n)}{\mu_n n + \mu_p p} \tag{5-134}$$

式(5-131)称为双极输运方程，用来描述非平衡电子和空穴在时间与空间的变化规律。

5.7.2　掺杂及小注入的约束条件

双极输运式(5-131)实际是非线性方程，为了讨论方便，经常需要对其进行简化和线性化。

对于 p 型半导体，$p_0 \gg n_0$。同时，若满足小注入条件，即$\Delta n \ll p_0$。考虑到一般半导体中，扩散系数D_n和D_p为同一数量级，于是式(5-133)表示的双极扩散系数可以简化为

$$D' = D_n \tag{5-135}$$

类似地，双极迁移率也可以简化为

$$\mu' = \mu_n \tag{5-136}$$

对于小注入条件下的 n 型半导体，$p_0 \ll n_0$，$\Delta n \ll n_0$，上述式(5-133)表示的双极扩散系数可以简化为

$$D' = D_p \tag{5-137}$$

类似地，双极迁移率也可以简化为

$$\mu' = -\mu_p \tag{5-138}$$

上述结果说明，对小注入条件下的 p 型或 n 型半导体，可以将双极扩散系数和双极迁移率归纳为少数载流子的恒定参数。双极迁移率与载流子漂移运动有关，漂移项的符号是由导电粒子的正负电性决定的。

图 5.18 给出了小注入条件下不同电子浓度的半导体双极扩散系数D'和双极迁移率μ'。由图中结果可以看出，双极扩散系数D'和双极迁移率μ'只是在电子浓度为本征载流子浓度

n_i 的 10 倍至 1/10 范围内有明显的变化，即近本征区域内两者有明显的变化。需要指出的是，上述结果只有满足小注入条件时才成立，即 $\Delta n = \Delta p \ll n$（或 p）。对近本征半导体，这样的条件并不容易满足。但对通常的 n 或 p 型半导体，小注入条件还是容易满足的，即图 5.18 中双极扩散系数 D' 和双极迁移率 μ' 的左右两个极限值一般是成立的，而在中间的转换区域，若有非平衡载流子的产生，则双极扩散系数和双极迁移率可能有显著的变化。

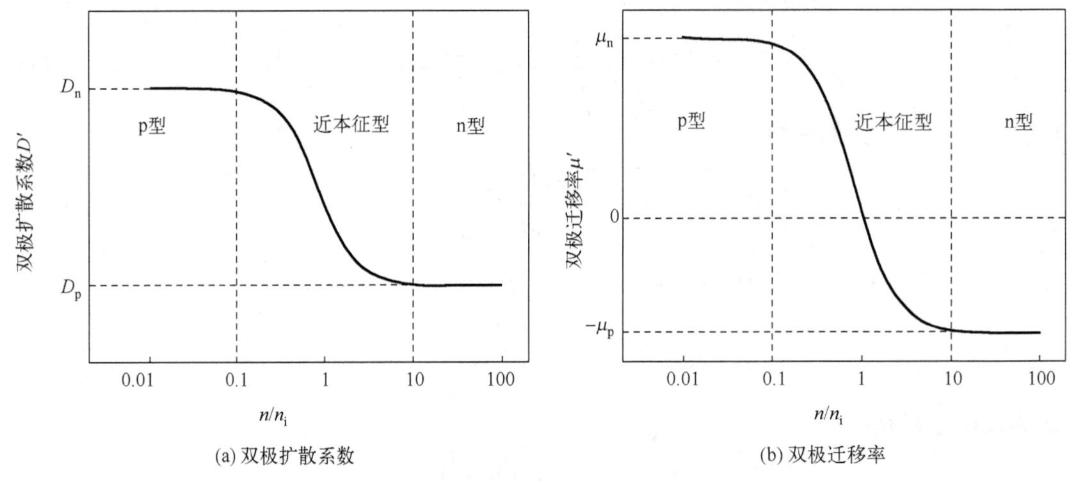

图 5.18　不同电子浓度的半导体双极扩散系数和双极迁移率

小注入 p 型半导体的双极输运方程可以表示为

$$\frac{\partial \Delta n}{\partial t} = D_n \frac{\partial^2 \Delta n}{\partial x^2} + \mu_n \mathcal{E} \frac{\partial \Delta n}{\partial x} - R + g \tag{5-139a}$$

同理，小注入 n 型半导体的双极输运方程可以表示为

$$\frac{\partial \Delta p}{\partial t} = D_p \frac{\partial^2 \Delta p}{\partial x^2} - \mu_p \mathcal{E} \frac{\partial \Delta p}{\partial x} - R + g \tag{5-139b}$$

需要指出的是，式(5-139)和式(5-86)、式(5-87)是完全一致的，其中的输运和复合等参数都变成了少子参数。非平衡多子的漂移和扩散与非平衡少子同时进行，这样非平衡多子的状态就由少子的参数决定。这种双极现象在半导体物理中非常重要，它是描述半导体器件特性和状态的基础。

最后还应指出的是，对电子浓度可与空穴浓度比拟的近本征的半导体，其中的扩散和漂移过程不能用上述方法近似，只能按双极输运方程严格求解。

习　　题

1．在下述条件下，是否有载流子的净复合或净产生。

(1) 在载流子完全耗尽（电子浓度 n 和空穴浓度 p 都远小于本征载流子浓度 n_i）的半导体区域。

(2) 在只有少数载流子被耗尽（例如 $p_n \ll p_{n0}$，而 $n_n = n_{n0}$）的半导体区域。

(3) 在 $n = p$ 的半导体区域，其中 n 远大于本征载流子浓度 n_i。

2．分析 Au 在 Si 中的深能级情况，并分别讨论 Au 是如何分别影响 n 型和 p 型 Si 的载流子寿命？

3．电子以脉冲信号的方式在半导体样品的某点注入半导体，试分别分析注入电子在有与没有定向电场的情况下的运动规律。

4．用强光照射 p 型样品，假定光被均匀地吸收，产生过剩载流子，电子产生率为 g_{n}，电子寿命为 τ_{n}。

(1) 写出光照下过剩电子所满足的方程；

(2) 求出光照下达到稳定状态时的非平衡电子浓度。

5．一个半导体样品的载流子寿命 $\tau = 15\mu\mathrm{s}$，光照在材料中均匀产生非平衡载流子，试求光照停止 $25\mu\mathrm{s}$ 后非平衡载流子浓度与刚停止光照时浓度的百分比。

6．已知室温下 Si 的本征载流子浓度为 $1.5\times10^{10}\mathrm{cm}^{-3}$，施主浓度为 $2\times10^{16}\mathrm{cm}^{-3}$ 的 n 型 Si，光注入的非平衡载流子浓度 $\Delta n = \Delta p = 5\times10^{14}\mathrm{cm}^{-3}$，试计算这种情况下的准费米能级位置，并和原来的费米能级相比。

7．室温下，p 型 Si 半导体中的电子寿命为 $250\mu\mathrm{s}$，电子迁移率为 $1200\mathrm{cm}^2/(\mathrm{V}\cdot\mathrm{s})$，试求电子的扩散长度。

8．在测量半导体迁移率的海恩斯-肖克莱实验中，n 型 Ge 样品的长度为 1cm，外加电压为 $V_1 = 2.8\mathrm{V}$。如果 A、B 两个触点相距 0.84cm，少数载流子从 A 点注入 $150\mu\mathrm{s}$ 后，脉冲最大点到达触点 B。脉冲宽度为 $78\mu\mathrm{s}$。试确定空穴迁移率和扩散系数，并与爱因斯坦关系比较。

9．考虑如图所示的 p 型半导体样品，其参数为 $N_{\mathrm{A}} = 6\times10^{16}\mathrm{cm}^{-3}$，$D_{\mathrm{n}} = 20\mathrm{cm}^2/\mathrm{s}$，$\tau_{\mathrm{n}} = 6\times10^{-7}\mathrm{s}$，两侧的表面复合速度如图所示，无外加电场。半导体在 $x = 0$ 处受到光照射，非平衡电子的产生率为 $g = 3\times10^{21}\mathrm{cm}^{-3}\cdot\mathrm{s}^{-1}$。试确定稳态过程中过剩载流子浓度随 x 的变化函数。

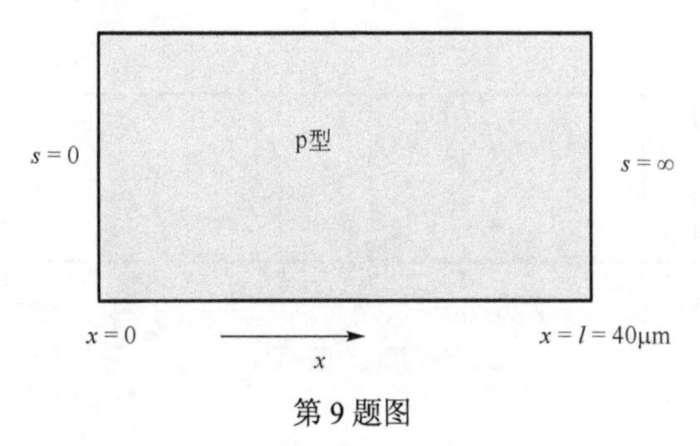

第 9 题图

10．考虑某 n 型半导体，其中，$n_0 = 10^{15}\mathrm{cm}^{-3}$，其室温下的本征载流子浓度 $n_{\mathrm{i}} = 1.5\times10^{10}\mathrm{cm}^{-3}$。假设少子的寿命为 $10^{-6}\mathrm{s}$，若非平衡空穴浓度 $\Delta p = 4\times10^{12}\mathrm{cm}^{-3}$，试求电子-空穴的复合率。

11．热平衡状态半导体的空穴浓度 $p_0 = 10^{16}\mathrm{cm}^{-3}$，该直接带隙半导体室温下的本征载流子浓度 $n_{\mathrm{i}} = 10^{9}\mathrm{cm}^{-3}$，小注入条件下直接复合的少子寿命为 $10^{-8}\mathrm{s}$。

(1) 确定电子的热平衡复合率；

(2) 如果非平衡电子的浓度为 $\Delta n = 6\times10^{13}\mathrm{cm}^{-3}$，那么电子的复合率改变了多少？

12．光照一个空穴迁移率为 $500\mathrm{cm}^2/(\mathrm{V}\cdot\mathrm{s})$ 的如图 5.17 所示的足够大的 n 型 Si 样品，样品中均匀产生非平衡载流子，电子-空穴对的产生率为 $10^{17}\mathrm{cm}^{-3}\cdot\mathrm{s}^{-1}$，设样品的非平衡空穴寿

命为 8×10^{-6}s，表面复合速度为 96cm/s。试计算：

(1) 单位时间单位表面积在表面复合的空穴数；

(2) 单位时间单位表面积在离表面三个扩散长度内复合的空穴数。

13．某空穴迁移率为 $500\text{cm}^2/(\text{V}\cdot\text{s})$ 的足够厚的 n 型 Si 样品，空穴寿命为 4×10^{-6}s，在其平面形的表面处有稳定的空穴注入，表面处非平衡空穴浓度为 $\Delta p_0=2\times10^{13}\text{cm}^{-3}$。计算从这个表面扩散进入半导体内部的空穴电流密度，以及在离表面多远处的非平衡空穴浓度减小到 10^{12}cm^{-3}。

14．设 n 型半导体如图所示，表面复合速度在 $x=-l$ 处 $s=0$，在 $x=l$ 处 $s=\infty$。半导体在 $-l<x<0$ 范围内受到均匀光照，非平衡载流子的产生率为 G_0，半导体少子寿命为 τ_p，且电场为 0，已知该半导体的空穴扩散系数为 D_p，试确定稳态时少子浓度随 x 的变化规律。

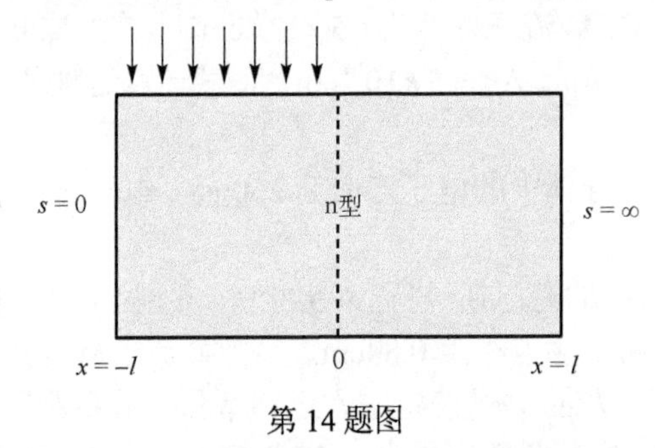

第 14 题图

15．某 p 型半导体 Si 如图所示，半导体中浅受主掺杂浓度为 $2\times10^{16}\text{cm}^{-3}$，已知其电子迁移率为 $1250\text{cm}^2/(\text{V}\cdot\text{s})$，电子寿命为 5μs，无外加电场。试设计适当的表面复合速度以满足：在半导体中有均匀的非平衡载流子产生率为 $2\times10^{21}\text{cm}^{-3}\cdot\text{s}^{-1}$ 的情况下，表面的电子扩散电流密度不超过 $0.2\text{A}/\text{cm}^2$。

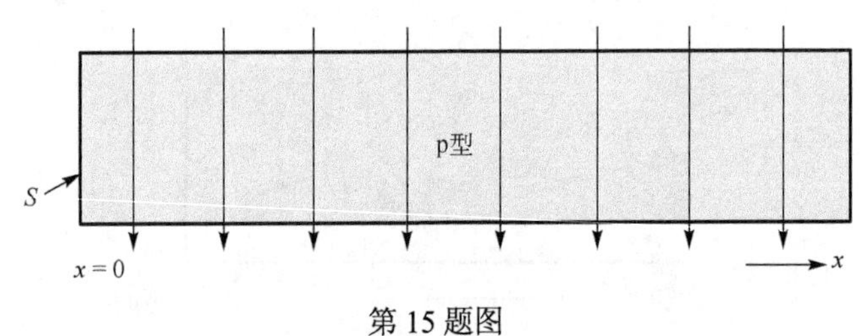

第 15 题图

微课

第 6 章　pn 结

pn 结是指由 p 型和 n 型半导体结合在一起形成的半导体结构。从材料组成来说可以把 pn 结分成同质 pn 结和异质 pn 结两类。本章将讨论的是同质 pn 结，即由同种半导体单晶构成的 pn 结[3, 31]，后者将在第九章具体讨论。

pn 结是许多半导体器件的结构基础，其本身又为研究半导体的性质提供了一个重要方法。本章将详细讨论非简并半导体 pn 结的电荷、电场、电势、电流和电容等方面的性质，这些性质为许多半导体器件的性能分析提供了物理基础。本章还将分析讨论由重掺杂简并半导体构成的隧道 pn 结，它是日本科学家江崎玲于奈在 1958 年最早研究的，后来江崎因此获得了 1973 年的诺贝尔物理奖。

6.1　pn 结的基本结构和性质

6.1.1　pn 结的基本结构

图 6.1(a)给出了 pn 结的简化结构图，图中的半导体是一块单晶材料，它的一部分掺入受主杂质原子形成了 p 区，相邻的另一部分掺入了施主杂质原子形成了 n 区。图 6.1(b)给出了半导体 p 区和 n 区的掺杂浓度曲线。为简便起见，本章首先讨论突变结的情况。突变结的特点是：两个掺杂区的杂质浓度都是均匀分布的，在界面处，杂质浓度有一个突然的变化。在界面处，刚开始时电子和空穴都有一个很大的浓度梯度。由于两边的载流子浓度不同，n 区的电子向 p 区扩散，p 区的空穴向 n 区扩散。但这种扩散过程并不能无限地延续下去。随着电子由 n 区向 p 区扩散，带正电的施主离子留在了 n 区，同理在 p 区留下了带负电的受主离子，由此在界面两侧的区域内形成了由 n 区指向 p 区的电场，该电场称为内建电场。随着内建电场的产生，新的载流子运动——漂移运动开始了，在内建电场的作用下，电子逆着电场方向运动，即从 p 区向 n 区运动，空穴沿着电场方向运动，即从 n 区向 p 区运动。显然，初始时扩散运动大于漂移运动，内建电场也因此不断增强。但最终两者会达到平衡，内建电场也达到一个稳定值。这时界面两侧的正电荷区和负电荷区也达到最大，该区域就是空间电荷区，如图 6.2 所示。需要指出的是，在空间电荷区内可运动的电荷-电子和空穴与原来的电

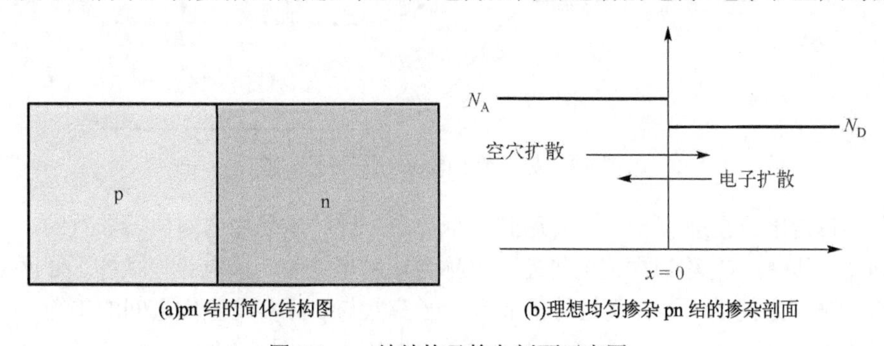

(a)pn 结的简化结构图　　(b)理想均匀掺杂 pn 结的掺杂剖面

图 6.1　pn 结结构及掺杂剖面示意图

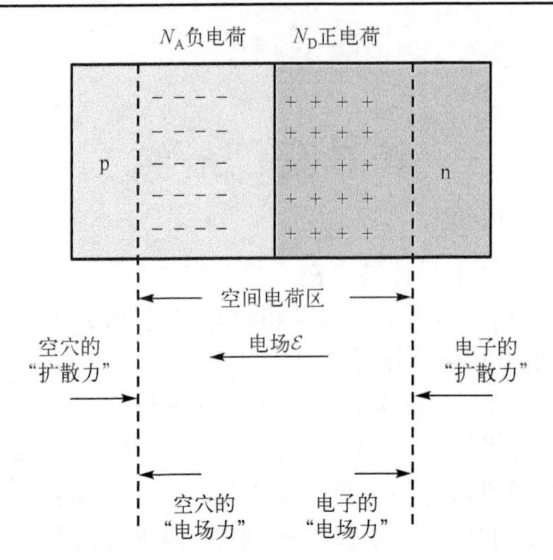

图 6.2　空间电荷区、电场及施加在载流子上的两种力

子和空穴浓度相比，几乎可以忽略不计，因此空间电荷区又称为耗尽区。在空间电荷区的边缘处仍然存在多子浓度的梯度。可以这样认为，由于浓度梯度的存在，多数载流子便受到一个“扩散力”的作用。空间电荷区的电荷受“电场力”和“扩散力”的共同作用。在热平衡条件下，电子和空穴受到的上述两个力的作用是平衡的。

6.1.2　pn 结空间电荷区的内建电势差

假设 pn 结两端没有外加电压，那么 pn 结就处于热平衡状态。在热平衡状态下，整个半导体系统内的费米能级处处相等，且为一个恒定值。图 6.3 给出了热平衡状态下 pn 结的能带示意图。因为 p 区和 n 区的初始费米能级位置是不同的，为了使 pn 结的费米能级位置在空间电荷区为统一值，空间电荷区内导带边与价带边一定是弯曲的，如图 6.3 所示。其中，E_i 为半导体的本征费米能级，它与带边的位置关系是确定的。

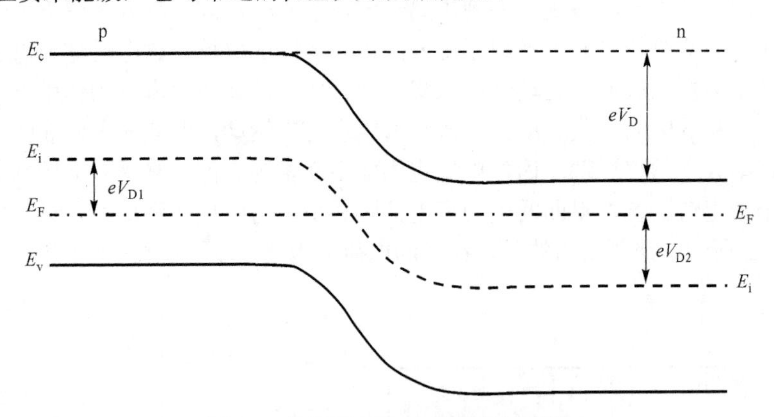

图 6.3　热平衡下的 pn 结能带示意图

n 区导带内电子在进入 p 区时会遇到一个势垒，该势垒是由内建电场导致的，该势垒一般记为 eV_D，其中，V_D 称为内建电势差，也称为接触电势差。该电势差维持了 n 区多子电子与 p 区少子电子之间的平衡，也维持了 n 区少子空穴与 p 区多子空穴之间的平衡。

可以把 V_D 分成 p 区和 n 区的两部分，即 V_{D1} 与 V_{D2}，如图 6.3 所示，两者是 p 区与 n 区本

征费米能级与统一费米能级之差的绝对值，显然满足

$$V_{\mathrm{D}} = V_{\mathrm{D1}} + V_{\mathrm{D2}} \tag{6-1}$$

V_{D1} 与 V_{D2} 代表了 pn 结空间电荷区内 p 区和 n 区各自的内建电势差。

对非简并半导体形成的 pn 结，n 区和 p 区的施主与受主浓度分别为 N_{D} 和 N_{A}。形成 pn 结之前，n 区内导带电子浓度可以表示为

$$n_0 = N_{\mathrm{D}} = N_{\mathrm{c}} \exp\left(-\frac{E_{\mathrm{c}} - E_{\mathrm{Fn}}}{k_{\mathrm{B}}T}\right) = n_{\mathrm{i}} \exp\left(\frac{E_{\mathrm{Fn}} - E_{\mathrm{i}}}{k_{\mathrm{B}}T}\right) \tag{6-2}$$

由此得

$$E_{\mathrm{Fn}} = E_{\mathrm{i}} + k_{\mathrm{B}}T\ln\frac{N_{\mathrm{D}}}{n_{\mathrm{i}}},\quad 即 eV_{\mathrm{D2}} = E_{\mathrm{Fn}} - E_{\mathrm{i}} = k_{\mathrm{B}}T\ln\frac{N_{\mathrm{D}}}{n_{\mathrm{i}}} \tag{6-3}$$

同理，p 区内导带空穴浓度可以表示为

$$p_0 = N_{\mathrm{A}} = N_{\mathrm{v}} \exp\left(\frac{E_{\mathrm{v}} - E_{\mathrm{Fp}}}{k_{\mathrm{B}}T}\right) = n_{\mathrm{i}} \exp\left(-\frac{E_{\mathrm{Fp}} - E_{\mathrm{i}}}{k_{\mathrm{B}}T}\right) \tag{6-4}$$

由此得

$$E_{\mathrm{Fp}} = E_{\mathrm{i}} - k_{\mathrm{B}}T\ln\frac{N_{\mathrm{A}}}{n_{\mathrm{i}}},\quad 即 eV_{\mathrm{D1}} = E_{\mathrm{i}} - E_{\mathrm{Fp}} = k_{\mathrm{B}}T\ln\frac{N_{\mathrm{A}}}{n_{\mathrm{i}}} \tag{6-5}$$

如图 6.4(a)所示，在形成 pn 结之前，n 区与 p 区的费米能级之差为

$$E_{\mathrm{Fn}} - E_{\mathrm{Fp}} = k_{\mathrm{B}}T\ln\frac{N_{\mathrm{D}}N_{\mathrm{A}}}{n_{\mathrm{i}}^2} \tag{6-6}$$

pn 结形成后，由于内建电场的作用，n 区电势升高，电势能降低。如图 6.4(b)所示，电势能降低值就是上述费米能级差，由此使界面两侧的费米能级相等，整个 pn 结达到平衡，所以结区势垒 $eV_{\mathrm{D}} = E_{\mathrm{Fn}} - E_{\mathrm{Fp}}$。由式(6-6)可得

$$V_{\mathrm{D}} = \frac{k_{\mathrm{B}}T}{e}\ln\frac{N_{\mathrm{D}}N_{\mathrm{A}}}{n_{\mathrm{i}}^2} \tag{6-7}$$

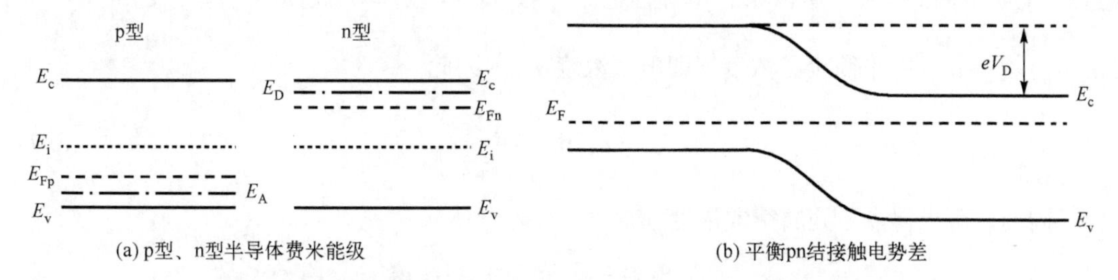

图 6.4　p 型、n 型半导体费米能级与平衡 pn 结接触电势差的关系

6.1.3　平衡 pn 结内的载流子分布

取 p 区电势为 0，则势垒区中任何一点 x 的电势值 $V(x)$ 都为正值。越接近 n 区的点，其电势越高，到势垒区边界 x_{n} 处的电势最高值 V_{D}。如图 6.5 所示，x_{n}、$-x_{\mathrm{p}}$ 分别为 n 区和 p 区

势垒区的边界。对电子而言，相应的 p 区电势能 $E(-x_p)$ 比 n 区电势能 $E(x_n)=E_{cn}=-eV_D$ 高 eV_D。势垒区内任意点 x 的电势能为 $E(x)=-eV(x)$，比 n 区高 $eV_D-eV(x)$。由于电势能的存在，pn 结内部的导带底和价带顶都不再是常数，而是随电势能 $E(x)$ 变化。为了讨论问题方便，可以直接定义导带底 $E_c(x)=E(x)$，于是 $E_c(-x_p)=0$，$E_c(x_n)=-eV_D$。

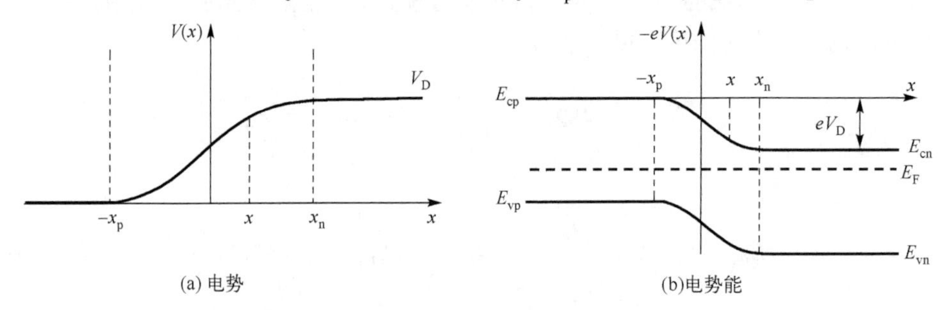

图 6.5　平衡 pn 结的电势和电势能

根据第 3 章的方程(3-23)，对非简并半导体，点 x 处的电子浓度 $n(x)$ 为

$$n(x)=\int_{E(x)}^{\infty}\frac{1}{2\pi^2}\frac{(2m_{dn}^*)^{3/2}}{\hbar^3}\exp\left(\frac{E_F-E}{k_BT}\right)[E-E(x)]^{1/2}\,dE \tag{6-8}$$

定义参数 $Z=[E-E(x)]/(k_BT)$，则式(6-8)可以表示为

$$\begin{aligned}n(x)&=\frac{1}{2\pi^2}\frac{(2m_{dn}^*)^{3/2}}{\hbar^3}(k_BT)^{3/2}\exp\left(\frac{E_F-E(x)}{k_BT}\right)\int_0^{\infty}Z^{1/2}\exp(-Z)dZ\\&=\frac{2}{\hbar^3}\left(\frac{m_{dn}^*k_BT}{2\pi}\right)^{3/2}\exp\left(\frac{E_F-E(x)}{k_BT}\right)=N_c\exp\left(\frac{E_F-E(x)}{k_BT}\right)\end{aligned} \tag{6-9}$$

因为 $E(x)=-eV(x)$，$n_{n0}=N_c\exp[(E_F-E_{cn})/(k_BT)]$，而 $E_{cn}=-eV_D$，所以

$$n(x)=n_{n0}\exp\left(\frac{E_{cn}-E(x)}{k_BT}\right)=n_{n0}\exp\left(\frac{eV(x)-eV_D}{k_BT}\right) \tag{6-10}$$

当 $x=x_n$ 时，$V(x)=V_D$，所以 $n(x_n)=n_{n0}$；当 $x=-x_p$ 时，$V(x)=0$，则 $n(-x_p)=n_{n0}\exp\left(-\frac{eV_D}{k_BT}\right)$，$n(-x_p)$ 就是 p 区中平衡少子浓度，即电子浓度 n_{p0}。因此

$$n_{p0}=n_{n0}\exp\left(-\frac{eV_D}{k_BT}\right) \tag{6-11}$$

同理，可求得点 x 处的空穴浓度 $p(x)$ 为

$$p(x)=p_{n0}\exp\left(\frac{E(x)-E_{cn}}{k_BT}\right)=p_{n0}\exp\left(\frac{eV_D-eV(x)}{k_BT}\right) \tag{6-12}$$

其中，p_{n0} 为 n 区平衡少子浓度，即空穴浓度。当 $x=-x_p$ 时，$V(x)=0$，则 $p(-x_p)=p_{n0}\exp[eV_D/(k_BT)]$，$p(-x_p)$ 就是 p 区中平衡多子浓度，即空穴浓度 p_{p0}。因此

$$p_{p0}=p_{n0}\exp\left(\frac{eV_D}{k_BT}\right) \tag{6-13}$$

或

$$p_{n0} = p_{p0}\exp\left(-\frac{eV_D}{k_B T}\right) \tag{6-14}$$

式(6-10)、式(6-12)给出了平衡 pn 结中电子和空穴浓度的分布，式(6-11)、式(6-13)表示同一种载流子在势垒区两边的浓度关系服从玻尔兹曼分布。

利用式(6-10)、式(6-12)可以估算 pn 结势垒区中各处的载流子浓度。例如，势垒区内电势能比 n 区导带底 E_{cn} 高 0.1eV 处的电子浓度为

$$n(x) = n_{n0}\exp\left(-\frac{0.1}{0.026}\right) \approx \frac{n_{n0}}{50} = \frac{N_D}{50}$$

设势垒的高度为 0.7eV，则该处的空穴浓度为

$$p(x) = p_{n0}\exp\left(\frac{eV_D - eV(x)}{k_B T}\right) = p_{p0}\exp\left(-\frac{eV(x)}{k_B T}\right) = p_{p0}\exp\left(-\frac{0.6}{0.026}\right)$$
$$\approx 10^{-10} p_{p0} = 10^{-10} N_A$$

由上述结果可见，势垒区中比导带低高 0.1eV 处，价带空穴浓度为 p 区多子浓度的10^{-10}倍，而该处导带电子浓度为 n 区多子浓度的 1/50。在室温附近，对于绝大部分势垒区，其中的杂质虽然已经电离，但载流子浓度比 n 区和 p 区的多子浓度小得多，好像已经耗尽了。所以通常也把势垒区称为耗尽区，即认为其中的载流子浓度很小，可以忽略，空间电荷密度就等于电离杂质浓度。平衡 pn 结中的载流子分布如图 6.6 所示。

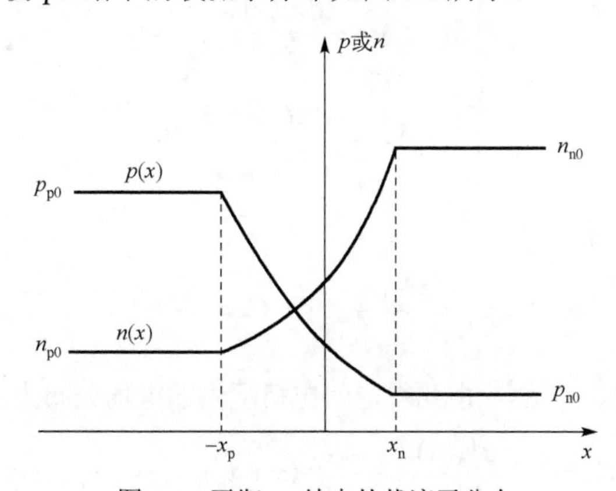

图 6.6　平衡 pn 结中的载流子分布

6.2　pn 结的电场、电势和电容特性

6.2.1　均匀掺杂 pn 结中的电场、电势特性

1. 突变 pn 结中的电场和电势分布

耗尽区内电场的产生是由于正负空间电荷的相互分离。图 6.7(a)给出了均匀掺杂的突变

pn 结的体电荷密度分布。在 $-x_{\mathrm{p}} \leqslant x \leqslant x_{\mathrm{n}}$ 的空间电荷区内，体电荷密度为

$$\begin{cases}\rho(x)=-eN_{\mathrm{A}}, & -x_{\mathrm{p}}<x<0 \\ \rho(x)=eN_{\mathrm{D}}, & 0<x<x_{\mathrm{n}}\end{cases} \tag{6-15}$$

整个空间电荷区的总电荷为 0，所以 $eN_{\mathrm{A}}x_{\mathrm{p}}=eN_{\mathrm{D}}x_{\mathrm{n}}=Q$ 。空间电荷区内电场分布由泊松方程表示，考虑到式(6.15)表示的电荷分布，泊松方程为

$$\begin{cases}\dfrac{\mathrm{d}^2V_1(x)}{\mathrm{d}x^2}=\dfrac{eN_{\mathrm{A}}}{\varepsilon_{\mathrm{s}}}, & -x_{\mathrm{p}}<x<0 \\ \dfrac{\mathrm{d}^2V_2(x)}{\mathrm{d}x^2}=-\dfrac{eN_{\mathrm{D}}}{\varepsilon_{\mathrm{s}}}, & 0<x<x_{\mathrm{n}}\end{cases} \tag{6-16}$$

其中，$V_1(x)$、$V_2(x)$ 分别为负、正空间电荷区内的电势；ε_{s} 为半导体介电常数。将式(6.16)积分一次得

$$\begin{cases}\dfrac{\mathrm{d}V_1(x)}{\mathrm{d}x}=\dfrac{eN_{\mathrm{A}}}{\varepsilon_{\mathrm{s}}}x+C_1, & -x_{\mathrm{p}}<x<0 \\ \dfrac{\mathrm{d}V_2(x)}{\mathrm{d}x}=-\dfrac{eN_{\mathrm{D}}}{\varepsilon_{\mathrm{s}}}x+C_2, & 0<x<x_{\mathrm{n}}\end{cases} \tag{6-17}$$

其中，C_1、C_2 是积分常数，由边界条件确定。因为势垒区外为电中性，电场只存在于势垒区内，所以边界条件可以表示为

$$\begin{cases}\mathcal{E}(-x_{\mathrm{p}})=-\left.\dfrac{\mathrm{d}V_1(x)}{\mathrm{d}x}\right|_{x=-x_{\mathrm{p}}}=0 \\ \mathcal{E}(x_{\mathrm{n}})=-\left.\dfrac{\mathrm{d}V_2(x)}{\mathrm{d}x}\right|_{x=x_{\mathrm{n}}}=0\end{cases} \tag{6-18}$$

把式(6-18)代入式(6-17)得

$$C_1=\frac{eN_{\mathrm{A}}x_{\mathrm{p}}}{\varepsilon_{\mathrm{s}}}, \qquad C_2=\frac{eN_{\mathrm{D}}x_{\mathrm{n}}}{\varepsilon_{\mathrm{s}}} \tag{6-19}$$

因为 $N_{\mathrm{A}}x_{\mathrm{p}}=N_{\mathrm{D}}x_{\mathrm{n}}$ ，所以 $C_1=C_2$。由此得空间电荷区内的电场分布为

$$\begin{cases}\mathcal{E}_1(x)=-\dfrac{\mathrm{d}V_1(x)}{\mathrm{d}x}=-\dfrac{eN_{\mathrm{A}}}{\varepsilon_{\mathrm{s}}}(x+x_{\mathrm{p}}), & -x_{\mathrm{p}}<x<0 \\ \mathcal{E}_2(x)=-\dfrac{\mathrm{d}V_2(x)}{\mathrm{d}x}=\dfrac{eN_{\mathrm{D}}}{\varepsilon_{\mathrm{s}}}(x-x_{\mathrm{n}}), & 0<x<x_{\mathrm{n}}\end{cases} \tag{6-20}$$

可以看出，在平衡突变结中，电场强度是位置 x 的线性函数，电场方向沿 x 的负方向，从 n 区指向 p 区。在 $x=0$ 处，电场强度达到最大值 $\mathcal{E}_{\mathrm{m}}$ ，即

$$\mathcal{E}_{\mathrm{m}}=-\left.\frac{\mathrm{d}V_1(x)}{\mathrm{d}x}\right|_{x=0}=-\left.\frac{\mathrm{d}V_2(x)}{\mathrm{d}x}\right|_{x=0}=-\frac{Q}{\varepsilon_{\mathrm{s}}} \tag{6-21}$$

事实上，式(6-21)可以由电学上的高斯定理直接得到。

对式(6-20)积分，可以得到 pn 结区各点的电势分布：

$$
\begin{cases}
V_1(x) = \dfrac{eN_A}{2\varepsilon_s}x^2 + \dfrac{eN_A x_p}{\varepsilon_s}x + D_1, & -x_p < x < 0 \\
V_2(x) = -\dfrac{eN_D}{2\varepsilon_s}x^2 + \dfrac{eN_D x_n}{\varepsilon_s}x + D_2, & 0 < x < x_n
\end{cases}
\tag{6-22}
$$

其中，D_1、D_2 为积分常数，由边界条件确定。按 6.1 节的表示，p 型中性区的电势为 0，则热平衡条件下边界条件为

$$
V_1(-x_p) = 0, \qquad V_2(x_n) = V_D \tag{6-23}
$$

由此得积分常数

$$
D_1 = \frac{eN_A x_p^2}{2\varepsilon_s}, \qquad D_2 = V_D - \frac{eN_D x_n^2}{2\varepsilon_s} \tag{6-24}
$$

在 x=0 处，即界面位置，电势是连续的，所以 $D_1 = D_2$。把上述关系代入式(6-22)得

$$
\begin{cases}
V_1(x) = \dfrac{eN_A(x^2 + x_p^2)}{2\varepsilon_s} + \dfrac{eN_A x x_p}{\varepsilon_s}, & -x_p < x < 0 \\
V_2(x) = V_D - \dfrac{eN_D(x^2 + x_n^2)}{2\varepsilon_s} + \dfrac{eN_D x x_n}{\varepsilon_s}, & 0 < x < x_n
\end{cases}
\tag{6-25}
$$

式(6-25)是突变 pn 结中电势分布的完整表达式。由该式可以看出，在热平衡条件下，电势分布是抛物线形的。结区的能量分别按 $-eV_1(x)$、$-eV_2(x)$ 变化，因此结区带边变化也是抛物线形的，如图 6.7 所示。

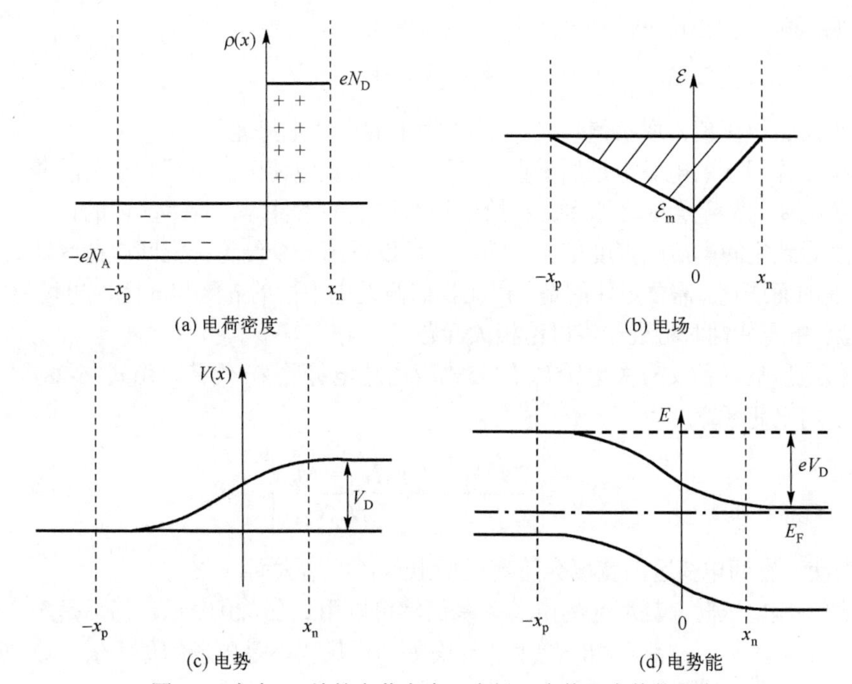

图 6.7　突变 pn 结的电荷密度、电场、电势及电势能分布

2. 突变结的势垒宽度

由式(6-25)，考虑到 $V_1(0) = V_2(0)$，可以得到

$$V_{\mathrm{D}} = \frac{e(N_{\mathrm{A}} x_{\mathrm{p}}^2 + N_{\mathrm{D}} x_{\mathrm{n}}^2)}{2\varepsilon_{\mathrm{s}}} \tag{6-26}$$

考虑到势垒宽度 $X_{\mathrm{D}} = x_{\mathrm{p}} + x_{\mathrm{n}}$，同时 $N_{\mathrm{A}} x_{\mathrm{p}} = N_{\mathrm{D}} x_{\mathrm{n}}$，所以

$$x_{\mathrm{n}} = \frac{N_{\mathrm{A}} X_{\mathrm{D}}}{N_{\mathrm{D}} + N_{\mathrm{A}}}, \qquad x_{\mathrm{p}} = \frac{N_{\mathrm{D}} X_{\mathrm{D}}}{N_{\mathrm{D}} + N_{\mathrm{A}}} \tag{6-27}$$

把式(6-27)代入式(6-26)可得

$$X_{\mathrm{D}} = \left(\frac{2\varepsilon_{\mathrm{s}} V_{\mathrm{D}}}{e} \cdot \frac{N_{\mathrm{D}} + N_{\mathrm{A}}}{N_{\mathrm{D}} N_{\mathrm{A}}} \right)^{1/2} \tag{6-28}$$

由式(6-27)、式(6-28)可得

$$x_{\mathrm{n}} = \left(\frac{2\varepsilon_{\mathrm{s}} V_{\mathrm{D}}}{e} \cdot \frac{N_{\mathrm{A}}}{N_{\mathrm{D}}} \cdot \frac{1}{N_{\mathrm{D}} + N_{\mathrm{A}}} \right)^{1/2}, \qquad x_{\mathrm{p}} = \left(\frac{2\varepsilon_{\mathrm{s}} V_{\mathrm{D}}}{e} \cdot \frac{N_{\mathrm{D}}}{N_{\mathrm{A}}} \cdot \frac{1}{N_{\mathrm{D}} + N_{\mathrm{A}}} \right)^{1/2} \tag{6-29}$$

3. 反偏电压下的pn结

若在p区与n区之间加一个外电压，pn结就不再处于热平衡状态，pn结不再有统一的费米能级。如果n区相对于p区加一个正电压，即pn结加反向偏压，则n区的费米能级要低于p区费米能级，两者之差等于外加电压值 V 乘以电子电量 e。这时，外加电压产生的电场方向和内建电场方向一致，因此结区电场在反偏电压作用下是增加的。

在反偏电压 V 的作用下，pn结两侧的电势差为

$$V_{\text{总}} = V_{\mathrm{D}} - V \tag{6-30}$$

其中，V 为反偏电压值，取负值；V_{D} 为热平衡下的内建电势差。

外加电压作用下的电场也是始于正电荷区，终于负电荷区；也就是说，随着外电场的增强，正、负电荷的数量会随之增多。在给定掺杂浓度的条件下，耗尽区内的正、负电荷数量增加，必然导致空间电荷区宽度增加。因此，可以得出一个结论：空间电荷区随着外加反偏电压 V 的增加而展宽。需要记住的是，在此我们假设电中性的p区与n区内电场为零，在6.3节讨论电流-电压特性时将进一步讨论相关问题。

加反偏电压后，前文有关讨论 V_{D} 的公式应由总电势差 $V_{\text{总}}$ 代替。由式(6-28)，加反偏电压后的总空间电荷区宽度为

$$X_{\mathrm{D}} = \left[\frac{2\varepsilon_{\mathrm{s}} (V_{\mathrm{D}} - V)}{e} \cdot \frac{N_{\mathrm{D}} + N_{\mathrm{A}}}{N_{\mathrm{D}} N_{\mathrm{A}}} \right]^{1/2} \tag{6-31}$$

式(6.31)表明，空间电荷区的宽度会随着反偏电压 V 的增大而增加。

当外加反偏电压时，耗尽区的电场关系仍然可以用式(6-20)表示，仍然是距离的线性函数。外加偏压后，x_{p}、x_{n} 都会相应增大，界面处的电场仍然是电场的最大值。该电场值为

$$\mathcal{E}_{\mathrm{m}} = -\frac{e N_{\mathrm{D}} x_{\mathrm{n}}}{\varepsilon_{\mathrm{s}}} = -\frac{e N_{\mathrm{A}} x_{\mathrm{p}}}{\varepsilon_{\mathrm{s}}} \tag{6-32}$$

由式(6-29)，并把 V_{D} 换成 $V_{\mathrm{D}} - V$，该电场值也可以表示为

$$\mathcal{E}_{\mathrm{m}} = -\left[\frac{2e(V_{\mathrm{D}}-V)}{\varepsilon_{\mathrm{s}}}\cdot\frac{N_{\mathrm{D}}N_{\mathrm{A}}}{N_{\mathrm{D}}+N_{\mathrm{A}}}\right]^{1/2} \tag{6-33}$$

考虑到式(6-31)，上述表达式也可以表示为

$$\mathcal{E}_{\mathrm{m}} = -\frac{2(V_{\mathrm{D}}-V)}{X_{\mathrm{D}}} \tag{6-34}$$

6.2.2　均匀掺杂 pn 结中的势垒电容

因为耗尽区内正、负电荷在空间上的分离，所以 pn 结就具有了电容的充放电效应。图 6.8(a)显示了外加反偏电压为 V 与 $V+\mathrm{d}V$ 时耗尽层内电荷密度的变化。反偏电压增量 $\mathrm{d}V$ 会在 n 区内形成额外的正电荷面密度 $\mathrm{d}Q$，同时在 p 区内形成额外的负电荷面密度 $-\mathrm{d}Q$。势垒微分电容面密度的定义为

$$C = \left|\frac{\mathrm{d}Q}{\mathrm{d}V}\right| \tag{6-35}$$

其中

$$\mathrm{d}Q = eN_{\mathrm{D}}\mathrm{d}x_{\mathrm{n}} = eN_{\mathrm{A}}\mathrm{d}x_{\mathrm{p}} \tag{6-36}$$

微分电容面密度的单位是 $\mathrm{F/cm^2}$。

对 pn 结势垒而言，式(6-29)可以表示为

$$x_{\mathrm{n}} = \left[\frac{2\varepsilon_{\mathrm{s}}(V_{\mathrm{D}}-V)}{e}\cdot\frac{N_{\mathrm{A}}}{N_{\mathrm{D}}}\cdot\frac{1}{N_{\mathrm{D}}+N_{\mathrm{A}}}\right]^{1/2} \tag{6-37}$$

由式(6-35)微分电容面密度的表达式为

$$C = \left|\frac{\mathrm{d}Q}{\mathrm{d}V}\right| = eN_{\mathrm{D}}\left|\frac{\mathrm{d}x_{\mathrm{n}}}{\mathrm{d}V}\right| \tag{6-38}$$

所以微分电容面密度可以表示为

$$C = \left[\frac{\varepsilon_{\mathrm{s}}eN_{\mathrm{D}}N_{\mathrm{A}}}{2(V_{\mathrm{D}}-V)(N_{\mathrm{D}}+N_{\mathrm{A}})}\right]^{1/2} \tag{6-39}$$

该势垒电容也可以称为耗尽层电容面密度。

比较一下反偏条件下的耗尽层宽度式(6-31)，势垒电容面密度还可以表示为

$$C = \frac{\varepsilon_{\mathrm{s}}}{X_{\mathrm{D}}} \tag{6-40}$$

电容面密度表达式(6-40)与平板电容表达式是完全一致的。实际上从图 6.8(a)可以直接得出上述结论。但需要注意的是，势垒电容是反偏电压的函数，这是它和实际平板电容的差别。

考虑一种称为单边突变结的特殊 pn 结。若 $N_{\mathrm{A}} \gg N_{\mathrm{D}}$，则这种结称为 $\mathrm{p^+n}$ 结，反之则为 $\mathrm{n^+p}$ 结。对 $\mathrm{p^+n}$ 结，总的空间电荷区宽度表达式(6-31)可以简化为

$$X_{\mathrm{D}} = \left[\frac{2\varepsilon_{\mathrm{s}}(V_{\mathrm{D}}-V)}{e}\cdot\frac{1}{N_{\mathrm{D}}}\right]^{1/2} \tag{6-41}$$

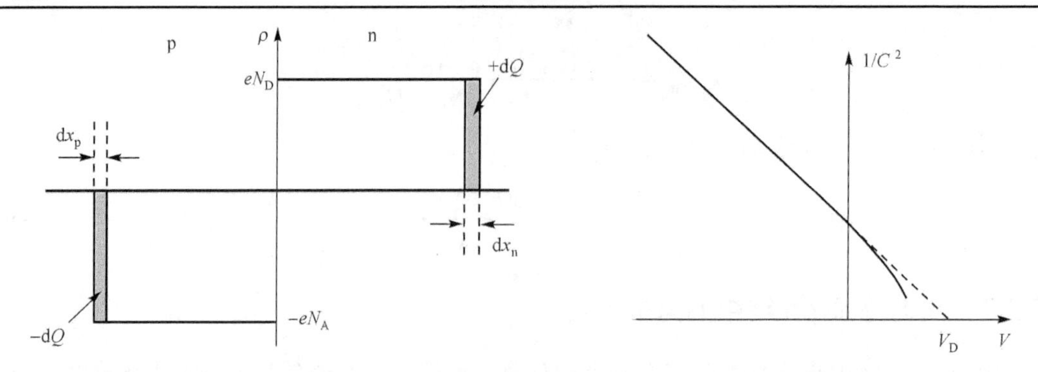

(a)突变pn结反偏电压$V \to V+dV$时势垒区的附加电荷面密度$+dQ$和$-dQ$　(b)突变pn结的电容面密度平方的倒数与外加反向偏压的关系

图 6.8　突变 pn 结反偏时电荷变化及电容面密度与外加反向偏压关系

考虑到x_n与x_p的表达式，对于p^+n结，势垒区宽度为

$$x_p \ll x_n, \quad 且 X_D \approx x_n \tag{6-42}$$

几乎所有的空间电荷层均扩展到pn结的轻掺杂区域。

p^+n结的势垒电容面密度表达式(6-39)可以简化为

$$C \approx \left[\frac{\varepsilon_s e N_D}{2(V_D - V)}\right]^{1/2} \tag{6-43}$$

单边突变结的耗尽层电容面密度是低掺杂区掺杂浓度的函数。式(6-43)可以表示为

$$\left(\frac{1}{C}\right)^2 = \frac{2(V_D - V)}{\varepsilon_s e N_D} \tag{6-44}$$

式(6-44)说明电容倒数的平方是外加反向偏压的线性函数。实际上，对由式(6-39)表示的一般的pn结也有类似的关系。

图6.8(b)表示了上述电容面密度平方倒数与外加反向偏压的线性关系。将图中的直线外推，使其与横轴有一交点，则该交点的横坐标即为半导体pn结内建电势差V_D。该直线的斜率与低掺杂区的掺杂浓度为反比关系。因此，通过实验方法可以掺杂浓度。用于推导上述电容关系式的假设包括：p区与n区均匀掺杂、突变结近似及平面结假设。

特别需要指出的是，上述势垒电容面密度计算方法只适用于反向偏压或零电压情况。对正向偏压，上述关系基本不适用。

6.2.3　非均匀掺杂 pn 结中的电场和电势分布及其势垒电容

前面讨论的所有pn结都是假设均匀掺杂的。但在实际的pn结中，掺杂一般都是不均匀的。在一些实际的电学应用中，可以利用特定的非均匀掺杂来实现所要求的pn结特性。

以一块均匀掺杂的n型半导体为衬底为例，从其表面向内部扩散受主原子，那么杂质浓度的分布曲线就如图6.9(a)所示，图中$x=x'$点对应于pn结界面位置。按照6.2.1节的讨论，耗尽区会从界面向p区和n区延伸。在界面附近的区域，掺杂浓度可以近似为以界面位置为原点的线性函数。具有这种有效掺杂浓度曲线的pn结称为线性缓变pn结。

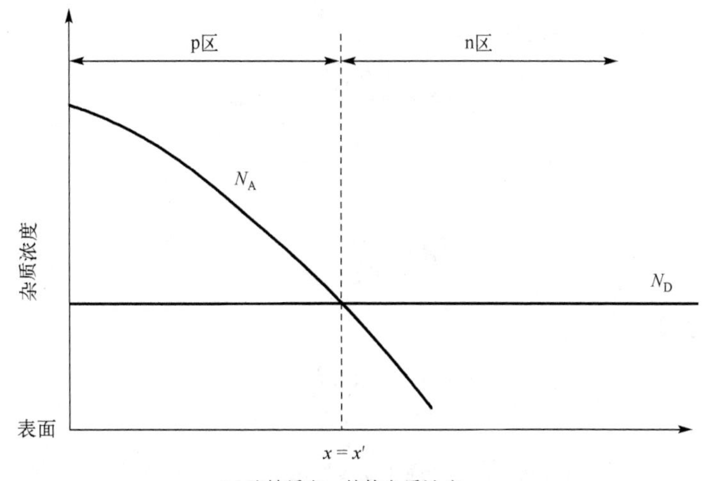

(a) 线性缓变pn结的杂质浓度

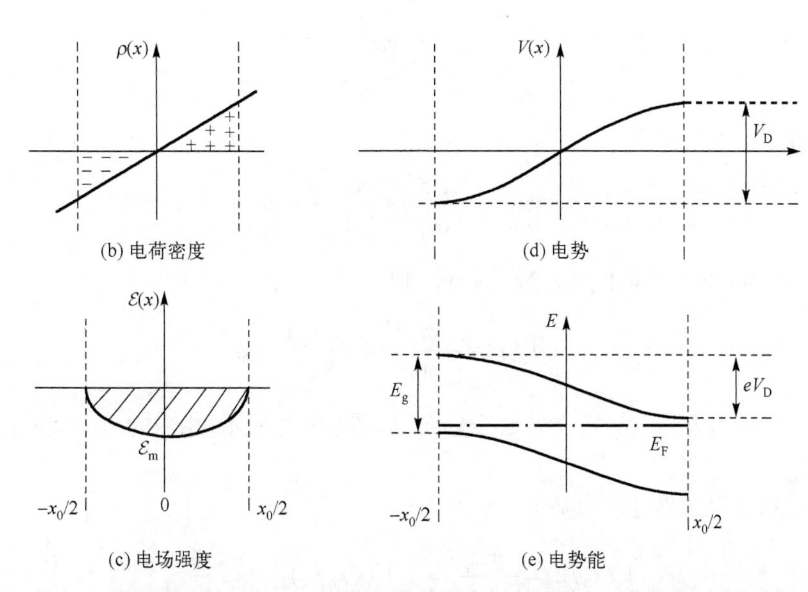

图 6.9　线性缓变 pn 结的杂质浓度、电荷密度、电场强度、电势和电势能分布

图 6.9(b)显示了线性缓变 pn 结的耗尽区空间电荷密度随位置变化的曲线。为讨论问题方便，图中把界面位置设为 $x=0$ 。空间电荷密度可以表示为

$$\rho(x)=\mathrm{e}(N_{\mathrm{D}}-N_{\mathrm{A}})=e\alpha x,\qquad -\frac{x_0}{2}<x<\frac{x_0}{2} \tag{6-45}$$

其中，α 为净杂质浓度梯度。

线性缓变 pn 结的电场强度、电势分布可以方便地由泊松方程得到

$$\frac{\mathrm{d}^2V(x)}{\mathrm{d}x^2}=-\frac{e\alpha x}{\varepsilon_{\mathrm{s}}} \tag{6-46}$$

对式(6-46)积分一次，得

$$\frac{\mathrm{d}V(x)}{\mathrm{d}x}=-\frac{e\alpha x^2}{2\varepsilon_{\mathrm{s}}}+A \tag{6-47}$$

其中，A 是积分常数。根据边界条件

$$\mathcal{E}\left(\pm\frac{x_0}{2}\right)=-\left.\frac{\mathrm{d}V(x)}{\mathrm{d}x}\right|_{x=\pm\frac{x_0}{2}}=0 \tag{6-48}$$

所以积分常数为

$$A=\frac{e\alpha x_0^2}{8\varepsilon_\mathrm{s}} \tag{6-49}$$

由此得势垒区电场强度为

$$\mathcal{E}(x)=-\frac{\mathrm{d}V(x)}{\mathrm{d}x}=\frac{e\alpha x^2}{2\varepsilon_\mathrm{s}}-\frac{e\alpha x_0^2}{8\varepsilon_\mathrm{s}} \tag{6-50}$$

式(6-50)表明，线性缓变 pn 结的电场强度为抛物线分布，如图 6.9(c)所示。在 x=0 处，电场强度达到最大值：

$$\mathcal{E}_\mathrm{m}=-\frac{e\alpha x_0^2}{8\varepsilon_\mathrm{s}} \tag{6-51}$$

把式(6-50)再次积分，可得

$$V(x)=-\frac{e\alpha x^3}{6\varepsilon_\mathrm{s}}+\frac{e\alpha x_0^2 x}{8\varepsilon_\mathrm{s}}+B \tag{6-52}$$

设 $x=0$ 处，$V(x)=0$，于是积分常数 $B=0$，则

$$V(x)=-\frac{e\alpha x^3}{6\varepsilon_\mathrm{s}}+\frac{e\alpha x_0^2 x}{8\varepsilon_\mathrm{s}} \tag{6-53}$$

因此，线性缓变pn结内的电势按立方曲线分布，如图6.9(d)所示，相应的电势能曲线如图6.9(e)所示。

由式(6-53)可得边界处的电势为

$$V(x_0/2)=\frac{e\alpha x_0^3}{24\varepsilon_\mathrm{s}},\qquad V(-x_0/2)=-\frac{e\alpha x_0^3}{24\varepsilon_\mathrm{s}} \tag{6-54}$$

由此得线性缓变 pn 结的内建电势差为

$$V_\mathrm{D}=V(x_0/2)-V(-x_0/2)=\frac{e\alpha x_0^3}{12\varepsilon_\mathrm{s}} \tag{6-55}$$

于是势垒区宽度为

$$X_\mathrm{D}=x_0=\left(\frac{12\varepsilon_\mathrm{s}V_\mathrm{D}}{e\alpha}\right)^{1/3} \tag{6-56}$$

若该 pn 结加上反向电压 V，则势垒区宽度表示为

$$X_\mathrm{D}=x_0=\left[\frac{12\varepsilon_\mathrm{s}(V_\mathrm{D}-V)}{e\alpha}\right]^{1/3} \tag{6-57}$$

其中，V 为负值。

为计算势垒电容，可以计算势垒区的正空间电荷面密度，为

$$Q=\int_0^{x_0/2} e\alpha x\mathrm{d}x=\frac{1}{8}e\alpha x_0^2=\left(\frac{9e\alpha}{32}\right)^{1/3}[\varepsilon_s(V_D-V)]^{2/3} \tag{6-58}$$

由此得线性缓变 pn 结的单位面积电容为

$$C=\left|\frac{\mathrm{d}Q}{\mathrm{d}V}\right|=\left[\frac{e\alpha\varepsilon_s^2}{12(V_D-V)}\right]^{1/3} \tag{6-59}$$

由式(6-59)可以得到

$$\frac{1}{C^3}=\frac{12(V_D-V)}{e\alpha\varepsilon_s^2} \tag{6-60}$$

式(6-60)说明，单位面积电容立方的倒数是外加偏压V的线性函数。由该线性关系在正电压方向外推与$1/C^3$为零的交点可以得到内建电势差V_D，由线性关系的斜率可以得到掺杂浓度的梯度α。

6.3　pn 结电流-电压特性

6.3.1　非平衡状态下的 pn 结

在平衡 pn 结中，存在具有一定宽度和势垒高度的势垒区，势垒区的内建电场由 n 区指向 p 区。在内建电场的作用下，载流子的漂移电流和扩散电流相互抵消，没有净电流通过 pn 结。在平衡 pn 结中整个结区内的费米能级是统一的。当 pn 结加上偏压后，上述平衡被打破，统一的费米能级也不再存在。

下面首先对外加偏压作用下的 pn 结内部的载流子运动进行定性分析。

1. 外加偏压下，pn 结势垒的变化及载流子运动

pn 结加正向偏压即 p 区相对于 n 区加正向电压时，正向偏压在势垒区形成的电场与内建电场方向相反，因此减弱了势垒区内的电场强度，相应的空间电荷减少，势垒区宽度也减小，势垒高度从eV_D下降为$e(V_D-V)$，如图 6.10 所示。

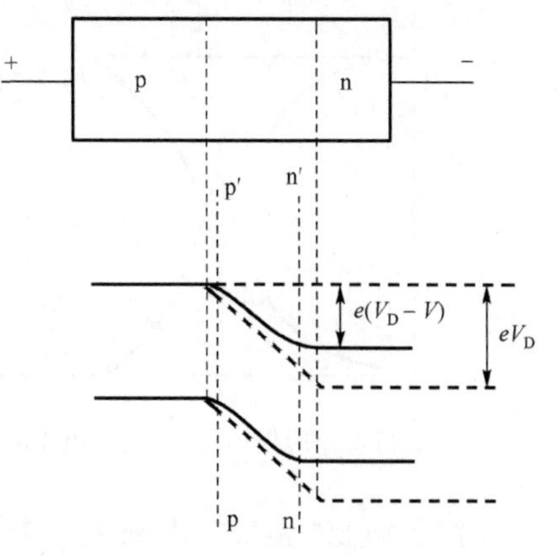

图 6.10　正向偏压下 pn 结势垒的变化

势垒区电场的减弱，破坏了载流子扩散运动与漂移运动之间的平衡，削弱了漂移运动，使扩散电流大于漂移电流。因此，在正向电压的作用下，形成了电子从 n 区向 p 区，空穴从 p 区向 n 区的净扩散流。电子通过势垒区扩散进入 p 区，在$x=-x_p$边界处形成电子积累，成为 p 区的非平衡少数载流子，并形成了从$x=-x_p$处向 p 区内部的电子扩散流。非平衡电子在该区域内扩散的同时也在不断地复合，经过比扩散长度大几倍的距离后，非平衡电子全部复合，该区域就是电子的扩散区。在一定的正向偏压下，$x=-x_p$处的非平衡电子浓度是确定的，在扩

散区内形成稳定的电子分布，在 $x=-x_p$ 处的电子扩散流也是确定的。同理，$x=x_n$ 处有确定的空穴扩散流，该空穴扩散流向 n 区内部扩散并不断复合，形成一个空穴扩散区。当 pn 结正向电压加大时，pn 结内部势垒进一步降低，对应的电子和空穴扩散流也相应增大。综上所述，由于外加正向偏压作用，p 区空穴和 n 区电子分别进入 n 区和 p 区，并成为 n 区和 p 区的非平衡载流子。通常把 pn 结中由于正向偏压作用导致的非平衡载流子进入半导体的过程称为非平衡载流子的电注入。

图 6.11 表示正向偏压下 pn 结中的电流分布情况。在正向偏压的作用下，n 区的电子向边界 $x=x_n$ 漂移，越过势垒区，经边界 $x=-x_p$ 进入 p 区，构成 p 区内的电子扩散电流。进入 p 区后，继续向 p 区内部扩散，形成电子扩散电流。在扩散过程中，电子不断地与向边界扩散过来的空穴复合，电子电流就不断地转化为空穴电流，电子电流不断地减少，而空穴电流则不断地增大，直到注入的电子全部复合，电子电流全部转化为空穴电流。对 n 区中的空穴扩散电流可做类似分析。可见在 pn 结两侧的扩散区，电子电流和空穴电流都在不断地变化，但根据电流连续性原理，总电流是相等的。图 6.11 中结区内 $(-x_p<x<x_n)$ 电子和空穴电流都保持不变是因为忽略了结区内的电子与空穴的复合。

当 pn 结加反向偏压 V（$V<0$）时，反向偏压产生的电场和 pn 结内建电场方向一致，势垒区内电场增强，势垒区变宽，势垒高度由 eV_D 增大为 $e(V_D-V)$，如图 6.12 所示。势垒区电场增强，破坏了原来漂移运动与扩散运动的平衡，增强了漂移运动，使漂移电流大于扩散电流。这时 n 区边界 $x=x_n$ 处的空穴被势垒区的强电场驱向 p 区，而 p 区边界 $x=-x_p$ 处的电子被驱向 n 区。当这些少数载流子被电场驱走后，内部的少子就来补充，形成了反向偏压下的电子和空穴扩散电流，这种情况好像少数载流子不断地被抽运出来，所以称为少数载流子的抽取或吸出。pn 结总的反向电流等于 $x=x_n$ 和 $x=-x_p$ 处少数载流子扩散电流之和。因为少子浓度很低，而扩散长度基本不变，所以反向偏压时，少子的浓度梯度很小，由式(4-31)可知电子和空穴形成的少子扩散电流很小。当反向电压很大时，边界处的少子浓度可以认为是 0，这时少子的浓度梯度不再随电压变化，扩散电流也不随电压变化，所以在反向偏压下，pn 结电流很小且趋于饱和。

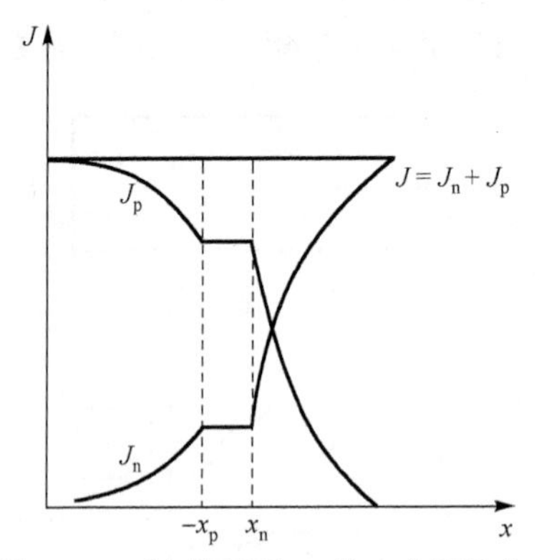

图 6.11　正向偏压下 pn 结中电流的分布

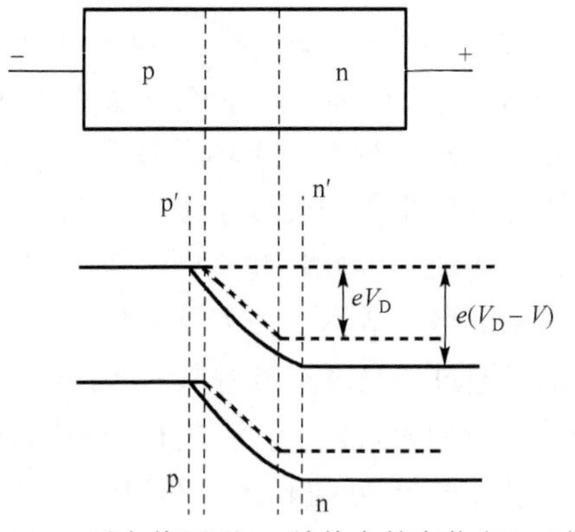

图 6.12　反向偏压下 pn 结势垒的变化（$V<0$）

2. 外加直流偏压下的 pn 结能带图

在正向偏压下，pn 结的 n 区和 p 区都有非平衡少数载流子的注入。在非平衡载流子存在的区域内，原来统一的费米能级 E_F 必须用电子和空穴各自的准费米能级 E_{Fn} 和 E_{Fp} 代替。在 n 区的空穴扩散区，电子是多子，电子的准费米能级 E_{Fn} 变化很小，可近似为不变，而作为少子的空穴，由于大量非平衡空穴的电注入，空穴浓度变化很大，故空穴的准费米能级 E_{Fn} 偏离原来的费米能级很大。从 p 区注入 n 区的空穴，在边界 $x = x_n$ 处浓度很大，随着远离该边界，因为与电子不断地复合，空穴浓度逐渐减小，所以 E_{Fp} 为一斜线；在离边界 $x = x_n$ 距离比扩散长度 L_p 大得多的位置，非平衡空穴浓度已衰减为 0，这时 E_{Fn} 和 E_{Fp} 再次相等，成为统一的费米能级。如果忽略势垒区的载流子浓度的变化，则势垒区的准费米能级也是不变的。在 p 区的电子扩散区也可作类似分析。综上所述，E_{Fp} 从 p 区中性区到边界 $x = x_n$ 处为一水平线，在空穴扩散区边界 x_n 处 E_{Fp} 以斜线上升，到非平衡空穴浓度为 0 处 E_{Fp} 和 E_{Fn} 相等并成为统一的 n 区费米能级。E_{Fn} 的变化规律与 E_{Fp} 类似，由此得到如图 6.13 所示的 pn 结在正向偏压条件下的费米能级变化规律。

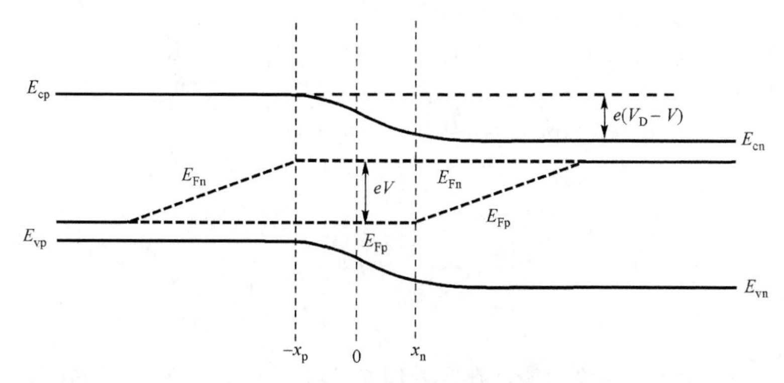

图 6.13　正向偏压下 pn 结的费米能级

在正向偏压下，结区势垒降低为 $e(V_D - V)$，由图 6.13 可见，从 n 区一直延伸到 p 区 $x = -x_p$ 处的电子准费米能级 E_{Fn} 与从 p 区一直延伸到 n 区 $x = x_n$ 处的电子准费米能级 E_{Fp} 之差，正好等于 eV，即 $E_{Fn} - E_{Fp} = eV$。

当 pn 结加反向偏压时，在电子扩散区，势垒区和空穴扩散区中电子和空穴的准费米能级的变化规律与正向偏压时基本相似，但准费米能级 E_{Fn} 与 E_{Fp} 的相对位置与正向偏压时正好相反。正向偏压时，E_{Fn} 高于 E_{Fp}，即 $E_{Fn} > E_{Fp}$；反向偏压时，E_{Fn} 低于 E_{Fp}，即 $E_{Fn} < E_{Fp}$。反向偏压时 pn 结的费米能级如图 6.14 所示。

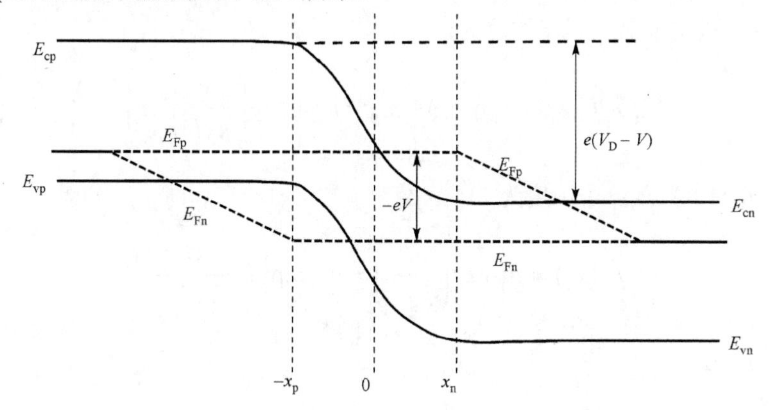

图 6.14　反向偏压（$V < 0$）下 pn 结的费米能级

6.3.2 理想 pn 结的电流-电压关系

理想 pn 结的电流-电压关系的推导是以下述 4 个假设为基础的。

(1) 突变耗尽层近似。空间电荷区的边界存在突变，并且耗尽区以外的半导体区域是电中性的，所有的外加电压全部加在空间电荷区，因此注入的少数载流子在 p 区和 n 区是纯扩散运动。

(2) 载流子的统计分布可以采用玻尔兹曼近似。

(3) 小注入假设，即注入的少数载流子浓度比平衡多子浓度小得多。

(4) pn 结内电流处处相等，pn 结内的电子和空穴电流分别为连续函数，耗尽层内电子电流和空穴电流为恒定值，不考虑耗尽层内的载流子产生与复合过程。

pn 结的电流-电压特性是由 pn 结两侧扩散区内的扩散过程得到的，为此首先必须得到扩散区的边界条件，即 $x=x_n$ 和 $x=-x_p$ 处的载流子浓度。

由式(5-6)，可以得到 p 区载流子浓度与准费米能级的关系为

$$n_p = n_i \exp\left(\frac{E_{Fn}-E_i}{k_B T}\right), \qquad p_p = n_i \exp\left(\frac{E_i - E_{Fp}}{k_B T}\right) \tag{6-61}$$

由此得

$$n_p p_p = n_i^2 \exp\left(\frac{E_{Fn}-E_{Fp}}{k_B T}\right) \tag{6-62}$$

在边界 $x=-x_p$ 处，由本节前文讨论，存在方程 $E_{Fn}-E_{Fp}=eV$，代入式(6-62)，得

$$n_p(-x_p)p_p(-x_p) = n_i^2 \exp\left(\frac{eV}{k_B T}\right) \tag{6-63}$$

在边界 $x=-x_p$ 处，p_p 为多数载流子浓度，即 $p_p(-x_p)=p_{p0}$。在非简并条件下 $p_{p0}n_{p0}=n_i^2$，由此得到 $x=-x_p$ 处的少数载流子浓度为

$$n_p(-x_p) = n_{p0}\exp\left(\frac{eV}{k_B T}\right) = n_{n0}\exp\left(\frac{eV - eV_D}{k_B T}\right) \tag{6-64}$$

所以边界 $x=-x_p$ 处的非平衡电子浓度为

$$\Delta n_p(-x_p) = n_p(-x_p) - n_{p0} = n_{p0}\left[\exp\left(\frac{eV}{k_B T}\right) - 1\right] \tag{6-65}$$

同理得 $x=x_n$ 处的少数载流子浓度为

$$p_n(x_n) = p_{n0}\exp\left(\frac{eV}{k_B T}\right) = p_{p0}\exp\left(\frac{eV - eV_D}{k_B T}\right) \tag{6-66}$$

非平衡空穴浓度为

$$\Delta p_{\mathrm{n}}(x_{\mathrm{n}}) = p_{\mathrm{n}}(x_{\mathrm{n}}) - p_{\mathrm{n0}} = p_{\mathrm{n0}}\left[\exp\left(\frac{eV}{k_{\mathrm{B}}T}\right)-1\right] \tag{6-67}$$

另外两个显然的边界条件为

$$x \to -\infty, \quad \Delta n_{\mathrm{p}}(x) = n_{\mathrm{p}}(x) - n_{\mathrm{p0}} \to 0 \tag{6-68a}$$

$$x \to \infty, \quad \Delta p_{\mathrm{n}}(x) = p_{\mathrm{n}}(x) - p_{\mathrm{n0}} \to 0 \tag{6-68b}$$

在空穴扩散区，根据理想 pn 结的假设，扩散区内电场为零，稳态下非平衡空穴的连续性方程可以表示为

$$D_{\mathrm{p}}\frac{\mathrm{d}^2\Delta p_{\mathrm{n}}}{\mathrm{d}x^2} - \frac{\Delta p_{\mathrm{n}}}{\tau_{\mathrm{p}}} = 0 \tag{6-69}$$

方程(6-69)的通解为

$$\Delta p_{\mathrm{n}}(x) = p_{\mathrm{n}}(x) - p_{\mathrm{n0}} = A\exp(-x/L_{\mathrm{p}}) + B\exp(x/L_{\mathrm{p}}) \tag{6-70}$$

其中，$L_{\mathrm{p}} = \sqrt{D_{\mathrm{p}}\tau_{\mathrm{p}}}$ 为空穴的扩散长度。由边界条件(6-68)可得 $B=0$；由边界条件(6-67)可得

$$A = p_{\mathrm{n0}}\left[\exp\left(\frac{eV}{k_{\mathrm{B}}T}\right)-1\right]\exp\left(\frac{x_{\mathrm{n}}}{L_{\mathrm{p}}}\right) \tag{6-71}$$

由此得空穴扩散区内的非平衡空穴浓度分布为

$$\Delta p_{\mathrm{n}}(x) = p_{\mathrm{n0}}\left[\exp\left(\frac{eV}{k_{\mathrm{B}}T}\right)-1\right]\exp\left(\frac{x_{\mathrm{n}}-x}{L_{\mathrm{p}}}\right) \tag{6-72}$$

同理，电子扩散区内非平衡电子浓度分布为

$$\Delta n_{\mathrm{p}}(x) = n_{\mathrm{p0}}\left[\exp\left(\frac{eV}{k_{\mathrm{B}}T}\right)-1\right]\exp\left(\frac{x_{\mathrm{p}}+x}{L_{\mathrm{n}}}\right) \tag{6-73}$$

式(6-72)、式(6-73)分别表示了在空穴和电子扩散区内的非平衡载流子分布。在外加电压的作用下，形成了上述载流子分布，由于上述分布是非均匀的，空穴和电子将分别形成各自的扩散电流。由上述过程可以得到，在外加偏压的作用下，边界 $x = x_{\mathrm{n}}$ 和 $x = -x_{\mathrm{p}}$ 处的非平衡载流子是形成上述载流子分布的关键。

图 6.15 给出了式(6-71)、式(6-72)描述的 pn 结中少数载流子分别在正向和反向偏压时的分布曲线。

在正向电压作用下，p 区和 n 区扩散区的少子分布形成了各自的扩散电流，并成为 pn 结的正向电流。

在外加反向偏压的作用下，如果 $e|V| \gg k_{\mathrm{B}}T$，则 $\exp[eV/(k_{\mathrm{B}}T)] \to 0$，对 n 区来说，$\Delta p_{\mathrm{n}}(x) = p_{\mathrm{n}}(x_{\mathrm{n}}) - p_{\mathrm{n0}} = -p_{\mathrm{n0}}\exp\left(\dfrac{x_n - x}{L_{\mathrm{p}}}\right)$，在 $x = x_{\mathrm{n}}$ 处，$\Delta p_{\mathrm{n}}(x) = -p_{\mathrm{n0}}$，即 $p(x) \to 0$；在 n

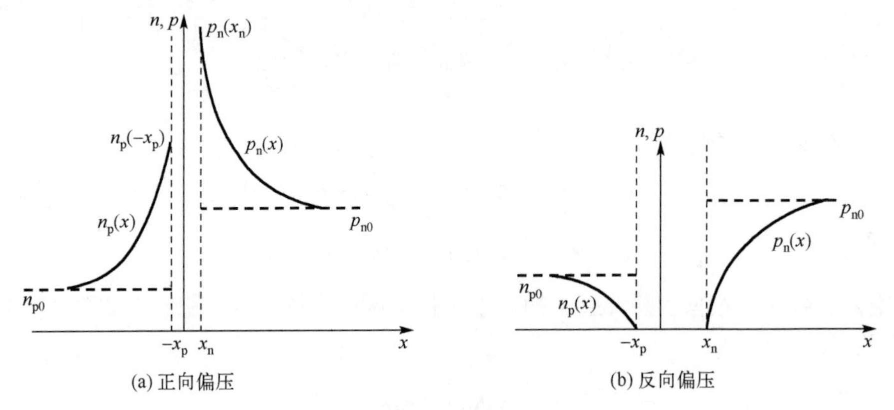

图 6.15　pn 结在外加电压下的少子分布

区内部，即 $x \gg L_p$ 时，$\exp\left(\dfrac{x_n - x}{L_p}\right) \to 0$，则 $p(x) \to p_{n0}$。由图 6.15(b)可以看出本节前文讨论的反偏条件下的少数载流子抽取现象。

小注入时，扩散区内不存在电场，在 $x = x_n$ 处的空穴扩散电流密度为

$$J_p = -eD_p \left.\frac{dp_n(x)}{dx}\right|_{x=x_n} = \frac{eD_p p_{n0}}{L_p}\left[\exp\left(\frac{eV}{k_B T}\right) - 1\right] \tag{6-74}$$

同理，在 $x = -x_p$ 处的电子扩散电流密度为

$$J_n = eD_n \left.\frac{dn_p(x)}{dx}\right|_{x=-x_p} = \frac{eD_n n_{p0}}{L_n}\left[\exp\left(\frac{eV}{k_B T}\right) - 1\right] \tag{6-75}$$

根据假设，势垒区内的复合-产生作用可以忽略，所以通过界面 $x = -x_p$ 处的空穴电流 $J_p(-x_p)$ 等于通过 $x = x_n$ 处的空穴电流 $J_p(x_n)$。所以通过 pn 结的总电流密度为

$$\begin{aligned} J &= J_p(-x_p) + J_n(-x_p) = J_p(x_n) + J_n(-x_p) \\ &= \frac{eD_p p_{n0}}{L_p}\left[\exp\left(\frac{eV}{k_B T}\right) - 1\right] + \frac{eD_n n_{p0}}{L_n}\left[\exp\left(\frac{eV}{k_B T}\right) - 1\right] \\ &= J_s\left[\exp\left(\frac{eV}{k_B T}\right) - 1\right] \end{aligned} \tag{6-76}$$

其中，$J_s = eD_p p_{n0}/L_p + eD_n n_{p0}/L_n$。式(6-76)就是理想 pn 结的电流-电压方程，又称为肖克莱方程。

由式(6-76)可以得到以下结论。

1. pn 结的单向导电性

在正向偏压作用下，正向电流随正向偏压按指数关系迅速增大。在室温下，$k_B T/e \approx 0.026\,\text{V}$，一般外加正向偏压约为零点几伏，$\exp[eV/(k_B T)] \gg 1$，所以正偏电流可以表示为

$$J = J_s \exp\left(\frac{eV}{k_B T}\right) \tag{6-77}$$

在反向偏压下，$V<0$，当$e|V| \gg k_B T$时，即 $\exp[eV/(k_B T)] \to 0$，式(6-76)简化为

$$J = -J_s = -\left(\frac{eD_p p_{n0}}{L_p} + \frac{eD_n n_{p0}}{L_n}\right) \tag{6-78}$$

其中，负号表示电流方向与pn结的正向，即$p \to n$方向相反。对较大的反向偏压，反向电流为常数，与外加电压无关，故称$-J_s$为反向饱和电流密度。理想pn结的电流-电压关系如图6.16所示，在正向和反向偏压下，电流是不对称的，即pn结具有单向导电性。

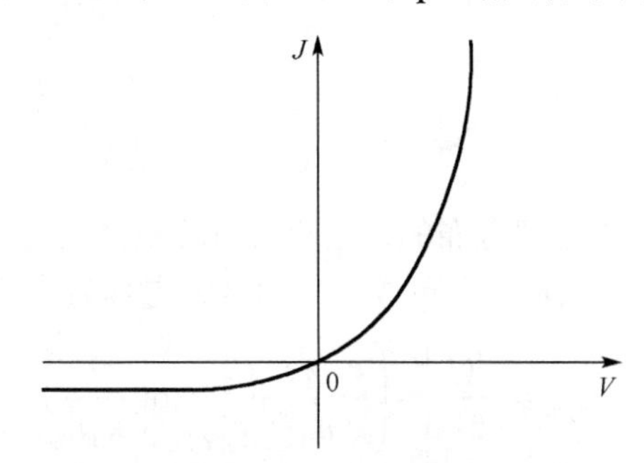

图 6.16　理想 pn 结的电流-电压关系

2. pn 结的温度效应

理想pn结的饱和反向电流密度的表达式由式(6-78)表示，可以看出，在温度变化时，对饱和电流密度有影响的主要是少主浓度p_{n0}及n_{p0}，两者都是温度的敏感函数。下面以电子电流为例作简单的讨论。考虑到$D_n/L_n = (D_n/\tau_n)^{1/2}$也是温度的函数，可以设$(D_n/\tau_n)$与$T^\gamma$成正比，则有

$$J_{sn} = \frac{eD_n n_{p0}}{L_n} = \frac{e(D_n/\tau_n)^{1/2} n_i^2}{N_A} \propto T^{\frac{\gamma}{2}} T^3 \exp[-E_g/(k_B T)] = T^{3+\gamma/2} \exp[-E_g/(k_B T)] \tag{6-79}$$

其中，$T^{3+\gamma/2}$是温度的缓变函数，所以饱和电流密度主要是由其中的指数部分$\exp[-E_g/(k_B T)]$决定的。

考虑到带隙E_g可以表示为$E_g = E_g(0) - \alpha T^2/(T+\beta)$。若设$E_g(0) = eV_{g0}$，则在正向偏压下，正向电流与温度的关系为

$$J \propto T^{3+\gamma/2} \exp\left(\frac{e(V - V_{g0})}{k_B T} + \frac{\alpha T}{k_B (T+\beta)}\right) \tag{6-80}$$

由式(6-80)可以看出，正向电流随温度的变化不如反向饱和电流明显。

6.3.3 理想 pn 结的扩散电容

前文已经指出，pn结加正向偏压时，由于少子的注入，在扩散区内有一定数量的少子和等量的多子积累，而且它们的浓度随正向偏压变化而变化，由此形成了扩散电容。

在扩散区中积累的少子是按指数形式分布的，注入 n 区和 p 区的非平衡少子分布分别为

$$\Delta p_{\mathrm{n}}(x)=p_{\mathrm{n}}(x)-p_{\mathrm{n}0}=p_{\mathrm{n}0}\left[\exp\left(\frac{eV}{k_{\mathrm{B}}T}\right)-1\right]\exp\left(\frac{x_{\mathrm{n}}-x}{L_{\mathrm{p}}}\right) \tag{6-81a}$$

$$\Delta n_{\mathrm{p}}(x)=n_{\mathrm{p}}(x)-n_{\mathrm{p}0}=n_{\mathrm{p}0}\left[\exp\left(\frac{eV}{k_{\mathrm{B}}T}\right)-1\right]\exp\left(\frac{x_{\mathrm{p}}+x}{L_{\mathrm{n}}}\right) \tag{6-81b}$$

对上述两个方程分别在扩散区内积分，就可得到单位面积内扩散区积累的载流子总电荷量：

$$Q_{\mathrm{p}}=\int_{x_{\mathrm{n}}}^{\infty}e\Delta p_{\mathrm{n}}(x)\mathrm{d}x=eL_{\mathrm{p}}p_{\mathrm{n}0}\left[\exp\left(\frac{eV}{k_{\mathrm{B}}T}\right)-1\right] \tag{6-82a}$$

$$Q_{\mathrm{n}}=\int_{-\infty}^{-x_{\mathrm{p}}}e\Delta n_{\mathrm{p}}(x)\mathrm{d}x=eL_{\mathrm{n}}n_{\mathrm{p}0}\left[\exp\left(\frac{eV}{k_{\mathrm{B}}T}\right)-1\right] \tag{6-82b}$$

因为非平衡少子是按指数形式分布的，上两式中的积分区间设为正负无穷大引入的误差可以忽略。由式(6-82)可以得到扩散区单位面积的微分电容为

$$C_{\mathrm{Dp}}=\left|\frac{\mathrm{d}Q_{\mathrm{p}}}{\mathrm{d}V}\right|=\left(\frac{e^{2}L_{\mathrm{p}}p_{\mathrm{n}0}}{k_{\mathrm{B}}T}\right)\exp\left(\frac{eV}{k_{\mathrm{B}}T}\right) \tag{6-83a}$$

$$C_{\mathrm{Dn}}=\left|\frac{\mathrm{d}Q_{\mathrm{n}}}{\mathrm{d}V}\right|=\left(\frac{e^{2}L_{\mathrm{n}}n_{\mathrm{p}0}}{k_{\mathrm{B}}T}\right)\exp\left(\frac{eV}{k_{\mathrm{B}}T}\right) \tag{6-83b}$$

单位面积上总的微分扩散电容为

$$C_{\mathrm{D}}=\left(\frac{e^{2}(L_{\mathrm{p}}p_{\mathrm{n}0}+L_{\mathrm{n}}n_{\mathrm{p}0})}{k_{\mathrm{B}}T}\right)\exp\left(\frac{eV}{k_{\mathrm{B}}T}\right) \tag{6-84}$$

因为这里的浓度分布是稳态公式，所以上述计算方法只近似适用于低频情况。进一步的分析指出，扩散电容随频率的增加而减小。由于扩散电容随正向偏压按指数增加，因此在大的正向偏压下，扩散电容将起主要作用。

扩散电容是一种特殊形式的电容，在平板电容器中极板上的电荷通过所产生的电场与电压相联系。扩散电容对应于扩散区中重叠在一起的等量正、负电荷，但它们的数量也由电压控制。两个扩散区对应于两个并联的扩散电容，因为它们的充放电由同一个电压引起，总的电荷数是两个扩散区电荷数之和。

6.3.4 影响 pn 结电流-电压特性的非理想因素

实验结果表明，理想的电流-电压方程和小注入下 Ge 半导体 pn 结实验结果符合得较好，但与 Si 半导体 pn 结的实验结果偏差较大。图 6.17 给出了 Si 半导体 pn 结的电流-电压特性。由图 6.17 看出，在正向偏压时，理论与实验结果间的偏差主要为：正向电压小时，理论计算值比实验值小；正向电压较大时，在曲线 c 段，J-V 关系为 $\exp[eV/(2k_{\mathrm{B}}T)]$；在曲线 d 段，$J$-$V$ 关系不是指数关系，而是线性关系。在反向偏压时，实际测得的反向电流比理论计算值大得多，而且反向电流是不饱和的，随反向偏压增大略有增大，当反向电压足够大时出现击

穿现象。GaAs 半导体 pn 结情况与 Si 半导体 pn 结类似。以上情况说明理想电流-电压方程没有完全反映半导体 pn 结的真实情况，推导理想电流-电压方程所采用的几个基本假设过于简单。真实的 pn 结必须考虑其他因素的影响，使理论进一步完善。

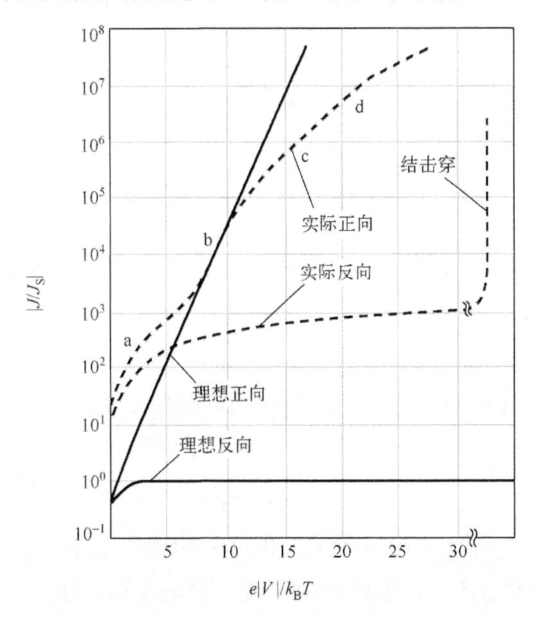

图 6.17　实际 Si 半导体 pn 结的电流-电压关系

引起上述偏差的主要因素有下面几个：①表面效应；②势垒区中的产生-复合；③大注入条件；④串联电阻效应。本节只讨论因素②，其他因素的影响可以参考相关文献。

1. 反向偏压时势垒区中的产生电流

前文已经指出，在反向偏压条件下，空间电荷区是耗尽的，在理想情况下，可以认为这时空间电荷区的载流子浓度 n 和 p 都为零。由此第 5 章式(5-47a)可以表示为

$$U_r = -\frac{n_i^2}{\tau_p n_1 + \tau_n p_1} \tag{6-85}$$

如图 6.18 所示，假设复合中心位于本征费米能级处，则 $n_1 = n_i, p_1 = n_i$，因此载流子产生率 G 可以表示为

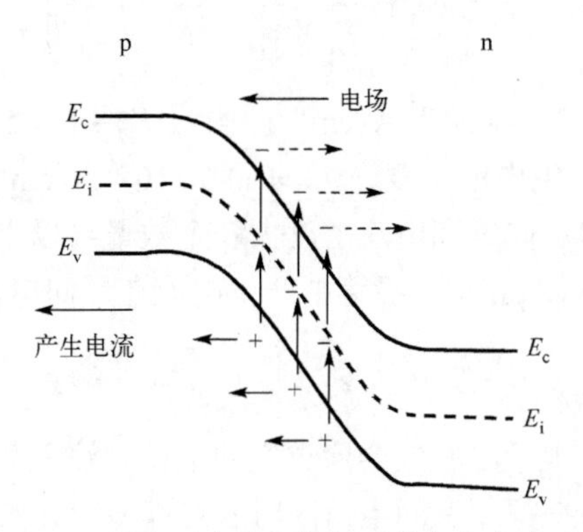

图 6.18　pn 结在反向偏压作用下的产生电流示意图

$$G = -U_{\mathrm{r}} = \frac{n_{\mathrm{i}}}{\tau_{\mathrm{p}} + \tau_{\mathrm{n}}} \tag{6-86}$$

定义参数 $\tau_0 = (\tau_{\mathrm{p}} + \tau_{\mathrm{n}})/2$，则载流子产生率 G 为

$$G = \frac{n_{\mathrm{i}}}{2\tau_0} \tag{6-87}$$

由此得产生电流密度为

$$J_{\mathrm{G}} = \int_{-x_{\mathrm{p}}}^{x_{\mathrm{n}}} eG\mathrm{d}x \tag{6-88}$$

式(6-88)的积分区间为整个空间电荷区。假设空间电荷区内产生率 G 为常数，则

$$J_{\mathrm{G}} = \frac{en_{\mathrm{i}}X_{\mathrm{D}}}{2\tau_0} \tag{6-89}$$

其中，$X_{\mathrm{D}} = x_{\mathrm{p}} + x_{\mathrm{n}}$ 为空间电荷区宽度。总的反偏电流密度为理想 pn 结反偏电流密度与上述电流密度之和，即

$$J_{\mathrm{R}} = J_{\mathrm{s}} + J_{\mathrm{G}} \tag{6-90}$$

理想反偏电流密度 J_{s} 与反偏电压无关，但产生电流密度 J_{G} 与空间电荷区宽度 X_{D} 成正比，后者随反偏电压增大而增大，因此产生电流也会随反偏电压增大而略有增大，没有理想情况下的饱和现象。下面估算反偏电流的大小。

假设 Si 半导体 pn 结在 300K 下的参数如下：

$$N_{\mathrm{D}} = N_{\mathrm{A}} = 10^{16}\ \mathrm{cm}^{-3}, \quad n_{\mathrm{i}} = 1.5\times10^{10}\,\mathrm{cm}^{-3}$$

$$D_{\mathrm{n}} = 25\,\mathrm{cm}^2/\mathrm{s}, \quad \tau_{\mathrm{n}} = \tau_{\mathrm{p}} = 2\times10^{-6}\mathrm{s}$$

$$D_{\mathrm{p}} = 10\,\mathrm{cm}^2/\mathrm{s}, \quad \varepsilon_{\mathrm{r}} = 11.9$$

理想 pn 结反向饱和电流密度为

$$J_{\mathrm{s}} = \frac{eD_{\mathrm{n}}n_{\mathrm{p0}}}{L_{\mathrm{n}}} + \frac{eD_{\mathrm{p}}p_{\mathrm{n0}}}{L_{\mathrm{p}}}$$

$$J_{\mathrm{s}} = en_{\mathrm{i}}^2\left(\frac{1}{N_{\mathrm{A}}}\sqrt{\frac{D_{\mathrm{n}}}{\tau_{\mathrm{n}}}} + \frac{1}{N_{\mathrm{D}}}\sqrt{\frac{D_{\mathrm{p}}}{\tau_{\mathrm{p}}}}\right)$$

把上述参数代入可得 $J_{\mathrm{s}} = 2.08\times10^{-11}\ \mathrm{A/cm^2}$。假设 $V_{\mathrm{D}} - V = 5\,\mathrm{V}$，可得空间电荷区宽度 $X_{\mathrm{D}} = 1.14\times10^{-4}\ \mathrm{cm}$，于是产生电流密度为 $J_{\mathrm{G}} = 6.85\times10^{-8}\ \mathrm{A/cm^2}$。比较上述计算结果，室温下产生电流密度的值比理想反向饱和电流密度大 3 个数量级以上，这也是图 6.17 中显示的结果。上述结果说明，Si 半导体 pn 结二极管中产生电流在反向电流中占主导地位。

2. 正偏复合电流

在正向偏压的作用下，电子与空穴会穿过空间电荷区注入相应的区域，空间电荷区有过剩载流子，这些过剩载流子在穿越空间电荷区时有可能复合，形成了另一股正向电流，称为

势垒区复合电流。下面按第 5 章的复合理论对该电流进行简单的分析。

假设复合中心位于本征费米能级处，则 $n_1 = p_1 = n_i$。为讨论方便，假设 $r_n = r_p = r$，则式 (5-48) 可以表示为

$$U_r = \frac{rN_t(np - n_i^2)}{n + p + 2n_i} \tag{6-91}$$

势垒区电子浓度可以表示为

$$n = n_i \exp\left(\frac{E_{Fn} - E_i}{k_B T}\right) \tag{6-92}$$

势垒区空穴浓度可以表示为

$$p = n_i \exp\left(\frac{E_i - E_{Fp}}{k_B T}\right) \tag{6-93}$$

上述两式中 E_{Fn} 和 E_{Fp} 分别为电子和空穴的准费米能级。

由图 6.13 可知

$$(E_{Fn} - E_i) + (E_i - E_{Fp}) = eV \tag{6-94}$$

其中，V 为外加偏压值。图 6.19 给出了正偏 pn 结空间电荷区内复合率的相对值随复合中心位置变化的函数关系，该图是由式(6-91)～式(6-94)得出的。由图 6.19 可见，复合率在 p 型与 n 型的界面处有一个非常陡峭的峰，即在界面处存在复合率的极大值。

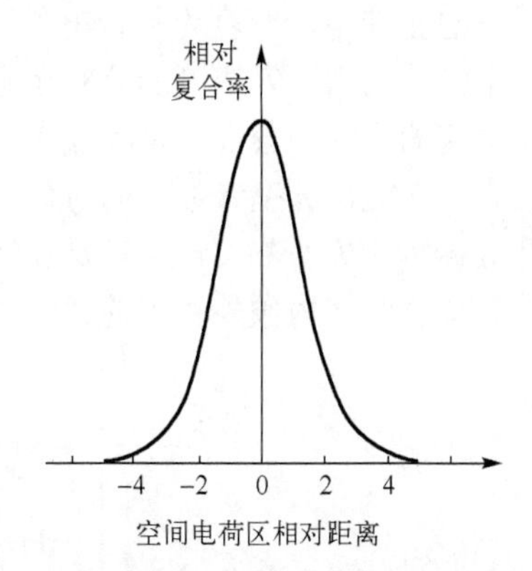

图 6.19　正偏 pn 结空间电荷区内复合率的相对值随复合中心位置变化的函数关系

由式(6-92)、式(6-93)可以得到

$$np = n_i^2 \exp\left(\frac{eV}{k_B T}\right) \tag{6-95}$$

在势垒区内，$n = p$ 时电子与空穴相遇并复合的概率最大，即复合概率最大时满足

$$n = p = n_i \exp\left(\frac{eV}{2k_B T}\right) \tag{6-96}$$

由式(6-96)及式(6-91)可以得到

$$U_{r,\max} = rN_t \frac{n_i\left[\exp\left(\frac{eV}{k_B T}\right) - 1\right]}{2\left[\exp\left(\frac{eV}{2k_B T}\right) + 1\right]} \tag{6-97}$$

定义参数 $\tau = 1/(rN_t)$，当 $eV \gg k_B T$ 时，式(6-97)可以表示为

$$U_{r,\max} = \frac{n_i \exp\left(\frac{eV}{2k_B T}\right)}{2\tau} \tag{6-98}$$

复合电流密度可以表示为

$$J_{\mathrm{r}}=\int_{-x_{\mathrm{p}}}^{x_{\mathrm{n}}} eU_{\mathrm{r}}\mathrm{d}x \tag{6-99}$$

其中，积分区间为整个空间电荷区。由于上述积分中复合率 U_{r} 不是常数，该积分的计算比较困难。但式(6-98)已经得出最大复合率 $U_{\mathrm{r,max}}$ ，因此可以把上述积分表示为

$$J_{\mathrm{r}}=\frac{ex'n_{\mathrm{i}}\exp\left(\dfrac{eV}{2k_{\mathrm{B}}T}\right)}{2\tau} \tag{6-100}$$

其中，x' 为最大复合率的有效长度，τ 不是一个确定的参数，因此习惯上令 $x'=X_{\mathrm{D}}$ ，于是复合电流密度可以表示为

$$J_{\mathrm{r}}=\frac{eX_{\mathrm{D}}n_{\mathrm{i}}\exp\left(\dfrac{eV}{2k_{\mathrm{B}}T}\right)}{2\tau}=J_{\mathrm{r0}}\exp\left(\frac{eV}{2k_{\mathrm{B}}T}\right) \tag{6-101}$$

3. 总正向电流

总正向电流密度为复合电流密度与理想扩散电流密度之和。图 6.20 给出了空间电荷区与电中性 n 区内空穴浓度的分布示意图。电中性 n 区内的空穴分布形成了 pn 结中的理想扩散电流密度的空穴部分，它是外加电压与空穴扩散长度的函数。注入 n 区的空穴形成了上述空穴分布。在这部分空穴注入的时候，空间电荷内的复合作用会损失部分空穴，所以为了维持中性 n 区内空穴分布，p 区就要额外地向 n 区注入空穴，以此弥补上述复合作用导致的空穴损失。单位时间内额外注入的载流子形成了复合电流。图 6.20 简要地描述了上述过程。

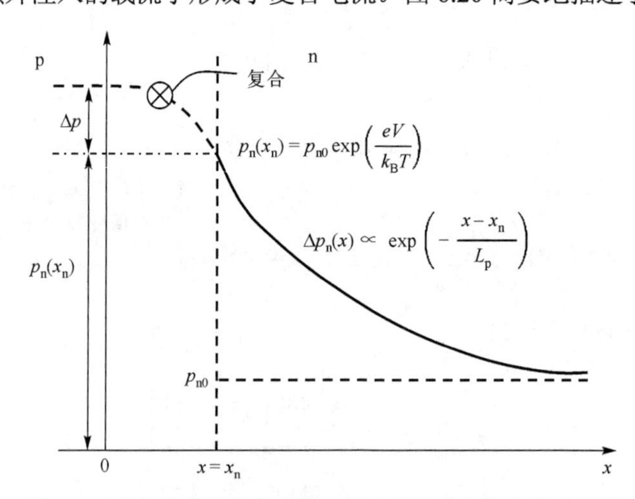

图 6.20 空间电荷区与电中性 n 区内空穴浓度的分布示意图

总的正向电流为复合电流密度与理想扩散电流密度之和，即

$$J=J_{\mathrm{r}}+J_{\mathrm{D}} \tag{6-102}$$

其中，J_{D} 为理想扩散电流密度，即式(6-77)。一般情况下，复合电流值 J_{r0} 比 J_{s} 的值大。

若对式(6-101)和式(6-77)分别取自然对数，可以得到

$$\ln J_{\mathrm{r}} = \ln J_{\mathrm{r0}} + \frac{eV}{2k_{\mathrm{B}}T} \tag{6-103}$$

$$\ln J_{\mathrm{D}} = \ln J_{\mathrm{s}} + \frac{eV}{k_{\mathrm{B}}T} \tag{6-104}$$

图 6.21 显示了以 $eV/(k_{\mathrm{B}}T)$ 为变量的对数坐标上的理想扩散电流、复合电流和总电流。由图可知，两条直线的斜率是不同的。总电流密度如图中上方的虚线所示。正如前文所述，当正向偏压较小时，复合电流占主导地位；当正向偏压较大时，理想扩散电流占主导地位。

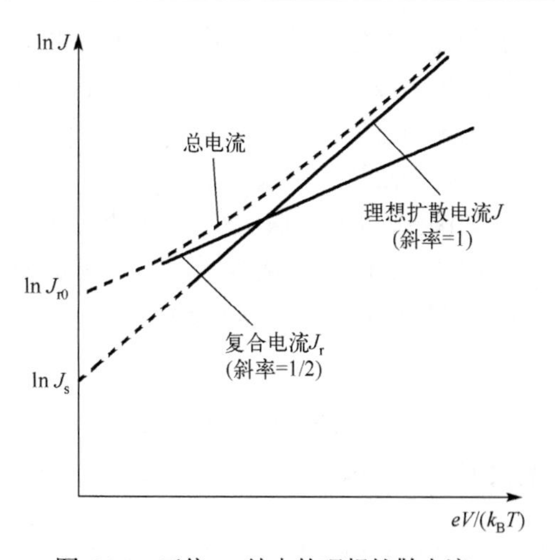

图 6.21　正偏 pn 结中的理想扩散电流、复合电流和总电流

一般地说，pn 结的电流-电压关系可以表示为

$$J = J_{\mathrm{s}}\left[\exp\left(\frac{eV}{nk_{\mathrm{B}}T}\right) - 1\right] \tag{6-105}$$

其中，参数 n 与偏压有关。在较大的偏压下，$n \approx 1$；在较小的偏压下，$n \approx 2$；在过渡区域内，$1 < n < 2$。

6.4　pn 结击穿

对于理想 pn 结，反偏电压在 pn 结内会形成一股很小的反向电流，但该反偏电压不能无限地增大。实验发现，对 pn 结施加的反偏电压增大到某一数值 V_{BR} 时，反向电流会突然开始迅速增大，该现象称为 pn 结击穿。发生击穿时的反向偏压称为 pn 结的击穿电压，如图 6.22 所示。击穿现象中，电流增大的原因不是迁移率的增大，而是载流子数目的增加。pn 结击穿的机制共有三种：雪崩击穿、隧道击穿和热电击穿，本节将对三者分别进行简单的讨论。

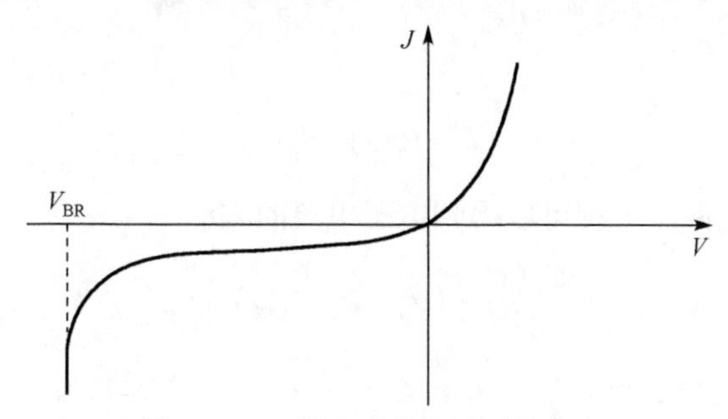

图 6.22　pn 结在反偏电压下的击穿

6.4.1　雪崩击穿

若反向偏压大到一定值，当电子和空穴穿越空间电荷区时，由于电场的作用，它们有很

大的动能。当它们的动能增大到一定程度，它们与晶格原子发生碰撞时，会把价带内的电子碰撞出来，成为导电电子，同时产生一个空穴。新的电子与空穴加速后又会碰撞产生第三代导电电子与空穴，如此继续下去，就会发生雪崩效应，相应的击穿现象就是雪崩击穿。图 6.23 显示了上述过程。对于大多数 pn 结而言，占主导地位的击穿机制是雪崩击穿。

如图 6.24 所示，假设在 $x=0$ 处(注：本节中为方便，把空间电荷区的坐标改为从 0 到 X_D)，电子电流 I_{n0} 进入了耗尽区，由于雪崩效应的存在，电子电流会随着距离增大而增大。在 $x=X_D$ 处，电子电流可以表示为

$$I_n(X_D)=M_n I_{n0} \tag{6-106}$$

其中，M_n 为倍增因子。空穴电流在耗尽区由 n 区到 p 区方向逐渐增大，并且在 $x=0$ 处达到最大值。在稳态下，pn 结内各处电流为定值。

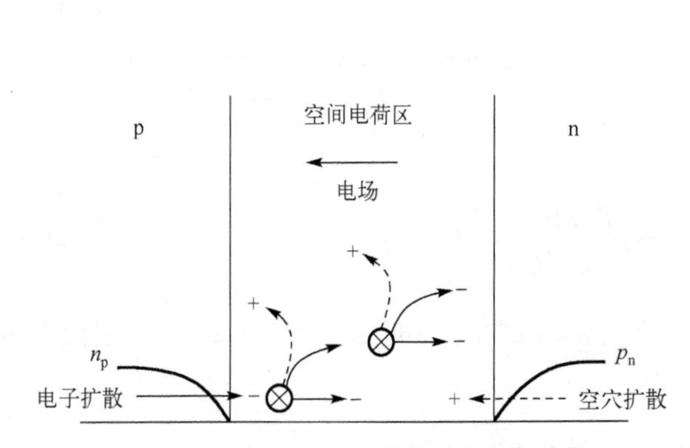

图 6.23　反向偏压下 pn 结的雪崩击穿过程

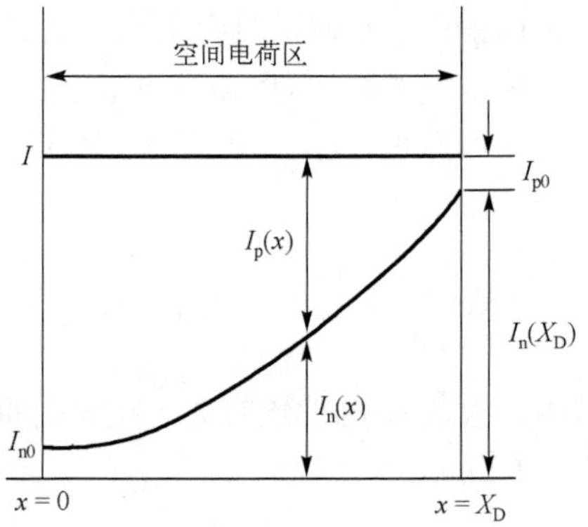

图 6.24　雪崩倍增过程中的电子电流和空穴电流

某一点 x 处的电子电流增量表达式可以表示为

$$\mathrm{d}I_n(x)=I_n(x)\alpha_n\mathrm{d}x+I_p(x)\alpha_p\mathrm{d}x \tag{6-107}$$

其中，α_n 和 α_p 分别为电子与空穴的电离率。电离率为电子或空穴在单位长度内通过碰撞产生的电子-空穴对数量。式(6-107)可以表示为

$$\frac{\mathrm{d}I_n(x)}{\mathrm{d}x}=I_n(x)\alpha_n+I_p(x)\alpha_p \tag{6-108}$$

总电流 I 可以表示为

$$I=I_n(x)+I_p(x) \tag{6-109}$$

总电流为常数。由上述两个方程可以得到电子电流的方程

$$\frac{\mathrm{d}I_n(x)}{\mathrm{d}x}+(\alpha_p-\alpha_n)I_n(x)=\alpha_p I \tag{6-110}$$

假设电子与空穴的电离率相等，即 $\alpha_p=\alpha_n=\alpha$ 代入式(6-110)，并在整个空间电荷区积分，得

$$I_n(X_D)-I_n(0)=I\int_x^{X_D}\alpha\mathrm{d}x \tag{6-111}$$

因为 $M_n I_{n0}\approx I$ 且 $I_n(0)=I_{n0}$，所以式(6-111)可以表示为

$$1-\frac{1}{M_{\mathrm{n}}}=\int_{0}^{X_{\mathrm{D}}}\alpha\mathrm{d}x \tag{6-112}$$

使倍增因子 M_{n} 达到无穷大的电压定义为雪崩击穿电压。因此雪崩击穿的条件为

$$\int_{0}^{X_{\mathrm{D}}}\alpha\mathrm{d}x=1 \tag{6-113}$$

电离率 α 是电场的函数。由于空间电荷区内的电场不是恒定的，因此式(6-113)的计算并不容易。

考虑一个 $\mathrm{p^+n}$ 结，其中的最大电场强度为

$$\mathcal{E}_{\mathrm{m}}=\frac{eN_{\mathrm{D}}x_{\mathrm{n}}}{\varepsilon_{\mathrm{s}}} \tag{6-114}$$

耗尽区宽度 x_{n} 可以由式(6-40)近似得到

$$x_{\mathrm{n}}\approx\left[\frac{2\varepsilon_{\mathrm{s}}(-V)}{eN_{\mathrm{D}}}\right]^{1/2} \tag{6-115}$$

其中，V 为反偏电压值。上述式中已经忽略了接触电势差 V_{D}，因为 pn 击穿时 V_{D} 远小于反偏电压值。

若将反偏电压 V 的绝对值定义为击穿电压 V_{BR}，则最大电场强度 $\mathcal{E}_{\mathrm{m}}$ 就应该是击穿对应的临界电场强度 $\mathcal{E}_{\mathrm{crit}}$。由式(6-114)、式(6-115)可以得到

$$V_{\mathrm{BR}}=\frac{\varepsilon_{\mathrm{s}}\mathcal{E}_{\mathrm{crit}}^{2}}{2eN_{\mathrm{B}}} \tag{6-116}$$

其中，N_{B} 为单边结中低掺杂一侧的掺杂浓度 N_{D} 或 N_{A}。图 6.25 给出了不同掺杂浓度下的 GaAs 和 Si 单边 pn 结的临界电场。

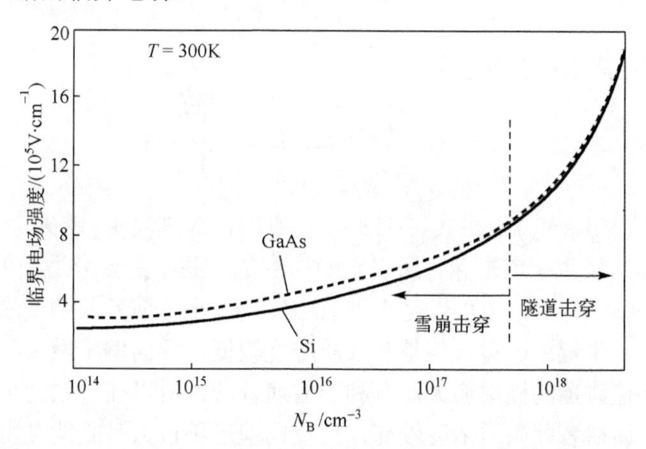

图 6.25　GaAs 和 Si 单边 pn 结击穿时的临界电场强度随掺杂浓度的变化

6.4.2　隧道击穿(齐纳击穿)

隧道击穿是在强电场作用下，由于隧道效应，大量电子从价带穿过禁带而进入导带所引起的一种击穿现象。因为最初是由齐纳提出来解释电介质击穿现象的，故又称为齐纳击穿。

当 pn 结加反向偏压时，势垒区能带发生倾斜；反向偏压越大，势垒越高，势垒区的内

建电场越强，势垒区能带也越加倾斜，甚至可以使n区的导带底比p区的价带顶还低，如图6.26所示。内建电场$\mathcal{E}$使p区的价带电子得到附加势能$e\mathcal{E}x$；当内建电场$\mathcal{E}$大到某值以后，价带中的部分电子所得到的附加势能$e\mathcal{E}x$可以大于禁带宽度E_g，如果图中p区价带中的A点与n区导带B点有相同的能量，则在A点的电子可以转移到B点。实际上，这只是说明在由A点到B点的一段距离中，电场给予电子的能量$e\mathcal{E}\Delta x$等于禁带宽度E_g。因为A点和B点之间隔着水平距离为Δx的禁带，所以电子从A点到B点的转移在经典情况下不会发生。但在量子力学中，上述转移过程可以通过隧道效应实现，即实现电子从价带到导带的穿越。在适当条件下，当大量电子由于隧道效应从价带穿越到导带时，pn结就会发生隧道击穿。

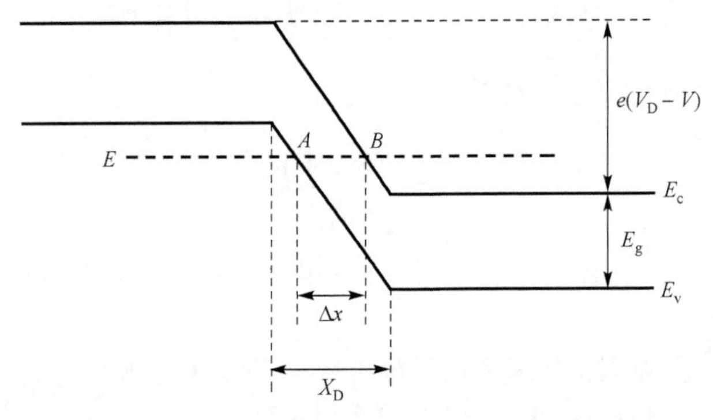

图 6.26　反向偏压pn结的隧道击穿过程中的能带示意图

从图6.26可以得到隧道长度Δx与势垒高度$e(V_D-V)$的关系。因势垒区导带底的斜率为$e(V_D-V)/X_D$，该斜率也可以表示为$E_g/\Delta x$，由此得到隧穿距离

$$\Delta x=\frac{E_g X_D}{e(V_D-V)} \tag{6-117}$$

由式(6-31)，上述距离还可以表示为

$$\Delta x=\frac{E_g}{e}\left(\frac{2\varepsilon_s}{eN\left(V_D-V\right)}\right)^{1/2} \tag{6-118}$$

其中，$N=N_D N_A/(N_D+N_A)$。由式(6-118)可以看出，$N(V_D-V)$越大，Δx越小，则隧穿概率就越大，即更容易发生隧道击穿。所以隧道击穿的发生一定要有适当的$N(V_D-V)$值，它既可以是N小而(V_D-V)大，也可以是N大而(V_D-V)小。前者即杂质浓度较低时，必须加大的反偏电压才能发生隧道击穿，但是在杂质浓度较低，反向偏压增大时，势垒宽度增大，载流子在势垒区加速碰撞的概率增大，有利于雪崩效应，所以在一般的杂质浓度下，雪崩击穿机制是主要的。而后者即杂质浓度较高，但反向偏压不很大时就能发生隧道击穿。由于势垒区宽度小，不利于雪崩倍增效应，所以在重掺杂情况下，隧道击穿成为主要的击穿机制。图6.25显示了这一结果。

6.4.3　热电击穿

当pn结加上反向偏压，pn结中的反向电流要引起热损耗。反向电压逐渐增大时，相应的损耗功率也会增大，这将产生大量的热量。如果没有良好的散热条件把这些热量及时传递出去，这些热量将引起结温上升。

按式(6-79)，反向饱和电流密度随温度按指数规律上升。因此随着结温的上升，反向饱和电流密度迅速上升，产生的热量也迅速增大，进而又导致结温上升，反向饱和电流密度增大。如此反复循环下去，最后使饱和电流密度无限增大而发生击穿。这种由热不稳定性引起的击穿现象称为热电击穿。对于禁带宽度较小的半导体，如 Ge 半导体 pn 结，由于反向饱和电流密度较大，在室温下这种击穿机制很重要。

6.5 隧道 pn 结

n 区和 p 区都是简并半导体的 pn 结称为隧道 pn 结。隧道 pn 结的电流-电压特性如图 6.27 所示，该器件最主要的特征是存在一个负微分电阻区。由图可见，正向电流起初随正向电压增加而迅速上升到一个极大值 I_p，该电流称为峰值电流，对应的正向电压 V_p 称为峰值电压；随着电压进一步增大，电流反而减小，并达到一个极小值 I_v，该电流称为谷值电流，对应的电压 V_v 称为谷值电压；当电压大于谷值电压 V_v 后，电流又随电压增大而上升。V_p 至 V_v 的电压区间就是一个负微分电阻区。反向时，反向电流随反向偏压增大而迅速增加。隧道 pn 结因其负微分电阻特性可被应用于高频振荡电路中。隧道结的特殊电流-电压特性与结构内的隧道效应有直接的关系。

如图 6.28 所示，在简并化的重掺杂半导体中，n 型半导体的费米能级进入导带，p 型半导体的费米能级进入价带，两者形成隧道结后，在没有外加电压处于热平衡状态时，n 区和 p 区的费米能级相等。从图中可以看出，n 区的导带底比 p 区的价带顶还要低。因此，在 n 区的导带和 p 区的价带出现具有相同能量的量子态。另外，在重掺杂情况下，势垒区很薄，n 区的导带电子可以由隧道效应穿过禁带进入 p 区价带，p 区价带电子也可以由隧道效应穿过禁带进入 n 区导带。

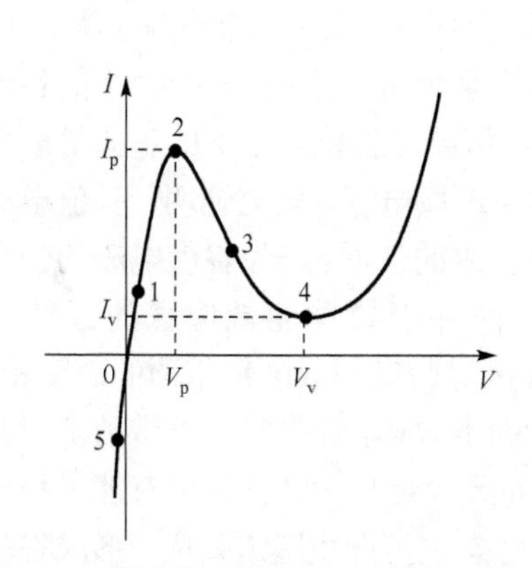

图 6.27 隧道 pn 结的电流-电压特性曲线

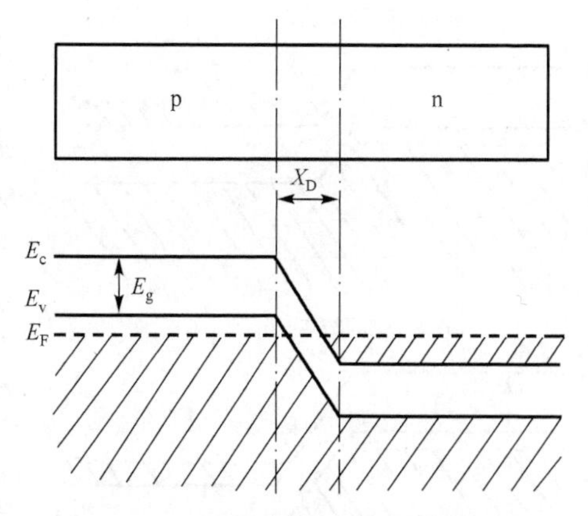

图 6.28 隧道结在热平衡时的能带图

在隧道结中，正向电流由两部分构成：一部分是扩散电流，随着正向偏压增加而是指数增加，但对较低的正偏压，扩散电流很小；另一部分是隧道电流，在较低的正向偏压下，隧道电流是主要的。下面具体地定性分析隧道电流随外加电压的变化规律。

(1)平衡隧道结的能带图如图 6.28 所示。这时 p 区价带和 n 区导带虽然具有相同能量的量子态，但是 n 区和 p 区的费米能级相等，在结的两边，费米能级以下没有空的量子态，费米能级以上的量子态没有电子占据，所以隧道电流为零，对应于特性曲线上的 0 点。

(2) 加一个很小的正向偏压 V，n 区能带相对于 p 区将升高 eV，如图 6.29(a) 所示。这时结两边能量相等的量子态中，p 区价带的费米能级以上有空量子态，而 n 区导带费米能级以下有量子态被电子占据，因此 n 区导带电子可以隧穿到相同能量的 p 区价带中，产生从 p 区到 n 区的正向隧道电流，对应于特性曲线上的点 1。

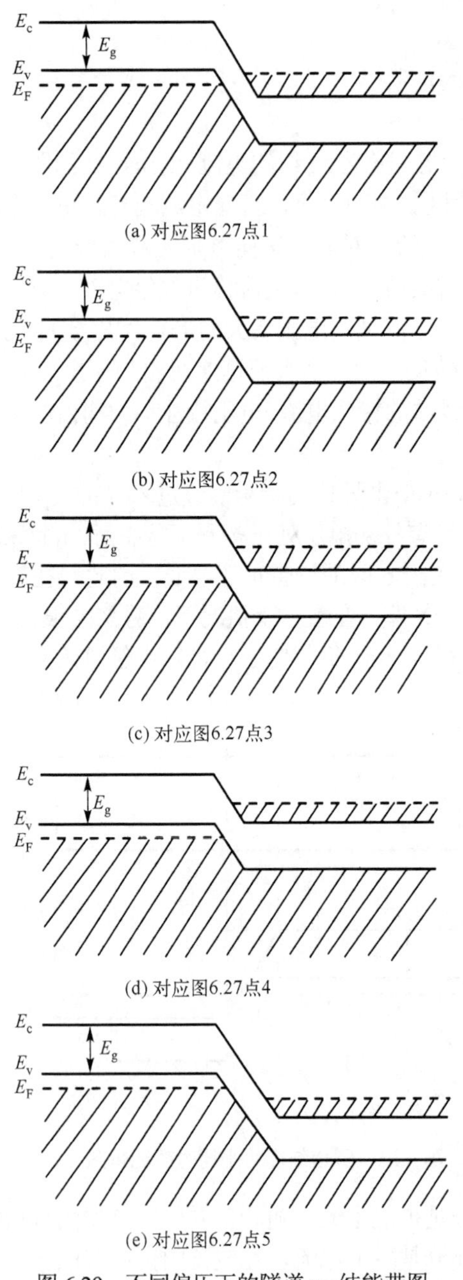

(a) 对应图6.27点1

(b) 对应图6.27点2

(c) 对应图6.27点3

(d) 对应图6.27点4

(e) 对应图6.27点5

图 6.29　不同偏压下的隧道 pn 结能带图

(3) 如图 6.29(b) 所示，继续增大正向偏压，势垒高度不断下降，有更多的电子从 n 区隧穿到 p 区的空量子态，隧道电流不断增大。当正向偏压增大到 V_p 时，p 区费米能级与 n 区导带底一样高，n 区导带被电子占据的量子态与 p 区价带中相同能量的空量子态交叠达到最大，n 区导带电子隧穿进入 p 区价带达到最大，正向电流达到峰值电流 I_p。这种情况对应于特性曲线的点 2。

(4) 如图 6.29(c) 所示，进一步增大正向偏压，势垒高度进一步降低，在结两边能量相同的量子态减少，使 n 区导带中可能隧穿的电子数及 p 区价带中能接受电子的空量子态数目均减少。这时隧道电流减小，pn 结出现负微分电阻，对应于特性曲线上的点 3。

(5) 如图 6.29(d) 所示，正向偏压增大到 V_v 时，n 区导带底和 p 区价带顶一样高，这时 p 区价带与 n 区导带没有能量相同的量子态，因此不能发生隧穿过程，隧道电流应该减小到零，对应于特性曲线上的点 4。但实际上在偏压为 V_v 时正向电流并不完全为零，而是有一个很小的谷值电流 I_v，它的数值要比谷值电压下的正向扩散电流大得多，称为过量电流。研究证明，谷值电流基本上有隧道电流的性质。产生谷值电流的一个可能原因是，简并半导体能带边缘的延伸。当 $V=V_v$ 时，n 区导带底与 p 区价带顶的高度相同，但对重掺杂的半导体，导带底与价带顶都存在带尾态，于是 n 区导带与 p 区价带仍有能量相同的量子态。这些态也可产生隧道效应，形成谷值电流。研究还证明，当存在杂质或其他缺陷的深能级时，谷值电流增大，这说明产生谷值电流的另一个机制是通过禁带中的某些深能级产生的隧道效应。

(6) 当正向偏压大于 V_v 时，扩散电流就成为主要电流，这时隧道结就和一般的 pn 结有基本类似的正向特性。

(7) 加反向偏压时，p 区能带相对 n 区升高，如图 6.29(e) 所示。在结两边能量相同的量子态中，p 区价带费米能级以下的量子态被电子占据，而 n 区导带费米能级以上有空的量子态，因此 p 区价带电子可以隧穿到 n 区导带中，形成反向隧穿电流。随着反向偏压增大，p 区中可以隧穿的电子数大大增加，故反向电流也迅速增加，如特性曲线上的点 5。可见，在隧道结中，即使反向偏压很小，反向电流也比较大，这个特征与一般的 pn 结完全不同。

从以上分析知道，隧道结是利用多子隧道效应工作的。因为单位时间内通过 pn 结的多子数目起伏较小，所以隧道二极管的噪声较低。由于隧道结由重掺杂的简并半导体制成，因此温度对多子浓度的影响很小，因此隧道二极管的工作温度范围较大。隧道效应本质上是一种量子跃迁过程，电子穿越过程极其迅速，不受渡越时间的限制，使隧道二极管可以在极高的频率下工作，有良好的高频特性。上述讨论说明隧道结有低噪声、高频和宽工作温度范围的性质。

习　题

1．讨论 pn 结实际反向电流与理想反向电流的区别。

2．分析 pn 结电容的起源。

3. Si 突变 pn 结的 p 区的掺杂浓度 $N_A = 8\times10^{16}\,\text{cm}^{-3}$，n 区的掺杂浓度 $N_D = 2\times10^{16}\,\text{cm}^{-3}$，已知室温下 Si 的本征载流子浓度为 $1.5\times10^{10}\,\text{cm}^{-3}$，求该突变结的接触电势差 V_D。

4．已知室温下 Si 的本征载流子浓度为 $1.5\times10^{10}\,\text{cm}^{-3}$，画出室温下 $10^{13} \leqslant N_A = N_D \leqslant 10^{17}\,\text{cm}^{-3}$ 区间内 Si pn 结接触电势差随掺杂浓度变化曲线。

5．均匀掺杂的 GaAs pn 结，其掺杂浓度 $N_A = 10^{16}\,\text{cm}^{-3}$，$N_D = 10^{14}\,\text{cm}^{-3}$。画出 300～500K 的温度区间内，内建电势差随温度的变化曲线，其中 GaAs 的本征载流子浓度按图 3.2 中的数据。

6．某 Si 突变 pn 结 p 区 $N_A = 5\times10^{15}\,\text{cm}^{-3}$，n 区 $N_D = 2\times10^{15}\,\text{cm}^{-3}$，p 区电子迁移率为 $1300\,\text{cm}^2/(\text{V}\cdot\text{s})$，电子寿命为 $5\,\mu\text{s}$，n 区空穴迁移率为 $500\,\text{cm}^2/(\text{V}\cdot\text{s})$，空穴寿命为 $1\,\mu\text{s}$。已知室温下 Si 的本征载流子浓度为 $1.5\times10^{10}\,\text{cm}^{-3}$，计算室温下该 pn 结的理想空穴电流与电子电流之比及理想饱和电流密度，以及理想情况下正偏电压 0.4 V 时的电流密度。

7．计算上题条件下反向偏压−10V 和零偏压时的势垒区宽度与势垒电容面密度。

8．某单边突变 p^+n 结的电容–电压关系如图所示，假设图中横轴截距为 0.855V，斜率的绝对值为 $1.4\times10^{15}\,(\text{F}/\text{cm}^2)^{-2}\cdot\text{V}^{-1}$，试求该突变结的 n 区掺杂浓度。

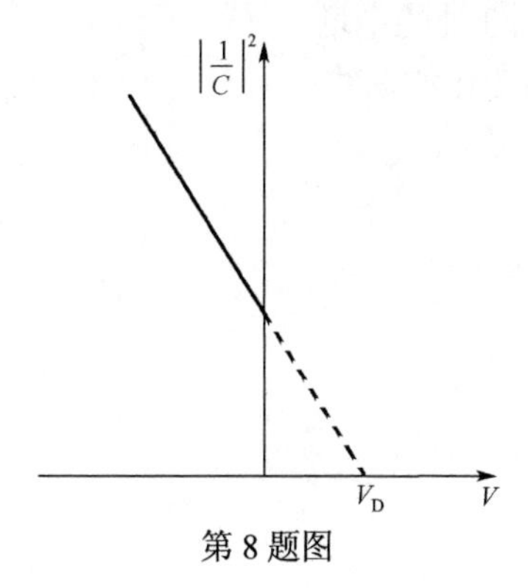

第 8 题图

9．室温下某 Si 突变 pn 结 p 区 $N_A = 8\times10^{15}\,cm^{-3}$，n 区 $N_D = 2\times10^{15}\,cm^{-3}$，已知室温下 Si 的本征载流子浓度为$1.5\times10^{10}\,cm^{-3}$。计算：

(1)接触电势差；

(2)零偏压和反偏 8 V 时的势垒区宽度；

(3)零偏压和反偏 8 V 时的最大电场强度。

10．考虑反偏电压为 10V 的 Si n^+p 单边结，当 p 区掺杂浓度为原来的 3 倍时，求势垒电容变化的百分比。

11．室温下某 Si pn 结的掺杂情况为：$x<0$ 时，$N_A = 2\times10^{16}\,cm^{-3}$；$0<x<0.2\mu m$ 时，$N_D = 3\times10^{15}\,cm^{-3}$；$x>0.2\mu m$ 时，$N_D = 4\times10^{15}\,cm^{-3}$。已知室温下 Si 的本征载流子浓度为$1.5\times10^{10}\,cm^{-3}$，在零偏压下：

(1)计算接触电势差；

(2)计算 x_n 和 x_p；

(3)画出平衡状态能带图；

(4)画出电场随距离变化的曲线。

12．一般对空间电荷区采用的是突变耗尽近似，也就是说，在耗尽区内没有自由载流子存在，并且在耗尽区外，半导体突然变为电中性。在大多数情况下，这种近似已经足够，但突然的过渡实际并不存在，空间电荷区到电中性区有几个德拜长度的过渡。n 型半导体德拜长度的表达式为

$$L_D = \left(\frac{\varepsilon_s k_B T}{e^2 N_D}\right)^{1/2}$$

在下列条件下计算 L_D 及 L_D/x_n。已知 p 型半导体 Si 的掺杂浓度为 $8\times10^{16}\,cm^{-3}$，n 型半导体 Si 的掺杂浓度为(1) $N_D = 5\times10^{14}\,cm^{-3}$，(2) $N_D = 2.5\times10^{15}\,cm^{-3}$，(3) $N_D = 8\times10^{16}\,cm^{-3}$。已知 Si 的相对介电常数为 11.9，室温下其本征载流子浓度为 $1.5\times10^{10}\,cm^{-3}$。

13．室温时 Si 线性缓变结的接触电势差为 0.70 V，反偏电压为 4.5 V 时，测得其势垒电容面密度为$8.0\times10^{-9}\,F/cm^2$。求该 pn 结的净掺杂浓度梯度。

14．Si 半导体的 pin 结的掺杂情况如下：$x<-1\,\mu m$ 时，$N_A = 2\times10^{15}\,cm^{-3}$；$x>1\,\mu m$ 时，$N_D = 2\times10^{15}\,cm^{-3}$；两者之间的 i 对应着理想本征区。给 pin 结外加一个反偏电压，使空间电荷区占据从–2.5 μm 到 2.5 μm 的所有区域。已知室温下 Si 的本征载流子浓度为$1.5\times10^{10}\,cm^{-3}$。

(1)采用泊松方程计算出 x=0 处的电场；

(2)画出 pin 结电场随距离变化的曲线；

(3)计算外加反偏电压的大小。

第 7 章　金属-半导体接触

微课

金属-半导体接触是半导体物理的重要内容。在半导体应用方面，多数半导体器件最终需通过金属-半导体接触实现半导体器件与其他电学结构的连接，同时金属-半导体接触形成的肖特基结构也是许多半导体器件的基本结构[3, 28]，因此金属-半导体接触是半导体物理研究方面的重要领域。由于金属-半导体属于两类不同性质的基本材料，对它的研究能极大地丰富人们对此领域的认识。

本章主要包括三个方面的内容。第一是金属-半导体接触的能带特征，在讨论金属-半导体理想接触的基础上，进一步分析表面态、镜像力等因素对接触势垒的影响。第二是金属-半导体接触整流理论，包括热电子发射和扩散两个模型。第三是金属-半导体的少子注入和欧姆接触。

7.1　金属-半导体接触的能带特征

7.1.1　金属和半导体的基本特征

金属中的自由电子遵循费米-狄拉克分布，其分布特征由金属费米能级 E_{Fm} 表示，金属的费米能级 E_{Fm} 较大，如金属 Cu 绝对零度时的费米能量达 6.9eV，因此金属的费米能量远大于室温下的特征能量 $k_{\mathrm{B}}T$，通常情况下可以认为费米能级 E_{Fm} 以下几乎完全被电子占据，而费米能级 F_{m} 以上几乎完全是空态。

讨论金属-半导体接触与本书前几章内容的一个重要区别是两者是不同的材料，为了能比较不同材料中的电子能量，必须有一个公共的能量基准，因此本章引入了真空能级 E_0 这个重要物理量，它表示真空中静止电子的能量，是不同材料能量比较的公共基准。

不同金属费米能级 E_{Fm} 的高低由其相应的功函数 W_{m} 表示，其定义是真空能级 E_0 与费米能级 E_{Fm} 之差，即 $W_{\mathrm{m}} = E_0 - E_{\mathrm{Fm}}$ 。功函数表示一个起始能量等于费米能级的电子，由金属内部溢出到真空中所需要的最低能量。功函数的大小标志着金属对电子束缚的强弱，功函数越大，电子越不容易离开金属。表 7.1 列出了几种常见金属元素的功函数。

表 7.1　几种常见金属元素的功函数

元素	Ag	Al	Au	Cr	Mo	Ni	Pd	Pt	Ti	Cu	W
功函数/eV	4.26	4.28	5.1	4.5	4.6	5.15	5.12	5.65	4.33	4.65	4.55

和金属不同，半导体的费米能级和其中的掺杂浓度直接相关，因此半导体的功函数是不确定的。半导体能带的相对位置，可以由其导带底位置 E_{c} 确定。相应地可以定义半导体的电子亲和能χ，其定义为真空能级 E_0 与半导体导带底 E_{c} 的能量差，即 $\chi = E_0 - E_{\mathrm{c}}$ 。表 7.2 列出了几种常见半导体的电子亲和能。

表 7.2　几种常见半导体的电子亲和能

半导体	Si	Ge	GaAs	AlAs
电子亲和能/eV	4.05	4.13	4.07	3.5

7.1.2　金属-半导体的理想接触

设想有某金属与 n 型半导体接触，假定金属的功函数大于半导体的功函数，即 $W_m>W_s$。它们接触前的能带如图 7.1(a)所示，显然半导体的费米能级要高于金属的费米能级。如果两者接触，电子将从费米能级高的位置向低的位置运动，即电子将由半导体向金属运动，由此使半导体带正电，金属带负电。当两者的费米能级相等时，金属和半导体就达到平衡，如图 7.1(b)所示。它们之间的电势差恰好补偿了原来费米能级的不同，即相对于金属的费米能级，半导体的费米能级下降了 W_m-W_s。需要指出的是金属和半导体中电子浓度的差异。金属的自由电子浓度一般为 10^{22}～10^{23}cm^{-3} 以上，而 n 型半导体中的电子浓度一般小于 10^{18}cm^{-3}，两者相差至少 4 个数量级以上，金属由于其极高的自由电子浓度可以实现完全的电屏蔽，即金属内部完全没有电场，因此电场只分布在半导体表面层内，类似第 6 章中的单边突变结。由此可得半导体表面层内的电势差，即金属-半导体的接触电势差

$$V_D=-V_s=\frac{W_m-W_s}{e} \tag{7-1}$$

其中，V_s 是半导体表面相对于半导体内部的电势差，该值小于零，因为半导体表面层内的电场由体内指向表面，表面电势比体内降低了。金属一侧的势垒高度为

$$e\phi_{ns}=eV_D+E_n=-eV_s+E_n=W_m-W_s+E_n=W_m-\chi \tag{7-2}$$

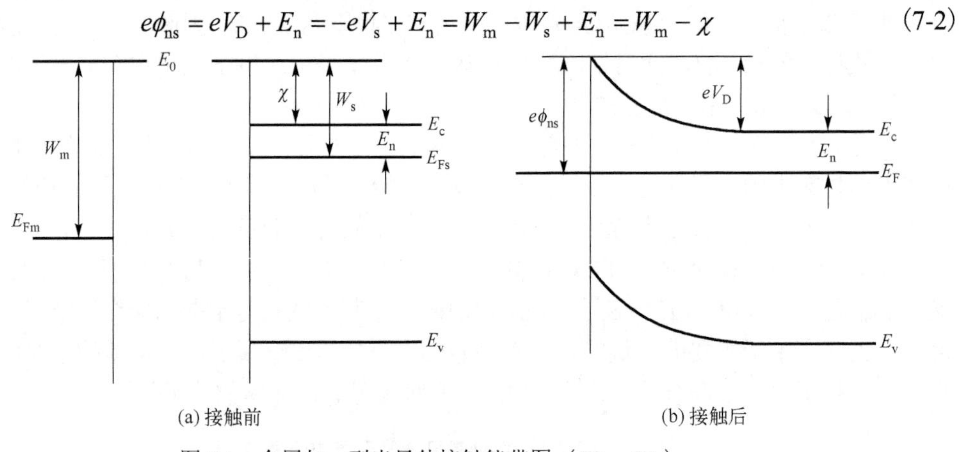

图 7.1　金属与 n 型半导体接触能带图（$W_m>W_s$）

从上面的分析可以看出，当金属与 n 型半导体接触时，若 $W_m>W_s$，则在半导体表面附近形成一个正的空间电荷区，其中电场方向由体内指向表面，半导体表面电势 $V_s<0$，它使半导体表面电子的能量高于体内，能带向上弯曲，形成表面势垒，该表面势垒一般称为肖特基势垒。在势垒区内，空间电荷区主要由电离施主形成，电子浓度比体内小得多，因此它是一个耗尽的高阻区域，常称为阻挡层。

若 $W_m<W_s$，则金属与 n 型半导体接触时，电子将从金属流向半导体，在半导体表面层形成电子积累，其中电场方向由表面指向体内，半导体表面电势 $V_s>0$，能带向下弯曲。在该

层内电子浓度比体内大得多，因而是一个高电导区域，称为反阻挡层。其平衡时的能带如图 7.2 所示。反阻挡层是很薄的高导电层，它对半导体和金属接触电阻的影响很小。反阻挡层和阻挡层不同，在通常的实验中觉察不到它的存在。

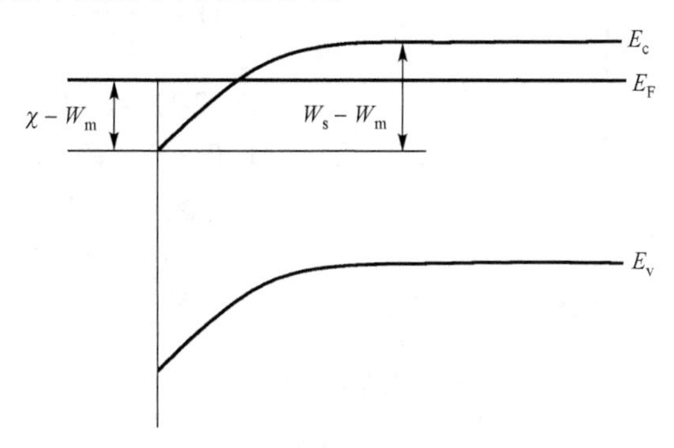

图 7.2　金属与 n 型半导体接触能带图（$W_m < W_s$）

金属和 p 型半导体接触时，形成阻挡层的条件正好与 n 型相反。若 $W_m > W_s$，能带向上弯曲，形成 p 型反阻挡层；若 $W_m < W_s$，能带向下弯曲，形成空穴的势垒，是 p 型阻挡层。两者的能带如图 7.3 所示。上述结果列在表 7.3 中。

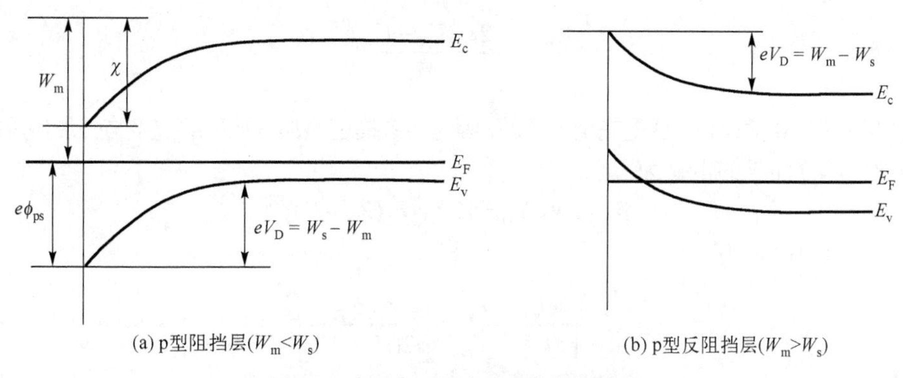

图 7.3　金属与 p 型半导体接触能带图

表 7.3　金属-半导体理想接触形成阻挡层、反阻挡层的条件

条件	n 型	p 型
$W_m > W_s$	阻挡层	反阻挡层
$W_m < W_s$	反阻挡层	阻挡层

7.1.3　金属-半导体接触势垒的耗尽层近似

金属-半导体接触的势垒区一般也采用耗尽层近似，其数学处理几乎与第 6 章中的单边突变结(例如 p^+n 结)完全一致。

如图 7.4 所示，耗尽层内电荷密度为 eN_D，耗尽层内的泊松方程为

$$\frac{d^2V}{dx^2} = -\frac{eN_D}{\varepsilon_s} \tag{7-3}$$

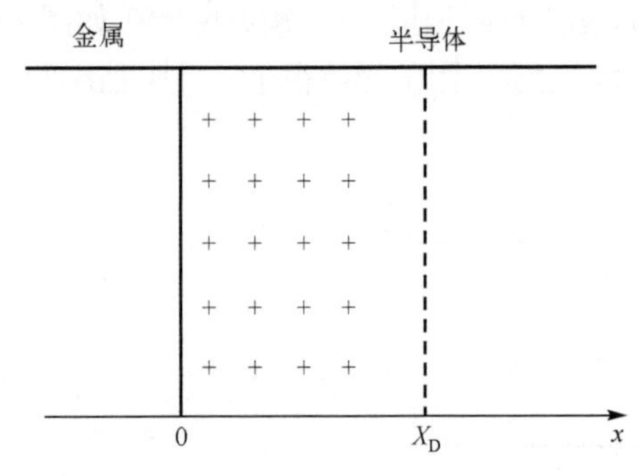

图 7.4　金属-半导体接触形成的耗尽层示意图

对式(7-3)积分，考虑到 $x = X_D$ 时，电场强度 $\mathcal{E}=0$，得耗尽层内电场强度

$$\mathcal{E}(x) = -\frac{dV}{dx} = -\frac{eN_D}{\varepsilon_s}(X_D - x) \tag{7-4}$$

由式(7-1)，$x = 0, X_D$ 两点的电势差为 V_D，可以设 $V(0)=0$，$V(X_D)=V_D$。对式(7-4)再次积分，得耗尽区内的电势

$$V(x) = \frac{eN_D}{\varepsilon_s}\left(xX_D - \frac{1}{2}x^2\right) \tag{7-5}$$

式(7-5)中考虑到 $V(X_D)=V_D$，可得耗尽区宽度为

$$X_D = \left(\frac{2\varepsilon_s V_D}{eN_D}\right)^{1/2} \tag{7-6}$$

若金属加正电压 V，则外加电场方向与内建电场的方向相反，则势垒区内电场变小，势垒区宽度变小；若金属加负电压 V，则势垒区内电场变大，势垒区宽度变宽。所以加反向电压后的势垒区宽度可以表示为

$$X_D = \left[\frac{2\varepsilon_s(V_D - V)}{eN_D}\right]^{1/2} \tag{7-7}$$

式(7-7)和第 6 章式(6-41)是完全一致的，因为两者描述的都是耗尽层宽度与外加偏压的关系。

半导体单位面积的电荷为

$$Q_s = eN_D X_D = [2\varepsilon_s eN_D(V_D - V)]^{1/2} \tag{7-8}$$

单位面积耗尽层电容为

$$C = \left|\frac{dQ_s}{dV}\right| = \frac{\varepsilon_s}{X_D} = \left[\frac{\varepsilon_s eN_D}{2(V_D - V)}\right]^{1/2} \tag{7-9}$$

式(7-9)也可以表示为

$$\frac{1}{C^2} = \frac{2(V_D - V)}{\varepsilon_s eN_D} \tag{7-10}$$

式(7-10)与第 6 章式(6-44)是一致的，都是描述耗尽层电容的变化规律。

图 7.5 给出了具有阻挡层结构的金属与 n 型半导体和 p 型半导体接触形成的势垒区及其

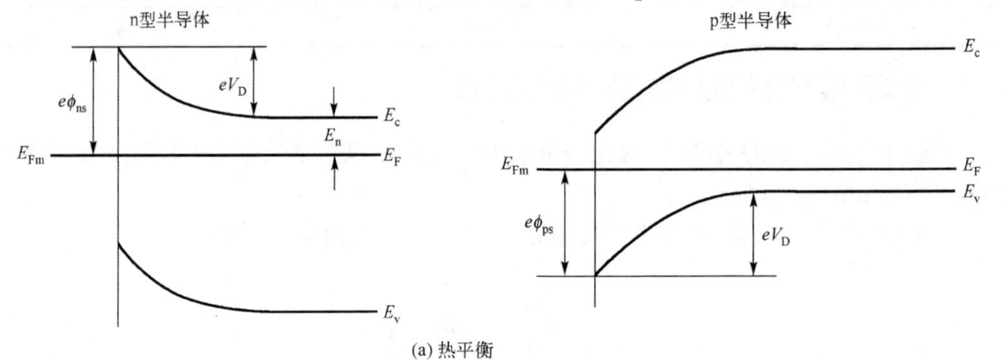

(a) 热平衡

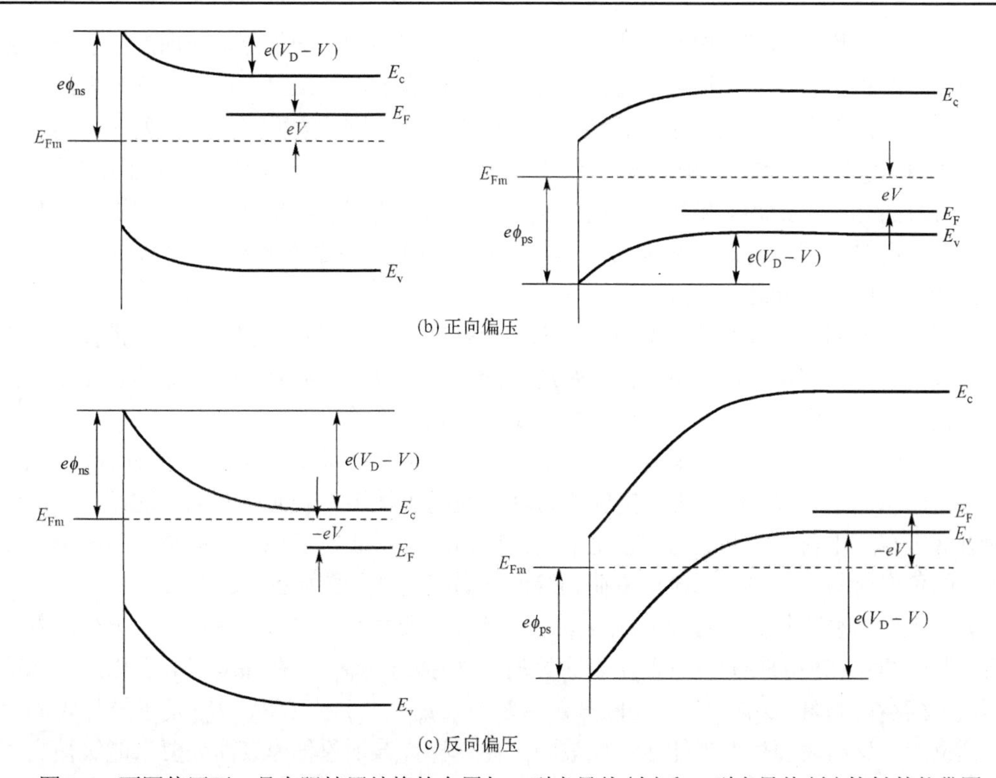

图 7.5　不同偏压下，具有阻挡层结构的金属与 n 型半导体(左)和 p 型半导体(右)接触的能带图

在正向和反向电压作用下的变化规律，其中金属与 n 型半导体接触的正向偏压为金属加正电压，金属与 p 型半导体接触的正向偏压为金属加负电压。

7.1.4　表面态对接触势垒的影响

对于同一种半导体，电子亲和能 χ 为常数。由式(7-2)，对不同金属与它形成的接触，其势垒高度 $e\phi_{ns}$ 应该随着金属功函数的变化有相应的变化。但是实际测量的结果并非如此。表 7.4 列出了几种金属与 n 型 Ge、Si 和 GaAs 接触时形成的势垒高度的测量值。例如，由表中数据可以知道，金或铝与 n 型 GaAs 接触时，势垒高度仅相差 0.15eV，而由表 7.1 中数据，两种金属的功函数差达 0.82eV，该数据远大于实验测得的 0.15eV。大量的实验结果表明：不同的金属，虽然功函数差别很大，而它们与半导体接触形成的势垒高度相差却很小。这说明金属功函数对势垒高度没有多大的影响。进一步的研究证实，这是半导体表面存在表面态的缘故。下面定性地分析表面态对接触势垒所产生的影响。

表 7.4　n 型 Ge、Si、GaAs 的 ϕ_{ns} 测量值(300K)

半导体	金属	ϕ_{ns} /V	半导体	金属	ϕ_{ns} /V
n-Ge	Au	0.45	n-GaAs	Au	0.95
	Al	0.48		Ag	0.93
	W	0.48		Al	0.80
n-Si	Au	0.79		W	0.71
	W	0.67		Pt	0.94

在半导体表面处的禁带中存在表面态，对应的能级称为表面能级。表面态一般分为施主型和受主型两种。若表面态被电子占据时呈电中性，施放电子后呈正电性，则该表面态为施主型；若表面态空着时为电中性，而接受电子后带负电，则该表面态为受主型。如图 7.6 所示，一般表面态在半导体禁带中形成一定的分布，并存在一个中性能级 $e\phi_0$，电子正好填满 $e\phi_0$ 以下所有表面态时，表面呈电中性。$e\phi_0$ 以下表面态为空态时，表面带正电，呈现施主型；$e\phi_0$ 以上的表面态被电子填充时，表面带负电，呈现受主型。对于大多数半导体，$e\phi_0$ 约在价带顶以上禁带宽度的三分之一处。

考虑界面态对势垒高度的影响时有下面两个基本假设：①金属和半导体紧密接触，中间有原子尺度的界面层，该层对电子而言是透明的，但可以有电势差；②半导体表面处单位面积、单位能量的界面态由半导体表面特性决定，与金属无关。

假定在一个 n 型半导体表面存在表面态。半导体费米能级高于 $e\phi_0$，如果在 $e\phi_0$ 以上存在受主型表面态，则在 $e\phi_0$ 至 E_F 之间的能级将基本被电子填满，表面带负电。这样，半导体表面附近必定有正电荷分布，成为带正电的空间电荷区，形成电子势垒。势垒的高度恰好使表面态上的负电荷与空间电荷区的正电荷相等。平衡时的能带图如图 7.6 所示。

如果表面态密度很大，只要 E_F 比 $e\phi_0$ 高一点，在表面态上就会积累很多负电荷，并由于空间电荷区的存在使能带向上弯曲，表面处的 E_F 很接近 $e\phi_0$，势垒高度就等于原来费米能级(没有势垒存在时)和 $e\phi_0$ 之差，即 $eV_D = E_g - E_n -(e\phi_0 - E_{vs})$，其中，$E_{vs}$ 是半导体表面处的价带顶位置。这时表面处费米能级好像被固定住一样，该现象称为表面处费米能级被高表面态密度钉扎，如图 7.7 所示。

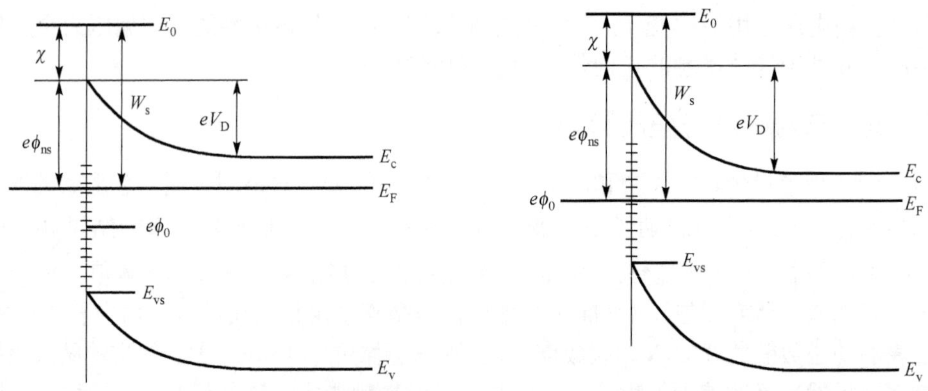

图 7.6　存在受主表面态时的 n 型半导体能带图　　图 7.7　存在高表面态密度时的 n 型半导体能带图

如果不存在表面态，半导体的功函数决定于费米能级在禁带中的位置，即 $W_s = \chi + E_n$。如果存在表面态，即使不与金属接触，表面也形成势垒，半导体表面的功函数 W_s 也有相应的改变。图 7.6 中半导体表面形成电子势垒，表面功函数增大为 $W_s = \chi + eV_D + E_n$，增加值为势垒高度 eV_D。当表面态密度很高时，$W_s = \chi + E_g - (e\phi_0 - E_{vs})$，几乎与施主浓度无关。这种具有受主表面态的 n 型半导体与金属接触的能带如图 7.8 所示，图中省略了表面态能级。图 7.8(a)表示接触前的能带，其中金属功函数 $W_m > \chi + e\phi_{ns} = W_s$。由于 $E_{Fs} > E_{Fm}$，半导体与金属接触时，半导体中的电子流向金属。但其中半导体中的电子并不是来自体内，而是由受主表面态提供，若表面态密度很高，能放出足够多的电子，则半导体势垒区几乎不发生变化。平衡时，费米能级达到同一水平，半导体的费米能级 E_{Fs} 相对金属费米能级 E_{Fm} 下降了 $W_m - W_s$。在间

隙 D 中，半导体表面电势相对于金属上升了 $(W_m - W_s)/e$。这时空间电荷区的正电荷等于表面受主态上留下的负电荷与金属表面负电荷之和。当间隙 D 小到可与原子间距相比时，电子就可以自由地穿过它，这种紧密接触的情形如图 7.8(b)所示。为了明显起见，图中放大了间隙 D。如果忽略这个间隙，极限情况下的能带如图 7.8(c)所示。

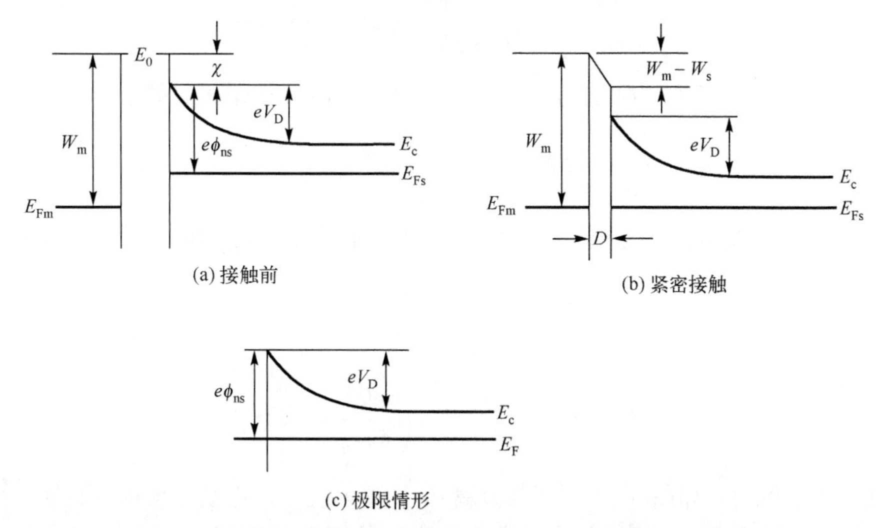

图 7.8　受主表面态密度很高的 n 型半导体与金属接触的能带图

上面的分析说明，当半导体的表面态密度很高时，它几乎完全屏蔽了金属接触的影响，半导体内的势垒高度和金属的功函数几乎无关，而基本由半导体表面性质决定，接触电势差全部降落在两个表面之间。当然这是极端的情形，实际上，由于表面态密度不同，紧密接触时，接触电势差有一部分要降落在半导体表面以内，金属功函数对表面势垒将产生不同程度的影响，但总体上影响不大，这种解释符合实验测量的结果。根据这个概念，不难理解，当 $W_m < W_s$ 时，也可能形成 n 型阻挡层。

7.1.5　镜像力对接触势垒的影响

金属与半导体的接触受多种因素的影响，除了 7.1.4 节考虑的界面态，镜像力也对接触势垒有重要影响。

在金属-真空系统中，一个在金属外面的电子，要在金属表面感应出一个正电荷，同时该电子要受到正电荷的吸引。若电子距离金属表面的距离为 x，则它与感应电荷之间的吸引力相当于与位于 $-x$ 处的等量正电荷之间的吸引力。如图 7.9 所示，这个正电荷称为镜像电荷，这个吸引力称为镜像力，它可以表示为

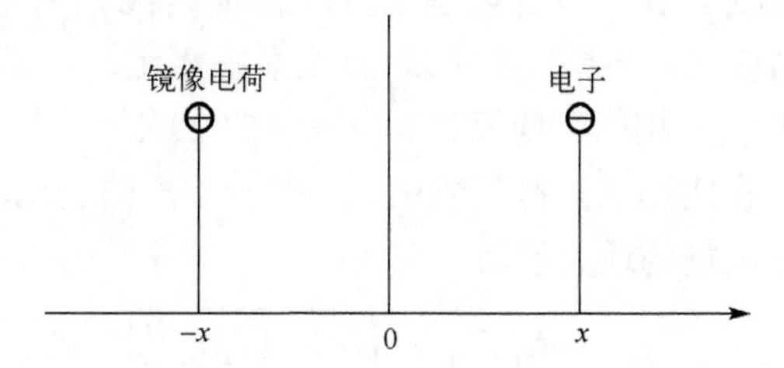

图 7.9　金属表面处的电子及其镜像电荷示意图

$$f=-\frac{e^2}{4\pi\varepsilon_0(2x)^2}=-\frac{e^2}{16\pi\varepsilon_0 x^2} \tag{7-11}$$

把电子从 x 点移到无穷远处，电场力所做的功为

$$\int_x^{\infty} f\mathrm{d}x=-\frac{e^2}{16\pi\varepsilon_0}\int_x^{\infty}\frac{1}{x^2}\mathrm{d}x=-\frac{e^2}{16\pi\varepsilon_0 x} \tag{7-12}$$

当存在外加电场 $\mathcal{E}$（电场方向沿 $-x$ 方向）时，总电势能（PE）与距离的关系为

$$PE(x)=-\frac{e^2}{16\pi\varepsilon_0 x}-e|\mathcal{E}|x \tag{7-13}$$

上述方程有一个最大值,镜像力导致的电势降低量 $\Delta\phi$ 及相应的位置 x_{m} 由 $\mathrm{d}(PE)/\mathrm{d}x=0$ 确定，即

$$x_{\mathrm{m}}=\sqrt{\frac{e}{16\pi\varepsilon_0|\mathcal{E}|}} \tag{7-14}$$

$$\Delta\phi=\frac{1}{e}\left|PE(x)\right|_{x=x_{\mathrm{m}}}=\sqrt{\frac{e|\mathcal{E}|}{4\pi\varepsilon_0}}=2|\mathcal{E}|x_{\mathrm{m}} \tag{7-15}$$

上述结果也可用于如图 7.10 所示的金属-半导体系统，但电场应该由界面处的特定电场代替，并假设电场均匀，自由空间介电常数 ε_0 由半导体的介电常数 ε_{s} 代替，即

$$\Delta\phi=\sqrt{\frac{e|\mathcal{E}|}{4\pi\varepsilon_{\mathrm{s}}}} \tag{7-16}$$

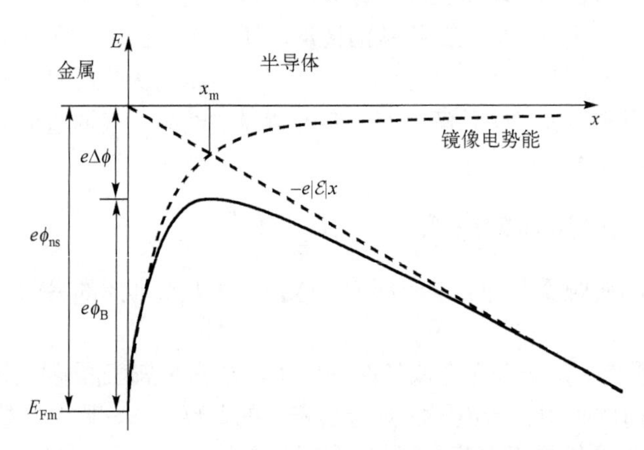

图 7.10　金属-半导体接触中镜像力对接触势垒作用的示意图

注意到，即使没有偏置，由于存在内建电势，金属-半导体接触的内部电场不为零。由于半导体的相对介电常数较大，与相应的金属-真空系统相比，势垒降低较小。例如，当相对介电常数 $\varepsilon_{\mathrm{r}}=12$ 时，降低值为相同电场值时真空系统的 29%。

以 n 型半导体为例，在实际的肖特基势垒中，随着距离的变化，电场不是常数，可以基于耗尽层近似得到表面处电场的最大值为

$$\mathcal{E}_{\mathrm{m}}=\frac{eN_{\mathrm{D}}X_{\mathrm{D}}}{\varepsilon_{\mathrm{s}}}=\sqrt{\frac{2eN_{\mathrm{D}}\left(V_{\mathrm{D}}-V\right)}{\varepsilon_{\mathrm{s}}}} \tag{7-17}$$

由式(7-16)和式(7-17)可得表面势垒降低值为

$$e\Delta\phi = \sqrt{\frac{e^3\mathcal{E}_{\mathrm{m}}}{4\pi\varepsilon_{\mathrm{s}}}} = \left[\frac{e^7 N_{\mathrm{D}}(V_{\mathrm{D}} - V)}{8\pi^2\varepsilon_{\mathrm{s}}^3}\right]^{1/4} \tag{7-18}$$

图 7.11 给出了不同偏置条件下，考虑镜像力效应时金属与 n 型半导体接触的能带图。当正向偏置时，电场与镜像力较小，势垒高度稍大于零偏置条件下的势垒高度；当反向偏置时，电场较大，势垒高度的变化也较大。

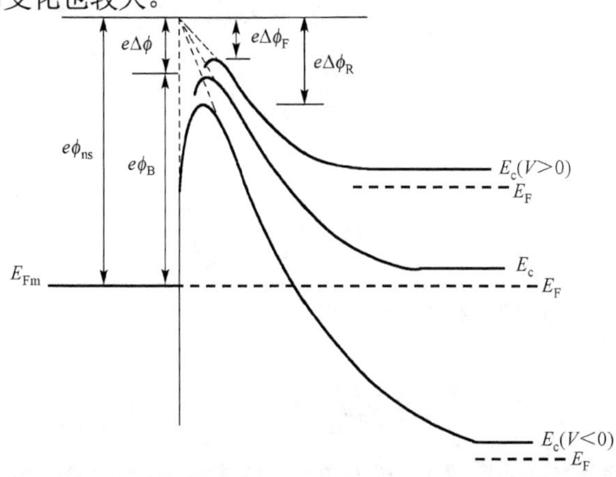

图 7.11　金属-半导体接触系统在正偏(V>0)、反偏(V<0)及热平衡时镜像势对接触势垒影响示意图
$e\Delta\phi_{\mathrm{F}}$ 、 $e\Delta\phi_{\mathrm{R}}$ 及 $e\Delta\phi$ 分别代表上述情况下势垒的变化

7.2　金属-半导体接触整流理论

与 pn 结不同，金属-半导体接触的电流输运主要为多数载流子，而 pn 结主要由少数载流子完成电流输运。金属-半导体结构的主要电流输运机制包括热电子发射、载流子扩散及隧穿等。本节主要讨论热电子发射和载流子扩散两种机制[3, 28]，并对其他机制进行简单的讨论。

7.2.1　热电子发射

对 Si、GaAs 等迁移率较高的半导体，势垒中电子自由程远大于势垒宽度，金属-半导体结构的输运机制主要是热电子发射。热电子发射主要基于以下假设推导。①势垒高度 $e\phi_{\mathrm{B}}$ 远高于 $k_{\mathrm{B}}T$ ；②在决定发射的平面上已建立热平衡，而且载流子速度的分布可以用麦克斯韦-玻尔兹曼分布近似；③净电流的存在不影响载流子的热平衡。在结构中有两种电流成分，其中，电流 $J_{\mathrm{s}\to\mathrm{m}}$ 是电子从半导体扩散到金属中的电流密度，其电流是从金属到半导体的正向电流，电流 $J_{\mathrm{m}\to\mathrm{s}}$ 是电子从金属扩散到半导体中的电流密度，其电流是从金属到半导体的反向电流(取负值)，实际的总电流应是两者之和。上述电流密度符号的下标是指电子流动的方向。

假设导带电子的有效质量是各向同性的，且导带只有一个极小值，则根据第 3 章的讨论，单位体积内能量在 $E \sim E + \mathrm{d}E$ 范围内的电子数为

$$\begin{aligned}\mathrm{d}n&=\frac{(2m_{\mathrm{n}}^{*})^{3/2}}{2\pi^{2}\hbar^{3}}(E-E_{\mathrm{c}})^{1/2}\exp\left(-\frac{E-E_{\mathrm{F}}}{k_{\mathrm{B}}T}\right)\mathrm{d}E\\&=\frac{(2m_{\mathrm{n}}^{*})^{3/2}}{2\pi^{2}\hbar^{3}}\exp\left(-\frac{E_{\mathrm{c}}-E_{\mathrm{F}}}{k_{\mathrm{B}}T}\right)(E-E_{\mathrm{c}})^{1/2}\exp\left(-\frac{E-E_{\mathrm{c}}}{k_{\mathrm{B}}T}\right)\mathrm{d}E\end{aligned}\tag{7-19}$$

若 v 为电子速率，则

$$E-E_{\mathrm{c}}=\frac{1}{2}m_{\mathrm{n}}^{*}v^{2}\tag{7-20}$$

$$\mathrm{d}E=m_{\mathrm{n}}^{*}v\mathrm{d}v\tag{7-21}$$

考虑到非简并条件下

$$n_{0}=N_{\mathrm{c}}\exp\left(-\frac{E_{\mathrm{c}}-E_{\mathrm{F}}}{k_{\mathrm{B}}T}\right)\tag{7-22}$$

由式(7-19)、式(7-21)和式(7-22)得

$$\mathrm{d}n=4\pi n_{0}\left(\frac{m_{\mathrm{n}}^{*}}{2\pi k_{\mathrm{B}}T}\right)^{3/2}v^{2}\exp\left(-\frac{m_{\mathrm{n}}^{*}v^{2}}{2k_{\mathrm{B}}T}\right)\mathrm{d}v\tag{7-23}$$

式(7-23)表示的是速率在 $v\sim(v+\mathrm{d}v)$ 内体积元 $4\pi v^{2}\mathrm{d}v$ 中的电子浓度。容易得到速度体积元 $v_{x}\sim(v_{x}+\mathrm{d}v_{x})$，$v_{y}\sim(v_{y}+\mathrm{d}v_{y})$，$v_{z}\sim(v_{z}+\mathrm{d}v_{z})$ 之内的电子浓度为

$$\mathrm{d}n'=n_{0}\left(\frac{m_{\mathrm{n}}^{*}}{2\pi k_{\mathrm{B}}T}\right)^{3/2}\exp\left[-\frac{m_{\mathrm{n}}^{*}(v_{x}^{2}+v_{y}^{2}+v_{z}^{2})}{2k_{\mathrm{B}}T}\right]\mathrm{d}v_{x}\mathrm{d}v_{y}\mathrm{d}v_{z}\tag{7-24}$$

为了计算方便，在计算电子越过势垒的过程中，选取垂直于界面指向金属方向为 v_{x} 的正方向。显然，单位面积 $\mathrm{d}t$ 时间内的电子碰撞到表面的电子数为 $\mathrm{d}n'v_{x}\mathrm{d}t$，于是单位面积单位时间内到达金属-半导体界面的电子数目为

$$\mathrm{d}N=n_{0}\left(\frac{m_{\mathrm{n}}^{*}}{2\pi k_{\mathrm{B}}T}\right)^{3/2}\exp\left[-\frac{m_{\mathrm{n}}^{*}(v_{x}^{2}+v_{y}^{2}+v_{z}^{2})}{2k_{\mathrm{B}}T}\right]v_{x}\mathrm{d}v_{x}\mathrm{d}v_{y}\mathrm{d}v_{z}\tag{7-25}$$

到达界面的电子要越过势垒，必须满足

$$\frac{1}{2}m_{\mathrm{n}}^{*}v_{x}^{2}\geqslant e(V_{\mathrm{D0}}-V)\tag{7-26}$$

由式(7-26)得 v_{x} 的最小速度为

$$v_{x0}=\left\{\frac{2e(V_{\mathrm{D0}}-V)}{m_{\mathrm{n}}^{*}}\right\}^{1/2}\tag{7-27}$$

其中，$eV_{\mathrm{D0}}=eV_{\mathrm{D}}-\Delta\phi$ 为修正后的半导体中电子势垒，且不考虑势垒修正与偏压的关系。若规定电流的正方向是从金属到半导体，则从半导体到金属的电子流随形成的电流密度为

$$J_{\mathrm{s}\to\mathrm{m}}=en_{0}\left(\frac{m_{\mathrm{n}}^{*}}{2\pi k_{\mathrm{B}}T}\right)^{3/2}\int_{-\infty}^{\infty}\mathrm{d}v_{y}\int_{-\infty}^{\infty}\mathrm{d}v_{z}\int_{v_{x0}}^{\infty}\exp\left[-\frac{m_{\mathrm{n}}^{*}(v_{x}^{2}+v_{y}^{2}+v_{z}^{2})}{2k_{\mathrm{B}}T}\right]v_{x}\mathrm{d}v_{x}$$

$$= en_0\left(\frac{m_n^*}{2\pi k_B T}\right)^{3/2}\int_{-\infty}^{\infty}\exp\left(-\frac{m_n^* v_y^2}{2k_B T}\right)dv_y\int_{-\infty}^{\infty}\exp\left(-\frac{m_n^* v_z^2}{2k_B T}\right)dv_z\int_{v_{x0}}^{\infty}v_x\exp\left(-\frac{m_n^* v_x^2}{2k_B T}\right)dv_x$$

$$= en_0\left(\frac{k_B T}{2\pi m_n^*}\right)^{1/2}\exp\left(-\frac{m_n^* v_{x0}^2}{2k_B T}\right)$$

$$= \frac{em_n^* k_B^2}{2\pi^2\hbar^3}T^2\exp\left(-\frac{E_c - E_F}{k_B T}\right)\exp\left(\frac{-eV_{D0} + eV}{k_B T}\right)$$

$$= \frac{em_n^* k_B^2}{2\pi^2\hbar^3}T^2\exp\left(-\frac{e\phi_B}{k_B T}\right)\exp\left(\frac{eV}{k_B T}\right)$$

$$= A^* T^2\exp\left(-\frac{e\phi_B}{k_B T}\right)\exp\left(\frac{eV}{k_B T}\right) \tag{7-28}$$

其中，$e\phi_B = eV_{D0} + E_c - E_F = eV_{D0} + E_n$ 为修正后的金属侧电子势垒，同时使用了第 3 章中非简并半导体中平衡电子浓度 n_0 的表达式，另外，其中的参数为

$$A^* = \frac{em_n^* k_B^2}{2\pi^2\hbar^3} \tag{7-29}$$

称为有效理查逊常数。热电子向真空中发射的理查逊常数 $A = em_e k_B^2/(2\pi^2\hbar^3) = 120\ A/(cm^2\cdot K^2)$。表 7.5 列出了 Ge、Si 和 GaAs 的 A^*/A 值。

表 7.5　Ge、Si 和 GaAs 的有效理查逊常数与理查逊常数的比值 A^*/A

半导体	Ge	Si	GaAs
p 型	0.34	0.66	0.62
n 型〈111〉	1.11	2.2	0.063（低电场） 0.52（高电场）
n 型〈100〉	1.19	2.1	

事实上导带电子有效质量的各向异性和多个导带极小值都可以在有效理查逊常数中得到体现，因此上述推导结果也适用于 Si、Ge 等元素半导体。由表 7.5，对 Si、Ge 等导带电子有效质量是各向异性的半导体，不同方向的有效质量有差异，因此〈111〉方向的有效理查逊常数也与〈100〉方向有差异。而对 GaAs，由于强电场下有效质量显著增大，因此出现了有效理查逊常数随电场的变化。

电子从金属到半导体所面临的势垒高度不随外加电压变化，所以从金属到半导体的电子流所形成的电流密度 $J_{m\to s}$ 是个常量，它应与热平衡条件下，即 $V=0$ 时的 $J_{s\to m}$ 大小相等，方向相反。因此

$$J_{m\to s} = -J_{s\to m}|_{V=0} = -A^* T^2\exp\left(-\frac{e\phi_B}{k_B T}\right) \tag{7-30}$$

由式(7-28)及式(7-30)，总电流密度为

$$J = J_{s\to m} + J_{m\to s} = A^* T^2\exp\left(-\frac{e\phi_B}{k_B T}\right)\left[\exp\left(\frac{eV}{k_B T}\right) - 1\right]$$

$$= J_{sT}\left[\exp\left(\frac{eV}{k_B T}\right) - 1\right] \tag{7-31}$$

其中，$J_{sT}=A^*T^2\exp\left(-\frac{e\phi_B}{k_BT}\right)$。所以由热电子发射理论得到的电流-电压特性在形式上与pn结电流-电压特性类似，也呈单向导电性，其中，J_{sT}有强烈的温度依赖性。

7.2.2 扩散理论

电子的扩散理论适用于电子迁移率低，电子平均自由程远小于势垒宽度的情形。扩散理论推导时有以下几个条件：①势垒高度远大于k_BT；②考虑了耗尽层内电子的碰撞效应，即包括扩散；③$x=0$和$x=X_D$处载流子浓度不受电流流动的影响(它们是平衡态的值)；④半导体载流子浓度满足非简并条件。

因为耗尽区的电流依赖于局部电场和载流子浓度梯度，电流密度可以表示为

$$\begin{aligned}J_n&=e\left(n\mu_n\mathcal{E}+D_n\frac{dn}{dx}\right)\\&=eD_n\left[-\frac{en}{k_BT}\frac{dV(x)}{dx}+\frac{dn}{dx}\right]\end{aligned}\tag{7-32}$$

其中利用了爱因斯坦关系

$$\mu_n=\frac{eD_n}{k_BT},\quad \mathcal{E}=-\frac{dV(x)}{dx}\tag{7-33}$$

用因子$\exp[-eV(x)/(k_BT)]$乘式(7-32)两边，得到

$$\begin{aligned}J_n\exp\left[-\frac{eV(x)}{k_BT}\right]&=eD_n\left\{n(x)\frac{d}{dx}\exp\left[-\frac{eV(x)}{k_BT}\right]+\exp\left[-\frac{eV(x)}{k_BT}\right]\frac{dn}{dx}\right\}\\&=eD_n\frac{d}{dx}\left\{n(x)\exp\left[-\frac{eV(x)}{k_BT}\right]\right\}\end{aligned}\tag{7-34}$$

在稳定情况下，J_n是与x无关的常数，从$x=0$到$x=X_D$对式(7-34)积分，得到

$$J_n\int_0^{X_D}\exp\left[-\frac{eV(x)}{k_BT}\right]dx=eD_n\left\{n(x)\exp\left[-\frac{eV(x)}{k_BT}\right]\right\}\Bigg|_0^{X_D}\tag{7-35}$$

在本节下文的讨论中，有关物理量用图7.5中所示的符号。上述方程的边界条件为

$$V(X_D)=V_D-V\tag{7-36}$$

$$n(X_D)=n_0\tag{7-37}$$

$$V(0)=0\tag{7-38}$$

在$x=0$处的电子浓度可作以下近似估算：在半导体和金属直接接触处，由于它可以与金属直接交换电子，因此其中的电子仍然和金属近似地处于平衡状态，因此近似等于无外加偏压的平衡电子浓度，即

$$n(0)=n_0\exp\left(-\frac{eV_D}{k_BT}\right)\tag{7-39}$$

把上述边界条件代入式(7-35)，得

$$J_{\mathrm{n}}\int_{0}^{X_{\mathrm{D}}}\exp\left[-\frac{eV(x)}{k_{\mathrm{B}}T}\right]\mathrm{d}x=eD_{\mathrm{n}}n_{0}\exp\left(-\frac{eV_{\mathrm{D}}}{k_{\mathrm{B}}T}\right)\left[\exp\left(\frac{eV}{k_{\mathrm{B}}T}\right)-1\right] \tag{7-40}$$

式(7-40)中的电势函数$V(x)$由式(7-5)表示，考虑到当势垒高度$e(V_{\mathrm{D}}-V)\gg k_{\mathrm{B}}T$时，被积函数随 x 的增大而急剧减小，因此积分主要取决于$x=0$附近的电势值。这时，式(7-5)中的x^2项可以忽略，所以电势可以表示为

$$V(x)=\frac{eN_{\mathrm{D}}}{\varepsilon_{\mathrm{s}}}xX_{\mathrm{D}} \tag{7-41}$$

将式(7-41)代入式(7-40)左边的积分式，可以得到

$$\int_{0}^{X_{\mathrm{D}}}\exp\left[-\frac{eV(x)}{k_{\mathrm{B}}T}\right]\mathrm{d}x=\frac{k_{\mathrm{B}}T\varepsilon_{\mathrm{s}}}{e^{2}N_{\mathrm{D}}X_{\mathrm{D}}}\left[1-\exp\left(-\frac{e^{2}N_{\mathrm{D}}X_{\mathrm{D}}^{2}}{k_{\mathrm{B}}T\varepsilon_{\mathrm{s}}}\right)\right] \tag{7-42}$$

由于$e(V_{\mathrm{D}}-V)\gg k_{\mathrm{B}}T$，由式(7-7)可得

$$\exp\left(-\frac{e^{2}N_{\mathrm{D}}X_{\mathrm{D}}^{2}}{k_{\mathrm{B}}T\varepsilon_{\mathrm{s}}}\right)=\exp\left[-\frac{2e(V_{\mathrm{D}}-V)}{k_{\mathrm{B}}T}\right]\ll 1 \tag{7-43}$$

因此上述积分可以表示为

$$\int_{0}^{X_{\mathrm{D}}}\exp\left[-\frac{eV(x)}{k_{\mathrm{B}}T}\right]\mathrm{d}x=\frac{k_{\mathrm{B}}T\varepsilon_{\mathrm{s}}}{e^{2}N_{\mathrm{D}}X_{\mathrm{D}}} \tag{7-44}$$

把上述结果代入式(7-40)，并考虑到式(7-7)、式(7-37)和式(7-38)可以得到电流

$$\begin{aligned}J_{\mathrm{n}}&=\frac{e^{2}D_{\mathrm{n}}n_{0}}{k_{\mathrm{B}}T}\left[\frac{2eN_{\mathrm{D}}(V_{\mathrm{D}}-V)}{\varepsilon_{\mathrm{s}}}\right]^{1/2}\exp\left(-\frac{eV_{\mathrm{D}}}{k_{\mathrm{B}}T}\right)\left[\exp\left(\frac{eV}{k_{\mathrm{B}}T}\right)-1\right]\\&=J_{\mathrm{sD}}\left[\exp\left(\frac{eV}{k_{\mathrm{B}}T}\right)-1\right]\end{aligned} \tag{7-45}$$

其中

$$J_{\mathrm{sD}}=\frac{e^{2}D_{\mathrm{n}}n_{0}}{k_{\mathrm{B}}T}\left[\frac{2eN_{\mathrm{D}}(V_{\mathrm{D}}-V)}{\varepsilon_{\mathrm{s}}}\right]^{1/2}\exp\left(-\frac{eV_{\mathrm{D}}}{k_{\mathrm{B}}T}\right) \tag{7-46}$$

考虑到爱因斯坦关系，电导率可以表示为$\sigma=en_{0}\mu_{\mathrm{n}}=\dfrac{e^{2}D_{\mathrm{n}}n_{0}}{k_{\mathrm{B}}T}$。

所以式(7-46)可以表示为

$$J_{\mathrm{sD}}=\sigma\left[\frac{2eN_{\mathrm{D}}(V_{\mathrm{D}}-V)}{\varepsilon_{\mathrm{s}}}\right]^{1/2}\exp\left(-\frac{eV_{\mathrm{D}}}{k_{\mathrm{B}}T}\right) \tag{7-47}$$

由式(7-45)，电流主要由$\exp\left(\dfrac{eV}{k_{\mathrm{B}}T}\right)-1$决定，当$V>0$时，若$eV/(k_{\mathrm{B}}T)\gg 1$，则电流表达式为

$$J_{\mathrm{n}}=J_{\mathrm{sD}}\exp\left(\frac{eV}{k_{\mathrm{B}}T}\right) \tag{7-48}$$

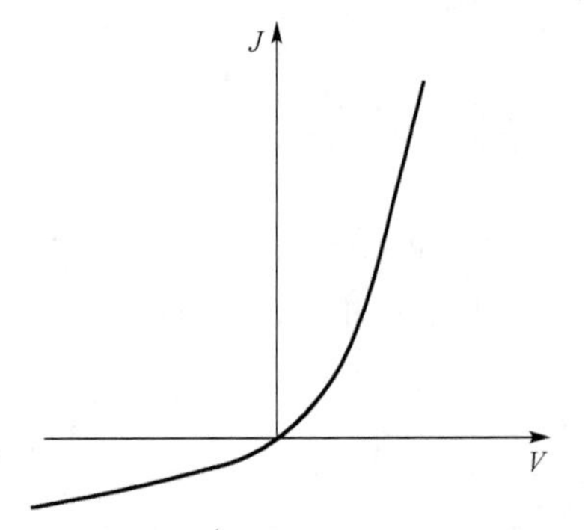

图 7.12　金属-半导体接触系统的电流-电压特性

由式(7-47)，J_{sD} 是偏压 V 的缓变函数，因此电流主要由其中的指数部分决定，如图 7.12 所示。式(7-45)在形式上与热电子发射形式的电流表达式(7-31)是一致的。扩散理论中的饱和电流密度 J_{sD} 与偏压有关，反向电流随反向偏压的增大而增大，但饱和电流密度 J_{sD} 对温度不敏感。对于低电子迁移率的半导体，扩散理论是适用的。

7.2.3　金属-半导体接触的其他输运机制

金属-半导体结构的电流输运机制是复杂的，除了上面讨论的热电子发射和适用于低电子迁移率的扩散理论外，还有将热电子发射与扩散方法综合起来的热电子发射扩散理论，该方法是根据金属-半导体界面附近热电子复合速度的边界条件推导出来的。对该输运的具体过程本书不进行讨论。其结论是发射电流可以表示为

$$J = A^{**}T^2\exp\left(-\frac{e\phi_B}{k_BT}\right)\left[\exp\left(\frac{eV}{k_BT}\right)-1\right] \tag{7-49}$$

与式(7-31)相比，式(7-49)是通过对有效理查逊常数 A^* 的进一步修正得到的不同情况下的更精确结果，修正以后的有效理查逊常数 A^{**} 可以比有效理查逊常数 A^* 小 50%。研究结果显示，n 型 Si 的修正有效理查逊常数可以在一个大的电场范围（$10^4 \sim 2\times10^5$ V/cm）内基本保持常数，这说明热电子发射扩散理论可以在较大电场范围内适用。

金属-半导体结构的另一种电流机制是隧穿机制，隧穿机制对窄势垒具有较大的作用。不同情况下何种机制起主要作用，可以由参数 E_{00} 基本判定。参数 E_{00} 的定义为

$$E_{00} = \frac{e\hbar}{2}\sqrt{\frac{N_D}{m_n^*\varepsilon_s}} \tag{7-50}$$

如果 $k_BT \gg E_{00}$，则热电子发射起主导作用；如果 $k_BT \ll E_{00}$，则隧穿起主要作用；如果 $k_BT \approx E_{00}$，则上述两者的结合起作用。

有关输运机制的进一步详情，感兴趣的读者可以参考相关文献。

7.2.4　肖特基势垒二极管

利用金属-半导体整流接触特性制成的二极管称为肖特基势垒二极管，它和 pn 结二极管具有类似的电流-电压特性，即它们都具有单向导电性。但它和后者又有显著的区别。

首先，就载流子的运动形式而言，pn 结正向导通时，由 p 区注入 n 区的空穴或由 n 区注入 p 区的电子，都是少数载流子，它们先形成一定的积累，然后由扩散运动形成电流。这种注入的非平衡载流子的积累称为电荷存储效应，它严重地影响了 pn 结的高频性能。而肖特基势垒二极管的正向电流，主要由半导体中的多数载流子进入金属形成，因此是多数载流子器件。例如，对于金属和 n 型半导体的接触，正向导通时，从半导体中越界进入金属的电子并不发生积累，而是直接成为漂移电流而流走。因此，肖特基势垒二极管比 pn 结二极管有更好的高频特性。

其次，对于相同的势垒高度，肖特基二极管的 J_{sT} 要比 pn 结的反向饱和电流大得多。因此，对于同样的工作电流，肖特基二极管将具有较低的正向导通电压，一般为 0.3V 左右。

因为上述原因，肖特基势垒二极管在高速集成电路、微波技术等许多领域都有很多重要的应用。

下面讨论肖特基势垒二极管的反向饱和电流密度的数值结果。

以 W-Si 肖特基二极管为例，势垒高度 $e\phi_B = 0.67\text{eV}$，有效理查逊常数 $A^* = 114\text{A}/(\text{cm}^2 \cdot \text{K}^2)$。令温度 $T = 300\text{K}$。由式(7-41)

$$J_{sT} = A^* T^2 \exp\left(-\frac{e\phi_B}{k_B T}\right) = 114 \times 300^2 \exp\left(-\frac{0.67}{0.0259}\right) = 5.98 \times 10^{-5} \text{A}/\text{cm}^2$$

和第 6 章讨论的 Si pn 结反向饱和电流相比，该值远大于 Si pn 结二极管的反向产生电流密度。典型的 pn 结产生电流密度约为 $10^{-7}\text{A}/\text{cm}^2$，比肖特基势垒二极管的反向饱和电流密度小 2～3 个数量级。产生电流同样存在于反偏肖特基势垒二极管中，但产生电流相对于 J_{sT} 来说完全可以忽略不计。

7.3　少数载流子的注入与欧姆接触

7.3.1　少数载流子的注入

在前面的分析中，只讨论了多数载流子的运动，而没有考虑少数载流子的作用。实际上，在有些情况下，少数载流子的影响是显著的，甚至可能占主导地位，成为电流的主要部分。本节只在扩散模型的基础上简单地讨论少数载流子的注入问题[3]。

先分析一下扩散理论中电流产生的原因。对于 n 型阻挡层，体内电子浓度为 n_0，接触界面处的电子浓度为

$$n(0) = n_0 \exp\left(-\frac{eV_D}{k_B T}\right) \tag{7-51}$$

这两者浓度差引起电子由内部向接触面扩散，平衡时它恰好被势垒中电场引起的漂移运动抵消，因此没有净电流。当加正向偏压时，内建电场减弱，扩散作用占优势，使电子向表面流动，形成正向电流。

n 型势垒和阻挡层都是对电子而言的。由于空穴与电子的电荷相反，电子的阻挡层就是空穴的积累层。在势垒区域，在表面上空穴的浓度最大。若用 p_0 表示体内的空穴浓度，则表面的空穴浓度为

$$p(0) = p_0 \exp\left(\frac{eV_D}{k_B T}\right) \tag{7-52}$$

由此形成的浓度差将引起空穴自表面向内部的扩散，平衡时也恰好被电场引起的漂移运动抵消。加正向电压时，势垒降低，空穴扩散作用占优势，形成自外向内的空穴流，它所形成的电流与电子电流一致。因此，部分正向电流由少数载流子空穴提供。

空穴电流的大小，首先决定于阻挡层中的空穴浓度。只要势垒足够高，靠近接触面的空

穴浓度就可以很高。如图 7.13 所示，平衡时，在表面处的导带底和价带顶分别为 $E_c(0)$ 和 $E_v(0)$。如果在接触面附近，费米能级和价带顶的距离 $[E_F - E_v(0)] = [E_c - E_F]$，那么 $p(0)$ 值应与 n_0 相近，同时 $n(0)$ 也近似等于 $p(0)$。势垒中空穴和电子所处的情况几乎完全一致，只是空穴的势垒顶在阻挡层的内边界。上述分析表明，有外加电压时，空穴电流的贡献就很重要。$p(0)$ 随势垒的增高而增加，甚至可以超过 n_0。

前面的讨论认为，在有外加偏压的非平衡情况下，势垒边界处的电子浓度将保持平衡值，对于空穴则不然。在正向偏压的作用下，空穴将流向半导体内，但它们不能立即复合，因此会在阻挡层内界形成一定的积累，然后再依靠扩散运动继续进入半导体内部，如图 7.14 所示。这说明，加正向偏压时，阻挡层内界的空穴浓度将比平衡空穴浓度有所增加，因为平衡值 p_0 很小，所以相对的增加值就很显著。空穴的积累将阻碍空穴的运动。因此，空穴对电流的贡献还决定于空穴进入半导体体内扩散的效率，扩散的效率越高，少数载流子对电流的贡献就越大。

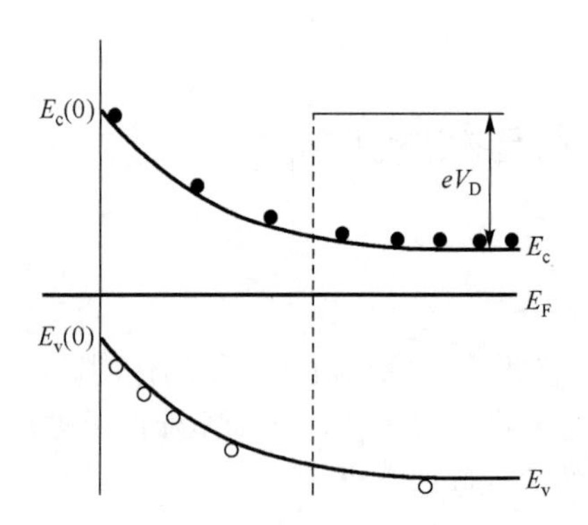

图 7.13　金属-半导体接触系统中的少子分布示意图

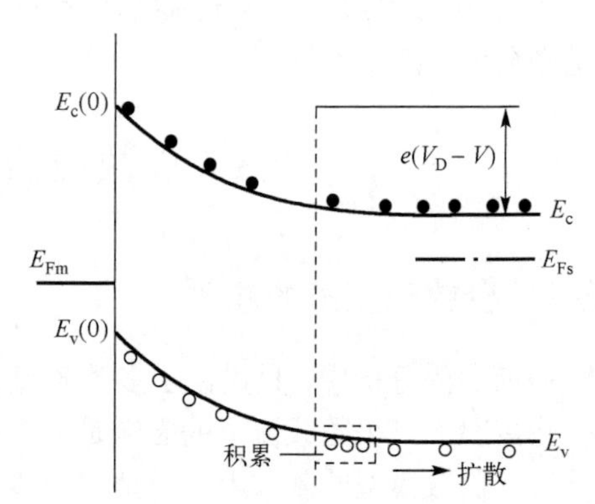

图 7.14　金属-半导体接触系统正向偏压时少子在势垒区边缘的积累示意图

根据以上分析，在金属和 n 型半导体的肖特基接触上加正向偏压时，就有空穴从金属流向半导体。这种现象称为少数载流子的注入。空穴从金属注入半导体，实际上是半导体价带顶附近的电子进入金属填充金属中费米能级 E_{Fm} 以下的空能级，而在价带顶附近产生空穴。

加正向偏压时，少数载流子电流与总电流之比称为少数载流子注入比 γ。对 n 型阻挡层来说

$$\gamma = J_p / J = J_p / (J_p + J_n) \tag{7-53}$$

小注入时，γ 值很小。对金和 n 型 Si 制成的平面接触二极管，在室温时，γ 值小于 0.1%。

在大电流工作时，注入比 γ 随电流密度增加而增加。对于 $N_D = 10^{15}\,\text{cm}^{-3}$ 的 n 型 Si 和金形成的面接触二极管，当电流密度达到 350 A/cm^2 时，注入比 γ 约为 5%。

7.3.2　欧姆接触

金属与半导体的非整流接触，即欧姆接触是另一类重要的金属-半导体接触[31]。欧姆接触需满足这样的条件：它不产生明显的附加阻抗，而且不会使半导体内部的平衡载流子浓度发生显著的改变。从电学上讲，理想欧姆接触的接触电阻与半导体样品或器件相比应该很小，当有电流流过时，欧姆接触上的电压降应该远小于样品或器件本身的电压降，接触也不影响

器件的电流-电压特性，或者说，电流-电压特性由样品或器件本身的特性决定。在实际应用中，欧姆接触有重要的作用。半导体器件一般都要利用金属电极输入或输出电流，这就要求在金属和半导体间形成良好的欧姆接触。在超高频和大功率器件中，欧姆接触是设计和制备的关键问题之一。

比接触电阻是欧姆接触的宏观参数，它定义为电流密度对界面电压降的导数的倒数，即

$$R_c = \left(\frac{dJ}{dV}\right)_{V=0}^{-1} \tag{7-54}$$

正如前文指出的，对低掺杂到中等掺杂或较高的温度，满足 $k_BT \gg E_{00}$，则热电子发射起主导作用。由式(7-28)、式(7-54)可得比接触电阻 R_c 为

$$R_c = \frac{k_B}{A^*Te}\exp\left(\frac{e\phi_B}{k_BT}\right) \propto \exp\left(\frac{e\phi_B}{k_BT}\right) \tag{7-55}$$

式(7-55)表明，为了得到小的比接触电阻 R_c，必须采用低的势垒高度。

由式(7-6)，金属-半导体接触的空间电荷区宽度与半导体掺杂浓度的平方根成反比，耗尽层宽度随着半导体掺杂浓度的增加而减小。因此，随着掺杂浓度的增加，隧道效应会增加。图 7.15 为金属与重掺杂外延层接触形成的金属-n$^+$n 结构。

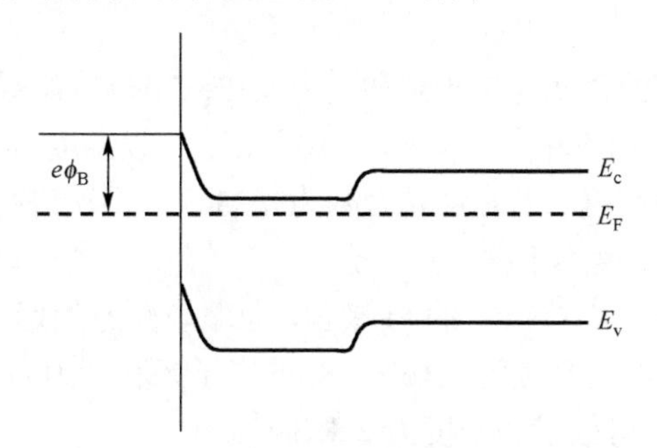

图 7.15　金属-n$^+$n 半导体接触的能带示意图
金属侧接触势垒为 $e\phi_B$

在高掺杂情况下，如果满足 $k_BT \ll E_{00}$，其中，E_{00} 为式(7-50)定义，则隧道电流成为金属-半导体接触的主要电流成分。事实上，E_{00} 与掺杂浓度的平方根成正比，所以高掺杂浓度的半导体表面更容易使隧道电流成为主要的电流形式。研究表明，隧道电流有如下的形式：

$$J \propto \exp\left(\frac{-e\phi_B}{E_{00}}\right) \tag{7-56}$$

则相应的比接触电阻具有以下形式：

$$R_c \propto \exp\left[\frac{2\sqrt{\varepsilon_s m_n^*}}{\hbar}\cdot\frac{\phi_B}{\sqrt{N_D}}\right] \tag{7-57}$$

上述结果表明，比接触电阻强烈地依赖于半导体掺杂浓度，随半导体掺杂浓度的增加，比接触电阻迅速减小。

形成欧姆接触的理论很简单。良好的欧姆接触，需要生成一个低的接触势垒，并且在半

导体表面重掺杂。然而，实际的半导体制备工艺中，欧姆接触的实现没有理论上那么容易，特别在宽带隙半导体上实现良好的欧姆接触更加困难。制作欧姆接触最常用的方法是用重掺杂的半导体与金属接触，通常在n型或p型半导体上制备一层重掺杂区后再与金属接触，形成金属-n^+n或金属-p^+p结构，如图7.15中的n^+n结构。由于n^+、p^+层的存在，金属的选择就相对容易，目前各种常见半导体材料都已有良好的欧姆接触材料。

习　题

1. Au与掺杂浓度为$2\times10^{15}\text{cm}^{-3}$的n型Si形成理想的整流接触，分别计算室温下的金属侧电子势垒$e\phi_{ns}$，金属-半导体接触电势差V_D和半导体中的耗尽层宽度X_D。已知Si的电子亲和能为4.05eV，Au的功函数为5.1eV，室温下Si的导带有效状态密度为$2.8\times10^{19}\text{ cm}^{-3}$。

2. 施主浓度$N_D=5\times10^{16}\text{cm}^{-3}$的n型Si，室温下的功函数是多少？若不考虑表面态，它分别与Al、Au和Mo接触时，形成阻挡层还是反阻挡层？已知Si的电子亲和能为4.05eV，室温下Si的导带有效状态密度为$2.8\times10^{19}\text{ cm}^{-3}$。

3. 简要说明高表面态密度对金属与半导体接触的影响。

4. 为什么pn结二极管反偏时必须考虑结区产生电流，而肖特基二极管反偏时不需考虑产生电流？

5. 功函数为4.65eV的金属与电子亲和能为4.13eV的Ge半导体形成金属-半导体结构，Ge中掺杂浓度为$N_D=7\times10^{15}\text{cm}^{-3}$，$N_A=5\times10^{15}\text{cm}^{-3}$，设温度为300K，大致画出零偏时的能带图并确定肖特基势垒高度。若金属功函数为4.33eV，再次进行上述分析和计算。已知室温下Ge的导带有效状态密度为$1.04\times10^{19}\text{ cm}^{-3}$。

6. Au和掺杂浓度$N_D=10^{16}\text{cm}^{-3}$的Si接触，忽略表面态的影响，计算反偏电压4V时的结电容面密度。已知Au的功函数为5.1eV，Si的电子亲和能为4.05eV，Si的相对介电常数为11.9，室温下Si的导带有效状态密度为$2.8\times10^{19}\text{ cm}^{-3}$。

7. 为什么肖特基二极管不存在扩散电容？

8. 由n型GaAs构成的理想肖特基二极管在室温下的$(1/C)^2\sim V$的关系曲线如图所示，该曲线延长线在横轴上的截距为0.6V。试计算该二极管的金属-半导体接触电势差V_D、半导体中的掺杂浓度N_D和半导体中的耗尽层宽度X_D。已知GaAs的相对介电常数为12.9。

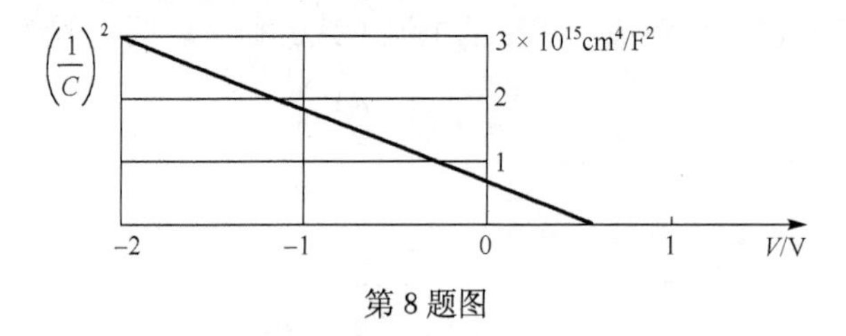

第8题图

第 8 章　金属-绝缘层-半导体结构

微课

第 6 章和第 7 章研究的半导体 pn 结和金属-半导体结构是半导体器件的两种基本结构，两者都是由外加电压改变半导体内部势垒高度及宽度来控制半导体中的电流，其中外加电压形成的电场与电流沿一个方向。在半导体中，还可以通过电场来改变半导体的导电性质，而且这种电场与半导体中的导电通道是垂直的。在这种结构中，金属和半导体之间没有直接接触，两者之间由绝缘层分隔开，形成金属-绝缘层-半导体结构，即 MIS 结构[3, 28, 31]，其中金属和半导体之间没有电流通过，而是由金属提供的横向电场来改变半导体表面层的导电性质，金属和半导体之间的作用类似于电容极板之间的作用。

本章主要讨论理想和非理想的 MIS 结构。在理想情形下首先讨论表面电场效应，也就是金属加不同电压时的半导体状态，然后讨论 MIS 结构的电压-电压即 *C-V* 特性，最后讨论非理想情形对 MIS 结构性质的影响。

8.1　表面电场效应

本节讨论在外加电场作用下半导体表面层内发生的现象，这些现象在半导体器件(如金属-氧化物-半导体场效应晶体管)中有广泛的应用。本节主要讨论热平衡情况下的表面电场效应。

有多种原因可以在半导体表面层中产生电场。例如，金属与半导体之间功函数的差异，半导体表面或表面以外有某种电荷等。为了便于讨论，采用一种称为金属-绝缘层-半导体结构(MIS 结构)来研究半导体表面的电场效应。如图 8.1 所示，这种结构由中间被绝缘层隔开的金属薄膜和半导体衬底组成。在金属薄膜与半导体之间加电压时即可在半导体表面层中产生电场。虽然这是一种简单的结构，但金属与半导体之间功函数的差异，绝缘层内及其与半导体的界面内可能存在的电荷等原因，都将对半导体内的电场产生影响。为了方便讨论，本节首先讨论理想情况。所谓理想情况，就是 MIS 结构满足以下条件：

(1) 金属与半导体之间功函数之差为零。

(2) 在绝缘层内没有任何电荷且绝缘层完全不导电。

(3) 绝缘层与半导体的界面处没有界面态。

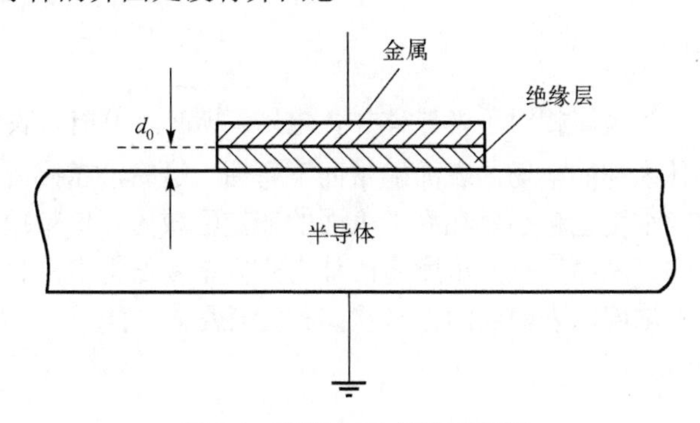

图 8.1　理想 MIS 结构示意图

以下讨论在这种理想 MIS 结构的金属与半导体之间加适当的偏压，由此产生垂直于表面的电场，分析在该电场作用下半导体表面层内的电势、电荷分布及表面电容情况。

8.1.1 空间电荷层及表面势

由于 MIS 结构实际是一个电容，因此当在金属与半导体之间加电压 V_G（该电压通常称为栅压）后，在金属与半导体相对的两个面之间就要被充电，两者所带的电荷符号相反，电荷分布情况则完全不同。在金属中，由于自由电子浓度很高，电荷基本分布在原子层尺度内。在半导体中，由于自由载流子浓度低得多，电荷必须分布在一定厚度的表面层内，这个带电的表面层称为空间电荷区。如图 8.2 所示，在空间电荷区内，从表面到内部电场逐渐减弱，到空间电荷区的另一端，电场减小到零。另外，由于电场的存在，空间电荷区的电势也会随距离逐渐变化。这样，半导体表面相对体内就产生电势差，并导致能带弯曲。一般把半导体表面相对于体内的电势称为表面势，并用 V_s 表示。表面势及空间电荷区内电荷的分布情况随金属与半导体间所加电压 V_G 而变化。如图 8.2 所示，表面层内电荷的分布状况基本可分为载流子堆积、耗尽及反型三种情况。本节以 p 型半导体为例，分别对三种情况进行具体讨论。

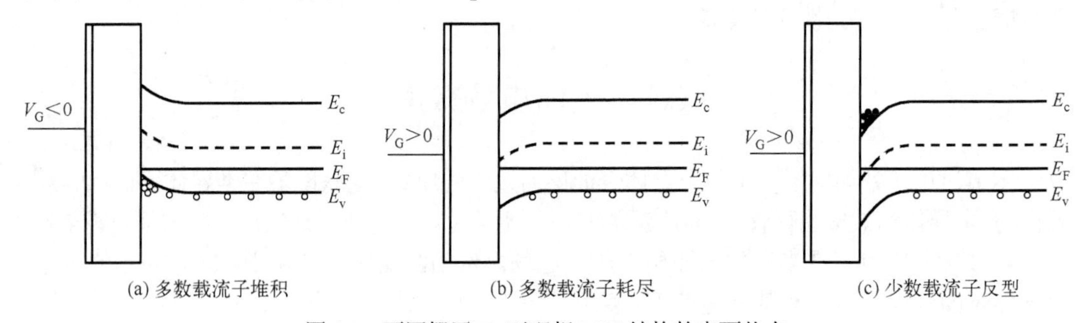

图 8.2 不同栅压 V_G 下理想 MIS 结构的表面状态

1. 多数载流子堆积

如图 8.2(a)所示，当金属相对于半导体加负电压，即 $V_G<0$ 时，表面势 V_s 为负值，在表面层内产生指向半导体表面的电场，表面处能带向上弯曲。在热平衡情况下，半导体内费米能级保持为定值，故随着向表面靠近，价带顶将逐渐靠近甚至超过费米能级，同时，价带中空穴浓度也随之增加。这样，表面层内就出现空穴的堆积而带正电荷。从图中可以看出，越接近表面，空穴浓度越高，这表明堆积的空穴分布在最靠近表面的薄层内。

2. 多数载流子耗尽

如图 8.2(b)所示，当金属相对于半导体加正电压，即 $V_G>0$ 时，表面势 V_s 为正值，在表面层内产生指向半导体内部的电场，表面能带向下弯曲。这时，越接近表面，费米能级离价带顶越远，价带中空穴浓度也越小。在靠近表面的一定区域内，价带顶位置比费米能级低得多，根据玻尔兹曼分布，表面处空穴浓度将比体内空穴浓度低得多，表面层的负电荷浓度基本等于电离受主杂质的浓度。表面层的这种状态称为耗尽。

3. 少数载流子反型

如图 8.2(c)所示，当加在金属上的正电压进一步增大时，表面处能带相对体内将进一步向下弯曲。当电压值超过一定值时，表面处的费米能级将高于半导体的本征费米能级 E_{i}。这意味着表面处的电子浓度将超过空穴浓度，即在半导体表面形成了与半导体衬底导电类型相反的(厚度只有纳米量级的)一个薄层，该薄层称为反型层。如图 8.2(c)所示，反型层位于半导体表面处，从反型层到半导体内部还夹着一层耗尽层。在这种情况下，半导体空间电荷层内的负电荷由两部分组成，一部分是耗尽层中已电离的受主离子，另一部分是反型层中的电子，后者主要堆积在近表面处。

对于 n 型半导体，可以证明，当金属相对于半导体加正电压时，表面层内形成多数载流子电子的堆积；当金属相对于半导体加不太高的负电压时，半导体表面形成耗尽层；当负电压进一步增大时，表面层内形成了少数载流子空穴堆积的反型层。

8.1.2　表面空间电荷层的电场、电势和电容

为了深入地分析表面空间电荷层的性质，需要由泊松方程定量地求出表面层中电场强度和电势的分布。取 x 轴垂直于表面并指向半导体内部，并规定表面处为 x 轴原点。空间电荷区中的电荷密度、电场强度和电势都是 x 的函数。因样品表面的线度远比空间电荷区厚度大，可以把表面近似为无限大的平面，以上各物理量将不随 y、z 变化，因此整个 MIS 系统可以作为一维情况处理。在这种情况下，空间电荷层中电势满足的泊松方程为

$$\frac{\mathrm{d}^2V}{\mathrm{d}x^2}=-\frac{\rho(x)}{\varepsilon_{\mathrm{s}}} \tag{8-1}$$

其中，ε_{s} 为半导体的介电常数；$\rho(x)$ 为总的电荷密度，并由下式给出

$$\rho(x)=e(n_{\mathrm{D}}^{+}-p_{\mathrm{A}}^{-}+p_{\mathrm{p}}-n_{\mathrm{p}}) \tag{8-2}$$

其中，n_{D}^{+}、p_{A}^{-} 分别表示电离施主和电离受主的浓度；p_{p}、n_{p} 分别为 x 处的空穴和电子浓度。若考虑到在表面层中玻尔兹曼统计仍然适用，则在电势为 V 的 x 点(取半导体内部的电势为零)，电子和空穴浓度分别为

$$n_{\mathrm{p}}(x)=n_{\mathrm{p}0}\exp\left[\frac{eV(x)}{k_{\mathrm{B}}T}\right] \tag{8-3}$$

$$p_{\mathrm{p}}(x)=p_{\mathrm{p}0}\exp\left[-\frac{eV(x)}{k_{\mathrm{B}}T}\right] \tag{8-4}$$

式(8-3)和式(8-4)中 $n_{\mathrm{p}0}$、$p_{\mathrm{p}0}$ 分别为半导体内部平衡时的电子和空穴浓度。在半导体中，假定电离杂质浓度为常数。在半导体内部，电中性条件成立，即在半导体内部有 $\rho(x)=0$，因此存在下列条件：

$$n_{\mathrm{D}}^{+}-p_{\mathrm{A}}^{-}=n_{\mathrm{p}0}-p_{\mathrm{p}0} \tag{8-5}$$

将式(8-2)～式(8-5)代入式(8-1)，得

$$\frac{\mathrm{d}^2V}{\mathrm{d}x^2}=-\frac{e}{\varepsilon_{\mathrm{s}}}\left\{p_{\mathrm{p}0}\left[\exp\left(-\frac{eV}{k_{\mathrm{B}}T}\right)-1\right]-n_{\mathrm{p}0}\left[\exp\left(\frac{eV}{k_{\mathrm{B}}T}\right)-1\right]\right\} \tag{8-6}$$

式(8-6)两边同乘以 $\mathrm{d}V$ 并积分，得到

$$\int_0^{\frac{dV}{dx}} \frac{dV}{dx} d\left(\frac{dV}{dx}\right) = -\frac{e}{\varepsilon_s}\int_0^V \left\{p_{p0}\left[\exp\left(-\frac{eV}{k_B T}\right)-1\right] - n_{p0}\left[\exp\left(\frac{eV}{k_B T}\right)-1\right]\right\} dV \tag{8-7}$$

将式(8-7)两边积分，并考虑到电场强度$\mathcal{E} = -\mathrm{d}V/\mathrm{d}x$，得

$$\mathcal{E}^2 = \left(\frac{2k_B T}{e}\right)^2 \left(\frac{e^2 p_{p0}}{2\varepsilon_s k_B T}\right)\left\{\left[\exp\left(-\frac{eV}{k_B T}\right)+\frac{eV}{k_B T}-1\right]+\frac{n_{p0}}{p_{p0}}\left[\exp\left(\frac{eV}{k_B T}\right)-\frac{eV}{k_B T}-1\right]\right\} \tag{8-8}$$

分别定义 p 型衬底的德拜长度L_D和F函数分别为

$$L_D = \left(\frac{\varepsilon_s k_B T}{e^2 p_{p0}}\right)^{1/2} \tag{8-9}$$

$$F\left(\frac{eV}{k_B T}, \frac{n_{p0}}{p_{p0}}\right) = \left\{\left[\exp\left(-\frac{eV}{k_B T}\right)+\frac{eV}{k_B T}-1\right]+\frac{n_{p0}}{p_{p0}}\left[\exp\left(\frac{eV}{k_B T}\right)-\frac{eV}{k_B T}-1\right]\right\}^{1/2} \tag{8-10}$$

则式(8-8)可以表示为

$$\mathcal{E} = \pm\frac{\sqrt{2}k_B T}{eL_D} F\left(\frac{eV}{k_B T}, \frac{n_{p0}}{p_{p0}}\right) \tag{8-11}$$

式中，当$V>0$时，取“+”号；当$V<0$时，取“−”号。式(8-10)定义的F函数是 MIS 结构中表征半导体空间电荷层性质的一个重要参数。以后会看到，通过F函数可以方便地将表面空间电荷层的基本参数表达出来。

在表面处，$V=V_s$，由式(8-11)可得半导体表面处的电场强度为

$$\mathcal{E}_s = \pm\frac{\sqrt{2}k_B T}{eL_D} F\left(\frac{eV_s}{k_B T}, \frac{n_{p0}}{p_{p0}}\right) \tag{8-12}$$

根据电学中的高斯定理，表面层的电荷面密度Q_s与表面处电场强度有以下关系：

$$Q_s = -\varepsilon_s \mathcal{E}_s \tag{8-13}$$

式(8-13)中的负号是因为规定电场强度指向半导体内部为正。把式(8-12)代入式(8-13)，可以得到

$$Q_s = \mp\frac{\sqrt{2}\varepsilon_s k_B T}{eL_D} F\left(\frac{eV_s}{k_B T}, \frac{n_{p0}}{p_{p0}}\right) \tag{8-14}$$

使用式(8-14)时必须注意，当金属电极为正时，$V_s>0$，Q_s为负；反之，Q_s为正。从式(8-3)、式(8-4)可知，表面层存在电场时，载流子浓度也发生相应的变化。单位面积的表面层中空穴改变量为

$$\Delta p = \int_0^\infty (p_p - p_{p0})\mathrm{d}x = \int_0^\infty p_{p0}\left[\exp\left(-\frac{eV}{k_B T}\right)-1\right]\mathrm{d}x \tag{8-15}$$

以$\mathrm{d}x = -\mathrm{d}V/\mathcal{E}$代入式(8-15)，并考虑到$x=0, V=V_s$和$x=\infty, V=0$，可得

$$\Delta p = \frac{ep_{p0}L_D}{\sqrt{2}k_BT}\int_{V_s}^{0}\frac{\exp\left(-\frac{eV}{k_BT}\right)-1}{F\left(\frac{eV}{k_BT},\frac{n_{p0}}{p_{p0}}\right)}dV \tag{8-16}$$

同理可得

$$\Delta n = \frac{en_{p0}L_D}{\sqrt{2}k_BT}\int_{V_s}^{0}\frac{\exp\left(\frac{eV}{k_BT}\right)-1}{F\left(\frac{eV}{k_BT},\frac{n_{p0}}{p_{p0}}\right)}dV \tag{8-17}$$

以上两式在计算表面层电导时经常用到。根据式(8-14)，表面空间电荷层的电荷面密度 Q_s 随表面势 V_s 而变，这相当于电容效应。表面层微分电容面密度定义为 $C_s = \left|\frac{\partial Q_s}{\partial V_s}\right|$，则由式(8-14)可得

$$C_s = \frac{\varepsilon_s}{\sqrt{2}L_D}\frac{\left[-\exp\left(-\frac{eV_s}{k_BT}\right)+1\right]+\frac{n_{p0}}{p_{p0}}\left[\exp\left(\frac{eV_s}{k_BT}\right)-1\right]}{F\left(\frac{eV_s}{k_BT},\frac{n_{p0}}{p_{p0}}\right)} \tag{8-18}$$

式(8-18)给出的是单位面积电容。以下根据上面得到的公式定量地分析各种不同情况下的表面层性质。

1. 多数载流子堆积状态

仍以 p 型半导体为例进行讨论。当金属外加栅压 $V_G < 0$ 时，表面势 V_s 及表面层内电势 V 都是负值，对于足够大的 $|V_s|$ 及 $|V|$ 值，F 函数中 $\exp(eV/k_BT)$ 因子远比 $\exp[-eV/(k_BT)]$ 的值小；又因为在 p 型半导体中，n_{p0}/p_{p0} 值远小于 1，这样在 F 函数中只有 $\exp[-eV/(k_BT)]$ 项起主要作用，其他项都可忽略，即得

$$F\left(\frac{eV_s}{k_BT},\frac{n_{p0}}{p_{p0}}\right) = \exp\left(-\frac{eV_s}{2k_BT}\right) \tag{8-19}$$

将式(8-19)代入式(8-12)、式(8-14)、式(8-18)，可分别得到表面电场强度、表面电荷密度和空间电荷层电容面密度：

$$\mathcal{E}_s = -\frac{\sqrt{2}k_BT}{eL_D}\exp\left(-\frac{eV_s}{2k_BT}\right) \tag{8-20}$$

$$Q_s = \frac{\sqrt{2}\varepsilon_s k_BT}{eL_D}\exp\left(-\frac{eV_s}{2k_BT}\right) \tag{8-21}$$

$$C_s = \frac{\varepsilon_s}{\sqrt{2}L_D}\exp\left(-\frac{eV_s}{2k_BT}\right) \tag{8-22}$$

以上三式分别表示了在多数载流子堆积时，表面电场强度、表面电荷密度和空间电荷层电容面密度随表面势V_s变化的基本关系。由式(8-21)，表面电荷密度随表面势的绝对值$|V_s|$的增大按指数增加。这表明表面势越负，能带在表面向上弯曲得越厉害，表面层的空穴浓度急剧地增大。图 8.3 给出了表面电荷密度的绝对值$|Q_s|$随表面势V_s变化的函数关系。由图中结果可以看出，随V_s向负值方向增大，$|Q_s|$值按指数函数急剧地增大。

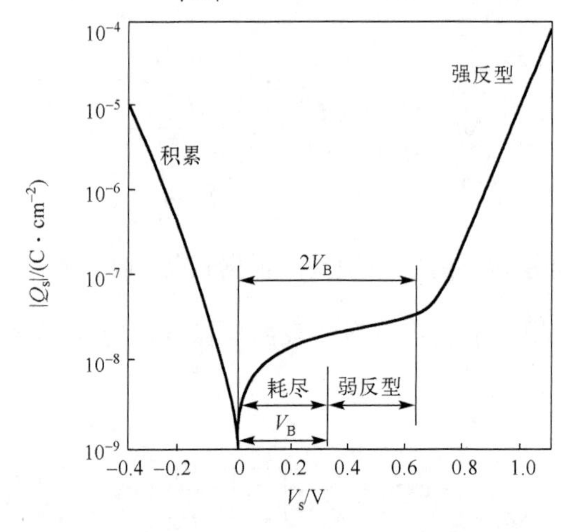

图 8.3　室温下受主浓度为4×10^{15} cm^{-3}的 p 型 Si 构成的理想 MIS 结构表面电荷密度的绝对值$|Q_s|$随表面电势V_s变化的函数关系

2. 平带状态

当外加电压$V_G=0$时，表面势$V_s=0$，表面处能带不发生弯曲，该状态为平带状态。这时，根据式(8-10)，很容易得到$F(eV/(k_BT),n_{p0}/p_{p0})=0$，所以$\mathcal{E}_s=0$，$Q_s=0$。表面空间电荷层的电容面密度需由式(8-18)求极限得到。当$V_s\to0$时，可以得到C_s的极限值为

$$C_{FBs}=\frac{\varepsilon_s}{L_D}\left(1+\frac{n_{p0}}{p_{p0}}\right)^{1/2} \tag{8-23}$$

考虑到 p 型半导体中，$n_{p0}/p_{p0}\ll1$，最后得到电容面密度值为

$$C_{FBs}=\frac{\varepsilon_s}{L_D} \tag{8-24}$$

以后计算 MIS 结构的平带电容面密度时，会用到上述结果。

3. 耗尽状态

当外加栅压$V_G>0$但数值不大，不足以使表面处本征费米能级E_i弯曲到费米能级以下时，表面不会出现反型，空间电荷区处于耗尽状态。因这时V_G和V_s都大于零，且$n_{p0}/p_{p0}\ll1$，F函数中含有n_{p0}/p_{p0}及$\exp(-eV/k_BT)$的项都可略去，则有

$$F\left(\frac{eV_s}{k_BT},\frac{n_{p0}}{p_{p0}}\right)=\left(\frac{eV_s}{k_BT}\right)^{1/2} \tag{8-25}$$

将式(8-25)代入式(8-12)和式(8-14)，则表面电场强度和表面电荷密度可以分别表示为

$$\mathcal{E}_s = \frac{\sqrt{2}}{L_D}\left(\frac{k_B T V_s}{e}\right)^{1/2} \tag{8-26}$$

$$Q_s = -\frac{\sqrt{2}\varepsilon_s}{L_D}\left(\frac{k_B T V_s}{e}\right)^{1/2} \tag{8-27}$$

由上两式可见，表面电场强度和表面电荷密度都正比于表面势 V_s 的平方根。这时表面电场为正值，表示表面电场方向与 x 轴正向一致；表面电荷密度为负值，表明空间电荷是由电离受主形成的负电荷。由图 8.3 可以看到耗尽状态时 $|Q_s|$ 随 V_s 的变化情况。由式(8-18)可以得到耗尽状态时的表面空间电荷区的电容面密度为

$$C_s = \frac{\varepsilon_s}{\sqrt{2}L_D}\frac{1}{\left(\dfrac{eV_s}{k_B T}\right)^{1/2}} \tag{8-28}$$

将式(8-9)的德拜长度 L_D 表达式代入式(8-28)，并考虑到 $p_{p0} = N_A$，电容面密度可表示为

$$C_s = \left(\frac{eN_A\varepsilon_s}{2V_s}\right)^{1/2} \tag{8-29}$$

对于耗尽态，也可以用耗尽层近似来处理。假设空间电荷区内空穴已全部耗尽，电荷全部由电离受主构成。在这种情况下，若半导体掺杂是均匀的，则空间电荷区的电荷密度为 $\rho(x) = -eN_A$，泊松方程可以表示为

$$\frac{d^2V}{dx^2} = \frac{eN_A}{\varepsilon_s} \tag{8-30}$$

设 X_D 为耗尽层宽度，因半导体内部电场强度为零，可得边界条件：$x = X_D$ 时，$dV/dx = 0$。对式(8-30)积分，考虑到上述边界条件，可得

$$\frac{dV}{dx} = -\frac{eN_A}{\varepsilon_s}(X_D - x) \tag{8-31}$$

设体内电势为零，即 $x = X_D$ 时，$V(x) = 0$。对式(8-31)再次积分，得耗尽区内的电势

$$V(x) = \frac{eN_A}{2\varepsilon_s}(X_D - x)^2 \tag{8-32}$$

式(8-32)中，对 $x = 0$，可得表面势为

$$V_s = \frac{eN_A}{2\varepsilon_s}X_D^2 \quad 或 \quad X_D = \sqrt{\frac{2\varepsilon_s V_s}{eN_A}} \tag{8-33}$$

把式(8-33)代入式(8-29)，空间电荷层电容面密度为

$$C_s = \frac{\varepsilon_s}{X_D} \tag{8-34}$$

式(8-34)表明，空间电荷层电容面密度 C_s 相当于一个距离为 X_D 的平板电容器的单位面

积电容。这是因为表面势V_s增加时，耗尽层也随之加宽，Q_s的增加主要由加宽的那部分耗尽层中的电离受主提供。该结果与第6章、第7章的相关部分结论完全一致。从耗尽层近似很容易得到半导体空间电荷层中的单位面积电量为

$$Q_s = -eN_A X_D \tag{8-35}$$

式(8-35)与式(8-27)中代入L_D值也是一致的。

4. 反型状态

前文已经指出，随着外加正电压V_G的进一步增大，表面处本征费米能级E_i可以降到费米能级E_F以下，即出现反型层。反型状态可分为强反型和弱反型两种情况，以表面处少数载流子浓度n_s是否超过体内多数载流子浓度p_{p0}为区分标准。表面处少数载流子浓度由式(8-3)得到：

$$n_s = n_{p0}\exp\left(\frac{eV_s}{k_BT}\right) = \frac{n_i^2}{p_{p0}}\exp\left(\frac{eV_s}{k_BT}\right) \tag{8-36}$$

当表面处少子浓度$n_s = p_{p0}$，即临界强反型时，式(8-36)可表示为

$$p_{p0}^2 = n_i^2\exp\left(\frac{eV_s}{k_BT}\right),\quad 即 p_{p0} = n_i\exp\left(\frac{eV_s}{2k_BT}\right) \tag{8-37}$$

另外，根据玻尔兹曼统计

$$p_{p0} = n_i\exp\left(\frac{eV_B}{k_BT}\right) \tag{8-38}$$

其中，$eV_B = E_i - E_F$为半导体内本征费米能级E_i与费米能级E_F之差。比较式(8-37)和式(8-38)，可得强反型的条件为

$$V_s \geqslant 2V_B \tag{8-39}$$

$V_s = 2V_B$就是发生强反型的临界条件。图8.4给出了理想MIS结构临界强反型时的能带结构示意图。

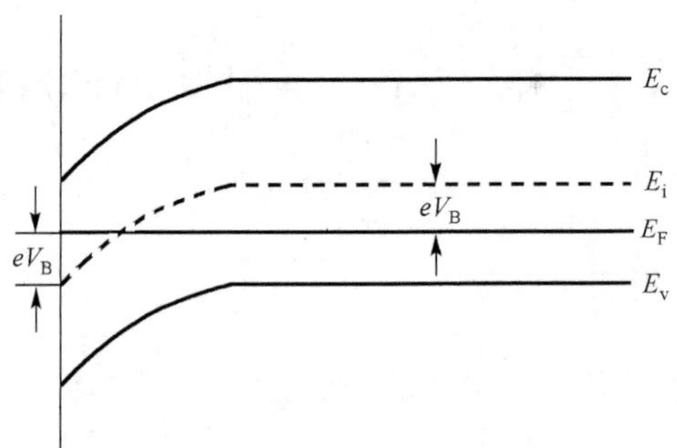

图8.4 理想MIS结构临界强反型时的能带结构

把$p_{p0} = N_A$代入式(8-38)，得

$$V_B = \frac{k_BT}{e}\ln\left(\frac{N_A}{n_i}\right) \tag{8-40}$$

所以强反型条件也可以表示为

$$V_{\mathrm{s}} \geqslant \frac{2k_{\mathrm{B}}T}{e}\ln\left(\frac{N_{\mathrm{A}}}{n_{\mathrm{i}}}\right) \tag{8-41}$$

从式(8-41)可以看出，衬底掺杂浓度越高，强反型所需的表面势越大，即越不容易达到强反型。对应于表面势 $V_{\mathrm{s}}=2V_{\mathrm{B}}$ 所需的金属上所加的电压 V_{G} 习惯上称为开启电压，通常用 V_{T} 表示。即当 $V_{\mathrm{s}}=2V_{\mathrm{B}}$ 时，$V_{\mathrm{T}}=V_{\mathrm{G}}$。

因为 $n_{\mathrm{p0}}=n_{\mathrm{i}}\exp[-eV_{\mathrm{B}}/(k_{\mathrm{B}}T)]$，$p_{\mathrm{p0}}=n_{\mathrm{i}}\exp[eV_{\mathrm{B}}/(k_{\mathrm{B}}T)]$，所以 $n_{\mathrm{p0}}/p_{\mathrm{p0}}=\exp[-2eV_{\mathrm{B}}/(k_{\mathrm{B}}T)]$。临界强反型时，$V_{\mathrm{s}}=2V_{\mathrm{B}}$，所以 $n_{\mathrm{p0}}/p_{\mathrm{p0}}=\exp\left[-eV_{\mathrm{s}}/\left(k_{\mathrm{B}}T\right)\right]$。此时 F 函数为

$$F\left(\frac{eV_{\mathrm{s}}}{k_{\mathrm{B}}T},\frac{n_{\mathrm{p0}}}{p_{\mathrm{p0}}}\right)=\left\{\frac{eV_{\mathrm{s}}}{k_{\mathrm{B}}T}\left[1-\exp\left(-\frac{eV_{\mathrm{s}}}{k_{\mathrm{B}}T}\right)\right]\right\}^{1/2} \tag{8-42}$$

当 $eV_{\mathrm{s}}\gg k_{\mathrm{B}}T$ 时，$\exp[-eV_{\mathrm{s}}/(k_{\mathrm{B}}T)]\ll 1$，因此 F 函数可近似为

$$F\left(\frac{eV_{\mathrm{s}}}{k_{\mathrm{B}}T},\frac{n_{\mathrm{p0}}}{p_{\mathrm{p0}}}\right)=\left(\frac{eV_{\mathrm{s}}}{k_{\mathrm{B}}T}\right)^{1/2} \tag{8-43}$$

将式(8-43)代入式(8-12)和式(8-14)，可得临界强反型时的表面电场强度和电荷面密度分别为

$$\mathcal{E}_{\mathrm{s}}=\frac{\sqrt{2}k_{\mathrm{B}}T}{eL_{\mathrm{D}}}\left(\frac{eV_{\mathrm{s}}}{k_{\mathrm{B}}T}\right)^{1/2} \tag{8-44}$$

$$Q_{\mathrm{s}}=-\frac{\sqrt{2}\varepsilon_{\mathrm{s}}k_{\mathrm{B}}T}{eL_{\mathrm{D}}}\left(\frac{eV_{\mathrm{s}}}{k_{\mathrm{B}}T}\right)^{\frac{1}{2}}=-(2\varepsilon_{\mathrm{s}}eN_{\mathrm{A}}V_{\mathrm{s}})^{\frac{1}{2}}=-(4\varepsilon_{\mathrm{s}}eN_{\mathrm{A}}V_{\mathrm{B}})^{\frac{1}{2}} \tag{8-45}$$

当 V_{s} 比 $2V_{\mathrm{B}}$ 大很多，且 $eV_{\mathrm{s}}/(k_{\mathrm{B}}T)\gg 1$ 时，F 函数中的 $n_{\mathrm{p0}}/p_{\mathrm{p0}}\exp[eV_{\mathrm{s}}/(k_{\mathrm{B}}T)]$ 项随 V_{s} 按指数关系增加，其值比其他项都大得多，故可以略去其他项，得

$$F\left(\frac{eV_{\mathrm{s}}}{k_{\mathrm{B}}T},\frac{n_{\mathrm{p0}}}{p_{\mathrm{p0}}}\right)=\left(\frac{n_{\mathrm{p0}}}{p_{\mathrm{p0}}}\right)^{1/2}\exp\left(\frac{eV_{\mathrm{s}}}{2k_{\mathrm{B}}T}\right) \tag{8-46}$$

将式(8-46)代入式(8-12)、式(8-14)，可得

$$\mathcal{E}_{\mathrm{s}}=\frac{\sqrt{2}k_{\mathrm{B}}T}{eL_{\mathrm{D}}}\left(\frac{n_{\mathrm{p0}}}{p_{\mathrm{p0}}}\right)^{1/2}\exp\left(\frac{eV_{\mathrm{s}}}{2k_{\mathrm{B}}T}\right)=\left(\frac{2k_{\mathrm{B}}Tn_{\mathrm{s}}}{\varepsilon_{\mathrm{s}}}\right)^{1/2} \tag{8-47}$$

$$Q_{\mathrm{s}}=-\frac{\sqrt{2}\varepsilon_{\mathrm{s}}k_{\mathrm{B}}T}{eL_{\mathrm{D}}}\left(\frac{n_{\mathrm{p0}}}{p_{\mathrm{p0}}}\right)^{1/2}\exp\left(\frac{eV_{\mathrm{s}}}{2k_{\mathrm{B}}T}\right)=-(2k_{\mathrm{B}}T\varepsilon_{\mathrm{s}}n_{\mathrm{s}})^{1/2} \tag{8-48}$$

由式(8-48)可以看出，强反型后，$|Q_{\mathrm{s}}|$ 随 V_{s} 按指数规律增大，如图 8.3 所示。由式(8-18)可以得到强反型后表面空间电荷层的电容面密度为

$$C_{\mathrm{s}}=\frac{\varepsilon_{\mathrm{s}}}{\sqrt{2}L_{\mathrm{D}}}\left[\frac{n_{\mathrm{p0}}}{p_{\mathrm{p0}}}\exp\left(\frac{eV_{\mathrm{s}}}{k_{\mathrm{B}}T}\right)\right]^{1/2}=\frac{\varepsilon_{\mathrm{s}}}{\sqrt{2}L_{\mathrm{D}}}\left(\frac{n_{\mathrm{s}}}{p_{\mathrm{p0}}}\right)^{1/2} \tag{8-49}$$

上式表明，C_s 随表面电子浓度的增加而增大。

需要特别指出的是，一旦出现强反型，表面耗尽层宽度就达到一个极大值 X_{Dm}，不再随外加电压的增加而增加。这是因为反型层中积累的电子屏蔽了外电场的作用，即强反型出现后，反型层内增加的电子可以屏蔽外加电场对体内电场等电学特性的进一步影响。耗尽层宽度的极大值 X_{Dm} 可由式(8-33)和式(8-41)求得

$$X_{Dm}=\left(\frac{4\varepsilon_s V_B}{eN_A}\right)^{1/2}=\left[\frac{4\varepsilon_s k_B T}{e^2 N_A}\ln\left(\frac{N_A}{n_i}\right)\right]^{1/2} \tag{8-50}$$

式(8-50)表明，X_{Dm} 由半导体材料的性质和掺杂浓度确定。对一定的材料，掺杂浓度越大，X_{Dm} 越小。对于一定的衬底掺杂浓度，则对于禁带宽度越大，n_i 越小，X_{Dm} 越大。图 8.5 给出了室温下 GaAs、Si 两种半导体的最大耗尽层宽度 X_{Dm} 与掺杂浓度的关系，由图可以看到，对于 Si，在 10^{14}～10^{17}cm^{-3} 的掺杂浓度范围内，X_{Dm} 在几微米到零点几微米之间变化。这种最大耗尽层宽度现象是 MIS 结构特有的，在 pn 结或金属-半导体结构中都不会发生。

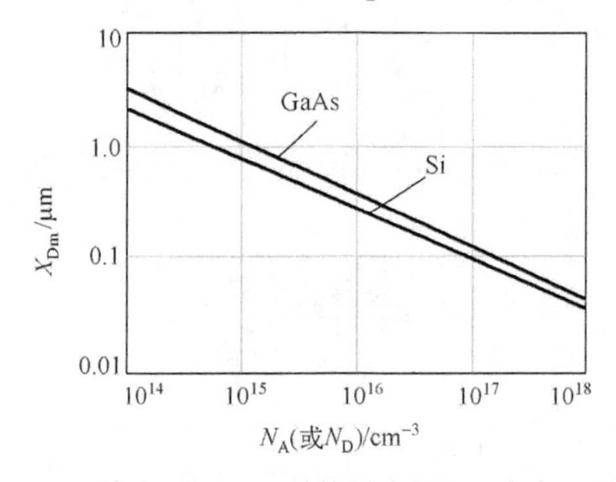

图 8.5　室温下 GaAs、Si 构成理想 MIS 结构最大耗尽层宽度 X_{Dm} 与掺杂浓度的关系

一般反型层都很薄，通常为 1～10nm。在出现强反型后，单位面积上的电荷 Q_s 由两部分构成，一部分是电离受主电荷 $Q_A=-eN_A X_{Dm}$，另一部分是反型层中积累的电子。

因反型层的厚度小到可以和电子的德布罗意波长相比拟，反型层中的电子处于半导体界面处很窄的量子阱中，由于量子效应，电子在垂直于界面方向的运动发生量子化，对应的电子能量不再连续，但电子平行于界面的平面运动仍然是自由的，与其对应的能量仍然连续分布。于是电子的运动可以看成是平行于界面的准二维运动，即二维电子气。量子阱中电子的能量 E 由两部分组成，即 $E=E_i+E_t$，其中，E_i 为分立的量子化能量；E_t 为平面内的连续能量。在这种情况下，严格的处理必须用量子力学方法，即同时求解量子力学方程和泊松方程。

5. 深耗尽状态

以上讨论的是空间电荷层的平衡态，即假设金属与半导体间所加电压 V_G 不变，或者变化很慢使表面空间电荷层中载流子浓度能跟上偏压 V_G 的变化。以下将讨论一种被称为深耗尽的非平衡态。以 p 型半导体为例，如在金属与半导体间加一个脉冲阶跃或高频正弦波形成正电压时，由于空间电荷区内少数载流子的产生速率慢于电压的变化，反型层来不及建立，只有靠耗尽层向半导体内深处延伸而产生大量受主负电荷以满足电中性条件。因此，这种情况下耗尽层宽度很大，可以远大于强反型时的最大耗尽层宽度 X_{Dm}，且其宽度随栅极电压 V_G 的增

大而增大，这种状态就是深耗尽状态，是在实际中经常遇到的一种较重要的状态。例如，在用非平衡电容-电压法测量杂质浓度分布剖面，或用电容-时间法测量衬底中少数载流子寿命时，半导体就处于这种状态。此外，电荷耦合器件(CCD)和热载流子的雪崩注入也工作在表面深耗尽状态。

由于深耗尽状态是在加了快速增长的栅极电压 V_G，使表面层达到耗尽而其中的少数载流子来不及产生而形成的，因此空间电荷层中只有电离杂质所形成的空间电荷，故“耗尽层”近似仍然适用于这种状态，前面导出的式(8-29)～式(8-35)对深耗尽状态仍可适用。另外，因为深耗尽状态时空间电荷层中来不及产生少数载流子，即使 $V_s \geqslant 2V_B$，也不产生反型层，因此耗尽层宽度不存在极限值，耗尽层宽度按式(8-33)的关系随 V_G 或 V_s 变化，耗尽层电容将按式(8-29)随 V_G 或 V_s 变化。

以下讨论从深耗尽状态向平衡反型状态的过渡过程。仍以 p 型半导体为例，设在金属与半导体间加一个大的突变阶跃正电压。开始时，表面层处于深耗尽状态。由于深耗尽下耗尽层中少数载流子浓度几乎为零，远低于其平衡浓度，故耗尽层内载流子的产生率大于复合率，耗尽层内产生的电子和空穴在耗尽层内电场作用下，电子向表面运动而形成反型层，空穴向体内运动，到达耗尽层边缘与带负电荷的电离受主中和使耗尽层减薄。因此，随着时间的进行，反型层内少数载流子的积累逐渐增加，而耗尽层宽度则逐渐减小，最后过渡到平衡的反型状态。在这个过程中，耗尽层宽度从深耗尽开始时的最大值逐渐减小到强反型的最大耗尽层宽度 X_{Dm}。从初始的深耗尽状态过渡到热平衡反型状态所需要的时间用热弛豫时间 τ_{th} 表示，其值可按下列方法估算。设初始的深耗尽层宽度为 X_{D0}，耗尽层内少数载流子净产生率为 G，并设 $X_{D0} \gg X_{Dm}$，则有 $G\tau_{th}X_{D0} = N_A(X_{D0} - X_{Dm})$，其中，$N_A$ 为受主杂质浓度。根据第 6 章式(6-87)，$G = n_i/(2\tau)$，τ 为少数载流子的有效寿命，则热弛豫时间为

$$\tau_{th} \approx \frac{2\tau N_A}{n_i} \tag{8-51}$$

一般情况下，少数载流子寿命 τ 的典型值为 10^{-5}～10^{-4}s，N_A/n_i 为 10^5～10^6，因此热弛豫时间 τ_{th} 为 1～100s。由此可见，反型层的建立并不是一个很快的过程。根据热弛豫时间，可以估计发生深耗尽的条件。此外，CCD 器件中“电荷包”从开始的势阱传递到最后的势阱也需在这个时间内完成。

8.2　理想 MIS 结构的电容特性

8.2.1　理想 MIS 结构的 *C-V* 特性

对由 p 型半导体构成的理想 MIS 结构，为保持系统的电中性，显然存在下列基本关系：

$$Q_M = -(Q_n + eN_AX_D) = -Q_s \tag{8-52}$$

其中，Q_M 为金属表面单位面积电荷；Q_n 为半导体表面反型层内的电子面密度。

因为不考虑功函数的差，加在金属上的电压 V_G 可以表示为

$$V_G = V_0 + V_s \tag{8-53}$$

其中，V_0 为绝缘层上的电压降。绝缘层电压降 V_0 可以表示为

$$V_0 = \mathcal{E}_0 d_0 = \frac{Q_M d_0}{\varepsilon_i} = -\frac{Q_s d_0}{\varepsilon_i} = -\frac{Q_s}{C_0} \tag{8-54}$$

其中，$\mathcal{E}_0$为绝缘层中电场强度；ε_i为绝缘层的介电常数；d_0为绝缘层厚度；$C_0 = \varepsilon_i / d_0$为绝缘层的单位面积电容。

由式(8-53)、式(8-54)有

$$dV_G = -\frac{dQ_s}{C_0} + dV_s \tag{8-55}$$

MIS 结构的电容面密度为

$$C = \frac{dQ_M}{dV_G} = -\frac{dQ_s}{dV_G} \tag{8-56}$$

把式(8-55)代入式(8-56)，得

$$C = -\frac{dQ_s}{-\frac{dQ_s}{C_0} + dV_s} \tag{8-57}$$

式(8-57)中分子、分母同除以$-dQ_s$，并考虑到V_s和Q_s的变化dV_s和dQ_s是反向的，即

$$C_s = -\frac{dQ_s}{dV_s} = \left|\frac{dQ_s}{dV_s}\right| \tag{8-58}$$

则式(8-57)可以表示为

$$C = 1\bigg/\left(\frac{1}{C_0} + \frac{1}{C_s}\right) \tag{8-59}$$

式(8-59)表明，MIS 结构的总电容面密度为绝缘层电容面密度C_0与半导体表面层电容面密度C_s的串联。这是显然的结果，由式(8-53)可以直接看出。

8.2.2 MIS 结构的低频电容

由式(8-18)及式(8-59)可以得到平衡态时各种不同电压下的 MIS 结构电容面密度，正如8.1.2 节讨论的，这正是 MIS 结构在低频时的电容面密度。为了讨论问题方便，一般以归一化电容值C/C_0展开讨论。由式(8-18)和式(8-59)可以得到如图 8.6(a)所示的低频电容曲线。事实上，8.1.2 节在不同电压下的电容面密度表达式可直接适用。

若金属上加较大的负电压V_G，式(8-22)可直接适用，于是有下列结果

$$\frac{C}{C_0} = \frac{1}{1 + \frac{\sqrt{2}C_0 L_D}{\varepsilon_s}\exp\left(\frac{eV_s}{2k_B T}\right)} \tag{8-60}$$

显然，对较大的负电压，式(8-60)分母中的指数项趋于零，因此$C/C_0 \to 1$，这正是图 8.6(a)中负电压下AB段的结果。随着负电压值的减小，指数项变大，C/C_0逐渐减小，如图 8.6(a)中BC段所示。

当金属电压$V_G = 0$时，半导体表面层的电容面密度为式(8-24)所示的平带电容面密度，于是有

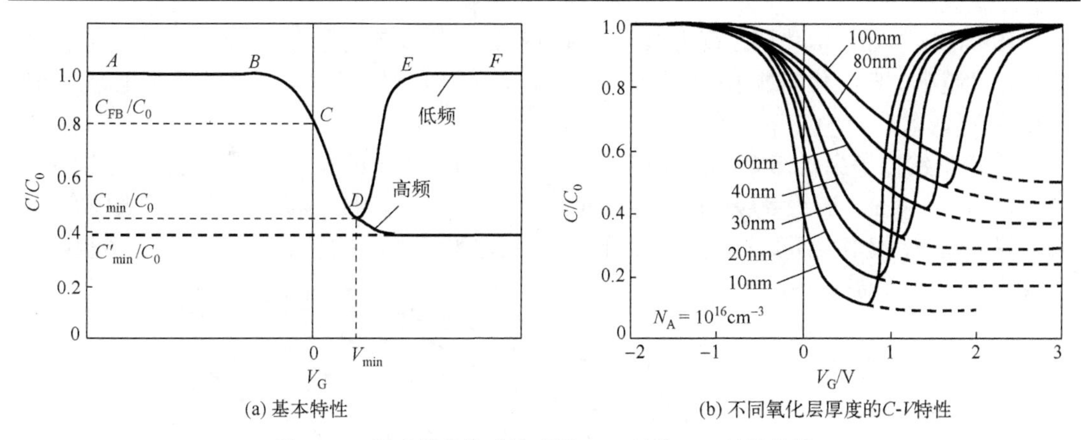

(a) 基本特性　　(b) 不同氧化层厚度的C-V特性

图 8.6　p 型半导体构成的理想 MIS 结构 C-V 特性曲线

$$\frac{C}{C_0} = \frac{C_{FB}}{C_0} = \frac{1}{1 + \frac{\varepsilon_i}{\varepsilon_s d_0}\left(\frac{\varepsilon_s k_B T}{e^2 N_A}\right)^{1/2}} \tag{8-61}$$

该值显然是个小于 1 的数，如图 8.6(a)所示。在研究 C-V 特性时，C_{FB}/C_0 是个重要的参数。

当金属与半导体间外加偏压 V_G 为正，但不足以使半导体表面反型时，空间电荷区处于耗尽状态，其电容面密度由式(8-29)表示，将其代入式(8-59)，可以得到

$$\frac{C}{C_0} = \frac{1}{1 + \frac{\varepsilon_i}{\varepsilon_s d_0}\left(\frac{2\varepsilon_s V_s}{e N_A}\right)^{1/2}} \tag{8-62}$$

式(8-62)是半导体表面耗尽时 MIS 结构的电容随表面势的变化规律。因为 $V_G = V_0 + V_s$，而 $V_0 = -Q_s/C_0$，可得

$$V_s + V_0 - V_G = V_s - Q_s / C_0 - V_G = 0$$

把式(8-27)中的 Q_s 代入上式，可得

$$V_s + \frac{(2\varepsilon_s e p_{p0})^{1/2} d_0}{\varepsilon_i} V_s^{1/2} - V_G = 0$$

上述方程是关于 $V_s^{1/2}$ 的二次方程，可解得

$$V_s^{1/2} = -\frac{(2\varepsilon_s e p_{p0})^{\frac{1}{2}} d_0}{2\varepsilon_i} + \frac{1}{2}\left(\frac{2\varepsilon_s e p_{p0} d_0^2}{\varepsilon_i^2} + 4V_G\right)^{1/2} \tag{8-63}$$

把式(8-63)代入式(8-62)，考虑到 $p_{p0} = N_A$，可得

$$\frac{C}{C_0} = \frac{1}{\left(1 + \frac{2\varepsilon_i^2 V_G}{e\varepsilon_s N_A d_0^2}\right)^{1/2}} \tag{8-64}$$

式(8-64)为耗尽状态时 C/C_0 随 V_G 的变化情况。由式(8-64)可以看出，在耗尽区，C/C_0 随 V_G 增大而逐渐变小，如图 8.6(a)中的 CD 段所示。这是由于在耗尽状态时，表面空间电荷层厚度 X_D 随偏压 V_G 增大而增大，由此半导体表面电容变小，归一化电容值也相应变小。

图 8.6(b)给出了氧化层厚度为 10～100nm 时归一化低频电容的变化曲线。结果显示，氧化层厚度越小，归一化的最小电容值越小；同时，氧化层厚度越大，达到强反型电容值所需的栅压 V_G 越大。

图 8.7 给出了金属-SiO_2-Si 结构中不同掺杂浓度条件下的 C_{FB}/C_0 值与氧化层厚度的关系。由图 8.7 可见，若绝缘层厚度一定，N_A 越大，C_{FB}/C_0 值也越大，这是由于表面空间电荷层厚度随 N_A 值增大而变薄；另一方面，绝缘层厚度越大，C_0 值越小，C_{FB}/C_0 值也越大。

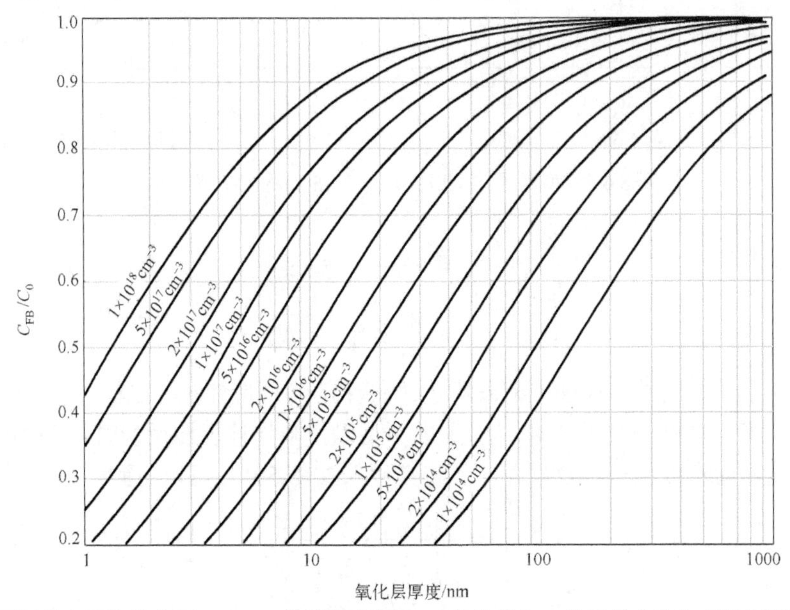

图 8.7　不同掺杂浓度的金属-SiO_2-Si 构成的理想 MIS 结构的归一化平带电容与氧化层厚度的关系

当外加电压 V_G 值进一步增大使表面势 $V_s > 2V_B$ 时，表面出现强反型，耗尽层宽度不再随 V_G 增大而保持在极大值 X_{Dm}，表面空间电荷层的电容面密度由式(8-49)表示，由此得 MIS 结构归一化电容值为

$$\frac{C}{C_0}=\frac{1}{1+\dfrac{\sqrt{2}\varepsilon_i L_D}{\varepsilon_s d_0\left[\dfrac{n_{p0}}{p_{p0}}\exp\left(\dfrac{eV_s}{k_B T}\right)\right]^{1/2}}} \tag{8-65}$$

式(8-65)为强反型条件下归一化电容随表面电势的变化规律。由此式可以看出，在强反型条件下，归一化电容随表面电势增大而增大，对足够大的表面电势，归一化电容趋于 1，如图 8.6(a)中的 EF 段所示。

因此在低频条件下，归一化电容值随金属所加电压 V_G 由较大的负值到较大的正值从 1 逐渐减小到弱反型时达到最小值，然后又增大到 1。该最小值及所需的电压值需要由超越方程给出，本书不再具体讨论。

8.2.3　MIS 结构的高频电容

高频电容曲线可以由上文中的耗尽层方法得到，该方法与单边 pn 结或肖特基势垒中的耗尽层方法类似。

8.1 节中由式(8-50)已经得到了强反型时的最大耗尽层宽度。当信号频率较高时，反型层中电子的产生与复合跟不上高频信号的变化，即反型层中电子的数量不随高频信号而变。因此高频信号时，反型层中电子对电容没有贡献，这时空间电荷区的电容仍由耗尽层的电荷变化决定。由于强反型时耗尽层宽度已经达到最大值 X_{Dm}，不再随偏压 V_{G} 变化，耗尽层贡献的电容将达到最小值并保持不变，归一化电容值也将保持在最小值 $C'_{\min}/C_0$ 并且不随 V_{G} 变化。

$C'_{\min}/C_0$ 的值可由下面的方法求得。设在某瞬间外加电压稍稍增长，由于反型层中电子的产生与复合跟不上信号电压变化，故反型层中没有相应的电量变化，只能靠将更多的空穴推向深处，在耗尽层终段出现一个由电离受主构成的负电荷密度 $\mathrm{d}Q_{\mathrm{s}}=-\mathrm{d}Q_{\mathrm{M}}$。所以这时 MIS 结构电容等于绝缘层电容与最大耗尽层厚度 X_{Dm} 相对应的耗尽层电容的串联。因最大耗尽层电容面密度 $C_{\mathrm{s}}=\varepsilon_{\mathrm{s}}/X_{\mathrm{Dm}}$，由此可得

$$\frac{C'_{\min}}{C_0}=\frac{1}{1+\dfrac{\varepsilon_{\mathrm{i}}X_{\mathrm{Dm}}}{\varepsilon_{\mathrm{s}}d_0}} \tag{8-66}$$

将式(8-50)的 X_{Dm} 表达式代入式(8-66)，得

$$\frac{C'_{\min}}{C_0}=\frac{1}{1+\dfrac{2\varepsilon_{\mathrm{i}}}{\varepsilon_{\mathrm{s}}ed_0}\left[\dfrac{\varepsilon_{\mathrm{s}}k_{\mathrm{B}}T}{N_{\mathrm{A}}}\ln\left(\dfrac{N_{\mathrm{A}}}{n_{\mathrm{i}}}\right)\right]^{1/2}} \tag{8-67}$$

式(8-67)即高频情况下正向偏压下的最小归一化电容值，对应于图 8.6 中的高频曲线。图 8.8 给出了不同掺杂浓度下金属-SiO_2-Si 系统的最小归一化电容值与氧化层厚度的关系。值得注意的是，高频小信号对于少数载流子的产生而言变化是很快的，增量电荷密度只能出现在最

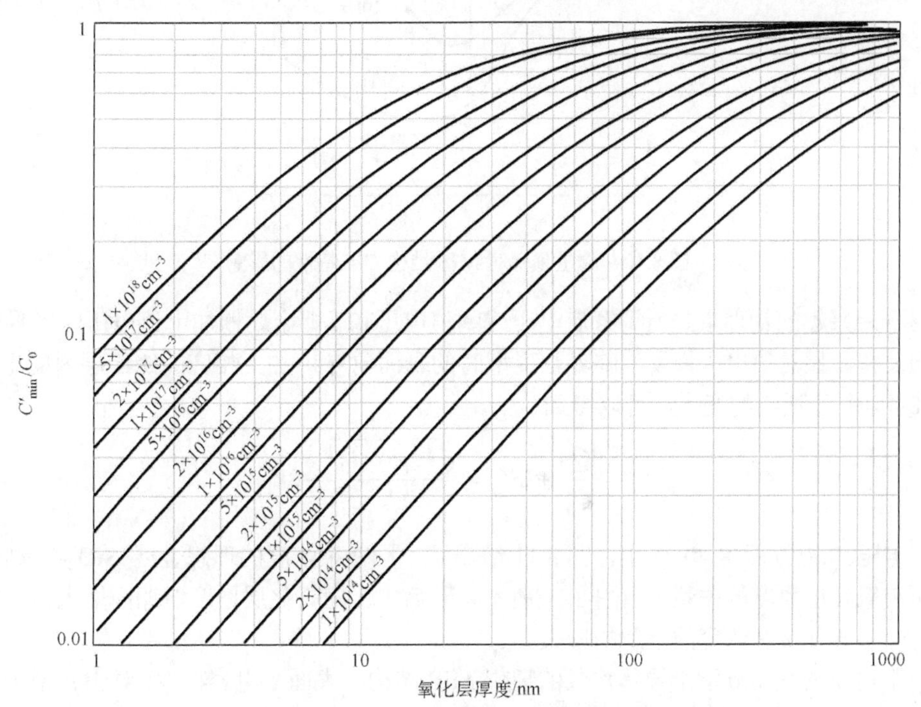

图 8.8　不同掺杂浓度的金属-SiO_2-Si 构成的理想 MIS 结构在高频条件下归一化电容极小值与氧化层厚度的关系

大耗尽层的边缘上，如图 8.9 所示。图 8.9 中还分别给出了低频和深耗尽条件下增量电荷出现的位置，即低频条件下增量电荷密度在反型层，深耗尽下的增量电荷密度则处在远大于最大耗尽层宽度 X_{Dm} 的位置，这正是“深耗尽”这一名称的来源。

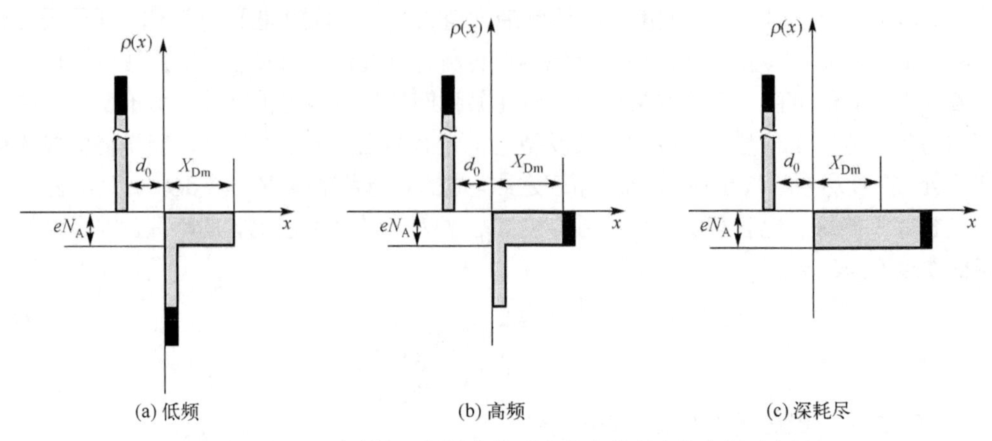

图 8.9　低频、高频及深耗尽条件下电荷变化所在的位置示意图

黑色部分为电荷密度变化

图 8.10 给出了不同测量频率下的归一化电容，由图可以看出，10 Hz 的测量结果符合上面讨论的低频情况，而 10^5Hz 则符合高频情况，100Hz 的情况则介于两者之间。

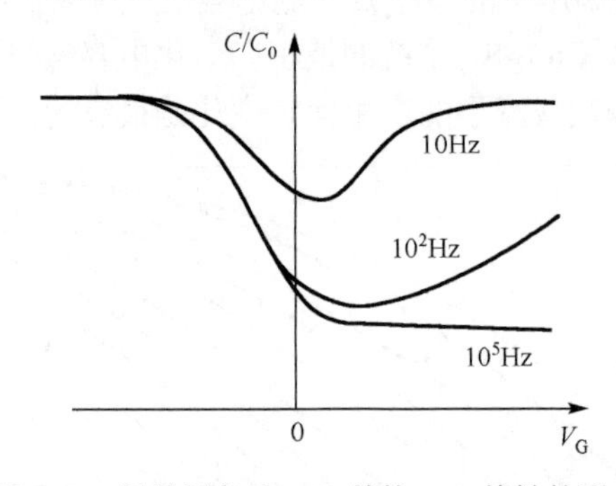

图 8.10　测量频率对 MIS 结构 *C-V* 特性的影响

另一感兴趣的物理量是所谓开启电压或阈值电压 V_{T}，即金属栅加上该电压时半导体表面发生强反型，显然该电压为发生临界强反型时的表面电势 V_{s} 加上相应的绝缘层内的电压降。由式(8-45)并作适当的变换，可以得到

$$V_{\mathrm{T}} = \frac{|Q_{\mathrm{s}}|}{C_0} + 2V_{\mathrm{B}} = \frac{\sqrt{4\varepsilon_{\mathrm{s}} e N_{\mathrm{A}} V_{\mathrm{B}}}}{C_0} + 2V_{\mathrm{B}} \tag{8-68}$$

其中，电压 V_{B} 由方程(8-40)给出。图 8.11 给出了不同掺杂浓度的理想金属-SiO_2-Si 结构的开启电压与氧化层厚度的关系。由图 8.11 所示，开启电压随氧化层厚度增加而增大，同时开启电压也随半导体掺杂浓度的增加的增大。

以上讨论的是由 p 型半导体构成的理想 MIS 结构的表面与电容特性，对由 n 型半导体构成的理想 MIS 结构，两者基本类似，只是需要把所加的电压反向。图 8.12 给出了由 n 型半导体构成的理想 MIS 结构的归一化电容特性。

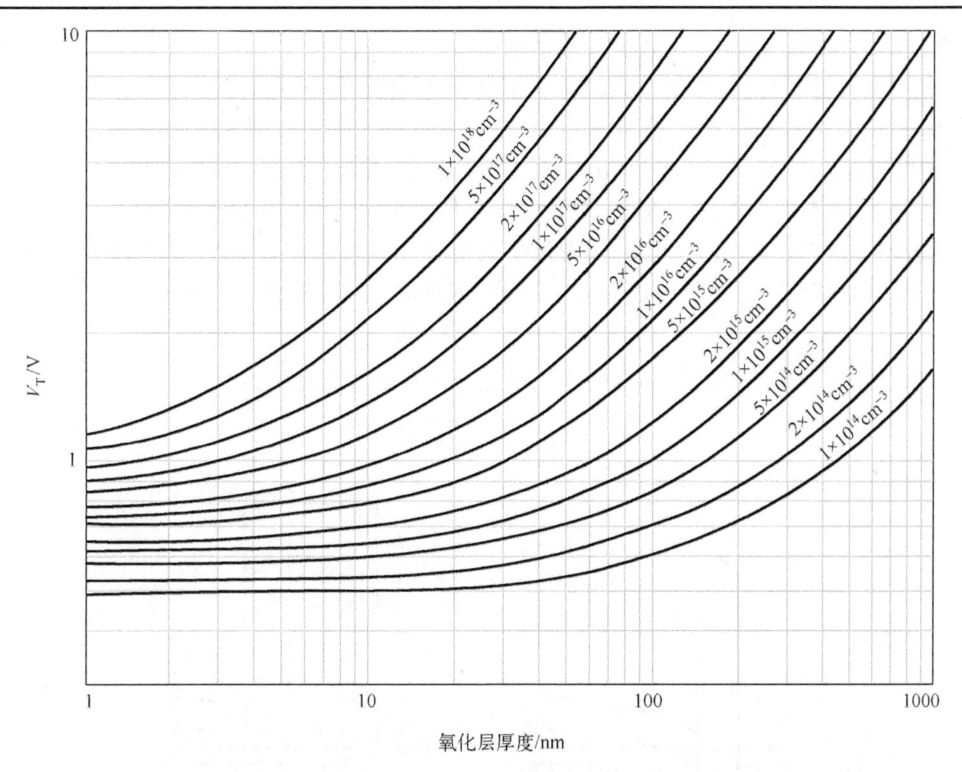

图 8.11　不同掺杂浓度的理想金属-SiO_2-Si 结构开启电压与氧化层厚度的关系

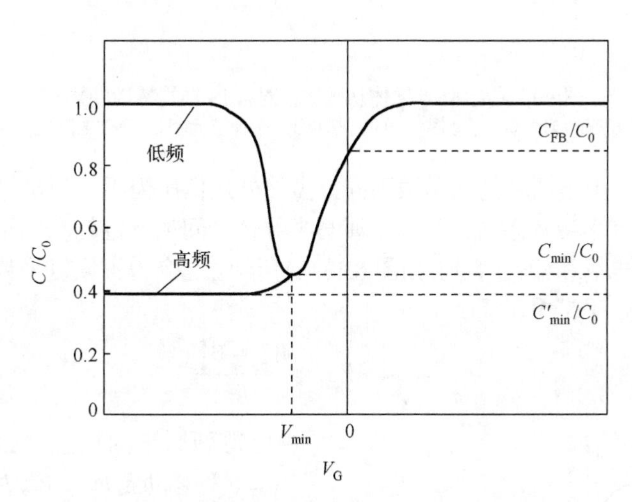

图 8.12　n 型半导体构成的理想 MIS 结构的 C-V 特性

8.3　影响 MIS 结构特性的非理想因素

8.3.1　金属与半导体功函数差对 MIS 结构 *C-V* 特性的影响

8.1 节和 8.2 节讨论的是理想 MIS 结构的基本特性，没有考虑金属与半导体功函数差及绝缘层或界面处的电荷等因素。实际上，这些因素对 MIS 结构的特性有显著的影响。本节先讨论金属与半导体功函数差对 C-V 特性的影响。

为了具体讨论问题，本节以 Al-SiO_2-Si 组成的 MOS 结构为例说明，并设半导体为 p 型半导体。为了讨论方便，假设将 Al 与 p 型 Si 连接起来，由于 p 型 Si 的功函数一般比 Al 大，电子将从金属流向半导体，因此在 p 型 Si 表面层内形成带负电的空间电荷层，而金属表面为正电荷。这些电荷将在绝缘层及 Si 的表面层内产生指向半导体内部的电场，并使 Si 表面层内的能带向下弯曲。同时，Si 内部的费米能级相对金属就要向上移动，到两者相等时达到平衡，如图 8.13(a)所示。由图可以看出，半导体内部的电子势能相对于金属提高的数值为

$$eV_{ms} = W_s - W_m \tag{8-69}$$

其中，W_s、W_m 分别为半导体与金属的功函数。式(8-69)可改写为

$$V_{ms} = \frac{W_s - W_m}{e} \tag{8-70}$$

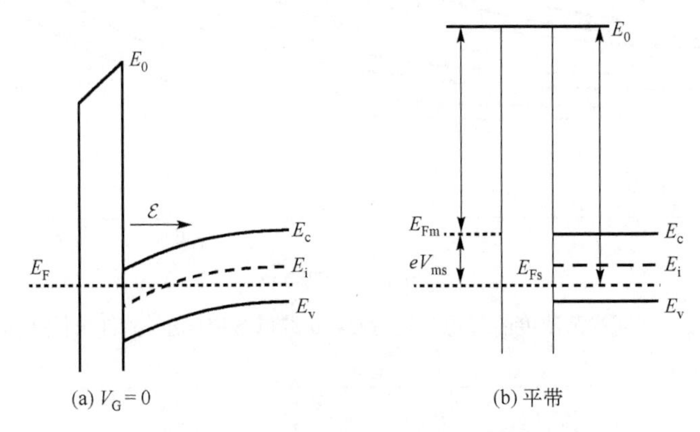

图 8.13　金属-半导体功函数差对 MIS 结构特性的影响

(a) 栅压为 0 时的能带示意图；(b) 加平带电压后的能带示意图，平带电压 $V_{FB} = -V_{ms}$

式(8-70)说明，由于两者的功函数不同，虽然外加偏压为零，但半导体表面层并不处于平带状态。为了恢复平带状态，必须在金属与半导体之间加一定的负电压，抵消由于两者功函数的差异导致的电场和能带弯曲，如图 8.13(b)所示。这个为了恢复平带状态所需的电压称为平带电压。显然，平带电压为

$$V_{FB} = -V_{ms} = \frac{W_m - W_s}{e} \tag{8-71}$$

由此得到原来的理想 MIS 结构的平带点由 $V_G = 0$ 处移动到 $V_G = V_{FB}$ 处，也就是说，理想 MIS 结构的 C-V 特性曲线向负电压方向平移了一段距离 V_{FB}。如图 8.14 所示，对于上述 Al-SiO_2-p 型 Si 组成的 MOS 结构，其 C-V 曲线应向左移动 $|V_{FB}|$。图中曲线 1 为理想 MIS 结构的高频 C-V 曲线，曲线 2 为金属与半导体有功函数差的高频 C-V 曲线。从曲线 1 的 C_{FB}/C_0 处引与电压轴平行的直线，求出其与曲线 2 的相交点的电压值，该电压即为平带电压 V_{FB}。

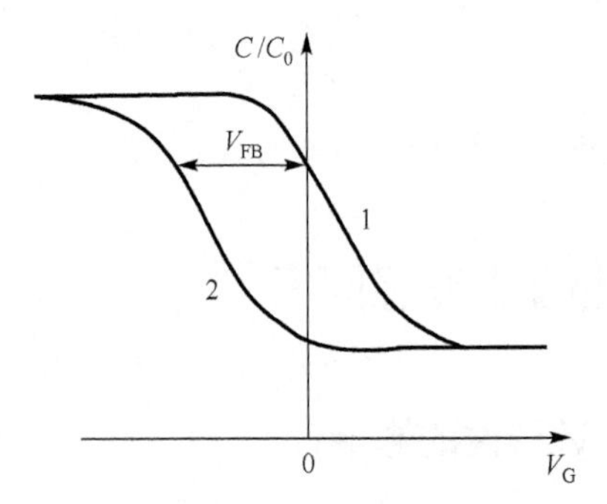

图 8.14　金属-半导体功函数差对 MIS 结构高频 C-V 特性曲线的影响

8.3.2　绝缘层及界面电荷对 MIS 结构 *C-V* 特性的影响

一般在 MIS 结构的绝缘层及界面内或多或少地存在电荷。设绝缘层内有一薄层电荷，其电荷面密度为Q，离金属表面的距离为 x。在无外加电压时，这薄层电荷将分别在金属表面及半导体表面层内感应出相反的电荷Q'和Q''，并产生如图 8.15 所示的电场$\mathcal{E}_1$、$\mathcal{E}_2$和$\mathcal{E}'$。由于表面层内电场$\mathcal{E}'$的存在，半导体表面附近的能带会发生弯曲。也就是说，虽然没有外加电压，但绝缘层内的电荷将在半导体表面层内产生电场，该电场使半导体表面层不再处于平带状态。例如，当Q是正电荷时，若在金属层上加一个适当的负电压，使半导体内的电场为零，这时半导体的能带不再弯曲，这时电场只存在于薄层电荷与金属之间。由电学的高斯定理，可以得到该电场强度为

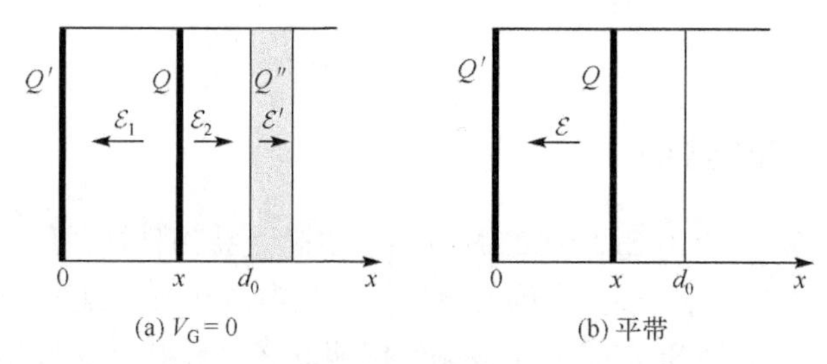

图 8.15　绝缘层内薄层电荷 Q 产生的电场

(a) 无栅压时，电荷层的左右侧绝缘层内及半导体表面层内分别有电场 $\mathcal{E}_1$、$\mathcal{E}_2$ 和 $\mathcal{E}'$；

(b) 加平带电压后电场只存在于薄层电荷与金属之间

$$\mathcal{E}=\frac{Q}{\varepsilon_{\mathrm{i}}} \tag{8-72}$$

把式(8-72)代入方程$V_{\mathrm{FB}}=-\mathcal{E}x$，得

$$V_{\mathrm{FB}}=-\mathcal{E}x=-\frac{xQ}{\varepsilon_{\mathrm{i}}} \tag{8-73}$$

考虑到绝缘层单位面积电容$C_0=\varepsilon_{\mathrm{i}}/d_0$，于是平带电压可以表示为

$$V_{\mathrm{FB}}=-\frac{xQ}{C_0 d_0} \tag{8-74}$$

显然，当薄层电荷贴近半导体时，即$x=d_0$时，平带电压有最大值

$$V_{\mathrm{FB}}=-\frac{Q}{C_0} \tag{8-75}$$

反之，若薄层电荷靠近金属面，则平带电压为零。因此，绝缘层中电荷越接近半导体表面，对结构的影响越大。如果在绝缘层中存在的不是一个薄层电荷，而是某种电荷分布，即电荷为三维分布，则可以用类似方法求解。设坐标原点在金属与绝缘层的交界面处，坐标 x 处的电荷密度为$\rho(x)$，则坐标 x 至 $x+\mathrm{d}x$ 的薄层内电荷面密度为$\rho(x)\mathrm{d}x$。由式(8-74)，为了抵消这一薄层所需要的平带电压为

$$\mathrm{d}V_{\mathrm{FB}}=-\frac{x\rho(x)\mathrm{d}x}{C_0 d_0} \tag{8-76}$$

对式(8-76)积分，就得到抵消整个绝缘层内电荷所需要的平带电压V_{FB}，即

$$V_{FB}=-\frac{1}{C_0 d_0}\int_0^{d_0} x\rho(x)\mathrm{d}x \tag{8-77}$$

从以上讨论可以看到，当MIS结构的绝缘层中存在电荷时，同样可引起C-V曲线的平移。式(8-77)表示绝缘层内电荷与平带电压的关系，从中可以看到，平带电压V_{FB}随绝缘层中电荷的分布的改变而改变。因此，如果绝缘层内存在某种可动离子，它们在绝缘层内移动使电荷分布有某种改变，则平带电压V_{FB}也将随之改变。

当同时存在功函数差、绝缘层内电荷体密度$\rho(x)$及绝缘层与半导体界面电荷面密度Q'时，总的平带电压为

$$V_{FB}=\frac{W_m-W_s}{e}-\frac{Q'}{C_0}-\frac{1}{C_0 d_0}\int_0^{d_0} x\rho(x)\mathrm{d}x \tag{8-78}$$

8.3.3　多晶硅栅 MOS 结构

在许多情况下，金属-SiO_2-Si构成的MOS结构中，金属栅材料可以用重掺杂的多晶硅材料替代。除了工艺方面的优点，多晶硅栅的重要优点是多晶硅的功函数可以由掺杂浓度适当调节。图8.16分别给出了p型Si衬底上n^+多晶硅栅和p^+多晶硅栅形成的MOS结构在零栅压时的能带图。在重掺杂的多晶硅中，通常假设n^+多晶硅的$E_F=E_c$，而p^+多晶硅的$E_F=E_v$。

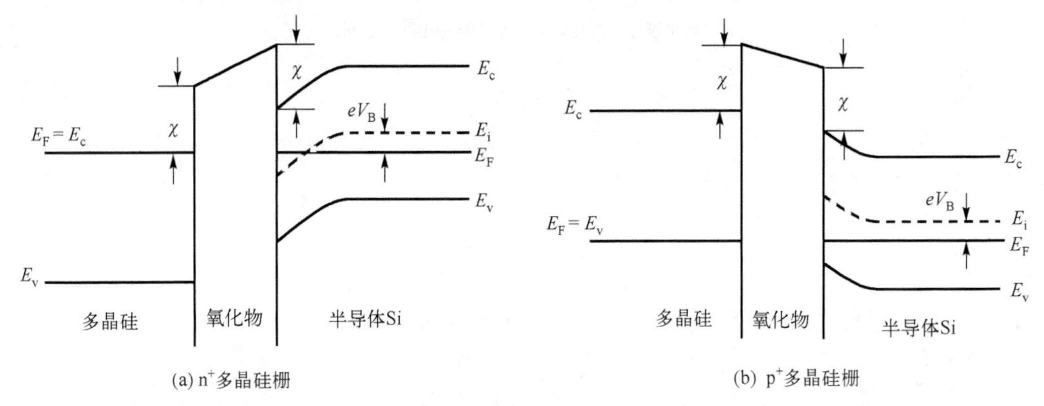

图8.16　p型Si衬底上n^+多晶硅栅和p^+多晶硅栅形成的MOS结构在零栅压时的能带图

由多晶硅和Si半导体的费米能级位置，利用(8-69)可以得到不同情况下多晶硅与费米能级之间的功函数差。

对n^+多晶硅-p型Si半导体的功函数差为

$$eV_{ms}=\left[\left(\chi+\frac{E_g}{2}+eV_B\right)-\chi\right]=\frac{E_g}{2}+eV_B \tag{8-79}$$

对p^+多晶硅-p型Si半导体的功函数差为

$$eV_{ms}=\left[\left(\chi+\frac{E_g}{2}+eV_B\right)-\left(\chi+E_g\right)\right]=-\frac{E_g}{2}+eV_B \tag{8-80}$$

对p^+多晶硅-n型Si半导体的功函数差为

$$eV_{\mathrm{ms}}=\left[\left(\chi+\frac{E_{\mathrm{g}}}{2}-eV_{\mathrm{B}}\right)-\left(\chi+E_{\mathrm{g}}\right)\right]=-\left(\frac{E_{\mathrm{g}}}{2}+eV_{\mathrm{B}}\right) \tag{8-81}$$

对 n^+多晶硅-n 型 Si 半导体的功函数差为

$$eV_{\mathrm{ms}}=\left[\left(\chi+\frac{E_{\mathrm{g}}}{2}-eV_{\mathrm{B}}\right)-\chi\right]=\left(\frac{E_{\mathrm{g}}}{2}-eV_{\mathrm{B}}\right) \tag{8-82}$$

以上 4 个方程中 eV_{B} 是 n 型或 p 型 Si 中费米能级 E_{F} 与本征费米能级 E_{i} 之间的间距，两者都取正值。

对于重掺杂的简并 n^+多晶硅和 p^+多晶硅，实际的费米能级各自在 E_{c} 之上或 E_{v} 之下 0.1～0.2eV。V_{ms} 的实验值与通过式(8-79)～式(8-82)计算出的值之间的差别很小。

习　题

1．对理想 MIS 结构，Si 中受主浓度为 $2\times10^{16}\mathrm{cm}^{-3}$，室温下 Si 的本征载流子浓度为 $1.5\times10^{10}\mathrm{cm}^{-3}$。计算该结构在室温下的耗尽层宽度的极大值。

2．对掺杂浓度为 $5\times10^{16}\mathrm{cm}^{-3}$ 的 n 型 Si 构成的理想 MIS 结构，室温下 Si 的本征载流子浓度为 $1.5\times10^{10}\mathrm{cm}^{-3}$。试计算当表面势为–0.24V 时室温下的耗尽层宽度。

3．对掺杂浓度为 $6\times10^{16}\mathrm{cm}^{-3}$ 的 n 型 Si 和 80nm 厚的二氧化硅构成的理想 MIS 结构，试计算其室温下的平带电容 C_{FB}/C_0。已知二氧化硅的相对介电常数为 3.9。

4．导出理想 MIS 结构的开启电压与温度的关系。

5．对第 3 题中的 MIS 结构，其绝缘层修改为 30nm 的二氧化硅和 30nm 的氮化硅的复合薄膜，计算其室温下的平带电容 C_{FB}/C_0。已知氮化硅的相对介电常数为 7.5，二氧化硅的相对介电常数为 3.9。

6．假定室温下某金属与二氧化硅及 p 型 Si 构成理想 MIS 结构，Si 中的受主掺杂浓度为 $4\times10^{15}\mathrm{cm}^{-3}$，二氧化硅层厚度为 60nm。已知室温下 Si 的本征载流子浓度为 $1.5\times10^{10}\mathrm{cm}^{-3}$。

(1) 理想条件下的开启电压 V_{T}；

(2) 若二氧化硅与 Si 的界面处存在固定电荷，实验测得的开启电压为 $V_{\mathrm{T}}=-3.0\,\mathrm{V}$，试计算固定电荷密度。

7．由 Si、二氧化硅和金属构成的 MIS 结构，二氧化硅层内存在固定电荷，电荷总数为 $2\times10^{12}\mathrm{cm}^{-2}$，二氧化硅层厚度为 50nm，相对介电常数为 3.9，室温下 Si 的本征载流子浓度为 $1.5\times10^{10}\mathrm{cm}^{-3}$。试就下列三种情况分别计算其平带电压。

(1) 氧化层内电荷均匀分布；

(2) 电荷密度随位置 x 线性变化，金属附近高，Si 附近为 0；

(3) 电荷密度随位置 x 线性变化，Si 附近高，金属附近为 0。

8．MIS 结构中的金属层可以用重掺杂的多晶 Si 层替代，其费米能级一般取其带边位置。一个在 p 衬底上形成的 MIS 结构，衬底掺杂浓度为 $2\times10^{16}\mathrm{cm}^{-3}$，室温下 Si 的本征载流子浓度为 $1.5\times10^{10}\mathrm{cm}^{-3}$。二氧化硅层厚度为 40nm，二氧化硅的相对介电常数为 3.9，其栅极为 n^+ 多晶 Si，另外在二氧化硅与 Si 的界面处存在固定电荷，密度为 $10^{11}\mathrm{cm}^{-2}$。试计算该结构的平带电压。

微课

第 9 章　半导体异质结与低维结构

第 6 章讨论的 pn 结由导电类型相反的同种半导体材料构成，即同质 pn 结。由两种不同的半导体单晶材料组成的结构称为异质结。异质结的出现为调控半导体内部载流子的运动提供了新的方法，并由此引发了相关半导体器件的革命性突破。另外，随着半导体制备工艺的不断进步，从 20 世纪 70 年代开始，低维半导体逐渐进入人们的研究视野。在低维半导体结构中，人们能够在一维、二维甚至三维方向分别实现对载流子运动的量子限制，量子阱、量子线、量子点等概念相继出现，从根本上改变了半导体的原有性质，为各种新型的微电子和光电子器件的研究奠定了物理基础。

本章主要讨论半导体异质结的能带与伏安特性[3, 32]，低维半导体，特别是半导体量子阱的概念和性质，并简单介绍它们在器件领域的应用。

9.1　理想突变结的能带图

9.1.1　半导体能带的相对位置

按照半导体能带相对于真空能级的位置，可以把不同半导体之间的接触分为三种类型，即Ⅰ型、Ⅱ型和Ⅲ型。

对Ⅰ型半导体接触，窄禁带半导体的导带底低于宽禁带半导体的导带底，窄禁带半导体的价带顶高于宽禁带半导体的价带顶，如图 9.1(a)所示。这是一种最常见也是研究最充分的接触类型，如 GaAs 和 AlGaAs 半导体接触。

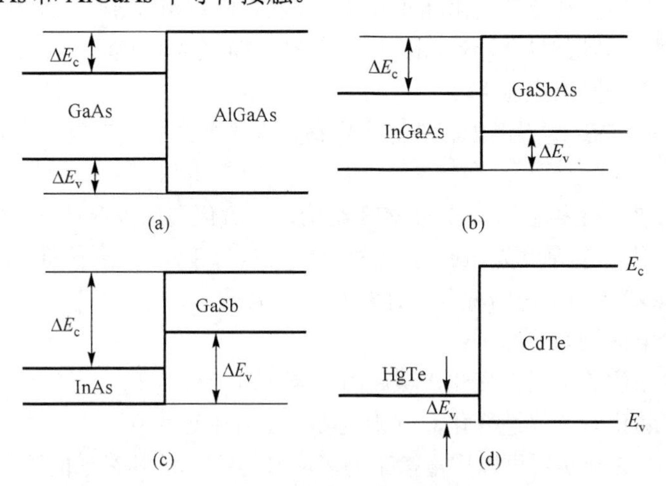

图 9.1　不同半导体接触时的能带相对位置

对Ⅱ型半导体接触，一种半导体的导带底位于另一半导体的禁带中间，而其价带顶则低于另一半导体的价带顶，如图 9.1(b)所示。InGaAs 和 GaSbAs 接触就是这种类型。

对Ⅲ型半导体接触，其中一种半导体的禁带完全在另一种半导体的禁带之下，两者没有任何交叠，如图9.1(c)所示。InAs和GaSb接触就是这种类型。

此外还有一种特别的异质结构，即其中一种为负能隙的半金属材料，如HgTe，由此形成如图9.1(d)所示的特别异质结构。

以上四种接触类型有完全不同的性质，本章基本只讨论Ⅰ型接触。图9.1只考虑了异质材料能带的位置，没有考虑两者接触时形成的电场导致的能带变化。

对上述Ⅰ型半导体接触，根据两种半导体材料的导电类型，可以把异质结分成以下两类。

1. 异型异质结

异型异质结是指由导电类型相反的两种不同半导体单晶材料所形成的异质结，例如由p型GaAs与n型AlGaAs所形成的结即为异型异质结，并记为p-n GaAs-AlGaAs，其中按习惯把禁带宽度较小的半导体材料写在前面。如果由n型 GaAs与p型AlGaAs构成，则记为n-p GaAs-AlGaAs。这实际上代表了异型异质结的两种类型，即p-n型和n-p型。

2. 同型异质结

同型异质结是指由导电类型系统的两种半导体材料所形成的异质结。按照导电类型，显然可以分为n-n和p-p两类，例如n-n GaAs-AlGaAs或p-p GaAs-AlGaAs。

9.1.2 异型异质结-Anderson模型

设两种半导体的电子亲和能分别为χ_1和χ_2。当两者组成异质结时，它们导带底的能量差应该是

$$\Delta E_c = \chi_1 - \chi_2 \tag{9-1}$$

这就是所谓的Anderson定则，ΔE_c为导带突变。相应地，价带顶的能量差为

$$\Delta E_v = \Delta E_g - \Delta E_c = E_{g2} - E_{g1} - (\chi_1 - \chi_2) \tag{9-2}$$

图9.2和图9.3分别为p-n型和n-p型异型异质结结合前和结合后的能带图。

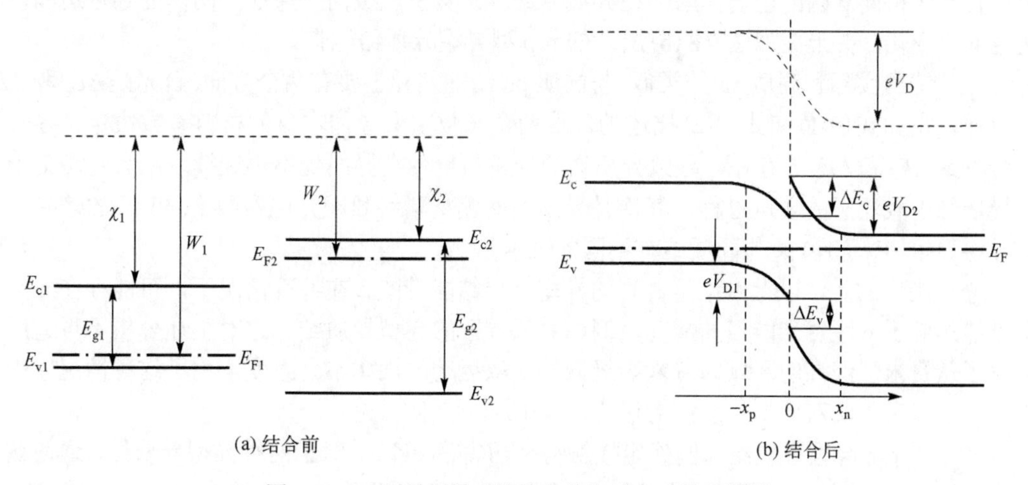

(a) 结合前　(b) 结合后

图9.2　p-n型异型异质结结合前和结合后的能带图

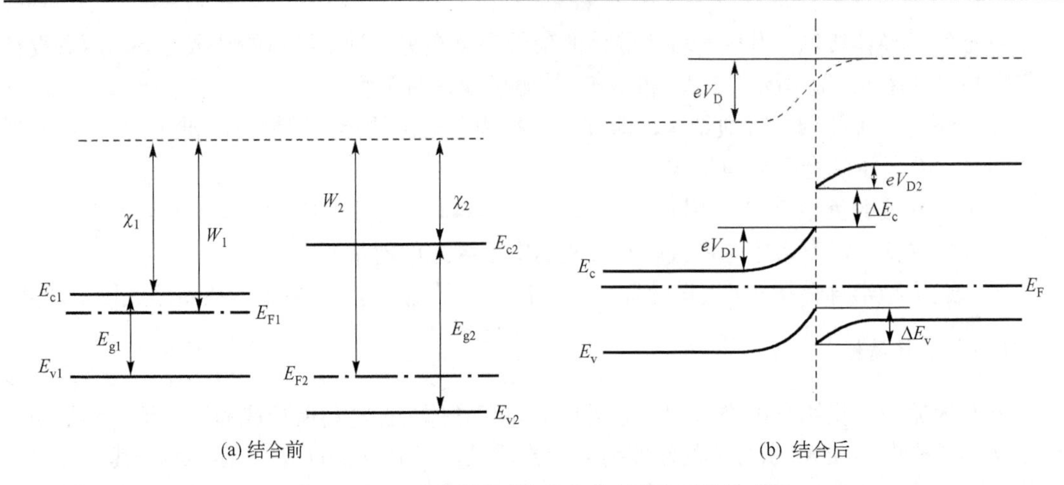

图 9.3 n-p 型异型异质结结合前和结合后的能带图

当两种导电类型相反的半导体紧密接触形成异质结时，由于两者的费米能级不同，电子将从费米能级高的位置流向费米能级低的位置，同时空穴向电子流相反的方向流动，分别在 n 区留下不可移动的正施主离子，在 p 区留下负受主离子，正负离子之间产生从 n 区指向 p 区的电场，由此在结区形成电势差，最终使两者的费米能级相等，异质结处于热平衡状态。

在图 9.2 和图 9.3 中，由于两者接触时界面附近的电场，其真空能级在界面附近有 eV_D 的变化，该电势能的变化在两种材料中分别为 eV_{D1} 和 eV_{D2}。

对图 9.2(a) 所示的 p-n 型异型异质结，电场导致的真空能级在结区的变化 eV_D 满足

$$eV_D = E_{F2} - E_{F1} \tag{9-3}$$

由于自 n 区指向 p 区的电场作用，在异质结结区，真空能级向下弯曲，两侧的导带边和价带边则和真空能级同步变化，并形成如图 9.2(b) 所示的 p-n 型异型异质结能带。

对图 9.3(a) 所示的 n-p 型异型异质结，电场导致的真空能级在结区的变化 eV_D 满足

$$eV_D = E_{F1} - E_{F2} \tag{9-4}$$

由于自 n 区指向 p 区的电场作用，在异质结结区，真空能级向上弯曲，两侧的导带边和价带边也同步变化，并形成如图 9.3(b) 所示的 n-p 型异型异质结能带。

上述情况实际和同质 pn 结类似。与同质 pn 结的差异主要有两个方面。首先是 ΔE_c 和 ΔE_v 的存在，正如式(9-1)和式(9-2)描述的，这两个参数由半导体本身的材料参数决定。导带与价带阶跃 ΔE_c 和 ΔE_v 的存在，导致异质结的导带与价带在界面处不再连续，两者将深刻地影响异质结中载流子的输运过程。其次是异质结两侧材料参数即介电常数 ε_{s1} 和 ε_{s2} 的差异，该差异将导致 eV_{D1} 和 eV_{D2} 与同质结有不同的表示。

需要指出的是，以上讨论是典型的异型异质结能带图。在特殊情况下，可能存在 n 区的费米能级低于 p 区费米能级的情况，例如对近本征的异型异质结。这时上述分析不再适用，但电子从费米能级高的区域向费米能级低的区域运动的规律不会改变。由于这种情况较少出现，可以参考下文对同型异质结的讨论，本书不再具体讨论。

本节以 p-n 异型异质结为例确定接触势垒 eV_{D1} 和 eV_{D2}。对于两种异型异质结，通常认为界面附近是完全耗尽的。假设 p 型和 n 型半导体内的杂质是均匀分布的，其浓度分别为 N_{A1} 和 N_{D2}。正负空间电荷区的宽度分别为 x_n 和 x_p，两者的界面位于 $x=0$ 处。按照耗尽层假设，

界面两侧的电荷密度分别为

$$\begin{cases}\rho(x)=-eN_{\mathrm{A1}}, & -x_{\mathrm{p}}<x<0\\ \rho(x)=eN_{\mathrm{D2}}, & 0<x<x_{\mathrm{n}}\end{cases} \tag{9-5}$$

整个空间电荷区的总电荷为 0，所以 $eN_{\mathrm{A1}}x_{\mathrm{p}}=eN_{\mathrm{D2}}x_{\mathrm{n}}=Q$，即

$$\frac{x_{\mathrm{p}}}{x_{\mathrm{n}}}=\frac{N_{\mathrm{D2}}}{N_{\mathrm{A1}}} \tag{9-6}$$

总的空间电荷区宽度 $X_{\mathrm{D}}=x_{\mathrm{p}}+x_{\mathrm{n}}$，由此得

$$\begin{cases}x_{\mathrm{p}}=\dfrac{N_{\mathrm{D2}}}{N_{\mathrm{A1}}+N_{\mathrm{D2}}}X_{\mathrm{D}}\\ x_{\mathrm{n}}=\dfrac{N_{\mathrm{A1}}}{N_{\mathrm{A1}}+N_{\mathrm{D2}}}X_{\mathrm{D}}\end{cases} \tag{9-7}$$

空间电荷区内电场分布由泊松方程表示，考虑到式(9.5)表示的电荷分布，泊松方程具体为

$$\begin{cases}\dfrac{\mathrm{d}^2V_1(x)}{\mathrm{d}x^2}=\dfrac{eN_{\mathrm{A1}}}{\varepsilon_{\mathrm{s1}}}, & -x_{\mathrm{p}}<x<0\\ \dfrac{\mathrm{d}^2V_2(x)}{\mathrm{d}x^2}=-\dfrac{eN_{\mathrm{D2}}}{\varepsilon_{\mathrm{s2}}}, & 0<x<x_{\mathrm{n}}\end{cases} \tag{9-8}$$

其中，$V_1(x)$、$V_2(x)$ 分别为 p 型、n 型空间电荷区内的电势；$\varepsilon_{\mathrm{s1}}$ 和 $\varepsilon_{\mathrm{s2}}$ 分别为 p 型和 n 型半导体的介电常数。将式(9-8)积分一次得

$$\begin{cases}\dfrac{\mathrm{d}V_1(x)}{\mathrm{d}x}=\dfrac{eN_{\mathrm{A1}}}{\varepsilon_{\mathrm{s1}}}x+C_1, & -x_{\mathrm{p}}<x<0\\ \dfrac{\mathrm{d}V_2(x)}{\mathrm{d}x}=-\dfrac{eN_{\mathrm{D2}}}{\varepsilon_{\mathrm{s2}}}x+C_2, & 0<x<x_{\mathrm{n}}\end{cases} \tag{9-9}$$

其中，C_1、C_2 是积分常数，由边界条件确定。因为势垒区外是电中性的，电场只存在于势垒区内，所以边界条件可以表示为

$$\begin{cases}\mathcal{E}(-x_{\mathrm{p}})=-\left.\dfrac{\mathrm{d}V_1(x)}{\mathrm{d}x}\right|_{x=-x_{\mathrm{p}}}=0\\ \mathcal{E}(x_{\mathrm{n}})=-\left.\dfrac{\mathrm{d}V_2(x)}{\mathrm{d}x}\right|_{x=x_{\mathrm{n}}}=0\end{cases} \tag{9-10}$$

把式(9-10)代入式(9-9)得

$$C_1=-\frac{eN_{\mathrm{A1}}x_{\mathrm{p}}}{\varepsilon_{\mathrm{s1}}},\quad C_2=\frac{eN_{\mathrm{D2}}x_{\mathrm{n}}}{\varepsilon_{\mathrm{s2}}} \tag{9-11}$$

由此得空间电荷区内的电场分布为

$$\begin{cases}\mathcal{E}_1(x)=-\dfrac{\mathrm{d}V_1(x)}{\mathrm{d}x}=-\dfrac{eN_{\mathrm{A1}}}{\varepsilon_{\mathrm{s1}}}(x+x_{\mathrm{p}}), & -x_{\mathrm{p}}<x<0\\ \mathcal{E}_2(x)=-\dfrac{\mathrm{d}V_2(x)}{\mathrm{d}x}=\dfrac{eN_{\mathrm{D2}}}{\varepsilon_{\mathrm{s2}}}(x-x_{\mathrm{n}}), & 0<x<x_{\mathrm{n}}\end{cases} \tag{9-12}$$

可以看出，在平衡突变结中，电场强度是位置 x 的线性函数，电场方向沿 x 的负方向，从 n 区指向 p 区。在 x=0 处，由于两种半导体介电常数 ε_{s1} 和 ε_{s2} 的差别，电场并不连续，但两者的电位移矢量 $D=-eN_{A1}x_p=-eN_{D2}x_n$ 是连续的。

对式(9-12)积分，可以得到空间电荷区各点的电势分布：

$$\begin{cases} V_1(x)=\dfrac{eN_{A1}}{2\varepsilon_{s1}}x^2+\dfrac{eN_{A1}x_p}{\varepsilon_{s1}}x+D_1, & -x_p<x<0 \\ V_2(x)=-\dfrac{eN_{D2}}{2\varepsilon_{s2}}x^2+\dfrac{eN_{D2}x_n}{\varepsilon_{s2}}x+D_2, & 0<x<x_n \end{cases} \tag{9-13}$$

其中，D_1、D_2 为积分常数，由边界条件确定。按图 9.2 的规则，设 p 型中性区的电势为 0，则热平衡条件下边界条件为

$$V_1(-x_p)=0,\quad V_2(x_n)=V_D \tag{9-14}$$

由此得积分常数

$$D_1=\frac{eN_{A1}x_p^2}{2\varepsilon_{s1}},\quad D_2=V_D-\frac{eN_{D2}x_n^2}{2\varepsilon_{s2}} \tag{9-15}$$

在 x=0 处，即界面位置，电势是连续的，所以 $D_1=D_2$。把上述关系代入式(9-13)得

$$\begin{cases} V_1(x)=\dfrac{eN_{A1}(x^2+x_p^2)}{2\varepsilon_{s1}}+\dfrac{eN_{A1}xx_p}{\varepsilon_{s1}}=\dfrac{eN_{A1}}{2\varepsilon_{s1}}(x+x_p)^2, & -x_p<x<0 \\ V_2(x)=V_D-\dfrac{eN_{D2}(x^2+x_n^2)}{2\varepsilon_{s2}}+\dfrac{eN_{D2}xx_n}{\varepsilon_{s2}}=V_D-\dfrac{eN_{D2}}{2\varepsilon_{s2}}(x-x_n)^2, & 0<x<x_n \end{cases} \tag{9-16}$$

由式(9-16)，空间电荷区左侧的电势差为

$$V_{D1}=\frac{eN_{A1}x_p^2}{2\varepsilon_{s1}} \tag{9-17}$$

空间电荷区右侧的电势差为

$$V_{D2}=\frac{eN_{D2}x_n^2}{2\varepsilon_{s2}} \tag{9-18}$$

由式(9-17)、式(9-18)及式(9-7)，总电势差 V_D 为

$$V_D=V_{D1}+V_{D2}=\frac{eN_{A1}N_{D2}(\varepsilon_{s1}N_{A1}+\varepsilon_{s2}N_{D2})}{2\varepsilon_{s1}\varepsilon_{s2}}\cdot\frac{X_D^2}{(N_{A1}+N_{D2})^2} \tag{9-19}$$

所以势垒区宽度 X_D 为

$$X_D=\left[\frac{2\varepsilon_{s1}\varepsilon_{s2}V_D}{eN_{A1}N_{D2}(\varepsilon_{s1}N_{A1}+\varepsilon_{s2}N_{D2})}\right]^{1/2}\cdot(N_{A1}+N_{D2}) \tag{9-20}$$

由式(9-7)得两侧的势垒区宽度分别为

$$\begin{cases} x_p=\left[\dfrac{2\varepsilon_{s1}\varepsilon_{s2}N_{D2}V_D}{eN_{A1}(\varepsilon_{s1}N_{A1}+\varepsilon_{s2}N_{D2})}\right]^{1/2} \\ x_n=\left[\dfrac{2\varepsilon_{s1}\varepsilon_{s2}N_{A1}V_D}{eN_{D2}(\varepsilon_{s1}N_{A1}+\varepsilon_{s2}N_{D2})}\right]^{1/2} \end{cases} \tag{9-21}$$

代入式(9-17)和式(9-18)，可以得到

$$\begin{cases} V_{D1} = \dfrac{\varepsilon_{s2} N_{D2} V_D}{\varepsilon_{s1} N_{A1} + \varepsilon_{s2} N_{D2}} \\ V_{D2} = \dfrac{\varepsilon_{s1} N_{A1} V_D}{\varepsilon_{s1} N_{A1} + \varepsilon_{s2} N_{D2}} \end{cases} \tag{9-22}$$

V_{D1}与V_{D2}之比为

$$\frac{V_{D1}}{V_{D2}} = \frac{\varepsilon_{s2} N_{D2}}{\varepsilon_{s1} N_{A1}} \tag{9-23}$$

以上为没有外加电压的结果，如果有外加电压，则界面两侧的电势差由V_D变为$V_D - V$，上述公式也应做相应的修正。式(9-21)可以表示为

$$\begin{cases} x_p = \left[\dfrac{2\varepsilon_{s1}\varepsilon_{s2} N_{D2}(V_D - V)}{eN_{A1}(\varepsilon_{s1} N_{A1} + \varepsilon_{s2} N_{D2})} \right]^{1/2} \\ x_n = \left[\dfrac{2\varepsilon_{s1}\varepsilon_{s2} N_{A1}(V_D - V)}{eN_{D2}(\varepsilon_{s1} N_{A1} + \varepsilon_{s2} N_{D2})} \right]^{1/2} \end{cases} \tag{9-24}$$

势垒区电荷面密度为

$$Q = eN_{A1} x_p = eN_{D2} x_n = \left[\frac{2\varepsilon_{s1}\varepsilon_{s2} eN_{A1} N_{D2}(V_D - V)}{\varepsilon_{s1} N_{A1} + \varepsilon_{s2} N_{D2}} \right]^{1/2} \tag{9-25}$$

由此得微分电容面密度为

$$C = \left| \frac{\mathrm{d}Q}{\mathrm{d}V} \right| = \left[\frac{\varepsilon_{s1}\varepsilon_{s2} eN_{A1} N_{D2}}{2(\varepsilon_{s1} N_{A1} + \varepsilon_{s2} N_{D2})(V_D - V)} \right]^{1/2} \tag{9-26}$$

由式(9-26)可以得到

$$\frac{1}{C^2} = \frac{2(\varepsilon_{s1} N_{A1} + \varepsilon_{s2} N_{D2})(V_D - V)}{\varepsilon_{s1}\varepsilon_{s2} eN_{A1} N_{D2}} \tag{9-27}$$

上述结果与同质 pn 结的结果类似，该结果也只在反偏条件下成立。

以上的讨论几乎与同质结相同，唯一的差别是两侧的介电常数不同。从图 9.2 和图 9.3 可以得知，异型异质结能带图与同质 pn 结最大的差别是前者在界面处存在能带的突变ΔE_c和ΔE_v。由式(9-22)得到了界面两侧的电势差V_{D1}和V_{D2}，该电势差及能带的突变值ΔE_c直接决定了异质结能带的差异。对图 9.2 所示的 p-n 型异型异质结，如果$\Delta E_c > eV_{D1}$，则界面处的“尖峰”将高于左侧能带的导带底，尖峰对载流子有较大的限制作用；如果$\Delta E_c < eV_{D1}$，则界面处的“尖峰”将低于左侧能带的导带底，尖峰对载流子的限制作用明显不足。由式(9-22)，电势差V_{D1}和V_{D2}与两侧的掺杂浓度有直接的关系，因此不同掺杂情况的异质结性质有较大的差异。

上述讨论就是 Anderson 模型的结果，对异型异质结符合得较好。

9.1.3　同型异质结

两种导电类型相同的不同半导体材料组成的异质结称为同型异质结，有 n-n 和 p-p 两种。

处理同型异质结的能带图比处理异型异质结困难。在异型异质结中界面两边都可以用耗尽层近似，用数学处理方法比较简单。在同型异质结中，界面处的物理机制和异型异质结是一致的：电子从费米能级高的一侧向低的一侧运动，但由此导致的结果和异型异质结则不同。下面以 n-n 型同型异质结为例说明。如图 9.4 所示，在宽带半导体一侧，由于失去电子，在界面附近形成耗尽层，其处理方式和前述方法类似。在窄带半导体一侧，由于得到电子，在界面附近形成电子的积累层，原来的处理方式显然不再适用。但如果认为在 n-n 同型异质结界面附近下列假设成立，则也可以用泊松方法求解，并得到同型异质结的主要特征。通常的假设是：①杂质完全电离；②少数载流子(空穴)对空间电荷的贡献可以忽略；③电子分布可以用玻尔兹曼分布近似。在这些条件下，可以得到界面附近的电场、电势分布，但得到的接触电势差满足的是超越函数，没有解析解，所以本书不再给出，感兴趣的读者可以参阅有关文献。

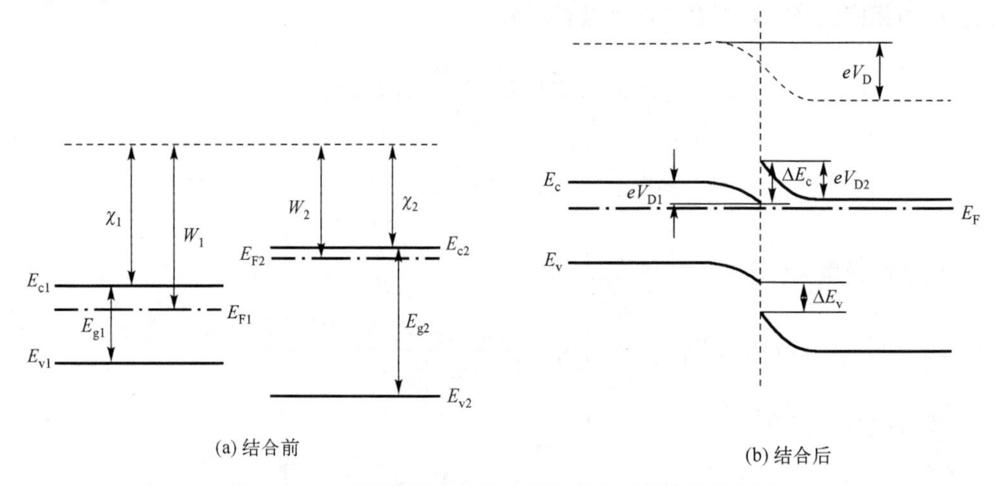

(a) 结合前　　(b) 结合后

图 9.4　n-n 型同型异质结结合前和结合后的能带示意图

另外需要指出的是，上述假设可能并不一定满足。由图 9.4 可以看到，由于界面区域内电场的作用，左侧窄带半导体的能带向下弯曲，使界面附近的电子不一定满足非简并条件。

图 9.5 给出了 p-p 型同型异质结的能带示意图。界面附近的能带变化情况也是由于界面附近的电场导致的，处理方法和 n-n 型同型异质结类似，具体情况本书不再讨论。

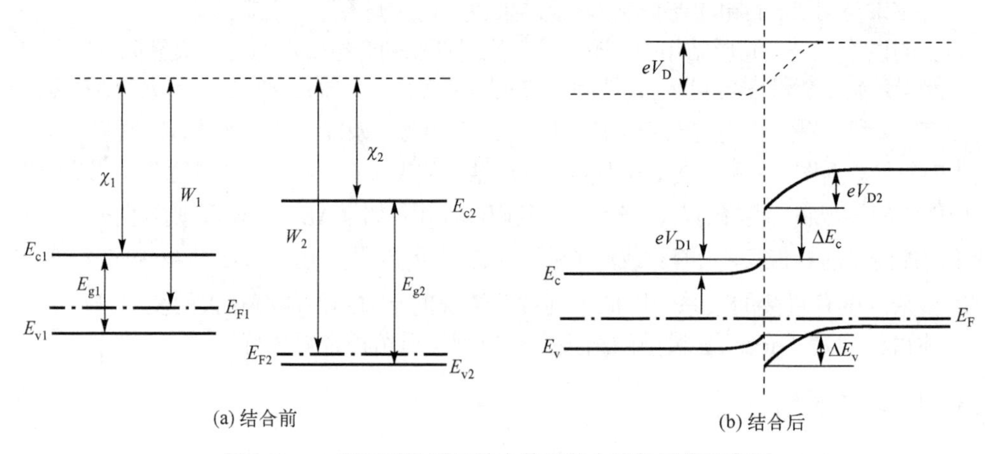

(a) 结合前　　(b) 结合后

图 9.5　p-p 型同型异质结结合前和结合后的能带示意图

9.1.4　Anderson 定则及有关争议

突变异质结界面上的能带突变 ΔE_c 和 ΔE_v 是影响异质结性质的重要参数，它对异质结器件的设计和异质材料的选择都有决定性的作用。本节前文所采用的 Anderson 定则的出发点是两个半导体内的电子能量都和一个共同的参考能量(真空能级)来比较，也就是说形成异质结时静电势在界面是连续的。这个定则在表面上看起来很合理，自 1960 年提出以来到现在一直被广泛地采用。但是，在异质结中电子是直接由一侧转移到另一侧，并不经过真空，并且以真空中的电子能级为参考的电子亲和能也会受到表面态的影响。在异质结物理和异质结器件设计上，要求 ΔE_c 和 ΔE_v 最好精确到 k_BT 的量级(室温下为 0.026eV)，至少也要精确到 0.1eV 以下。但是，电子亲和能 χ 是一个较大的能量，通常在 4～5eV，而 ΔE_c 和 ΔE_v 是两个数值相近的大能量值之差。在电子亲和能 χ 测量上的很小误差将在 ΔE_c 和 ΔE_v 值上产生很大的偏差。1975 年 Kroemer 首先对这一定则的正确性提出了异议，认为应该从原子在界面上排列出发，用量子力学方法直接计算出两边能带的相对偏移。在以后的十年内有许多人用各种模型和近似方法对能带带阶问题进行了理论计算。从微观理论的计算结果发现，不同模型的差异比较大，和实验的差异也很大。

1984 年，Tersoff 在研究半导体的肖特基结特性的基础上，提出了一个新的模型：界面偶极子极小的原则。它的中心思想是：任何一个半导体形成肖特基结时，在界面上或者靠近界面的地方在禁带中都有一些态，这些态是由价带和导带延伸出来的，为了达到局部电中性的要求，电子应尽可能占有类价带的态，而导带则空着。这就要求费米能级 E_F 落在价带和导带的延伸态相遇的位置 E_B。等效禁带中心 E_B 的位置完全可由体能带直接计算出来，不需要调节任何其他参数。E_B 大致落在禁带中心附近。当两种半导体形成异质结时，因为能带的断续引起电荷在界面两侧的转移，在一侧出现正电荷，在另一侧出现负电荷而形成偶极子。Tersoff 的定则是：形成异质结时能带之间的相对偏移应使偶极子最小(或为 0)，也就是说 E_B 能级应该对齐。表 9.1 列出了计算得到的室温下几种重要半导体材料的 E_B 值(以价带顶为参考值)和由它的理论计算得到的若干异质结对的价带带阶 ΔE_v 值。表 9.1 中异质结对的数据，有些和实验符合较好，有的相差很大。因此，现在很难说 Tersoff 定则是否正确，但至少它将和 Anderson 定则一样作为初步了解异质结的有用工具。

表 9.1　室温下几种重要半导体材料的 E_B 值和异质结对的 ΔE_v 值

半导体材料	Si	Ge	AlAs	GaAs	InAs	GaSb	GaP	InP
E_B /eV	0.36	0.18	1.05	0.70	0.50	0.70	0.81	0.76

异质结对	AlAs/GaAs	InAs/GaSb	GaAs/InAs	Si/Ge	GaAs/Ge
ΔE_v /eV	0.35	0.43	0.20	0.18	0.52

9.2　有界面态的突变异质结能带图

异质结界面的晶格失配或其他缺陷将产生界面态。界面态一般可分为两种类型：一种是类施主型，电离后带正电；另一种是类受主型，电离后带负电。界面态对能带图的影响与界面态密度的大小和界面态的性质有关。下面分三种情况进行讨论[32,33]。

9.2.1　界面态密度较小

在界面态密度较小时，施主型或受主型界面态都不影响异质结能带图的基本形状，下面以 p-n 型异质结为例进行讨论。设界面态只存在于界面处无限薄的区域之内，界面处无偶极层，窄带侧的空间电荷面密度为Q_1，宽带侧的空间电荷面密度为Q_2，界面态电荷面密度为Q_{Is}。异质结的外加电压为 V，异质结的接触电势差为V_{D}。

界面两侧空间电荷区满足耗尽层近似，所以

$$Q_1 = -(2e\varepsilon_{\text{s1}}N_{\text{A1}}V_{\text{D1}})^{1/2} \tag{9-28}$$

$$Q_2 = (2e\varepsilon_{\text{s2}}N_{\text{D2}}V_{\text{D2}})^{1/2} \tag{9-29}$$

其中，V_{D1}和V_{D2}分别为 p 型区和 n 型区的电势差。有外加偏压后满足

$$V_{\text{D1}} + V_{\text{D2}} = V_{\text{D}} - V \tag{9-30}$$

空间电荷区和界面态的总电荷为零，即

$$Q_1 + Q_2 + Q_{\text{Is}} = 0 \tag{9-31}$$

由式(9-28)～式(9-31)可以得到

$$Q_1 = -\frac{\varepsilon_{\text{s1}}N_{\text{A1}}Q_{\text{Is}}}{\varepsilon_{\text{s1}}N_{\text{A1}} + \varepsilon_{\text{s2}}N_{\text{D2}}} - 2B_1(V_{\text{D}} - V - B_2Q_{\text{Is}}^2)^{1/2} \tag{9-32}$$

$$Q_2 = -\frac{\varepsilon_{\text{s2}}N_{\text{D2}}Q_{\text{Is}}}{\varepsilon_{\text{s1}}N_{\text{A1}} + \varepsilon_{\text{s2}}N_{\text{D2}}} + 2B_1(V_{\text{D}} - V - B_2Q_{\text{Is}}^2)^{1/2} \tag{9-33}$$

其中

$$B_1 = \left[\frac{e\varepsilon_{\text{s1}}\varepsilon_{\text{s2}}N_{\text{A1}}N_{\text{D2}}}{2(\varepsilon_{\text{s1}}N_{\text{A1}} + \varepsilon_{\text{s2}}N_{\text{D2}})}\right]^{1/2} \tag{9-34}$$

$$B_2 = \frac{1}{2e(\varepsilon_{\text{s1}}N_{\text{A1}} + \varepsilon_{\text{s2}}N_{\text{D2}})} \tag{9-35}$$

异质结的电容面密度为

$$C = \left|\frac{\mathrm{d}Q_2}{\mathrm{d}V}\right| = B_1(V_{\text{D}} - V - B_2Q_{\text{Is}}^2)^{-1/2}\left[1 + f(V)\frac{\mathrm{d}Q_{\text{Is}}}{\mathrm{d}V}\right] \tag{9-36}$$

其中

$$f(V) = \frac{Q_{\text{Is}}}{e(\varepsilon_{\text{s1}}N_{\text{A1}} + \varepsilon_{\text{s2}}N_{\text{D2}})} + \left(\frac{\varepsilon_{\text{s2}}N_{\text{D2}}}{\varepsilon_{\text{s1}}N_{\text{A1}}}\right)^{1/2}\left[\frac{2}{e(\varepsilon_{\text{s1}}N_{\text{A1}} + \varepsilon_{\text{s2}}N_{\text{D2}})}\right]^{1/2}(V_{\text{D}} - V - B_2Q_{\text{Is}}^2)^{1/2} \tag{9-37}$$

式(9-36)表明，界面电荷经两个途径影响异质结的电容，首先是界面态电荷本身的影响，其次是外加电压变化使界面态电荷随外加电压的变化，即电压变化时的界面态的充放电过程$\mathrm{d}Q_{\text{Is}}/\mathrm{d}V$。

9.2.2　界面态密度较大

当界面态密度较大时，界面态上的电荷虽然还不能影响到两边能带弯曲的方向，但已能

显著地改变某一边电荷区的厚度和势垒的高度。界面态的电离状态将改变异质结中载流子的电流输运过程。

9.2.3　界面态密度很大

能带弯曲的方向受界面电荷影响显著。如果界面存在着大量的类受主态，它们电离后带负电荷，异质结两侧的空间电荷区存在指向界面方向的电场，异质结的能带图如图 9.6 所示。如果界面存在着大量的类施主态，它们电离后带正电荷，异质结两侧的空间电荷区存在离开界面方向的电场，异质结的能带图如图 9.7 所示。

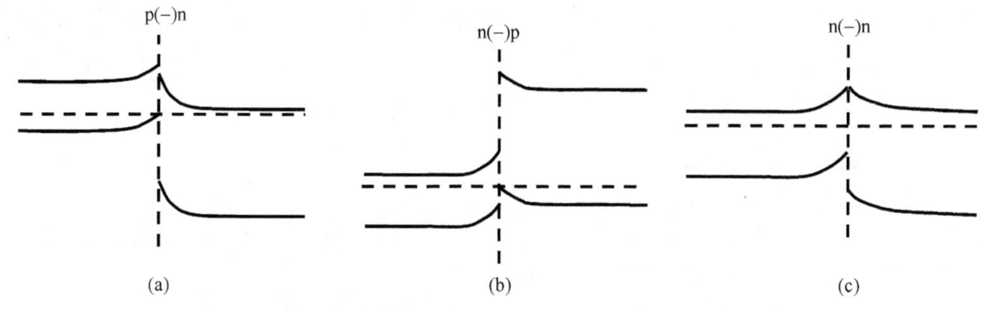

图 9.6　界面有大量负电荷的异质结能带图

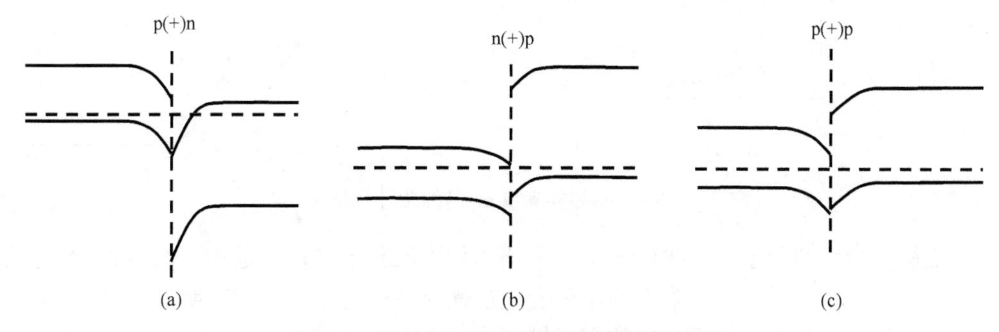

图 9.7　界面有大量正电荷的异质结能带图

异质结界面态主要来源于两个方面。首先是两种材料之间晶格常数的差异。多数异质结是由同类半导体材料构成的，这时晶格常数的差异是导致界面态的一个主要原因。有时两种材料晶格常数在室温下差异较小，但如果两者的热膨胀系数差异较大，则在生长过程中，由于温度变化范围较大，变温过程会导致界面态的产生。其次是异质外延中，如果没有合适的衬底材料，只能选择结构差别较大的衬底材料，往往导致外延层界面处出现较多的界面态，这时合适的外延生长技术是得到优质异质结的关键。

9.3　异质 pn 结的电流-电压特性及注入特性

异质结是由两种不同半导体材料构成的，在交界面处能带不连续，存在势垒尖峰或阶跃，而且由于两种材料的晶格常数、结构等方面的差异，可能在界面处引入界面态及缺陷，因此半导体异质结的电流-电压关系比同质结要复杂得多。至今已针对不同情况提出了多种模型，如扩散模型、发射模型、发射-复合模型、隧道模型和隧道-复合模型等。本节主要以扩散-发射模型说明半导体突变异质 pn 结的电流-电压特性及注入特性[3, 28, 32]。

9.3.1　异质 pn 结的电流-电压特性

如图 9.8 所示，半导体异质 pn 结界面导带存在一个势垒尖峰，根据尖峰高低的不同，可以有图 9.8(a)和图 9.8(b)所示的两种情况。图 9.8(a)表示势垒尖峰低于 p 区导带底的情况，称为低势垒尖峰。在这种情况下，由 n 区扩散进入的电子流可以方便地通过发射机制越过尖峰势垒进入 p 区，载流子的扩散成为电流的主要限制因素，并认为势垒尖峰的影响可忽略，因此异质 pn 结的电流主要由扩散机制决定，可以由扩散模型处理。图 9.8(b)表示势垒尖峰较 p 区导带底高的情况，称为高势垒尖峰。对这种情况，如果尖峰顶比 p 区导带底高得多，则由 n 区向结区扩散的电子中只有能量较高的才能通过发射机制进入 p 区，电子发射过程成为电流的主要限制因素，故异质结电流主要由电子发射机制决定，计算异质 pn 结电流应采用发射模型。以下主要讨论低势垒尖峰异质 pn 结的电流-电压特性。

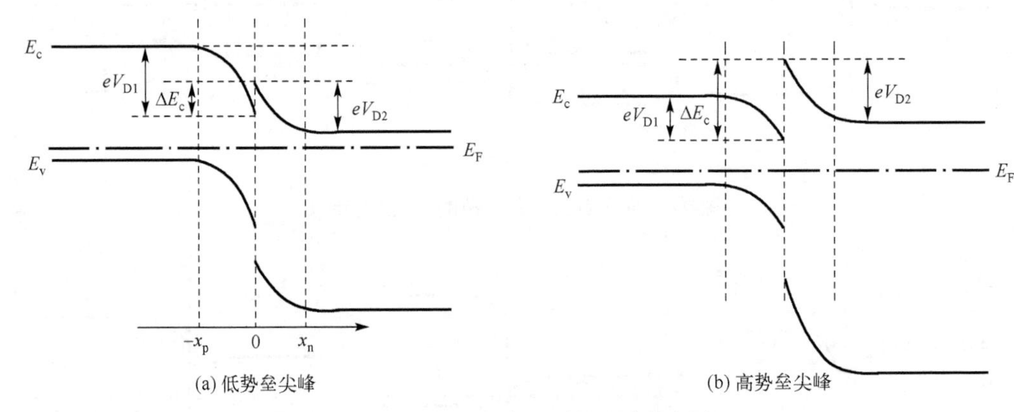

(a) 低势垒尖峰　(b) 高势垒尖峰

图 9.8　半导体异质 pn 结的两种势垒图

扩散模型除了适用于势垒尖峰效应可忽略的低尖峰异质结，也适用于渐变异质 pn 结。在渐变异质结中，异质结界面附近的组分变化是逐渐进行的，因此没有明显的尖峰或阶跃存在，扩散模型能较精确地描述其中的电流机制。

异质结的扩散模型和同质 pn 结的分析基本类似。异质 pn 结在平衡时有统一的费米能级，如果加上电压 V，则和同质 pn 结类似，在结区及两侧的扩散区不再有统一的费米能级，而由相应的电子和空穴的准费米能级表示。如果忽略结区的非平衡载流子复合等其他机制，与同质 pn 结的式(6-64)类似，在 $-x_p$ 处电子的准费米能级比平衡时的费米能级高 eV，因此 $-x_p$ 处的电子浓度为

$$n_1(-x_p) = n_{10}\exp\left(\frac{eV}{k_B T}\right) \tag{9-38}$$

在稳态情况下，p 型半导体中注入电子满足的连续性方程为

$$D_{n1}\frac{d^2 n_1(x)}{dx^2} - \frac{n_1(x) - n_{10}}{\tau_{n1}} = 0 \tag{9-39}$$

其通解为

$$n_1(x) - n_{10} = A\exp\left(-\frac{x}{L_{n1}}\right) + B\exp\left(\frac{x}{L_{n1}}\right) \tag{9-40}$$

其中，D_{n1} 和 L_{n1} 分别为 p 区电子的扩散系数和扩散长度。应用边界条件 $x \to -\infty$ 时，$n_1(-\infty) = n_{10}$，可得 $A = 0$。当 $x = -x_p$ 时，把边界条件式(9-38)代入式(9-40)，可得

$$B = n_{10}\left[\exp\left(\frac{eV}{k_B T}\right) - 1\right]\exp\left(\frac{x_p}{L_{n1}}\right) \tag{9-41}$$

把式(9-41)代入式(9-40)可得

$$n_1(x) - n_{10} = n_{10}\left[\exp\left(\frac{eV}{k_B T}\right) - 1\right]\exp\left(\frac{x + x_p}{L_{n1}}\right) \tag{9-42}$$

由此可得电子扩散电流密度为

$$J_n = eD_{n1}\left.\frac{dn_1(x)}{dx}\right|_{x=-x_p} = \frac{eD_{n1}n_{10}}{L_{n1}}\left[\exp\left(\frac{eV}{k_B T}\right) - 1\right] \tag{9-43}$$

类似地可得到空穴扩散电流密度为

$$J_p = -eD_{p2}\left.\frac{dp_2(x)}{dx}\right|_{x=x_n} = \frac{eD_{p2}p_{20}}{L_{p2}}\left[\exp\left(\frac{eV}{k_B T}\right) - 1\right] \tag{9-44}$$

所以当外加电压 V 时，异质 pn 结的总电流密度为

$$J = J_n + J_p = e\left(\frac{D_{n1}n_{10}}{L_{n1}} + \frac{D_{p2}p_{20}}{L_{p2}}\right)\left[\exp\left(\frac{eV}{k_B T}\right) - 1\right] \tag{9-45}$$

对图 9.8(b)所示的高势垒尖峰情况，通过异质 pn 结的电流由势垒发射机制控制，以下用非简并热平衡电子势垒发射模型进行计算。图 9.9 给出了半导体高尖峰异质 pn 结加正向电压的能带图。外加电压 $V = V_1 + V_2$，V_1 和 V_2 分别为加在 p 区和 n 区的电压。设 $v_{av,2}$ 为 n 区电子热运动的平均速率。由式(4-3)

$$v_{av,2} = \left(\frac{8k_B T}{\pi m_{n2}^*}\right)^{1/2} \tag{9-46}$$

其中，m_{n2}^* 为 n 区电子有效质量。由统计物理知识，非简并半导体内单位时间内 n 区碰撞到单位面积势垒上电子数为

$$\frac{1}{4}n_{20}v_{av,2} = n_{20}\left(\frac{k_B T}{2\pi m_{n2}^*}\right)^{1/2} \tag{9-47}$$

其中，只有能量超过势垒 $e(V_{D2} - V_2)$ 的电子可以进入 p 区。所以由 n 区注入 p 区的电子电流密度为

$$J_{n2} = en_{20}\left(\frac{k_B T}{2\pi m_{n2}^*}\right)^{1/2}\exp\left(-\frac{e(V_{D2} - V_2)}{k_B T}\right) \tag{9-48}$$

由 p 区注入 n 区的电子要越过的势垒高度为 $\Delta E_c - e(V_{D1} - V_1)$。同理，可得由 p 区注入 n 区的电子电流密度为

$$J_{n1} = en_{10}\left(\frac{k_B T}{2\pi m_{n1}^*}\right)^{1/2}\exp\left(-\frac{\Delta E_c - e(V_{D1} - V_1)}{k_B T}\right) \tag{9-49}$$

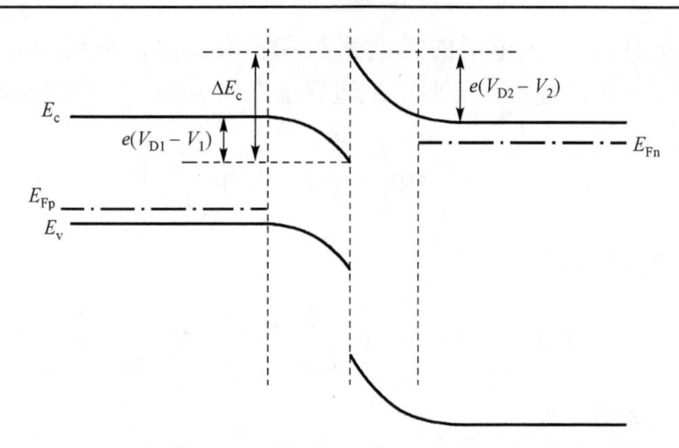

图 9.9　半导体高尖峰异质 pn 结正向偏压时的能带示意图

异质 pn 结的总电流密度是上述两项的差，但 n_{10} 是 p 区的少子浓度，因此 J_{n1} 实际是可以忽略的，即由 p 区注入 n 区的电子电流很小，正向电流主要由 n 区注入 p 区的电流形成，于是总电流密度可以简化为

$$J \propto \exp\left(\frac{eV_2}{k_B T}\right) \propto \exp\left(\frac{eV}{k_B T}\right) \tag{9-50}$$

式(9-50)说明发射模型也同样得到正向电流随电压按指数关系增加。需要注意的是，上述分析不能用于反向电压的情况，因为反向时电子流从 p 区注入 n 区，反向电流由 p 区少数载流子决定，因此在较大的反向电压下，反向电流应该是饱和的。

由于异质结情况的复杂性，式(9-50)也只得到了部分实验的验证。

9.3.2　异质 pn 结的注入特性

1. 异质 pn 结的高注入比特性及其应用

由式(9-43)和式(9-44)，可得异质 pn 结电子电流与空穴电流的注入比为

$$\frac{J_n}{J_p} = \frac{D_{n1}L_{p2}n_{10}}{D_{p2}L_{n1}p_{20}} = \frac{D_{n1}L_{p2}}{D_{p2}L_{n1}} \cdot \frac{n_{i1}^2}{p_{10}} \frac{n_{20}}{n_{i2}^2} = \frac{D_{n1}L_{p2}n_{20}}{D_{p2}L_{n1}p_{10}} \cdot \frac{N_{c1}N_{v1}\exp\left(-\dfrac{E_{g1}}{k_B T}\right)}{N_{c2}N_{v2}\exp\left(-\dfrac{E_{g2}}{k_B T}\right)}$$

$$= \frac{D_{n1}L_{p2}N_{c1}N_{v1}}{D_{p2}L_{n1}N_{c2}N_{v2}} \cdot \frac{n_{20}}{p_{10}} \cdot \exp\left(\frac{E_{g2}-E_{g1}}{k_B T}\right) = \frac{D_{n1}L_{p2}N_{c1}N_{v1}}{D_{p2}L_{n1}N_{c2}N_{v2}} \cdot \frac{N_{D2}}{N_{A1}} \exp\left(\frac{\Delta E_g}{k_B T}\right) \tag{9-51}$$

由于多数异质结由同一类型的半导体制备，如 GaAs-AlGaAs 异质结，因此两种半导体材料的导带和价带有效状态密度，两者的扩散系数和扩散长度等参数相差都不大，都在同一量级，而 $\exp(\Delta E_g / k_B T)$ 可远大于 1。由式(9-51)可以看到，即使 $N_{D2} < N_{A1}$，仍可以得到很大的注入比。以宽禁带 n 型 $Al_{0.3}Ga_{0.7}As$ 和窄禁带 p 型 GaAs 组成的 pn 结为例，其禁带宽度之差 $\Delta E_g = 0.37\text{eV}$，设 p 区掺杂浓度为 $2\times10^{19}\,\text{m}^{-3}$，n 区掺杂浓度为 $5\times10^{17}\,\text{cm}^{-3}$，则可由式(9-51)得到

$$\frac{J_n}{J_p} \propto \frac{N_{D2}}{N_{A1}} \exp\left(\frac{\Delta E_g}{k_B T}\right) \approx 4.1\times10^4 \tag{9-52}$$

该结果说明，即使宽禁带 n 区掺杂浓度是 p 区的 1/40，注入比仍可高达4.1×10^4。异质 pn 结的高注入特性是区别于同质 pn 结的主要优点之一，已得到了广泛的应用。

在 npn 双极晶体管中，发射结的发射效率定义为

$$\gamma=\frac{J_{\mathrm{n}}}{J_{\mathrm{n}}+J_{\mathrm{p}}} \tag{9-53}$$

式中，J_{n}和J_{p}分别为由发射区注入到基区的电子电流密度和由基区注入到发射区的空穴电流密度，只有当γ接近于 1 时，才能得到高的电流放大倍数。对于同质双极晶体管，为了提高发射效率，发射区的掺杂浓度应比基区高几个数量级，这使基区的掺杂浓度不能太高，由此增大了基区电阻，影响了频率特性的提高。从前面的讨论中可以得到，若采用宽禁带 n 型半导体与窄禁带 p 型半导体形成的异质结作为发射结，则可获得较高的注入比和发射效率。以前面讨论的 n 型 $Al_{0.3}Ga_{0.7}As$ 和 p 型 GaAs 组成的异质发射结为例，当其基区掺杂浓度为$2\times10^{19}\mathrm{cm}^{-3}$时，注入比高达$4.1\times10^4$，相应的发射效率$\gamma=1-2.4\times10^{-5}\approx1$，由此大大减小了基区电阻，极大地提高了晶体管的频率。使用这种结构制作的双极晶体管称为异质结双极晶体管，简写为 HBT，目前已在微波和毫米波领域获得了广泛的应用。

2. 异质 pn 结的超注入现象

异质 pn 结中由宽禁带半导体注入窄禁带半导体中的少数载流子浓度可超过宽带半导体中的多数载流子浓度，这种现象称为异质结的超注入，是在由宽禁带 n 型 AlGaAs 和窄禁带 p 型 GaAs 组成的异质 pn 结中观察到的。图 9.10 为这种 pn 结在大的正向偏压下的能带图。由图可以看到，加正向偏压时，n 区导带底相对于 p 区导带底随所加偏压的增加而上升，当电压足够大时，结势垒可被拉平，由于导带阶ΔE_{c}的存在，n 区导带底甚至高于 p 区导带底。因为 p 区电子为少数载流子，其准费米能级 E_{Fn} 随电子浓度增加上升很快，在正向大电流稳态时，结两边的电子准费米能级E_{Fn}可达到一致。在这种情况下，由于 p 区导带底比 n 区导带底更低，距E_{Fn}更近，因此 p 区导带电子浓度高于 n 区电子浓度。以n_1和n_2分别表示 p 区和 n 区的电子浓度，E_{c1}和E_{c2}分别表示 p 区和 n 区导带底的能量，根据玻尔兹曼统计

$$n_1=N_{\mathrm{c1}}\exp\left(-\frac{E_{\mathrm{c1}}-E_{\mathrm{Fn}}}{k_{\mathrm{B}}T}\right) \tag{9-54}$$

$$n_2=N_{\mathrm{c2}}\exp\left(-\frac{E_{\mathrm{c2}}-E_{\mathrm{Fn}}}{k_{\mathrm{B}}T}\right) \tag{9-55}$$

其中，N_{c1}和N_{c2}分别为 p 型 GaAs 和 n 型 AlGaAs 的导带有效状态密度，两者一般相差不大，可以粗略地认为两者相等，则由上两式可得

$$\frac{n_1}{n_2}\approx\exp\left(\frac{E_{\mathrm{c2}}-E_{\mathrm{c1}}}{k_{\mathrm{B}}T}\right) \tag{9-56}$$

由于$E_{\mathrm{c2}}>E_{\mathrm{c1}}$，因此$n_1>n_2$。因常温下$k_{\mathrm{B}}T$值很小，只要 n 区导带底比 p 区导带底的能量差比$k_{\mathrm{B}}T$值大 1 倍以上，则 p 区电子浓度n_1就可比 n 区电子浓度n_2大若干倍。超注入现象是异质结特有的重要特性，在半导体异质结激光器中得到重要的应用。应用这个效应，可使窄带半导体中的少数载流子浓度达到$10^{18}\mathrm{cm}^{-3}$以上，从而实现异质结激光器所要求的粒子数反转条件。

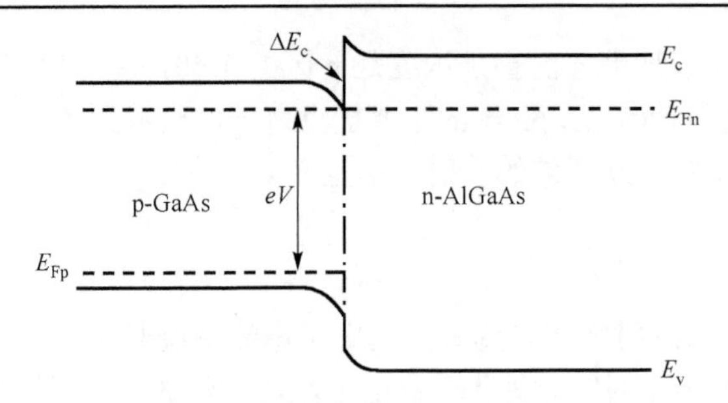

图 9.10　n-AlGaAs-p-GaAs 异质结在大的正向偏压时的能带图

9.4　半导体量子阱结构及其电子态

如果半导体在一维、二维或三维方向上的尺度小于电子的平均自由程，则电子的运动就会受到限制，分别形成半导体量子阱、量子线和量子点。

半导体量子阱是载流子在一个方向受到限制形成的低维半导体结构[27, 34-36]。按照量子阱的结构可以分为界面量子阱和由半导体异质结构形成的标准半导体量子阱两大类。

9.4.1　界面量子阱

存在两种类型的界面量子阱，即 MIS 结构反型层中的量子阱和调制掺杂结构中的量子阱。

第 8 章讨论的 MIS 结构在足够强的偏压下，反型层中的电子就处在界面量子阱中，并形成二维电子气。1980 年德国物理学家 K. von Klitzing 等在 4.2K 以下的深低温和 15T 的强磁场条件下，发现二维电子气的霍尔电阻 $R_H = -V_H / I$ 是量子化的，即

$$R_H = \frac{2\pi\hbar}{ie^2}, \qquad i = 1,2,3,\cdots \tag{9-57}$$

因此，霍尔电阻只与基本物理常数 $\hbar$ 和 e 有关。他们首先用这个方法精确地测定了原子物理中的精细结构常数 α ，α 的定义为

$$\alpha = \frac{e^2}{4\pi\varepsilon_0\hbar c} \tag{9-58}$$

将物理常数代入式(9-58)，可以得到精细结构常数 α 约等于 1 / 137。由式(9-57)、式(9-58)可以得到

$$R_H = \frac{1}{\alpha}\frac{\mu_0 c}{2i} \tag{9-59}$$

其中，μ_0 为真空磁导率，满足 $c^2 = 1/(\varepsilon_0\mu_0)$ 。他们通过霍尔电阻与栅压的关系精确地测得 $\alpha^{-1} = 137.035963$ 。上述实验结果即为量子霍尔效应，K. von Klitzing 也因此获得诺贝尔物理学奖。有关量子霍尔效应的详细情况可参阅有关文献。

20 世纪 70 年代以来，由于分子束外延技术的发展，能够生长出性能很好的半导体异质结构，其中包括 GaAs 衬底上生长的 $Al_xGa_{1-x}As$ 与 GaAs 组成的异质结构。由于 $Al_xGa_{1-x}As$ 与 GaAs 之间几乎完美的晶格匹配，该结构成为研究最早并获得广泛应用的结构之一。在该结构中，除了 9.4.2 节讨论的标准半导体量子阱外，还有一种就是如图 9.11(a)所示的由调制

掺杂形成的界面量子阱。所谓调制掺杂，就是在 $Al_xGa_{1-x}As$/GaAs 异质结构中把 n 型杂质(在分子束外延生长中通常为 Si)掺入 $Al_xGa_{1-x}As$ 中，由于 $Al_xGa_{1-x}As$ 的导带底高于 GaAs 导带底，$Al_xGa_{1-x}As$ 中的电子会转移到 GaAs 中，并在 $Al_xGa_{1-x}As$ 留下带正电的电离施主，因此在 GaAs 与 $Al_xGa_{1-x}As$ 之间产生了从 $Al_xGa_{1-x}As$ 指向 GaAs 的电场，该电场导致界面附近的能带弯曲，形成了如图 9.11(b)所示的 GaAs 界面量子阱。在 $Al_xGa_{1-x}As$/GaAs 界面量子阱中也发现了量子霍尔效应。

调制掺杂可以实现杂质离子与载流子在空间上的分离。如图 9.11 所示，施主离子在 AlGaAs 势垒中，而 GaAs 量子阱中有高浓度的二维导电电子，但没有杂质离子。在这种结构中，GaAs 界面量子阱的电子有极高的迁移率。研究结果表明，其中的电子迁移率在低温下可以达到 $10^6\,\mathrm{cm}^2/(\mathrm{V\cdot s})$，这在通常的半导体材料中是不可能达到的。这种结构可用于高电子迁移率晶体管(简称为 HEMT)，该器件有极高的工作频率。

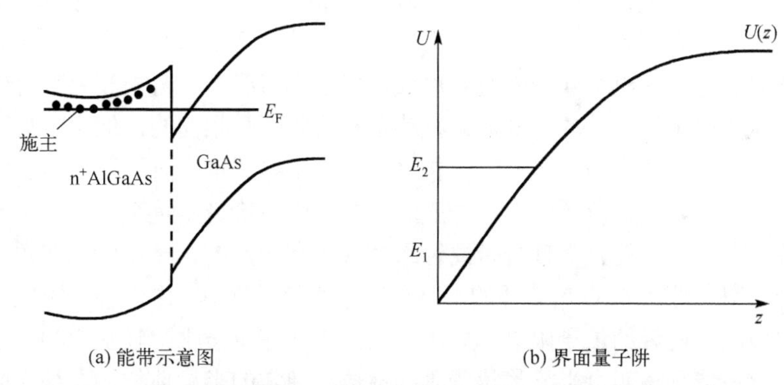

(a) 能带示意图　　(b) 界面量子阱

图 9.11　异质结界面处由调制掺杂形成的能带示意图及界面量子阱

取垂直于界面方向为 z 轴。电子在势阱中的势能为 z 的函数，以 $U(z)$ 表示，由图 9.11(b)可以知道，该势能函数接近三角势阱。在 GaAs 中，布里渊区中心附近的导带是各向同性的，电子有效质量为 m^*。因此，该势阱中的电子波函数 $\psi(x,y,z)$ 满足以下薛定谔方程:

$$-\frac{\hbar^2}{2m^*}\nabla^2\psi(x,y,z)+U(z)\psi(x,y,z)=E\psi(x,y,z) \tag{9-60}$$

由于势能函数 $U(z)$ 与 x、y 无关，故上述方程可以分离变量求解，即

$$\psi(x,y,z)=\varphi(x,y)u(z) \tag{9-61}$$

其中，$\varphi(x,y)$和$u(z)$分别满足方程

$$-\frac{\hbar^2}{2m^*}\left(\frac{\partial^2}{\partial x^2}+\frac{\partial^2}{\partial y^2}\right)\varphi(x,y)=E_{x,y}(x,y) \tag{9-62}$$

$$-\frac{\hbar^2}{2m^*}\frac{\partial^2}{\partial z^2}u(z)+U(z)u(z)=E_z u(z) \tag{9-63}$$

由式(9-62)可以得到，电子在 x、y 平面内做自由运动，故称二维电子气，其波函数为平面波

$$\varphi(x,y)=\exp[\mathrm{i}(k_x x+k_y y)] \tag{9-64}$$

因此电子相应的能量为

$$E_{x,y} = \frac{\hbar^2}{2m^*}(k_x^2 + k_y^2) \tag{9-65}$$

由式(9-63)，电子在 z 方向的能量与势能函数 $U(z)$ 有关，对低于势能函数最大值的能量，电子能量为一系列的分立值 E_i，即能量是量子化的，具体的能量值与势能函数 $U(z)$ 有关，多数情况下，该能量值只能由数值求解得到。

9.4.2　半导体单量子阱

随着分子束外延及有机金属气相沉积等技术的进步，单原子层精度的半导体外延生长得到了实现，于是真正意义上完全可控的半导体量子阱出现了。图 9.12 给出了 GaAs-$Al_xGa_{1-x}As$ 半导体量子阱的结构，该量子阱由位于中间的厚度为 a 的势阱材料和两侧的势垒层材料构成。量子阱有两个基本的结构参数：势阱宽度 a 和势垒高度 U_0，其中，电子势垒高度 $U_0 = \Delta E_c$，而空穴量子阱的势垒高度为 ΔE_v。需要指出的是，除了这两个参数，实际上还有两个基本的材料参数：势阱和势垒的电子或空穴有效质量。但很多情况下，势垒和势阱有效质量的差异不被考虑，即认为电子和空穴的有效质量在势垒和势阱区是相同的，但由于势阱和势垒材料的差异，两者不可能完全相同。另外需要指出的是，半导体量子阱除了是电子的量子阱外，同时也是空穴的量子阱。众所周知，在一般的半导体中，价带由重空穴和轻空穴及自旋轨道耦合带三者构成，由于自旋轨道耦合带离轻重空穴带有一定的距离，所以多数情况下可以不用考虑。而轻重空穴带在 Γ 点是简并的。但在半导体量子阱中，由于轻重空穴具有不同的有效质量并差异较大，两者的量子限制能并不一致，因此在量子阱中轻空穴和重空穴的简并不再存在。以上这些情况说明，半导体量子阱的性质与通常的半导体材料有很大的差异。

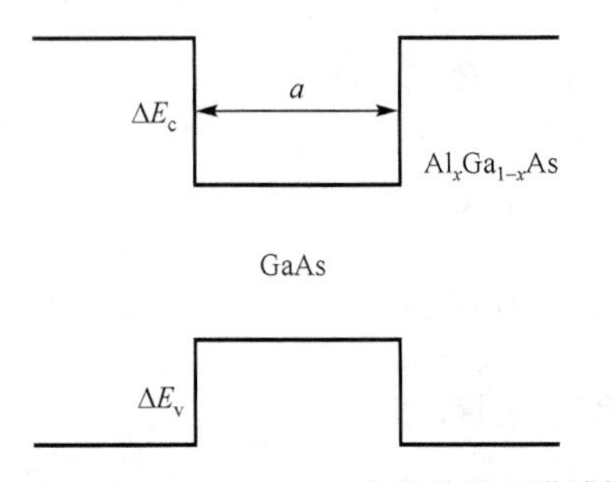

图 9.12　GaAs-$Al_xGa_{1-x}As$ 半导体量子阱结构

量子阱的量子限制能是量子阱的最重要参数，但量子限制能的计算需要完全的量子力学方法，在许多情况下并不容易。本节讨论两种计算方法：第一种方法是无限深方势阱模型，它是最简单的模型，其优点是方法简单，而且有解析解，但其误差也最大，可以用来对量子阱基态能级进行估算；第二种方法是有限深方势阱模型，该方法适合于对激发态能级的计算，精度较高，但没有解析表达式，只能数值求解。本节的有限深方势阱模型考虑了势阱和势垒载流子有效质量的差异，有更高的精确度。

下面分别讨论这两种方法，讨论中只列出了主要的过程，具体细节可以参阅一般的量子力学教材。

1. *无限深方势阱*

在无限深方势阱中，势能函数可以表示为

$$U(x) = \begin{cases} 0, & 0 < x < a \\ \infty, & x < 0 \text{或} x > a \end{cases} \tag{9-66}$$

粒子波函数在该势阱中满足的薛定谔方程为

$$\frac{\mathrm{d}^2\psi}{\mathrm{d}x^2}+\frac{2m^*E}{\hbar^2}\psi=0 \tag{9-67}$$

这是一个标准的一维量子力学问题，其中，m^* 为电子或空穴的有效质量，其解为

$$E_n=\frac{\hbar^2\pi^2n^2}{2m^*a^2},\quad n=1,2,3,\cdots \tag{9-68}$$

$$\psi_n=\begin{cases}\sqrt{\dfrac{2}{a}}\sin\left(\dfrac{n\pi x}{a}\right), & 0<x<a\\ 0, & x<0 \text{或} x>a\end{cases} \tag{9-69}$$

2. 有限深方势阱

如图 9.13 表示，有限深方势阱的势能函数可以表示为

$$U(x)=\begin{cases}0, & |x|<a/2\\ U_0, & |x|>a/2\end{cases} \tag{9-70}$$

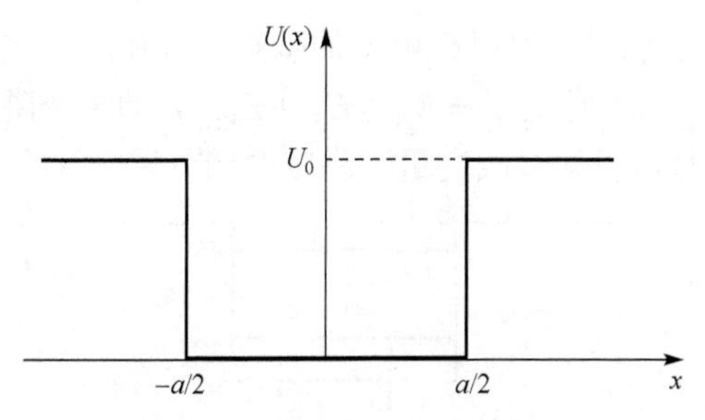

图 9.13　有限深方势阱示意图

在势阱外 $|x|>a/2$ 处，薛定谔方程为

$$\frac{\mathrm{d}^2\psi}{\mathrm{d}x^2}-\frac{2m_2^*(U_0-E)}{\hbar^2}\psi=0 \tag{9-71}$$

在势阱内 $|x|<a/2$ 处，薛定谔方程为

$$\frac{\mathrm{d}^2\psi}{\mathrm{d}x^2}+\frac{2m_1^*E}{\hbar^2}\psi=0 \tag{9-72}$$

定义 $\beta=\sqrt{2m_2^*(U_0-E)}/\hbar$，$k=\sqrt{2m_1^*E}/\hbar$，其中，$m_1^*$、$m_2^*$ 分别为电子或空穴在势阱与势垒区的有效质量。由于势能函数 $U(x)$ 的对称性，有限深方势阱有偶宇称和奇宇称两个解。

对偶宇称解，势阱内波函数 $\psi\sim\cos kx$，势阱外波函数 $\psi\sim\exp(-\beta x)$ $(x>a/2)$ 或 $\psi\sim\exp(\beta x)$ $(x<-a/2)$。由 ψ'/ψ 在 $a/2$ 处连续，偶宇称解满足下列条件：

$$\begin{cases}\xi\tan\xi=\eta\\ \dfrac{\xi^2}{\alpha_1^2}+\dfrac{\eta^2}{\alpha_2^2}=1\end{cases} \tag{9-73}$$

其中，$\xi = ka/2$；$\eta = \beta a/2$；$\alpha_1 = a\sqrt{m_1^* U_0}\big/(\sqrt{2}\hbar)$；$\alpha_2 = a\sqrt{m_2^* U_0}\big/(\sqrt{2}\hbar)$。

对奇宇称解，势阱内波函数 $\psi \sim \sin kx$，势阱外波函数 $\psi \sim \exp(-\beta x)$ $(x > a/2)$ 或 $\psi \sim -\exp(\beta x)$ $(x < -a/2)$。由 ψ'/ψ 在 $a/2$ 处连续，奇宇称解满足下列条件：

$$\begin{cases} -\xi\cot\xi = \eta \\ \dfrac{\xi^2}{\alpha_1^2} + \dfrac{\eta^2}{\alpha_2^2} = 1 \end{cases} \tag{9-74}$$

电子或空穴的能量分别由式(9-73)和式(9-74)确定，由于两个方程都是超越方程，因此只能用数值方法求解。值得注意的是，对上述对称的有限深方势阱，偶宇称至少有一个解，而只有满足条件 $m_1^* U_0 a^2 \big/ 2\hbar^2 \geqslant \pi^2/4$，即 $U_0 a^2 \geqslant \pi^2\hbar^2/(2m_1^*)$ 时，才存在奇宇称解。在上述有限深方势阱的求解中，势阱内外的载流子有效质量并不相同，是因为在真实的半导体量子阱中势阱区和势垒区是不同的半导体材料，两个区域的电子或空穴的有效质量都不相同，因此式(9-73)、式(9-74)和一般的量子力学教材都不相同。一般的量子力学教材中势阱区和势垒区的电子质量都一样，因此 ξ、η 的关系为圆，如果考虑到载流子在两个区域有效质量的差异，则 ξ、η 的关系为椭圆，导致最终的能量值有一定的差异。

图 9.14 给出了半导体单量子阱中导带与价带的束缚态能级，其中价带中包含了重空穴(HH)与轻空穴(LH)两组子能级。可以把电子的基态能级和重空穴的基态能级之间的间距称为量子阱有效禁带宽度 $E_{\mathrm{g,eff}}$，则 $E_{\mathrm{g,eff}} = E_{\mathrm{g1}} + E_{\mathrm{E_1}} + E_{\mathrm{HH_1}}$，即量子阱的有效禁带宽度远大于势阱层的禁带宽度 E_{g1}，而且可以通过改变量子阱宽度调节量子阱的有效禁带宽度。

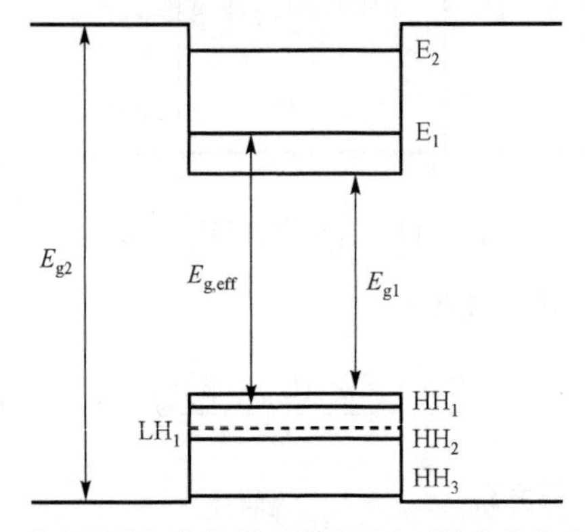

图 9.14　半导体单量子阱中导带与价带的束缚态能级(其中价带中虚线为轻空穴束缚态)

3. 量子阱中的激子

半导体中电子和空穴因库仑相互作用可形成束缚的电子-空穴对，称为激子。在通常的半导体材料中，激子结合能很小，只有在极低温度下的高纯材料中才能存在并被观察到，在半导体量子阱中电子和空穴也可因库仑作用而形成激子。量子阱中的激子受到量子限制效应的限制，是准二维的。当量子阱宽度减小时，电子和空穴间的库仑作用增强，因此其结合能比体材料中的激子结合能强得多。研究证实，理想二维激子的结合能是体材料中激子结合能的 4 倍，因此量子阱中的激子在室温下有可能被观察到。实验中已经在室温条件下吸收光谱中观察到强而锐的激子吸收峰。由于量子阱中轻空穴和重空穴不再简并，因此有轻空穴激子和重空穴激子之分。此外，不同量子态的电子与空穴形成的激子状态是不同的，在低温下量子阱的吸收光谱中也观察到了对应不同空穴 HH_1、HH_2、HH_3 及 LH_1 的激子吸收峰。

4. 双势垒单量子阱结构的共振隧穿效应

共振隧穿效应最早是张立纲等在 $Al_xGa_{1-x}As/GaAs$ 双势垒单量子阱结构中观察到的。样品由两层厚度为 8nm 的 $Al_{0.3}Ga_{0.7}As$ 势垒和厚度为 5nm 的 GaAs 势阱组成，两侧电极由掺杂浓度为 $1\times10^{18}\,cm^{-3}$ 的 n 型 GaAs 构成。实验在 77K 的液氮温度下进行。图 9.15 给出了双势垒单量子阱样品的电流-电压及微分电导-电压特性。图中曲线下插图(a)表示无外加电压时双势垒单量子阱的能带图，其中有两个束缚态能级 E_1 和 E_2，结构两端的 n^+-GaAs 是高掺杂的，其费米能级 E_F 高于势阱层的导带底。当结构右端加正电压时，能带左侧相对于右侧升高，能带发生倾斜。随着电压的升高，势阱中能级 E_1 相对于左端下降，当能级 E_1 降低到低于 n^+-GaAs 发射极的费米能级 E_F，而高于发射极导带底时，发射极导带中所有 z 方向能量等于 E_1 的电子，均可以与阱内 E_1 子能级具有相同 $k_\parallel=\sqrt{k_x^2+k_y^2}$ 的态发生共振，有较大的概率隧穿经过势垒，使电流达到最大，即发生了共振隧穿，如图 9.15 中的插图(b)所示。可以看到由势阱中部到左电极的电压降为外加电压的一半时，E_F 升高等于 E_1，故有 $E_1=eV_1/2$，V_1 为外加电压。同理，当外加电压升高至 V_2 时，左侧 E_F 下的导带电子与 E_2 对齐时，发生第二次共振隧穿，如图 9.15 中插图(d)所示，此时 $E_2=eV_2/2$。图 9.15 中电导-电压曲线上 b 处出现的极大值对应于第一次共振隧穿，d 处电流-电压极大值对应于第二次共振隧穿。由图可以看到在 d 处出现了明显的负微分电阻区，表明该处出现负阻效应。量子阱结构中的负微分电阻效应已成为高频和高速电子器件的基础。例如，利用负阻效应，以共振隧穿二极管作为混频器，频率达 1.8THz；若用作振荡器，则频率也达 0.7THz。作为高速开关，其上升时间已小于 2ps。此外，一些基于双势垒共振隧穿结构的晶体管三端器件也已见报道，具有引人注目的应用前景。

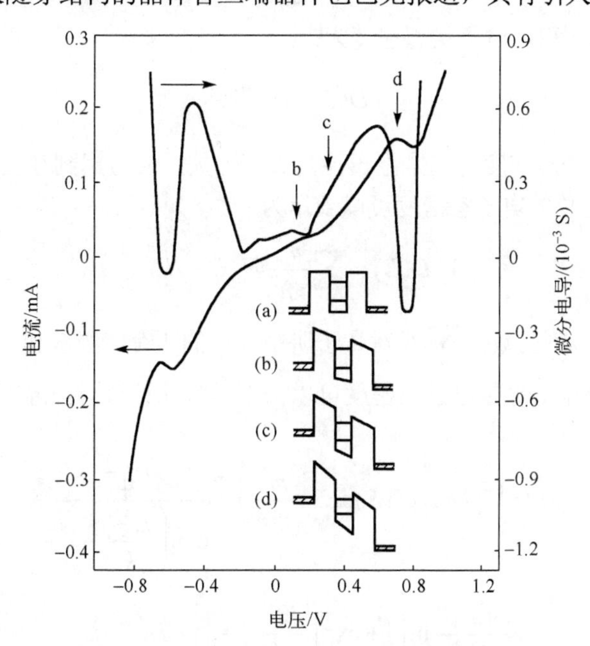

图 9.15　双势垒单量子阱样品的电流-电压和微分电导-电压关系

插图为(a)无外加电压和(b)～(d)不同外加电压时的量子阱能级示意图

9.5 低维半导体量子结构的态密度

态密度是低维半导体不同于半导体材料的另一重要性质。低维半导体除了导带与价带的能量分裂外，态密度也是低维半导体的主要特征之一，第3章所讨论的三维电子态密度也不再适用。

对半导体量子阱，电子能量可以表示为

$$E = E_{\mathrm{i}} + E_{x,y} = E_{\mathrm{i}} + \frac{\hbar^2}{2m_{\mathrm{n}}^*}(k_x^2 + k_y^2) \tag{9-75}$$

其中，E_{i} 为分裂的量子限制能；$E_{x,y}$ 表示在 x-y 平面内可以自由运动的电子能量。设在 x-y 平面内周期性边界条件的周期为 L，则 k_x、k_y 可以表示为

$$k_x = \frac{2\pi n_x}{L}, \quad k_y = \frac{2\pi n_y}{L} \tag{9-76}$$

其中，n_x 和 n_y 为整数。式(9-76)表明，每个(k_x、k_y)态在二维波矢平面内所占面积为 $(2\pi/L)^2$。所以在 $k \sim (k + \mathrm{d}k)$ 的二维波矢平面内的电子状态数为

$$\mathrm{d}N = 2 \times \frac{2\pi k \mathrm{d}k}{(2\pi/L)^2} = \frac{L^2 k \mathrm{d}k}{\pi} \tag{9-77}$$

考虑到电子能量 $E_{x,y} = \frac{\hbar^2}{2m_{\mathrm{n}}^*}k^2$，式(9-77)可以表示为

$$\mathrm{d}N = \frac{L^2 m_{\mathrm{n}}^*}{\pi\hbar^2}\mathrm{d}E_{x,y} \tag{9-78}$$

式(9-78)表明，单位面积内电子状态密度为

$$D(E_{x,y}) = \frac{m_{\mathrm{n}}^*}{\pi\hbar^2} \tag{9-79}$$

由式(9-77)，二维电子态密度与二维电子能量 $E_{x,y}$ 无关。若考虑到存在多个不同的量子化能级 E_{i}，则单位面积内总的电子态密度可以表示为

$$D(E) = \sum_i \frac{m_{\mathrm{n}}^*}{\pi\hbar^2} H(E - E_{\mathrm{i}}) \tag{9-80}$$

其中，$H(E - E_{\mathrm{i}})$ 为台阶函数；$\sum$ 是对量子阱中存在的所有能级求和。

在半导体量子阱中，导带电子面密度可以按下述方法计算。当温度为 T 时，第 i 个子能级的电子密度为

$$\begin{aligned} n_{\mathrm{i}} &= \int_0^\infty D(E) f(E) \mathrm{d}E = \frac{m_{\mathrm{n}}^*}{\pi\hbar^2}\int_{E_{\mathrm{i}}}^\infty \frac{\mathrm{d}E}{\exp\left(\frac{E - E_{\mathrm{F}}}{k_{\mathrm{B}}T}\right) + 1} \\ &= \frac{m_{\mathrm{n}}^* k_{\mathrm{B}} T}{\pi\hbar^2} \ln\left[1 + \exp\left(\frac{E_{\mathrm{F}} - E_{\mathrm{i}}}{k_{\mathrm{B}}T}\right)\right] \end{aligned} \tag{9-81}$$

考虑到所有的子能级，温度为 T 时单位面积势阱中总电子数为

$$n_0=\sum_i n_\mathrm{i}=\frac{m_\mathrm{n}^*k_\mathrm{B}T}{\pi\hbar^2}\sum_i \ln\left[1+\exp\left(\frac{E_\mathrm{F}-E_\mathrm{i}}{k_\mathrm{B}T}\right)\right] \tag{9-82}$$

类似上述推导过程，对于量子线情况，电子能量为

$$E=E_\mathrm{i}+E_\mathrm{j}+E_x=E_\mathrm{i}+E_\mathrm{j}+\frac{\hbar^2k_x^2}{2m_\mathrm{n}^*} \tag{9-83}$$

其中，E_i、E_j 为两个方向的量子限制能。

和量子阱类似，可以得到单位长度内量子线的总电子态密度为

$$D(E)=\sum_{i,j}\frac{\sqrt{2m_\mathrm{n}^*}}{\pi\hbar}\frac{1}{\sqrt{E-E_\mathrm{i}-E_\mathrm{j}}} \tag{9-84}$$

其中，$\sum$ 是对量子线内存在的能级求和。

对三维量子点，电子能量在三个方向都是分立值，很容易得到其态密度为

$$D(E)=\sum_{i,j,k}2\delta(E-E_\mathrm{i}-E_\mathrm{j}-E_\mathrm{k}) \tag{9-85}$$

其中，$\sum$ 为对量子点内所有的能级求和。

图 9.16 分别给出了量子阱、量子线和量子点的态密度。

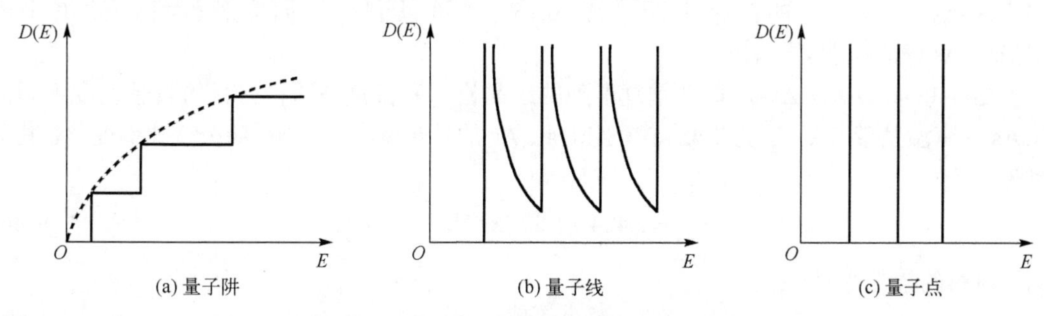

图 9.16　量子阱、量子线和量子点的态密度

9.6　半导体超晶格

超晶格的思想是江崎和朱兆祥在 1969 年提出，并于 1970 年首先在 GaAs 半导体上制备了超晶格结构。由于超晶格结构提供了能够进行观察量子效应的物理模型，以及有技术应用的可能，因此近几十年来，在理论与实验上对半导体超晶格材料及其性质的研究极为活跃，相继研制了Ⅲ-Ⅴ/Ⅲ-Ⅴ、Ⅱ-Ⅵ/Ⅱ-Ⅵ族等多种半导体超晶格材料。

半导体超晶格是指由交替生长的两种半导体薄层材料组成的一维周期性结构，而且其薄层厚度小于电子的平均自由程[1, 3]。目前生长半导体超晶格材料的最佳技术是分子束外延技术，它可以实现原子层精度的外延生长。此外，有机金属气相沉积技术也常被用来生长超晶格材料。

如图 9.17 所示，超晶格材料可以分为掺杂超晶格和组分超晶格两类。前者是周期性地改

变同一组分中掺杂类型而形成的超晶格，如由 n 型和 p 型的薄层与本征层 i 相间组成的周期性结构 nipi；后者是周期性地改变薄层的组分而形成的超晶格，如 $Al_xGa_{1-x}As/GaAs$。

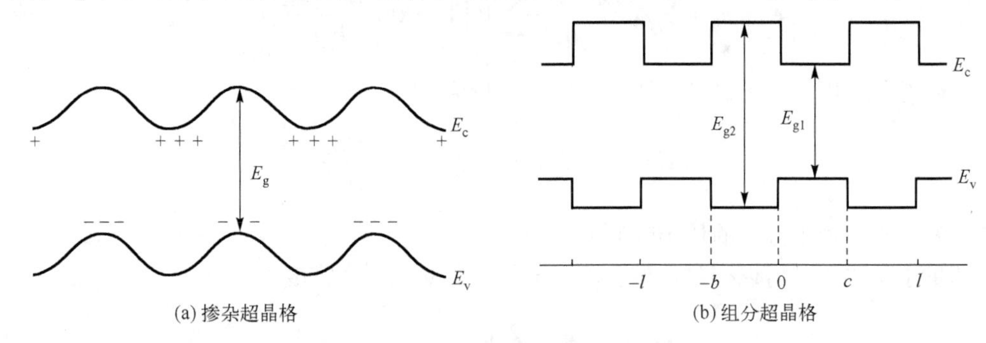

图 9.17 超晶格导带边和价带边的空间变化

在掺杂超晶格中，由于施主离子与受主离子的周期性分布，其中的电场也周期性地变化，使半导体的带边也随电场做周期性的变化，形成如图 9.17(a)所示的周期性带边结构，即半导体超晶格。

下面以 $Al_xGa_{1-x}As/GaAs$ 为例，对半导体组分超晶格进行简单的分析。这种半导体超晶格结构是在半绝缘的 GaAs 衬底上外延生长 GaAs 薄层，再在上面交替地生长厚度为纳米级的 $Al_xGa_{1-x}As$ 和 GaAs 薄层构成。GaAs 的室温晶格常数为 0.56535nm，AlAs 的室温晶格常数为 0.56614nm，两者的晶格失配为 0.16%。$Al_xGa_{1-x}As$ 的晶格常数介于两者之间，因此 $Al_xGa_{1-x}As$ 与 GaAs 的晶格失配小于 0.16%，可以制得界面完整性好、缺陷少的 $Al_xGa_{1-x}As/GaAs$ 超晶格结构。

由 $Al_xGa_{1-x}As/GaAs$ 周期性重复得到的超晶格，其特点是两种材料的禁带宽度不同，GaAs 的室温禁带宽度 E_{g1} 为 1.424eV，$Al_xGa_{1-x}As$ 的禁带宽度 E_{g2} 则随组分变化而变化，其关系为

$$E_{g2} = 1.424 + 1.247x\ \text{eV}, \quad x < 0.45 \tag{9-86}$$

两种材料的禁带宽度之差为

$$\Delta E_g = E_{g2} - E_{g1} = 1.247x\ \text{eV}, \quad x < 0.45 \tag{9-87}$$

可见 ΔE_g 也随组分 x 而变化。这种结构的导带底和价带顶如图 9.17(b)所示。

从图 9.17(b)可以看到，$Al_xGa_{1-x}As$ 和 GaAs 结合形成的能带结构属于 I 型，ΔE_c 和 ΔE_v 的具体数据存在争议，经常采用的一个数据是 $\Delta E_c = 0.6\Delta E_g$，$\Delta E_v = 0.4\Delta E_g$。

$Al_xGa_{1-x}As/GaAs$ 超晶格几乎是第 1 章 1.2.1 节曾介绍的克勒尼希-彭尼势的理想模型[1]，因此半导体超晶格的能带可以用克勒尼希-彭尼势得到。

克勒尼希-彭尼势的势场由式(1-11)表示，其中，$U_0 = \Delta E_c$(对价带，则为ΔE_v)，超晶格周期 $l = b + c$ 一般远大于晶格常数 a。

应用有效质量近似可得到上述超晶格中运动的电子服从式(9-60)所示的薛定谔方程，经分离变量后可以求解超晶格在 z 方向的子能带。

在势阱内，$0 < z < c$，设 $\alpha^2 = 2m^* E_z / \hbar^2$，于是有

$$\frac{\mathrm{d}^2\varphi(z)}{\mathrm{d}z^2}+\alpha^2\varphi(z)=0 \tag{9-88}$$

在势垒内，$-b<z<0$，设 $\beta^2=2m^*(U_0-E_z)/\hbar^2=2m^*U_0/\hbar^2-\alpha^2$，于是有

$$\frac{\mathrm{d}^2\varphi(z)}{\mathrm{d}z^2}-\beta^2\varphi(z)=0 \tag{9-89}$$

由布洛赫定理，周期性势场的电子波函数满足式(1-10)所示的波函数，其一维形式为

$$\varphi(z)=\exp(\mathrm{i}k_z z)u_{kz}(z) \tag{9-90}$$

把式(9-90)分别代入式(9-88)、式(9-89)得到 $u_{kz}(z)$ 满足的方程分别为

$$\frac{\mathrm{d}^2u_{kz}(z)}{\mathrm{d}z^2}+2\mathrm{i}k_z\frac{\mathrm{d}u_{kz}(z)}{\mathrm{d}z}+(\alpha^2-k_z^2)u_{kz}(z)=0,\quad 0<z<c \tag{9-91}$$

$$\frac{\mathrm{d}^2u_{kz}(z)}{\mathrm{d}z^2}+2\mathrm{i}k_z\frac{\mathrm{d}u_{kz}(z)}{\mathrm{d}z}-(\beta^2+k_z^2)u_{kz}(z)=0,\quad -b<z<0 \tag{9-92}$$

式(9-91)、式(9-92)为二阶常系数微分方程。它们的解为

$$u_{kz}(z)=A\exp[\mathrm{i}(\alpha-k_z)z]+B\exp[-\mathrm{i}(\alpha+k_z)z],\quad 0<z<c \tag{9-93}$$

$$u_{kz}(z)=C\exp[(\beta-\mathrm{i}k_z)z]+D\exp[-(\beta+\mathrm{i}k_z)z],\quad -b<z<0 \tag{9-94}$$

其中，A、B、C 和 D 为常数，利用 u_{kz} 及其导数在 $z=0$ 和 $z=c$ 处连续，得到

$$\frac{\beta^2-\alpha^2}{2\alpha\beta}\sinh(\beta b)\sin(\alpha c)+\cosh(\beta b)\cos(\alpha c)=\cos(k_z l) \tag{9-95}$$

定义参数 $F(E_z)$ 为

$$F(E_z)=\frac{\beta^2-\alpha^2}{2\alpha\beta}\sinh(\beta b)\sin(\alpha c)+\cosh(\beta b)\cos(\alpha c) \tag{9-96}$$

由式(9-95)可以得到

$$F(E_z)=\cos(k_z l)$$

因为 k_z 是实数，$-1\leqslant\cos(k_z l)\leqslant 1$，所以

$$-1\leqslant F(E_z)\leqslant 1 \tag{9-97}$$

式(9-95)是决定电子能量的超越方程，对于给定的 b、c、U_0 和 m^*，可得到电子可能具有的能量所必须满足的条件，如图 9.18 所示。对允许带，找出相应的纵坐标值 $\cos(k_z l)$，可求出对应于每个能量的 k_z 值，由此作出 $E_z\sim k_z$ 的关系，如图 9.19 所示。由图 9.18 可见，只有部分能量满足式(9-97)，这些能量分别形成各个子能带，而不满足式(9-97)的能量就是禁带，这些能量是不允许电子或空穴存在的。

由于超晶格周期 $l=b+c$ 比一般的晶格常数 a 大得多，而超晶格材料的 $E_z\sim k_z$ 关系在

$$k_z=\pm\frac{n\pi}{l},\quad n=\pm1,\pm2,\cdots \tag{9-98}$$

处间断，原晶体的第一布里渊区将被分割成由 $\pm\frac{n\pi}{l}$ 所决定的许多微布里渊区。例如，对闪锌

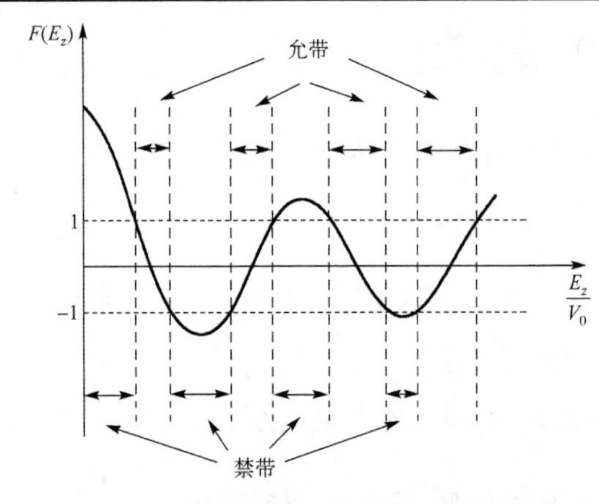

图 9.18 超晶格中能量的允带与禁带示意图

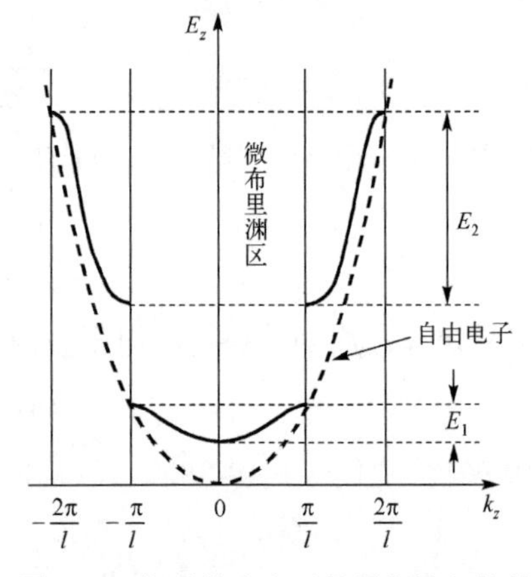

图 9.19 超晶格中电子能量与波矢的关系

矿结构形成的半导体，其第一布里渊区在一个方向的宽度为$\dfrac{4\pi}{a}$。若超晶格的周期为晶格常数 a 的 10 倍，那么原来正常晶体的每个布里渊区都将分割为 20 个微布里渊区。在每个微布里渊区中，超晶格材料的电子能量 E_z 与 k_z 的关系是连续变化的函数关系，分别形成多个子能带。由于微布里渊区远小于原第一布里渊区宽度，由波矢空间的周期性，原第一布里渊区的能带可以周期性地移动到第一微布里渊区内，即所谓布里渊区折叠。图 9.19 中的虚线表示自由电子的抛物线能带，而实线所代表的超晶格能带明显地为非抛物线型能带。

需要指出的是，本节讨论的超晶格的克勒尼希-彭尼势模型中并没有考虑势阱和势垒区载流子有效质量的差别，如果考虑该差别，则相关的理论推导将更为复杂。

如图 9.20 所示，GaAs/AlAs 超晶格的导带子能带分别为 E_1 和 E_2 [37]，其中，AlAs 势垒层厚度为 4nm。该能带按上述理论计算得到，对阱宽为 4.5nm 的结构，两个导带子能带的宽度只有 5meV 和 40meV。该结果表明，对 4nm 势垒宽度的超晶格结构，子能带 E_1 宽度和 9.4 节中讨论的垒宽为 8nm 的 GaAs/AlGaAs 单量子阱的基态子能级相差不大。在该超晶格中也观察到了不同偏压下微分电导的振荡行为，振荡周期为$(E_2 - E_1)/e$，其机制与单量子阱的相关性质类似。

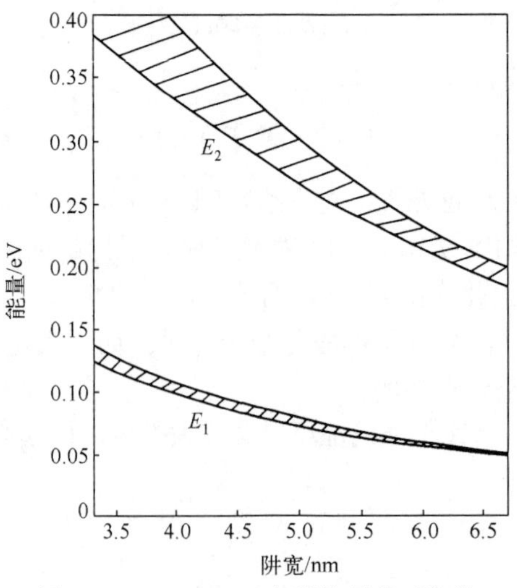

图 9.20 GaAs/AlAs 超晶格导带子能带

AlAs 势垒层厚度为 4nm

半导体超晶格形成的布里渊区折叠效应可以把间接带隙半导体制成具有直接带隙性质的超晶格，该效应已经被实验证实。

如图 9.21(a)所示，在电场$\mathcal{E}$中，在电场力的作用下，电子波矢不断地变化(一维情形)：

$$\hbar\frac{\mathrm{d}k}{\mathrm{d}t}=-e\mathcal{E} \tag{9-99}$$

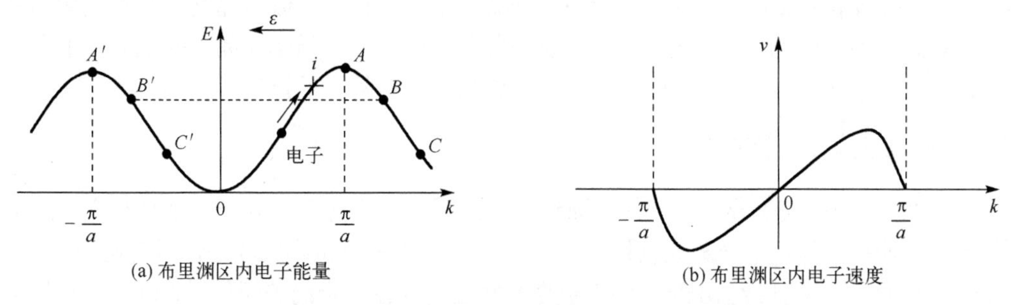

(a) 布里渊区内电子能量
(b) 布里渊区内电子速度

图 9.21 在外电场$\mathcal{E}$中电子在布里渊区运动示意图

如果没有散射，电子将从原点开始按箭头的方向运动，到达布里渊区边界 A 点，然后进入第二布里渊区继续运动。但这相当于从 $k=-\pi/a$ 所对应的 A' 点开始按箭头沿色散曲线运动。如此周而复始的运动称为布洛赫振荡，振荡周期为

$$T=\frac{2\pi}{a}\bigg/\left|\frac{\mathrm{d}k}{\mathrm{d}t}\right|=\frac{\hbar}{ae\mathcal{E}} \tag{9-100}$$

如图 9.21(b)所示，电子开始时速度不断增大，在色散曲线的拐点即点 i 处速度达到极值，然后开始减速运动，在布里渊区边界 A 点电子速度为 0。因此，如果电子能量允许它通过拐点，那么应当出现负的微分电阻。事实上，对半导体材料观察不到这样的效应，其原因在于散射时间远小于布洛赫振荡周期T。对应于超晶格，却有可能实现布洛赫振荡，因为微布里渊区的边界离Γ点的距离π/l远小于π/a，电子容易接近拐点。图 9.22(a)是一个超晶格的电流-电压曲线。该超晶格有 100 个周期，每个周期包含 6nm 宽的 GaAs 势阱层和约 1nm 宽的 $Al_{0.5}Ga_{0.5}As$ 势垒层。图 9.22(b)是理论计算曲线，可以发现实验结果和理论非常接近，这证明了上述分析是合理的。

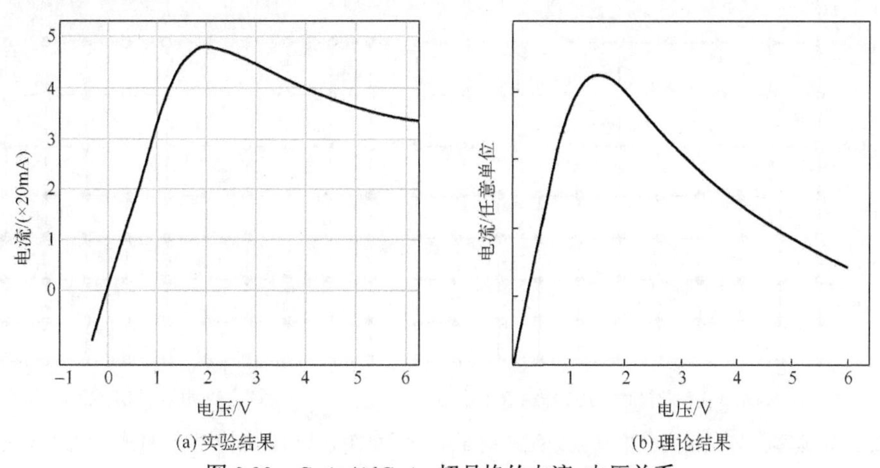

(a) 实验结果
(b) 理论结果

图 9.22 GaAs/AlGaAs 超晶格的电流-电压关系

半导体超晶格已经在许多领域获得应用，如本书第 10 章将介绍的量子级联激光器。

9.7　异质结构中的晶格失配与应变

在异质结构的制备过程中，晶格匹配是得到优质异质结构的重要条件之一。但绝大多数半导体材料的晶格常数并不相同，因此在某些条件下，人们只能制备晶格常数不匹配的外延材料。在晶格常数不匹配时，无论是材料制备还是外延层的性质都与晶格匹配条件下有较大的差别。研究发现，由晶格不匹配导致的应变结构有一些特殊的性质可以利用[14]。

9.7.1　晶格失配系统的结构

图 9.23 为晶格失配异质外延的剖面结构示意图，其中衬底和外延层都具有立方结构，晶格常数分别为 a_s 和 a_f。该外延薄膜可以是应变的，也可以是未应变的，后者也称为弛豫。如图 9.23(b)所示，在弛豫情况下，外延层与衬底之间存在一定的失配位错，以此补偿外延层与衬底之间晶格常数的差异。如图 9.23(c)所示的应变结构也称为赝晶体，即在衬底和外延层中的原子排列存在一一对应关系。这时，外延层中平行于界面的晶格常数必须等于衬底的晶格常数。由于平行于生长晶面内晶格常数的限制，外延层的原胞将发生畸变，畸变的大小由泊松比决定(泊松比是指垂直方向应变与水平方向应变之比，是基本的材料参数之一)。由于应变，立方结构的原胞畸变为四方结构。如果外延材料的晶格常数小于衬底材料的晶格常数，那么在平行于生长面方向晶格常数被拉长，而在垂直方向则被压缩，即在外延层中存在张应变(若相反则为压应变)。

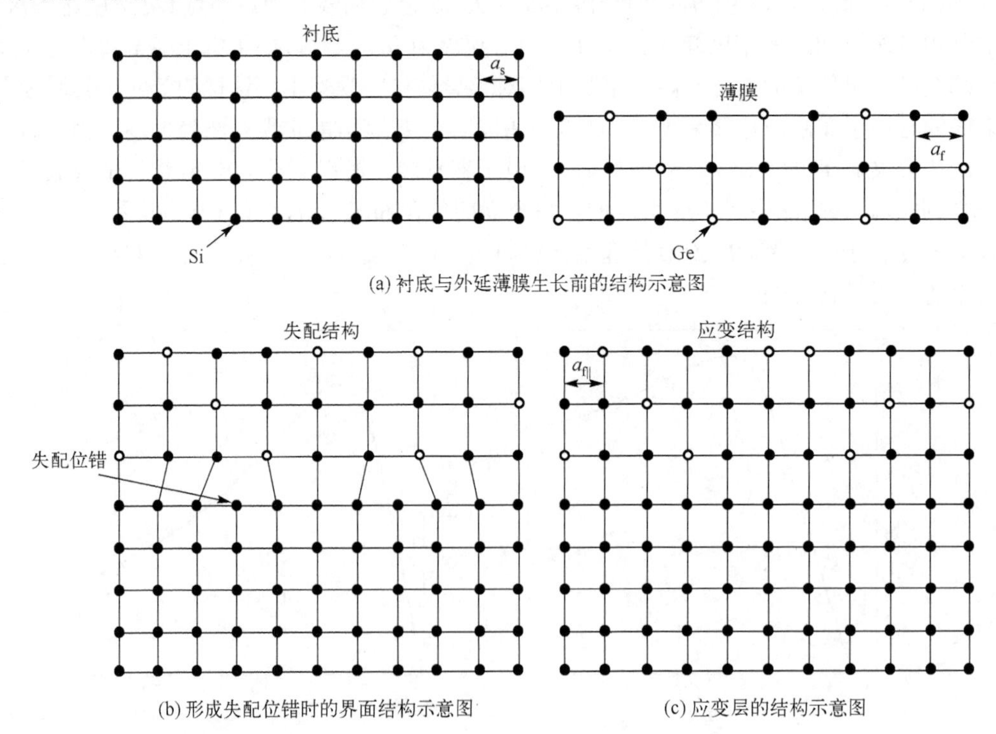

(a) 衬底与外延薄膜生长前的结构示意图

(b) 形成失配位错时的界面结构示意图　　(c) 应变层的结构示意图

图 9.23　外延薄膜与衬底的晶格常数失配的剖面结构示意图(以 Si 衬底上生长 GeSi 合金外延层为例)

定义生长面内的应变为

$$\varepsilon_{\|} = \frac{a_{f\|} - a_f}{a_f} \tag{9-101}$$

其中，$a_{f\|}$ 表示平行于界面或生长平面内的晶格常数；a_f 表示未应变的体材料的晶格常数。对于赝晶体的外延材料，$a_{f\|} = a_s$，其应变等于晶格失配。垂直于界面方向的应变为

$$\varepsilon_{\perp} = \frac{a_{f\perp} - a_f}{a_f} \tag{9-102}$$

其中，$a_{f\perp}$ 为垂直于界面的晶格常数，一般情况下 $a_{f\perp} \neq a_{f\|}$。因为绝大多数半导体晶体具有立方结构，外延层的应变使其向四方结构转变。定义四方畸变为

$$\varepsilon_{T} = \frac{\left|a_{f\perp} - a_{f\|}\right|}{a_f} \tag{9-103}$$

应变外延层的无界面失配的生长称为赝晶生长。这种赝晶生长模式不能稳定地无限生长下去，因为随着应变层厚度的增加，伴随应变的弹性能量也不断地增加。当弹性能量积累到一定程度时，应变能量将通过在界面附近产生失配位错而释放出来，应变层转变为完全弛豫的无应变层。因此，赝晶生长存在一个临界厚度。研究证明，赝晶生长的临界厚度随生长温度的升高而减小，随赝晶组分的不同而改变。例如，在 Si(001)衬底上赝晶生长 $Si_{1-x}Ge_x$，临界厚度随 Ge 组分 x 的增加而减小。

对于立方结构的应变层，应变能的面密度可以表示为

$$E_{\varepsilon} = \varepsilon_{\|}^2 Bh \tag{9-104}$$

其中，B 为比例系数；h 为应变层厚度。

9.7.2　应变层超晶格

由于应变层临界厚度的限制，应变层外延膜的厚度只能控制在一定的范围之内。正如 9.7.1 节讨论的，超晶格每个周期的厚度很小，因此应变层超晶格是可以制备的。图 9.24 给出了超晶格中两个子层与衬底晶格常数都不同形成的应变层超晶格示意图。对含有 A、B 两个应变子层的超晶格结构，超晶格的应变能可以表示为

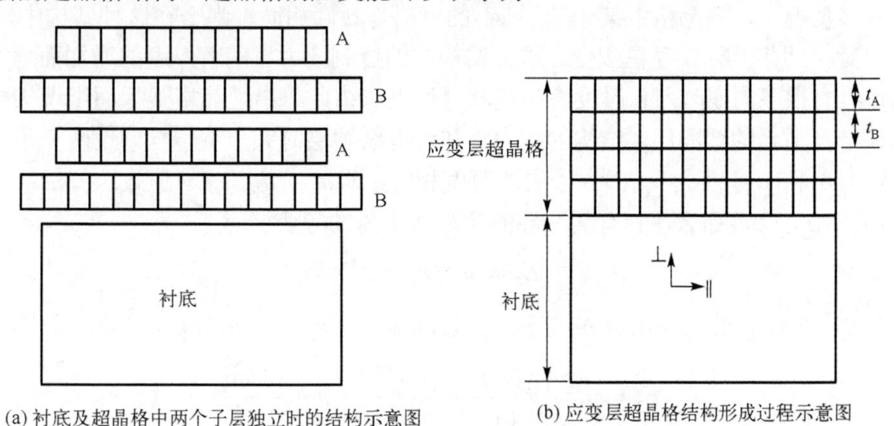

(a) 衬底及超晶格中两个子层独立时的结构示意图　　(b) 应变层超晶格结构形成过程示意图

图 9.24　应变层超晶格结构示意图

$$E = n(k_A d_A \varepsilon_A^2 + k_B d_B \varepsilon_B^2) \tag{9-105}$$

其中，n 为超晶格的周期数；d_A、d_B 为两个应变层 A、B 的厚度；ε_A、ε_B 为两个应变层的应变；k_A、k_B 为两个应变层的弹性常数。应变层超晶格生长时，平面内的晶格常数必须等于衬底或缓冲层的晶格常数，其中的缓冲层为衬底与超晶格结构之间的半导体薄膜。适当的缓冲层可以极大地减小超晶格中的应变能。缓冲层对应变层超晶格中应变分布的作用如图 9.25 所示。当超晶格在生长前存在缓冲层时，超晶格子层 A 和 B 之间的应变分布将平衡。例如，如果设计的缓冲层 C 的晶格常数介于 A 和 B 的晶格常数之间，那么这种超晶格中将没有净应力存在。

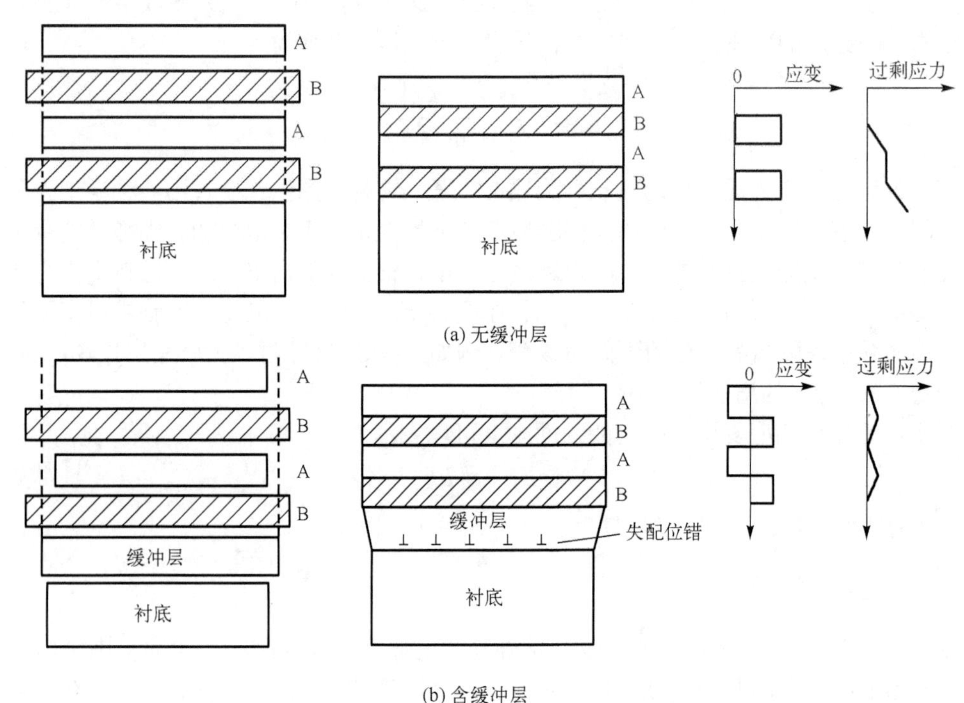

图 9.25　缓冲层对应变层超晶格结构及应变和过剩应力示意图

在许多情况下，超晶格中某一子层 A 的材料与衬底相同，那么在这种结构中，子层 A 中没有应变，只有子层 B 存在应变。这种结构中的过剩应力将随着厚度的增加而增大，因此当超晶格具有很多周期时，总厚度将超过临界厚度，由此将出现晶格弛豫而出现失配位错。

如果选择适当的缓冲层，结构的应力将和没有缓冲层时完全不一样。设两个子层的晶格常数分别为 a_A 和 a_B（设 $a_B > a_A$），子层的厚度相等，即 $d_A = d_B = d$。假设选择的缓冲层晶格常数为 $(a_A + a_B)/2$，那么在具有缓冲层的超晶格中总的应变能为

$$E_2 = ndk(\varepsilon_A^2 + \varepsilon_B^2) \tag{9-106}$$

其中，$k = k_A = k_B$。设 $a_B = a_A + \Delta a$，则 $\varepsilon_A = \Delta a/2a_A$，$\varepsilon_B = -\Delta a/2a_B$。因此，总的应变能为

$$E_2 = ndk \cdot \left(\frac{(\Delta a)^2}{4a_A^2} + \frac{(\Delta a)^2}{4a_B^2} \right) \approx ndk \frac{(\Delta a)^2}{2a_B^2} \tag{9-107}$$

如果没有缓冲层，则子层 A 中没有应变，子层 B 中的应变为 $\varepsilon_B = \Delta a/a_B$。总的应变能为

$$E_1 = ndk \cdot \left(0 + \frac{(\Delta a)^2}{a_B^2}\right) = ndk\frac{(\Delta a)^2}{a_B^2} \tag{9-108}$$

上述结果表明，由于应变能与应变的二次方成正比，没有缓冲层的结构中的应变能是具有缓冲层的应变能的 2 倍，因此系统中全部材料处于部分应变相对于一半材料处在最大应变状态在能量上是有利的，应变能的减小有助于超晶格结构的稳定。由图还可以看出，在有缓冲层的结构中两个子层分别处于张应变和压应变状态，结构中总的过剩应力互相抵消，即净过剩应力等于零。

9.8　应变对半导体能带的影响

根据固体物理理论，一个物体的应变由六个应变分量描述，即

$$\begin{cases} \varepsilon_{xx} = \dfrac{\partial u_x}{\partial x}, \varepsilon_{yy} = \dfrac{\partial u_y}{\partial y}, \varepsilon_{zz} = \dfrac{\partial u_z}{\partial z} \\ \varepsilon_{xy} = \dfrac{1}{2}\left(\dfrac{\partial u_x}{\partial y} + \dfrac{\partial u_y}{\partial x}\right), \varepsilon_{yz} = \dfrac{1}{2}\left(\dfrac{\partial u_y}{\partial z} + \dfrac{\partial u_z}{\partial y}\right), \varepsilon_{zx} = \dfrac{1}{2}\left(\dfrac{\partial u_z}{\partial x} + \dfrac{\partial u_x}{\partial z}\right) \end{cases} \tag{9-109}$$

其中，u_x、u_y、u_z 分别为 x、y、z 方向的形变位移。

类似地，应力也有六个分量：$\sigma_{xx},\sigma_{yy},\sigma_{zz},\sigma_{xy},\sigma_{yz},\sigma_{zx}$，其中，$\sigma_{ij}$ 代表垂直于 j 轴的单位面积平面上沿 i 方向上的力。在弹性形变范围内，应力分量与应变分量存在线性关系。如果将六个应变分量和六个应力分量分别看作有六个分量的列矢量，即

$$U = \begin{pmatrix} \varepsilon_{xx} \\ \varepsilon_{yy} \\ \varepsilon_{zz} \\ 2\varepsilon_{yz} \\ 2\varepsilon_{zx} \\ 2\varepsilon_{xy} \end{pmatrix}, T = \begin{pmatrix} \sigma_{xx} \\ \sigma_{yy} \\ \sigma_{zz} \\ \sigma_{yz} \\ \sigma_{zx} \\ \sigma_{xy} \end{pmatrix} \tag{9-110}$$

则两者之间的关系可以表示为

$$U_i = \sum_j S_{ij} T_j \tag{9-111}$$

$$T_i = \sum_j C_{ij} U_j \tag{9-112}$$

其中，S_{ij} 和 C_{ij} 分别为弹性顺度系数和弹性模量，显然，两者各有 36 个元素。对立方晶体，由对称性可以证明，只有 S_{11}、S_{12}、S_{44} 或 C_{11}、C_{12}、C_{44} 三个独立的参数。

半导体的应变对其能带有极大的影响，本书以 $In_xGa_{1-x}As/GaAs$ 和 Si/Ge_xSi_{1-x} 为例做简单的讨论[38]。

室温下 InAs 的晶格常数为 0.60583nm，GaAs 的晶格常数为 0.56533nm，而 InAs 的室温带隙 0.36eV 小于 GaAs 的 1.42eV。当 $In_{0.15}Ga_{0.85}As$ 与 GaAs 组成超晶格时，通常以 GaAs 为衬底。这时超晶格的面内晶格常数 $a_{\|}$ 与 GaAs 晶格常数相等，因此在 $In_{0.15}Ga_{0.85}As$ 中产生应

变，应变分量$\varepsilon_{xx}=\varepsilon_{yy}<0$。定义$\varepsilon_{xx}=\varepsilon_{yy}=-\varepsilon$，则$\varepsilon_{zz}=K\varepsilon$，其中，$K=2C_{12}/C_{11}$。可以证明，利用$In_{0.15}Ga_{0.85}As$价带顶的波函数，应变对$In_{0.15}Ga_{0.85}As$价带作用在$\left|\frac{3}{2}\frac{3}{2}\right\rangle$、$\left|\frac{3}{2}\frac{1}{2}\right\rangle$和$\left|\frac{1}{2}\frac{1}{2}\right\rangle$基矢中的哈密顿可以表示为

$$H_{\mathrm{s}}=\begin{vmatrix}-\delta E_{\mathrm{H}}+\delta E_{1} & 0 & 0\\ 0 & -\delta E_{\mathrm{H}}-\delta E_{1} & -\sqrt{2}\delta E_{1}\\ 0 & -\sqrt{2}\delta E_{1} & -\varDelta_{0}-\delta E_{\mathrm{H}}\end{vmatrix} \tag{9-113}$$

其中，能量原点取在价带顶，δE_{H}、δE_{1}分别为

$$\delta E_{\mathrm{H}}=-a(2-K)\varepsilon \tag{9-114}$$

$$\delta E_{1}=-b(1+K)\varepsilon \tag{9-115}$$

其中，形变参数a，b都是负数，比例系数$K<2$，所以δE_{H}，δE_{1}都大于零。解式(9-113)的久期方程，得到应变作用下空穴能级的位移：

$$\begin{cases}\Delta E_{\mathrm{hh}}=-\delta E_{\mathrm{H}}+\delta E_{1}\\ \Delta E_{\mathrm{lh}}=-\delta E_{\mathrm{H}}-\dfrac{\varDelta_{0}}{2}-\dfrac{\delta E_{1}}{2}+\dfrac{1}{2}\sqrt{\varDelta_{0}^{2}-2\varDelta_{0}\delta E_{1}+9(\delta E_{1})^{2}}\\ \Delta E_{\mathrm{so}}=-\delta E_{\mathrm{H}}-\dfrac{\varDelta_{0}}{2}-\dfrac{\delta E_{1}}{2}-\dfrac{1}{2}\sqrt{\varDelta_{0}^{2}-2\varDelta_{0}\delta E_{1}+9(\delta E_{1})^{2}}\end{cases} \tag{9-116}$$

其中，ΔE_{hh}、ΔE_{lh}、ΔE_{so}分别为重空穴、轻空穴和自旋-轨道分裂能级的位移。由式(9-116)可见，三个能级都有一个共同的向下位移$-\delta E_{\mathrm{H}}$，同时轻、重空穴在$\varGamma$点的能级简并解除。重空穴能级上升了δE_{1}，而轻空穴能级则下降，且轻空穴与自旋-轨道分裂能级发生耦合。

在应变超晶格中，一种(或两种)材料在$\varGamma$点的轻、重空穴能级分裂，这是应变超晶格的特有性质。研究发现，$In_{0.15}Ga_{0.85}As$/GaAs应变超晶格的能带位置与9.1节中介绍的常规Ⅰ型异质能带有显著的差异。如图9.26所示，轻、重空穴分别被约束在不同的材料中，即重空穴在$In_{0.15}Ga_{0.85}As$材料中，而轻空穴在GaAs材料中，也就是实现了轻、重空穴在空间上的分离。研究确定的能带阶跃为

$$\Delta E_{\mathrm{c}}=110\,\mathrm{meV}，\Delta E_{\mathrm{v,hh}}=50\,\mathrm{meV}，$$

$$\Delta E_{\mathrm{v,lh}}=-18\,\mathrm{meV}$$

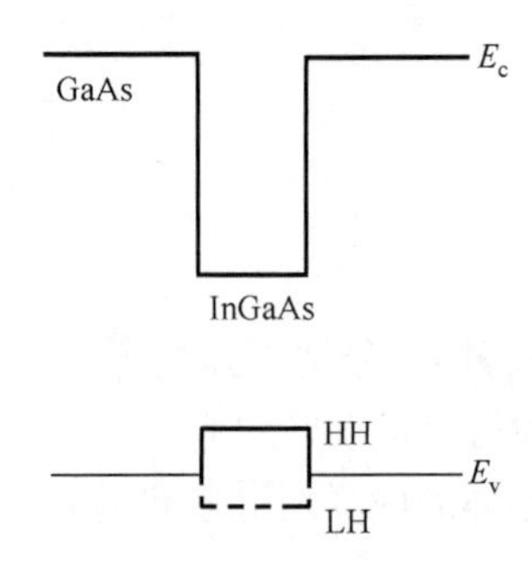

图9.26 $In_{0.15}Ga_{0.85}As$/GaAs超晶格能带结构
其中$In_{0.15}Ga_{0.85}As$的轻空穴价带边低于GaAs价带边

另一类研究较多的应变超晶格是Ge_xSi_{1-x}/Si超晶格。这种超晶格可应用成熟的Si工艺，在Si衬底上生长Ge_xSi_{1-x}合金，甚至Ⅲ-Ⅴ族化合物半导体，这样可以把光电器件和电子器件集成在一起，有很大的应用前景。

考虑在Si衬底上生长的情形。由于Ge的晶格常数大于Si的晶格常数，因此Ge_xSi_{1-x}合金在x、y方向受到压缩($\varepsilon_{xx}=\varepsilon_{yy}=-\varepsilon<0$)，在$z$方向伸长，类似于以上讨论的$In_xGa_{1-x}As$合金。因此它的价带在应变下的变化也和$In_xGa_{1-x}As$

类似，在此不再重复。

Ge 和 Si 都是间接带隙半导体，Si 的导带极小值在<100>方向，Ge 的导带底在<111>方向布里渊区边界。正如第 1 章讨论的，当 $x<0.75$ 时，Ge_xSi_{1-x} 合金的导带底也在<100>方向，本节就讨论这种情况。可以证明，在上述应变的作用下，Ge_xSi_{1-x} 合金的导带位置将发生移动。能量位移可以分为整体能量位移 ΔE_c^0 和非整体能量位移 ΔE_c^i。

$$\Delta E_c^0 = \left(\Xi_d + \frac{1}{3}\Xi_u\right)(K-2)\varepsilon \tag{9-117}$$

$$\Delta E_c^i = \begin{cases} \dfrac{2}{3}\Xi_u(K+1)\varepsilon, & \boldsymbol{k}_i\text{沿}z\text{方向} \\ -\dfrac{1}{3}\Xi_u(K+1)\varepsilon, & \boldsymbol{k}_i\text{沿}x,y\text{方向} \end{cases} \tag{9-118}$$

其中，Ξ_d、Ξ_u 为形变势。由于 Ξ_u、K 和 ε 都为正数，因此，四个在 x、y 方向的导带极小值能量降低，而两个在 z 方向的导带极小值能量上升，即原来简并的 6 个导带极小值不再简并。考虑到价带顶能量的变化，研究发现，在应变超晶格中，Ge_xSi_{1-x} 的带隙比没有应变时的相同体合金的带隙降低。两者的比较如图 9.27 所示。当 $x=0.6$ 时，应变 Ge_xSi_{1-x} 的带隙小于纯 Ge 的带隙，并已被实验证实。

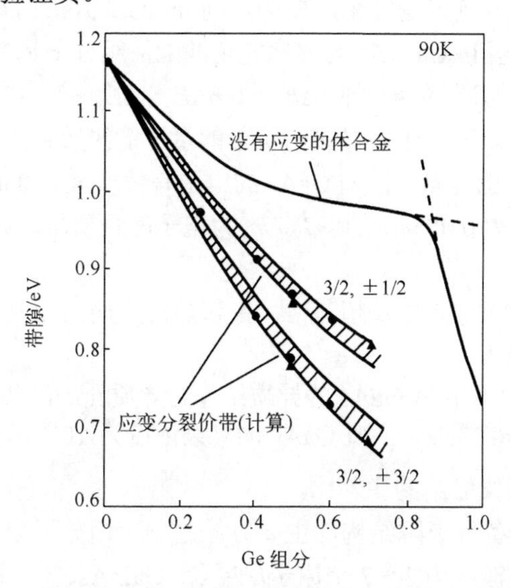

图 9.27　Ge_xSi_{1-x}/Si 超晶格带隙的计算值和实验值与 Ge 组分 x 的关系

图中阴影区是两个分裂的价带对应的带隙计算值，圆点和三角点是实验值；图中也给出没有应变的相应体合金带隙

应变也将对半导体的空穴有效质量产生显著影响。在应变超晶格中，如果量子阱材料在 x、y 方向受到压缩，在 z 方向伸长（$\varepsilon_{zz}>0$），则第一空穴带在 x-y 平面内的有效质量 $m_{\parallel}^*$ 会变小。这是由于在 $\varepsilon_{zz}>0$ 的应变下，第一重空穴带上升，第一轻空穴带下降，轻、重空穴带的分离使得它们之间的耦合作用减小，相应的第一子带明显变“陡”，因此其有效质量 $m_{\parallel}^*$ 减小。该结果已被 $In_{0.2}Ga_{0.8}As$/GaAs 应变超晶格的振荡磁阻实验证实。该有效质量的减小将极大地提高相关半导体激光器的性能。

习　题

1．什么是异质结？以 GaAs 和 $Al_xGa_{1-x}As$ ($x<0.4$) 为例，说明同型异质结和反型异质结。

2．什么是突变异质结？什么是缓变异质结？它们与同质的突变 pn 结和缓变 pn 结有什么不同？

3．异质 pn 结 p-GaAs/n-$Al_{0.3}Ga_{0.7}As$ 中 GaAs 掺有受主杂质 $10^{16}cm^{-3}$，$Al_{0.3}Ga_{0.7}As$ 中掺有施主杂质 $10^{15}cm^{-3}$，假设 GaAs/$Al_xGa_{1-x}As$ 异质结构中导带阶 $\Delta E_c = 0.6\Delta E_g$，$\Delta E_g = 1.247x$ eV ($x<0.4$)，已知 GaAs 电子有效质量为 $0.067m_e$，重空穴有效质量为 $0.45m_e$，轻空穴有效质量为 $0.085m_e$，GaAs 相对介电常数为 12.9，忽略 GaAs 与 AlGaAs 电子和空穴有效质量及两者的介电常数差异，计算：

(1) 导带与价带的 ΔE_c、ΔE_v；

(2) 接触电势差 V_D；

(3) 势垒区宽度。

4．在 InP 衬底上生长 $In_{0.4}Ga_{0.6}As$ 外延薄膜。已知 InP 晶格常数为 0.5868nm，InAs 的晶格常数为 0.6058nm，GaAs 的晶格常数为 0.5653nm。

(1) 如果 $In_{0.4}Ga_{0.6}As$ 外延膜是完全应变的，则 $In_{0.4}Ga_{0.6}As$ 外延层的应变是多少？

(2) 如果生长的外延层 $In_xGa_{1-x}As$ 与衬底完全匹配，组分 x 是多少？

5．$Al_xGa_{1-x}As$/GaAs 异质结的导带阶 $\Delta E_c = 0.6\Delta E_g$，$\Delta E_g = 1.247x$ eV ($x<0.40$)。$Al_{0.3}Ga_{0.7}As$ 量子阱的阱宽为 10nm，求该量子阱导带与价带的量子能级数目，并用无限深方势阱模型估算导带与价带基态子能级的能量。已知 GaAs 的电子有效质量为 $0.067m_e$，重空穴有效质量为 $0.45m_e$，轻空穴有效质量为 $0.085m_e$，其中，m_e 为电子静止质量，并忽略 $Al_xGa_{1-x}As$ 和 GaAs 有效质量的差异。

6．简立方晶格沿[100]方向生长超晶格，设超晶格周期 $l = 20a$，a 为晶格常数，讨论其布里渊区折叠情况。

7．用 n 型 $Ga_{0.5}In_{0.5}P$ 与 p 型 GaAs 的异质结作为异质 npn 晶体管的发射结，已知它们的带隙差 $\Delta E_g = \Delta E_c + \Delta E_v$=0.33eV，p 型 GaAs 的掺杂浓度为 $10^{19}cm^{-3}$，n 型 $Ga_{0.5}In_{0.5}P$ 的掺杂浓度为 $10^{18}cm^{-3}$，试估算发射结的注入比。

8．分子束外延是制备量子阱结构的主要方法之一，用分子束外延得到的量子阱结构界面是典型的突变界面，过渡区为 1～2 个原子单层(在 GaInAs 中一个单层约为 0.29nm)。估算以宽度为 15nm 的 GaInAs 为势阱，AlInAs 为势垒的量子阱基态的能级宽度，其中，势阱层的厚度有 1 个原子单层厚度的波动。已知 GaInAs 的电子有效质量为 $0.0427m_e$，其中，m_e 为电子静止质量，并忽略势垒区与势阱区电子有效质量的差异。假设基态能量可以用无限深方势阱模型近似。

第 10 章　半导体光学性质

微课

半导体光学是半导体特性研究的一个极为重要的领域，它是认识半导体的许多基本性质，特别是能带结构、电子态及结构性质的一个重要手段。

半导体光学特性的研究也为半导体开辟了许多重要领域的应用，如光的探测、半导体光伏、半导体光辐射等。半导体在光学领域中的应用，包括各类半导体探测和发光器件，是除半导体微电子器件以外的半导体最主要的应用。

本章主要讨论半导体光学常数、半导体光吸收、半导体光电导、半导体光伏和半导体光辐射等几个方面，其中半导体光吸收是许多半导体光学特性的基础，包括光电导、光伏和部分光辐射。半导体的光辐射就是第 5 章介绍的辐射复合。半导体光辐射从发光的性质来说，可以分为自发辐射和受激辐射两类。本章将详细讨论半导体自发辐射与受激辐射的物理机制，具体包括爱因斯坦 A、B 系数及自发辐射和受激辐射的辐射率，半导体发光的主要机制，发光二极管结构和半导体照明，半导体激光原理，异质半导体激光器，半导体量子阱激光原理等内容。

10.1　半导体的光学常数

10.1.1　半导体的折射率与吸收系数

固体对光的吸收过程，通常用折射率、消光系数或吸收系数等参数来表征。这些参数与固体介电常数之间的关系，可以用经典电磁理论导出[39,40]。

假设半导体不带电且各向同性，光波在半导体中的传播符合麦克斯韦方程组：

$$\begin{cases} \nabla \cdot \boldsymbol{D} = 0 \\ \nabla \cdot \boldsymbol{B} = 0 \\ \nabla \times \boldsymbol{\mathcal{E}} = -\dfrac{\partial \boldsymbol{B}}{\partial t} \\ \nabla \times \boldsymbol{B} = \boldsymbol{J} + \dfrac{\partial \boldsymbol{D}}{\partial t} \end{cases} \tag{10-1}$$

对于各向同性介质，存在下列关系：

$$\boldsymbol{J} = \sigma \boldsymbol{\mathcal{E}}\,,\quad \boldsymbol{B} = \mu_{\mathrm{r}}\mu_0 \boldsymbol{H}\,,\quad \boldsymbol{D} = \varepsilon_{\mathrm{r}}\varepsilon_0 \boldsymbol{\mathcal{E}} \tag{10-2}$$

其中，第一个关系就是电学中的欧姆定律，后两个关系一般称为本构关系；σ 为电导率；μ_{r} 和 ε_{r} 分别为材料的相对磁导率和相对介电常数；μ_0 和 ε_0 分别为真空磁导率和真空介电常量。

对非磁性介质，$\mu_{\mathrm{r}} = 1$。由式(10-2)，麦克斯韦方程组可以表示为

$$\nabla \cdot \boldsymbol{\mathcal{E}} = 0 \tag{10-3a}$$

$$\nabla \cdot \boldsymbol{H} = 0 \tag{10-3b}$$

$$\nabla \times \boldsymbol{\mathcal{E}} = -\mu_0 \frac{\partial \boldsymbol{H}}{\partial t} \tag{10-3c}$$

$$\nabla \times \boldsymbol{H} = \sigma \boldsymbol{\mathcal{E}} + \varepsilon_r \varepsilon_0 \frac{\partial \boldsymbol{\mathcal{E}}}{\partial t} \tag{10-3d}$$

由式(10-3c)、式(10-3d)可得

$$\nabla \times \nabla \times \boldsymbol{\mathcal{E}} = -\mu_0 \frac{\partial}{\partial t}(\nabla \times \boldsymbol{H}) = -\mu_0 \left(\sigma \frac{\partial \boldsymbol{\mathcal{E}}}{\partial t} + \varepsilon_r \varepsilon_0 \frac{\partial^2 \boldsymbol{\mathcal{E}}}{\partial t^2} \right)$$

考虑到$\nabla \times \nabla \times \boldsymbol{\mathcal{E}} = \nabla(\nabla \cdot \boldsymbol{\mathcal{E}}) - \nabla^2 \boldsymbol{\mathcal{E}}$，可以得到下面的方程：

$$\nabla^2 \boldsymbol{\mathcal{E}} - \mu_0 \left(\sigma \frac{\partial \boldsymbol{\mathcal{E}}}{\partial t} + \varepsilon_r \varepsilon_0 \frac{\partial^2 \boldsymbol{\mathcal{E}}}{\partial t^2} \right) = 0 \tag{10-4}$$

对于磁场可以得到类似的方程：

$$\nabla^2 \boldsymbol{H} - \mu_0 \left(\sigma \frac{\partial \boldsymbol{H}}{\partial t} + \varepsilon_r \varepsilon_0 \frac{\partial^2 \boldsymbol{H}}{\partial t^2} \right) = 0 \tag{10-5}$$

考虑沿x方向传播的平面电磁波，取$\boldsymbol{\mathcal{E}}$的一个分量$\mathcal{E}_y$，它可以表示为

$$\mathcal{E}_y = \mathcal{E}_0 \exp[\mathrm{i}(kx - \omega t)] \tag{10-6}$$

一般情况下，半导体的宏观光学性质可以用折射率n_r和消光系数κ表示，两者都是频率的函数，并且可以看成复折射率的实部和虚部，即

$$\tilde{n}(\omega) = n_r(\omega) + \mathrm{i}\kappa(\omega) \tag{10-7}$$

考虑复折射率后，式(10-6)可以表示为

$$\mathcal{E}_y = \mathcal{E}_0 \exp[\mathrm{i}\omega(\tilde{n}x / c - t)] \tag{10-8}$$

考虑下列关系：

$$\frac{k}{\omega} = \frac{\tilde{n}(\omega)}{c} = \frac{n_r(\omega)}{c} + \mathrm{i}\frac{\kappa(\omega)}{c}$$

即

$$k = \frac{\omega n_r(\omega)}{c} + \mathrm{i}\frac{\omega \kappa(\omega)}{c} \tag{10-9}$$

把式(10-9)代入式(10-6)，得

$$\mathcal{E}_y = \mathcal{E}_0 \exp(-\omega \kappa x / c) \exp[\mathrm{i}\omega(n_r x / c - t)] \tag{10-10}$$

式(10-10)的第一项说明电场以指数形式衰减。考虑到光强$I \propto |\mathcal{E}|^2$，在吸收的介质中

$$I(x) = I_0 \exp[-\alpha(\omega)x] \tag{10-11}$$

其中，$\alpha(\omega)$为吸收系数，比较式(10-11)和式(10-10)，得

$$\alpha(\omega) = \frac{2\omega\kappa(\omega)}{c} = \frac{4\pi\kappa(\omega)}{\lambda_0} \tag{10-12}$$

对无损耗介质，电导率$\sigma = 0$，则式(10-4)可以简化为

$$\nabla^2 \boldsymbol{\mathcal{E}} - \mu_0 \varepsilon_{\mathrm{r}} \varepsilon_0 \frac{\partial^2 \boldsymbol{\mathcal{E}}}{\partial t^2} = 0 \tag{10-13}$$

则无损耗介质中光速为

$$v = \frac{c}{\sqrt{\varepsilon_{\mathrm{r}}}} = \frac{c}{n_{\mathrm{r}}} \tag{10-14}$$

其中，真空中光速 $c = 1/\sqrt{\mu_0 \varepsilon_0}$ 。显然对无损耗介质，相对介电常数 ε_{r} 和折射率是实数，且 $n_{\mathrm{r}} = \sqrt{\varepsilon_{\mathrm{r}}}$ 。

对有损介质，折射率不再是实数，而是由式(10-7)表示的复数，把式(10-7)代入式(10-4)，可以得到以下关系：

$$\tilde{n}^2 = \varepsilon_{\mathrm{r}} + \frac{\mathrm{i}\sigma}{\omega \varepsilon_0} \tag{10-15}$$

式(10-15)可以表示为

$$\tilde{n}^2 = (n_{\mathrm{r}} + \mathrm{i}\kappa)^2 = \widetilde{\varepsilon_{\mathrm{r}}} = \varepsilon_{\mathrm{r}}' + \mathrm{i}\varepsilon_{\mathrm{r}}'' \tag{10-16}$$

其中，$\widetilde{\varepsilon_{\mathrm{r}}}$ 为复相对介电常数，且

$$\text{实部}\ \varepsilon_{\mathrm{r}}' = \varepsilon_{\mathrm{r}}, \qquad \text{虚部}\ \varepsilon_{\mathrm{r}}'' = \frac{\sigma}{\omega \varepsilon_0} \tag{10-17}$$

由式(10-16)可得

$$\begin{cases} n_{\mathrm{r}}^2 - \kappa^2 = \varepsilon_{\mathrm{r}}' \\ 2n_{\mathrm{r}}\kappa = \varepsilon_{\mathrm{r}}'' \end{cases} \tag{10-18}$$

由式(10-18)得

$$\begin{cases} n_{\mathrm{r}} = \dfrac{1}{\sqrt{2}}[(\varepsilon_{\mathrm{r}}'^2 + \varepsilon_{\mathrm{r}}''^2)^{1/2} + \varepsilon_{\mathrm{r}}']^{1/2} \\ \kappa = \dfrac{1}{\sqrt{2}}[(\varepsilon_{\mathrm{r}}'^2 + \varepsilon_{\mathrm{r}}''^2)^{1/2} - \varepsilon_{\mathrm{r}}']^{1/2} \end{cases} \tag{10-19}$$

由式(10-12)、式(10-18)，吸收系数可以表示为

$$\alpha(\omega) = \frac{2\omega\kappa(\omega)}{c} = \frac{\omega \varepsilon_{\mathrm{r}}''(\omega)}{n_{\mathrm{r}}(\omega)c} \tag{10-20}$$

式(10-19)给出了半导体折射率的实部与虚部分别和介电常数实部与虚部的关系。需要指出的是，介电常数、折射率及吸收系数都是频率(或波长)的函数，它们与频率(或波长)的关系通常称为色散关系。

10.1.2　克拉默斯-克勒尼希(K-K)关系

每一对光学常数(如 n_{r} 和 κ， $\varepsilon_{\mathrm{r}}'$ 和 $\varepsilon_{\mathrm{r}}''$)之间都有某种内在的联系，基于某种微观物理模型，解出这些量的表达式，可以找到它们的内在联系。但是，不依赖于具体的物理模型，从这些物理量的基本性质及基本物理条件出发，运用数学方法也可以推导它们之间的函数关系和内在联系，这就是所谓 K-K 关系，本节将简要地导出 K-K 关系。本节以介电常数

$\varepsilon(\omega)=\widetilde{\varepsilon_{\rm r}}(\omega)\varepsilon_0$ 为例引入 K-K 关系，然后推广到其他情况。

介质对外电场的响应用极化强度 $\boldsymbol{P}(t)$ 来描述，对于各向同性的均匀介质，极化强度 $\boldsymbol{P}(t)$ 为

$$\boldsymbol{P}(t)=\boldsymbol{D}(t)-\varepsilon_0\boldsymbol{\mathcal{E}}(t)=\varepsilon_0[\widetilde{\varepsilon_{\rm r}}(\omega)-1]\boldsymbol{\mathcal{E}}(t) \tag{10-21}$$

由傅里叶变换的逆变换，式(10-21)可以表示为

$$\boldsymbol{P}(t)=\int_{-\infty}^{\infty}\varepsilon_0[\widetilde{\varepsilon_{\rm r}}(\omega)-1]\boldsymbol{\mathcal{E}}(\omega)\exp(-{\rm i}\omega t)\frac{{\rm d}\omega}{2\pi} \tag{10-22}$$

其中，$\boldsymbol{\mathcal{E}}(t)$ 是平方可积函数，对应于具有一定能量的波列，因此可以将傅里叶变换代入式 (10-22)，即

$$\boldsymbol{\mathcal{E}}(\omega)=\int_{-\infty}^{\infty}\boldsymbol{\mathcal{E}}(t)\exp({\rm i}\omega t){\rm d}t \tag{10-23}$$

由此得

$$\begin{aligned}\boldsymbol{P}(t)&=\int_{-\infty}^{\infty}\varepsilon_0[\widetilde{\varepsilon_{\rm r}}(\omega)-1]{\rm d}\omega\int_{-\infty}^{\infty}\boldsymbol{\mathcal{E}}(t')\exp[{\rm i}\omega(t'-t)]\frac{{\rm d}t'}{2\pi}\\&=\int_{-\infty}^{\infty}\boldsymbol{\mathcal{E}}(t'){\rm d}t'\int_{-\infty}^{\infty}\varepsilon_0[\widetilde{\varepsilon_{\rm r}}(\omega)-1]\exp[-{\rm i}\omega(t-t')]\frac{{\rm d}\omega}{2\pi}\\&=\int_{-\infty}^{\infty}G(t-t')\boldsymbol{\mathcal{E}}(t'){\rm d}t'\end{aligned} \tag{10-24}$$

其中

$$G(t-t')=\int_{-\infty}^{\infty}\varepsilon_0[\widetilde{\varepsilon_{\rm r}}(\omega)-1]\exp[-{\rm i}\omega(t-t')]\frac{{\rm d}\omega}{2\pi} \tag{10-25}$$

式(10.25)表明，$G(t-t')$ 是一个响应函数，它给出 t' 时刻 δ 函数的电场脉冲引起的极化响应在 t 时刻的值，它是 $\widetilde{\varepsilon_{\rm r}}(\omega)-1$ 的傅里叶逆变换。如果定义 G 函数的傅里叶积分可以逆运算，则可以得到

$$\widetilde{\varepsilon_{\rm r}}(\omega)-1=\frac{1}{\varepsilon_0}\int_{-\infty}^{\infty}G(T)\exp({\rm i}\omega T){\rm d}T \tag{10-26}$$

下面讨论这个逆运算可行的条件。首先，因果律要求在施加电场之前无响应，即要求 $T<0$ 时 $G(T)=0$，因此式(10-26)就定义了一个函数，它对于虚部 ω 为正的复 ω 是解析的。为了证明这点，可以指出，式(10-26)对 ω 的微商与它在复平面上所沿的路径无关，并且由于收敛因子 $\exp(-\omega T)$ 的缘故，它在上半平面内收敛。这样可以得出 $\widetilde{\varepsilon_{\rm r}}(\omega)-1$，因而 $\widetilde{\varepsilon_{\rm r}}(\omega)$ 本身在复平面 ω 的上半平面内是解析函数的结论。需要指出的是，所考虑的函数随时间的改变由 $\exp(-{\rm i}\omega T)$ 给出。

为从 $\widetilde{\varepsilon_{\rm r}}(\omega)-1$ 的解析性导出色散关系，利用解析函数沿不包含奇点的回路积分为零这一数学结果。这样，当积分沿如图 10.1 所示的等值线进行时，可以写出

$$\oint\frac{\widetilde{\varepsilon_{\rm r}}(\omega')-1}{\omega'-\omega}{\rm d}\omega'=0 \tag{10-27}$$

图 10.1 中实轴上在 ω 处有一个奇点，可以用一个半径为 δ 的半圆把它排除在积分之外。

下面分析式(10.27)，沿实轴从 $-\infty$ 到 $\omega-\delta$ 和从 $\omega+\delta$ 到 ∞ 的积分，在 $\delta\to 0$ 的极限下，按定义其值为沿实轴的柯西积分主值。沿包围等值线的大圆对积分的贡献为零，因为对任何真实介质，可以假定 $\omega\to\infty$ 时极化响应 $\boldsymbol{P}(\omega\to\infty)\to 0$，所以极化率 $\chi(\omega\to\infty)=[\widetilde{\varepsilon_{\mathrm{r}}}(\omega\to\infty)-1]\to 0$。最后沿奇点周围的小半圆积分，其值为 $-\mathrm{i}\pi[\widetilde{\varepsilon_{\mathrm{r}}}(\omega)-1]$，这样可以得到

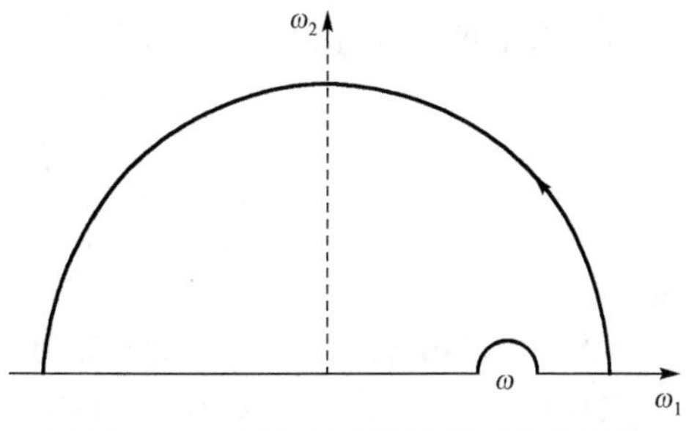

图 10.1　ω 复平面上被积函数的积分路径

$$\widetilde{\varepsilon_{\mathrm{r}}}(\omega)-1=\frac{1}{\mathrm{i}\pi}P\int_{-\infty}^{\infty}\frac{\widetilde{\varepsilon_{\mathrm{r}}}(\omega')-1}{\omega'-\omega}\mathrm{d}\omega' \tag{10-28}$$

其中，P 表示柯西主值积分。把式(10.28)分别按实部、虚部写出，得

$$\begin{cases}\varepsilon_{\mathrm{r}}'-1=\dfrac{1}{\pi}P\displaystyle\int_{-\infty}^{\infty}\frac{\varepsilon_{\mathrm{r}}''(\omega')}{\omega'-\omega}\mathrm{d}\omega' \\ \varepsilon_{\mathrm{r}}''=-\dfrac{1}{\pi}P\displaystyle\int_{-\infty}^{\infty}\frac{\varepsilon_{\mathrm{r}}'(\omega')-1}{\omega'-\omega}\mathrm{d}\omega'\end{cases} \tag{10-29}$$

为使方程在物理上有意义，将积分变换到正频域上。考虑函数 $\widetilde{\varepsilon_{\mathrm{r}}}(\omega)$ 实部和虚部的奇、偶性，并注意到

$$P\int_{-\infty}^{\infty}\frac{f(x)}{x-a}\mathrm{d}x=P\int_{0}^{\infty}\frac{x[f(x)-f(-x)]+a[f(x)+f(-x)]}{x^2-a^2}\mathrm{d}x \tag{10-30}$$

将式(10-30)代入式(10-29)，并考虑到

$$\begin{cases}\varepsilon_{\mathrm{r}}'(-\omega)=\varepsilon_{\mathrm{r}}'(\omega) \\ \varepsilon_{\mathrm{r}}''(-\omega)=-\varepsilon_{\mathrm{r}}''(\omega)\end{cases} \tag{10-31}$$

可以得到如下色散关系：

$$\begin{cases}\varepsilon_{\mathrm{r}}'-1=\dfrac{2}{\pi}P\displaystyle\int_{0}^{\infty}\frac{\omega'\varepsilon_{\mathrm{r}}''(\omega')}{\omega'^2-\omega^2}\mathrm{d}\omega' \\ \varepsilon_{\mathrm{r}}''=-\dfrac{2\omega}{\pi}P\displaystyle\int_{0}^{\infty}\frac{\varepsilon_{\mathrm{r}}'(\omega')}{\omega'^2-\omega^2}\mathrm{d}\omega'\end{cases} \tag{10-32}$$

在式(10.32)中，已经在被积函数的分子中略去了常数因子。容易证明，只要 $\omega\neq 0$，满足

$$P\int_{0}^{\infty}\frac{1}{\omega'^2-\omega^2}\mathrm{d}\omega'=0 \tag{10-33}$$

在推导式(10-32)时，没有提到明确的限制条件。应该假定 $\widetilde{\varepsilon_{\mathrm{r}}}(\omega)$ 是有界的，这导致了式(1-32)中与真空介电常量 ε_0 有关的因子 1 的存在。实际上，它就是在高频下 $\varepsilon_{\mathrm{r}}'(\omega)$ 的极限值。还需要指出，在有限频率上存在奇点或在无穷频率时的发散也是可以处理的，即只需修正色散关系式，使之包含一个任意常数项。作为一个例子，考虑直流电导为 σ 的导体或半导体，其直流相对介电常数为 $\sigma/(\omega\varepsilon_0)$，因此 $\omega\to 0$ 时，$\varepsilon_{\mathrm{r}}''$ 并不趋于零或有限值，即 $\omega\to 0$ 时，$\varepsilon_{\mathrm{r}}''$ 并不有界(有限)。这一困难是容易解决的，只需在整个色散关系的推导中，将凡涉及 $\varepsilon_{\mathrm{r}}''$ 的都减去 $\sigma/(\omega\varepsilon_0)$。既然这一附加项对积分贡献为零，因而式(10-32)右侧不必做任何改变，而

在方程的左边减去 $\sigma/(\omega\varepsilon_0)$，于是得

$$\begin{cases}\varepsilon_r'-1=\dfrac{2}{\pi}P\displaystyle\int_0^{\infty}\dfrac{\omega'\varepsilon_r''(\omega')}{\omega'^2-\omega^2}d\omega' \\ \varepsilon_r''-\sigma/(\omega\varepsilon_0)=-\dfrac{2\omega}{\pi}P\displaystyle\int_0^{\infty}\dfrac{\varepsilon_r'(\omega')}{\omega'^2-\omega^2}d\omega'\end{cases} \tag{10-34}$$

这样，式(10-32)、式(10-34)的推导只包含三个最一般的假定，即被积函数有界、线性响应关系和因果律。式(10-32)和式(10-34)常被称为克拉默斯-克勒尼希关系，简称 K-K 关系，因为他们两人首先给出了介电常数的实部与虚部的关系，并成功地用于研究包括 X 射线在内的光学常数的色散关系。

其他光学常数间也存在 K-K 关系，如折射率的实部 $n_r(\omega)$ 和虚部 $\kappa(\omega)$。但它们的推导不如介电常数实部与虚部间的关系那么直接，因为它们不是响应函数，在此仅给出结果，有关推导过程，感兴趣的读者可以参考相关专业文献或专著。

$$\begin{cases}n_r(\omega)-1=\dfrac{2}{\pi}P\displaystyle\int_0^{\infty}\dfrac{\omega'\kappa(\omega')}{\omega'^2-\omega^2}d\omega' \\ \kappa(\omega)=-\dfrac{2\omega}{\pi}P\displaystyle\int_0^{\infty}\dfrac{n_r(\omega')}{\omega'^2-\omega^2}d\omega'\end{cases} \tag{10-35}$$

10.1.3　半导体光学常数的测量

光学常数谱对半导体材料的实际应用，无论是微电子领域的各种电子器件，还是光电子领域的各种光电子器件，都有重要意义。

测量半导体光学常数谱的最常用的、实验上最简便的方法是吸收光谱和反射光谱方法。作为一种测量固体光学常数谱的方法，吸收光谱适用于大致透明或者吸收系数较小($\alpha<(10^2\sim10^3)\text{cm}^{-1}$)的波段，并直接测量与某一微观过程相联系的消光系数谱 $\kappa(\omega)$；反射谱则适用于材料不透明，即吸收系数较大的波段($\alpha>(10^2\sim10^3)\text{cm}^{-1}$)。由于受到材料中真实微观物理机制、适用光谱仪和光学零部件等的制约，它们通常适用于近紫外、可见和一般红外波段的光学常数谱的测量。

测量半导体及其他固体光学常数谱的第二种常用方法是椭圆偏振光谱方法，即同时测量反射光光束振幅衰减和相位改变。它可以经由光谱测量，而不必借助 K-K 变换，直接求得被测样品的折射率 $n_r(\omega)$ 和消光系数 $\kappa(\omega)$，从而获得被研究固体的全部光学常数。这种方法在最近几十年获得了较大的发展。

10.2　半导体的带间光吸收

光吸收是半导体中最基本的物理过程之一，是半导体中产生非平衡载流子的重要方法。半导体光吸收的研究对掌握半导体的能带结构有重要的意义，也为半导体中许多应用奠定了基础。

半导体的光吸收可分为带间吸收和非带间吸收两大类。本节主要讨论带间光吸收[39,40]。

10.2.1　带间吸收光谱的实验规律

图 10.2(a)表示室温下 GaAs 的吸收光谱，可以看到在 1.4eV 附近吸收曲线急剧地变化，

形成所谓吸收边。图 10.2(b)表示室温下 Ge 的吸收光谱，可以看出其在 0.7～0.8eV 吸收曲线有急剧的变化，但和 GaAs 的吸收谱又有较大的差别，随着光子能量的增加，在吸收系数 10^2cm^{-1} 附近有一个明显的拐折。仔细研究吸收边的结构，可以发现一些规律性的结果。

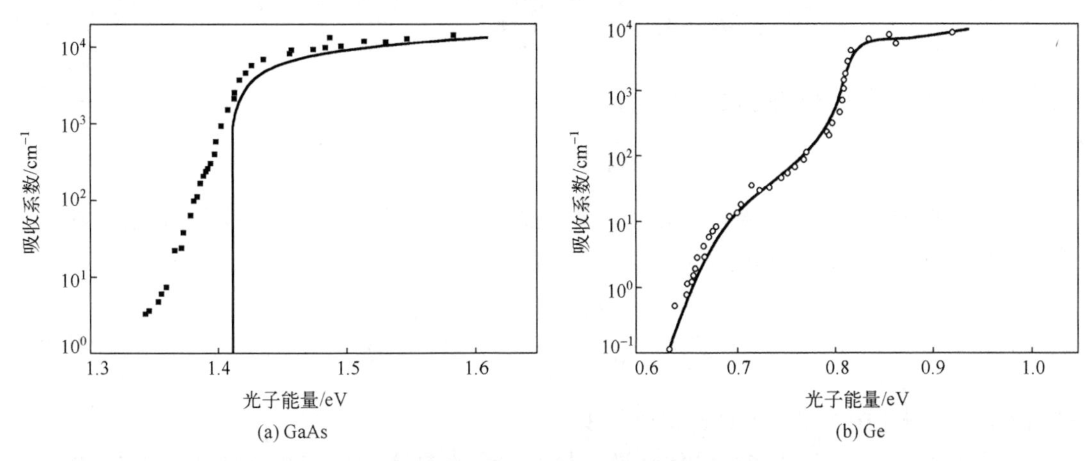

(a) GaAs　　(b) Ge

图 10.2　室温下 GaAs 和 Ge 的吸收光谱

在强吸收区，吸收系数 α 可达 10^4～10^6cm^{-1}，其随光子能量的变化为幂指数规律，其指数可能为 1/2、3/2、2 等。吸收边包含了半导体吸收的丰富信息。

10.2.2　直接跃迁

在 GaAs 等直接带隙半导体中，多数情况下，价带中的电子吸收光子后可以直接跃迁到导带。如图 10.3 所示，跃迁过程必须遵守动量守恒和能量守恒这两个基本物理规律。跃迁过程中的动量守恒可以表示为

$$\boldsymbol{k}_\text{i} + \boldsymbol{k}_\text{光} = \boldsymbol{k}_\text{f} \tag{10-36}$$

其中，$\boldsymbol{k}_\text{i}$ 表示电子在价带时的初态波矢；$\boldsymbol{k}_\text{f}$ 表示电子到达导带后的终态波矢；$\boldsymbol{k}_\text{光}$ 为光子波矢。由于可见光和近可见波段的光子波矢 $\boldsymbol{k}_\text{光}$ 比电子波矢 $\boldsymbol{k}_\text{i}$ (或 $\boldsymbol{k}_\text{f}$) 小几个数量级，光子波矢 $\boldsymbol{k}_\text{光}$ 可以忽略不计，因此直接跃迁中的动量守恒可以表示为

$$\boldsymbol{k}_\text{i} = \boldsymbol{k}_\text{f} = \boldsymbol{k} \tag{10-37}$$

式(10-37)表示跃迁前后的电子波矢保持不变。

如图 10.3 所示，以价带顶为原点，跃迁过程中的能量守恒可以表示为

$$\hbar\omega = E_\text{f} + |E_\text{i}| \tag{10-38}$$

采用有效质量近似，以价带顶为坐标原点，在布里渊区中心附近价带和导带都为抛物线型能量结构，用 k 表示 $\boldsymbol{k}$ 的大小，初态和终态能量可以表示为

$$E_\text{i}(k_\text{i}) = -\frac{\hbar^2 k_\text{i}^2}{2m_\text{p}^*} = -\frac{\hbar^2 k^2}{2m_\text{p}^*} \tag{10-39}$$

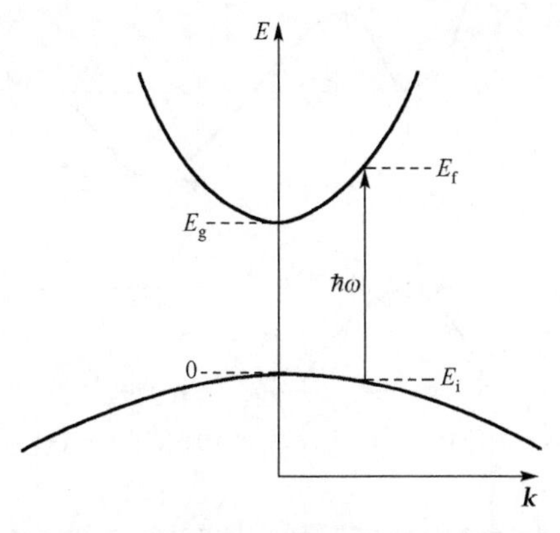

图 10.3　直接带隙半导体中带间直接跃迁

$$E_f = E_g + \frac{\hbar^2 k_f^2}{2m_n^*} = E_g + \frac{\hbar^2 k^2}{2m_n^*} \tag{10-40}$$

$$\hbar\omega = E_g + \frac{\hbar^2 k^2}{2m_p^*} + \frac{\hbar^2 k^2}{2m_n^*} = E_g + \frac{\hbar^2 k^2}{2m_{e\text{-}h}^*} \tag{10-41}$$

其中，$m_{e\text{-}h}^*$ 为电子和空穴的折合有效质量，

$$m_{e\text{-}h}^{*-1} = m_n^{*-1} + m_p^{*-1}$$

进一步的研究表明，对直接带隙半导体，如果对于任何 $\boldsymbol{k}$ 值的跃迁都是允许的，则吸收系数与光子能量的关系可以表示为

$$\alpha(\hbar\omega) = \begin{cases} A(\hbar\omega - E_g)^{1/2}, & \hbar\omega \geqslant E_g \\ 0, & \hbar\omega < E_g \end{cases} \tag{10-42}$$

式(10-42)就是图 10.2(a)中的理论拟合曲线。

需要指出的是，对某些半导体来说，量子力学选择定则导致布里渊区中心 $\boldsymbol{k}=0$ 的直接跃迁是禁戒的。该结果可以从能带-原子能级模型的角度得到说明。第 1 章曾介绍，晶体中的能带是由组成晶体的原子能级耦合扩展而成。假如半导体价带是由 p 态的原子能级耦合扩展而成，而导带由 s 态原子轨道扩展而成；或者相反，价带由 s 态原子能级耦合扩展而成，而导带由 p 态原子能级扩展而成，那么布里渊区中心的直接跃迁就是允许的。但是如果价带由 d 态原子轨道演变而来，而导带由 s 态原子能级耦合扩展而成(或者相反的情况)，那么类比于原子跃迁的情况，$\boldsymbol{k}=0$ 时的直接跃迁是禁戒的。但是可以证明，$\boldsymbol{k}$ 不为零的跃迁概率并不等于零，只是吸收系数不能用式(10-42)表示。进一步的研究证实，这种吸收系数可以表示为

$$\alpha_d'(\hbar\omega) = C(\hbar\omega - E_g)^{3/2}, \quad \hbar\omega \geqslant E_g \tag{10-43}$$

式(10-43)表明，$\alpha_d'(\hbar\omega)$ 与能量 $(\hbar\omega - E_g)$ 有 3/2 次方关系。

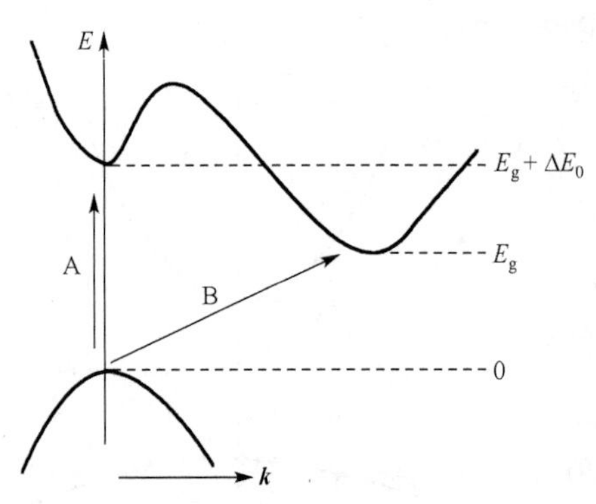

图 10.4　间隙半导体中带间直接跃迁示意图

在间接带隙半导体中，虽然导带的最低能量状态和价带的最高能量状态不在波矢空间的同一位置，直接跃迁仍可发生，也是半导体中常见的能带结构和跃迁情况之一。下面以半导体 Ge 为例进行讨论。图 10.4 给出了间隙带隙半导体中带间直接跃迁示意图，其中价带最高点在布里渊区中心，而导带最低点在布里渊区 <111> 方向的边界上。如果取价带顶能量为原点，则导带底的能量为 E_g，而布里渊区 Γ 点导带能量为 $E_0 = E_g + \Delta E_0$。当入射光子能量 $\hbar\omega$ 满足 $E_0 > \hbar\omega \geqslant E_g$ 时，发生如箭头 B 所示的间接跃迁，而当入射光子能量 $\hbar\omega \geqslant E_0$ 时，则发生如箭头 A 所示的直接跃迁，其跃迁概率和前面讨论的 GaAs 等通常的直接跃迁类似，因此这种跃迁概率远大于 10.2.3 小

节将讨论的间接跃迁概率。图 10.2(b) 中 Ge 的吸收系数在光子能量 $\hbar\omega = 0.8\ \text{eV}$ 附近陡然上升正是缘于该原因。

10.2.3　声子伴随的间接跃迁

间接带隙半导体是半导体能带结构的两种类型之一。对如图 10.5 所示的间接带隙半导体，如果没有其他准粒子的参与，单是能量 $\hbar\omega \geqslant E_g$ 的光子，由于光子动量很小，还不足以使价带顶（位于布里渊区原点附近，$\boldsymbol{k}_{v,\max} = 0$）的电子跃迁到布里渊区内 $\boldsymbol{k}_{c,\min}$ 附近能量为 E_g 的导带最低点附近，尽管它已经满足能量守恒定律。假设跃迁前后电子的准动量分别为 $\boldsymbol{p}_i$、$\boldsymbol{p}_f$，忽略吸收光子的动量 h/λ_0，跃迁前后的动量差为 $\boldsymbol{p}_f - \boldsymbol{p}_i = \hbar\boldsymbol{k}_{c,\min}$，显然只有在其他准粒子参与并满足动量守恒的情况下跃迁过程才能完成。考虑声子参与跃迁这种情况，这个过程可以在吸收一个动量为 $\hbar\boldsymbol{q} = \hbar\boldsymbol{k}_{c,\min}$ 或发射一个动量为 $\hbar\boldsymbol{q} = -\hbar\boldsymbol{k}_{c,\min}$ 的声子的情况下完成。这里已忽略吸收或发射两个或两个以上声子的情况，因为这种高级次过程比单声子过程的概率要小得多。还需要指出的是，尽管晶格振动存在较宽的声子谱，但只有动量变化满足跃迁要求的声子才能参与，这通常是第一布里渊区边界附近纵的或横的光学声子或声学声子。间接跃迁过程是一种电子与光子及声子同时相互作用的两步过程，在物理图像上及理论讨论中，人们可以假定如图 10.5 所示的那样，电子先竖直地跃迁到某一中间态，然后通过发射或吸收声子的过程再跃迁到波矢为 $\boldsymbol{k}_{c,\min}$ 的导带最低能量状态附近。因此，对发射声子来说，能量守恒定律可表示为

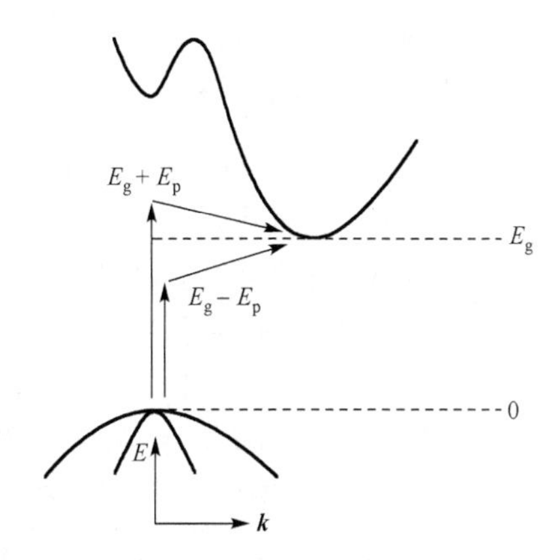

图 10.5　吸收或发射声子的间接跃迁的两步过程

$$\hbar\omega_e = E_c(\boldsymbol{k}_c) - E_v(\boldsymbol{k}_v) - E_p \tag{10-44}$$

对吸收声子来说，能量守恒定律可以表示为

$$\hbar\omega_a = E_c(\boldsymbol{k}_c) - E_v(\boldsymbol{k}_v) + E_p \tag{10-45}$$

其中，$\hbar\omega_e$、$\hbar\omega_a$ 分别为发射或吸收声子时相应的光子能量；$E_v(\boldsymbol{k}_v)$、$E_c(\boldsymbol{k}_c)$ 分别代表跃迁电子的初态和终态能量；E_p 为发射或吸收的声子能量。式(10-44)和式(10-45)说明，发射或吸收声子有不同的吸收光子能量阈值。在发射声子的情况下，若光子能量 $\hbar\omega \leqslant E_g + E_p$，则吸收系数为 0；在吸收声子的情况下，若光子能量 $\hbar\omega \leqslant E_g - E_p$，则吸收系数为 0。

进一步的研究指出，吸收声子情况下的光吸收系数为

$$\alpha_a(\hbar\omega) = \begin{cases} \dfrac{B(\hbar\omega - E_g + E_p)^2}{\exp[E_p/(k_B T)] - 1}, & \hbar\omega > E_g - E_p \\ 0, & \hbar\omega \leqslant E_g - E_p \end{cases} \tag{10-46}$$

发射声子情况下的光吸收系数为

$$\alpha_e(\hbar\omega) = \begin{cases} \dfrac{B(\hbar\omega - E_g - E_p)^2}{1 - \exp[-E_p/(k_B T)]}, & \hbar\omega > E_g + E_p \\ 0, & \hbar\omega \leqslant E_g + E_p \end{cases} \tag{10-47}$$

总的吸收系数为上述两种吸收系数之和：

$$\alpha_{\mathrm{i}}(\hbar\omega)=\begin{cases}B\left\{\dfrac{(\hbar\omega-E_{\mathrm{g}}-E_{\mathrm{p}})^{2}}{1-\exp[-E_{\mathrm{p}}/(k_{\mathrm{B}}T)]}+\dfrac{(\hbar\omega-E_{\mathrm{g}}+E_{\mathrm{p}})^{2}}{\exp[E_{\mathrm{p}}/(k_{\mathrm{B}}T)]-1}\right\}, & \hbar\omega>E_{\mathrm{g}}+E_{\mathrm{p}}\\ \dfrac{B(\hbar\omega-E_{\mathrm{g}}+E_{\mathrm{p}})^{2}}{\exp[E_{\mathrm{p}}/(k_{\mathrm{B}}T)]-1}, & E_{\mathrm{g}}-E_{\mathrm{p}}<\hbar\omega\leqslant E_{\mathrm{g}}+E_{\mathrm{p}}\end{cases} \tag{10-48}$$

若$\hbar\omega\leqslant E_{\mathrm{g}}-E_{\mathrm{p}}$，则吸收系数为 0。式(10-48)表明，间接跃迁的吸收系数与入射光子能量有二次方关系。如果将$\alpha_{\mathrm{i}}^{1/2}(\hbar\omega)$相对于$\hbar\omega$作图，应该获得如图 10.6 所示的曲线。图中下部斜率较小的那部分直线及其延长虚线为吸收声子的间接跃迁过程的吸收系数，由式(10-48)的第二式给出，它和$\hbar\omega$轴的交点给出$E_{\mathrm{g}}-E_{\mathrm{p}}$的值，它的斜率为$B^{1/2}\{\exp[E_{\mathrm{p}}/(k_{\mathrm{B}}T)]-1\}^{-1/2}$。随着温度降低，$\exp[E_{\mathrm{p}}/(k_{\mathrm{B}}T)]$增大，晶体中激发的声子数减少，因而与吸收声子的间接跃迁过程对应的吸收系数减少，图 10.6 代表这一过程的吸收系数与$\hbar\omega$关系的曲线斜率也减小。当温度$T\to 0$时，来自吸收声子过程的贡献趋于零，这一段的斜率也趋于零。

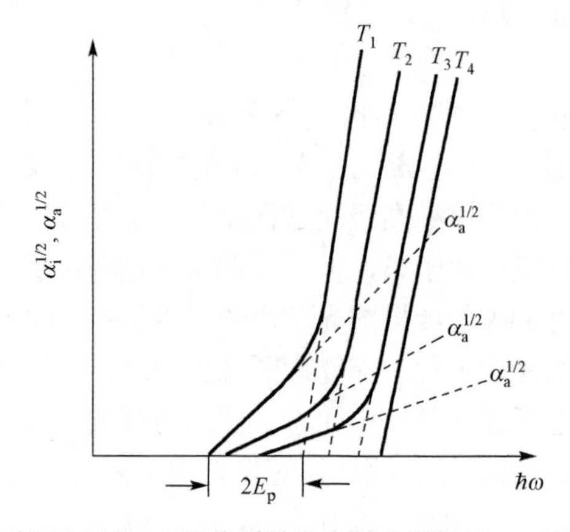

图 10.6　间接跃迁情况下吸收系数和入射光子能量$\hbar\omega$及温度的关系

实线为总吸收系数$\alpha_{\mathrm{i}}^{1/2}(\hbar\omega)$；虚线为吸收声子的吸收系数$\alpha_{\mathrm{a}}^{1/2}(\hbar\omega)$，其中温度$T_1>T_2>T_3>T_4$

图 10.6 中斜率较大的(较陡的)那部分直线，给出$\hbar\omega>E_{\mathrm{g}}+E_{\mathrm{p}}$时的间接跃迁吸收系数，如式(10-48)的第一式所示。它的延长线与$\hbar\omega$轴的交点为$E_{\mathrm{g}}+E_{\mathrm{p}}$。由这两段斜率不同的直线或曲线与$\hbar\omega$轴的交点，可以求出禁带宽度$E_{\mathrm{g}}$和参与跃迁的声子能量$E_{\mathrm{p}}$。由图可见，随着温度的降低，这些较陡的直线的斜率也有所下降，这是因为吸收系数$\alpha_{\mathrm{i}}(\hbar\omega)$中吸收声子部分的贡献不断下降。在极限情况下，即$T\to 0$时，直线的斜率仅决定于发射声子过程，并且其值即为式(10-48)中常数B的平方根$\sqrt{B}$。因为当$T\to 0$时，$\exp[-E_{\mathrm{p}}/(k_{\mathrm{B}}T)]\to 0$，$B^{1/2}\{1-\exp[-E_{\mathrm{p}}/(k_{\mathrm{B}}T)]\}^{-1/2}\to\sqrt{B}$。从图 10.6 还可以看出，不同温度下吸收曲线和$\hbar\omega$轴有不同的交点，这表征了禁带宽度E_{g}随温度的变化。

10.2.4　直接带隙半导体中的带间间接跃迁

对直接带隙半导体，也可能发生间接跃迁，其物理图像如图 10.7 所示。动量守恒定律由声子、杂质中心或其他准粒子的参与来满足。图 10.7 中假定$\boldsymbol{k}_{\mathrm{v,max}}=\boldsymbol{k}_{\mathrm{c,min}}=0$，即导带底和价带顶都在布里渊区中心。因此，可能参与这种带间间接跃迁的声子为$\boldsymbol{k}=0$附近的声学声子或光学声子，前者的能量很小，可以忽略不计，后者因具有足够大的能量影响间接跃迁过程。这种情况下吸收系数的表达式仍由式(10-48)给出，和入射光子的能量有二次方关系。对发射声子过程，吸收发生在直接跃迁吸收边的短波侧，因而被更强的直接跃迁过程所掩盖；对吸收声子过程，带间间接跃迁吸收发生在直接跃迁吸收边的长波侧，从而在实验上观察到直接跃迁吸收边不能在 $\hbar\omega = E_g$ 处陡峭地下降到零，这或许是某些情况下若干半导体材料吸收带尾的起因之一。

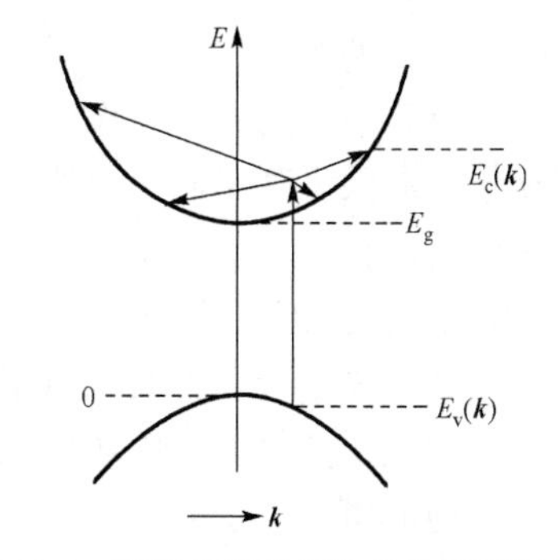

图 10.7　直接带隙半导体的几种可能带间间接跃迁过程

10.3　半导体中的其他吸收

10.3.1　激子吸收

实验发现，在带间跃迁吸收边的低能侧，往往会出现一系列分立的吸收峰，并且谱峰分布有一定的规律。图 10.8 是不同温度下的 GaAs 带边附近的吸收谱，其主要特征为在低温下带边以下都有强的吸收峰，而在室温下，该吸收峰并不存在。

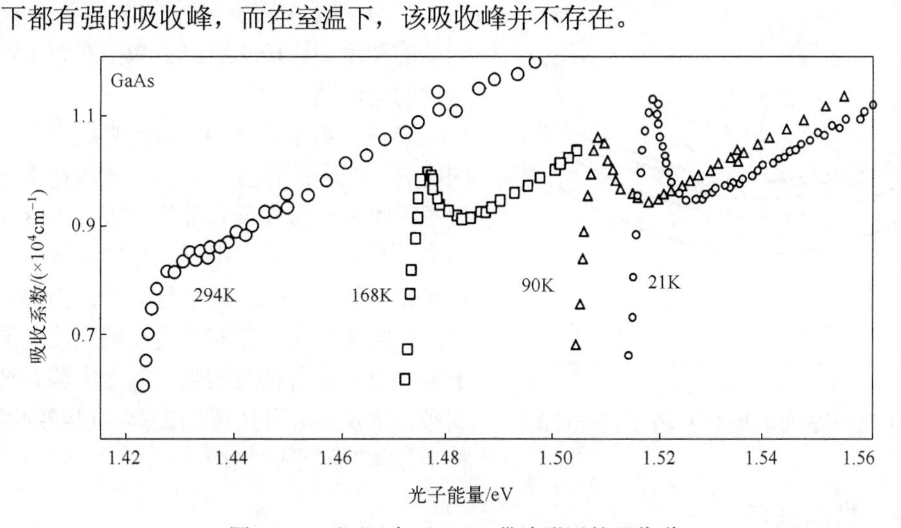

图 10.8　不同温度下 GaAs 带边附近的吸收谱

与带间跃迁的吸收光谱不同，在上述分立吸收峰出现的同时并不伴随光电导，说明这些分立的吸收峰不是由价带电子到导带的跃迁引起的，很可能是价带电子被激发到导带底部以下某些分立能级引起的，因此提出了激子跃迁的假设。可以将激子简单地理解为束缚的电子-空穴对。从价带激发到导带的电子，通常是自由的，在价带自由运动的空穴和在导带自由运动的电子，有可能重新束缚在一起，形成束缚的电子-空穴对：激子。由于是束缚态，激子的能量低于自由电子和空穴的能量，因此激子的吸收峰出现在半导体吸收带边的低能侧[39,40]。

通常把激子分为两类：弗仑克尔激子和万尼尔激子。

弗仑克尔激子是指局限于某个原子形成的紧束缚状态。弗仑克尔激子与孤立原子激发不同，孤立原子的激发态只局限于该原子上，不能传播。而弗仑克尔激子一旦形成于某个原子上，依靠近邻原子间的相互作用，可以使这种激发从一个原子传播到另一原子上。虽然弗仑克尔激子是局限于某个原子上的激子，并能在晶体中传播，但它与原子电离状态也不同。激子是中性的，在运动中只携带能量和动量，无电荷传输。

当电子-空穴对的束缚半径比原子半径大得多时，形成所谓弱束缚激子，一般称为万尼尔激子，这种激子可以用类氢原子模型处理，因此激子的能态也与氢原子类似，由一系列能级组成。如电子与空穴都以各向同性的有效质量m_n^*和m_p^*来表示，则由氢原子的能级公式，激子的束缚能可以表示为

$$E_{ex}^n = -\frac{e^4 m_{e\text{-}h}^*}{32\pi^2\varepsilon_s^2\hbar^2 n^2} = -\frac{R^*}{n^2} \tag{10-49}$$

其中，$m_{e\text{-}h}^* = m_n^* m_p^* / (m_n^* + m_p^*)$ 为电子和空穴的折合有效质量；n 为正整数；$R^* = e^4 m_{e\text{-}h}^* / (32\pi^2\varepsilon_s^2\hbar^2) = m_{e\text{-}h}^* / (m_0\varepsilon_r^2)\cdot 13.6\,\text{eV}$，$\varepsilon_r$ 为半导体的相对介电常数。n=1 为激子的基态 E_{ex}^1。第 9 章第 9.4 节已经指出，二维激子的基态能量是三维激子基态能量的 4 倍。

激子的总能量为

$$E_n(\boldsymbol{k}) = E_g + \frac{\hbar^2\boldsymbol{k}^2}{2M} - \frac{R^*}{n^2} \tag{10-50}$$

其中，$M = m_n^* + m_p^*$ 为激子的总质量；$\hbar\boldsymbol{k}$ 为激子运动的动量。图 10.9 给出了激子在布里渊区中心附近的能谱图。

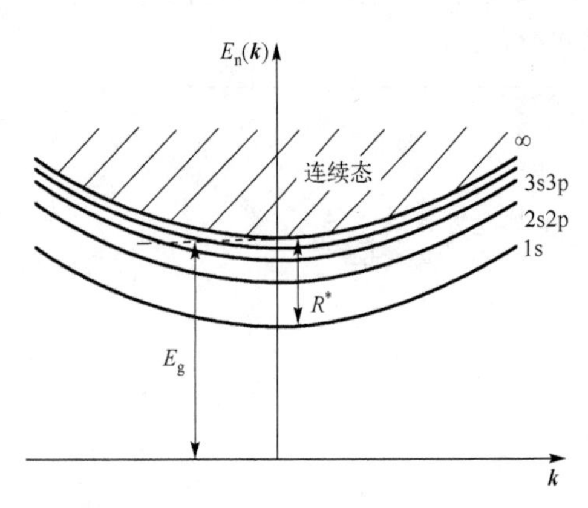

图 10.9　激子在布里渊区中心附近的能谱图

在许多离子晶体中，通过吸收光谱精细结构的研究，激子的存在早已被肯定。在半导体中，激子吸收线非常靠近本征吸收限，不容易被分辨出来，必须在低温下用极高分辨率的设备才能观察到。对如 Ge 和 Si 等半导体，因为能带结构复杂，并且有杂质吸收和晶格缺陷吸收的影响，激子吸收也不容易被观察到。随着完整和纯净单晶制备技术及实验分辨率的提高，已经观察到了多种半导体的激子吸收线。

10.3.2 带内跃迁

自由载流子吸收是重要和最普通的一种带内电子跃迁光吸收过程，可以在很宽的红外波段引起光吸收[39-41]。自由载流子的吸收既可以是自由电子的光吸收，也可以是自由空穴的光吸收。自由电子的光吸收对应于同一能谷内载流子从低能态跃迁到高能态的过程。显然，这是一种间接跃迁过程，只有在其他准粒子参与满足动量守恒定律时才会发生，这种准粒子可以是声子，也可以是电离杂质。由于价带结构的特殊性，自由空穴的光吸收机制和自由电子的光吸收机制完全不同，空穴的吸收主要是价带不同支之间的吸收，实际是一种直接跃迁。

首先讨论 p 型半导体的带内跃迁，即自由空穴的光吸收。由于自旋-轨道耦合作用，大多数半导体的价带分裂成三支。图 10.10 给出了 p-Ge 的价带结构及价带内跃迁过程。图中V_1

和V_2分别为重空穴带与轻空穴带，两者在布里渊区中心是简并的，而由于自旋-轨道耦合作用，V_3带则显著低于V_1和V_2带。组成半导体的元素的原子量越大，这种分裂也越大。对 p 型半导体，当价带顶被空穴占据时，可以发生三个不同的带内亚结构间的吸收跃迁过程。如图 10.10 所示，这三种跃迁分别是：从轻空穴带V_2到重空穴带V_1的跃迁 a，从分裂价带V_3到重空穴带V_1的跃迁 b 和从分裂价带V_3到轻空穴带V_2的跃迁 c。通过改变样品的掺杂浓度和实验测量温度，可以改变费米能级的位置和价带中空穴的占据情况，从而可能使上述三个跃迁过程中的某一个或两个更清楚地显露出来，有助于实验结果的判定。图 10.11 给出了室温和 77 K 时 p 型 Ge 的吸收光谱，图中高能侧的陡峭上升带是带间跃迁本征吸收边，0.4eV 处的次峰指认为$V_3 \to V_1$跃迁，0.3eV 处的次峰指认为$V_3 \to V_2$跃迁。在低温下，随着费米能级向价带顶靠拢，轻、重空穴带的空穴主要分布在简并的Γ点附近，这两个峰也逐渐趋于重合，并成为一个很尖锐的吸收峰，如图 10.11 中的实线所示(77K 的结果)。这些特征和 p 型 Ge 价带顶的图像是一致的。0.04～0.12eV 的平坦峰则源于$V_2 \to V_1$跃迁。

Ge 价带亚结构间的电子过程已被用于研制远红外波段的 p-Ge 半导体激光器。

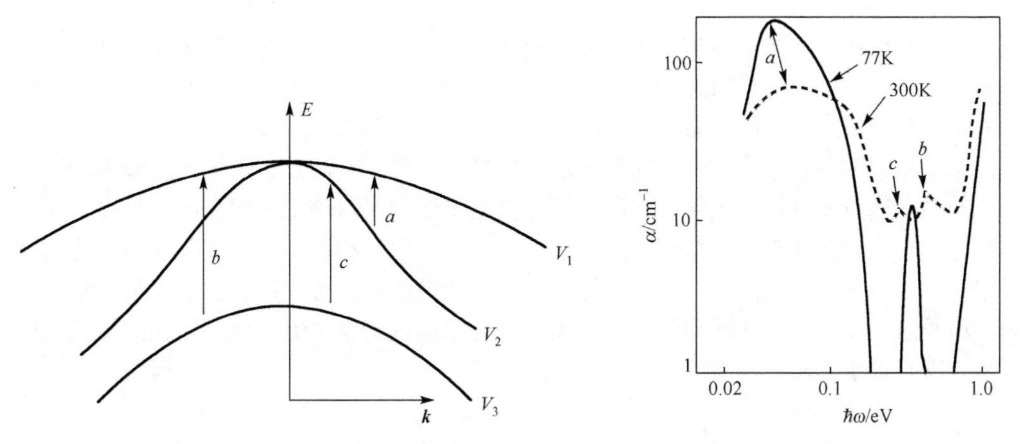

图 10.10　p-Ge 的价带结构及价带内跃迁过程　　图 10.11　p-Ge 的价带内亚结构跃迁导致的吸收光谱

自由电子的光吸收过程可以用经典物理解释。在低频电场中，载流子从电场获得能量并产生焦耳热。在光频波段，电场也会驱动电子做漂移运动，在漂移运动过程中，电子也会从电场获得能量。但在光频波段，电子获得的能量和频率有直接的关系。在电场的变化周期远小于动量弛豫时间的情形下，电子不可能建立和电场对应的稳定漂移速度，电子能够达到的漂移速度和电场变化周期密切相关，相应的高频电流在相位上将滞后于电场的相位。显然，频率越高，相应的漂移速度越小，吸收也越弱。进一步的研究显示，吸收系数和波长的关系可以表示为

$$\alpha \propto 1/\lambda^n \tag{10-51}$$

指数因子 n 的大小取决于散射机制，即和间接跃迁过程中为满足动量守恒定律而参与的准粒子类型有关，n 的值为 1.5～3.5。研究显示，对声学声子散射，n 值为 1.5～2.0；对光学声子散射，n 值为 2.5；而对电离杂质散射，n 值为 3.0～3.5。

图 10.12 是高掺杂的 n 型 Ge 在室温和低温下的吸收系数与波长倒数的关系。结果显示，吸收系数与温度有直接的关系。在 78K 的低温下，长波范围的吸收系数甚至可以超过室温下的吸收系数。该结果表明，晶格振动散射与电离杂质散射导致的载流子吸收与波长有不同的关系，在低温下，电离杂质散射在载流子吸收中占主导地位。

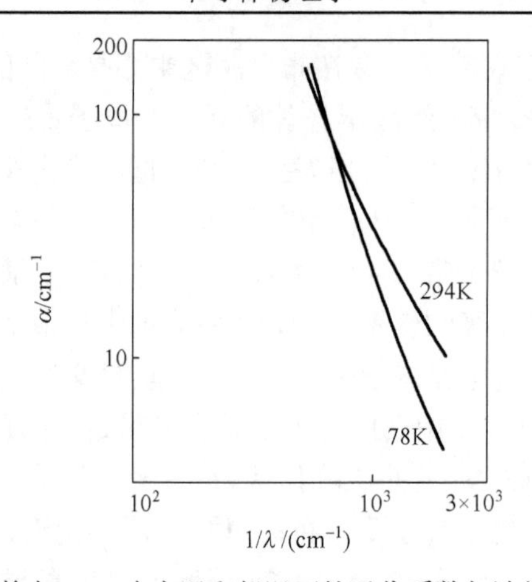

图 10.12 高掺杂 n-Ge 在室温和低温下的吸收系数与波长倒数的关系

10.3.3 杂质吸收

束缚在杂质能级上的电子或空穴也可以引起光吸收[39,40]。利用吸收光谱和光电导谱已经给出半导体中各种浅杂质能量状态及其激发态的十分清楚的图像。杂质能态的存在使半导体出现两类新的与杂质态有关的光吸收跃迁过程，它们的物理图像分别如图 10.13 所示。第一类是中性施主到它的激发态及导带之间的跃迁；中性受主到它的激发态及价带之间的跃迁，它们对应的光子能量通常位于远红外波段。第二类是价带与电离施主之间及电离受主与导带之间的跃迁，它们对应的光子能量和带间跃迁吸收边光子能量相近。前一类跃迁不必遵循动量守恒定律，因为在这种情况下，能带边缘实际是杂质能级电离态，或者说量子数 n 趋于无穷大时的激发态。而后一类跃迁与带间跃迁相似，必须满足动量守恒定律，即在间接跃迁的情况下，必须有声子参与。

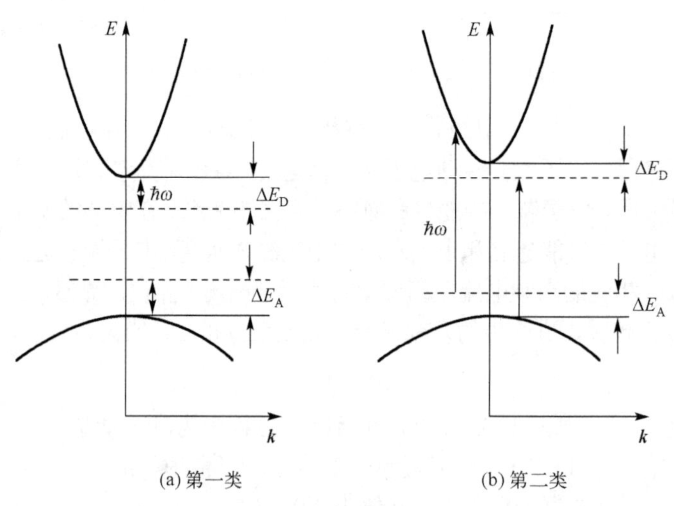

图 10.13 杂质吸收的类型

(a) 为第一类，(b) 为第二类，两者分别给出了施主与受主吸收的两种情况

这两类跃迁过程导致的吸收光谱分别如图 10.14 和图 10.15 所示。图 10.14 是早期实验给出的 Si 中受主杂质 B 的吸收光谱，图中几个吸收尖峰反映了受主中的空穴由基态到激发态的

跃迁所引起的光吸收。对浅杂质而言，基态和激发态的能量一般可以用类氢原子模型估算，该模型已经在第 2 章进行过讨论。几个吸收峰后面较宽的吸收带说明杂质完全电离，空穴由受主基态跃迁进入价带。连续吸收带高能方向，吸收系数下降。这是因为随着波矢偏离能带极值处的值 $\boldsymbol{k}_0$，杂质波函数离开带边 $\boldsymbol{k}_0$ 后迅速下降，杂质波函数与主带(导带或价带，此处为价带)波函数的交叠也迅速下降，因此随着与能带边缘能量距离的增加，跃迁概率迅速下降。

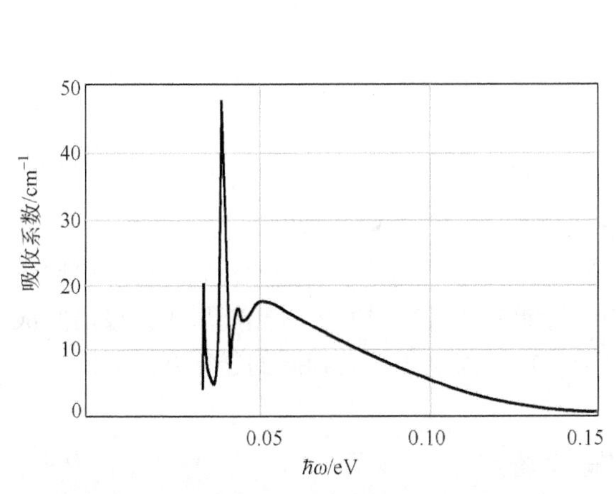

图 10.14　Si 中受主杂质 B 在低温下的吸收光谱

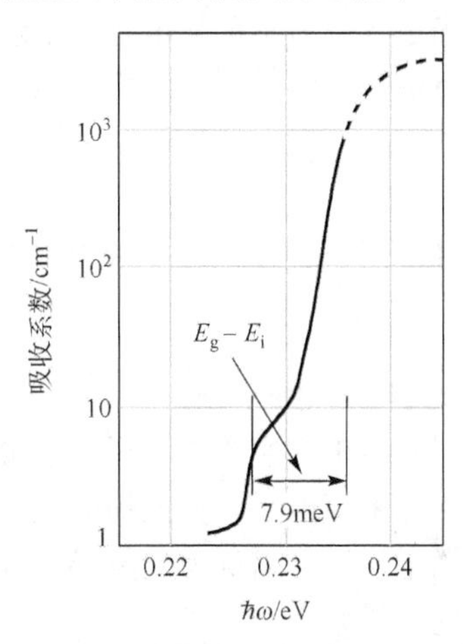

图 10.15　$T \approx 10\,\mathrm{K}$ 时掺 Zn 或 Cd 的 InSb 的吸收带边附近的吸收光谱

其吸收边附近的台阶显示 Zn 或 Cd 电离受主与导带间跃迁的贡献

图 10.15 给出了掺 Zn 或 Cd 的 InSb 吸收带边附近的吸收光谱。由图可见，第二类和杂质有关的电子跃迁在吸收光谱图上显示为吸收带边的一个肩，由于杂质态密度一般比主能带态密度低得多，因而与之对应的吸收系数应该比带间吸收小得多。这一吸收肩的能量为 $E_g - E_i$，从这个实验结果，可以求得 InSb 中某些杂质的电离能 E_i。然而应该指出，实际上吸收边附近的吸收机制是复杂的，只有极少数浅杂质才形成如图 10.15 所示的可分辨的吸收肩。

10.3.4　晶格振动吸收

本书第 4 章曾经简单讨论过晶格振动问题[39]。光吸收是研究晶格振动的主要方法之一(另一种是拉曼散射光谱)，由于晶格振动对应的光学波段都在红外波段，一般把晶格振动的光吸收称为红外吸收。但需要指出的是，并不是所有的光学振动模式都能用红外吸收方法来测量，即有些晶格振动模式对红外吸收是禁戒的，禁戒与否由相应的偶极矩阵元是否为 0 来判断，若为 0 就是禁戒的。在简谐近似下，极性半导体能够发生红外吸收。极性半导体存在固有的偶极矩，偶极矩阵元不为零，能够观察到一级声子的红外吸收谱；而对 Ge、Si 等非极性半导体，由于它们是由两个完全一样的面心立方晶格构成，一个亚晶格相对于另一个亚晶格的位移并不导致电偶极矩，因此它们的基本振动模式是红外不活动的，即不存在离子晶体中那种单声子吸收带。然而，声子模并非是完全相互独立的，它们间的相互作用导致运动方程中出现非简谐的势能项，从而形成电偶极矩的非简谐项，这导致多声子跃迁过程的产生。另外，如果固体的有序性被破坏(如非晶 Si)，全部的一级声子模都可能被观察到。另外需要指出的是，纵向光学声子 ω_{LO} 一般不参与一级红外吸收过程。因为光的横波性，光波只能与横向光学声子发生耦合。

10.4　半导体光电导

第 5 章已经指出，光吸收使半导体中形成非平衡载流子，而载流子浓度的增大必然使半导体的电导率增大。通常把由光照引起半导体电导率增加的现象称为光电导[3, 27]。本征吸收引起的光电导称为本征光电导；杂质吸收使束缚于杂质能级上的电子或空穴电离，由此也能增加导带或价带的载流子浓度，该效应导致的电导率增加现象就是杂质光电导。

10.4.1　附加电导率

无光照时，半导体样品的电导率为

$$\sigma_0 = e(n_0\mu_n + p_0\mu_p) \tag{10-52}$$

其中，e 为电子电量；n_0、p_0 为平衡载流子浓度；μ_n、μ_p 为电子和空穴的迁移率。

设光注入的非平衡载流子浓度分别为 Δn 及 Δp。当电子刚被激发到导带时，可能比原来导带中的热平衡电子有更大的能量，但多余的能量能够在极短时间内以热能形式被放出并成为热平衡电子，可以认为光电导过程中光生电子与热平衡电子具有相同的迁移率，因此光照下样品的电导率为

$$\sigma = e(n\mu_n + p\mu_p) \tag{10-53}$$

其中，$n = n_0 + \Delta n$，$p = p_0 + \Delta p$。附加光电导率(简称为光电导) $\Delta\sigma$ 为

$$\Delta\sigma = e(\Delta n\mu_n + \Delta p\mu_p) \tag{10-54}$$

由式(10-54)得到光电导的相对值为

$$\frac{\Delta\sigma}{\sigma_0} = \frac{\Delta n\mu_n + \Delta p\mu_p}{n_0\mu_n + p_0\mu_p} \tag{10-55}$$

对本征光电导，$\Delta n = \Delta p$，并引入参数 $b = \mu_n/\mu_p$，得

$$\frac{\Delta\sigma}{\sigma_0} = \frac{(1+b)\Delta n}{bn_0 + p_0} \tag{10-56}$$

由式(10-56)可知，要制成相对光电导高的光敏电阻，应该使 n_0、p_0 有较小的数值。因此，光敏电阻一般用高阻材料制备或在低温下使用。

实验证明，许多半导体材料在本征吸收中，$\Delta n = \Delta p$；但并不是光生电子与光生空穴都对光电导有贡献。例如，p 型 Cu_2O 的本征光电导主要由光生空穴导致；而 n 型 CdS 的本征光电导则主要由光生电子产生。这说明，虽然本征光电导中光激发的电子和空穴数是相等的，但在它们复合消失以前，只有一种光生载流子(一般是多数载流子)有较长时间以自由态存在，而另一种往往被一些陷阱能级束缚住。这样实际上在半导体中可能存在非平衡载流子浓度 $\Delta n \gg \Delta p$ 或 $\Delta p \gg \Delta n$，因此光电导可以表示为

$$\Delta\sigma = e\Delta n\mu_n \text{ 或 } \Delta\sigma = e\Delta p\mu_p \tag{10-57}$$

除了本征光电导，光照也能使束缚在杂质能级上的电子或空穴受激电离而产生杂质光电导。但杂质原子数比晶体本身的原子数小几个数量级，因此和本征光电导比，杂质光电导是很微弱的。尽管如此，杂质吸收和杂质光电导都是研究杂质能级的重要方法。

10.4.2　定态光电导及其弛豫过程

定态光电导是指在恒定光照下产生的光电导。研究光电导主要是研究光照下半导体附加电导率$\Delta\sigma$的变化规律，例如研究影响$\Delta\sigma$的参数、光电导与光强的关系等。

由于载流子的迁移率μ_n与μ_p在一定条件下是确定的，根据式(10-56)，光电导$\Delta\sigma$的变化主要是光生载流子浓度Δn或Δp的变化。

设I表示以光子数计算的光强度(单位时间通过单位面积的光子数)，α为样品的吸收系数，则有

$$-\frac{\mathrm{d}I}{\mathrm{d}x}=\alpha I \tag{10-58}$$

即单位时间单位体积内吸收的光能量(以光子数计)与光强度I成正比。$I\alpha$等于单位体积内光子的吸收率，所以电子-空穴对的产生率可以表示为

$$Q=\beta I\alpha \tag{10-59}$$

其中，β为每吸收一个光子产生的电子-空穴对数，称为量子产额。每吸收一个光子产生一个电子和一个空穴，则$\beta=1$；但如果还有其他类型的吸收，如形成激子等，则$\beta<1$。

由光吸收产生非平衡载流子后，载流子开始复合，因此半导体中同时存在载流子的产生与复合两个过程。下面分小注入和大注入两种情况进行讨论。

1. 小注入情况

设在$t=0$开始以强度I的光照射到半导体表面，并在半导体内被均匀吸收(样品厚度远小于穿透深度时满足)。在小注入条件下，光生载流子的寿命是定值。设电子和空穴的寿命分别为τ_n和τ_p。由式(5-87)，光照开始后非平衡电子满足的方程为

$$\frac{d(\Delta n)}{dt}=Q-R=\beta I\alpha-\frac{\Delta n}{\tau_n} \tag{10-60}$$

利用初始初始条件：$t=0$时，$\Delta n=0$，得式(10-60)的解

$$\Delta n=\beta I\alpha\tau_n[1-\exp(-t/\tau_n)] \tag{10-61}$$

同理，其中的非平衡空穴浓度也有类似的关系。当$t\gg\tau_n$时，非平衡电子浓度达到稳态值$\Delta n_s=\beta I\alpha\tau_n$，而空穴的稳态值$\Delta p_s=\beta I\alpha\tau_p$。

光照停止后，$Q=0$，光生电子的变化规律为

$$\frac{\mathrm{d}(\Delta n)}{\mathrm{d}t}=-\frac{\Delta n}{\tau_n} \tag{10-62}$$

设$t=t_0$时光照停止，这时光生电子浓度已达稳态值$\Delta n_s=\beta I\alpha\tau_n$，于是可得光生电子浓度为

$$\Delta n=\beta I\alpha\tau_n\exp\{[-(t-t_0)/\tau_n]\} \tag{10-63}$$

由式(10-61)、式(10-63)，假设光电导按$\Delta\sigma=e\Delta n\mu_n$变化，则光电导的上升和衰减过程可以表示为：

上升时

$$\Delta\sigma = \sigma_s[1 - \exp(-t/\tau_n)] \tag{10-64}$$

衰减时

$$\Delta\sigma = \sigma_s\{\exp[-(t-t_0)/\tau_n]\} \tag{10-65}$$

其中，$\sigma_s = e\beta I\alpha\tau_n\mu_n$ 为定态光电导值(为方便，本节都以电子为例进行讨论)。图 10.16 给出了光电导随时间的变化规律，其中前半个图代表光照开始后光电导的上升过程，后半个图代表 t_0 时刻光照停止后光电导的衰减过程。讨论光电导时，通常把 τ_n 或 τ_p 称为光电导的弛豫时间。定态光电导与 β 、α 、τ_n 及 μ_n 四个参数有关，其中，β 和 α 表征光和物质的相互作用，决定着光生载流子的激发过程；τ_n 和 μ_n 表征了载流子与物质的相互作用，决定着载流子的复合与运动过程。

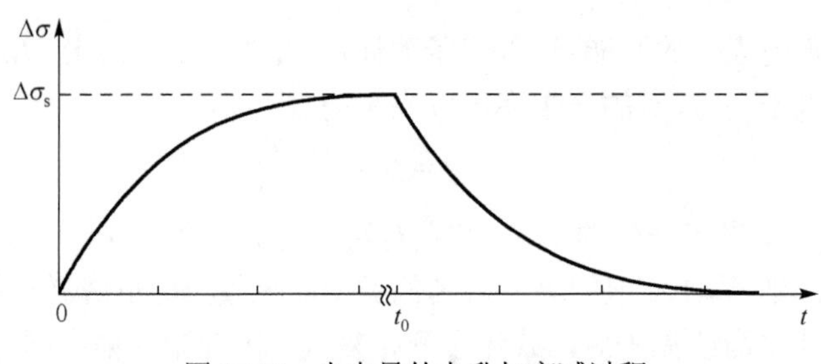

图 10.16　光电导的上升与衰减过程

2. 大注入情况

在光注入很强，$\Delta n \gg n_0$ 和 p_0 的情况下，光生电子寿命不再是常数，这时载流子复合率可以由式(5-16)表示为 $r(\Delta n)^2$ 。光生电子的上升及衰减过程可以分别表示为

$$\frac{\mathrm{d}(\Delta n)}{\mathrm{d}t} = \beta I\alpha - r(\Delta n)^2 \tag{10-66}$$

$$\frac{\mathrm{d}(\Delta n)}{\mathrm{d}t} = -r(\Delta n)^2 \tag{10-67}$$

两者的初始条件分别为：上升时，$t=0$ 时，$\Delta n = 0$；衰减时，$t = t_0$ 时，$\Delta n = \Delta n_s = (\beta I\alpha/r)^{1/2}$ 。

由式(10-66)、式(10-67)可得光生电子上升和衰减时的时间变化规律分别为

$$\Delta n = (\beta I\alpha/r)^{1/2}\tanh[(\beta I\alpha r)^{1/2}t] \tag{10-68}$$

$$\Delta n = \frac{1}{\left(\dfrac{r}{\beta I\alpha}\right)^{1/2} + r(t-t_0)} = \left(\frac{\beta I\alpha}{r}\right)^{1/2}\left[\frac{1}{1+(\beta I\alpha r)^{1/2}(t-t_0)}\right] \tag{10-69}$$

由式(10-68)可得，光生电子浓度的稳态值为

$$\Delta n_s = (\beta I\alpha/r)^{1/2} \tag{10-70}$$

因此，大注入下的光生电子浓度稳态值 $\Delta n_s = (\beta I\alpha/r)^{1/2}$ 与小注入下的表达式 $\Delta n_s = \beta I\alpha\tau_n$ 完全不一样，后者与光强 I 成正比，而前者正比于 $I^{1/2}$，两者存在着根本性的区别。

由式(10-68)、式(10-69)可见，在大注入条件下，光生电子及光电导的时间变化规律比

较复杂，相应的寿命 $\tau_n = 1/(r\Delta n)$ 不再是常数，而是光照强度和时间的函数。

需要进一步指出的是，小注入和大注入实际只是问题的两个极端，实际情况下，可能既不满足小注入条件，也不满足大注入条件，但仍可以按式(5-16)处理载流子的复合过程，只是这种情况下，载流子浓度的数学处理非常复杂，本节不再具体展开。

10.4.3　光电导灵敏度及光电导增益

光电导灵敏度一般定义为单位光强所引起的光电导 $\Delta\sigma_s$。一方面，在一定光照下，$\Delta\sigma_s$ 越大，表示其灵敏度也越高，由方程 $\Delta n_s = \beta I\alpha\tau_n$ 可知，τ_n 越大，即弛豫时间越长，可以得到越大的光生电子浓度和光电导，即灵敏度随寿命增加而增大。但另一方面，光电导的弛豫时间也代表着光敏电阻对光信号反应的快慢，τ_n 越大，光电导响应越慢；τ_n 越小，光电导响应越快。弛豫时间是光敏电阻的一个重要参数，特别是对高频光信号，弛豫时间必须足够小，才能跟得上光信号的变化。因此在实际应用中，灵敏度和弛豫时间是互相矛盾的，必须按照实际要求来选用适当的材料和参数。

另外，同一种材料组成的光敏电阻，由于结构不同，可以产生不同的光电导效果，通常用“光电导增益”来表示光电导效应的增强。

如图 10.17 所示，光敏电阻两端接电源 V，在外加电场作用下，光生载流子(设为电子)在两电极间定向运动，形成电路中的光电流。在一定条件下，光生电子的寿命 τ_n 可以大大超过电子从一个电极漂移到另一个电极所需要的时间，即渡越时间 τ_t。这样，当一个电子在电场作用下到达正电极时，负电极必须同时释放出一个电子，以保持样品的电中性。这种过程一直持续到光生载流子复合。因此，在 $\tau_n > \tau_t$ 的情况下，光敏电阻每吸收一个光子就能使多个电子相继通过两个电极。这样电极间距离较小时的光电流将远大于电极远离时的光电流。通常用光电导增益因子 G 表示这种光电导效应的增强，可以表示为

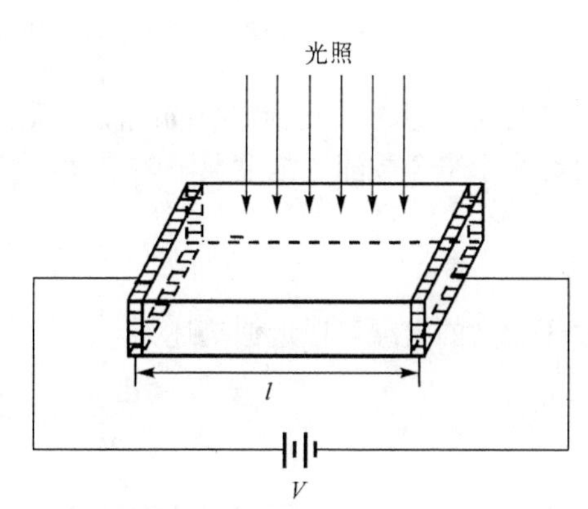

图 10.17　测量光电流的示意图

$$G = \tau_n / \tau_t \tag{10-71}$$

若外加电压为 V，电子迁移率为 μ_n，电极间距离为 l，则渡越时间为

$$\tau_t = \frac{l^2}{\mu_n V} \tag{10-72}$$

所以光电导增益因子为

$$G = \frac{\tau_n \mu_n V}{l^2} \tag{10-73}$$

显然，对载流子寿命长、迁移率大的材料，在两个电极靠近的情况下，光电导增益因子 G 可以很大。例如，材料有陷阱中心时，载流子寿命增大，G 可以达到 10^3。当然，光电导增益的增大是以牺牲响应速度为代价的。

10.4.4 复合和陷阱效应对光电导的影响

半导体光电导是一种结构灵敏现象，因为对于不同的掺杂和晶体缺陷，存在不同的复合中心和陷阱中心。研究光电导的机制，就是研究光生载流子的产生、输运和复合过程，确定非平衡载流子的寿命。

半导体中的陷阱对光电导值及其动态过程有显著的影响。为讨论方便，本节考虑如图 10.18 所示的 n 型半导体中的空穴陷阱的效应，其中，E_r 为复合中心能级，E_t 为陷阱能级。在稳态光照情况下，陷阱为空穴所占据，而没有光照时，该能级应该被电子占据。

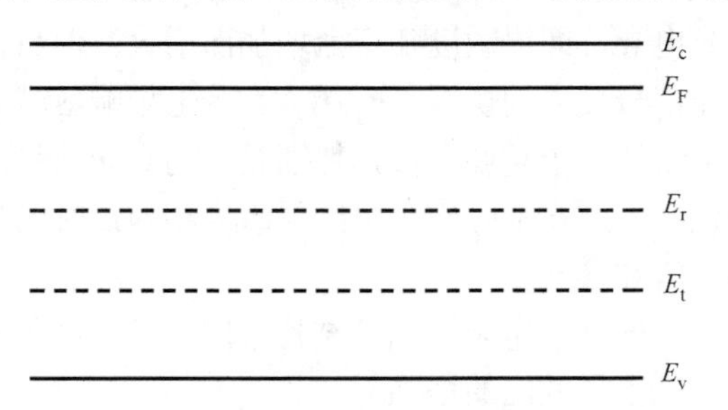

图 10.18 n 型半导体中的空穴陷阱 E_t 示意图（E_r 为复合中心能级）

与第 5 章讨论复合中心的载流子跃迁速率类似，假设满足小注入条件，即光生载流子浓度远小于平衡载流子浓度及陷阱浓度，陷阱上的空穴变化可以近似表示为

$$\frac{\mathrm{d}\Delta p_t}{\mathrm{d}t} = r_p N_t \Delta p - r_p p_1 \Delta p_t \tag{10-74}$$

少子空穴的衰减可以近似描述为

$$\frac{\mathrm{d}\Delta p}{\mathrm{d}t} = -\frac{\Delta p}{\tau_p} - r_p N_t \Delta p + r_p p_1 \Delta p_t \tag{10-75}$$

式中，右侧第二、第三项描述价带和陷阱中心的空穴交换，p_1 为费米能级 E_F 和 E_t 重合时的平衡空穴浓度。

由式(10-74)可得稳态情况下陷阱上的空穴数 Δp_t 为

$$\Delta p_t = \frac{N_t}{p_1}\Delta p \tag{10-76}$$

当 N_t/p_1 有较大比值时，Δp_t 可以比 Δp 大很多，即陷阱上积累的空穴浓度远超过价带上的空穴浓度增加值。考虑到非平衡多子浓度 $\Delta n = \Delta p + \Delta p_t$，于是

$$\Delta n = \left(1 + \frac{N_t}{p_1}\right)\Delta p \tag{10-77}$$

由于陷阱的存在，光电导的变化为

$$\begin{aligned}\Delta\sigma &= e\Delta p\left[\mu_p + \left(1 + \frac{N_t}{p_1}\right)\mu_n\right] \\ &= \Delta\sigma_p + \left(1 + \frac{N_t}{p_1}\right)\Delta\sigma_n\end{aligned} \tag{10-78}$$

由式(10-54)，式(10-78)中 $\Delta\sigma_n = e\Delta p\mu_n = e\Delta n\mu_n$ 为没有陷阱时的本征电子光电导，因此由于陷阱的存在，可以使电子的光电导增加 N_t/p_1 倍。

由式(10-74)和式(10-75)，非平衡空穴 Δp 和陷阱上的空穴 Δp_t 是相互耦合的。它们具有近似为指数形式的解：

$$\Delta p \propto \exp\left(-\frac{t}{\tau}\right) \tag{10-79}$$

$$\Delta p_t \propto \exp\left(-\frac{t}{\tau}\right) \tag{10-80}$$

如果将 $r_p N_t$ 和 $r_p p_1$ 分别表示为 $1/\tau_t$ 和 $1/\tau_g$，则衰减时间可以近似表示为

$$\tau = \tau_p + \tau_g + \frac{\tau_p \tau_g}{\tau_t} \tag{10-81}$$

被陷空穴从陷阱激发的时间常数 τ_g 一般比少子寿命 τ_p 长得多。它们只有在被激发出来以后才能实现复合，因此光电导衰减时间将首先取决于 τ_g。式(10-81)中的第三项是由多次进入陷阱引起的。一个从陷阱激发到能带的载流子仍然可能发生两个相互竞争的过程：复合，其复合率为 $1/\tau_p$；或重新被俘获进入陷阱，俘获率为 $1/\tau_t$。当 $1/\tau_p \gg 1/\tau_t$ 时，由陷阱释放出来的载流子基本上都可以实现复合。这时，第三项可以略去。但如果 $1/\tau_p \ll 1/\tau_t$，则每个被释放的载流子只有 $\tau_t/(\tau_t+\tau_p)$ 的概率实现复合。多数情形是，激发以后又重新被陷阱俘获，这将使衰减时间增加为原来的 $(\tau_t+\tau_p)/\tau_t$ 倍，即衰减时间为 $(1+\tau_p/\tau_t)\tau_g$。

需要指出的是，上述关于衰减时间的讨论是初步的，真实情况要远比上述讨论复杂。在实际的半导体中，由于多种不同物理过程的相互作用，其时间衰减不会是单一的指数衰减，而是多个不同的衰减过程的叠加。用一个总的时间常数表示，就是把多个物理过程简化为一个总的过程。

10.4.5　本征光电导的光谱分布

大量实验证明，半导体光电导的大小与光波长有密切关系。对应于不同的波长，光电导的灵敏度有明显的变化，即光电导具有显著的光谱依赖性。一般以波长为横坐标(或相应的光子能量)，以相等的入射光能量(或相等的入射光子数)所引起的光电导相对大小为纵坐标，就能得到光电导的光谱分布曲线。图 10.19 是两种典型的本征半导体光电导的光谱曲线。对本征半导体，正如 10.2 节讨论的半导体本征吸收，本征光电导也有相应的长波限(有时也称为“截止”波长)。这时由于能量小于半导体带隙的光子不能使价带电子跃迁进入导带，因此不能引起光电导。和本征吸收限的测量一样，本征光电导谱的长波限也可用来确定半导体材料的禁带宽度。但从图 10.19 可以看出，光电导谱的下降并不是竖直的，所以很难确定长波限的精确数值，一般选定光电导值下降到峰值的 1/2 处的波长为长波限。

需要指出的是，光电导光谱有“等量子”和“等能量”的区别。所谓“等量子”，是指对于不同的波长，以光子数计的光强是相同的，也就是说光电导的测量是在相等的光子流下进行的；而“等能量”是指不同波长光强的能量流是相等的：短波处的光子流较少，而长波处的光子流较大。例如，对于图 10.19 的 PbSe 光电导光谱是以相同的能量流为标准的，曲线短板方向有较快的下降，这是由于照射的光子数减少。因为光电导是光子吸收的直接效应，测量光电导时采用“等量子”光谱更合适。

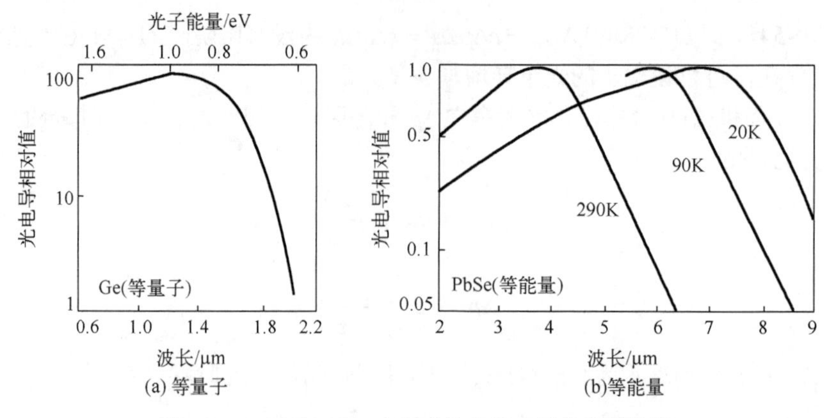

图 10.19　Ge 和 PbSe 本征半导体光电导的光谱曲线

总之，测量光电导的光谱分布，是确定半导体材料光电特性的一个重要方面，特别是对选用材料有直接的意义。例如，PbS、PbSe 和 PbTe 等铅盐半导体是重要的红外探测材料，它们可以有效地用于直至 10μm 的红外波段。而 CdS 作为一种重要的可见光探测材料，还可以用于短波波段。InSb 半导体的光电导响应能到 7μm，也是很好的红外探测材料。Ge 和 Si 的本征光电导能响应到 1.7μm 和 1.1μm，是近红外和可见波段的重要探测材料。需要指出的是，由于价格和工艺的成熟，可见波段最重要的探测材料还是 Si，基于 Si 材料的千万像素级的手机已经成为人们日常生活的必备品。在 8～14μm 这个最重要的红外探测波段，目前最成熟的红外探测材料为 HgCdTe 三元合金半导体，无论是单元探测器还是焦平面阵列探测器都已经非常成熟。具体的光探测涉及复杂的器件结构，详细的讨论已经超出了本书的范围。

10.4.6　杂质光电导

对于掺杂半导体，光照使束缚于杂质能级上的电子或空穴电离，因此增加了导带或价带的载流子浓度，并导致杂质光电导。由于杂质电离能比禁带宽度 E_g 小很多，从这种能级上激发电子或空穴所需要的光子能量比较小，因此，掺杂半导体对远红外波段的探测具有重要的作用。例如，选用不同的杂质，Ge 探测器的使用范围可以为 10～200μm。

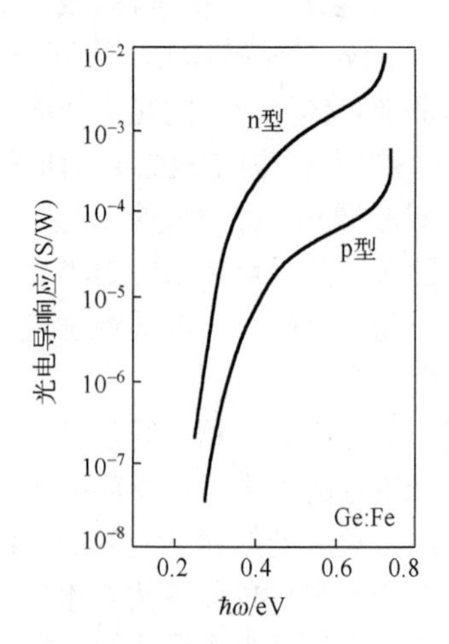

图 10.20　杂质光电导光谱(以 Ge:Fe 为例)

由于杂质原子浓度比半导体材料本身的原子浓度一般小几个数量级，所以和本征光电导相比，杂质光电导十分微弱。同时，测量涉及的光波长都在红外光范围，激发光强度和光子能量都比较小，因此，测量杂质光电导通常在低温下进行，以保证平衡载流子浓度导致的暗电流比较小，同时使杂质态上的电子或空穴基本处于束缚态。例如，对电离能为 0.01eV 的杂质能级，必须采用液氦进行低温冷却；对于较深的杂质能级，可以在液氮温度下进行。

图 10.20 是典型的杂质光电导光谱。当 $\hbar\omega \approx 0.72\text{ eV}$ 时，曲线急速上升，表示本征光电导开始成为主导因素。在长波方面，$\hbar\omega < E_g$ 出现杂

质光电导。曲线在 0.3eV 附近迅速下降，表示出现杂质光电导的长波限。杂质光电导长波限的测量已经成为研究杂质能级的重要方法。

综上所述，光电导是测量半导体光电性质的一个重要方面，同时也为其在光电探测方面的应用提供了广泛的前景。

10.5　半导体的光生伏特效应

当用适当波长的光照射到非均匀半导体(如 pn 结、肖特基结等)时，由于内建电场的作用，半导体内部的光生载流子将在内建电场的作用下产生电动势(光生电压)。如果入射光是需要探测的微弱光信号，则光伏效应可以作为光探测器用。如果入射光为强的太阳光，则光伏效应可以作为太阳能电池，成为一种清洁电源。本节主要讨论后者，即主要讨论半导体 pn 结光电池[28, 31]。

太阳能电池的工作与光照条件有密切关系。光照条件一般用大气质量 AM 来表示。AM0 代表大气层外的太阳光谱，在地面上的大气质量定义为 $1/\cos\theta$，其中，θ 为太阳与天顶的夹角。AM1 代表太阳位于天顶时的太阳光谱，相应的入射光功率约为 925W/m^2。

图 10.21 是带有负载的 pn 结太阳能电池。即使没有外加电压，在 pn 结的空间电荷区也存在内建电场。入射光将在空间电荷区产生电子–空穴对，电子与空穴将在内建电场的作用下向相反方向运动，形成光电流 I_L。光电流包括电子电流和空穴电流两个部分。为了简化，用 Q 表示结区的扩散长度 (L_p+L_n) 内非平衡载流子的平均产生率，并设扩散长度 L_p 内空穴和扩散长度 L_n 内电子全部能被有效收集，则光电流可以表示为

$$I_L = eQA(L_p + L_n) \tag{10-82}$$

其中，A 是 pn 结面积。

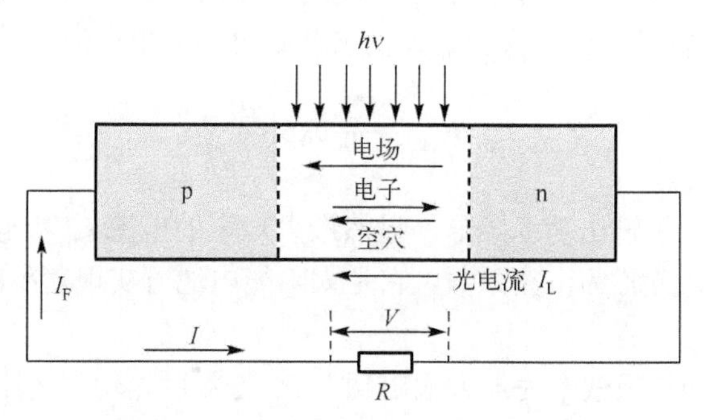

图 10.21　带有负载 R 的 pn 结太阳能电池

光电流 I_L 在负载上产生电压降，这个电压降使 pn 结处于正偏状态。如图 10.21 所示，正向偏压产生正向电流 I_F。在这种情况下，经过 pn 结的电流为

$$I = I_L - I_F = I_L - I_s\left[\exp\left(\frac{eV}{k_B T}\right) - 1\right] \tag{10-83}$$

上述方程运用了理想 pn 结的电流–电压关系。随着二极管的正偏，空间电荷区的电场减弱，但不可能为零或反偏，光电流对 pn 结始终是反向电流。

当负载电阻 $R=0$ 时，光电池输出电压 $V=0$，pn 结短路，这时所得的电流为短路电流

$$I = I_{sc} = I_L \tag{10-84}$$

当 pn 结开路，即 $R \to \infty$ 时，流经 R 的电流为零，由此可以得到光电池的开路电压。由式(10-83)

$$I = 0 = I_L - I_s\left[\exp\left(\frac{eV_{oc}}{k_B T}\right) - 1\right] \tag{10-85}$$

由此得开路电压 V_{oc} 为

$$V_{oc} = \frac{k_B T}{e}\ln\left(1 + \frac{I_L}{I_s}\right) \tag{10-86}$$

光电池的 I-V 特性曲线如图 10.22 所示，其中已标注了光电池的短路电流 I_{sc} 和开路电压 V_{oc}。

光电池对外的输出功率为

$$P = I \cdot V = I_L V - I_s V\left[\exp\left(\frac{eV}{k_B T}\right) - 1\right] \tag{10-87}$$

由式(10-87)可以得到输出功率最大时的电压和电流值。由 $\mathrm{d}P/\mathrm{d}V = 0$ 可得

$$\frac{\mathrm{d}P}{\mathrm{d}V} = 0 = I_L - I_s\left[\exp\left(\frac{eV_m}{k_B T}\right) - 1\right] - I_s V_m \cdot \frac{e}{k_B T}\exp\left(\frac{eV_m}{k_B T}\right) \tag{10-88}$$

其中，V_m 为最大输出功率时的电压。可以把式(10-88)表示为

$$\left(1 + \frac{eV_m}{k_B T}\right)\exp\left(\frac{eV_m}{k_B T}\right) = 1 + \frac{I_L}{I_s} \tag{10-89}$$

这是一个决定最大输出功率时输出电压 V_m 的超越方程，它虽然没有解析解，但可以数值求解。

由最大功率时的电压 V_m 可以得到最大输出功率时的输出电流 I_m，它满足

$$I_m = I_s \cdot \frac{eV_m}{k_B T}\exp\left(\frac{eV_m}{k_B T}\right) \tag{10-90}$$

图 10.22 同时显示了输出功率矩形，显然最大功率的电流 I_m 和电压 V_m 对应于矩形最大面积。比率 $I_m V_m/(I_{sc}V_{oc})$ 称为占空系数，它是太阳能电池可实现功率的度量。典型的占空系数为 0.7～0.8。

太阳能电池的理想转换效率为最大输出功率 P_m 与入射光功率之比，由式(10-90)，可得

$$\eta = \frac{P_m}{P_{in}} = \frac{V_m^2}{P_{in}} \cdot \frac{I_s e}{k_B T}\exp\left(\frac{eV_m}{k_B T}\right) \tag{10-91}$$

普通 pn 结太阳能电池只有一个禁带宽度。当电池暴露在太阳光下时，太阳光谱中能量小于半导体带隙 E_g 的光子对电池没有贡献。能量大于半导体带隙 E_g 的光子对电池的输出功率有影响，其中大于 E_g 的那部分能量最终将以热能的形式耗散，也不能转换成有效的电能。

理论上，理想效率是可以计算的。从上面的分析可以知道，一方面，光电流随着带隙 E_g 的减小而增大；另一方面，随着带隙 E_g 的增加，饱和电流减小，输出电压增大。因此，为使效率最大，存在一个优化的带隙 E_g 值，如图 10.23 所示。研究发现，在通常条件的太阳光照

下，GaAs 太阳能电池的效率是最高的，但和 Si 相比，这是一种价格极为昂贵且稀缺的半导体材料，只有在特定的场合(如航天等领域)才可能被应用。

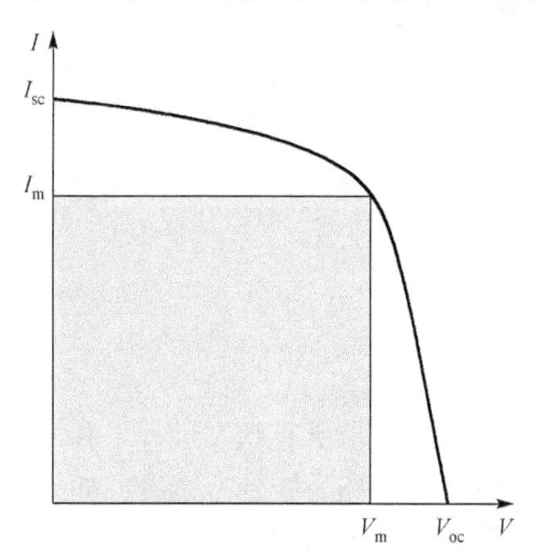

图 10.22　pn 结太阳能电池电流-电压特性曲线及最大功率点的电流 I_m 与电压 V_m

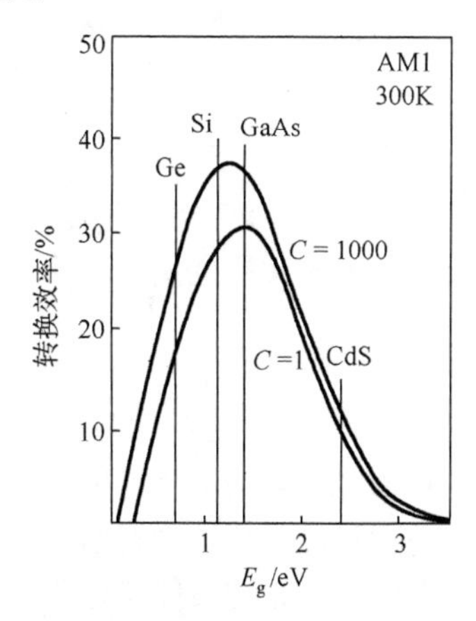

图 10.23　T=300K 时集光系数为 1 和 1000 的理想太阳能电池转换效率与禁带宽度的关系

如果用光学透镜或其他光学方法将太阳光集中到太阳能电池上，可以使太阳能电池上的光强增加若干倍。在这种情况下，短路电流随着光照强度线性地增加，而开路电压仅随光强以对数形式略有增加。$T = 300\text{K}$ 时，理想太阳能电池的效率与半导体带隙的关系如图 10.23 所示，其中，C 代表集光系数，C=1000 即光强增加 1000 倍。由图 10.23 可以发现，Si 电池效率随集光系数的增加是最大的。如果集光系统的成本能低于太阳能电池的成本，则采用集光系统对降低太阳能发电系统的成本是有利的。

10.6　半导体中的主要发光机制

半导体中的非平衡电子-空穴辐射复合时将发出相应波长的光，该过程就是荧光过程。根据不同的激发过程可以把荧光分为不同的类型：由光激发产生的荧光称为光荧光，由阴极射线(电子束)激发产生的荧光称为阴极射线荧光，而最重要的是由 pn 结正向偏压注入的非平衡载流子发光，一般称为电注入发光。目前几乎所有的发光二极管和半导体激光器都采用电注入发光。半导体中存在以下多种不同的发光机制[28, 39]：①直接带隙半导体中电子和空穴的直接复合发光；②导带电子与陷入受主的空穴复合发光；③陷入施主的电子与价带空穴的复合发光；④施主态与受主态之间的复合发光；⑤在较低温度下，各种激子态之间的发光。当然，有些半导体中(如 ZnO)，在室温下也能观察到很强的激子发光。另外，在 GaP 中掺 N 形成的等电子陷阱也是重要的发光类型。

10.6.1　带间跃迁发光

在直接带隙半导体中，带间直接复合是主要的发光形式。

带间发光需满足动量和能量守恒定律。对直接带隙半导体，导带底和价带顶附近的电子和空穴复合自然满足动量守恒定律 $\boldsymbol{k}_\text{e} = \boldsymbol{k}_\text{h} \approx 0$ 。

如果忽略带尾态和杂质态的影响，并假定导带底和价带顶附近都可以用抛物线能带模

型，则导带底和价带顶附近发射的光子能量可以由以下关系确定

$$\begin{aligned}\hbar\omega &= \left(E_c + \frac{\hbar^2 k^2}{2m_n^*}\right) - \left(E_v - \frac{\hbar^2 k^2}{2m_p^*}\right) \\ &= E_g + \frac{\hbar^2 k^2}{2m_{e\text{-}h}^*}\end{aligned} \tag{10-92}$$

其中，$m_{e\text{-}h}^*$ 为电子和空穴的折合有效质量，满足

$$\frac{1}{m_{e\text{-}h}^*} = \frac{1}{m_n^*} + \frac{1}{m_p^*} \tag{10-93}$$

由于总的光辐射需对 k 空间满足能量守恒定律的导带与价带所有状态进行求和，因此需要一个和导带态密度与价带态密度都有关的物理量，该物理量称为联合态密度。如果电子和空穴能带都可以用抛物线能带模型表示，则联合状态密度可以表示为

$$\rho_{red}(E) = \frac{(2m_{e\text{-}h}^*)^{3/2}}{2\pi^2\hbar^3}\sqrt{E - E_g} \tag{10-94}$$

玻尔兹曼分布函数为

$$f(E) \propto \exp\left(-\frac{E}{k_B T}\right) \tag{10-95}$$

带间跃迁发光强度与联合态密度和分布函数的乘积成正比，可以表示为

$$I(\hbar\omega) \propto \sqrt{\hbar\omega - E_g}\exp\left(-\frac{\hbar\omega - E_g}{k_B T}\right) \tag{10-96}$$

式(10-96)可以用图 10.24 来表示，自发辐射光谱的能量下限是 E_g，峰值对应的能量为 $E_g + k_B T/2$，能量半宽度为 $1.8\,k_B T$，用波长表示的谱宽为

$$\Delta\lambda \approx \frac{1.8 k_B T \lambda^2}{hc} \tag{10-97}$$

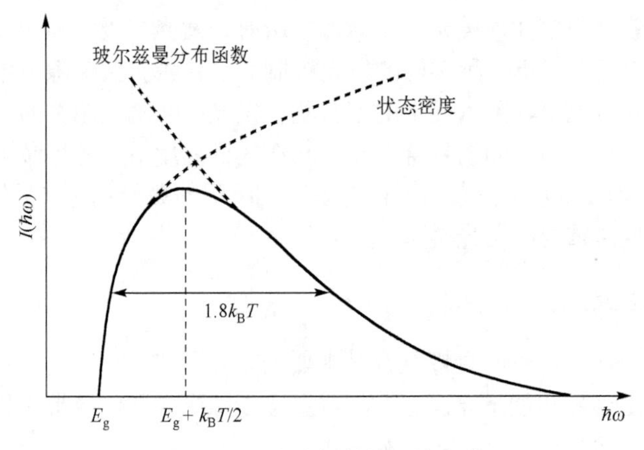

图 10.24　自发辐射的理论光谱

10.6.2　激子发光

1. 自由激子发光

本章第 2 节曾讨论过自由激子(万尼尔激子)的性质，指出它可以用氢原子模型讨论，并指出自由激子的束缚能量可以用式(10-50)表示。因此，激子发光的峰值能量位于带边以下 E_{ex}^{n}。实验结果证实，随着温度的降低，GaAs 带边发光从带间复合逐步演变为 $n=1$ 的激子复合占主导地位的尖锐谱线。对直接能带激子，若忽略极化激元效应，可分为两种线形函数，即弱激子-声子耦合情况下的洛伦兹线形

$$I(\hbar\omega) \propto \frac{\hbar\Gamma/(2\pi)}{(\hbar\omega - E_{ex})^2 + (\hbar\Gamma/2)^2} \tag{10-98}$$

和强激子-声子耦合情况下的高斯线形：

$$I(\hbar\omega) \propto \frac{1}{(2\pi)^{1/2}\sigma} \exp\left[-\frac{(\hbar\omega - E_{ex})^2}{2\sigma^2}\right] \tag{10-99}$$

式中，Γ 为谱线半高宽，$\sigma = 0.425\Gamma$。对 GaAs 等Ⅲ-Ⅴ族半导体，高斯线形占主导地位。

2. 束缚于杂质态的激子发光

束缚激子可以辐射复合，在直接跃迁情况下，这种辐射复合导致的发光光子能量为

$$\hbar\omega = E_g - E_{1X} \tag{10-100}$$

其中，E_{1X} 为束缚激子的总束缚能，下标 1X 代表各种不同的束缚激子，如 D^+X、A^0X 等。在低温下，带边的发光光谱中自由激子发光谱线的低能侧显示许多尖锐的束缚激子复合光谱线，如 GaAs 中束缚激子的谱线宽度仅为 0.1meV 左右。低温下束缚激子发光具有十分狭窄谱线的物理原因是：在样品较纯的情况下，束缚激子波函数可以看成是互不交叠的，其基态能级是孤立和局域化的。与自由激子不同，其动能项对谱线的展宽效应可以忽略不计。

10.6.3　非本征辐射复合发光

10.6.2 节讨论的束缚激子是非本征辐射复合发光的特例。非本征辐射发光一般包括施主-受主对辐射复合、导带-受主间辐射复合和施主-价带间辐射复合等几种类型。这些发光过程的研究不仅有助于确定半导体杂质的含量和性质，而且有助于提高以辐射复合过程为物理基础的半导体器件的性能。

1. 连续带-杂质能级间的辐射复合

最简单的非本征辐射复合发光是只存在单一浅杂质(施主或受主)的情况。只要温度不等于 0K，杂质总是处于电离或部分电离状态，即某些杂质中心是中性的，有些则是电离的。以受主杂质为例，可能发生的辐射复合有：①价带空穴到电离受主的跃迁；②导带电子到中性受主的跃迁。对浅受主杂质，过程①对应于中红外和远红外波段，在该波段声子发射起重要作用，通常情况下，发射声子的概率远大于辐射复合的跃迁概率，因此发光信号是极微弱的。

过程②对应的发光光子能量已接近半导体的带隙 E_g 。研究结果显示，对这种连续带-杂质能级间的辐射复合光谱的峰值能量为

$$\hbar\omega = E_g - E_I + \frac{1}{2}k_BT \tag{10-101}$$

其中，E_I 为杂质的电离能；$\frac{1}{2}k_BT$ 项起因于连续带中自由载流子的热分布。

对重掺杂半导体，其带间跃迁和上述近带间跃迁(束缚能级-连续带间跃迁)的情况更为复杂。在重掺杂情况下，吸收和发光过程间的细致平衡原理不再适用。某些在吸收过程中的禁戒跃迁，在发光过程中变得允许了。拟合重掺杂半导体带间跃迁发光光谱线形最简易的方法，是假定跃迁不再遵守波矢守恒定则(等价于动量守恒定律)。尽管这在理论上并不正确，但仍可有若干经验推测，例如电子和施主、受主中心的散射破坏了波矢守恒定则，杂质随机分布导致的势能起伏破坏了平移对称性等。从发光谱带(线)峰位漂移和线形改变，可以获得高掺杂半导体禁带宽度改变 ΔE_g 和掺杂浓度的关系，但从实验光谱获取这种数据必须要十分小心。

2. 施主-受主对辐射复合发光

当半导体中既含有施主杂质又含有受主杂质时，施主离子及其束缚的电子和受主离子及其束缚的空穴可以构成施主-受主(D-A)对复合物。这种施主-受主对可以经辐射复合跃迁发射光子 $\hbar\omega$ 而留下电离的 D^+-A^-对。这一辐射跃迁的概率决定于施主电子波函数和受主空穴波函数的交叠。对相距较远的 D^+-A^- 对来说，辐射复合跃迁的概率是小的，但假如温度较低，满足 $k_BT < E_I$ (杂质电离能)，那么载流子一旦被杂质中心俘获就不易再热电离，这时 D-A 对的跃迁可以变成重要的辐射复合渠道之一。对相距较远的 D^+-A^- 对，辐射复合跃迁能量可以表示为

$$\hbar\omega = E_g - (\Delta E_A + \Delta E_D) + e^2/(4\pi\varepsilon_s R) \tag{10-102}$$

其中，R 为受主杂质和施主杂质间的距离。

作为一个典型例子，简单分析 GaP 中 D^+-A^- 对的发光。GaP 中的施主-受主对分为两种类型：如果施主-受主占据相似的格点位置(例如都是替代 GaP 中的 P 位)，那么这样的施主-受主对就是Ⅰ型施主-受主对；如果施主和受主占据相异的格点位置，即一个在 Ga 位，另一个在 P 位，那么该施主-受主对就是Ⅱ型施主-受主对。研究发现 Zn-O、Zn-S、Zn-Te 等为Ⅱ型，而 Si-S、Si-Te 等则为Ⅰ型施主-受主对。实验结果显示，对相距较远的施主-受主对，辐射能量与式(10-102)符合得较好，而对距离 $R \approx 1 \sim 1.5$nm 的施主-受主对，理论和实验的差距较大。

GaP 掺入 Zn-O 等杂质后可以发出红光，而掺入 Zn-Te 等杂质后可以发出绿光，因此 GaP 是重要的红光、绿光发光材料。研究证实，GaP 中 Zn-O 杂质是以束缚激子的形式发光。而掺入 Zn-Te 后，Te 中心俘获的电子与 Zn 中心俘获的空穴复合发光，因此要提高绿光的发光效率，必须避免 O 的掺入。

3. GaP 和 GaAsP 中的 N 等电子陷阱发光

GaP 的导带极小点位于布里渊区的 X 点，因此 GaP 半导体是间接带隙半导体。对

$GaAs_{1-x}P_x$ 三元半导体，当 x 较小时，$GaAs_{1-x}P_x$ 能带结构与 GaAs 类似，是直接带隙半导体；当 x 较大时，$GaAs_{1-x}P_x$ 的能带结构与 GaP 类似，是间接带隙半导体。两者的转换点在 x 值 0.45～0.5，对应的带隙大约为 1.9eV。对属于间接带隙的 GaP 和 $GaAs_{1-x}P_x$ 半导体，其发光效率非常低，但是可以掺入 N 等特定杂质，构成有效的辐射复合中心参与复合。

引入 N 后，在晶格上取代部分 P 原子，N 与 P 具有相似的外层电子结构，但它们的内层电子结构是不同的，N 的电负性要大于 P，由此导致 N 原子周围的晶格发生弛豫，并使 N 原子周围呈现负电性，但电子只局限于 N 原子周围。最终形成接近导带底的电子缺陷能级，复合中心由此产生，该复合中心为等电子陷阱。

这个等电子陷阱的复合过程并不违背动量守恒原理，因为等电子陷阱在空间是高度局域化的状态，由量子力学中的不确定性原理，它们在动量空间可以有很大的范围。

图 10.25(a)给出了有等电子杂质 N 和没有等电子杂质时的 GaAsP 的量子效率与合金组分的关系。没有加氮的材料在组分为 $0.4<x<0.5$ 时量子效率大幅度降低，这是因为此范围内直接带隙向间接带隙转换。当 $x>0.5$ 时，掺 N 的量子效率高，但仍然随 x 的增大而显著减小。这是因为直接带隙和间接带隙之间动量分离加大，由于等电子中心束缚能的影响，掺 N 合金的峰值波长向长波方向移动，如图 10.25(b)所示。

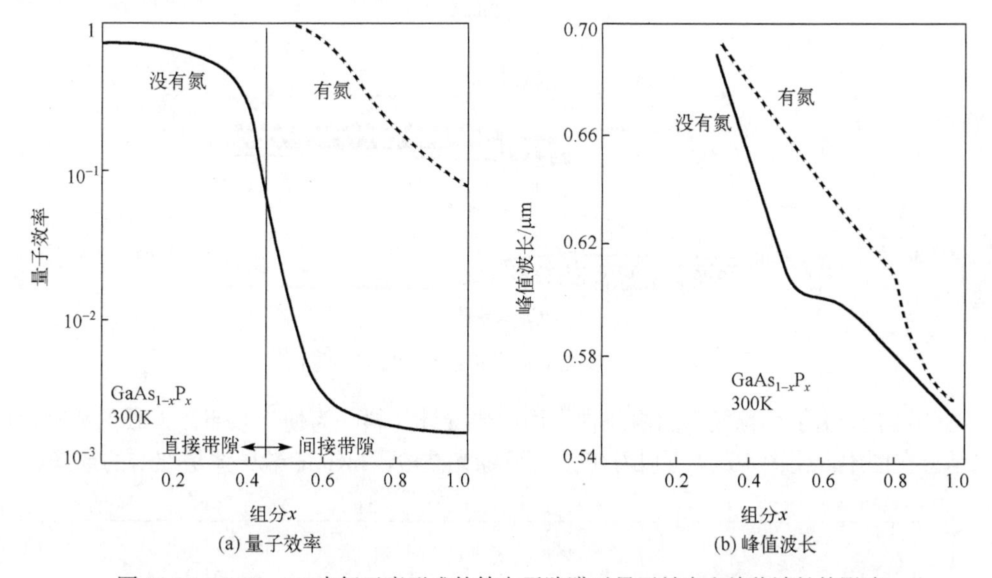

图 10.25　$GaAs_{1-x}P_x$ 中氮元素形成的等电子陷阱对量子效率和峰值波长的影响

10.7　发光二极管

发光二极管[28, 43]，通常简称为 LED，是在适当的正向偏置状态下能向外发射紫外、可见和红外波段电磁波的半导体 pn 结，属自发辐射。电致发光早在 1907 年在 SiC 接触中首先被发现。1962 年直接带隙半导体 GaAs 高量子效率的 LED 被报道，1964～1965 年由于引入 N 等电子杂质，GaP 的 LED 在可见光波段获得突破。20 世纪 90 年代中期，以 GaN 为代表的氮化物半导体获得突破，在此基础上制备的白光 LED 已成为当代照明技术的主流。

10.7.1 发光二极管的原理与结构

LED 的基本结构是一个 pn 结，正向偏置时，非平衡载流子从结的两侧注入，因此在结的附近有高于平衡浓度的非平衡载流子浓度（$pn > n_i^2$），非平衡载流子在结区附近复合，这种状态如图 10.26(a)所示。如果在设计中应用异质结，效率可以得到显著提高。图 10.26(b)为由宽带隙半导体材料限制的中间发光区，两种类型的非平衡载流子从两侧注入并被限制在中间的 GaAs 区域，其中的非平衡载流子数目显著提高，随着载流子浓度的提高，辐射复合寿命缩短，导致更为有效的辐射复合。在这种结构中，中间的 GaAs 层是不掺杂的本征材料，两侧为相反类型的异质材料，这种双异质结构有更高的效率，是一种优选结构。

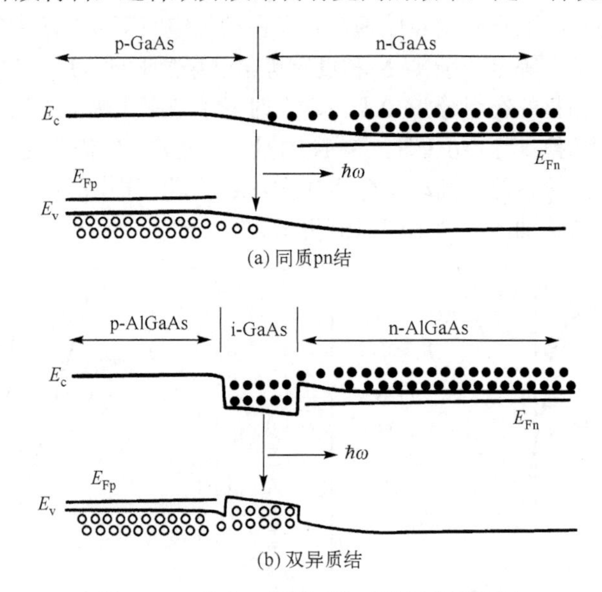

图 10.26　发光二极管正偏时的能带示意图

图 10.27 给出了可见光范围内几种常用的半导体材料，为便于参照，人眼的相对流明函数也示意在图中。由图 10.27 可以看出，在蓝绿光波段，InGaN 半导体是唯一的选择。

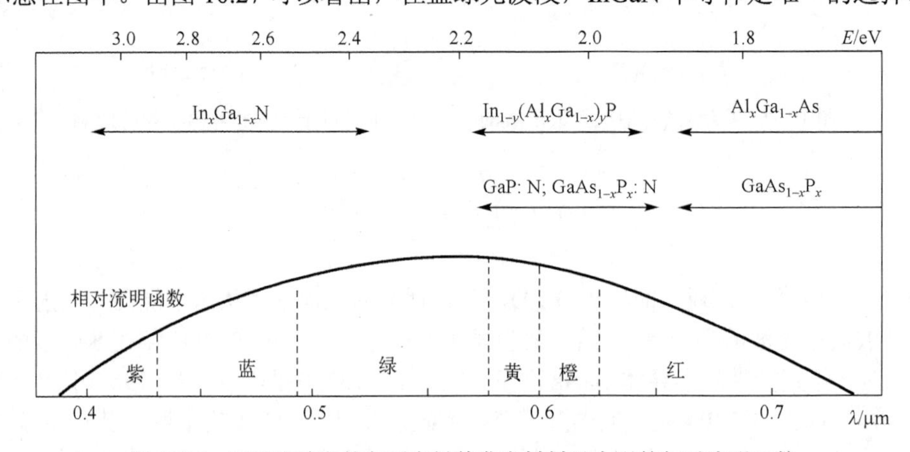

图 10.27　可见光波段的主要半导体发光材料及人眼的相对流明函数

如果中间有源区减小到 10nm 或更小尺度就形成了量子阱，正如第 9 章讨论的，量子阱中电子与空穴的状态密度与体材料有较大的区别，含量子阱结构的 LED 有更高的发光效率。

目前应用最广的 LED 是照明用的白光 LED。图 10.28 给出了一种典型的 LED 结构，该结构是在蓝宝石衬底上以 $In_xGa_{1-x}N$ 单量子阱为有源层，其中量子阱层厚度为 2nm，组分 x 为 0.02～0.13，对应的发射波长为 380～430nm，即对不同组分，可以覆盖从近紫外到蓝色的不同波段。需要指出的是，目前 InGaN 半导体 LED 中应用更多的是多量子阱。

产生白光有两种方法。第一种是用发出不同波长的 LED 组合，如红、绿和蓝光 LED 组合，因其成本高，且将多种窄带宽的光辐射混合，不能形成好的白光，这种方法不是一种通用的方法。另一种方法更为常用，就是在 LED 上覆盖色彩转换器。色彩转换器是一种吸收原始的 LED 辐射光并发出不同频率光辐射的物质，目前常用的是有机染料或稀土材料，如稀土离子 Eu^{2+}。色彩转换器吸收 LED 高频光子后，发出的辐射光有更宽的光谱，而且效率很高。具体的方案又有两种：一种是用蓝色 LED，部分吸收后辐射出红色和绿色光辐射，和原来的蓝色一起组合成白色光；另一种是用近紫外 LED，全部吸收后产生红色、绿色和蓝色的宽光谱，可得到几乎完美的白光辐射。图 10.28 中 380～430nm 的光辐射可以分别满足上述两种白光方案[43]。

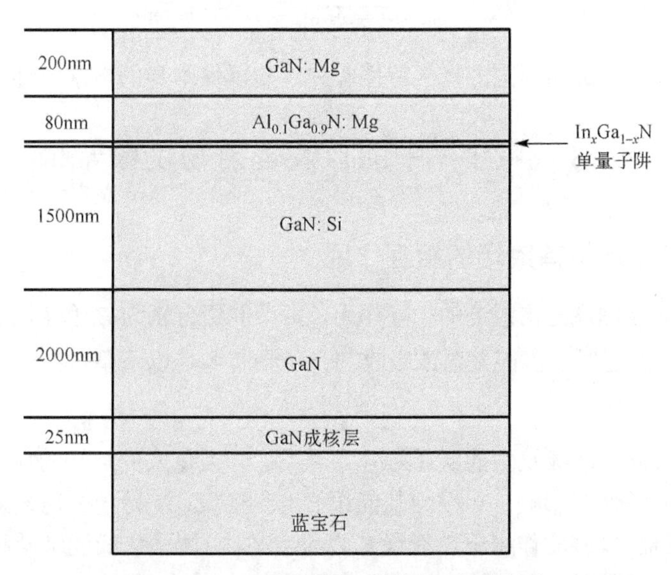

图 10.28　InGaN 单量子阱发光二极管结构

10.7.2　发光二极管的发光效率

LED 的主要功能是将电能转化成光能，因此发光效率是器件的关键参数之一。效率包括内量子效率和外量子效率两种。

1. 内量子效率

对于一个给定的输入功率，辐射复合和非辐射复合相互竞争，每一个导带与价带之间的跃迁和通过杂质态的跃迁，既可以是辐射复合，也可以是非辐射复合。例如，间接带隙半导体材料中的带间复合是非辐射复合，而通过等电子陷阱的复合为辐射复合。

内量子效率 η_{in} 为载流子电流转化为光子的效率，可以表示为

$$\eta_{\text{in}} = \frac{\text{内部发射光子数}}{\text{通过结的载流子数}} \tag{10-103a}$$

它和注入载流子辐射复合的复合率与总复合率之比有关，用载流子寿命表示为

$$\eta_{\text{in}} = \frac{R_{\text{r}}}{R_{\text{r}} + R_{\text{nr}}} = \frac{\tau_{\text{nr}}}{\tau_{\text{r}} + \tau_{\text{nr}}} \tag{10-103b}$$

其中，R_{r} 和 R_{nr} 分别为辐射复合率和非辐射复合率；τ_{r} 和 τ_{nr} 分别为相应的辐射复合和非辐射复合寿命。

2. 外量子效率

对 LED 应用而言，主要关心的是发射到器件外部的光，因此需要研究器件内部和外部的光学特性。描述发射到器件外部的光效率参数为光学效率 η_{op}。考虑这种因素后，净外量子效率定义为

$$\eta_{\text{ex}} = \frac{\text{外部的发射光子数}}{\text{通过结的载流子数}} = \eta_{\text{in}}\eta_{\text{op}} \tag{10-104}$$

光学效率与器件内部和周围的光学特性有关，与器件本身的电学特性无关。

10.8　半导体中的自发辐射与受激辐射

10.8.1　二能级体系与辐射场的相互作用

考虑一个二能级体系与辐射场的相互作用，两个能级分别为 E_1 和 E_2（$E_1 > E_2$），则在这两个能级之间发生跃迁时，可能发射或吸收的光子频率满足以下条件：

$$h\nu = E_1 - E_2 \tag{10-105}$$

原子从上能级向下能级发生的跃迁可分为两类：一类是人们熟知的自发辐射，一般认为这类辐射不受外界条件的影响，自发地从能级 E_1 跃迁到 E_2；另一类是爱因斯坦受激辐射，它是体系在外界(辐射场)的作用下从能级 E_1 跃迁到 E_2。体系从低能级向高能级跃迁只发生在外界提供能量的情况下，例如从辐射场吸收能量为 $h\nu$ 的光子。

如图 10.29 所示，假如在单位体积内某时刻 t 时，处于能级 E_1 和 E_2 的原子数分别为 n_1 和 n_2，那么对自发辐射，跃迁概率显然正比于 n_1，则

$$\frac{\mathrm{d}n_1}{\mathrm{d}t} = -\frac{\mathrm{d}n_2}{\mathrm{d}t} = -An_1 \tag{10-106}$$

对受激辐射，跃迁概率除了和原子数有关，还正比于外界的辐射场 $u(\nu, T)$，则

$$\frac{\mathrm{d}n_1}{\mathrm{d}t} = -\frac{\mathrm{d}n_2}{\mathrm{d}t} = -Bn_1u(\nu, T) \tag{10-107}$$

其中，$u(\nu, T)$ 表示辐射场在单位频率间隔内的能量密度，它是频率与温度的函数。

对于吸收，类似地有

$$\frac{\mathrm{d}n_1}{\mathrm{d}t} = -\frac{\mathrm{d}n_2}{\mathrm{d}t} = Cn_2u(\nu, T) \tag{10-108}$$

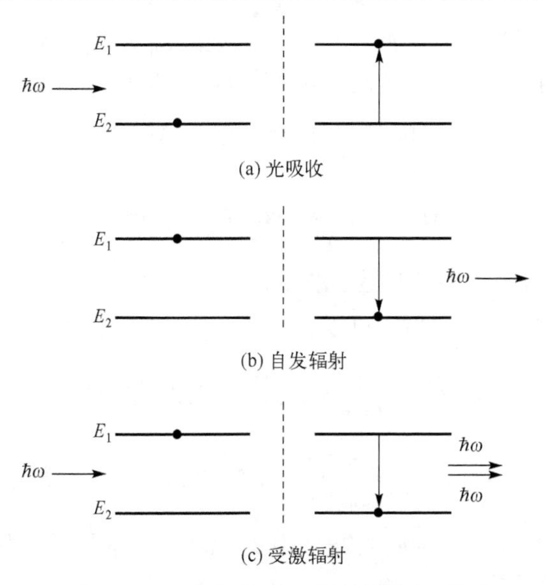

图 10.29　二能级体系与辐射场的相互作用

上面三个方程中，A、B 和 C 分别为自发辐射系数、受激辐射系数和吸收系数。

可以证明，系数 $B = C$，$A/B = 8\pi h\nu^3/c^3$。

进一步的分析表明，如果没有受激辐射，那么单位频率间隔内的辐射场内能密度 $u(\nu, T)$ 将与普朗克公式违背。要使原子-辐射场的相互作用的量子描述成立，受激辐射是必须的。受激辐射正是激光的物理基础。

10.8.2　半导体中的自发辐射与受激辐射的基本特征

半导体与辐射场相互作用也包括光吸收、自发辐射和受激辐射三个过程[30]。

下面讨论位于 E_1 的导带电子和位于 E_2 的价带空穴与辐射场的相互作用。单位时间 $E \to E + \mathrm{d}E$ 能量范围内光子辐射率可以表示为

$$r(E)\mathrm{d}E = [r_{\mathrm{spon}}(E) + n_{\mathrm{photon}} r_{\mathrm{stim}}(E)]\mathrm{d}E \tag{10-109}$$

其中，n_{photon} 为每个模式的光子数，在热平衡情况下，可以表示为 $n_0 = 1/\{\exp[E/(k_{\mathrm{B}}T)] - 1\}$；$r_{\mathrm{spon}}(E)$ 是自发辐射率；$n_{\mathrm{photon}} r_{\mathrm{stim}}(E)$ 是受激辐射率与吸收率的差，即净受激辐射率。对半导体导带与价带之间的跃迁过程，上述两个过程可以分别表示为

$$r_{\mathrm{spon}}(E) = \sum \frac{n_{\mathrm{r}} e^2 E}{\pi \varepsilon_0 m_{\mathrm{e}}^2 \hbar^2 c^3} |M|^2 f_1(1 - f_2) \tag{10-110}$$

$$r_{\mathrm{stim}}(E) = \sum \frac{n_{\mathrm{r}} e^2 E}{\pi \varepsilon_0 m_{\mathrm{e}}^2 \hbar^2 c^3} |M|^2 (f_1 - f_2) \tag{10-111}$$

其中，$E = E_1 - E_2$；n_{r} 为半导体的折射率；m_{e} 为电子质量；f_1 表示 E_1 能量处导带电子的占有概率；f_2 表示 E_2 能量处价带电子的占有概率。式(10-111)中的 $(f_1 - f_2)$ 是受激辐射概率 $f_1(1 - f_2)$ 和吸收概率 $f_2(1 - f_1)$ 的差，即 $f_1(1 - f_2) - f_2(1 - f_1) = f_1 - f_2$。两个方程中的求和号是对半导体单位体积内所有满足 $E = E_1 - E_2$ 的导带与价带状态求和。在辐射复合中，光子动

量可以忽略不计，因此其中的电子波矢 $\boldsymbol{k}_{\mathrm{e}}$ 和空穴波矢 $\boldsymbol{k}_{\mathrm{h}}$ 几乎相等。$|M|^2$ 为跃迁过程中动量矩阵元的平方，为了简化讨论，本节假设对所有偏振方向取平均值，于是

$$|M|^2 = \frac{1}{3}(M_x^2 + M_y^2 + M_z^2) \tag{10-112}$$

$$M_x = -\mathrm{i}\hbar\left\langle \psi_1 \middle| \exp(\mathrm{i}\boldsymbol{k}\cdot\boldsymbol{r})\frac{\partial}{\partial x} \middle| \psi_2 \right\rangle \tag{10-113}$$

其中，ψ_1 和 ψ_2 分别为导带和价带的电子波函数。

上述自发辐射率和净受激辐射率可以表示为

$$r_{\mathrm{spon}}(E) = \frac{n_{\mathrm{r}} e^2 E}{\pi\varepsilon_0 m_{\mathrm{e}}^2 \hbar^2 c^3}|M|^2 \rho_{\mathrm{red}}(E) f_1(1-f_2) \tag{10-114}$$

$$r_{\mathrm{stim}}(E) = \frac{n_{\mathrm{r}} e^2 E}{\pi\varepsilon_0 m_{\mathrm{e}}^2 \hbar^2 c^3}|M|^2 \rho_{\mathrm{red}}(E)(f_1 - f_2) \tag{10-115}$$

其中，$\rho_{\mathrm{red}}(E) = (2m_{\mathrm{e\text{-}h}}^*/\hbar^2)^{3/2}\sqrt{E-E_{\mathrm{g}}}\big/(2\pi^2)$ 为式(10-94)表示的联合态密度，$m_{\mathrm{e\text{-}h}}^*$ 为导带电子和价带空穴的折合有效质量。

总的自发辐射率为

$$R_{\mathrm{spon}} = \int r_{\mathrm{spon}}(E)\mathrm{d}E \tag{10-116}$$

半导体中导带与价带的电子分布函数分别为

$$f_1(E_1) = \frac{1}{1+\exp\left(\dfrac{E_1 - E_{\mathrm{Fn}}}{k_{\mathrm{B}}T}\right)} \tag{10-117}$$

$$f_2(E_2) = \frac{1}{1+\exp\left(\dfrac{E_2 - E_{\mathrm{Fp}}}{k_{\mathrm{B}}T}\right)} \tag{10-118}$$

以上两个分布函数中 E_{Fn} 和 E_{Fp} 分别为电子和空穴的准费米能级。

由式(10-114)、式(10-115)、式(10-117)和式(10-118)可得

$$r_{\mathrm{stim}}(E) = r_{\mathrm{spon}}(E)\{1-\exp[E-\Delta E_{\mathrm{F}}/(k_{\mathrm{B}}T)]\} \tag{10-119}$$

其中，$\Delta E_{\mathrm{F}} = E_{\mathrm{Fn}} - E_{\mathrm{Fp}}$ 为电子和空穴准费米能级之差，显然在热平衡条件下，该值为0。

可以证明，上述净受激辐射率和吸收系数的关系为

$$\alpha(E) = -\frac{\pi^2 c^2 \hbar^3}{n_{\mathrm{r}}^2 E^2} r_{\mathrm{stim}}(E) \tag{10-120}$$

其中，“–”号表示净受激辐射和吸收系数的符号是相反的。讨论激光原理时，一般用增益系数 $g(\hbar\omega) = -\alpha(\hbar\omega)$ 表示，由此可得半导体激光器的增益系数为

$$\begin{aligned} g(\hbar\omega) = -\alpha(\hbar\omega) &= \frac{\pi^2 c^2 \hbar^3}{n_{\mathrm{r}}^2 (\hbar\omega)^2} r_{\mathrm{stim}}(\hbar\omega) \\ &= \frac{\pi e^2}{n_{\mathrm{r}} c \varepsilon_0 m_{\mathrm{e}}^2 \omega}|M|^2 \rho_{\mathrm{red}}(E)(f_1 - f_2) \end{aligned} \tag{10-121}$$

由式(10-121)，激光增益 $g(\hbar\omega)>0$ 的条件为 $f_1-f_2>0$ ，即上能级的占据数大于下能级的占据数，也就是分布反转。由式(10-117)和式(10-118)，该条件还可以表示为

$$E_1-E_{\mathrm{Fn}}<E_2-E_{\mathrm{Fp}}$$

即

$$E_{\mathrm{Fn}}-E_{\mathrm{Fp}}>E_1-E_2=\hbar\omega \tag{10-122}$$

上述方程说明，要产生受激辐射，电子和空穴的准费米能级之差必须大于光子能量 $\hbar\omega$ 。考虑到受激辐射的光子能量 $\hbar\omega\geqslant E_{\mathrm{g}}$ ，所以式(10-122)可以进一步表示为

$$E_{\mathrm{Fn}}-E_{\mathrm{Fp}}>\hbar\omega\geqslant E_{\mathrm{g}} \tag{10-123}$$

式(10-123)说明，为了实现受激辐射，电子与空穴的准费米能级之差大于半导体的禁带宽度 E_{g} 。对同质 pn 结，只有简并半导体才能满足这样的条件。

10.9　半导体激光器

10.9.1　半导体激光器的注入机制

半导体激光器[3, 27, 28, 30, 44]有几种不同的结构，其中的基本结构如图 10.30 所示。为了实现分布反转，p 区和 n 区都必须重掺杂，一般达 $10^{18}\mathrm{cm}^{-3}$。平衡时，费米能级分别位于 p 区的价带或 n 区的导带内，如图 10.31(a)所示。当加上正向偏压 V 时，pn 结处于非平衡态，pn 结势垒降低，n 区向 p 区注入电子，p 区向 n 区注入空穴，这时势垒区准费米能级 E_{Fn} 和 E_{Fp} 之间的距离为 eV ，如图 10.31(b)所示。因 pn 结是重掺杂的，平衡时势垒高度很大，即使正向偏压加大到 $eV\geqslant E_{\mathrm{g}}$ ，也不会使势垒消失。这时，pn 结界面附近出现 $E_{\mathrm{Fn}}-E_{\mathrm{Fp}}>E_{\mathrm{g}}$ ，并成为分布反转区。在这特定区域内，导带的电子浓度和价带的空穴浓度都很高，这一分布反转区很薄，是半导体激光器的核心部分，称为“激活区”，又称为“有源区”。

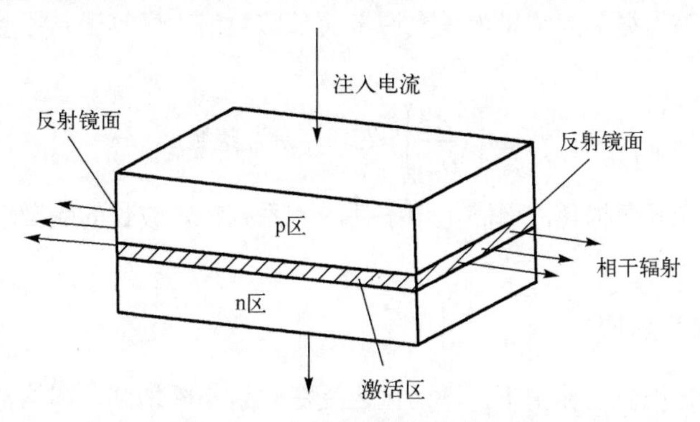

图 10.30　半导体激光器结构示图

可见，要实现分布反转，必须由外界输入能量，使非平衡载流子不断地输运至激活区。这种作用称为载流子的“抽运”或“泵浦”。上述 pn 结激光器中，利用正向电流输入能量，这是常用的注入式泵浦。此外也可以利用强光源照射，并形成分布反转，称为光泵。光泵可用于那些难于制成 pn 结的半导体材料。

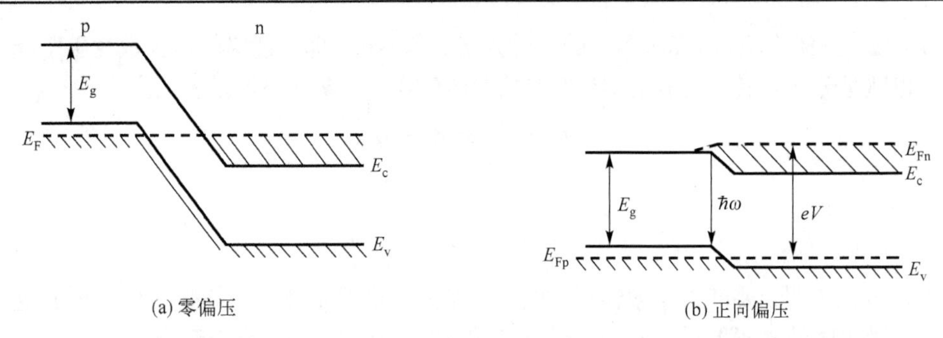

图 10.31　同质 pn 结半导体激光器零偏压和正偏条件下的能带结构

10.9.2　激光的产生

开始时非平衡电子-空穴对自发地复合，引起自发辐射，发射一定能量的光子。但自发辐射所发射的光子，相位各不相同，并向各个方向传播。大部分光子一旦产生，立刻穿出激活区；但也有一小部分光子严格地在 pn 结平面内传播，形成电子-空穴对的受激辐射，产生更多能量相同的光子。这样的受激辐射随着注入电流的增大而逐渐发展，并逐渐集中到 pn 结平面内，最后受激辐射占绝对优势。这时辐射的单色性较好，强度也增大，但其相位仍然是杂乱的，因此还不是相干光。

要使受激辐射达到发射激光的要求，即达到强度更大的单色相干光，还必须依靠共振腔的作用，并使注入电流达到一定的数值-阈值电流。

1. 共振腔

pn 结激光器中，垂直于结面的两个严格平行的晶体解理面形成所谓的法布里-珀罗(Fabry-Perot)共振腔，如图 10.30 所示，其中两个解理面就是共振腔的反射镜面。

一定频率的受激辐射，在反射面间来回反射，形成两列相反方向传播的波叠加，最后在共振腔内形成驻波。设共振腔长度为 l，半导体折射率为 n_r，λ/n_r 是辐射在半导体中的波长，则受激辐射在共振腔内振荡的结果为只允许半波长整数倍正好等于共振腔长度的驻波存在，其条件可以表示为

$$m\left(\frac{\lambda}{2n_r}\right)=l,\qquad m\text{为整数}\tag{10-124}$$

不符合上述条件的光逐渐损耗，而满足该条件的一系列特定波长的受激辐射在共振腔内形成振荡。

2. 增益和阈值电流密度

一方面，在注入电流的作用下，激活区内受激辐射不断增强，即增益；另一方面，辐射在共振腔内来回传播时，有能量损耗，主要包括光吸收、缺陷散射及端面透射损耗等。用 g 和 α 分别表示单位长度内辐射强度的增益和吸收损耗，用 I 代表光强，则

$$\frac{\mathrm{d}I}{\mathrm{d}x}=gI,\qquad -\frac{\mathrm{d}I}{\mathrm{d}x}=\alpha I\tag{10-125}$$

显然，吸收系数主要由材料本身性质决定，而根据式(10-121)，增益系数 g 与 (f_1-f_2) 有

关，它主要取决于注入电流的大小。当电流较小时，增益很小；电流增大，增益也逐渐增大，直到电流增大到使增益等于全部损耗时，才开始由激光发射。增益等于损耗时的注入电流密度称为阈值电流密度 J_t，相应的增益为阈值增益 g_t。

从式(10-125)可以求得增益和吸收损耗按指数规律增长或衰减，即

对增益情况：

$$I(x) = I_0 \exp(gx) \tag{10-126}$$

对损耗情况：

$$I(x) = I_0 \exp(-\alpha x) \tag{10-127}$$

考虑一个完整的回路，两个镜面的反射系数分别为 R_1 和 R_2，它们将导致额外的损耗。对一个给定的系统，R_1、R_2 和 α 是固定的，增益系数 g 是唯一可以改变总体增益状况的参数，为使总增益为正，系统应该满足

$$R_1 R_2 \exp[(g-\alpha)2l] > 1 \tag{10-128}$$

当式(10-128)取等号时即为阈值增益，即

$$g_t = \alpha + \frac{1}{2l}\ln\left(\frac{1}{R_1 R_2}\right) \tag{10-129}$$

对于激光器，阈值电流密度 J_t 和阈值增益是重要参数。要使激光器有效地工作，必须降低阈值，其主要途径是设法较小各种损耗。由式(10-129)可知，要降低阈值，必须使吸收系数 α 小，而反射系数增大。因此，作为激光材料，必须选择半导体晶体质量好，掺杂浓度适当的半导体；同时反射面尽可能达到光学平面，并使结面平整，以减小损耗，提高激光发射效率。对于广泛使用的 GaAs 激光器，一般掺杂浓度为 10^{18}cm^{-3}。

3. 激光的光谱分布

图 10.32 是半导体激光器对应于不同注入电流的典型光谱分布。如图 10.32(d)所示，当注入电流远小于阈值电流时，辐射是自发辐射，谱线相当宽。如图 10.32(c)所示，随着电流增大，受激辐射逐渐增强，谱线变窄，当接近阈值电流时，谱线出现一系列峰值。这说明对

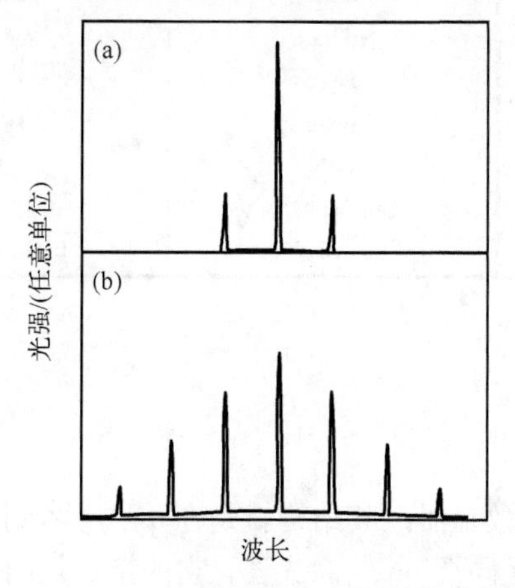

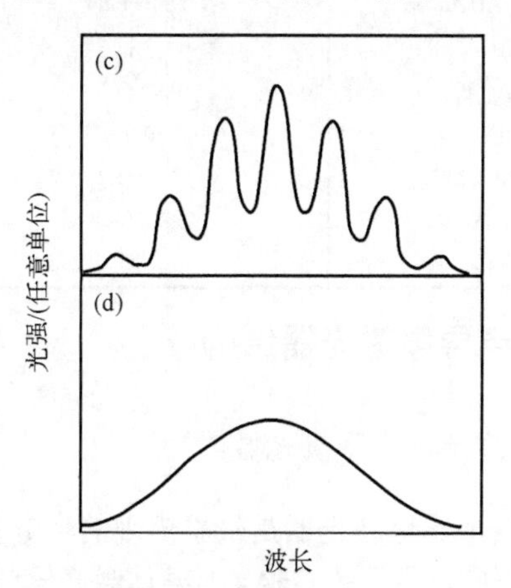

图 10.32　不同注入电流时的半导体激光器发光光谱

(a)远大于阈值电流；(b)略大于阈值电流；(c)小于阈值电流；(d)远小于阈值电流

应于这些峰值的特定波长，发生较集中的受激辐射。这些特定波长就是共振腔内形成的驻波波长，即满足式(10-124)的波长。电流进一步增大，直到等于或大于阈值电流时，发生共振，对应于某特定波长(相应的光子能量 $\hbar\omega_0 \approx E_g$)，出现很窄且辐射强度骤增的谱线，如图 10.32(a)和(b)所示。这时激光器发射出强度很大，单色性好($\Delta\lambda \approx 0.1\,\text{nm}$)的相干光，这就是激光。注入电流越大，输出能量越向中心波长集中。

综上所述，激光的发射必须满足三个基本条件：

(1)形成分布反转，使受激辐射占优。

(2)具有共振腔，以实现光量子放大。

(3)至少达到阈值电流密度，使增益至少等于损耗。

10.9.3 半导体激光材料

GaAs 是最早发现的半导体激光材料，已获得广泛的研究和应用。其他Ⅲ-Ⅴ族化合物中的直接带隙半导体多数已成功制备各种不同波长的半导体激光器。GaP 与 GaAs 以不同比例制成的混晶 $GaAs_{1-x}P_x$ 可获得波长范围为 0.84μm(纯 GaAs)至约 0.64μm 的激光。InP 的禁带宽度小于 GaAs，其激光波长相应地可向长波方向移动至约 0.90μm。GaSb、InAs 和 InSb 的激光波长分别为 1.65μm、3.1μm 和 5.2μm，都已进入红外区。这些Ⅲ-Ⅴ半导体中大量使用的是三元与四元混晶，如 InP 衬底上的 InGaAsP 四元半导体是光纤通信用的 1.55μm 半导体激光器材料。Ⅲ-Ⅴ族半导体中氮化物半导体，包括 GaN、InN 和 AlN 三种，它们是蓝色至紫外波段目前唯一可用的半导体材料，目前氮化物半导体在 0.35～0.55μm 波段都已有成熟的半导体激光器。其他如一些Ⅳ-Ⅵ族化合物，特别是铅盐半导体，如 PbS、PbSe 和 PbTe 等也都已制成 pn 结注入式激光器。常用的半导体激光材料见表 10.1。

表 10.1 常用的半导体激光材料

材料	激光波长/μm	材料	激光波长/μm
GaAs	0.84	ZnSe	0.46
Ga(As, P)	0.64～0.84	CdTe	0.785
(Ga, In) As	0.84～3.1	CdS	0.49
(Ga, Al) As	0.64～0.84	CdSe	0.675
InAs	3.1	PbS	4.3
In(As, P)	0.9～3.1	PbTe	6.5(12K)
InP	0.9	PbSe	7.3(77K)
In(As, Sb)	3.1～5.2	GaN	0.35
InSb	5.3(10K)	(In, Ga, Al) N	0.35～0.55
GaSb	1.65	AlGaN	0.222～0.351

10.9.4 半导体激光器结构

1. 同质结半导体激光器

同质结半导体激光器是最早出现的半导体激光器，其结构就是在 pn 结两侧由两个解理面构成共振腔。最早的 GaAs 半导体激光器就是同质 pn 结激光器，它的特点是阈值电流非常大，因此只能在低温下工作。

2. 异质结激光器

Kroemer 和 Alferov 分别提出了异质结半导体激光器的设想。以后逐步发展了单异质结和双异质结激光器。Hayashi 等首先使 GaAs-AlGaAs 双异质结激光器实现了室温下连续工作。在这种双异质结激光器中，室温下的阈值电流密度可降至～10^3A · cm^{-2} 量级。图 10.33 给出了同质结、单异质结和双异质结半导体激光器阈值电流密度 j_t 随温度的变化。

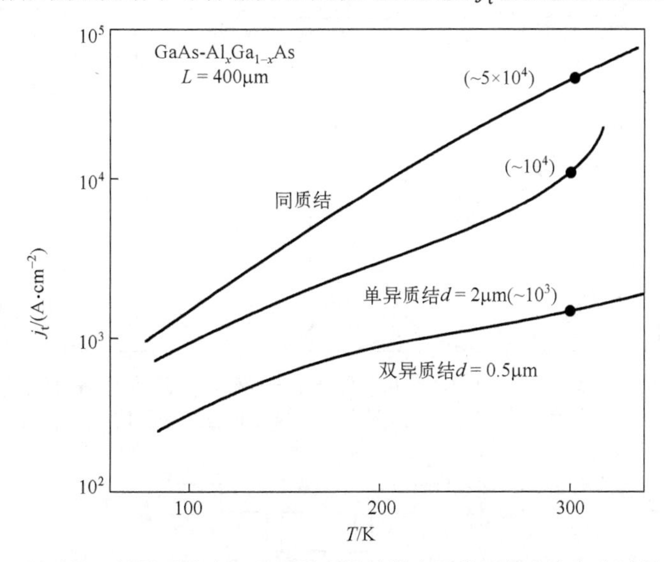

图 10.33　同质结、单异质结和双异质结半导体激光器的阈值电流密度随温度的变化

异质结激光器的主要优点在于能够很好地实现载流子限制和光限制：利用异质结所形成的势垒将注入载流子限制在一个窄的有源区中加以有效利用；利用从 GaAs 到 Al$_x$Ga$_{1-x}$As 的折射率 n 的突变性下降，光场主要限制在有源区中，从而使光限制因子得到提高，以降低传播损耗。图 10.34 给出了同质结、单异质结和双异质结的正偏时的能带与注入载流子的空间分布，折射率变化及相应的光强与光限制情况的示意图。显然，双异质结结构对载流子和光的限制最佳。

双异质结的另一个附加好处是禁带较窄的有源区可以是不掺杂的，这对降低有源区的吸收有利。

双异质结激光器的出现为半导体激光器的实际应用奠定了基础。

3. 半导体量子阱激光器

20 世纪 70 年代中期，最早的 AlGaAs/GaAs 量子阱半导体激光器被成功制备。量子阱结构同样可以实现对载流子的有效空间限制。为了实现对光的有效约束，通常采用对载流子和光分别进行约束的结构。图 10.35 为一种半导体多量子阱激光器的能带结构，浅阱用来约束光，对应有源区；深阱用来约束载流子。虽然约束载流子的阱宽只有几纳米，但用来约束光的浅阱宽度却有 100nm 量级，只要折射率差足够大，光限制因子仍然比较大。

量子阱激光器的一个主要优点是它的台阶形态密度。由于如图 9.15 所示的台阶形态密度，对同样的载流子填充状况，所需的注入载流子数目远小于三维结构。

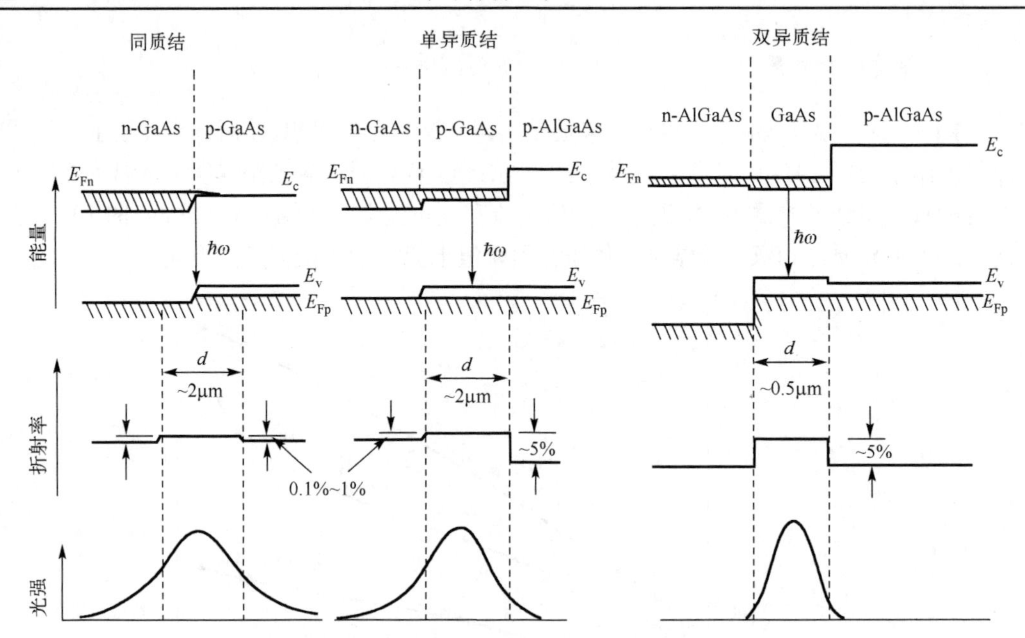

图 10.34　同质结、单异质结和双异质结半导体激光器的正偏时的能带与注入载流子空间分布、折射率和光强分布与光限制情况示意图

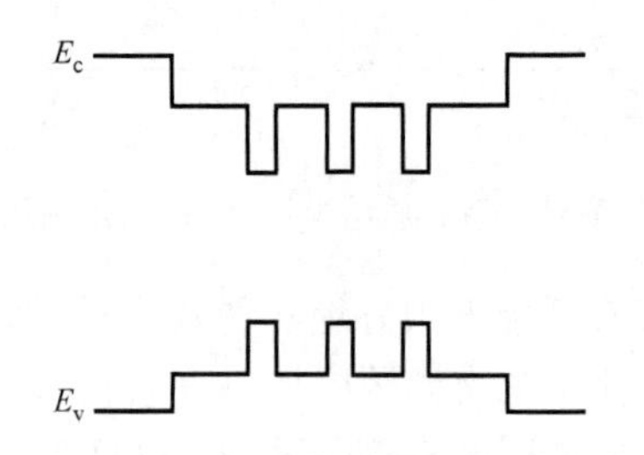

图 10.35　半导体多量子阱激光器的能带结构示意图

量子阱的增益可以表示为[30]

$$g(\hbar\omega) = -\alpha(\hbar\omega) = \frac{\pi e^2}{n_r c\varepsilon_0 m_e^2 \omega}\sum_n |M|^2 (f_1 - f_2)\frac{m_{e\text{-}h}^*}{\pi\hbar^2 L_z}H(\hbar\omega - E_{g,n}) \tag{10-130}$$

其中，$m_{e\text{-}h}^*$ 为电子与空穴的折合有效质量；函数 H 为台阶函数；$E_{g,n}$ 为导带与价带子能级之间的间距；求和对所有的子能级进行。另外需要指出的是，其中的矩阵元平方$|M|^2$也不等于式(10-112)中三维情况下的值。图 10.36 给出了双异质结和量子阱半导体激光器的增益函数。由图可以看出，对体材料，增益随能量增大是从零开始逐渐增大再减小，而对量子阱结构，增益从开始的能量起就是很大的，并随着能量增大而单调下降，两者有显著的差异。

20 世纪 90 年代中期以后，氮化物半导体的量子阱激光器也实现了室温下连续工作，并实现了商业化。一种典型的氮化物量子阱激光器包含 3 个 $In_{0.2}Ga_{0.8}N$ 量子阱结构，其势阱层厚度为 4nm，相应的势垒层厚度为 8nm 的 $In_{0.05}Ga_{0.95}N$。该激光器室温下的辐射波长为 408nm。

4. 垂直腔表面发射激光器

这种激光器的有源区位于平行于界面的上下两个布拉格反射器(DBR)之间，在两个反射

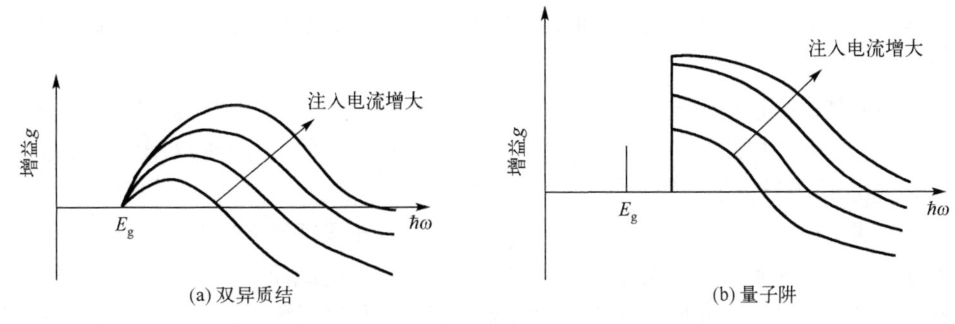

图 10.36　双异质结和量子阱半导体激光器的增益函数

器之间形成微腔。布拉格反射器由若干个周期的半导体薄膜形成，每个周期由两层光学厚度都是 1/4 波长且折射率略有差异的半导体薄膜组成。只要上述周期数足够多(≥10)，反射器的反射率可以足够大。由于反射器有高的反射率，可以弥补沿垂直界面方向有源区厚度较小的不足。有源区由一个或多个量子阱构成，如图 10.37 所示。上下两个反射器被分别掺杂为 n 型和 p 型，从而形成一个 pn 结二极管。在更复杂的结构中，n 型和 p 型层被置于两个反射器之间，以减小电流通过反射器的功耗，但这需要更复杂的半导体工艺来制备电极。

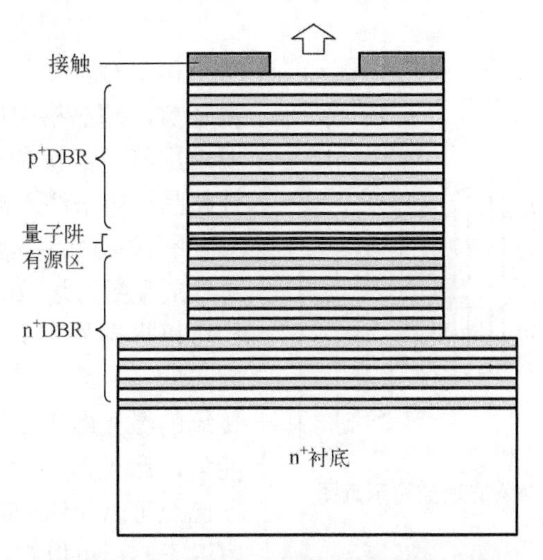

图 10.37　垂直腔半导体激光器结构示意图

这种激光器具有小的体积，只有少数腔模和介质的增益谱相重叠，因此具有低阈值电流、单模发射的优点，此外还具有高功率、可控制的极化取向等优点。这种激光器还有一个特别的优点：易于实现二维激光阵列输出光辐射，并方便与其他介质耦合，如光纤。

5. 红外量子级联激光器

量子级联激光器在原理上不同于普通二极管激光器，二极管激光器通过带间跃迁获得激光。红外量子级联激光器通过导带内的子能级间跃迁实现，由通过隧穿耦合的若干个量子阱组成，可通过控制隧穿过程来达到量子阱上下能级的分布反转。这种激光器只涉及一种载流子，是一种单极半导体激光器。

因为子能级间能量远小于带隙能量，量子级联激光器可以辐射出红外、远红外波段的激光，而不用考虑窄带隙半导体所遇到的材料困难。量子级联激光器已经可以输出波长大于70μm的激光。

由于靠近带边的超晶格子带有几乎相同的E-k关系，子带间的联合态密度是δ函数型的，因此子带间的光吸收和发射表现为尖锐的谱线，而且所形成的增益分布对温度不敏感，这优于窄禁带的pn结半导体激光器。

有源区通常由 2～3 个量子阱构成。目前研究的量子级联激光器有两种类型。一种结构的上能级和下能级分属于两个相邻的量子阱，而下能级上的载流子很容易经声子辅助跃迁到一个更低的能级上，由此增加了上能级的载流子寿命，更容易实现上下能级之间的粒子数反转，从而实现激光输出。另一种结构的上下能级属于同一个量子阱，因此相应的谱线更窄。一个典型的量子级联半导体激光器结构如图10.38所示。该结构中，双量子阱共有E_3、E_2和E_1三个子能级。在有源区，电子通过共振隧穿注入子能级E_3上，激光是由电子从子能级E_3辐射跃迁到E_2上得到的，E_2上的电子快速弛豫到E_1后经共振隧穿到后面的微带中。共振隧穿是一个非常快的过程，所以E_2上的电子浓度通常比E_3上少，可以维持分布反转。微带的设计有着非常关键的作用，它对隧穿过程起决定性作用。同时子能级E_3与后面注入器的微带不在同一能量上，因此不能向注入器隧穿，使子能级E_3上可保持高的电子浓度。

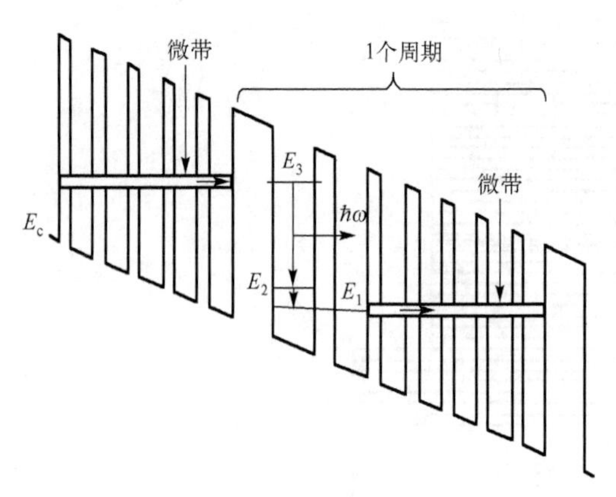

图 10.38　量子级联半导体激光器结构示意图

由半导体超晶格形成的电子注入器在整个结构中有重要的作用。为了保证有效的共振隧穿，超晶格中的电子微带需保持平坦，要求用特殊的掺杂剖面、厚度或势垒剖面设计超晶格电子注入器。

有源区和超晶格注入器构成一个周期，总的周期数可达 20～100 个。这种级联的结构可以提高外部量子效率并降低阈值电流，因为同一个载流子可以产生多个光子，这在传统的激光器中是不可能的。由于小的跃迁能量，激光器必须在低温下工作。这种激光器已经可以在约150K的温度下连续工作。在室温下，已可以实现脉冲工作。

习　题

1．某n型Si光电导体，其长度为$120\,\mu\text{m}$，横截面积为10^{-7}cm^2，少子寿命为$0.6\,\mu\text{s}$，所加电压为12V，设其中的光生电子全部进入陷阱，对光电导没有贡献。求该光电导的增益。已知Si中电子和空穴的迁移率分别为$1300\,\text{cm}^2/(\text{V}\cdot\text{s})$和$450\,\text{cm}^2/(\text{V}\cdot\text{s})$。

2．一个n型CdS正方形晶片，边长1mm，厚0.1mm，其长波吸收限为510nm。今用强度为1mW/cm^2的紫色光(波长为409.6nm)照射到正方形表面，量子产额为0.95。设光生空穴全部进入陷阱，光生电子寿命为0.8ms，电子迁移率为$120\,\text{cm}^2/(\text{V}\cdot\text{s})$，并设光照能量全部被晶片吸收，求下列各值。

(1)样品中每秒产生的空穴-电子对数；

(2) 样品中增加的电子数；

(3) 样品的电导增量；

(4) 当样品上加以 50V 电压时的光生电流；

(5) 光电导增益因子。

3．上题中样品无光照时的电导 $g_0 = 10^{-8}$ S，如果要样品电导增加 1 倍，所需的光照强度为多少？

4．室温下的 Si pn 结太阳能电池的主要参数为：$N_A = 2\times10^{17}\text{cm}^{-3}$，$N_D = 10^{16}\text{cm}^{-3}$，扩散系数 $D_n = 25\text{cm}^2/\text{s}$，$D_p = 10\text{cm}^2/\text{s}$，载流子寿命 $\tau_{n0} = 6\times10^{-7}\text{s}$，$\tau_{p0} = 1.5\times10^{-7}$ s。已知光电流密度 $J_L = 15\text{mA}/\text{cm}^2$，求该太阳能电池的开路电压。已知室温下 Si 的本征载流子浓度为 $1.5\times10^{10}\text{cm}^{-3}$。

5．对上题中的太阳能电池，若采用集光形式工作，光电流密度 $J_L = 150\text{mA}/\text{cm}^2$，求该太阳能电池的开路电压。

6．计算 GaAs 发光二极管的界面反射系数和临界角。已知 GaAs 的折射率为 3.06。

7．用光子流强度为 P_0、光子能量为 $\hbar\omega$ 的光照射到肖特基光电二极管，入射光在表面的强度反射率为 R。已知 $E_g > \hbar\omega > e\phi_B$（$\phi_B$ 为接触势垒高度），则在金属层内产生的光电子，有部分进入半导体并称为有效信号。如果金属中光的吸收系数为 α，金属厚度为 l。在离光照的金属面 x 处，光生电子进入半导体的概率为 $\exp[-b(l-x)]$。设金属中光生电子的量子产额为 β。

(1) 试证：光电二极管的量子效率 η（进入半导体的光生电子数与入射光子数之比）

$$\eta = \frac{(1-R)\beta\alpha}{b-\alpha}[\exp(-\alpha l) - \exp(-bl)]$$

(2) 试证：当 $l = \dfrac{\ln(b/\alpha)}{b-\alpha}$ 时，η 达到最大值 η_m，且

$$\eta_m = (1-R)\beta\left(\frac{\alpha}{b}\right)^{b/(b-\alpha)}$$

8．设激光器谐振腔长度为 l，两端面反射系数分别为 R_1、R_2，激光材料对辐射光的吸收系数为 α，试证明激光器的阈值增益为

$$g_t = \alpha + \frac{1}{2l}\ln\frac{1}{R_1R_2}$$

9．InGaAsP 激光器的工作波长为 1.3μm，谐振腔长度为 320μm，InGaAsP 的折射率为 3.39。

(1) 镜面损失为多少？以 cm^{-1} 为单位。

(2) 如果给激光器的一个端面镀了高反膜，反射率提高到 95%，阈值增益减少了多少？已知激光材料对辐射光的吸收系数为 α。

10．InGaAsP 激光器的工作波长为 1.55μm，谐振腔长度为 320μm，InGaAsP 的折射率为 3.4。计算：

(1) 用纳米表示的纵向模式间距；

(2) 用 GHz 表示上述模式间距。

第 11 章　半导体的其他性质

本章主要讨论半导体的热电、磁阻和压阻等的性质。热电效应早在一个多世纪以前就已经被发现，这是一种和温度梯度及电流有关的热电现象。研究发现，半导体的热电效应比金属的热电效应强得多，对半导体热电效应的研究，使半导体制冷等新型器件走向了实用化。半导体磁阻效应是指半导体的电阻随磁场的变化，相应的磁阻器件是两端器件，比霍尔器件简单且实用。半导体的很多性质(如电阻等)都随其中的压力变化而变化，半导体压阻效应可以作为各种压力传感器而获得广泛的应用。

11.1　半导体热电效应

如果半导体或导体中有温度梯度及电流，除了不可逆的热传导和焦耳热以外，半导体或导体还存在可逆的温差电现象[45]，包括塞贝克效应、帕尔贴效应和汤姆孙效应。这些效应最早是在金属中发现的，但在半导体中上述几个效应都更强，因此获得了更广泛的应用。

11.1.1　塞贝克效应

如图 11.1(a)所示的 n 型半导体两端用同种金属做成欧姆接触，两端的温差为ΔT，且内部形成均匀的温度梯度。设样品为均匀掺杂，半导体中的载流子符合非简并半导体载流子分布规律。于是高温端电子浓度和热运动速度比低温端大，电子从高温端向低温端扩散，在低温端形成电子的积累，即低温端带上负电荷，则高温端相应地带上正电荷，从而产生电场，方向由高温端指向低温端。在该电场作用下电子沿电场的相反方向漂移，当电子的漂移与扩散平衡时达到稳定状态，这时半导体内部就有一定的电场，两端形成一定的电势差。这种现象就是温差电效应，即由温度梯度引起的温差电动势Θ_c。实验证明，温差电动势与温差成正比，即

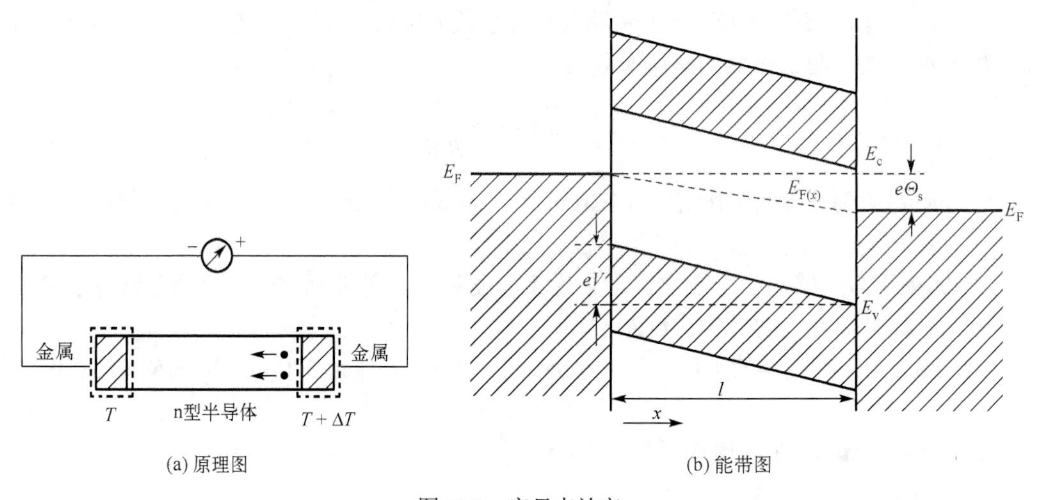

(a) 原理图　　(b) 能带图

图 11.1　塞贝克效应

$$\mathrm{d}\Theta_{\mathrm{c}} = \alpha \mathrm{d}T \tag{11-1}$$

其中，系数α为半导体的温差电动势率，与材料的性质和温度有关，单位是 V/K。

当两块不同的半导体(或导体)在两个接触端存在不同温度时，两块半导体(或导体)接触组成回路时会有电流通过，这种现象就是塞贝克效应，这个回路称为温差电偶，相应的电流就是温差电流。温差电流是两个物体的温差电动势的代数和不为零导致的。由式(11-1)可以得到热电偶的温差电动势率为

$$\alpha_{\mathrm{ab}} = \frac{\mathrm{d}\Theta_{\mathrm{ab}}}{\mathrm{d}T} = \frac{\mathrm{d}\Theta_{\mathrm{b}}}{\mathrm{d}T} - \frac{\mathrm{d}\Theta_{\mathrm{a}}}{\mathrm{d}T} = \alpha_{\mathrm{b}} - \alpha_{\mathrm{a}} \tag{11-2}$$

其中，下标 a、b 表示两种不同的半导体，α_{ab}的下标是指在接触高温端电流正方向是由a指向b。式(11-2)说明两种材料相互接触形成热电偶的温差电动势等于两种材料的温差电动势率之差，塞贝克效应是可逆的，即

$$\alpha_{\mathrm{ab}} = \alpha_{\mathrm{b}} - \alpha_{\mathrm{a}} = -(\alpha_{\mathrm{a}} - \alpha_{\mathrm{b}}) = -\alpha_{\mathrm{ba}} \tag{11-3}$$

图 11.1(b)为金属和半导体的热平衡能带图。当两端存在温差时，由上述分析可知，半导体内部一定有电势差V，并产生一定的附加电势能$-eV$，从而导致半导体能带的倾斜；另外，由于费米能级与温度有关，因此半导体中费米能级的倾斜和能带的倾斜并不相同，如图 11.1(b)所示，$e\Theta_{\mathrm{s}}$与eV不相等。假定在半导体与金属接触处两者的费米能级相等，则两端费米能级之差除以电荷e就是温差电动势Θ_{s}。E_{F}的倾斜由两个因素造成，即电场和温度梯度，可得

$$e\Theta_{\mathrm{s}} = eV + \frac{\mathrm{d}E_{\mathrm{F}}}{\mathrm{d}T}\Delta T \tag{11-4}$$

假定x点的电子浓度为$n(x)$，电子扩散系数为D_{n}，迁移率为μ_{n}，则扩散电流密度和漂移电流密度分别为

$$(J_{\mathrm{n}})_{扩} = D_{\mathrm{n}} e \frac{\mathrm{d}n(x)}{\mathrm{d}x} \tag{11-5}$$

$$(J_{\mathrm{n}})_{漂} = e\mu_{\mathrm{n}} n(x)\left(-\frac{\mathrm{d}V}{\mathrm{d}x}\right) \tag{11-6}$$

n 型半导体中扩散电流为低温区向高温区的电流，漂移电流为高温区向低温区的电流。在稳态时，两者在数值上相等，即

$$D_{\mathrm{n}} e \frac{\mathrm{d}n(x)}{\mathrm{d}x} = e\mu_{\mathrm{n}} n(x)\left(-\frac{\mathrm{d}V}{\mathrm{d}x}\right) \tag{11-7}$$

在半导体内温度梯度与电场同向，假设温度是均匀变化的，则有下列结果：$\mathrm{d}T/\mathrm{d}x = \Delta T/l$，$\mathrm{d}V/\mathrm{d}x = V/l$。利用爱因斯坦关系$D_{\mathrm{n}}/\mu_{\mathrm{n}} = k_{\mathrm{B}}T/e$，并考虑到$\mathrm{d}n/\mathrm{d}x = \mathrm{d}n/\mathrm{d}T \cdot \mathrm{d}T/\mathrm{d}x$，由式(11-7)可得

$$V = -\frac{k_{\mathrm{B}}T\Delta T}{en} \cdot \frac{\mathrm{d}n}{\mathrm{d}T} \tag{11-8}$$

对非简并半导体，存在下列关系：

$$n = \frac{2(2\pi m_{dn}^* k_B T)^{3/2}}{h^3} \exp\left(-\frac{E_c - E_F}{k_B T}\right) \text{及} \frac{1}{n}\frac{dn}{dT} = \frac{d(\ln n)}{dT} \tag{11-9}$$

把式(11-9)代入式(11-8)，可得

$$V = -\left(\frac{E_c - E_F}{eT} + \frac{3k_B}{2e} + \frac{1}{e}\frac{dE_F}{dT}\right)\Delta T \tag{11-10}$$

把式(11-10)代入式(11-4)，可得

$$\Theta_s = -\left(\frac{E_c - E_F}{eT} + \frac{3k_B}{2e}\right)\Delta T \tag{11-11}$$

由式(11-11)得温差电动势率为

$$\alpha_n = \frac{d\Theta_s}{dT} = \frac{\Theta_s}{\Delta T} = -\left(\frac{E_c - E_F}{eT} + \frac{3k_B}{2e}\right) \tag{11-12}$$

对非简并 n 型半导体，存在关系

$$\ln\frac{n}{N_c} = -\frac{E_c - E_F}{k_B T} \tag{11-13}$$

所以 n 型半导体的温差电动势率为：

$$\alpha_n = -\frac{k_B}{e}\left(\frac{3}{2} - \ln\frac{n}{N_c}\right) \tag{11-14}$$

同理可得 p 型半导体的温差电动势率为

$$\alpha_p = \frac{k_B}{e}\left(\frac{3}{2} - \ln\frac{p}{N_v}\right) \tag{11-15}$$

由上述方程可得由两种不同浓度的 n 型半导体组成的热电偶的温差电动势率为

$$\alpha_{ab} = \frac{k_B}{e}\ln\frac{n_b}{n_a} \tag{11-16}$$

对不同浓度的 p 型半导体，则

$$\alpha_{ab} = \frac{k_B}{e}\ln\frac{p_a}{p_b} \tag{11-17}$$

对金属，载流子浓度不随温度改变而显著改变，即在一级近似下，$dn/dT = 0$，由式(11-8)可知$V = 0$。同时金属的费米能级基本上不随温度变化，所以$dE_F/dT = 0$。因此，在一级近似下，金属的绝对温差电动势为零。为得到绝对温差电动势，必须计入高级近似。由此可以知道金属的温差电动势比半导体小得多。可以证明，计入较高级近似之后，可以得出金属的绝对温差电动势率为

$$\alpha_m = -\frac{\pi^2 k_B^2 T}{eE_F} \tag{11-18}$$

一般金属的费米能量为几电子伏特，所以金属的温差电动势率的绝对值为 0～10 μV / K，而室温附近半导体的温差电动势率为几百 μV / K，比金属约大 2 个数量级。

11.1.2　帕尔贴效应

如图 11.2(a)所示，当有电流通过由两种不同半导体(或导体)a 与 b 组成的接触时，则在接触处有吸热或放热现象，这种现象称为帕尔贴效应。实验发现，单位时间内接触处单位面积所放出或吸收的热量与通过接触处的电流密度 J 成正比，即

$$\frac{\mathrm{d}H}{\mathrm{d}t}=J\pi_{\mathrm{ab}} \tag{11-19}$$

其中，π_{ab} 为帕尔贴系数，它取决于接触材料的性质和温度，单位为 V。π_{ab} 为正值时表示吸热，反之则为放热。帕尔贴效应是可逆的，即

$$\pi_{\mathrm{ab}}=-\pi_{\mathrm{ba}} \tag{11-20}$$

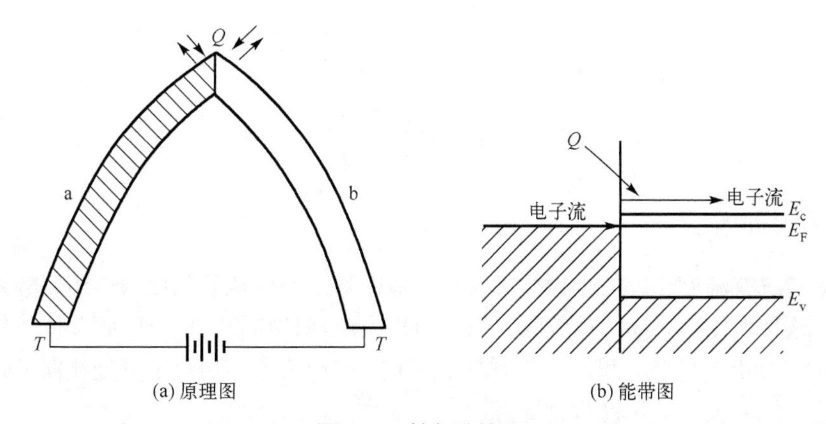

(a) 原理图　　(b) 能带图

图 11.2　帕尔贴效应

半导体帕尔贴效应的机制可作如下解释：图 11.2(b)为 n 型半导体和金属接触的能带图。假定金属与半导体的接触为欧姆接触，平衡时它们的费米能级相等，但参加导电的电子在金属和半导体中的平均能量是不相等的。当电流通过回路时，电子要从金属进入半导体，必须具有比势能$(E_{\mathrm{c}}-E_{\mathrm{F}})$大的能量，即要有$(E_{\mathrm{c}}-E_{\mathrm{F}})+(5/2+\gamma)k_{\mathrm{B}}T$ 的能量，其中$(5/2+\gamma)k_{\mathrm{B}}T$ 为考虑了散射因素时的半导体电子平均能量，若不计散射，则电子平均动能为$(3/2)k_{\mathrm{B}}T$ 。

前文的γ 为与散射机制有关的物理量。研究结果证实，对声学波散射，$\gamma=-1/2$，对电离杂质散射，$\gamma=3/2$ 。因此，只有电子能量满足$(E_{\mathrm{c}}-E_{\mathrm{F}})+(5/2+\gamma)k_{\mathrm{B}}T$ 的电子才能在半导体内正常运动。

因此，电子要通过接触面必须从晶格吸收这些能量，这就是帕尔贴效应产生的原因。反之，当电子从半导体流向金属时，就必须放出这些能量给晶格。所以，单个电子经过接触面的能量变化为

$$\Delta E=(E_{\mathrm{c}}-E_{\mathrm{F}})+(5/2+\gamma)k_{\mathrm{B}}T \tag{11-21}$$

单位时间内在接触处的单位面积上吸收或放出的热量为

$$\frac{\mathrm{d}H}{\mathrm{d}t}=\pm\frac{\Delta EJ}{e}=\pm\frac{J}{e}[(E_{\mathrm{c}}-E_{\mathrm{F}})+(5/2+\gamma)k_{\mathrm{B}}T] \tag{11-22}$$

由式(11-19)和式(11-22)，可得帕尔贴系数为

$$\pi_{ab} = \pm\frac{1}{e}[(E_c - E_F) + (5/2+\gamma)k_B T] \tag{11-23}$$

当电流由半导体流向金属时吸收热量，π_{ab} 为正，反之则为负。

对于 p 型半导体而言，金属 a 和半导体 b 的帕尔贴系数为

$$\pi_{ab} = \pm\frac{1}{e}[(E_F - E_v) + (5/2+\gamma)k_B T] \tag{11-24}$$

当电流由金属流向半导体时吸收热量，π_{ab} 为正，反之则为负。

如果接触处的 a、b 是载流子浓度不同的 n 型半导体，载流子浓度分别为 n_a、n_b，则用类似的方法可以得到

$$\pi_{ab} = \pm\frac{k_B T}{e}\ln\frac{n_b}{n_a} \tag{11-25}$$

对 p 型半导体，如果载流子浓度分别为 p_a、p_b，则

$$\pi_{ab} = \pm\frac{k_B T}{e}\ln\frac{p_a}{p_b} \tag{11-26}$$

11.1.3　汤姆孙效应

当电流通过有温度梯度的半导体时，半导体中除了产生焦耳热以外，还要额外地吸收或放出热量，这种现象称为汤姆孙效应，相应的称为汤姆孙热量。单位时间单位体积内吸收或放出的热量 $\mathrm{d}H/\mathrm{d}t$ 与电流密度和温度梯度成正比。如电流方向由温度 T 处流向 $T+\mathrm{d}T$ 处，则在单位时间单位体积内所吸收的热量为

$$\frac{\mathrm{d}H}{\mathrm{d}t} = \sigma_a^T J\frac{\mathrm{d}T}{\mathrm{d}x} \tag{11-27}$$

其中，σ_a^T 为半导体 a 在温度为 T 的汤姆孙系数，单位为 V/K。

如果略去焦耳热和热传导等不可逆现象，汤姆孙效应是可逆的。因此，若电流由高温端流向低温端，由式(11-27)可知，对于汤姆孙系数为正的导体或半导体将放热；反之，汤姆孙系数为负并吸热。

半导体中汤姆孙效应的机制可作如下介绍：如图 11.1(b)所示，具有图示的均匀温度梯度的 n 型半导体，如有外加电流从半导体的低温端流向高温端，半导体中的电子将从高温端流向低温端，一方面把一部分热量 $(3/2)k_B\Delta T$（严格计算应修正为 $(5/2+\gamma)k_B T$）由碰撞给晶格，另一方面电子将得到 $-eV$ 的能量，两者的代数和为 $-eV-(5/2+\gamma)k_B T$。这就是电子从 $T+\Delta T$ 端运动到 T 所得到的净能量，即汤姆孙热量。若净能量为正，表示从晶格中吸收这部分热量；反之，就是放出能量给晶格。

当 ΔT 很小时，电子吸收的汤姆孙热量为 $e\sigma_n^T\Delta T$，所以有

$$e\sigma_n^T\Delta T = -eV - (5/2+\gamma)k_B\Delta T \tag{11-28}$$

把式(11-10)的中 3/2 修正为 $5/2+\gamma$，并代入式(11-28)，可得 n 型半导体的汤姆孙系数为

$$\sigma_n^T = \frac{1}{e}\frac{\mathrm{d}E_F}{\mathrm{d}T} + \frac{E_c - E_F}{eT} \tag{11-29}$$

对 p 型半导体，同理可得

$$\sigma_{\mathrm{p}}^{\mathrm{T}} = \frac{1}{e}\frac{\mathrm{d}E_{\mathrm{F}}}{\mathrm{d}T} - \frac{E_{\mathrm{F}} - E_{\mathrm{v}}}{eT} \tag{11-30}$$

以上讨论了三种热电效应，由式(11-16)、式(11-24)可以得到

$$\pi_{\mathrm{ab}} = \alpha_{\mathrm{ab}} T \tag{11-31}$$

由式(11-16)、式(11-29)或式(11-30)可以得到

$$\sigma_{\mathrm{a}}^{\mathrm{T}} - \sigma_{\mathrm{b}}^{\mathrm{T}} = -T\frac{\mathrm{d}\alpha_{\mathrm{ab}}}{\mathrm{d}T} \tag{11-32}$$

式(11-31)、式(11-32)称为开耳芬关系。半导体中的塞贝克系数、帕尔贴系数和汤姆孙系数三者之间服从开耳芬关系。

11.1.4　半导体热电效应的应用

1. 温差发电器

利用塞贝克效应，可以将热能转变为电能，制成温差发电器。由于金属的塞贝克系数小，转换效率较低，通常只用于测量温度用的温差电偶。而半导体的塞贝克系数很大，因此制成的温差发电器具有较高的效率。图 11.3 为这种装置的示意图。温差电偶的两臂由 n 型和 p 型半导体组成，半导体与金属的连接采用欧姆接触。当图中 $T_1 > T_0$ 时，由于塞贝克效应，负载电阻上就有电流流过，构成温差发电器。

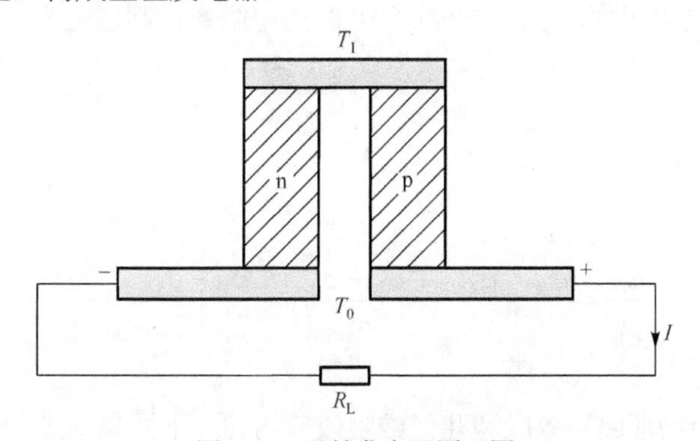

图 11.3　温差发电器原理图

2. 半导体制冷器

利用帕尔贴效应可制造半导体制冷器。图 11.4(a)为这种装置的原理图，p 型和 n 型半导体热电材料一端用金属通过欧姆接触连接，另一端接直流电源以提供电流。接电源的一端保持温度为 T_0，由于帕尔贴效应，当电流由金属流向 p 型半导体时，接触处将吸收热量；同时，当电流由 n 型半导体流向金属时，接触处也将吸收热量，因而用金属相连的一端不断地从周围环境吸收热量使温度下降，构成制冷器。如果电流方向相反，则可以构成发热器。图 11.4(b)为串接的制冷堆，可以得到较大的温差。

制造温差发电器和制冷器，为了提高效率，必须选用塞贝克系数大的半导体材料；要使

从高温到低温的热传导小且产生的焦耳热少，还必须选择热导率和电阻率小的材料。一般常用 Bi_2Te_3 和 Bi_2Se_3 等Ⅴ-Ⅵ族化合物半导体作为热电材料。

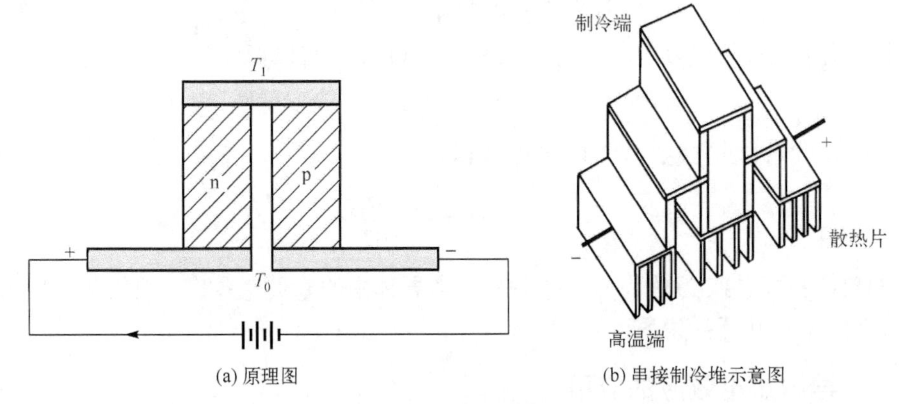

(a) 原理图　(b) 串接制冷堆示意图

图 11.4　半导体制冷

11.2　半导体磁阻效应

研究发现，在与电流垂直方向加磁场后，沿外加电场方向的电流密度有所降低，即由于磁场的存在，半导体的电阻增大，这种现象称为磁阻现象[3]。为简单起见，本节只讨论磁场与外加电场方向互相垂直的所谓横向磁阻效应。通常用电阻率的相对改变来衡量磁阻的大小，即设 ρ_0 为无磁场时的电阻率， ρ_{B} 为加磁场 B_z 时的电阻率，则磁阻为

$$\frac{\Delta\rho}{\rho_0}=\frac{\rho_{\mathrm{B}}-\rho_0}{\rho_0} \tag{11-33}$$

若用电导率表示，则

$$\frac{\Delta\rho}{\rho_0}=\frac{\dfrac{1}{\sigma_{\mathrm{B}}}-\dfrac{1}{\sigma_0}}{\dfrac{1}{\sigma_0}}=-\frac{\sigma_{\mathrm{B}}-\sigma_0}{\sigma_{\mathrm{B}}}\approx-\frac{\sigma_{\mathrm{B}}-\sigma_0}{\sigma_0}=-\frac{\Delta\sigma}{\sigma_0} \tag{11-34}$$

磁阻效应可分为物理磁阻效应和几何磁阻效应两种，下面分别进行简单的讨论。

11.2.1　物理磁阻效应

物理磁阻效应是指材料电阻率随磁场增大的效应，所以又称为磁电阻率效应。

首先考虑只计一种载流子导电的半导体，若不计载流子速度的统计分布，载流子在磁场中的运动如图 11.5 所示。对于 p 型半导体，沿 x 方向加电场 $\mathcal{E}_x$ ，电流密度 $\boldsymbol{J}$ 与 $\mathcal{E}_x$ 同向。再加上如图 11.5(b)所示的磁场 B_z ，由于洛伦兹力的作用，产生霍尔电场，合成电场 $\mathcal{E}$ 与电流密度 $\boldsymbol{J}$ 的夹角为 θ 。理论计算表明，空穴做如图 11.5(c)所示的弧形运动，因此散射概率增大，平均自由时间减少，迁移率下降，电阻率增大。对于 n 型半导体，情况类似，电子作如图 11.5(d)所示的弧形运动。但是，进一步的研究显示以上因素引起的电阻率变化很小，可忽略不计。因此，可近似认为只计一种载流子导电的半导体，如果不计载流子的速度分布，几乎不显示横向磁阻效应。

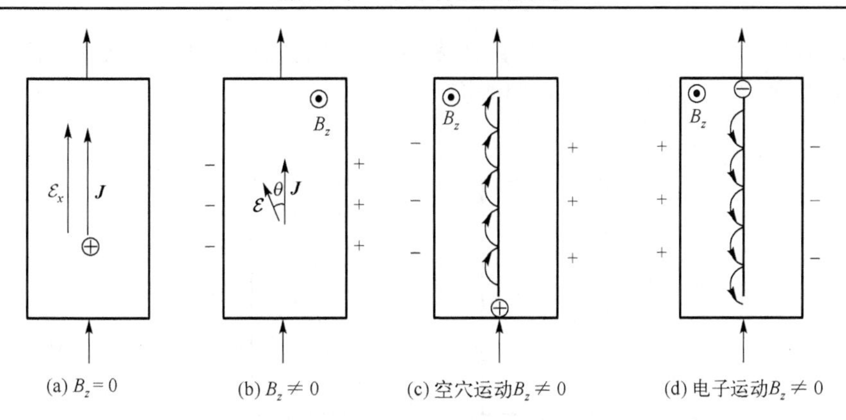

图 11.5　载流子在电场、磁场中运动示意图

如果计及载流子速度的统计分布，在稳定状态下，横向电场 $\mathcal{E}_y$ 有确定的值，对于某种速度的载流子，如果 $\mathcal{E}_y$ 产生的电场力刚好抵消载流子受的洛伦兹力，则这种速度的载流子将不发生偏转，小于此速度的载流子将沿霍尔电场力的方向偏转，而大于此速度的载流子则沿相反方向偏转，如图 11.6 所示。这种偏转将使载流子沿电场方向的运动速度减小，导致电阻率增大。可见，若计入载流子速度的统计分布，即使只考虑一种载流子，也将产生横向磁阻效应。

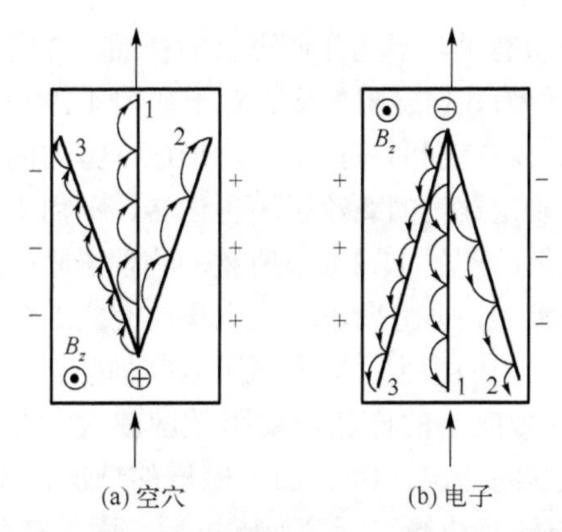

图 11.6　不同速度载流子在电场、磁场中运动示意图

曲线 1 代表具有与霍尔电场平衡的速度的载流子运动；曲线 2 代表速度较大的载流子运动；曲线 3 代表速度较小的载流子运动

理论计算表明，当磁场不太强，即 $\mu_{\mathrm{H}} B_z \ll 1$ 时，对球形等能面的非简并半导体，单一载流子导电时的磁阻可以表示为：

$$\frac{\Delta\rho}{\rho_0} = \xi \mu_{\mathrm{H}}^2 B_z^2 \tag{11-35}$$

其中，ξ 为横向磁阻系数；μ_{H} 为霍尔迁移率。ξ 的具体数值与散射机制有关，通常为 0.2～0.6。

两种载流子均需计入时，即使不考虑载流子的速度分布，也会显示出横向磁阻效应。如图 11.7 所示，当 $B_z = 0$ 时，电子电流和空穴电流沿同一方向，只需将两者直接代数相加即可；当加上磁场 B_z 后，$\boldsymbol{J}_{\mathrm{n}}$ 和 $\boldsymbol{J}_{\mathrm{p}}$ 向相反的方向偏转，合成电流 $\boldsymbol{J} = \boldsymbol{J}_{\mathrm{n}} + \boldsymbol{J}_{\mathrm{p}}$。稳态时，电子电流和空穴电流成确定的角度，但合成电流 $\boldsymbol{J}$ 仍然沿外加电场方向。由于 $\boldsymbol{J}_{\mathrm{n}}$ 和 $\boldsymbol{J}_{\mathrm{p}}$ 之间有一定的夹角，两者的矢量合成值显然小于它们的代数相加值，因此总的合成电流减小，相当于电导率减小，电阻率增大，即产生了横向磁阻效应。

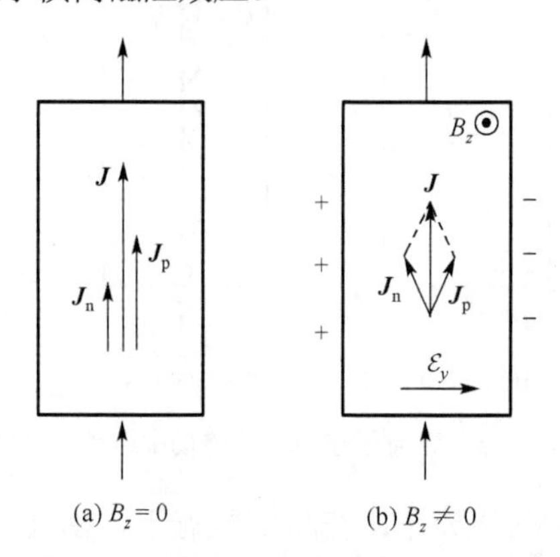

图 11.7　同时存在两种载流子的半导体在电场、磁场中的电流

如同时考虑载流子的速度分布，则横向磁阻效应更复杂，本节不再讨论，感兴趣的读者可查阅相关文献。

11.2.2　几何磁阻效应

磁阻效应还与样品的形状有关，不同几何形状的样品，在同样大小的磁场作用下，其磁阻有显著的差异，这个效应称为几何磁阻效应。对于如图 4.19 所示的霍尔样品，如果沿 y 方向的两个侧面之间保持开路，将在侧面积累电荷，形成 y 方向的霍尔电场，霍尔电场产生的电场力与洛伦兹力平衡后，确定速度的载流子不再偏转，但由于载流子的速度分布，大于或小于该速度的载流子仍会偏转，产生 11.2.1 节所述的物理磁阻效应。如果在两个侧面之间短路，两个侧面上不能积累载流子，y 方向不产生电场，空穴或电子便继续偏转，不产生霍尔效应，但使 x 方向电流降低，电阻增大，因而磁阻效应加强。所以，霍尔效应明显的样品，磁阻效应就小；反之，霍尔效应小的样品，磁阻效应就大。图 11.8 给出了三种不同形状的样品，其中 A 为不加磁场的情况，B 为加了磁场的情况。不加磁场时，电流密度矢量与外加电场方向一致，即与样品边缘平行。加磁场后，由于产生横向电场，电流密度与合成电场方向不一致，其中夹角为霍尔角 θ。对图 11.8(a)所示的长方形样品，内部电流密度仍然与边缘平行，而合成电场方向偏转 θ 角，如图 11.8(d)所示。但是在两端的金属电极处，电场应与电极表面垂直，所以电流密度偏转 θ 角。这样在磁场作用下，电流经过的路程 L 增长，如图 11.8(b)所示。样品的电阻 $R=\rho L/s$，在磁场的作用下，样品电阻的增大，除了与 ρ 的增大有关外，还与 L 的变化有关。L 的增大与样品形状有关。对长宽比 $l/b \gg 1$ 的长方形样品，L 的增大不明显；但是对 $l/b \ll 1$ 的扁平形样品，霍尔效应降低，电流偏转很厉害，L 明显增长，因此电阻增大很多。特别是如图 11.8(c)所示的圆盘形样品，从圆盘中心加辐射形外电场时，几何磁阻效应特别明显。在磁场作用下，任何地方都不积累电荷，不产生霍尔电场，从圆盘中心流出的电流在达到圆盘周围的电极以前，总是形成与半径方向成霍尔角 θ 的弯曲，结果电流以螺旋形路径流出，L 大大加长，电阻显著增大，该圆盘称为科比诺圆盘。

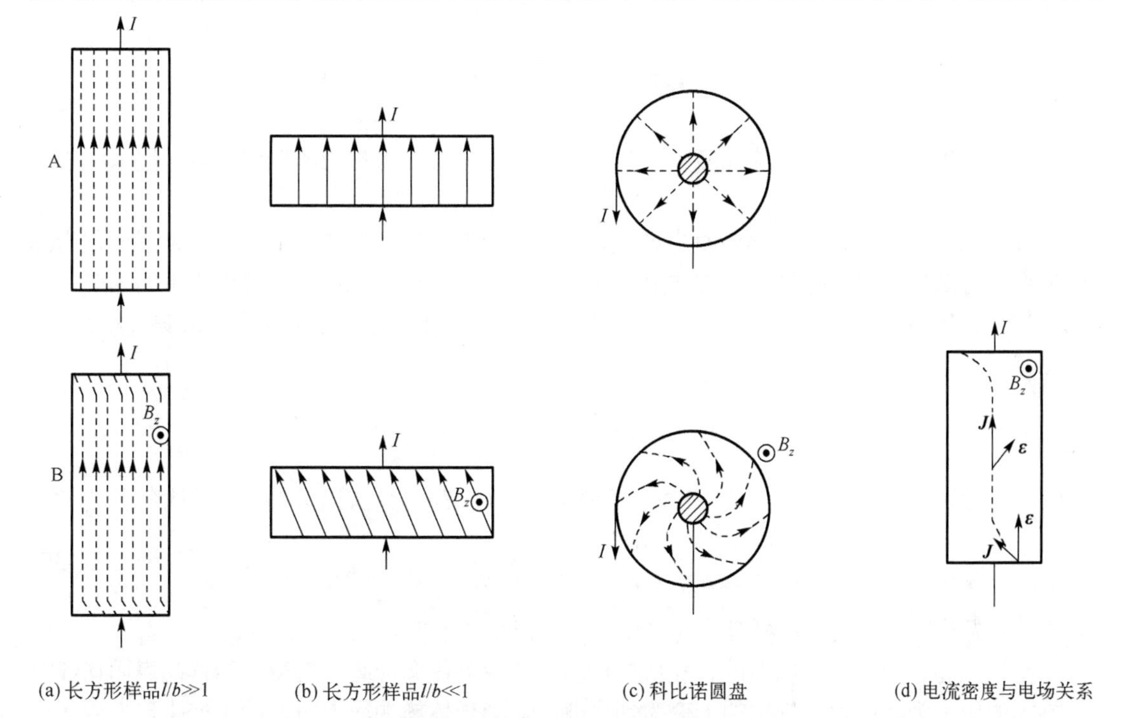

(a) 长方形样品 $l/b \gg 1$　　(b) 长方形样品 $l/b \ll 1$　　(c) 科比诺圆盘　　(d) 电流密度与电场关系

图 11.8　不同几何结构中的电流分布

A 为没有磁场，B 为有磁场。(d) 为有磁场时电流与电场方向

11.2.3　磁阻效应的应用

利用磁阻效应制成的半导体磁敏电阻已获得广泛的应用。与霍尔器件相比，它的结构更简单，因霍尔器件是四端器件，而磁敏电阻是两端电阻，而且灵敏度高。无论物理磁阻还是几何磁阻都与霍尔角有关，霍尔角越大，磁阻效应越显著。迁移率大的材料，霍尔角就大，因此一般选用 InSb、InAs 等高迁移率半导体制作磁敏电阻。为得到实用的具有较高灵敏度的器件，人们设计了如图 11.9 所示的栅格结构，在长方形 InSb 样品上，规则地制备与电流方向垂直的相距极近的金属电极，将样品分成许多小区域，每一个小区域宽度比长度大得多，相当于许多长宽比很小的电阻串联，用这种方法可得到高灵敏度的磁敏器件。

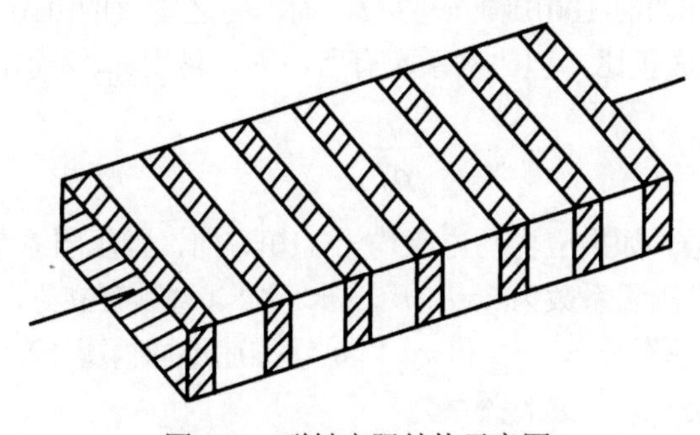

图 11.9　磁敏电阻结构示意图

11.3 压 阻 效 应

研究发现，若对半导体施加应力，半导体的电阻率要发生相应的变化。这种现象称为压阻效应[3]。

任何固体在外力作用下都要发生形变，外力停止作用后，形变也消失。这种形变称为弹性形变。最简单的形变是沿某一方向进行纵向拉伸或压缩(称为单轴应力)作用下的形变。考虑一片长方体固态薄膜，尺寸为$l \times w \times t$，如果外力F作用在面积$A = wt$上使薄膜长度l伸长Δl，则

$$\frac{F}{A} = Y\frac{\Delta l}{l} \quad 或 \quad T = Y\varepsilon \tag{11-36}$$

其中，$T = F/A$为应力；$\varepsilon = \Delta l/l$；Y为杨氏模量。式(11-36)就是胡克定律。另外还有下列关系：

$$\frac{\Delta t}{t} = \frac{\Delta w}{w} = -\nu\frac{\Delta l}{l} \tag{11-37}$$

其中，ν为泊松比，它表示材料横向形变与纵向形变的比值。

上述应力、应变是沿纵向的，相应的应力、应变为纵向应力、应变。沿样品表面切线方向施加的应力为切应力，产生的形变为切应变。对半导体施加应力时，除了产生形变外，半导体的能带结构也会有相应的变化，因此材料的电阻率就要变化。实验中最容易实现的应力作用，就是对半导体沿某一方向进行单向的拉伸或压缩，即所谓单轴应力；或者将半导体置于某种流体中，使样品受到流体压强的作用，即所谓流体静压力。

压阻效应具有明显的各向异性。沿晶体的不同方向施加不同张应力或压应力，再沿不同方向通电流测电阻时，发现电阻率的变化随两者方向的不同而不同。严格讨论需要用高级张量才能完全地表达压阻系数，本节只简单地介绍几种特殊情况。

如图 11.10 所示，对应力 T，以张应力为正，压应力为负。如沿晶体[100]方向通电流，测得电阻率为ρ_0；再沿[100]方向施加应力T，测得相应的电阻率为ρ，则电阻率的相对变化$\Delta\rho = \rho - \rho_0$与应力$T$成正比，即

$$\frac{\Delta\rho}{\rho_0} = \pi_{11}T \tag{11-38}$$

其中，π_{11}为压阻系数。如沿[100]施加应力 T，而沿与之垂直的[010]方向通电流，则电阻率的相对变化与应力仍然成正比，但比例系数有所不同，常用π_{12}表示，即

$$\frac{\Delta\rho}{\rho_0} = \pi_{12}T \tag{11-39}$$

其中，π_{12}也称压阻系数。如果应力与电流均沿[110]方向，则压阻系数为$(\pi_{11} + \pi_{12} + \pi_{44})/2$；若电流沿$[1\bar{1}0]$方向，则压阻系数为$(\pi_{11} + \pi_{12} - \pi_{44})/2$。对具有立方对称的 Ge、Si 等半导体，只需要三个不同的压阻系数π_{11}、π_{12}和π_{44}就足够描述不同情况下的压阻效应。例如，施加流体静压力时，发现$\Delta\rho/\rho_0$与T的关系为

$$\frac{\Delta\rho}{\rho_0} = (\pi_{11} + 2\pi_{12})T \tag{11-40}$$

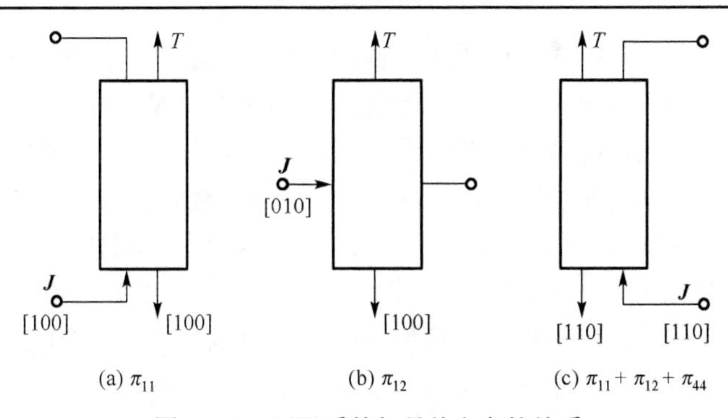

(a) π_{11}　(b) π_{12}　(c) $\pi_{11}+\pi_{12}+\pi_{44}$

图 11.10　压阻系数与晶体方向的关系

表 11.1 给出了几种不同情况下立方结构中半导体的压阻系数。

表 11.1　立方结构中半导体的压阻系数

半导体	应力方向	电流方向	$\Delta\rho/(\rho_0 T)$
纵向	[100]	[100]	π_{11}
	[110]	[110]	$(\pi_{11}+\pi_{12}+\pi_{44})/2$
	[111]	[111]	$(\pi_{11}+2\pi_{12}+2\pi_{44})/3$
横向	[100]	[010]	π_{12}
	[110]	$[1\bar{1}0]$	$(\pi_{11}+\pi_{12}-\pi_{44})/2$
流体静压力			$\pi_{11}+2\pi_{12}$

薄膜中非外加的应力一般是双轴应力，包括缺陷等导致的固有应力及热膨胀系数差异等导致的非固有应力。在无外加作用时，垂直于薄膜自由表面方向上没有应力，因此只能是薄膜平面内的双轴应力。可以证明这些应力，如晶格常数差异导致的应力，将改变半导体的能带结构。

通常的外加应力有流体静压力和单轴应力两种。

流体静压力对半导体电学性质的影响与单轴应力相比要简单些。在流体静压力作用下，由于材料四周受压，晶格间距都减小，但是并不破坏晶体的对称性，只能使能带极值发生相对的移动，也就是使导带底 E_c 和价带顶 E_v 的间距，即禁带宽度发生改变。禁带宽度的改变将改变本征载流子的浓度，因此本征半导体在流体静压力的作用下，由于载流子浓度的变化，其电阻率就会有相应的改变，导致压阻效应出现。

只要准备图 11.10 所示的两个样品，进行任意三组实验，就可测出压阻系数 π_{11}、π_{12} 和 π_{44}。表 11.2 给出了室温下 Ge、Si 的压阻系数。

表 11.2　室温下 Ge、Si 的压阻系数

	电阻率/(Ω·cm)	压阻系数/(10^{-11} Pa^{-1})		
		π_{11}	π_{12}	π_{44}
n-Ge	16.6	−5.2	−5.5	−138.7
p-Ge	15.0	−10.6	5.0	98.6
n-Si	11.7	−102.2	53.7	−13.6
p-Si	7.8	6.6	−1.1	138.1

半导体中更容易的外加应力是沿着某个特定方向的单轴应力。该应力将使半导体沿着受

力方向拉伸或压缩；除纵向的拉伸或压缩，横向则会受到压缩或拉伸。正如第 9 章指出的，在应力作用下，半导体的能带会发生相应改变。在单轴应力的作用下，晶体的对称性发生改变，使能带结构发生变化。特别是对能带极值不在 Γ 点，具有多个极值、等能面为旋转椭球面的 Ge、Si 等半导体，在单轴应力的作用下，能带变化特别显著，引起沿晶体某一方向的特别强烈的压阻效应。例如，如果沿[100]方向对 Si 施加压应力，则[100]方向将被压缩，而[010]和[001]方向则会发生膨胀。上述形变的结果是导带原来简并的 6 个极小值不再简并，[100]方向的 2 个极值能量降低，而另外 4 个极值点能量相应地上升，各个能谷极值改变的结果是导带各个方向能谷中的电子浓度不再相等，由于各个能谷中电阻有效质量和迁移率都是各向异性的，各个能谷电子浓度的差异将导致各个方向的电阻率不再相等，由此导致了明显的压阻效应。

利用半导体压阻效应已经制成了各种器件，如半导体应变计、压敏二极管等。这些器件已在相关领域获得了广泛的应用。

习　题

1．空穴浓度为 $2\times10^{16}\text{cm}^{-3}$ 的 p 型 Ge，室温下与金属连接并通 1.5A 的电流，求接头处吸收或放出的帕尔贴热。设 Ge 半导体中主要为长声学波散射，已知室温下 Ge 的本征载流子浓度为 $2.3\times10^{13}\text{cm}^{-3}$。

2．电导率为 $2500\text{S}\cdot\text{cm}^{-1}$ 的 n 型 PbTe，电子迁移率为 $6000\,\text{cm}^2/(\text{V}\cdot\text{s})$，导带底电子态密度有效质量为 $0.2\,m_\text{e}$。求室温时的温差电动势率。

3．分析物理磁阻效应与几何磁阻效应的区别。

4．为什么磁敏电阻一般用 InSb 等半导体制备？

参 考 文 献

[1] 方俊鑫, 陆栋. 固体物理学[M]. 上海: 上海科学技术出版社, 1980.

[2] 基泰尔. 固体物理导论[M]. 北京: 化学工业出版社, 2005.

[3] 刘恩科, 朱秉升, 罗晋生. 半导体物理学[M]. 7 版. 北京: 电子工业出版社, 2017.

[4] BÖER K W, POHL U W. Semiconductor Physics[M]. Cham: Springer, 2018.

[5] KRISHNAMURTHY S, SHER A. Band structure of Si_xGe_{1-x} alloys[J]. Physical Review B, 1986, 33(2): 1026-1035.

[6] WEBER J, ALONSO M I. Near-band-gap photoluminescence of Si-Ge alloys[J]. Physical Review B, 1989, 40(8): 5863-5893.

[7] KRISHNAMURTHR S, SHER A, CHEN A B. Generarized Brooks' formula and the electron mobility in Ge_xGe_{1-x} alloys[J]. Applied Physics Letters, 1985, 47(2): 160-162.

[8] KUDRAWIEC R, HOMMEL D. Bandgap engineering in Ⅲ-nitrides with boron and group V elements: toward applications in ultraviolet emitters[J]. Applied Physical Reviews, 2020, 7(4): 041314.

[9] YU M, SIRENKO J B, JEON B C, et al. Hole scattering and optical transitions in wide-band-gap nitrides: wurtzte and zink-blends structures[J]. Physical Review B, 1997, 55(7): 4360-4375.

[10] VURGAFTMAN I, MEYER J R. Band parameters for nitrogen-containing semiconductors[J]. Journal Applied Physics, 2003, 94(6): 3675-3696.

[11] RODINA A V, DIETRICH M, GOLDNER A, et al. Free excitons in wurtzite GaN[J]. Physical Review B, 2001, 64(11): 115204.

[12] 褚君浩. 窄禁带半导体物理学[M]. 北京：科学出版社, 2005.

[13] ORLITA M, BASKO D M, ZHOLUDEV M S, et al. Observation of three-dimensional massless Kane fermions in a zinc-blende crystal[J]. Nature Physics, 2014, 10(1): 233-238.

[14] 杜经宁, MAYER J W, FELDMAN L C. 电子薄膜科学[M]. 北京: 科学出版社, 1997.

[15] PERSSON C, LINDEFELT U, SERNELIUS B E. Band gap narrowing in n-type and p-type 3C-, 2H-, 4H-, 6H-SiC, and Si [J]. Journal of Applied Physics, 1999, 86(8): 4419-4427.

[16] PERSSON C, LINDEFELT U. Detailed band structure for 3C-, 2H-, 4H-, 6H-SiC and Si around the fundamental band gap[J]. Physical Review B, 1996, 54(15): 10257-10260.

[17] PARK C H, CHEONG B H, LEE K H, et al. Structure and electronic properties of cubic, 2H, 4H and 6H SiC[J]. Physics Review B, 1994, 49(7): 4485-4493.

[18] HE H Y, ORLANDO R, BLANDO M A, et al. First-principles study of the structural, electronic, and optical properties of Ga_2O_3 in its monoclinic and hexagonal phases[J]. Physical Review B, 2006, 74(19): 195123.

[19] HOHAMED M, JANOWITZ C, UNGER I, et al. The electronic structure of beta-Ga_2O_3[J]. Applied Physics Letters, 2010, 97(21): 211903.

[20] NAKAMURA S, MUKAI T, SENOH M, et al. Thermal annealing efffects on p-type Mg-doped GaN films[J]. Japanese Journal of Physics, 2006, 31(2B): L139-L142.

[21] MONEMAR B, PASKOV P P, POZINA G, et al. Evidence for two Mg related acceptors in GaN [J]. Physical

Review Letters , 2009, 102(23): 235501.

[22] BUCKERIDGE J, CATLOW C R A, SCANLON D O, et al. Determination of the nitrogen vacancy as a shallow compensationg center in the GaN doped with divalent metals [J]. Physical Review Letters, 2015, 114(1): 016405.

[23] JAYAPALAN J, SKROMME B J, VAUDO R P, et al. Optical spectroscopy of Si-related donor and acceptor levels in Si-doped GaN grown by hybride vapor phase epitaxy[J]. Applied Physics Letters, 1998, 73(9): 1188-1190.

[24] EVWARRAYE A O, SMITH S R, ELHAMRI S. Optical admittance spectroscopy studies near the band edge of gallium nitride[J]. Journal of Applied Physics, 2014, 115: 033706.

[25] LEBEDEV A A. Deep level centers in silicon carbide: a review[J]. Semiconductors, 1999, 33(2): 107-130.

[26] POLYAKOV A Y, NIKOLAEV V I, YAKIMOV E B, et al. Deep levels detect states in Ga_2O_3 crystals and films: impact on device performance[J]. Journal of Vacuum Science and Technology A, 2022, 40(2): 020804.

[27] 叶良修. 半导体物理学[M]. 2 版. 北京: 高等教育出版社, 2007.

[28] 施敏，伍国珏. 半导体器件物理[M]. 3 版. 西安: 西安交通大学出版社, 2008.

[29] LONG D. Scattering of conduction electrons by lattice vibration in silicon[J]. Physical Review, 1960, 120(6): 2024-2032.

[30] HAMAGUCHI C. Basic Semiconductor Physics[M]. 3rd ed. Switzerland: Springer, 2017.

[31] NEAMEN D A. 半导体物理与器件[M]. 3 版. 北京: 电子工业出版社, 2005.

[32] 虞丽生. 半导体异质结物理[M]. 2 版. 北京: 科学出版社, 2006.

[33] DONNELLY J P, MILENS A G. The capacitance of p-n heterojunctions including the effect of interface states [J]. IEEE Transactions on Electron Devices, 1967, 12(1): 63.

[34] KLIZING K V, DORDA G, PEPPER M. New method for high-accurancy determination of the fine-structure constant based on quantized hall resistance[J]. Physical Review Letters, 1980, 45(6): 494-497.

[35] TSUI D C, GOSSARD A C. Resistance standard using quantization of the Hall resistance of GaAs-AlGaAs heterostructures[J]. Applied Physics Letters, 1981, 38(7): 550-552.

[36] CHANG L L, ESAKI L, TSU R. Resonant tunneling in semiconductor double barriers[J]. Applied Physics Letters, 1974, 24(2): 593-595.

[37] ESAKI L, CHANG L L. New transport phenomenon in a semiconductor “superlattices”[J]. Physical Review Letters, 1974, 33(8): 495-498.

[38] 夏建白, 朱邦芬. 半导体超晶格物理[M]. 上海: 上海科学技术出版社, 1995.

[39] 沈学础. 半导体光谱与光学性质[M]. 2 版. 北京: 科学出版社, 2002.

[40] 方容川. 固体光谱学[M]. 合肥: 中国科学技术大学出版社, 2001.

[41] FAN H Y, SPITZER W, COLLINS R J. Infrared absorption in n-type germanium[J]. Physics Review , 1956, 101(2): 566-572.

[42] KAUFMANN U, KUNZER M, KOHLER K, et al. Single chip white LEDs[J]. Physica Status Solidi A, 2002, 192(2): 246-252.

[43] SEONG T Y, HAN J, AMANO H, et al. Ⅲ-nitride based light emitting diodes and applications[M]. 2nd ed. Singapore: Springer Nature Singapore Pte Ltd, 2017.

[44] FAIST J, CAPASSO F, SIRTORI C, et al. Vertical transition quantum cascade laser with Bragg confined excited state[J]. Applied Physics Letters, 1995, 66(5): 538-540.

[45] 冯文修, 刘玉荣, 陈蒲生. 半导体物理学基础教程[M]. 北京: 国防工业出版社, 2005.

附 录

附表 1 常用物理常数简表

名称	数值
普朗克常量	h=6.626 075 5 × 10^{-34} J·s $\hbar$ =1.054 572 66 × 10^{-34} J·s
真空光速	c=2.997 924 58 × 10^{8} m/s
电子电荷	e=1.602 177 33 × 10^{-19} C
真空介电常量	ε_0=8.854 187 817 × 10^{-12} F/m
真空磁导率	μ_0=4π × 10^{-7} N/A^2
电子静止质量	m_e=9.109 389 7 × 10^{-31} kg
质子静止质量	m_p=1.672 623 1 × 10^{-27} kg
玻尔兹曼常量	k_B=1.380 658 × 10^{-23} J/K
阿伏伽德罗常量	N_A=6.022 136 7 × 10^{23} mol^{-1}

附表 2 硅、砷化镓和氮化镓半导体性质表

性质		Si	GaAs	GaN		
密度/(10^{-3}kg/cm^3)		2.329	5.317 6	6.07		
晶体结构		金刚石	闪锌矿	纤锌矿		
晶格常数/nm (300K)		0.543 102	0.565 325	a:0.319 0 ; c:5.185		
熔点/℃		1 420	1 240	2518		
热导率/(W/(cm · K))		1.56	0.455	1.3		
热膨胀系数/(10^{-6}/K)		2.59	5.75	3.17 ($\alpha_{\parallel}$) ; 5.59 ($\alpha_{\perp}$)		
相对介电常数		11.9	12.9	10.4		
本征载流子浓度/cm^{-3}		1.5 × 10^{10}				
迁移率 /(cm^2/(V · s))	电子	1 450	8 000	900		
	空穴	500	400	350		
有效质量 /m_e	电子	m_l 0.916 3 m_t 0.190 5	0.067	0.20		
	空穴	m_{lh} 0.153 m_{hh} 0.537	m_{lh} 0.085 m_{hh} 0.45	$m_{\parallel}^{A}$ 1.76 $m_{\perp}^{A}$ 0.349	$m_{\parallel}^{B}$ 0.419 $m_{\perp}^{B}$ 0.512	$m_{\parallel}^{C}$ 0.299 $m_{\perp}^{C}$ 0.676 9
禁带宽度/eV		1.12 (300K)	1.424 (300K)	3.510 (0K)		
温度系数	α/(meV/K)	0.473	0.541	0.909		
	β/K	636	204	830		